Elmar Schrüfer

Elektrische Messtechnik

Elmar Schrüfer

Elektrische Messtechnik

Messung elektrischer und nichtelektrischer Größen

mit 367 Bildern und 41 Tabellen

9., aktualisierte Auflage

HANSER

Prof. (em.) Dr. rer. nat. Dr. h. c. Elmar Schrüfer
Lehrstuhl für Messsystem- und Sensortechnik,
Technische Universität München

Prof. Dr. techn. Leonhard M. Reindl
Institut für Mikrosystemtechnik,
Lehrstuhl für Elektrische Mess- und Prüfverfahren,
Albert-Ludwig-Universität, Freiburg

Bibliografische Information der Deutschen Nationalbibliothek
Die Deutsche Nationalbibliothek verzeichnet diese Publikation in der Deutschen Nationalbibliografie; detaillierte bibliografische Daten sind im Internet über http://dnb.d-nb.de abrufbar.

ISBN 978-3-446-40904-0

Internet: http://www.hanser.de

Druck und Bindung: Druckhaus „Thomas Müntzer“ GmbH, Bad Langensalza
Printed in Germany

Aus dem Vorwort zur ersten Auflage

Die vorliegende Einführung in die Elektrische Messtechnik ist nach elektrotechnischen Gesichtspunkten gegliedert. Auf diese Weise lassen sich die wichtigsten Messgeräte und Messverfahren ohne Überschneidungen behandeln.

Das an den Anfang gestellte Kapitel über die theoretischen Grundlagen der Messtechnik muss nicht unbedingt im Ganzen als Erstes gelesen werden. Zu seinem Verständnis ist schon ein gewisses messtechnisches Grundwissen erforderlich, das erst in den folgenden Abschnitten vermittelt wird. Diese beschäftigen sich mit der Messung von Strömen und Spannungen, Widerständen, Induktivitäten, Kapazitäten, Phasenwinkeln und Frequenzen. Dabei liegen zunächst amplitudenanaloge Signale, dann digitale und schließlich auch zeit- und frequenzanaloge vor.

Bei der Auswahl des Stoffes wurde versucht, den Überblick nicht durch allzu viele Details zu erschweren. Dafür sind die aufgenommenen Schaltungen und Methoden etwas ausführlicher behandelt. Sie werden jeweils durch den Text, durch Formeln, Zeichnungen und Diagramme erläutert. Die mathematischen Ableitungen gehen dabei von sehr allgemeinen Voraussetzungen aus. Durch diese vertiefte Behandlung soll das Gedächtnis entlastet und das Gelernte leicht auf ähnliche Fragestellungen übertragen werden können.

Entsprechend der gewählten Gliederung sind die Möglichkeiten zur elektrischen Messung nichtelektrischer Größen nicht nach der gesuchten verfahrenstechnischen Variablen, sondern nach der erzeugten oder beeinflussten elektrischen Größe geordnet. Damit werden die für die Signalverarbeitung bedeutsamen elektrischen Eigenschaften besser sichtbar und können im Zusammenhang besprochen werden. Die Aufnehmer und Sensoren und die ihnen zu Grunde liegenden physikalischen Effekte sind dabei relativ ausführlich dargestellt.

Insgesamt geht der behandelte Stoff über den einer einführenden Vorlesung hinaus. Das Buch wendet sich nicht nur an Studenten, sondern auch an die schon auf dem Gebiet der Messtechnik tätigen Naturwissenschaftler und Ingenieure. Es soll über die zur Verfügung stehenden Messverfahren informieren und bei aktuellen Messaufgaben die Auswahl erleichtern.

München, März 1983 E. Schrüfer

Vorwort zur neunten Auflage

Die 9. Auflage ist im Wesentlichen eine korrigierte 8. Auflage. Für Letztere wurden die Unterlagen für den Druck – jeder Buchstabe, jede Formel und jede Zeichnung – völlig neu erstellt. Fehler sind dabei entstanden und leider unentdeckt geblieben. Ich bitte die Leser des Buches hiermit noch einmal um ihr Verständnis. Gleichzeitig danke ich Kollegen und Studenten, die das Buch besonders sorgfältig lesen, für ihre Hinweise. Ich habe mich bemüht, allen Beanstandungen gerecht zu werden.

Bezüglich des Inhalts möchte ich auf das einführende Kapitel 1 besonders hinweisen. Es liest sich schwerer als die nachfolgenden Abschnitte. Zu seinem Verständnis sind schon Kenntnisse nötig, die im Buch erst später vermittelt werden. So kann es durchaus sinnvoll sein, beim Studium des Buches mit dem Kapitel 2 zu beginnen und erst bei konkreten Fragestellungen zu den Grundlagen des Kapitels 1 zurückzublättern. Neu aufgenommen ist in diesem Kapitel ein Hinweis auf die großen Fortschritte bei der Zeit- und Frequenzmessung.

Seit der letzten Auflage wurde die Web-Seite

www.schruefer-messtechnik.de

eingerichtet. Hier können die Leser die Abschnitte „Aufgaben“ und „Lösungen“ aufrufen. Sie finden dort Beispiele und können das eigene Wissen anhand der Übungsaufgaben kontrollieren.

Die Herstellung des Buches lag wie bei der 8. Auflage in bewährten Händen. Herr Dr. Dobler gab inhaltlich wertvolle Anregungen und erstellte das Manuskript. Freundlich und verständnisvoll war die Zusammenarbeit mit Frau E. Hotho und Frau F. Kaufmann vom C. Hanser Verlag. Ihnen allen bin ich zu großem Dank verpflichtet.

München, November 2006 E. Schrüfer

Inhaltsverzeichnis

1 Grundlagen

Das Messen ist das quantitative Erfassen einer Größe. Die Messgeräte erweitern dabei in einem fast unvorstellbaren Ausmaß die über unsere Sinne wahrnehmbare Umwelt. Sie erschließen uns Bereiche, in denen wir blind oder taub sind. So sieht unser Auge z. B. von den elektromagnetischen Schwingungen nur die Strahlung mit Wellenlängen zwischen 0,38 und 0,78 µm, während den Messgeräten ein Wellenlängenbereich von über 18 Zehnerpotenzen zugänglich ist. Gemessen und berechnet werden Größen, die weit außerhalb unserer direkten Erfahrung liegen, wie etwa der Durchmesser von Atomkernen oder die Ausdehnung des Weltalls.

Das objektive, quantitative Beobachten bildet zusammen mit dem logischen Denken die Quelle jeder naturwissenschaftlichen Erkenntnis[1]. Diese von Galilei konsequent angewandte Methode führte zur Entwicklung der Naturwissenschaften und diese wiederum bilden die Grundlage unserer durch die Technik geprägten Zivilisation. Hier ist das Messen wichtig für Forschung, Entwicklung, Fertigung, Produktion und Prüffeld in der Industrie, für den Austausch von Gütern im Handel und für die Zuverlässigkeit und Sicherheit der Transportsysteme. Darüber hinaus hilft die Messtechnik auf den Gebieten des Umweltschutzes und der Medizin unsere Lebensbedingungen zu verbessern. Aus diesem breiten Einsatz resultiert, dass nicht nur die mit Entwicklung, Fertigung und Vertrieb der Messgeräte befassten Ingenieure, sondern praktisch alle in der Naturwissenschaft oder Technik Tätigen als potenzielle Anwender der Messtechnik entsprechende Kenntnisse benötigen.

1.1 Umfang und Bedeutung der elektrischen Messtechnik

Die elektrische Messtechnik befasst sich zunächst mit der Messung elektrischer Größen wie z. B.

- Spannung,
- Ladung, Strom,
- Widerstand, Induktivität, Kapazität,
- Phasenwinkel,
- Frequenz.

---

[1]Plato (427-347 v. Chr.): „Das beste Mittel gegen Sinnestäuschungen ist das Messen, Zählen und Wägen. Dadurch wird die Herrschaft der Sinne über uns beseitigt. Wir richten uns nicht mehr nach dem sinnlichen Eindruck der Größe, der Zahl, des Gewichts der Gegenstände, sondern berechnen, messen und wägen sie. Und das ist Sache der Denkkraft, Sache des Geistes in uns.“ [Der Staat, Kröner Stuttgart 1973]

Dabei lässt sich die zu messende Größe nur selten direkt auf einem Instrument anzeigen. Oft müssen die Messsignale galvanisch getrennt, entkoppelt, übertragen und fast immer auch „verarbeitet" werden, wie z. B. verstärkt, kompensiert, umgeformt, umgesetzt, gefiltert, gespeichert, umgerechnet, linearisiert, bevor das Messergebnis auf einer

- Skalen-, Ziffern- oder Bildschirmanzeige ausgegeben,
- auf Papier oder elektronischen Medien festgehalten und dokumentiert oder auch
- direkt zur Überwachung, Steuerung oder Regelung eines Prozesses benutzt werden kann.

Messgeräte sind die im Signalfluss liegenden Geräte einer Messeinrichtung, die die Qualität des Messergebnisses wie z. B. die Genauigkeit und die Anzeigegeschwindigkeit beeinflussen [1.1], [1.2], [1.4]. Sie müssen nicht wie in Bild 1.1 in Reihe geschaltet sein, sondern können auch andere **Strukturen** bilden. Die zwischen den Messgeräten ausgetauschten **Signale** enthalten die Information über die zu messende Größe. Diese Information kann z. B. in der Amplitude oder Frequenz einer elektrischen Größe stecken oder auch quantisiert in Form eines codierten Signals vorliegen.

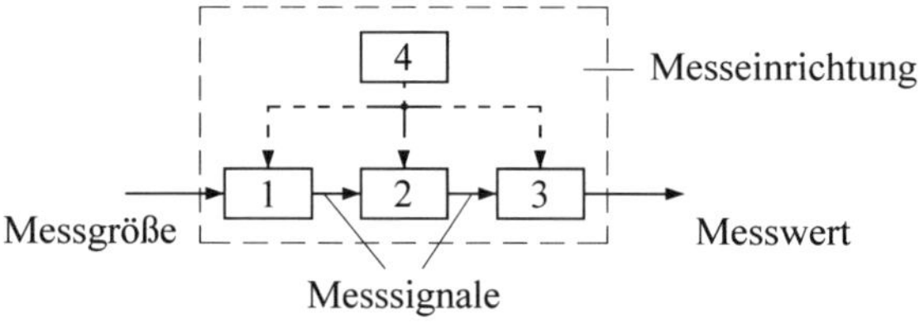

Bild 1.1: Messeinrichtung bestehend aus den Messgeräten 1, 2, 3 und einem die Hilfsenergie liefernden Hilfsgerät 4

Das elektrische Messen hat eine besondere Bedeutung dadurch gewonnen, dass über verschiedene physikalische Effekte nichtelektrische Größen in elektrische umgeformt werden können. Die dafür benötigten **Aufnehmer, Sensoren, Detektoren, Fühler** sind für sehr viele zu messende Größen verfügbar (Bild 1.2), so dass praktisch jede physikalische Größe als elektrisches Signal dargestellt und dann mit den Methoden der elektrischen Signalverarbeitung weiterbehandelt werden kann. Die Messtechnik wird insbesondere durch die Anwendung dieser physikalischen Effekte auf den unterschiedlichsten Gebieten der Technik zu einem sehr interessanten Fach.

Die elektrische Messtechnik ist somit die Disziplin, die sich befasst mit

- der Gewinnung des elektrischen Messsignals,
- der Struktur der Messeinrichtung,
- den Eigenschaften der Signalformen,
- der Übertragung und Verarbeitung der Messsignale und
- der Ausgabe und Darstellung der gewonnenen Information.

Für eine gegebene Messaufgabe sind jeweils der geeignete Aufnehmer auszuwählen, die Struktur zu entwerfen und die Signalform festzulegen, um die hinsichtlich der Genauigkeit, Störsicherheit und Kosten günstigste Kombination zu erhalten.

Die elektrische Messung ist dabei anderen Verfahren insbesondere überlegen durch

- das leistungsarme bis leistungslose Erfassen von Messwerten,
- das hohe Auflösungsvermögen,
- das gute dynamische Verhalten,
- die stete Messbereitschaft,
- die bequeme Übertragbarkeit über weite Entfernungen,
- die leichte Verarbeitung der Messdaten

und hat sich so weitgehend durchgesetzt.

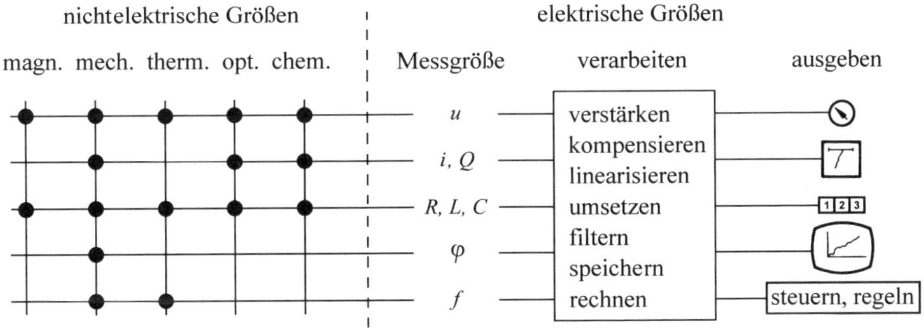

Bild 1.2: Mit Hilfe von Sensoren oder Aufnehmern werden nichtelektrische Größen in elektrische umgeformt und damit der elektrischen Messung zugänglich

1.2 Maßeinheiten

Eine physikalische Größe ist die messbare Eigenschaft eines Objekts, Zustands oder Vorgangs. Die Messung der physikalischen Größe erfolgt durch einen Vergleich mit einer Maßeinheit. Die Zahl, die angibt, wie oft die Einheit in der zu messenden Größe enthalten ist, wird als Zahlenwert der physikalischen Größe bezeichnet:

$$\text{physikalische Größe} = \text{Zahlenwert} \cdot \text{Einheit}. \tag{1.1}$$

Um messen zu können, müssen also vorher die Einheiten definiert sein. Diese orientierten sich zunächst am Menschen (Elle, Fuß) oder an den Abmessungen und der Umdrehungszeit unserer Erde (Meile, mittlerer Sonnentag). Sie wurden teilweise von Ort zu Ort unterschiedlich gehandhabt und erschweren damit sowohl den Austausch von Gütern des täglichen Bedarfs als auch den von wissenschaftlichen Erkenntnissen. So wurden seit über hundert Jahren große Anstrengungen unternommen, die Einheiten allgemein verbindlich, genau und zeitlich beständig zu definieren. In diese Diskussion hat schon J. Cl. Maxwell (1831-1879) eingegriffen und lange vor einer möglichen Realisierung empfohlen, auf Quantenmaße überzugehen:

„Wenn wir also absolut unveränderliche Einheiten der Länge, der Zeit und der Masse schaffen wollen, so müssen wir diese nicht in den Abmessungen, in der Bewegung und in der Masse unseres Planeten suchen, sondern in der Wellenlänge, der Frequenz und der Masse der unvergänglichen, unveränderlichen und vollkommen gleichartigen Atome."

Das Ziel ist, die Einheiten weniger durch Maßverkörperungen zu definieren, sondern mehr durch Experimente, die überall und immer wieder nachvollzogen werden können. Dabei werden die Einheiten gleichzeitig auf Fundamentalkonstanten zurückgeführt.

1.2.1 Internationales Einheitensystem, SI-Einheiten

Die Generalkonferenz für Maß und Gewicht hat 1960 das „Système International d'Unités" empfohlen, das inzwischen weltweit eingeführt und auch in der Bundesrepublik Deutschland gesetzlich vorgeschrieben ist [1.3]. Das System definiert zunächst eine Mindestmenge von Grund- oder **Basisgrößen** und die dazugehörigen Grund- oder **Basiseinheiten** (Tabelle 1.1). Durch Multiplikation und/oder Division der Basiseinheiten werden die für die anderen physikalischen Größen benötigten Einheiten abgeleitet, wie z. B. die Einheit m/s für die Geschwindigkeit oder m/s^2 für die Beschleunigung. Wird die Ableitung so vorgenommen, dass bei der Umrechnung nur der Zahlenfaktor 1 auftritt, so sind die dabei entstandenen Einheiten **kohärent**. Sie bilden zusammen mit den Basiseinheiten ein kohärentes System. Einige der abgeleiteten SI-Einheiten haben dabei selbstständige Namen mit eigenen Kurzzeichen bekommen (Tabelle 1.3).

Um bei den SI-Einheiten unter Umständen recht unhandliche Zahlenwerte zu vermeiden, dürfen durch dezimale Vorsätze neue vergrößerte oder verkleinerte Einheiten gebildet werden (Tabelle 1.2). Die so entstandenen Einheiten, wie z. B. MW, cm, mV, µA sind dann allerdings nicht mehr kohärent.

Temperatur-Messwerte dürfen auch in der Einheit °C angegeben werden. Als Celsius-Temperatur ϑ wird dabei die „besondere Differenz" zwischen einer beliebigen thermodynamischen Temperatur T [in Kelvin] und der Temperatur T_0 = 273,15 K bezeichnet, also

$$\vartheta = (T - T_0) = (T - 273,15)\,. \tag{1.2}$$

Für die Differenz $\Delta\,\vartheta$ zweier Celsius-Temperaturen

$$\Delta\,\vartheta = \vartheta_1 - \vartheta_2 = (T_1 - T_0) - (T_2 - T_0) = T_1 - T_2 = \Delta\,T \tag{1.3}$$

sind die Einheiten K und °C zulässig, obwohl die Temperaturdifferenz nicht im Sinne der obigen Definition auf die Temperatur T_0 bezogen ist.

Tabelle 1.1: Basisgrößen und Basiseinheiten

Gebiet	Basisgröße	Formelzeichen	Basiseinheiten	Einheitenzeichen
Mechanik	Länge	l	Meter	m
	Masse	m	Kilogramm	kg
	Zeit	t	Sekunde	s
Elektrotechnik	Stromstärke	I	Ampere	A
Thermodynamik	Temperatur	T	Kelvin	K
Optik	Lichtstärke	I_L	Candela	cd
Chemie	Stoffmenge		Mol	mol

1 **Meter** ist die Länge der Strecke, die Licht im Vakuum während des Intervalls von (1/299792458) Sekunden durchläuft (1983).

1 **Kilogramm** ist die Masse des internationalen Kilogrammprototyps (1889).

1 **Sekunde** ist das 9192631770fache der Periodendauer der dem Übergang zwischen den beiden Hyperfeinstrukturniveaus des Grundzustands von Atomen des Nuklids Cs-133 entsprechenden Strahlung (1967).

1 **Ampere** ist die Stärke eines zeitlich unveränderlichen elektrischen Stromes, der, durch zwei im Vakuum parallel im Abstand 1 m voneinander angeordnete, geradlinige, unendlich lange Leiter von vernachlässigbar kleinem, kreisförmigen Querschnitt fließend, zwischen diesen Leitern je 1 m Leiterlänge elektrodynamisch die Kraft $0{,}2 \cdot 10^{-6}$ N hervorrufen würde (1948).

1 **Kelvin** ist der 273,16te Teil der thermodynamischen Temperatur des Tripelpunktes des Wassers (1967).

1 **Candela** ist die Lichtstärke, mit der (1/600000) m^2 der Oberfläche eines Schwarzen Strahlers bei der Temperatur des beim Druck 101 325 N/m^2 erstarrenden Platins senkrecht zu seiner Oberfläche leuchtet (1967).

1 **Mol** ist die Stoffmenge eines Systems bestimmter Zusammensetzung, das aus ebenso vielen Teilchen besteht, wie Atome in (12/1000) kg des Nuklids C-12 enthalten sind. Bei Benutzung des Mol müssen die Teilchen spezifiziert werden. Es können Atome, Moleküle, Ionen, Elektronen usw. oder eine Gruppe solcher Teilchen genau angegebener Zusammensetzung sein (1971).

Tabelle 1.2: Vorsätze zur Kennzeichnung dezimaler Vielfacher und Teile von Einheiten

Vorsatz	Zeichen	Zahlenwert	Vorsatz	Zeichen	Zahlenwert
Exa-	E	10^{18}	Dezi-	d	10^{-1}
Peta-	P	10^{15}	Zenti-	c	10^{-2}
Tera-	T	10^{12}	Milli-	m	10^{-3}
Giga-	G	10^{9}	Mikro-	µ	10^{-6}
Mega-	M	10^{6}	Nano-	n	10^{-9}
Kilo-	k	10^{3}	Piko-	p	10^{-12}
Hekto-	h	10^{2}	Femto-	f	10^{-15}
Deka-	da	10	Atto-	a	10^{-18}

Tabelle 1.3: Abgeleitete SI-Einheiten; die in Klammern stehenden Einheiten sind veraltet

Größe und Formelzeichen	SI-Einheit	Beziehung	Weitere und zum Teil veraltete Einheiten
ebener Winkel α	Radiant rad	1 rad = 1 m/m	Grad: $1^\circ = \pi/180$ rad
räumlicher Winkel Ω	Steradiant sr	1 sr = 1 m^2/m^2	
Frequenz f, ν	Hertz Hz	1 Hz = 1/s	
Kraft F	Newton N	1 N = 1 kg m/s^2	1 kp ≈ 9,81 N (1 dyn ≈ 10^{-5} N)
Druck p	Pascal Pa	1 Pa = 1 N/m^2	Bar: 1 bar = 10^5 Pa (1 kp/m^2 ≈ 0,98 bar)
Energie E	Joule J	1 J = 1 N m = 1 W s = 1 kg m^2/s^2	1 kWh = $3{,}6 \cdot 10^6$ J 1 eV = $1{,}60 \cdot 10^{-19}$ J (1 cal ≈ 4,19 J) (1 erg = 10^{-7} J)
Leistung P	Watt W	1 W = 1 J/s = 1 N m/s = 1 kg m^2/s^3	
elektr. Ladung Q	Coulomb C	1 C = 1 A s	
elektr. Spannung U	Volt V	1 V ≈ 1 W/A	
elektr. Feldstärke E	V/m		
elektr. Widerstand R	Ohm Ω		
Leitwert G	Siemens S	1 S = $1/\Omega$	
Induktivität L	Henry H	1 H = 1 Wb/A = 1 V s/A	
elektr. Kapazität C	Farad F	1 F = I C/V = 1 A s/V	
magn. Feldstärke H	A/m		(Oersted Oe: 1 Oe ≈ 80 A/m)
magn. Fluss Φ	Weber Wb	1 Wb = 1 V s	(Maxwell M: 1 M = 10^{-8} V s)
magn. Flussdichte B	Tesla T	1 T = 1 V s/m^2	(Gauß G: 1 G = 10^{-4} V s/m^2)
Lichtstrom Φ	Lumen lm	1 lm = 1 cd sr	
Beleuchtungsstärke E	Lux lx	1 lx = 1 lm/m^2	
Aktivität A einer radioaktiven Substanz	Becquerel Bq	1 Bq = 1/s	(Curie Ci: 1 Ci = $3{,}7 \cdot 10^{10}$ s^{-1} = $3{,}7 \cdot 10^{-10}$ Bq)
Energiedosis D	Gray Gy	1 Gy = 1 J/kg	(Rad rd: 1 rd = 10^{-2} J/kg)
Ionendosis J	C/kg		(Röntgen R: 1 R = $2{,}58 \cdot 10^{-4}$ C/kg)
Äquivalentdosis	Sievert Sv	1 Sv = 1 J/kg	(Rem rem: 1 rem = 10^{-2} J/kg)

Tabelle 1.4: Fundamentalkonstanten [1.5]

	Zahlenwert	Einheit	rel. Unsicherheit
Avogadro-Konstante N_A	$6{,}022 \cdot 10^{23}$	mol^{-1}	$7{,}9 \cdot 10^{-8}$
Boltzmann-Konstante k	$1{,}380 \cdot 10^{-23}$	$J\ K^{-1}$	$1{,}7 \cdot 10^{-6}$
elektrische Elementarladung e	$1{,}602 \cdot 10^{-19}$	A s	$3{,}9 \cdot 10^{-8}$
elektrische Feldkonstante ε_0	$8{,}854 \cdot 10^{-12}$	$A\ s\ V^{-1}\ m^{-1}$	null
Faraday-Konstante $F = e\,N_A$	$9{,}648 \cdot 10^{4}$	$A\ s\ mol^{-1}$	$4{,}0 \cdot 10^{-8}$
Gravitationskonstante G	$6{,}673 \cdot 10^{-11}$	$N\ m^2\ kg^{-2}$	$1{,}5 \cdot 10^{-3}$
Josephson-Konstante $K_J = 2\,e\,/\,h$	$4{,}835 \cdot 10^{14}$	$Hz\ V^{-1}$	$3{,}9 \cdot 10^{-8}$
Lichtgeschwindigkeit im Vakuum c_0	299792458	$m\ s^{-1}$	$2{,}997 \cdot 10^{-8}$
magnetische Feldkonstante μ_0	$1{,}256 \cdot 10^{-6}$	$V\ s\ A^{-1}\ m^{-1}$	null
Ruhemasse des Elektrons m_0	$9{,}109 \cdot 10^{-31}$	kg	$7{,}9 \cdot 10^{-8}$
Planck'sches Wirkungsquantum h	$6{,}626 \cdot 10^{-34}$	J s	$7{,}8 \cdot 10^{-8}$
universelle Gaskonstante $R = k\,N_A$	8,314	$J\ K^{-1}\ mol^{-1}$	$1{,}7 \cdot 10^{-6}$
Von-Klitzing-Konstante $R_K = h\,/\,e^2$	$2{,}581 \cdot 10^{4}$	Ω	$3{,}7 \cdot 10^{-9}$

1.2.2 Einheiten und Fundamentalkonstanten

Einerseits wird versucht, die Einheiten auf Fundamentalkonstanten zurückzuführen (Tabelle 1.4), andererseits hängen der Zahlenwert und die Einheit einer Fundamentalkonstanten von dem gewählten Einheitensystem ab. Beispielhaft soll hier gezeigt werden, dass mit der Definition des **Ampere** gleichzeitig die magnetische Feldkonstante μ_0 festgelegt ist (Bild 1.3).

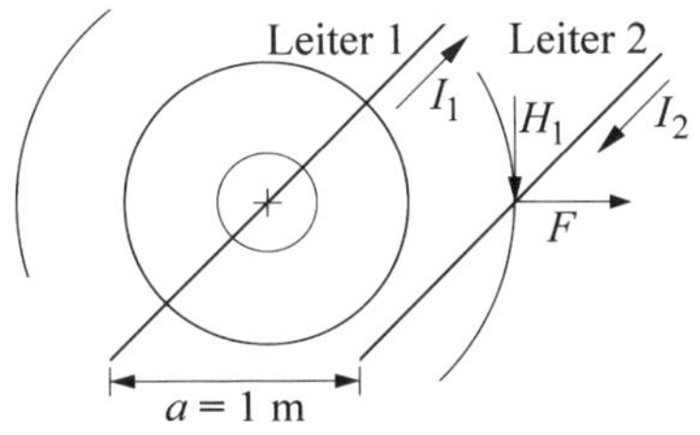

Bild 1.3: Anordnung der Leiter bei der Definition der Einheit Ampere

Der durch den Leiter l fließende Strom I_1 führt in dem Abstand a zu einem Magnetfeld mit der Feldstärke H_1 und der Induktion B_1:

$$H_1 = \frac{I_1}{2\,\pi\,a}, \qquad B_1 = \mu_0\,H_1. \tag{1.4}$$

Die durch dieses Magnetfeld auf den parallel geführten, vom Strom I_2 durchflossenen Leiter der Länge l ausgeübte Kraft F ist

$$F = I_2\, l\, B_1 = \mu_0\, I_2\, l\, \frac{I_1}{2\,\pi\,\mathrm{a}}. \tag{1.5}$$

Die Definition des Ampere sagt, dass für $I_1 = I_2 = I$ der durch die Leiter fließende Strom I dann genau 1 Ampere ist, wenn für $a = l = 1$ m die Kraft $F = 2 \cdot 10^{-7}$ N ist. Für diese Zahlenwerte ergibt sich die magnetische Feldkonstante μ_0 aus der letzten Gleichung zu

$$\mu_0 = 4\pi \cdot 10^{-7}\, \frac{\mathrm{N}}{\mathrm{A}^2} = 1{,}2566 \cdot 10^{-6}\, \frac{\mathrm{V\,s}}{\mathrm{A\,m}}. \tag{1.6}$$

Sie wird also nicht mehr experimentell bestimmt, sondern ist durch die Definition des Ampere festgelegt. Der irrationale Faktor π ist dabei in die Feldkonstante eingerechnet und muss so nicht mehr in den Gleichungen mitgeschleppt werden.

Über die Beziehung

$$c_0^2 = \frac{1}{\varepsilon_0\, \mu_0} \tag{1.7}$$

hängen die Lichtgeschwindigkeit im Vakuum, die magnetische Feldkonstante und die elektrische Feldkonstante zusammen. Das internationale Einheitensystem legt die Lichtgeschwindigkeit (Definition des Meters) und die magnetische Feldkonstante (Definition des Ampere) und damit über die Gl. (1.7) auch die elektrische Feldkonstante fest.

Der Zusammenhang zwischen den elektrischen und den mechanischen Grundeinheiten einerseits und den direkt berührten Fundamentalkonstanten andererseits ist in Bild 1.4 dargestellt. Bei den Einheiten ist die Unsicherheit der Darstellung, d. h. die Unsicherheit der Realisierung im Laboratorium, angegeben [1.5]...[1.7].

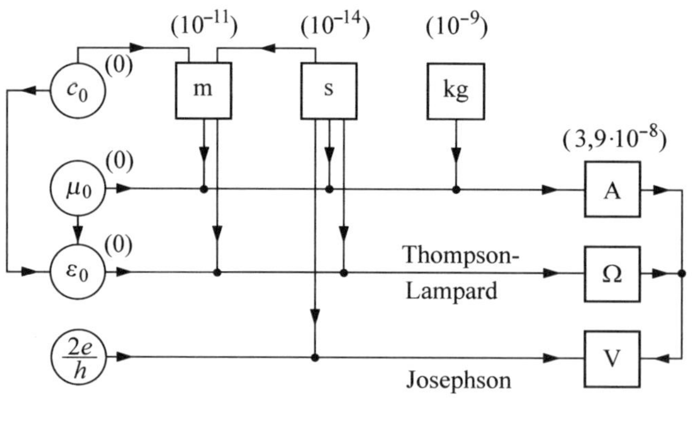

Bild 1.4: Zusammenhang zwischen SI-Einheiten und Fundamentalkonstanten; in Klammern sind die Unsicherheiten angegeben

1.2.3 Darstellung der mechanischen Grundeinheiten

Das **Kilogramm** ist als die Masse des Prototyps in Paris definiert. Für die nationalen Kilogramm-Prototypen ergeben sich bei den erforderlichen Wägungen Unsicherheiten von 10^{-9}.

Die **Sekunde** ist die Einheit, die sich mit der größten Genauigkeit darstellen lässt. Dies gelingt in den so genannten Atomuhren, in denen Cs-Atome verdampft werden, durch Magnetfelder laufen und auf einen Detektor treffen.

Beim Durchlaufen eines magnetischen Wechselfeldes der Frequenz f_0 können die Cs-Atome in einer Resonanzabsorption Energie aufnehmen und von dem energieärmeren in den energiereicheren Zustand übergehen. Ändert sich die Frequenz des Wechselfeldes, so ändert sich die Zahl der auf den Detektor treffenden Cs-Atome. Die Frequenz, bei der der Detektorstrom ein Maximum hat, wird zu f_0=9192631770 Hz definiert und die Sekunde ergibt sich als die entsprechende Zahl von Periodendauern („Atomuhr"). Die Resonanzabsorption ist sehr ausgeprägt und wird nicht durch andere Effekte gestört. Gleichzeitig lassen sich Frequenzen im GHz-Bereich gut messen, so dass die Sekunde mit der außerordentlich geringen Unsicherheit von nur 10^{-14} dargestellt werden kann.

Die **absolute** Unsicherheit ist bedingt durch die Cs-Emission und begrenzt die Genauigkeit der Frequenzmessung. Eine wesentlich geringere **relative** Unsicherheit kann neuerdings mit optischen Atomuhren Frequenzkamm-Synthesizern) erreicht werden [1.18]...[1.20]. Für deren Entwicklung wurden J. Hall und Th. Hänsch mit dem Nobelpreis für Physik 2005 ausgezeichnet [1.21]. Die optischen Atomuhren leiten die für eine Frequenzmessung nötige Torzeit (Zeitbasis) von einer optischen Strahlung ab. Grünes Licht z. B. der Wellenlänge 500 nm hat eine Frequenz von $6 \cdot 10^{14}$ Hz. Die Zeitbasis kann so $6 \cdot 10^4$-mal feiner eingestellt werden und ist um diesen Wert genauer als bei Verwendung der Cs-Strahlung von $9,19 \cdot 10^9$ Hz. Derartige Messsysteme können bei MenloSystems gekauft werden, eine Ausgründung des Max-Planck-Instituts für Quantenoptik [1.22]. Es ist zu erwarten, dass in Zukunft eine optische Linie als Frequenzstandard anstelle des Cs-133 eingeführt wird. Die absoluten Unsicherheiten können sich dann auf etwa 10^{-18} reduzieren

Zur Definition des **Meter** ist zunächst die Lichtgeschwindigkeit im Vakuum als Konstante

$$c_0 = 299\,792\,458 \text{ m s}^{-1} \tag{1.8}$$

festgelegt. Das Meter wird dann als die Länge der Strecke erklärt, die das Licht im Vakuum während des Zeitintervalls (1/299 792 458) s durchläuft. Damit ist die Längeneinheit messtheoretisch von der Zeitmessung abhängig. Das Meter wird aber weiterhin als Basiseinheit bezeichnet und verwendet.

In der Präzisions-Längenmesstechnik werden Strecken mit Hilfe von Interferometern gemessen. Diese benötigen eine sichtbare Strahlung, deren Wellenlänge bekannt sein muss. Laser z. B. sind als Strahlenquellen geeignet. Die Wellenlänge λ_1 des verwendeten Lichts wird aus seiner Frequenz f_1 und dem für die Lichtgeschwindigkeit festgelegten Wert c_0 nach der Beziehung

$$\lambda_1 = c_0 \,/\, f_1 \tag{1.9}$$

berechnet. Dazu muss vorher die Frequenz des Laserlichts von etwa $5 \cdot 10^{14}$ Hz möglichst genau bestimmt sein. Dies gelingt mit dem neuen Frequenzkamm-Synthesizer genauer und einfacher als bisher, wo über verschiedene Zwischenstufen die optische Frequenz auf die Mikrowellen-Frequenz des Cs-133 zurückgeführt werden musste [1.19]. So ist auch hier eine Verringerung der Unsicherheiten zu erwarten.

1.2.4 Darstellung, Reproduzierung, Bewahrung und Weitergabe der elektrischen Einheiten

Ampere. Zur Darstellung der Einheit des **Ampere**, die das Bindeglied zwischen den mechanischen und elektrischen Größen ist, wird eine Stromwaage als elektrodynamischer Kraftumformer verwendet (Bild 1.5).

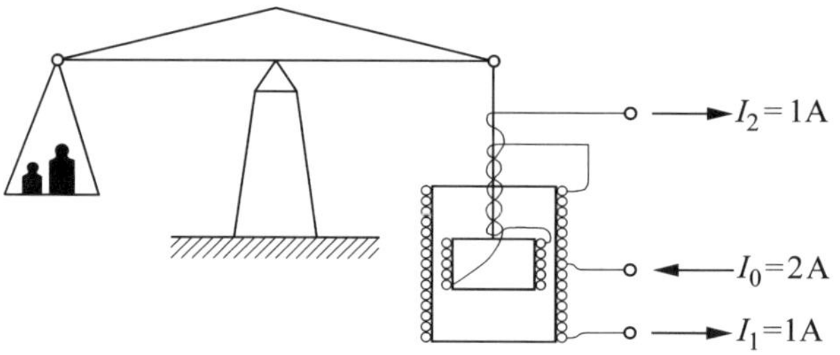

Bild 1.5: Prinzip einer Stromwaage zur Darstellung des Ampere

Die Messung wird nicht – wie die Definition vorsieht – an zwei einzelnen Leitern, sondern an Spulen wegen der dabei erzielbaren größeren Kräfte durchgeführt. Die von den stromdurchflossenen Leitern im Magnetfeld ausgeübte Kraft wird mit der Gewichtskraft einer Masse im Schwerefeld der Erde verglichen. Die Unsicherheit der Messung beträgt einige 10^{-8}, da die geometrischen Abmessungen der Spulen nicht genauer zu ermitteln sind.

Volt. In ähnlicher Weise wird bei der Darstellung der Einheit Volt die mit Hilfe einer Kondensatoranordnung erzeugte elektrostatische Kraft zu einer Gewichtskraft in Bezug gesetzt.

Von der Darstellung der SI-Einheiten ist ihre **Reproduzierung** für Vergleichszwecke zu unterscheiden. Hierfür werden wegen der großen Genauigkeit Quanteneffekte und Fundamentalkonstanten benutzt, die invariant sind gegenüber Änderungen von Ort und Zeit [1.6], [1.7] (Tabelle 1.5). Dadurch werden für Vergleichsmessungen Unsicherheiten erreicht, die deutlich geringer sind als bei der Darstellung der Einheiten im SI-System. Beim **Josephson-Effekt** fließt zwischen zwei schwach gekoppelten Supraleitern (Tunnelelemente) beim Anlegen einer Gleichspannung ein Suprastrom der Frequenz f [1.9]...[1.13]. Diese ist über die Elementarladung e und das Planck'sche Wirkungsquantum h mit der Spannung U verknüpft:

$$f = \frac{2\,e}{h} U \,. \tag{1.10}$$

Tabelle 1.5: Definition, Darstellung, Reproduzierung und Weitergabe elektrischer Einheiten

	Ampere	Volt	Ohm
Definition	A	$\mathrm{V} = \mathrm{s}^{-3}\ \mathrm{m}^2\ \mathrm{kg}\ \mathrm{A}^{-1}$	$\Omega = \mathrm{s}^{-3}\ \mathrm{m}^2\ \mathrm{kg}\ \mathrm{A}^{-2}$
Darstellung	Stromwaage	Spannungswaage	Kreuzkondensator
Reproduzierung		Josephson-Effekt	Quanten-Hall-Effekt
Bewahrung, Weitergabe		Elektronische Spannungsnormale, Normalelemente	Normalwiderstände

Umgekehrt kann bei Einstrahlung einer Mikrowelle der Frequenz f der Josephson-Oszillator an den externen Oszillator angekoppelt werden. Der Josephson-Oszillator schwingt dann auch mit Oberwellen $n \cdot f$ und es entstehen Spannungsstufen $U(n)$

$$U(n) = n \, \frac{h}{2\,e} f \qquad \text{bei } n = 1, 2, \ldots \tag{1.11}$$

mit $U(1) = 145\ \mu\mathrm{V}$ bei $f = 70$ GHz.

Diese Spannungsstufen stellen äußerst präzise Referenzspannungen dar, da die Frequenz f des Oszillators mit Hilfe der Cs-Atomuhren bestimmt wird. Die verbleibende Unsicherheit in dem Faktor $2\,e/h$, der so genannten Josephson-Konstante K_J wird dadurch umgangen, dass dieser Konstanten 1990 der Wert

$$K_{\mathrm{J}-90} = \frac{2\,e}{h} = 483\,597{,}9\ \mathrm{GHz/V} \tag{1.12}$$

zugewiesen wurde. Vergleichsmessungen lassen sich nun mit der relativen Unsicherheit von nur $5 \cdot 10^{-11}$ verwirklichen [1.8]...[1.10]. Die Josephson-Gleichung gilt universell. Sie ist in weiten Grenzen unabhängig vom Material der Supraleiter, dem Typ und der Geometrie der Tunnelelemente, der Temperatur unterhalb der Temperatur für die Supraleitung und der Leistung der Mikrowellenstrahlung.

Für die praktische Anwendung werden auf einem Si-Chip sehr viele hintereinander liegende Josephson-Kontakte integriert. Dadurch können Spannungsnormale zwischen 1 und 10 Volt realisiert werden (Bild 1.6). Obwohl z. B. bei 14 000 Kontakten die Chipfläche nur etwa 1 x 2 cm^2 beträgt, ist das komplette System doch relativ aufwändig.

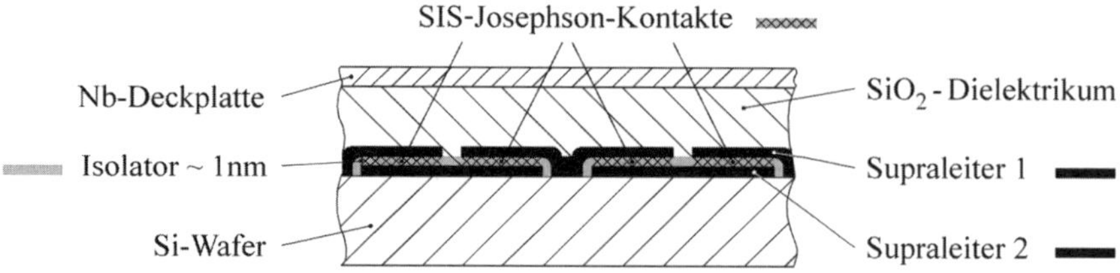

Bild 1.6: Ausschnitt der periodischen Streifenleitung mit 4 Josephson-Kontakten [1.13] (Supraleiter-Isolator-Supraleiter SIS)

Es umfasst die Kühlung, den Probehalter mit den Kontakten, ein Nano-Voltmeter und die komplette Steuerung und wird inzwischen kommerziell angeboten [1.14].

Ohm. Das Ohm wird mit Hilfe des Kreuzkondensators nach Thompson und Lampard auf eine Längenmessung zurückgeführt. Die Kapazität des Kondensators hängt unter gewissen Voraussetzungen nur von seiner Länge l, nicht aber von irgendwelchen Querabmessungen ab:

$$C = \frac{\ln 2}{\pi}\,\varepsilon_0\,l\,. \tag{1.13}$$

Sie kann aus der nach Gl. (1.7) ermittelten elektrischen Feldkonstante ε_0 und einer Längenmessung bestimmt werden. Über die Kapazitätsmessung ist bei bekannter Frequenz das Ohm als Einheit des Widerstandes unmittelbar auf die Basiseinheiten Meter und Sekunde zurückgeführt. Ein Kreuzkondensator als Widerstandsnormal hat darüber hinaus den Vorteil, die Einheit materiell zu verkörpern, transportabel, austauschbar und vergleichbar zu sein.

Noch besser gelingt die Reproduzierung der Widerstandseinheit Ω mit Hilfe des Quanten-Hall-Effekts [1.15]...[1.17], der nach seinem Entdecker Von-Klitzing-Effekt genannt wird.

Werden extrem dünne Schichten bei tiefen Temperaturen einem starken Magnetfeld ausgesetzt, so liegt in diesen Schichten ein so genanntes zweidimensionales Elektronengas mit großer Elektronenbeweglichkeit vor. Die Kennlinie des Hall-Widerstandes in Abhängigkeit von der magnetischen Induktion verläuft dann stufenförmig (Bild 1.7).

Es enstehen für den Hall-Widerstand konstante Plateaus, deren Werte durch

$$R_{\mathrm{H}}(z) = \frac{1}{z}\,\frac{h}{e^2}\,\Omega \tag{1.14}$$

gegeben sind. In dieser Gleichung sind z ein Zählparameter, h das Planck'sche Wirkungsquantum und e die Elementarladung. Der Faktor h/e^2 wird als Von-Klitzing-Konstante R_{K} bezeichnet. 1990 wurde dafür nach einem Abgleich verschiedener Messungen der Wert

$$R_{\mathrm{K-90}} = \frac{h}{e^2} = 25\,812{,}807\,\Omega \tag{1.15}$$

festgelegt. Unabhängige Messungen zeigen, dass der Hall-Widerstand mit einer Unsicherheit von $4{\cdot}10^{-10}$ unabhängig ist von Material, Geometrie und Quantenzahl [1.17].

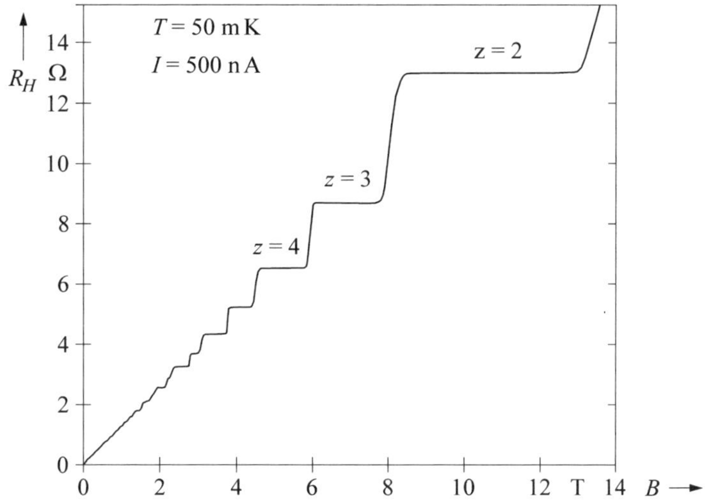

Bild 1.7: Quanten-Hall-Effekt, gemessen an einer GaAs-Probe [1.17]

1.2.5 Rückführbarkeit; Deutscher Kalibrierdienst

In den einzelnen Staaten sind die Nationalen Metrologischen Institute NMI für den richtigen Gebrauch des SI-Systems, für die Darstellung der Einheiten und für die Verbreitung der entsprechenden Normale zuständig. Für Deutschland ist es die Physikalisch-Technische Bundesanstalt PTB in Braunschweig [1.5]. Es muss sichergestellt werden, dass die vom Hersteller kalibrierten Messgeräte im Bereich der Messunsicherheit mit den nationalen Normalen übereinstimmen. Dazu gibt es eine Hierarchie der Mess- und Prüfmittel (Bild 1.8) Die Bezugsnormale sind direkt mit dem nationalen Normal verglichen. Sie dienen zur Kalibrierung der Werksnormale, und die wiederum zur Kalibrierung der Prüfmittel in der Produktion. Dabei nimmt die Genauigkeit in jeder Stufe ab.

Um die **Rückführbarkeit** (traceability) zu gewährleisten, gibt es in Deutschland den Deutschen Kalibrierdienst DKD [1.23] und [1.24]. In ihm sind Kalibrierlaboratorien von Industrieunternehmen, Forschungsinstituten, technischen Behörden sowie Überwachungs- und Prüfinstitutionen zusammengeschlossen. Sie werden von der Akkreditierungsstelle des Deutschen Kalibrierdienstes bei der Physikalisch-Technischen Bundesanstalt akkreditiert und überwacht. Sie führen Kalibrierungen von Messgeräten und Maßverkörperungen für die bei der Akkreditierung festgelegten Messgrößen und Messbereiche durch. Die von ihnen ausgestellten DKD-Kalibrierscheine sind ein Nachweis für die Rückführung auf nationale Normale, wie sie von der Normenfamilie DIN EN ISO 9000 und der DIN EN ISO/IEC 17025 gefordert wird. Kalibrierungen durch DKD-Laboratorien geben dem Anwender Sicherheit für die Verlässlichkeit von Messergebnissen, erhöhen das Vertrauen der Kunden und die Wettbewerbsfähigkeit auf den nationalen und internationalen Märkten und dienen als messtechnische Grundlage für die Mess- und Prüfmittelüberwachung im Rahmen von Qualitätssicherungsmaßnahmen.

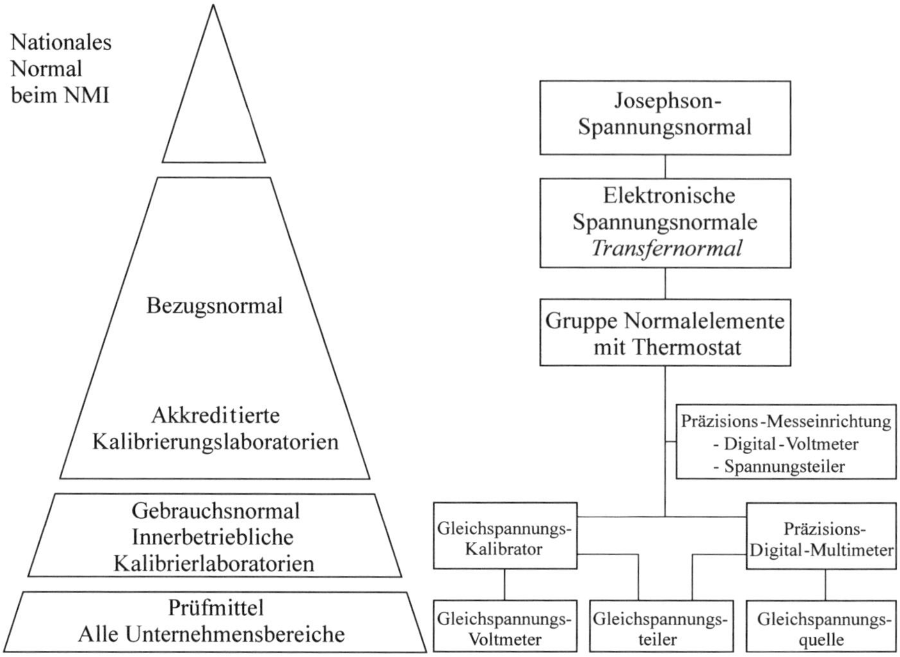

Bild 1.8: Rückführung der bei den Herstellern benutzten Spannungsmesser auf das nationale Normal bei der PTB [1.23]

1.2.6 Größen- und Zahlenwertgleichungen

Gleichungen beschreiben die Beziehungen zwischen physikalischen Größen. Sie heißen **Größen**gleichungen, wenn sie ausschließlich aus den mit dem Zahlenfaktor 1 multiplizierten physikalischen Größen bestehen. So ergibt sich z. B. die in einem Verbraucher umgesetzte elektrische Energie E aus der anliegenden Spannung U, dem durchgehenden Strom I und der Zeit t zu

$$E = U\,I\,t. \tag{1.16}$$

Die physikalischen Gleichungen sind unabhängig von den Einheiten, in denen die Größen gemessen werden. Zweckmäßig werden nun die Einheiten so gewählt, dass für sie die gleichen Formeln wie für die Größen gelten. Dieses Ziel wird durch die Verwendung kohärenter Einheiten erreicht. Für unser Beispiel bedeutet dies, die elektrische Energie in Ws, die Spannung in V, die Stromstärke in A und die Zeit in s zu messen:

$$1\,\mathrm{W\,s} = 1\ \mathrm{V\ A\ s}. \tag{1.17}$$

Von den Größengleichungen werden die **Zahlenwert**gleichungen unterschieden. In ihnen werden nichtkohärente Einheiten verwendet und Zahlenwerte, Umrechnungsfaktoren, müssen berücksichtigt werden. Soll in unserem Beispiel die Energie in kWh ausgedrückt werden, so gilt die Zahlenwertgleichung

$$E \text{ (in kWh)} = 0{,}28 \cdot 10^{-6} \cdot U \text{ (in Volt)} \cdot I \text{ (in A)} \cdot t \text{ (in s)}. \qquad (1.18)$$

Zahlenwertgleichungen führen oft zu Irrtümern und sollen deshalb vermieden werden. Da den Zahlenfaktoren ganz bestimmte Einheiten zu Grunde liegen, müssen diese Einheiten immer angegeben werden.

Auch bei Größengleichungen empfiehlt es sich, möglichst oft die Einheiten hinzuschreiben und zu überprüfen. Aus der Tatsache, dass auf jeder Seite einer Gleichung dieselben Einheiten stehen müssen, ergibt sich leicht eine Kontrolle der durchgeführten Rechnungen. Summen und Differenzen können nur von Größen mit gleichen Einheiten gebildet werden und als Exponenten oder als Argumente von Funktionen dürfen nur Zahlen, d. h. „dimensionslose" Größen, auftreten.

1.3 Statisches Verhalten der Messgeräte

Die messtechnischen Eigenschaften eines Geräts werden durch sein **statisches** und **dynamisches Verhalten** und durch seine **Genauigkeit** charakterisiert. Diese Begriffe sollen im Folgenden etwas näher erläutert werden.

Kennlinie. Der stationäre Zustand eines Messgeräts ist bei zeitlicher Konstanz aller Eingangsgrößen nach Ablauf aller Ausgleichsvorgänge erreicht. Für diesen Zustand beschreibt die Kennlinie die Abhängigkeit des Ausgangssignals x_a eines Messgeräts vom Eingangssignal x_e:

$$x_a = f(x_e). \qquad (1.19)$$

Der Zusammenhang beider Größen wird oft als mathematischer Ausdruck, seltener in Form einer Wertetabelle angegeben. Aus der Kennlinie ergibt sich die Empfindlichkeit E, indem am Arbeitspunkt die beobachtete Änderung des Ausgangssignals durch die sie verursachende Änderung des Eingangssignals dividiert wird (Bild 1.9):

$$E = \frac{\mathrm{d}x_a}{\mathrm{d}x_e} \, \frac{\text{Einheit des Ausgangssignals}}{\text{Einheit des Eingangssignals}}. \qquad (1.20)$$

Bei den Messgeräten, bei denen Ein- und Ausgangssignal gleichartige Größen sind (z. B. Ein- und Ausgangsspannung eines Verstärkers), kürzen sich die Einheiten heraus, und die Empfindlichkeit ist eine reine Zahl. Ist dies nicht der Fall, so sind die Einheiten stets mit anzugeben.

Ist die Kennlinie eine Gerade, so hat das Messgerät an allen Arbeitspunkten dieselbe konstante Empfindlichkeit $E = k$, die oft als Proportionalitäts- oder Übertragungsfaktor bezeichnet wird. Für eine durch den Nullpunkt gehende Kennlinie gilt:

$$x_a = k\,x_e. \qquad (1.21)$$

Diese lineare Abhängigkeit zwischen Ausgangs- und Eingangssignal ist für die Darstellung und Weiterverarbeitung vorteilhaft. So werden zum Teil größere Anstrengungen unternommen, um bei Messgeräten eine konstante Empfindlichkeit zu erreichen.

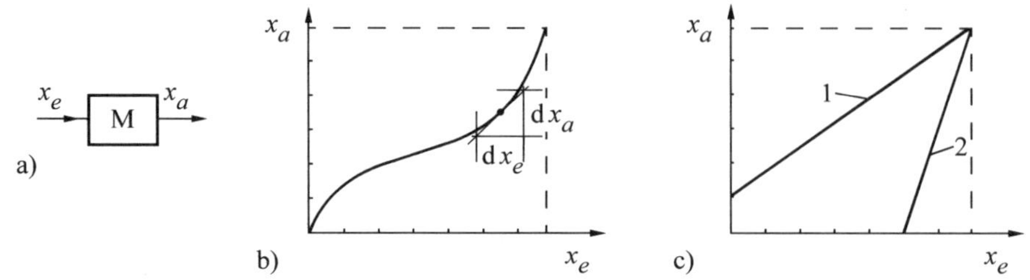

Bild 1.9: Messgeräte-Kennlinien
a) Blockschaltbild eines Messgeräts M mit Eingangssignal x_e und dem Ausgangssignal x_a
b) die Empfindlichkeit E ist der Differenzialquotient $\mathrm{d}x_a/\mathrm{d}x_e$ am Arbeitspunkt
c) Kennlinie mit lebendem Nullpunkt (1) und unterdrücktem Nullpunkt (2)

Ersatz der Kennlinie durch ihre Tangente. Bei kleinen Messbereichen und bei geringeren Ansprüchen an die Genauigkeit kann die Kennlinie durch ihre Tangente angenähert werden. Hier entsteht die Aufgabe, die Gleichung der Tangente zu finden. Dazu wird der analytische Ausdruck für die Kennlinie um den Arbeitspunkt in eine Taylorreihe entwickelt und diese wird nach dem linearen Glied abgebrochen.

• **Beispiel 1.1.** Die Kennlinie eines Heißleiters

$$R = K_0\,\mathrm{e}^{b/T} \tag{1.22}$$

ist in der Nähe des Arbeitspunktes T_1 durch eine Gerade zu ersetzen. Für eine beliebige Funktion $f(x)$ würde die entsprechende Reihenentwicklung um die Stelle x_1 im Abstand $\Delta\,x$ lauten:

$$f(x_1 + \Delta\,x) = f(x_1) + \Delta\,x \cdot f'(x_1). \tag{1.23}$$

Übertragen auf unsere Aufgabenstellung ergibt sich:

$$R\,(T_1 + \Delta\,T) = R(T_1) + \Delta\,T \cdot R'(T_1). \tag{1.24}$$

Mit

$$R'(T_1) = \frac{\mathrm{d}R(T_1)}{\mathrm{d}T} = -\frac{b}{T_1^2} \cdot R(T_1) \qquad \text{und} \qquad -\frac{b}{T_1^2} = \alpha \tag{1.25}$$

geht diese Beziehung über in

$$R\,(T_1 + \Delta\,T) = R(T_1) + \Delta\,T \cdot \alpha \cdot R(T_1) = R(T_1) \cdot (1 + \alpha \cdot \Delta\,T), \tag{1.26}$$

womit die gestellte Aufgabe gelöst ist. •

1.4 Statische Messfehler und Messunsicherheiten

1.4.1 Einführung

Fehlerbetrachtung schon bei der Auslegung eines Messsystems. Schon bei der Auslegung eines Messsystems sollten die möglichen Einflüsse, Fehler und Unsicherheiten überlegt werden. Diese können in den Geräten eines Messsystems liegen, aber auch in dessen Struktur und nicht zuletzt bei den die Messungen durchführenden Personen. Selbstverständlich sollen die Messgeräte nur sachverständig und bestimmungsgemäß betrieben werden.

Da eine Messung stets mit einem Energie- oder Informationsfluss vom Messobjekt zum Messgerät verbunden ist, ist streng darauf zu achten, dass umgekehrt durch den Anschluss und den Einbau des Messgeräts die zu messende Größe nicht verändert wird (Bild 1.10).

Bild 1.10: Eine Rückwirkung vom Messgerät auf das Messobjekt ist zu vermeiden. Das Messergebnis darf nicht durch die Umgebungsbedingungen, die Spannungsversorgung oder den Anschluss weiterer Geräte verfälscht werden

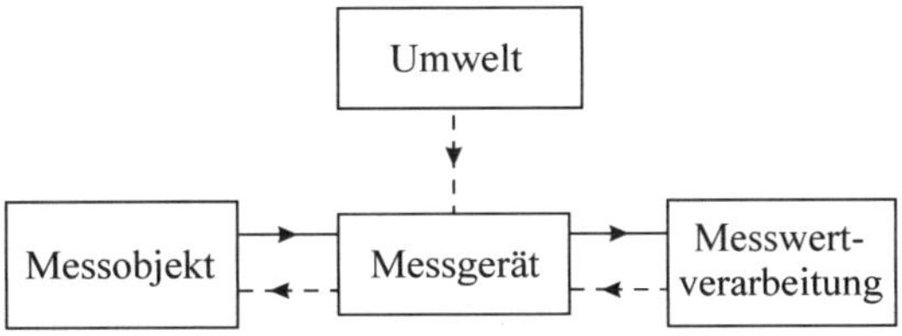

Diese störende Rückwirkung des Messgeräts auf das Messobjekt kann z. B. bei einer Spannungs- oder Strommessung in einer zu starken Belastung der Quelle liegen. Bei einer Temperaturmessung kann durch den Temperaturfühler Wärme vom Messobjekt abgeleitet und dessen Temperatur erniedrigt werden. Im Prinzip sind solche Rückwirkungen bei jeder Messung gegeben. Sie sind sorgfältig zu analysieren und gering zu halten, da die dadurch entstehenden Fehler nur selten quantitativ angegeben und korrigiert werden können.

Vorgehensweise bei der Fehlerbetrachtung. Nach allgemeiner Ansicht lässt sich der absolut wahre Wert einer Messgröße nicht feststellen. Sollte man ihn haben, so weiß man nicht, dass er es ist. So lässt sich also ein Messfehler nicht als Differenz zwischen Messergebnis und wahrem Wert berechnen. Wegen der vielen bei einer Messung wirkenden Einflüsse sind unvollständige, falsche Messergebnisse unvermeidbar. Diese bei der Messung wirkenden Einflüsse werden im Folgenden in **bekannte** und **unbekannte** unterteilt. Diese Unterteilung bietet sich wegen der unterschiedlichen Behandlung bekannter und unbekannter Einflüsse an.

Bei den bekannten Einflüssen sind die Messwerte entsprechend zu berichtigen, zu korrigieren. Die Differenz zwischen einem berichtigten und einem nicht berichtigten Messwert wird in diesem Buch als (Mess-)Fehler bezeichnet.

Bei den unbekannten Einflüssen lässt sich nichts berichtigen. Hier kann nur ein Bereich angegeben werden, in dem der wahre Wert der Messgröße mit einer gewissen

Wahrscheinlichkeit zu liegen kommt. Ein Maß für diese Unkenntnis der Messgröße ist die **Messunsicherheit** [1.25]...[1.31].

Die Messung der Messgröße X liefere – gegebenenfalls nach einer Korrektur – den Messwert x. Dieser bildet zusammen mit seiner Unsicherheit $u(x)$ das Messergebnis. Es kann in der folgenden Schreibweise angegeben werden:

$$X = x \pm u(x)\,. \tag{1.27}$$

Der durch die Messunsicherheit gekennzeichnete Bereich der Werte, die der Messgröße zugewiesen werden können, lautet

$$x - u(x) \le X \le x + u(x)\,. \tag{1.28}$$

Dabei ist für das vollständige Messergebnis noch die Wahrscheinlichkeit anzugeben, mit der der wahre Wert in diesem Intervall zu liegen kommt.

Aufgabe dieser „Unsicherheitsrechnung" (früher „Fehlerrechnung") ist, die Unsicherheiten quantitativ einzugrenzen. Das ist eine schwierige Aufgabe. Dabei dürfen für Gebrauchsmessungen die Unsicherheiten im Prozent-Bereich liegen, während bei Messungen zur Rückführbarkeit, im Eichwesen oder gar bei dem Vergleich von Normalen die Unsicherheiten viele Größenordnungen geringer sein müssen.

1.4.2 Bekannte Einflüsse; systematische Messfehler

Korrektur der systematischen Fehler. Bei bekannten Einflüssen lässt sich die Wirkung auf den Messwert berechnen. Die Veränderung des Messwertes hat immer dieselbe Größe und dasselbe Vorzeichen. Sie lässt sich durch wiederholte Messungen nicht verringern. Die Veränderung $\Delta\, x$ des Messwertes wird als **„bekannter systematischer Fehler"** $\Delta\, x$ oder als „bekannte systematische Abweichung" $\Delta\, x$ bezeichnet. Ist die Veränderung für einen bestimmten Messzweck zu groß, so muss sie berücksichtigt und der Messwert muss berichtigt, korrigiert, werden:

$$x_{\text{korr}} = x - \Delta\, x = x\left(1 - \frac{\Delta\, x}{x}\right). \tag{1.29}$$

$\Delta\, x$ ist der mit der Einheit anzugebende absolute Fehler, $\Delta\, x/x$ ist der auf den Messwert bezogene relative Fehler.

Beispiel: Die Uhr ist um zwei Minuten vorgestellt. Um die richtige Zeit zu erhalten, muss die Abweichung $+\Delta\, x$ vom angezeigten Wert abgezogen werden.

Soll die Leerlaufspannung einer Spannungsquelle gemessen werden und fließt über den Spannungsmesser ein zu hoher Strom, so ist der Spannungsabfall am Innenwiderstand der Quelle zu berücksichtigen (Gl. 2.27).

Fortpflanzung der systematischen Messfehler. Wir betrachten eine Größe y, die der direkten Messung nicht zugänglich, aber eine bekannte Funktion der messbaren und mit den Fehlern Δx_i behafteten Größen x_i ist. Die mathematische Beziehung zwischen den bei der Auswertung der Messungen beteiligten Größen wird als Modell (der Auswertung) bezeichnet:

$$y = f(x_1, x_2, \ldots, x_n). \tag{1.30}$$

Die Einzelfehler Δx_i führen zu einem Gesamtfehler Δy, der berechnet werden soll.

$$y + \Delta y = f(x_1 + \Delta x_1,\, x_2 + \Delta x_2\,,\, \ldots\,,\, x_n + \Delta x_n)\,. \tag{1.31}$$

$$\Delta y = f(x_1 + \Delta x_1\,,\, x_2 + \Delta x_2\,,\, \ldots\,,\, x_n + \Delta x_n) - f(x_1\,,\, x_2\,,\, \ldots\,,\, x_n). \tag{1.32}$$

Mit Hilfe der nach dem linearen Glied abgebrochenen Taylorreihe der Funktion f

$$f(x_1 + \Delta x_1,\, x_2 + \Delta x_2,\, \ldots\,,\, x_n + \Delta x_n)$$

$$= f(x_1,\, x_2, \ldots, x_n) + \frac{\partial f}{\partial x_1}\Delta x_1 + \frac{\partial f}{\partial x_2}\Delta x_2 \ldots + \frac{\partial f}{\partial x_n}\Delta x_n \tag{1.33}$$

lässt sich dann die Differenz Δy aus den partiellen Ableitungen und den als klein angenommenen Änderungen Δx_i berechnen:

$$\Delta y = \frac{\partial f}{\partial x_i}\Delta x_1 + \ldots + \frac{\partial f}{\partial x_n}\Delta x_n = \sum_{i=1}^{n} \frac{\partial f}{\partial x_i}\Delta x_i \qquad \text{für } \Delta x_i \ll x_i \tag{1.34}$$

In diese Gleichung sind die Einzelfehler Δx_i mit ihren Vorzeichen einzusetzen und der fehlerbehaftete Messwert y ist entsprechend zu korrigieren.

Die Ableitungen $\partial f/\partial x_i$ geben dabei die Empfindlichkeiten für die Größen x_i an. Sie drücken aus, wie sehr die Fehler Δx_i das Messergebnis beeinflussen. Unabhängig von der Fehlerrechnung ist Gl. (1.34) damit auch für eine Empfindlichkeitsanalyse verwendbar.

Ist die zu berechnende Größe y eine Linearkombination der gemessenen Größen x_i,

$$y = a_1\, x_1 + a_2\, x_2 + \ldots + a_n\, x_n\,, \tag{1.35}$$

so wird nach Gl. (1.34)

$$\Delta y = a_1\, \Delta x_1 + a_2\, \Delta x_2 + \ldots + a_n\, \Delta x_n. \tag{1.36}$$

Der absolute Gesamtfehler Δy ist also die Summe der mit den Koeffizienten a_i multiplizierten absoluten Einzelfehler Δx_i.

Sind zur Berechnung von y die gemessenen Größen zu multiplizieren,

$$y = a_1\, x_1^{\alpha_1} \cdot a_2\, x_2^{\alpha_2} \cdot \ldots \cdot a_n\, x_n^{\alpha_n}, \tag{1.37}$$

so lässt sich einfacher mit relativen Fehlern rechnen. Die partielle Ableitung von y nach x_1 ist

$$\frac{\partial y}{\partial x_1} = \alpha_1 \, a_1 \, x_1^{\alpha_1 - 1} \cdot a_2 \, x_2^{\alpha_2} \cdot \ldots \cdot a_n \, x_n^{\alpha_n} = y \, \frac{\alpha_1}{x_1}. \tag{1.38}$$

Allgemein wird für die x_i erhalten:

$$\frac{\partial y}{\partial x_i} = y \cdot \frac{\alpha_i}{x_i}, \tag{1.39}$$

so dass aus Gl. (1.34) folgt:

$$\Delta\, y = y \cdot \sum_{i=1}^{n} \alpha_i \, \frac{\Delta\, x_i}{x_i} \qquad \text{und} \qquad \frac{\Delta\, y}{y} = \sum_{i=1}^{n} \alpha_i \, \frac{\Delta\, x_i}{x_i}. \tag{1.40}$$

Der relative Gesamtfehler $\Delta\, y/y$ ergibt sich also als Summe der mit den Exponenten α_i multiplizierten relativen Einzelfehler $\Delta\, x_i/x_i$.

• **Beispiel 1.2.** An einem Verbraucher wurden Messungen mit den folgenden relativen Fehlern durchgeführt:

$$\frac{\Delta\, U}{U} = -0{,}011; \qquad \frac{\Delta\, I}{I} = 0{,}02; \qquad \frac{\Delta\, R}{R} = -0{,}031\,. \tag{1.41}$$

Der relative Fehler der Verbraucherleistung P soll bestimmt werden. Mit dem Ansatz $P = U^2/R = U^2 R^{-1}$wird

$$\frac{\Delta\, P}{P} = 2\, \frac{\Delta\, U}{U} - 1\, \frac{\Delta\, R}{R} = 2\,(-0{,}011) - (-0{,}031) = +0{,}009\,. \tag{1.42}$$

Die Leistung wurde also um 0,9 % zu groß gemessen und der Messwert kann entsprechend berichtigt werden. Der Fehler von + 0,009 ergibt sich auch, wenn die Leistung aus $P = U \cdot I$ oder $P = I^2 \cdot R$ berechnet wird. •

1.4.3 Unbekannte Einflüsse; Messunsicherheit

Leider wirken sich auch unbekannte Einflüsse auf das Messergebnis aus. Diese führen zu **Unsicherheiten** im Messergebnis. Die unbekannten Einflüsse können **systematischer** oder **zufälliger** Art sein.

Eine **systematische** Unsicherheit entsteht z. B. beim Drehspuhlinstrument, wenn sich das Magnetfeld mit der Temperatur ändert. Wird das Drehspulinstrument innerhalb des spezifizierten Temperaturbereichs betrieben, so liegen die Ungenauigkeiten innerhalb der spezifizierten Grenzen. Man kennt aber nicht ihre Größe und ihr Vorzeichen, da im Datenblatt kein Modell für die Temperaturabhängigkeit angegeben ist und da die Temperatur auch nicht gemessen ist. Wiederholte Messungen helfen bei unbekannten systematischen Einflüssen nicht. Man wird immer denselben unsicheren Messwert erhalten. Diese systematischen Unsicherheiten sind bedeutsamer als die zufälligen.

Zufällige Unsicherheiten entstehen durch nicht erfassbare und nicht beeinflussbare Änderungen der Messgeräte, des Beobachters und der Umwelt. Größe und Vorzeichen der Auswirkungen können nicht angegeben werden. Die wiederholte Messung ein und derselben Messgröße ergibt unterschiedliche, streuende Messwerte. In diesen Fällen werden der Mittelwert und die Varianz der Messwerte gebildet [1.32], [1.33]. Der Mittelwert wird dann als Maß für den Messwert und die Standardabweichung des Mittelwertes wird als Maß für die Unsicherheit genommen.

1.4.3.1 Normalverteilte Messwerte

a) Mittelwert und Standardabweichung beim mehrmaligen Messen derselben Messgröße.

a 1) Mittelwert und Standardabweichung. Oft ist die zufällige unbekannte Komponente in den Messwerten normalverteilt. Dies ist immer dann der Fall, wenn genügend viele und voneinander unabhängige Einflussgrößen wirksam sind und wenn genügend viele Einzelmessungen durchgeführt sind. Der Mittelwert $\overline{x}$ aus den N Messwerten ergibt sich zu

$$\overline{x} = \frac{1}{N} \sum_{i=1}^{N} x_i \quad \text{für} \quad N < \infty \tag{1.43}$$

und die Varianz $s^2(x_i)$ lässt sich berechnen aus

$$s^2(x_i) = \frac{1}{N-1} \sum_{i=1}^{N} (x_i - \overline{x})^2. \tag{1.44}$$

Die positive Quadratwurzel $s(x_i)$

$$s(x_i) = \sqrt{\frac{\sum (x_i - \overline{x})^2}{N-1}} \tag{1.45}$$

wird als empirische Standardabweichung der Einzelmesswerte x_i bezeichnet. Die Eigenschaft „empirisch“ drückt die Tatsache aus, dass nur eine begrenzte Zahl von Messwerten, $N < \infty$, zur Verfügung gestanden hat. In der täglichen Praxis wird jedoch oft auf das Adjektiv „empirisch “ verzichtet.

Waren genügend viele und voneinander unabhängige Einflussgrößen wirksam und wurden genügend viele Einzelmessungen durchgeführt, so sind die Messwerte normalverteilt (Bild 1.11).

Die Standardabweichung $s(x_i)$ wird als Standardunsicherheit $u(x_i)$ der Einzelmesswerte x_i definiert:

$$s(x_i) = u(x_i). \tag{1.46}$$

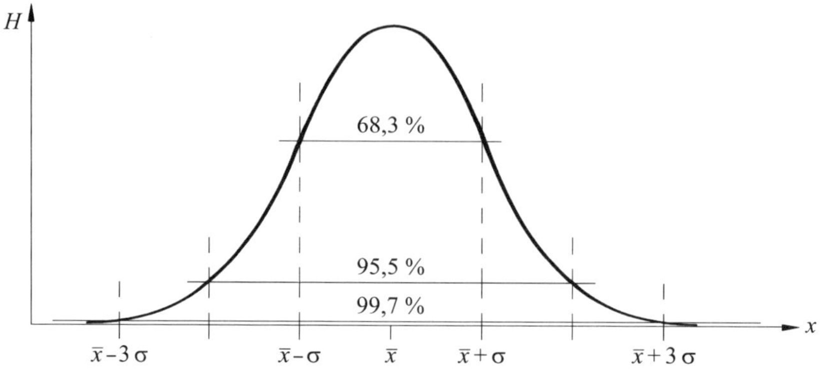

Bild 1.11: Häufigkeit H für unendlich viele Messwerte x mit der Standardabweichung σ; bei dieser idealen Normalverteilung liegen 68,3 % innerhalb des Bereichs $\overline{x} \pm \sigma$

Wird der Unsicherheitsbereich mit einem Faktor a erweitert, so steigt die Wahrscheinlichkeit, dass der wahre Wert sich in diesem Bereich befindet. Bei normalverteilten Messwerten liegen

für $a = 1$: 68,3 % im Bereich $\overline{x} \pm 1 \cdot u\,(x_i)$,

für $a = 2$: 95,5 % im Bereich $\overline{x} \pm 2 \cdot u\,(x_i)$,

für $a = 3$: 99,7 % im Bereich $\overline{x} \pm 3 \cdot u\,(x_i)$.

a 2) Auswertung mehrerer Stichproben derselben Messgröße.

Die Grundgesamtheit der betrachteten Messwerte einer Größe habe den Mittelwert $\overline{x} = 100$ und die Standardabweichung $s =$2,1. 200 dieser Messwerte sind in Bild 1.12 a eingetragen. Es werden nun (in Gedanken) 49 Messungen durchgeführt, $N = 49$. Der Mittelwert $\overline{x}_1 =$99,48 und die Standardabweichung $s_1(x_i) =$2,06 werden erhalten (Bild 1.12 b).

Dann werden unter gleichen Bedingungen N Messungen wiederholt und es ergeben sich der Mittelwert $\overline{x}_2$ und die Standardabweichung s_2. Dieses Spiel wird fortgesetzt, bis insgesamt M Messreihen (Stichproben) mit jeweils N Messwerten (Elementen der Stichprobe) vorliegen. Damit sind die Mittelwerte $\overline{x}_1$ bis $\overline{x}_M$ (Bild 1.12 c) und die Standardabweichungen s_1 bis s_M bekannt. Aus ihnen lassen sich der Mittelwert $\overline{\overline{x}}$ der Mittelwerte

$$\overline{\overline{x}} = \frac{1}{M} \sum_{i=1}^{M} \overline{x}_i \tag{1.47}$$

und eine gemittelte Standardabweichung $\overline{s}\,(x_i)$ der Einzelwerte berechnen mit

$$\overline{s}\,(x_i) = \frac{1}{M} \sum_{i=1}^{M} s_i\,. \tag{1.48}$$

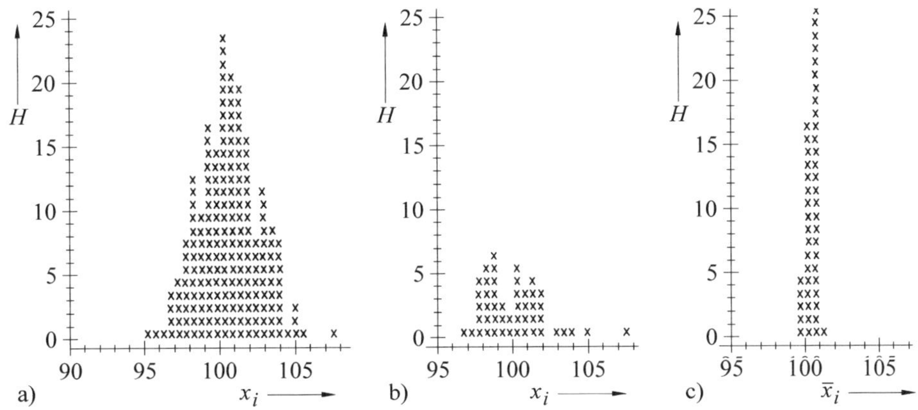

Bild 1.12: Normalverteilte Mittelwerte, die aus einem Zufallsgenerator gewonnen sind mit den Sollwerten $\overline{x} = 100$ und $s\,(x_i) = 2{,}1$

a) Stichprobe mit 200 Elementen; $\overline{x}_i = 99{,}99$; $s_i\,(x_i) = 2{,}08$

b) Stichprobe mit 49 Elementen; $\overline{x}_i = 99{,}48$; $s_i\,(x_i) = 2{,}06$

c) Verteilung der Stichprobenmittelwerte $\overline{x}_i$; $\overline{\overline{x}} = 99{,}98$; $s\,(\overline{x}_i) = \dfrac{s\,(x_i)}{\sqrt{N}} = \dfrac{2,1}{\sqrt{49}} = 0{,}3$

a 3) Standardabweichungen der Mittelwerte; Vertrauensbereich für den Mittelwert.

Die gemittelte Standardabweichung der Einzelmesswerte von Gl. (1.48) ist **nicht** die Standardabweichung der Mittelwerte. Bild 1.12 c vermittelt schon den Eindruck, dass die Mittelwerte enger beieinander liegen als die Einzelwerte. Die Standardabweichung $s\,(\overline{x}_i)$ der Mittelwerte nun ist sehr wichtig, da mit ihrer Hilfe ein gefundener Mittelwert eingegrenzt werden kann. Sie erlaubt, einen Vertrauensbereich anzugeben, in dem mit einer gewissen Wahrscheinlichkeit der wahre Wert liegen wird. Sie lässt sich leider noch nicht mit den bis jetzt angegebenen Formeln herleiten. So wird hier zunächst das Ergebnis mitgeteilt und die Herleitung wird unter **b 3)** dieses Abschnitts nachgeholt. Die Standardabweichung $s\,(\overline{x}_i)$ der Mittelwerte hängt von der Standardabweichung $s\,(x_i)$ der Einzelwerte und von der Zahl N der in die Stichprobe eingegangenen Messwerte ab:

$$s\,(\overline{x}_i) = \frac{s\,(x_i)}{\sqrt{N}}\,. \tag{1.49}$$

Die Standardabweichung $s\,(\overline{x}_i)$ der Mittelwerte ist um $1/\sqrt{N}$ kleiner als die der Einzelwerte. Die Überlegungen von Bild 1.12 dienten zur Veranschaulichung. In der Praxis wird aus sehr vielen möglichen Messungen nur eine „Stichprobe" von N Messwerten x_i gezogen. Aus diesen x_i wird ein einziger Mittelwert $\overline{x}$ (ohne Index) berechnet. Dieser Mittelwert hat nach Gl. 1.49 die Standardabweichung $s\,(\overline{x})$

$$s\,(\overline{x}) = \frac{s\,(x_i)}{\sqrt{N}}\,. \tag{1.50}$$

Die Standardabweichung $s\,(\overline{x})$ wird als Maß für die Unsicherheit $u\,(\overline{x})$ des Mittelwertes – wieder bei einer Wahrscheinlichkeit von 68,3 % – genommen:

$$u(\overline{x}) = s(\overline{x}) = \sqrt{\frac{1}{N(N-1)} \sum_{i=1}^{N} (x_i - \overline{x})^2} \,. \tag{1.51}$$

Die verbleibende Unsicherheit bei der mehrmaligen Messung einer Messgröße ist die Standardabweichung des Mittelwertes $s(\overline{x})$ und nicht die der Einzelmesswerte $s(x_i)$.

Das Messergebnis wird in Form des Mittelwertes $\overline{x}$ und seiner Unsicherheit angegeben:

$$\overline{x} \pm u(\overline{x}) = \overline{x} \pm a \frac{s(x_i)}{\sqrt{N}} = \overline{x} \left(1 \pm \frac{a\, s(x_i)}{\overline{x}\sqrt{N}}\right), \tag{1.52}$$

wobei der Faktor a entsprechend der gewünschten Aussagewahrscheinlichkeit gewählt wird. Die rein zufälligen Fehler können im Gegensatz zu den systematischen Fehlern nicht korrigiert werden. Es ist nur möglich, durch eine hinreichend große Zahl N von Messungen die Unsicherheit des Messwertes einzuengen.

• **Beispiel 1.3.** Die Vorgehensweise bei der Behandlung zufälliger Messunsicherheiten soll anhand der in Tabelle 1.6 angegebenen Messreihe verdeutlicht werden:

Tabelle 1.6: Messwerte des Beispiels zur Messunsicherheit

i	Messwert x_i in V	$(x_i - \overline{x})^2$ in V^2
1	6,7	0,04
2	6,4	0,01
3	6,3	0,04
4	6,6	0,01
5	6,5	0,00
6	6,7	0,04
7	6,5	0,00
8	6,3	0,04
9	6,6	0,01
10	6,4	0,01
Summe	65,0	0,20

Aus den angegebenen Daten errechnen sich die folgenden Werte:

Mittelwert $\overline{x}$:

$$\overline{x} = \frac{\sum x_i}{N} = \frac{65\,\mathrm{V}}{10} = 6,5\,\mathrm{V}. \tag{1.53}$$

Standardabweichung $s(x_i)$; Unsicherheit der Einzelmessung:

$$s^2(x_i) = \frac{\sum (x_i - \overline{x})^2}{N-1}\,\mathrm{V}^2; \qquad s(x_i) = 0,15\,\mathrm{V}. \tag{1.54}$$

Unsicherheit des Mittelwertes; Standardabweichung $s(\overline{x})$ des Mittelwertes:

$$s(\overline{x}) = \frac{s(x_i)}{\sqrt{N}} = \frac{0,15\,\mathrm{V}}{\sqrt{10}} = 0,047\,\mathrm{V}. \tag{1.55}$$

Mit einer Wahrscheinlichkeit von 68,3 % liegt der wahre Wert der Messgröße im Bereich

$$\overline{x} \pm \frac{s(x_i)}{\sqrt{N}} = (6,5 \pm 0,047)\ \mathrm{V} \quad \bullet \tag{1.56}$$

b) Mittelwert und Standardabweichung bei verknüpften Messgrößen. Betrachtet wird eine Größe Y, deren Messergebnis y sich aus den der Messung zugänglichen Werten $x_1, x_2, \ldots, x_n$ errechnet:

$$y = f(x_1, x_2, \ldots, x_n). \tag{1.57}$$

Da Zufallseinflüsse vorliegen, wurde jede der Größen $x_1 \ldots x_n$ wiederholt gemessen und die Mittelwerte $\overline{x}_1 \ldots \overline{x}_n$ und die Standardabweichungen $s_1(x) \ldots s_n(x)$ wurden ermittelt. Im Prinzip lassen sich viele y_i-Werte aus den x_{ij}-Werten berechnen. Die y_i-Werte bilden eine Verteilung und die Aufgabe ist, eine Rechenvorschrift zur Bestimmung des Mittelwertes $\overline{y}$ und der empirischen Standardabweichung $s(\overline{y})$ dieses Mittelwertes zu finden. Die gesuchten Beziehungen werden im Folgenden ohne Einschränkung der Allgemeinheit für eine Größe y hergeleitet, die von zwei gemessenen Größen x_1 und x_2 abhängt.

b 1) Mittelwert $\overline{y}$. Die Größe x_1 ist N-mal gemessen. Ein beliebiger Wert x_{1i} weicht vom zugehörigen Mittelwert $\overline{x}_1$ um Δx_{1i} ab:

$$\Delta x_{1i} = x_{1i} - \overline{x}_1 \quad \text{mit} \quad \overline{x}_1 = \frac{1}{N}\sum_{i=1}^{N} x_{1i}. \tag{1.58}$$

Dieselben Beziehungen gelten für die insgesamt N Messwerte x_{2i}:

$$\Delta x_{2i} = x_{2i} - \overline{x}_2 \quad \text{mit} \quad \overline{x}_2 = \frac{1}{N}\sum_{i=1}^{N} x_{2i}. \tag{1.59}$$

Für ein Messwertepaar x_{1i} und x_{2i} ergibt sich y_i zu

$$y_i = f(x_{1i},\, x_{2i}) = f(\overline{x}_1 + \Delta x_{1i},\, \overline{x}_2 + \Delta x_{2i}) \tag{1.60}$$

oder indem $f(x_{1i},\, x_{2i})$ durch die zugehörige, nach dem ersten Glied abgebrochene Taylorreihe ersetzt wird:

$$y_i = f(\overline{x}_1,\, \overline{x}_2) + \frac{\partial f(\overline{x}_1,\, \overline{x}_2)}{\partial x_1}\,\Delta x_{1i} + \frac{\partial f(\overline{x}_1,\, \overline{x}_2)}{\partial x_2}\,\Delta x_{2i}. \tag{1.61}$$

Der Mittelwert $\overline{y}$ der y_i wird dann

$$\overline{y} = \frac{1}{N}\sum_{i=1}^{N} y_i$$

$$= \frac{1}{N} \sum_{i=1}^{N} \left[f(\overline{x}_1, \overline{x}_2) + \frac{\partial f(\overline{x}_1, \overline{x}_2)}{\partial x_1} \Delta\, x_{1i} + \frac{\partial f(\overline{x}_1, \overline{x}_2)}{\partial x_2} \Delta\, x_{2i} \right]$$

$$= f(\overline{x}_1, \overline{x}_2) + \frac{1}{N} \frac{\partial f(\overline{x}_1, \overline{x}_2)}{\partial x_1} \sum_{i=1}^{N} \Delta\, x_{1i} + \frac{1}{N} \frac{\partial f(\overline{x}_1, \overline{x}_2)}{\partial x_2} \sum_{i=1}^{N} \Delta\, x_{2i}$$

$$= f(\overline{x}_1, \overline{x}_2).\,, \tag{1.62}$$

da gemäß der Definition des Mittelwertes die Summen der Abweichungen $\sum \Delta\, x_{1i}$ und $\sum \Delta\, x_{2i}$ zu null werden.

Der Mittelwert $\overline{y}$ wird erhalten, indem in die Formel für $f\,(x_i\,, \,\ldots\,, \,x_n)$ die Mittelwerte $\overline{x}_i$ eingesetzt werden:

$$\overline{y} = f\,(\overline{x}_1\,, \overline{x}_2 \ldots \overline{x}_n)\,. \tag{1.63}$$

b 2) Standardabweichung $s(\overline{y})$. Angenommen wird, dass die empirischen Varianzen $s^2\,(x_1)$ und $s^2\,(x_2)$ bekannt sind. In Anlehnung an Gl. (1.51) wird $s^2\,(\overline{y})$ definiert als

$$s^2\,(\overline{y}) = \frac{1}{N(N-1)} \sum_{i=1}^{N} (y_i - \overline{y})^2\,. \tag{1.64}$$

Um $s^2\,(\overline{y})$ zu berechnen, wird von Gl. (1.61) ausgegangen:

$$y_i - \overline{y} = \frac{\partial f}{\partial x_1} \Delta\, x_{1i} + \frac{\partial f}{\partial x_2} \Delta\, x_{2i}\,, \tag{1.65}$$

$$(y_i - \overline{y})^2 = \left(\frac{\partial f}{\partial x_1} \Delta\, x_{1i}\right)^2 + \left(\frac{\partial f}{\partial x_2} \Delta\, x_{2i}\right)^2 + \frac{2\,\partial f}{\partial x_1} \Delta\, x_{1i} \frac{\partial f}{\partial x_2} \Delta\, x_{2i}\,, \tag{1.66}$$

$$\sum_{i=1}^{N} (y_i - \overline{y})^2 = \sum_{i=1}^{N} \left(\frac{\partial f}{\partial x_1} \Delta x_{1i}\right)^2 + \sum_{i-1}^{N} \left(\frac{\partial f}{\partial x_2} \Delta x_{2i}\right)^2 + 2 \sum_{i=1}^{N} \frac{\partial f}{\partial x_1} \Delta x_{1i} \frac{\partial f}{\partial x_2} \Delta x_{2i}. \tag{1.67}$$

Bei unabhängigen Zufallsgrößen, die hier vorausgesetzt werden, sind die Summen über $\Delta\, x_{1i}$ und $\Delta\, x_{2i}$ null. Der letzte Term auf der rechten Seite, auf den im nächsten Abschnitt noch zurückgekommen wird, darf hier vernachlässigt werden und es bleibt übrig:

$$\sum_{i=1}^{N} (y_i - \overline{y})^2 = \left(\frac{\partial f}{\partial x_1}\right)^2 \sum_{i=1}^{N} \Delta\, x_{1i}^2 + \left(\frac{\partial f}{\partial x_2}\right)^2 \sum_{i=1}^{N} \Delta\, x_{2i}^2\,. \tag{1.68}$$

Wird nun Gl. (1.68) links und rechts durch $N(N-1)$ dividiert, so steht auf der linken Seite entsprechend Gl. (1.64) die Varianz $s^2\,(\overline{y})$ des Mittelwertes. Diese lässt sich wegen Gl. (1.51)

$$\frac{1}{N\,(N-1)} \sum \Delta\, x_{1i}^2 = \frac{1}{N\,(N-1)} \sum (x_{1i} - \overline{x}_1)^2 = s^2\,(\overline{x}_1) \qquad (1.69)$$

durch die Varianzen $s^2\,(\overline{x}_1)$ und $s^2\,(\overline{x}_2)$ ausdrücken:

$$s^2\,(\overline{y}) = \left(\frac{\partial f\,(\overline{x}_1\,,\,\overline{x}_2)}{\partial x_1}\right)^2 s^2\,(\overline{x}_1) + \left(\frac{\partial f\,(\overline{x}_1\,,\,\overline{x}_2)}{\partial x_2}\right)^2 s^2\,(\overline{x}_2)\,. \qquad (1.70)$$

Gl. (1.70) ist das **Gauß'sche Fehlerfortpflanzungsgesetz** aus dem Jahr 1821 [1.30], [1.31], das entsprechend dem neueren Sprachgebrauch jetzt wohl **Messunsicherheitsfortpflanzungsgesetz** genannt werden muss. Die gesuchte empirische Standardabweichung des $\overline{y}$-Wertes ergibt sich, indem die empirischen Standardabweichungen der gemessenen Größen mit den an der Stelle $\overline{x}_1$, $\overline{x}_2$ genommenen partiellen Ableitungen multipliziert und geometrisch addiert werden. Wird die Beschränkung auf zwei Variable x_1 und x_2 aufgehoben, so geht für N Variable die Beziehung über in ihre allgemeine Form

$$s\,(\overline{y}) = \sqrt{\sum_{i=1}^{N} \left(\frac{\partial f}{\partial x_i}\right)^2 s^2\,(\overline{x}_i)}\,. \qquad (1.71)$$

Die empirische Standardabweichung $s\,(\overline{y})$ ist die Standardunsicherheit $u\,(\overline{y})$ des Mittelwertes

$$s\,(\overline{y}) = u\,(\overline{y}) \qquad (1.72)$$

und das Messergebnis wird angegeben mit

$$Y = \overline{y} \pm u\,(\overline{y})\,. \qquad (1.73)$$

Auch hier kann natürlich die Aussagewahrscheinlichkeit von 68 % durch einen Faktor a verbessert werden, wobei der Bereich der Unsicherheit auf $\pm\, a\, u\,(y)$ zunimmt.

• **Beispiel 1.4.** Eine Komponente wird automatisch abgefüllt. Bekannt ist das mittlere Gewicht $\overline{g}_1 = 80$ g der Verpackung mit der zugehörigen Standardabweichung $s_1 =$ 5 g. Gewogen wird jeweils während des Füllens. Das Gesamtgewicht g_3 von Inhalt und Verpackung ist im Mittel $\overline{g}_3 = 600$ g mit der Standardabweichung $s_3 = 9$ g. Zu bestimmen sind der Mittelwert und die Standardabweichung der Einwaage $g_2 = g_3 - g_1$. Der Mittelwert $\overline{g}_2$ errechnet sich nach Gl. (1.62) zu

$$\overline{g}_2 = \overline{g}_3 - \overline{g}_1 = (600 - 80)\,\mathrm{g} = 520\,\mathrm{g}\,; \qquad (1.74)$$

die Standardabweichung ist

$$s_2 = \sqrt{\left(\frac{\partial g_2}{\partial g_3}\right)^2 s_3^2 + \left(\frac{\partial g_2}{\partial g_1}\right)^2 s_1^2}\ \ \mathrm{g}$$

$$= \sqrt{1^2 \cdot 9^2 + (-1)^2 \cdot 5^2}\ \text{g} = \sqrt{81 + 25}\ \text{g} = 10,3\ \text{g}. \tag{1.75}$$

Bei normalverteilten Gewichten haben 95 von 100 Packungen also einen Inhalt von 520 g $\pm 2\,s_2 = (520 \pm 20{,}6)$ g. •

b 3) Standardunsicherheit der Mittelwerte.

Nachdem jetzt mit Gl. (1.70) das Fehlerfortpflanzungsgesetz eingeführt ist, soll noch einmal auf den Abschnitt **a 3)** zurückgekommen werden. Das Ziel ist, die Gl. (1.49) herzuleiten.

Die Messwerte x_i sind als normalverteilt angenommen. Sie bilden eine $(\overline{x}, s\,(x_i))$-Normalverteilung. Ein Mittelwert $\overline{x}$ errechnet sich aus N Einzelmessungen x_i zu

$$\overline{x} = \frac{1}{N} \sum x_i = f(x_i)\,. \tag{1.76}$$

Er ist eine Funktion der Einzelwerte x_i, welche die Standardabweichung $s\,(x_i)$ haben. Um die Standardabweichung $s\,(\overline{x})$ des Mittelwertes zu erhalten, wird Gl. (1.71) auf den Mittelwert $\overline{x}$ einer einzigen Messgröße angewendet:

$$s\,(\overline{x}) = \sqrt{\sum_{i=1}^{N} \left(\frac{\partial f}{\partial x_i}\right)^2 s^2\,(x_i)}\,. \tag{1.77}$$

Die für diese Gleichung benötigten partiellen Ableitungen ergeben sich aus Gl. (1.76) zu

$$\frac{\partial f(x_i)}{\partial x_i} = \frac{1}{N}\,. \tag{1.78}$$

Damit wird $s\,(\overline{x})$

$$s\,(\overline{x}) = \sqrt{\sum_{i=1}^{N} \left(\frac{1}{N}\right)^2 s^2(x_i)} = \sqrt{\frac{1}{N^2}\, N\, s^2(x_i)} = \frac{s\,(x_i)}{\sqrt{N}}\,. \tag{1.79}$$

Das ist das in Gl. (1.49) vorweggenommene Ergebnis. Werden mehrere Mittelwerte gebildet, so hat jeder die Standardabweichung $s\,(x_i)/\sqrt{N})$. Die Mittelwerte bilden eine $(\overline{\overline{x}}, s\,(x_i)/\sqrt{N})$-Normalverteilung (Bild 1.12 c).

c) Kovarianz, Korrelationskoeffizient. Zwei unterschiedliche Größen x_1 und x_2 werden betrachtet. Gefragt wird, ob die beiden gewonnenen Messreihen irgendwie zusammenhängen, ob sie korreliert sind. Als Maß für einen eventuellen Zusammenhang ist die Kovarianz $\text{cov}\,(x_1, x_2)$ definiert durch

$$\text{cov}\,(x_1, x_2) = \frac{1}{N(N-1)} \sum_{i=1}^{N} (x_{1i} - \overline{x}_1)\,(x_{2i} - \overline{x}_2)\,. \tag{1.80}$$

Wird die Kovarianz durch das Produkt der Standardabweichungen $s\,(x_1) \cdot s\,(x_2)$ dividiert, so ergibt sich der Korrelationskoeffizient $r\,(x_1, x_2)$

$$r\,(x_1, x_2) = \frac{\text{cov}\,(x_1, x_2)}{s\,(x_1) \cdot s\,(x_2)} \qquad \text{mit} \qquad -1 \leq r \leq +1\,. \tag{1.81}$$

Entwickeln sich die beiden Messreihen gleichsinnig, so sind sie kovariant und der Korrelationskoeffizient ist positiv. Verlaufen sie gegensinnig, so sind sie kontravariant und der Korrelationskoeffizient ist negativ. Bei $r = 0$ hängen die beiden Größen nicht zusammen. Sie sind unkorreliert (Bild 1.13).

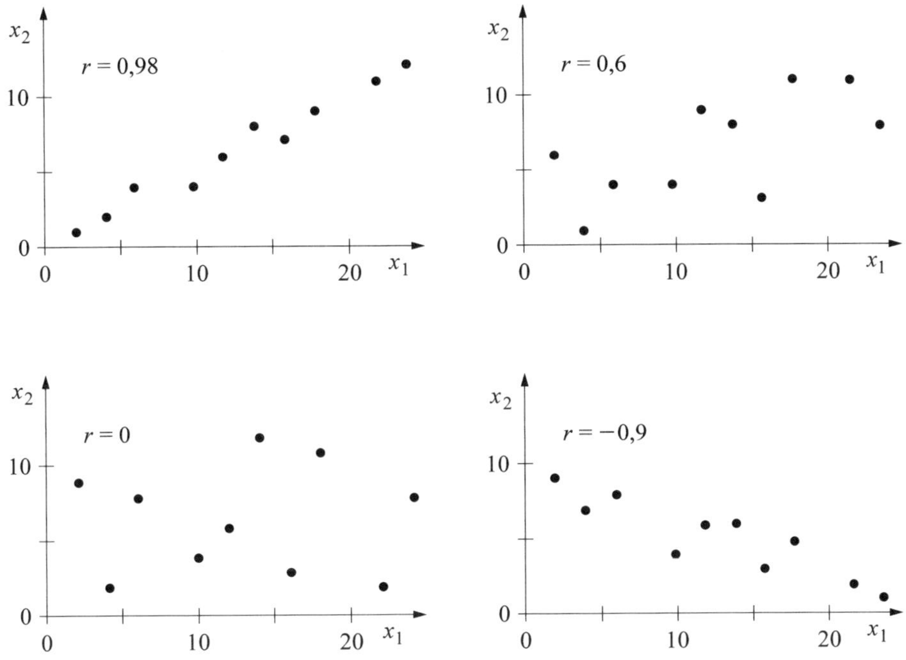

Bild 1.13: Datensätze mit verschiedenen Werten des Korrelationskoeffizienten

Nach diesen Vorbemerkungen soll nun der letzte in Gl. (1.67) vernachlässigte Term auch durch $N(N-1)$ dividiert und näher betrachtet werden:

$$\begin{aligned}
&\frac{2}{N(N-1)} \sum_{i=1}^{N} \frac{\partial f}{\partial x_1}\,\Delta\,x_{1i}\,\frac{\partial f}{\partial x_2}\,\Delta\,x_{2i} = \frac{2}{N(N-1)}\,\frac{\partial f}{\partial x_1}\,\frac{\partial f}{\partial x_2} \sum_{i=1}^{N} \Delta\,x_{1i}\,\Delta\,x_{2i} = \\
&= 2\,\frac{\partial f}{\partial x_1}\,\frac{\partial f}{\partial x_2}\,\frac{1}{N(N-1)} \sum_{i=1}^{N} (x_{1i} - \overline{x}_1)\,(x_{2i} - \overline{x}_2) \\
&= 2\,\frac{\partial f}{\partial x_1}\,\frac{\partial f}{\partial x_2}\,\text{cov}\,(x_1, x_2) = 2\,\frac{\partial f}{\partial x_1}\,\frac{\partial f}{\partial x_2}\,s\,(x_1)\,s\,(x_2)\,r\,(x_1, x_2)\,.
\end{aligned} \tag{1.82}$$

Der Term enthält also die Kovarianz $\text{cov}(x_1, x_2)$. Er muss berücksichtigt werden, wenn die Abhängigkeit der Messwerte nicht ausgeschlossen werden kann. Sie ist z. B. gegeben, wenn 2 verknüpfte Größen mit demselben fehlerbehafteten Instrument gemessen werden.

Bei Berücksichtigung der Kovarianz geht Gl. (1.70) jetzt in die neue vollständige Form über:

$$\begin{aligned} u^2(\overline{y}) &= s^2(\overline{y}) \\ &= \left(\frac{\partial f(\overline{x}_1, \overline{x}_2)}{\partial x_1}\right)^2 s^2(x_1) + \left(\frac{\partial f(\overline{x}_1, \overline{x}_2)}{\partial x_2}\right)^2 s^2(x_2) \\ &+ 2\,\frac{\partial f(\overline{x}_1, \overline{x}_2)}{\partial x_1}\frac{\partial f(\overline{x}_1, \overline{x}_2)}{\partial x_2}\operatorname{cov}(x_1, x_2)\,. \end{aligned} \tag{1.83}$$

Für den allgemeinen Fall mit mehr als 2 Variablen gilt:

$$u^2(\overline{y}) = s^2(\overline{y}) = \sum_{i=1}^{N}\left(\frac{\partial f}{\partial x_i}\right)^2 s^2(x_i) + 2\sum_{i=1}^{N-1}\sum_{k=i+1}^{N}\frac{\partial f}{\partial x_i}\frac{\partial f}{\partial x_k}\operatorname{cov}(x_i, x_k)\,. \tag{1.84}$$

• **Beispiel 1.5.** Die vorstehenden Beziehungen sollen anhand eines Beispiels aus DIN 1319-3 erläutert werden: An einem elektrischen Leiter sind die Scheitelspannung U, der Scheitelstrom I und der Phasenwinkel φ gemessen. Zu bestimmen ist der Wirkwiderstand R. Das Modell der Auswertung ist

$$R = \frac{U}{I}\cos\varphi\,. \tag{1.85}$$

Die gesamte Unsicherheit $u(R)$ errechnet sich nach Gl. (1.84) wie folgt:

$$\begin{aligned} u^2(R) &= \left(\frac{\partial R}{\partial U}\right)^2 u^2(U) + \left(\frac{\partial R}{\partial I}\right)^2 u^2(I) + \left(\frac{\partial R}{\partial \varphi}\right)^2 u^2(\varphi) \\ &+ 2\,\frac{\partial R}{\partial U}\frac{\partial R}{\partial I}\operatorname{cov}(U, I) + 2\,\frac{\partial R}{\partial U}\frac{\partial R}{\partial \varphi}\operatorname{cov}(U, \varphi) + 2\,\frac{\partial R}{\partial I}\frac{\partial R}{\partial \varphi}\operatorname{cov}(I, \varphi)\,. \end{aligned} \tag{1.86}$$

Die Messwerte sind in Tab. 1.7 mit den aus ihnen berechneten Werten angegeben. Aus den Mittelwerten ergibt sich R zu

$$R = 127{,}732\,\Omega\,. \tag{1.87}$$

Zur Berechnung der Unsicherheit im Ergebnis von R werden die partiellen Ableitungen an der Stelle der Mittelwerte benötigt. Die gewichteten Varianzen stehen in Zeile 5, die Kovarianzen und die Korrelationskoeffizienten in den Zeilen 6 und 7.

Werden für die Unsicherheit nur die Varianzen berücksichtigt, so ergibt sich diese aus der Summe der in Zeile 5 stehenden Werte zu $u(R) = 0{,}194\ \Omega$. Offensichtlich sind aber die Messwerte des Beispiels voneinander abhängig (Bild 1.14). Die Kovarianzen (Zeile 8) müssen berücksichtigt werden. Sie haben wechselnde Vorzeichen. Dadurch verringert sich die Unsicherheit auf 0,071 Ω. Das Messergebnis lautet:

$$R = (127{,}732 \pm 0{,}071)\,\Omega\,. \tag{1.88}$$

Der geneigte Leser sollte sich überzeugen, dass die Größen in den Zeilen 5 und 8 wirklich dieselben Einheiten haben und somit addiert werden dürfen. •

Tabelle 1.7: Ermittlung eines Widerstandes aus mehrmaligen Messungen (DIN 1319-3)

$R = \frac{U}{I}\cos\varphi$; $\frac{\partial R}{\partial U} = \frac{\cos\varphi}{I}$; $\frac{\partial R}{\partial I} = -\frac{U\cos\varphi}{I^2}$; $\frac{\partial R}{\partial \varphi} = -\frac{U}{I}\sin\varphi$

Zeile	Gleichung	Messung Nr. oder Gleichungsterm	x_1 [V] Spannung U	x_2 [A] Strom I	x_3 [rad] Winkel φ
1		1	5,007	$19{,}663 \cdot 10^{-3}$	1,0456
		2	4,994	$19{,}669 \cdot 10^{-3}$	1,0438
		3	5,005	$19{,}640 \cdot 10^{-3}$	1,0468
		4	4,990	$19{,}685 \cdot 10^{-3}$	1,0428
		5	4,999	$19{,}678 \cdot 10^{-3}$	1,0433
2	(1.43)	$\overline{x}_i$	4,999	$19{,}661 \cdot 10^{-3}$	1,04446
3	(1.49)	$s(\overline{x}_i)$	0,0032	$9{,}5 \cdot 10^{-6}$	$7{,}5 \cdot 10^{-4}$
4		$\frac{\partial R}{\partial x_i}$	25,552	$-6{,}497 \cdot 10^{3}$	-219,847
5	(1.84)	$\left(\frac{\partial R}{\partial x_i}\right)^2 s^2(\overline{x}_i)$	$6{,}725 \cdot 10^{-3}$	$3{,}817 \cdot 10^{-3}$	$27{,}337 \cdot 10^{-3}$
6	(1.80)	Kovarianz	$\text{cov}(U,I)$ $-10{,}9 \cdot 10^{-9}$	$\text{cov}(U,\varphi)$ $2{,}07 \cdot 10^{-6}$	$\text{cov}(I,\varphi)$ $-4{,}62 \cdot 10^{-9}$
7	(1.81)	Korrelations-koeffizient	$r(U,I)$ $-0{,}36$	$r(U,\varphi)$ $+0{,}86$	$r(I,\varphi)$ $-0{,}65$
8	(1.84)	$2\frac{\partial R}{\partial x_i}\frac{\partial R}{\partial x_{i+1}}\text{cov}(x_i, x_{i+1})$	$3{,}630 \cdot 10^{-3}$	$-23{,}256 \cdot 10^{-3}$	$-13{,}197 \cdot 10^{-3}$

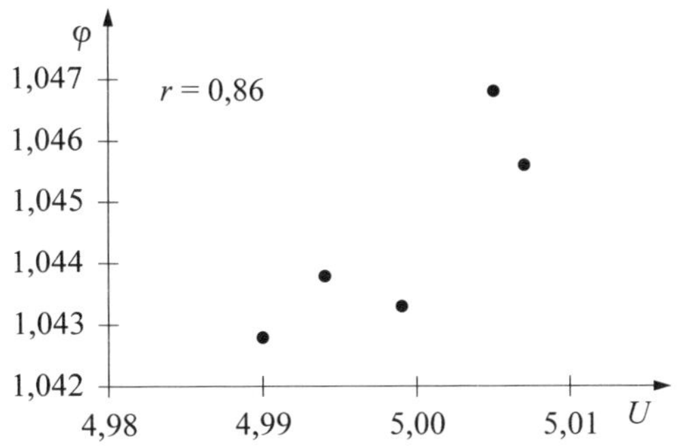

Bild 1.14: Korrelation zwischen Spannung U und Phasenwinkel φ der Messwerte in Tab. 1.7

Die hier gezeigte Berechnung der Unsicherheit ist mühselig. Eleganter ist es, die Matrizenrechnung einzusetzen und bestehende Rechenprogramme zu verwenden. Die in Tab. 1.7 mitgeteilten Werte können dann als Test dienen, ob das benutzte Rechenprogramm wirklich mit den hier abgeleiteten Algorithmen arbeitet [1.34].

1.4.3.2 Student'sche t-Verteilung

Leider ist es so, dass die Gl. (1.44) für die empirische Standardabweichung, die ja die Unsicherheit des Messwertes ausdrückt, keinen zutreffenden Wert für die Unsicherheit liefert, wenn die Anzahl N der Messwerte klein ist. Diesen Nachteil vermeidet die von dem Mathematiker W. Gosset unter dem Pseudonym „Student" 1908 vorgeschlagene t-Verteilung. Diese geht mit wachsendem N in die Normalverteilung über.

Die Abweichung von der Normalverteilung kann durch den Student-Faktor t berücksichtigt werden. Er hängt von der Zahl der Messwerte und der gewünschten Aussagesicherheit ab (Tab. 1.8).

Tabelle 1.8: t-Fakor der Student-Verteilung

Zahl N der Messwerte	Aussagewahrscheinlichkeit		
	68,3 %	95,5 %	99,7 %
2	1,84	18,44	235,80
3	1,32	4,93	19,21
4	1,20	3,48	9,22
5	1,15	2,98	6,62
6	1,11	2,73	5,51
8	1,08	2,50	4,53
10	1,06	2,37	4,09
20	1,03	2,18	3,45
50	1,01	2,08	3,16
100	1,00	2,04	3,08
$N \to \infty$	1,00	2,00	3,00

Mit diesem Student-Faktor ist die empirische Standardabweichung zu multiplizieren. Die Unsicherheit $u(\overline{x})$ eines Mittelwertes wird dann

$$u\left(\overline{x}\right) = t \cdot \frac{s\left(x\right)}{\sqrt{N}} \tag{1.89}$$

und der Messwert wird angegeben zu

$$X = \overline{x} \pm t \cdot \frac{s\left(x\right)}{\sqrt{N}} \,. \tag{1.90}$$

1.4.3.3 Gleichverteilung

Die Messunsicherheiten elektrischer Messgeräte werden oft durch die Genauigkeitsklassen beschrieben (DIN 43780; VDE 0410; VDE 0411). Diese geben die maximale Messunsicherheit G des Messgeräts in z. B. Prozent des Messbereichs an (mit einer Aussagewahrscheinlichkeit von 95 %). Bei einem Messgerät der Klasse 0,5 ist G =0,5 % und der angezeigte Wert ist um $\pm G$ vom Messbereich unsicher. Oder als anderes Beispiel, der Grundwert des Ni-Widerstandsthermometers von 100 Ω bei 0° C hat eine Unsicherheit von maximal $\pm G = \pm$ 0,2 Ω und darf so zwischen 99,8 Ω und 100,2 Ω liegen.

Über die Verteilung der Unsicherheiten innerhalb des Toleranzbereichs ist nichts ausgesagt. Man geht davon aus, dass jeder Wert gleich wahrscheinlich ist. Die Unsicherheiten sind also gleich verteilt und es gilt:

Ist eine Zufallsgröße X im Intervall zwischen a und b gleich verteilt, so ist ihr Mittelwert

$$\overline{X} = \frac{a+b}{2}\,. \tag{1.91}$$

Ihre Dichtefunktion $f(X)$ ist $1/(b-a)$. Ausgehend von der allgemeinen Beziehung

$$\sigma^2\,(x) = \int\limits_{-\infty}^{+\infty} (x-\overline{x})^2 f(x)\mathrm{d}x \tag{1.92}$$

ergibt sich damit für die Gleichverteilung die Varianz $s^2\,(X)$:

$$s^2\,(X) = \int\limits_a^b \left(X - \frac{a+b}{2}\right)^2 \frac{1}{b-a}\,\mathrm{d}X = \frac{(b-a)^2}{12}\,. \tag{1.93}$$

Für $a = 0$ und $b = G$ wird daraus

$$s\,(X) = \frac{G}{\sqrt{12}}\,. \tag{1.94}$$

Die Unsicherheit $u\,(X)$ eines Messwertes beträgt mit 68 % Wahrscheinlichkeit also

$$u\,(X) = s\,(X) = \frac{G}{\sqrt{12}}\,. \tag{1.95}$$

1.4.3.4 Zusammenfassung

Was ist der langen Rede kurzer Sinn?

a) Besser als Fehler und Unsicherheiten zu berechnen ist es, sie zu vermeiden.

b) Bekannte Einflüsse sind zu berücksichtigen.

c) Unbekannte Einflüsse können überwiegend systematischer oder gemischt systematisch-zufälliger Natur sein (Bild 1.15). Überwiegend systematische Einflüsse werden angenommen, wenn Toleranzbereiche für die Messgeräte angegeben sind. Als Unsicherheit wird die Standardabweichung der Gleichverteilung genommen. Gemischt systematisch-zufällige Einflüsse werden angenommen, wenn man nichts Besseres weiß. Als Unsicherheit gilt die empirische Standardabweichung der Normalverteilung, eventuell multipliziert mit dem Student-Faktor.

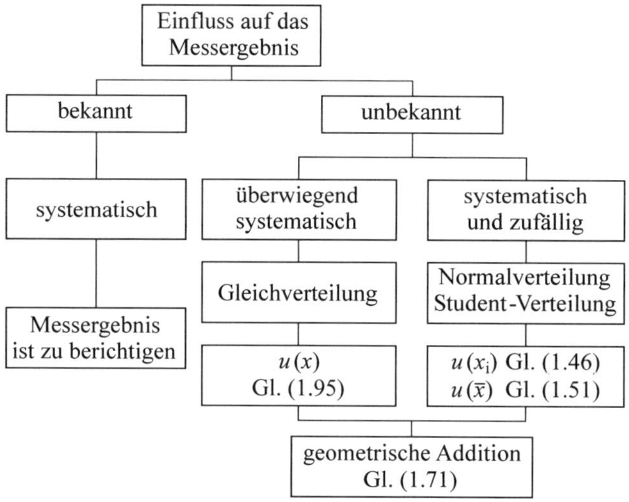

Bild 1.15: Behandlung möglicher Messfehler und Messunsicherheiten

In einem Messsystem können beide Arten der Unsicherheiten vorkommen. Um die Unsicherheit $u(y)$ eines Messergebnisses mit $y = f(x_1, x_2, \cdots, x_n)$ zu erhalten, werden die Unsicherheiten $u(x_i)$ mit den partiellen Ableitungen gewichtet und geometrisch addiert (Gl. (1.73)). Dabei ist darauf zu achten, dass die Einzelunsicherheiten jeweils mit den gleichen Wahrscheinlichkeiten eingesetzt werden. Die Addition von Varianzen aus unterschiedlichen Verteilungen ist wohl mathematisch nicht ganz korrekt, liefert aber durch die Erfahrung bestätigte Ergebnisse [2].

[2]Poincaré, H.: „Tout le monde y croit cependant, me disait un jour M. Lippmann, car les expérimentateurs s'imaginent que c'est un théorème de mathématiques, et les mathématiciens que c'est un fait expérimental“ (Dennoch glaubt, wie mir Herr Lippmann einmal sagte, jedermann daran, denn die Experimentatoren denken, dass es sich um ein mathematisches Theorem handele, während die Mathematiker annehmen, es sei experimentell erwiesen.) [Calcul de Probabilités, Paris 1896, S. 149]

1.5 Dynamisches Verhalten der Messgeräte

Das Ausgangssignal eines Messgeräts kann nicht beliebig schnell dem Eingangssignal folgen, da in dem Messgerät

- Reibungs- und Dämpfungswiderstände überwunden,
- Massen beschleunigt oder abgebremst,
- Ladungen zu- oder abgeführt,
- Energiespeicher gefüllt oder geleert

werden müssen. Ein sich zeitlich änderndes Eingangssignal $x_e(t)$ bedingt ein sich zeitlich änderndes Ausgangssignal $x_a(t)$. Dabei sind auch die Ableitungen der Zeitfunktionen von Bedeutung. So ist, um das dynamische Verhalten eines Messgeräts zu beschreiben, die Differenzialgleichung zwischen dem Eingangs- und dem Ausgangssignal aufzustellen. Die höchste Ableitung des Ausgangssignals bestimmt dann die Ordnung der Differenzialgleichung.

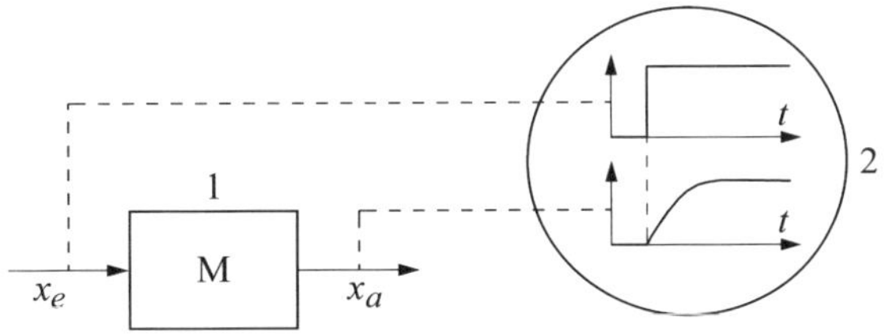

Bild 1.16: Messanordnung zur Bestimmung des Zeitverhaltens
1 Messgerät
2 Schreiber oder Oszilloskop

Anschaulicher jedoch ist, an das Messgerät ein Eingangssignal zu legen und das zugehörige Ausgangssignal zu untersuchen (Bild 1.16). Dieses ist dann gleichzeitig eine Möglichkeit, das dynamische Verhalten eines Messgeräts oder Messsystems experimentell, durch eine Messung, zu ermitteln. In der Praxis werden zur Anregung des Messgeräts häufig die folgenden Testfunktionen genommen, die zu den entsprechenden Antwortfunktionen führen:

anregende Funktion	**Antwortfunktion**
Sinusfunktion	Sinusantwort; Amplituden- u. Phasengang; Frequenzgang
Sprungfunktion	Sprungantwort; Übergangsfunktion
Impulsfunktion	Impulsantwort; Gewichtsfunktion

Die verschiedenen Verfahren sind einander gleichwertig. Eines genügt, um das Zeitverhalten eines Messgeräts zu charakterisieren.

1.5.1 Verzögerungsglied l. Ordnung

Messgeräte, die einen Energiespeicher haben, werden durch eine Differenzialgleichung l. Ordnung charakterisiert. Sie sind häufig anzutreffen. Beispiele sind Temperaturfühler (Mantel-Thermoelemente, NTC-Sensoren), elektromagnetische Übertragungsglieder (Hall-Generatoren) und auch die Operationsverstärker. Das dynamische Verhalten dieser Messgeräte wird durch ihre Grenzfrequenz f_g oder durch ihre Zeitkonstante T charakterisiert.

Differenzialgleichung. Mit der Eingangsspannung u_e und der Ausgangsspannung u_a lautet die Differenzialgleichung eines Verzögerungsglieds l. Ordnung:

$$a_0\, u_a + a_1 \dot{u}_a = e_0\, u_e. \tag{1.96}$$

a_0, a_1 und e_0 sind konstante Koeffizienten. Wird durch a_0 dividiert, so entsteht:

$$u_a + \frac{a_1}{a_0}\,\dot{u}_a = \frac{e_0}{a_0}\,u_e. \tag{1.97}$$

Im stationären Fall nimmt mit $\dot{u}_a = 0$ die Ausgangsspannung den folgenden Wert an:

$$u_a = \frac{e_0}{a_0}\,u_e. \tag{1.98}$$

Das heißt, der Quotient e_0/a_0 ist nichts anderes als der in Gl. (1.21) definierte Übertragungsfaktor k oder die Empfindlichkeit E:

$$\frac{e_0}{a_0} = k = E. \tag{1.99}$$

Des Weiteren folgt aus Gl. (1.97), dass der Koeffizient a_1/a_0 die Einheit einer Zeit haben muss. Er wird als Zeitkonstante T bezeichnet:

$$\frac{a_1}{a_0} = T. \tag{1.100}$$

Mit Gl. (1.99) und Gl. (1.100) geht dann die Differenzialgleichung (1.97) über in

$$u_a + T\,\dot{u}_a = k\,u_e. \tag{1.101}$$

Die Lösung dieser Differenzialgleichung ergibt sich als Summe einer partikulären Lösung $u_{a,\,\mathrm{part}}$ und der Lösung $u_{a,\,\mathrm{hom}}$ der homogenen Gleichung

$$u_a + T\,\dot{u}_a = 0. \tag{1.102}$$

Als partikuläre Lösung kann die Ausgangsspannung genommen werden, die sich im stationären Fall mit $\dot{u}_a = 0$ einstellt. Sie charakterisiert die Übertragungseigenschaften des Messgeräts im Beharrungszustand:

$$u_{a,\,\mathrm{part}} = k\,u_e. \tag{1.103}$$

Die homogene Differenzialgleichung beschreibt das Eigenverhalten des Messgeräts. Angenommen wird, dass das Gerät durch eine Eingangsgröße angeregt war. Nach dem Verschwinden der Anregung ($u_e = 0$) stellt sich das sich selbst überlassene Gerät entsprechend seinem Eigenverhalten auf die Ausgangsspannung $u_{a,\,\mathrm{hom}}$ ein. Diese kennzeichnet das Übergangsverhalten. Sie ergibt sich aus Gl. (1.102) mit K als Integrationskonstante zu

$$u_{a,\,\mathrm{hom}} = K\,\mathrm{e}^{-t\,/\,T}. \tag{1.104}$$

Da das Messgerät als ein lineares System angenommen ist, wird die vollständige Lösung von Gl. (1.97) als Summe von Gl. (1.103) und Gl. (1.104) erhalten:

$$u_a = u_{a,\,\mathrm{part}} + u_{a,\,\mathrm{hom}} = k\,u_e + K\,\mathrm{e}^{-t\,/\,T}. \tag{1.105}$$

Die Integrationskonstante K bestimmt sich aus der Anfangsbedingung $u_a(t = 0) = 0$ zu

$$K = -k\,u_e, \tag{1.106}$$

womit aus Gl. (1.105) die endgültige Lösung entsteht:

$$u_a = k\,u_e\left(1 - \mathrm{e}^{-t\,/\,T}\right). \tag{1.107}$$

• **Beispiel 1.6. Tiefpass.** Eine Differenzialgleichung l. Ordnung beschreibt z. B. den Tiefpass von Bild 1.17.

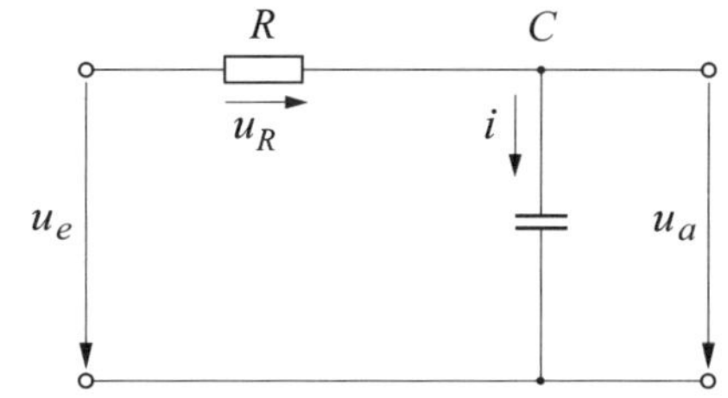

Bild 1.17: Tiefpass

Um sie aufzustellen, wird von der Maschengleichung ausgegangen:

$$u_a + u_R = u_e. \tag{1.108}$$

Mit $i = C\,\dfrac{du_a}{dt}$ und $u_R = i \cdot R = R\,C\,\dfrac{du_a}{dt}$ geht die letzte Gleichung über in

$$u_a + R\,C\,\frac{du_a}{dt} = u_e\,. \tag{1.109}$$

Der Übertragungsfaktor $k = e_0/a_0$ hat den Wert 1 und die Zeitkonstante T ist das Produkt aus dem Widerstand R und der Kapazität C:

$$T = RC. \tag{1.110}$$

Aus Gl. (1.107) folgt damit die Ausgangsspannung des Tiefpasses zu

$$u_a = k\,u_e\left(1 - \mathrm{e}^{-t/RC}\right). \quad \bullet \tag{1.111}$$

Sinusantwort; Frequenzgang. Als Eingangssignal wird eine sich sinusförmig ändernde Spannung u_e gewählt:

$$u_e = \hat{u}_e \sin \omega t. \tag{1.112}$$

Die daraus resultierende Ausgangsspannung hat die gleiche Frequenz und wird für den allgemeinen Fall angesetzt als

$$u_a = \hat{u}_a \sin(\omega t + \varphi)\,. \tag{1.113}$$

Gemessen werden das Verhältnis der Amplituden $\hat{u}_a/\hat{u}_e$ und der Phasenwinkel φ.

Indem der Tiefpass nacheinander mit Sinussignalen unterschiedlicher Frequenz angeregt wird, lassen sich das Amplitudenverhältnis und der Phasenwinkel in Abhängigkeit von der Frequenz darstellen (Bild 1.18).

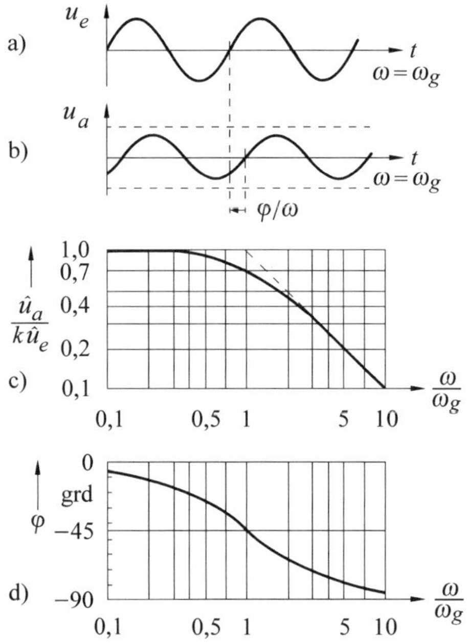

Bild 1.18: Amplituden- und Phasengang eines Messgeräts mit Zeitverhalten 1. Ordnung
a) Eingangsspannung u_e
b) Ausgangsspannung u_g bei $\omega = \omega_g$; die Amplitude ist auf 0,7 abgefallen und die Phasenverschiebung beträgt $-45°$
c) Amplitudengang
d) Phasengang

Die doppeltlogarithmische Darstellung von $\hat{u}_a/\hat{u}_e$ über der Frequenz wird als **Amplitudengang**, die halblogarithmische Darstellung des Phasenwinkels als **Phasengang** bezeichnet.

Zur rechnerischen Behandlung werden die Spannungen komplex angesetzt, wobei der Sinus im Imaginärteil enthalten ist:

$$\underline{u}_e = \hat{u}_e \, \mathrm{e}^{\,\mathrm{j}\,\omega\, t} \qquad \text{und} \qquad \underline{u}_a = \hat{u}_a \, \mathrm{e}^{\mathrm{j}\,(\omega\, t\,+\,\varphi)}\,. \tag{1.114}$$

Mit diesen Signalen geht die Differenzialgleichung Gl. (1.101) über in

$$(1 + \mathrm{j}\,\omega\, T)\,\underline{u}_a = k\,\underline{u}_e. \tag{1.115}$$

Daraus ergibt sich das von der Kreisfrequenz ω abhängige Verhältnis aus Ausgangs- und Eingangssignal, der so genannte **Frequenzgang** $\boldsymbol{G}(\mathrm{j}\,\omega)$, zu

$$G(\mathrm{j}\,\omega) = \frac{\underline{u}_a}{\underline{u}_e} = \frac{k}{1 + \mathrm{j}\,\omega\, T}\,. \tag{1.116}$$

Durch Erweiterung des Zählers und Nenners mit dem konjugiert Komplexen des Nenners ergeben sich der Real- und Imaginärteil, sowie der Amplitudengang (Betrag) $|\,G(\mathrm{j}\,\omega)\,|$ und der Phasengang $\varphi(\omega)$:

$$Re\ [G(\mathrm{j}\,\omega)] = \frac{k}{1 + \omega^2\, T^2}\,, \tag{1.117}$$

$$Im\ [G(\mathrm{j}\,\omega)] = \frac{-k\,\omega\, T}{1 + \omega^2\, T^2}\,, \tag{1.118}$$

$$|\,G(\mathrm{j}\,\omega)| = \frac{\hat{u}_a}{\hat{u}_e} = \sqrt{\left(\frac{k}{1 + \omega^2\, T^2}\right)^2 + \left(\frac{-k\,\omega\, T}{1 + \omega^2\, T^2}\right)^2} = \frac{k}{\sqrt{1 + \omega^2\, T^2}}\,, \tag{1.119}$$

$$\varphi(\omega) = \arctan\left(\frac{Im}{Re}\right)_{\text{Zähler}} - \arctan\left(\frac{Im}{Re}\right)_{\text{Nenner}} = -\arctan\,\omega\, T\,. \tag{1.120}$$

Die zu $\omega\, T = 2\,\pi\, f\, T = 1$ gehörende Frequenz wird Eck- oder Grenzfrequenz f_g genannt:

$$\omega_g\, T = 2\,\pi\, f_g\, T = 1\,; \quad T = \frac{1}{\omega_g}\,.$$

Mit dieser Gleichung lassen sich die Grenzfrequenz f_g und die Zeitkonstante T ineinander umrechnen:

$$f_g = \frac{1}{2\,\pi\, T}\,. \tag{1.121}$$

Bei der Grenzfrequenz ist für $k = 1$ das Amplitudenverhältnis auf $1/\sqrt{2}$ abgefallen:

$$|G(\mathrm{j}\,\omega)| = \left.\frac{\hat{x}_a}{\hat{x}_e}\right|_{\omega_g} = \frac{1}{\sqrt{2}} = 0{,}71\,. \tag{1.122}$$

Für eine Messung ist ein derartiger Amplitudenfehler im Allgemeinen nicht tragbar. Die Signalfrequenz sollte mindestens um einen Faktor 10 kleiner als die Grenzfrequenz des Geräts sein, um die Amplituden ohne Abschwächung und ohne allzu großen Phasenfehler verarbeiten zu können.

Signale mit Frequenzen $\omega \gg \omega_g$ werden nicht mehr amplitudenrichtig übertragen. Nimmt die Frequenz um den Faktor 10 zu, geht die Ausgangsamplitude auf 1/10 zurück. Dieses Verhalten eines Verzögerungsglieds erster Ordnung ist nicht unbedingt ein Nachteil, sondern kann auch bewusst zur Trennung von Nutz- und Störsignal, zur „Glättung“ des Nutzsignals, eingesetzt werden (Bild 1.19).

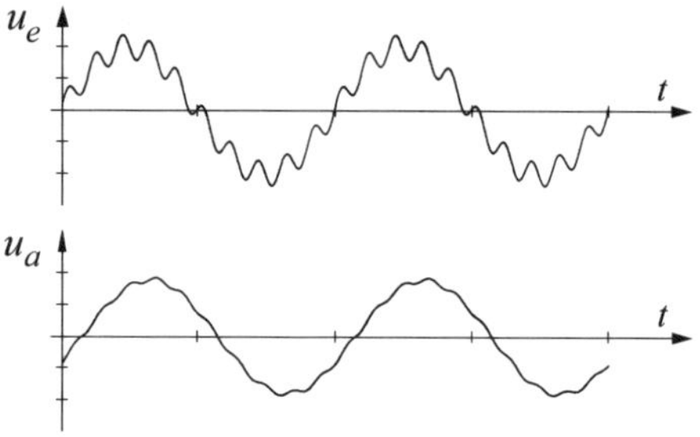

Bild 1.19: Filterwirkung eines RC-Tiefpasses mit $\omega_g = 2\,\omega_0$
Eingangsspannung $u_e = \sin\omega_0\,t + \frac{1}{5}\sin 10\,\omega_0\,t$; in der Ausgangsspannung u_a sind die Oberwellen nur noch abgeschwächt zu erkennen; die Ausgangsspannung ist gegenüber der Eingangsspannung phasenverschoben

Bei der Herleitung des Frequenzganges eines elektrischen Netzwerks sparen sich die Elektrotechniker gewöhnlich die Differenzialgleichung, betrachten das Netzwerk als komplexen Spannungsteiler und benützen sofort dessen Gleichung. So lässt sich z. B. für das RC-Glied von Bild 1.17 mit

$$\frac{\underline{u}_a}{\underline{u}_e} = \frac{\dfrac{1}{\mathrm{j}\,\omega\,C}}{R + \dfrac{1}{\mathrm{j}\,\omega\,C}} = \frac{1}{1 + \mathrm{j}\,\omega\,R\,C} = G(\mathrm{j}\,\omega) \tag{1.123}$$

die Gleichung des Frequenzganges sofort hinschreiben. Falls gewünscht, kann dann auch vom Frequenzgang ausgehend die Differenzialgleichung aufgestellt werden.

Sprungantwort. Als Eingangssignal eines Verzögerungsglieds 1. Ordnung wird die sich sprungförmig ändernde Eingangsspannung u_e angenommen:

$$u_e = 0 \qquad \text{für} \quad t \leq 0\,, \tag{1.124}$$

$$u_e = U_0 \qquad \text{für} \quad t > 0\,. \tag{1.125}$$

Aus Gl. (1.107) folgt die Ausgangsspannung u_a:

$$u_a = k\,U_0\left(1 - \mathrm{e}^{-t\,/\,T}\right)\,. \tag{1.126}$$

Die sich dabei in Abhängigkeit von der Zeit ergebende Kurve wird als Sprungantwort bezeichnet (Bild 1.20).

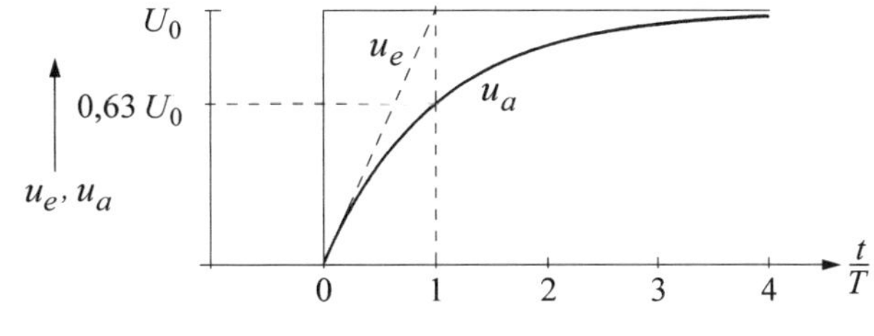

Bild 1.20: Sprungantwort eines Tiefpasses 1. Ordnung mit der Zeitkonstanten T

Wird die Ausgangsspannung u_a auf die Anregespannung U_0 bezogen, so bleibt die das Zeitverhalten beschreibende dimensionslose **Übergangsfunktion $h(t)$** übrig:

$$\frac{u_a}{U_0} = h(t) = k\left(1 - \mathrm{e}^{-t/T}\right). \tag{1.127}$$

63 % des Endwertes sind nach einer, 95 % nach drei und 99,5 % nach fünf Zeitkonstanten erreicht.

Impulsantwort. Als Anregesignal diene zunächst ein Spannungsimpuls der Dauer T_0 (s) und der Höhe A/T_0 (V), woraus die Impulsfläche A (V s) resultiert (Bild 1.21). Die Reaktion eines Tiefpasses l. Ordnung auf diesen Impuls kann aus Differenzialgleichung (1.101) abgeleitet werden. Bei einer von null verschiedenen Impulsdauer wird für $0 < t < T_0$ der Kondensator aufgeladen. Seine Spannung u_a nimmt entsprechend Gl. (1.111) zu. Zum Zeitpunkt $t = T_0$ hat sie den Wert

$$u_a(t = T_0) = \frac{k\,A}{T_0}\left(1 - \mathrm{e}^{-T_0/T}\right). \tag{1.128}$$

Für Zeiten $t \geq T_0$ ist die Eingangsspannung null, $u_e = 0$, und der Kondensator beginnt sich zu entladen. Seine Ausgangsspannung folgt der homogenen Differenzialgleichung mit der Lösung Gl. (1.104). Aus dem Vergleich von Gl. (1.128) und Gl. (1.104)

$$u_a(t = T_0) = \frac{k\,A}{T_0}\left(1 - \mathrm{e}^{-T_0/T}\right) = K\,\mathrm{e}^{-T_0/T} \tag{1.129}$$

bestimmt sich die Integrationskonstante K zu

$$K = \frac{k\,A}{T_0}\left(1 - \mathrm{e}^{-T_0/T}\right)\mathrm{e}^{-T_0/T}. \tag{1.130}$$

Für Zeiten $t > T_0$ entlädt sich der Kondensator. Seine Ausgangsspannung nimmt exponentiell ab:

$$u_a(t \geq T_0) = \frac{k\,A}{T_0}\left(1 - \mathrm{e}^{-T_0/T}\right)\mathrm{e}^{-(t-T_0)/T}. \tag{1.131}$$

Nun denke man sich die Dauer T_0 des Impulses verkürzt und seine Höhe entsprechend vergrößert, so dass die Fläche jeweils den Wert A (V s) behält. Mit dem

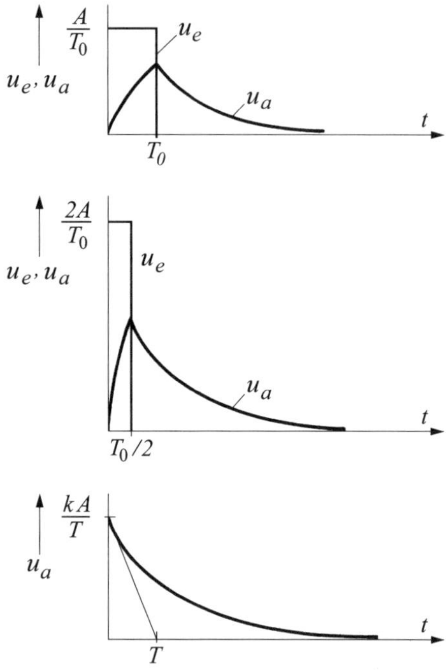

Bild 1.21: Herleitung der Impulsantwort eines Systems 1. Ordnung

Grenzübergang $T_0 \to 0$ und $1/T_0 \to \infty$ wird ein idealer Impuls erhalten. Um dessen Antwortfunktion zu berechnen wird zunächst in Gl. (1.131) der Faktor $k\,A\,\mathrm{e}^{-t/T}$ ausgeklammert. Anschließend wird der Grenzübergang $T_0 \to 0$ durchgeführt:

$$\lim_{T_0 \to 0} \frac{(1 - \mathrm{e}^{-T_0\,/\,T})}{T_0}\,\mathrm{e}^{T_0\,/\,T} = \lim_{T_0 \to 0} \frac{\mathrm{e}^{T_0\,/\,T} - 1}{T_0} = \frac{1-1}{0} = \frac{0}{0}\,. \tag{1.132}$$

Es ergibt sich der unbestimmte Ausdruck 0/0, der nach der Regel von de l'Hospital übergeht in

$$\lim_{T_0 \to 0} \frac{\mathrm{e}^{T_0\,/\,T} - 1}{T_0} = \lim_{T_0 \to 0} \frac{1}{T}\,\frac{\mathrm{e}^{T_0\,/\,T}}{1} = \frac{1}{T}\,. \tag{1.133}$$

Unter Berücksichtigung des ausgeklammerten Faktors wird dann die Ausgangsspannung u_a

$$u_a(t \geq 0) = \frac{k\,A}{T}\,\mathrm{e}^{-t\,/\,T}\,[\,\mathrm{V}\,]. \tag{1.134}$$

Bei einer Impulsanregung liefert der Tiefpass unseres Beispiels zum Zeitpunkt t=0 die Spannung $k\,A/T$ [V]. Um wieder von der Einheit der anregenden Größe unabhängig zu werden, wird der Faktor A (V s) auf die linke Seite gebracht. Damit entsteht die **Gewichtsfunktion $g(t)$**:

$$\frac{u_a}{A} = g(t) = \frac{k}{T}\,\mathrm{e}^{-t\,/\,T}\ [\mathrm{s}^{-1}]. \tag{1.135}$$

Die charakteristische Größe „Zeitkonstante“ kann wieder dem Verlauf der Impulsantwort entnommen werden.

Hier lässt sich fragen, ob die ideale Impulsanregung mit $T_0 \to 0$ mehr für die Theorie und weniger für die Praxis von Bedeutung ist. Diese Bedenken treffen nicht zu. Für die technische Anwendung ist nur zu fordern, dass die Dauer T_0 des Impulses klein gegenüber der Zeitkonstanten T des Geräts bleibt. Bild 1.22 zeigt, dass ein Verhältnis T_0/T =0,1 noch etwa ausreichend ist.

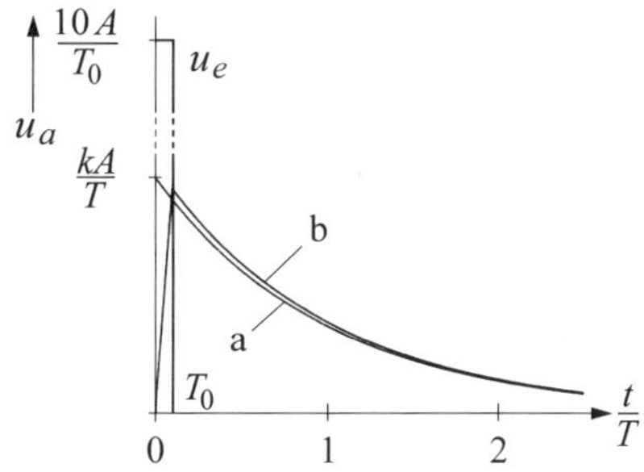

Bild 1.22: Impulsantwort eines Systems 1. Ordnung
a idealisierte Anregung mit $T_0 = 0$ (Gl. (1.134))
b reale Anregung mit $T_0/T = 0{,}1$ (Gl. (1.131))

Beziehungen zwischen den Antwortfunktionen. Die Sprungantwort (Übergangsfunktion) und die Impulsantwort (Gewichtsfunktion) lassen sich experimentell schneller ermitteln als der Frequenzgang. Bei dem letzteren Verfahren sind mehrere Anregungen mit Sinussignalen unterschiedlicher Frequenz notwendig, während bei der Sprung- und Impulsantwort eine einzige Messung ausreicht. Trotzdem wird das Zeitverhalten vollständig beschrieben. Dies erklärt sich dadurch, dass in einem sprung- oder impulsförmigen Anregesignal alle Frequenzen enthalten sind. Während beim Frequenzgang die Antwort auf unterschiedliche Frequenzen nacheinander abgefragt werden muss, beinhalten die Sprung- und die Impulsantwort schon die Reaktion des Geräts im gesamten Frequenzbereich. Das Impulssignal lässt sich als Differenz zweier Sprungsignale herleiten. Bei einer stetigen Sprungantwort ergibt sich dann im Grenzfall eines unendlich kurzen Impulses die Gewichtsfunktion als die Ableitung der Übergangsfunktion:

$$g(t) = \frac{\mathrm{d}h(t)}{\mathrm{d}t}. \tag{1.136}$$

• **Beispiel 1.7.** Wird die Gl. (1.127) differenziert, so wird mit

$$g(t) = \frac{\mathrm{d}h(t)}{\mathrm{d}t} = \frac{k}{T}\,\mathrm{e}^{-t\,/\,T} \tag{1.137}$$

das schon von Gl. (1.135) bekannte Ergebnis erhalten. •

Auch zwischen der Gewichtsfunktion und dem Frequenzgang besteht ein Zusammenhang. Die Systemtheorie zeigt, dass der Frequenzgang $G(\mathrm{j}\omega)$ die Fouriertransformierte der Gewichtsfunktion $g(t)$ ist und sich aus der Impulsantwort der Frequenzgang berechnen lässt:

$$G(\mathrm{j}\,\omega) = \int\limits_{-\infty}^{+\infty} g(t)\,\mathrm{e}^{-\mathrm{j}\,\omega\,t}\,\mathrm{d}t\,. \tag{1.138}$$

• **Beispiel 1.8.** Wird Gl. (1.135) in Gl. (1.138) eingesetzt, so genügt es, die Integration von 0 bis ∞ durchzuführen. Für $t < 0$ existiert die Gewichtsfunktion nicht. An der oberen Grenze $t \to \infty$ liefert das Integral den Wert null. Insgesamt ergibt sich der schon bekannte Frequenzgang von Gl. (1.116):

$$\frac{k}{T}\int\limits_{0}^{\infty}\mathrm{e}^{-t\,/\,T}\,\mathrm{e}^{-\mathrm{j}\,\omega\,t}\,\mathrm{d}t = \frac{k}{T}\left(\frac{-1}{\mathrm{j}\,\omega+\dfrac{1}{T}}\right)\mathrm{e}^{-\left(\mathrm{j}\,\omega+\frac{1}{T}\right)t}\Bigg|_{0}^{\infty}$$

$$= 0 - \frac{k}{T}\left(\frac{-1}{\mathrm{j}\,\omega+\dfrac{1}{T}}\right)\cdot 1 = \frac{k}{1+\mathrm{j}\,\omega\,T}\,. \quad \bullet \tag{1.139}$$

1.5.2 Verzögerungsglied 2. Ordnung

Messgeräte mit zwei gekoppelten Energiespeichern lassen sich durch eine Differenzialgleichung 2. Ordnung beschreiben. Beispiele sind das Drehspulmesswerk, die Schwingungsgeber, die harmonischen Oszillatoren oder auch thermisch träge Komponenten wie die Widerstandsthermometer.

Kenngrößen für das dynamische Verhalten dieser Verzögerungsglieder 2. Ordnung sind der dimensionslose Dämpfungsfaktor D und die Zeitkonstante T, die nach Gl. (1.121) mit der Grenzfrequenz verknüpft ist.

Differenzialgleichung. Die Differenzialgleichung 2. Ordnung lautet mit u_e als Eingangs- und u_a als Ausgangsspannung in ihrer einfachsten Form:

$$a_0\,u_a + a_1\,\dot{u}_a + a_2\,\ddot{u}_a = e_0\,u_e\,. \tag{1.140}$$

Indem durch a_0 dividiert wird, geht sie über in

$$u_a + \frac{a_1}{a_0}\,\dot{u}_a + \frac{a_2}{a_0}\,\ddot{u}_a = \frac{e_0}{a_0}\,u_e. \tag{1.141}$$

Im Beharrungszustand mit $\dot{u}_a = 0$ und $\ddot{u}_a = 0$ reduziert sich die Gleichung auf

$$u_a = \frac{e_0}{a_0}\,u_e \tag{1.142}$$

und zeigt, dass der Quotient e_0/a_0 nichts anderes als die statische Empfindlichkeit E oder der Übertragungsfaktor k ist:

$$\frac{e_0}{a_0} = E = k\,. \tag{1.143}$$

Der Koeffizient a_2/a_0 hat die Einheit s^2. Er liefert das Quadrat der Zeitkonstanten T. Diese ist umgekehrt proportional zu $\omega_0 = 2\,\pi\,\mathrm{f}_0$, wobei f_0 die Eigenfrequenz des ungedämpft schwingenden Systems ist. Diese ist bei der Dämpfung $D = 1/\sqrt{2}$ gleich der bei einem System 1. Ordnung eingeführten Grenzfrequenz f_g (Gln. (1.120) und (1.121)):

$$\frac{a_2}{a_0} = T^2 = \frac{1}{\omega_g^2} = \frac{1}{\omega_0^2}\,. \tag{1.144}$$

Der Beiwert von $\dot{u}_a$ hat die Einheit s und wird zweckmäßig als Zeitkonstante T, multipliziert mit dem doppelten dimensionslosen Dämpfungsfaktor D, geschrieben,

$$\frac{a_1}{a_0} = 2\,D\,T\,. \tag{1.145}$$

Mit diesen neuen Bezeichnungen geht Gl. (1.140) über in

$$u_a + 2\,D\,T\,\dot{u}_a + T^2\,\ddot{u}_a = k\,u_e\,. \tag{1.146}$$

Hier sind wieder eine partikuläre und die homogene Lösung gesucht. Als partikuläre Lösung bietet sich für den statischen Fall an:

$$u_{a,\,p} = k\,u_e\,. \tag{1.147}$$

Die homogene Differenzialgleichung

$$u_a + 2\,D\,T\,\dot{u}_a + T^2\,\ddot{u}_a = 0\,, \tag{1.148}$$

die das Verhalten des sich selbst überlassenen und von außen nicht gestörten Systems zum Ausdruck bringt, führt mit dem Ansatz

$$u_{a,\,h} = \mathrm{e}^{r\,t} \tag{1.149}$$

zur charakteristischen Gleichung

$$1 + 2\,D\,T\,r + T^2\,r^2 = 0\,. \tag{1.150}$$

Deren Wurzeln $r_{1,\,2}$ werden als Eigenwerte bezeichnet:

$$r_{1,\,2} = -\frac{D}{T} \pm \frac{1}{T}\sqrt{D^2 - 1}\,. \tag{1.151}$$

Hier lassen sich in Abhängigkeit vom Dämpfungsfaktor D die im Folgenden diskutierten drei Fälle unterscheiden:

a) für $D < 1$ bilden die beiden Wurzeln r_1 und r_2 ein konjugiert komplexes Zahlenpaar;

b) für $D > 1$ sind die Wurzeln r_1 und r_2 reelle Zahlen;

c) für $D = 1$ haben die Wurzeln nur einen einzigen reellen Wert $r_1 = r_2$.

Fall a) $D < 1$. Die Wurzeln (Eigenwerte) sind konjugiert komplexe Zahlen. Mit der Eigenfrequenz ω_d des gedämpften Systems

$$\omega_d = \frac{1}{T}\,\sqrt{1 - D^2} = \omega_g\,\sqrt{1 - D^2} \tag{1.152}$$

lauten sie

$$r_{1,2} = -\frac{D}{T} \pm \mathrm{j}\,\omega_d\,. \tag{1.153}$$

In der Mathematik wird gezeigt, dass mit den Integrationskonstanten A und B die Eigenwerte Gl. (1.153) zu der folgenden Lösung der homogenen Gleichung führen:

$$u_{a,h} = \mathrm{e}^{-D\,t\,/\,T}(A\,\cos\omega_d\,t + B\,\sin\omega_d\,t)\,. \tag{1.154}$$

Die Lösung der kompletten Differenzialgleichung (1.146) ergibt sich nun als Summe der partikulären und der homogenen Lösung:

$$u_a = k\,u_e + \mathrm{e}^{-D\,t\,/\,T}(A\,\cos\omega_d\,t + B\,\sin\omega_d\,t)\,. \tag{1.155}$$

Die Integrationskonstanten A und B errechnen sich aus den Anfangsbedingungen

$$u_a(t = 0) = 0\,, \tag{1.156}$$

$$\dot{u}_a(t = 0) = 0\,. \tag{1.157}$$

Aus Gl. (1.156) folgen

$$0 = k\,u_e + 1(A \cdot 1 + 0) \quad \text{und} \quad A = -k\,u_e\,. \tag{1.158}$$

Wird nun Gl. (1.155) differenziert und wird die Ableitung an der Stelle $t = 0$ genommen, so ergibt sich aus Gl. (1.157) schließlich

$$B = -k\,u_e\,\frac{D}{\omega_d T} = -k\,u_e\,\frac{D}{\sqrt{1 - D^2}}\,. \tag{1.159}$$

Mit diesen Konstanten ist aus Gl. (1.155) die endgültige Lösung zu erhalten:

$$u_a = k\,u_e\left[1 - \mathrm{e}^{-D\,t\,/\,T}\left(\cos\omega_d\,t + \frac{D}{\sqrt{1 - D^2}}\,\sin\omega_d\,t\right)\right]. \tag{1.160}$$

Das Gerät führt im Bereich $0 < D < 1$ gedämpfte Schwingungen aus. Bei einem Anstoß durch ein Eingangssignal schwingt das Messgerät mit der Kreisfrequenz ω_d und mit abnehmender Amplitude auf den Beharrungswert $u_a = k\,u_e$ ein (Bild 1.25). Die Gl. (1.160) beinhaltet auch den Fall eines harmonischen Oszillators, den Fall der ungedämpften Schwingung mit $D = 0$. Unter dieser Voraussetzung folgt aus Gl. (1.152) $\omega_d = \omega_g$ und Gl. (1.160) reduziert sich auf

$$u_a = k\,u_e\,(1 - \cos\omega_g\,t)\,. \tag{1.161}$$

Die Forderung nach dem verschwindenden Dämpfungsfaktor ist eine notwendige Bedingung für eine ungedämpfte, sich selbst erhaltende Schwingung. In diesem Fall ist in der Differenzialgleichung (1.146) der Koeffizient von $\dot{u}_a$ gleich null:

$$\frac{a_1}{a_0} = 0\,. \tag{1.162}$$

Fall b) $D > 1$. Die Eigenwerte $r_{1,2}$ der charakteristischen Gleichung sind reell mit den Werten von Gl. (1.151). Die Zeitkonstanten T_1 und T_2 lassen sich einführen mit

$$r_1 = -\frac{1}{T_1} \quad \text{mit} \quad T_1 = \frac{T}{D - \sqrt{D^2 - 1}} \quad \text{und} \tag{1.163}$$

$$r_2 = -\frac{1}{T_2} \quad \text{mit} \quad T_2 = \frac{T}{D + \sqrt{D^2 - 1}}\,. \tag{1.164}$$

Mit den Integrationskonstanten C und E ergibt sich daraus die Lösung der homogenen Gleichung zu

$$u_{a,\,h} = C\,\mathrm{e}^{-t\,/\,T_1} + E\,\mathrm{e}^{-t\,/\,T_2} \tag{1.165}$$

und die komplette Lösung von Gl. (1.146) wird

$$u_a = k\,u_e + C\,\mathrm{e}^{-t\,/\,T_1} + E\,\mathrm{e}^{-t\,/\,T_2}. \tag{1.166}$$

Die Koeffizienten lassen sich wieder aus den Anfangsbedingungen ermitteln. Aus Gl. (1.156) folgt zunächst

$$k\,u_e + C + E = 0 \tag{1.167}$$

und Gl. (1.157) liefert

$$C = -E\,\frac{T_1}{T_2}. \tag{1.168}$$

Aus diesen beiden Gleichungen berechnen sich dann die Integrationskonstanten zu

$$C = -k\,u_e\,\frac{T_1}{T_1 - T_2}\,, \tag{1.169}$$

$$E = k\,u_e\,\frac{T_2}{T_1 - T_2}. \tag{1.170}$$

Die endgültige Lösung lautet also

$$u_a = k\,u_e\left(1 - \frac{T_1}{T_1 - T_2}\,\mathrm{e}^{-t\,/\,T_1} + \frac{T_2}{T_1 - T_2}\,\mathrm{e}^{-t\,/\,T_2}\right). \tag{1.171}$$

Die Ausgangsspannung kann nicht mehr schwingen, sondern kriecht asymptotisch an den neuen Beharrungswert heran. Dieses Zeitverhalten ist z. B. bei trägen Berührungsthermometern anzutreffen.

Für $D > 1$ lässt sich das Verzögerungsglied 2. Ordnung als eine Hintereinanderschaltung eines Verzögerungsglieds 1. Ordnung mit der Zeitkonstante T_1 und eines weiteren Verzögerungsglieds 1. Ordnung mit der Zeitkonstante T_2 interpretieren. Die Gln. (1.162) und (1.164) liefern den Zusammenhang zwischen den neuen Zeitkonstanten T_1 und T_2 und den Koeffizienten der Differenzialgleichung:

$$T_1 + T_2 = 2\,D\,T\,, \tag{1.172}$$

$$T_1\,T_2 = T^2\,. \tag{1.173}$$

Die Hintereinanderschaltung zweier Verzögerungsglieder 1. Ordnung kann also nie zu Schwingungen führen.

Fall c) $D = 1$. Aus Gl. (1.140) folgt, dass die beiden Wurzeln der charakteristischen Gleichung zusammenfallen und reell sind:

$$r_1 = r_2 = -\frac{1}{T}\,. \tag{1.174}$$

Entsprechend lautet mit den Integrationskonstanten F und G die Lösung der homogenen Differenzialgleichung

$$u_{a,\,h} = F\,\mathrm{e}^{-t\,/\,T} + G\,t\,\mathrm{e}^{-t\,/\,T} \tag{1.175}$$

und die der gesamten Differenzialgleichung ist

$$u_a = k\,u_e + F\,\mathrm{e}^{-t\,/\,T} + G\,t\,\mathrm{e}^{-t\,/\,T}\,. \tag{1.176}$$

Die Anfangsbedingung Gl. (1.156) liefert

$$F = -k\,u_e \tag{1.177}$$

und aus Gl. (1.157) folgt

$$G = -k\,u_e\,\frac{1}{T}\,. \tag{1.178}$$

Damit ist die gesamte Lösung

$$u_a = k\,u_e\left(1 - \mathrm{e}^{-t\,/\,T} - \frac{t}{T}\,\mathrm{e}^{-t\,/\,T}\right) = k\,u_e\left(1 - \frac{T+t}{T}\,\mathrm{e}^{-\mathrm{t}\,/\,\mathrm{T}}\right). \tag{1.179}$$

Bei einem Dämpfungsfaktor $D = 1$ ist einerseits das Schwingen, andererseits auch das allzu langsame Herankriechen an den neuen Beharrungswert vermieden. Bei diesem **aperiodischen Grenzfall** stellt sich die Ausgangsspannung des Geräts ohne Überschwingen in der kürzest möglichen Zeit auf den neuen Beharrungswert ein. In der Praxis werden die Messwerke auf etwa $D \approx 0,7$ abgeglichen, so dass bei einem tolerierbaren Überschwingen der neue Messwert etwas schneller als im aperiodischen Grenzfall erreicht wird.

• **Beispiel 1.9. *RCL*-Netzwerk.** Zur Veranschaulichung soll die Differenzialgleichung des *RCL*-Netzwerks von Bild 1.23 aufgestellt werden.

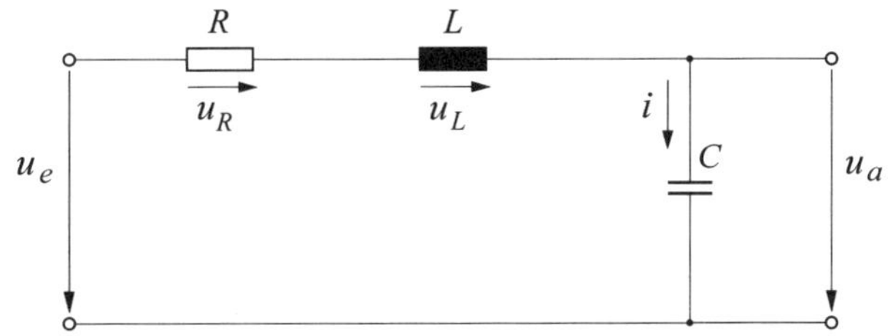

Bild 1.23: *RCL*-Netzwerk

Die Maschengleichung liefert zunächst

$$u_a + u_R + u_L = u_e\,. \tag{1.180}$$

Sie geht, indem die Ströme eingeführt werden, mit

$$i = C\,\frac{\mathrm{d}u_a}{\mathrm{d}t}\,, \quad u_R = R\,i \quad \text{und} \quad u_L = L\,\frac{\mathrm{d}i}{\mathrm{d}t} \tag{1.181}$$

über in

$$u_a + R\,C\dot{u}_a + L\,C\,\ddot{u}_a = u_e\,. \tag{1.182}$$

Aus dem Vergleich mit Gl. (1.146) folgt dann

$$k = 1\,; \tag{1.183}$$

$$T^2 = L\,C\,; \qquad \omega_0 = \omega_g = \frac{1}{\sqrt{L\,C}}\,; \tag{1.184}$$

$$2\,D\,T = R\,C\,; \qquad D = \frac{R}{2}\sqrt{\frac{C}{L}}\,. \tag{1.185}$$

Damit ist der Bezug zu den vorausgegangenen Überlegungen hergestellt und die Lösungen können übernommen werden. •

Sinusantwort. Wie in Gl. (1.114) werden die Ein- und Ausgangsspannung wieder komplex angesetzt. Die Differenzialgleichung (1.146) geht dadurch über in

$$[1 + \mathrm{j}\,\omega\,2\,D\,T + (\mathrm{j}\,\omega)^2\,T^2\,]\,\underline{u}_a = k\,\underline{u}_e\,. \tag{1.186}$$

Daraus ergibt sich der Frequenzgang $G(\mathrm{j}\omega)$ zu

$$G(\mathrm{j}\,\omega) = \frac{\underline{u}_a}{\underline{u}_e} = \frac{k}{1 - \omega^2\,T^2 + \mathrm{j}\,\omega\,2\,D\,T}\,. \tag{1.187}$$

Die entsprechenden Gleichungen des Real- und Imaginärteils sowie des Amplituden- und des Phasenganges lauten:

$$Re\,[\,G(\mathrm{j}\omega)\,] = \frac{k\,(1 - \omega^2\,T^2)}{(1 - \omega^2\,T^2)^2 + \omega^2\,4\,D^2\,T^2}\,, \tag{1.188}$$

$$Im\,[\,G(\mathrm{j}\omega)\,] = \frac{-2\,k\,D\,\omega\,T}{(1 - \omega^2\,T^2)^2 + \omega^2\,4\,D^2\,T^2}\,, \tag{1.189}$$

$$|\,G(\mathrm{j}\omega)\,| = \frac{\hat{u}_a}{\hat{u}_e} = \frac{k}{\sqrt{(1 - \omega^2\,T^2)^2 + \omega^2\,4\,D^2\,T^2}}\,, \tag{1.190}$$

$$\phi\,(\omega) = -\arctan\frac{\omega\,2\,D\,T}{1 - \omega^2\,T^2}\,. \tag{1.191}$$

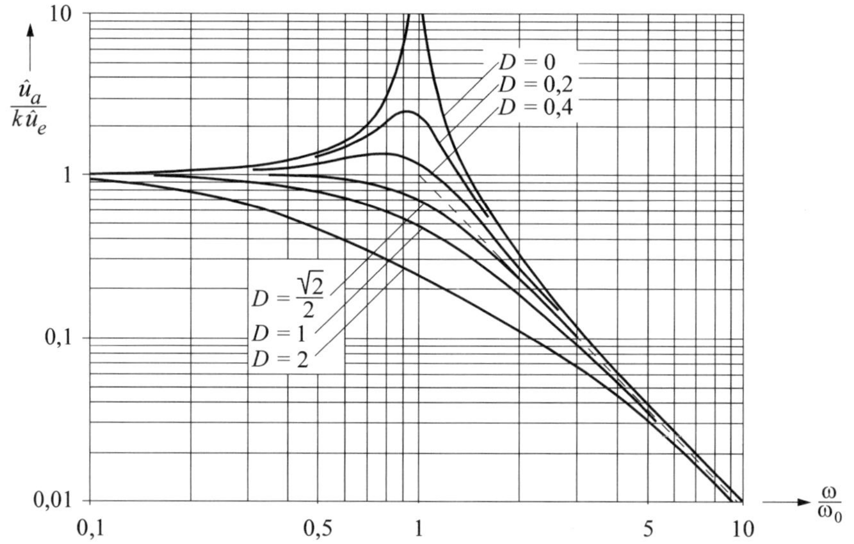

Bild 1.24: Amplitudengang eines Verzögerungsglieds 2. Ordnung

Für verschiedene Dämpfungsfaktoren ist in Bild 1.24 der Amplitudengang dargestellt. Für $D < 1$ ergibt sich in der Nähe von ω_g die Resonanzüberhöhung. Für den Dämpfungsfaktor $D = 1$ ist bei ω_g die Ausgangsamplitude auf $k\,\hat{u}_e/2$ gesunken:

$$\left.\frac{\hat{u}_a}{\hat{u}_e}\right|_{\omega\,=\,\omega_g} = \frac{k}{1 + \omega_g^2\,T^2} = \frac{k}{2}\,. \tag{1.192}$$

Im Bereich $\omega \gg \omega_g$ geht das Amplitudenverhältnis bei zunehmender Frequenz mit $(\omega/\omega_g)^2$ zurück. Damit werden die Amplituden bei $\omega = a\,\omega_g$ insgesamt a-mal so stark gedämpft wie im Fall des Verzögerungsglieds 1. Ordnung.

Für den Fall des ungedämpft schwingenden Oszillators verschwindet wegen Gl. (1.162) in Gl. (1.187) der Term mit $\mathrm{j}\,\omega$. Der Frequenzgang ist rein reell.

In Gerätebeschreibungen wird das dynamische Verhalten manchmal nicht durch den Amplitudengang von Gl. (1.190) charakterisiert, sondern durch den Quotienten aus der Ausgangsspannung $\hat{u}_a$ bei der interessierenden Frequenz und der Ausgangsspannung $\hat{u}_{a\,0}$ bei Frequenzen $\ll \omega_g$, bei denen sicher die Amplituden noch richtig gemessen werden. Für $\omega\,T \ll 1$ bleibt aus Gl. (1.190) übrig

$$\hat{u}_{a\,0} = k\,\hat{u}_e\,. \tag{1.193}$$

Die neue Kennlinie

$$\frac{\hat{u}_a}{\hat{u}_{a\,0}} = \frac{\hat{u}_a}{k\,\hat{u}_e} = \frac{1}{k}\left|G(\mathrm{j}\,\omega)\right| \tag{1.194}$$

hängt also genauso von der Frequenz ab wie der Amplitudengang.

Sprungantwort. Als Anregesignal wird eine sich sprungförmig ändernde Eingangsspannung angenommen. In Abhängigkeit von der Dämpfung ergeben sich dann entsprechend den vorausgegangenen Überlegungen für die Ausgangsspannungen folgende Spannungsverläufe (die in Bild 1.25 für einige ausgewählte Dämpfungsfaktoren D dargestellt sind):

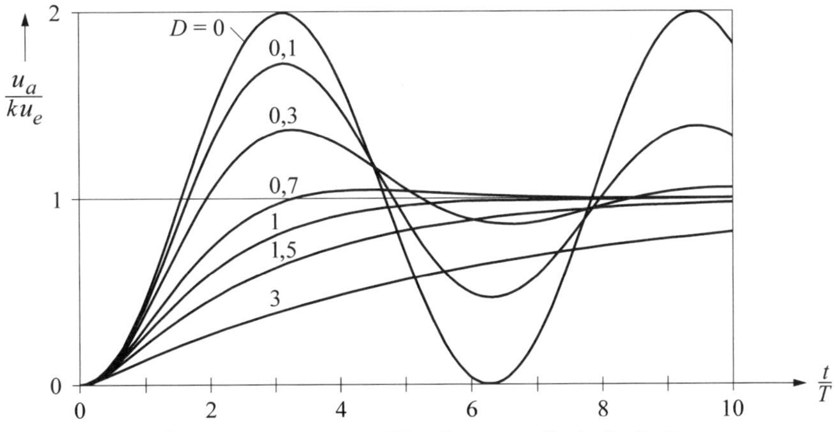

Bild 1.25: Normierte Sprungantwort eines Verzögerungsglieds 2. Ordnung

$$0 \le D < 1: \quad u_a(t) = k\,U_0\left[1 - \mathrm{e}^{-D\,t\,/\,T}\left(\cos\omega_d\,t + \frac{D}{\sqrt{1-D^2}}\sin\omega_d\,t\right)\right], \tag{1.195}$$

$$D > 1: \quad u_a(t) = k\,U_0 \left(1 - \frac{T_1}{T_1 - T_2}\,\mathrm{e}^{-t\,/\,T_1} + \frac{T_2}{T_1 - T_2}\,\mathrm{e}^{-t\,/\,T_2}\right), \tag{1.196}$$

$$D = 1: \quad u_a(t) = k\,U_0 \left(1 - \frac{T + t}{T}\,\mathrm{e}^{-t\,/\,T}\right). \tag{1.197}$$

Impulsantwort. Um die Impulsantwort zu erhalten, machen wir von Gl. (1.136) Gebrauch. Mit der für $D = 1$ aus Gl. (1.197) gewonnenen Übergangsfunktion $h(t)$

$$h\,(t) = \frac{u_a(t)}{U_0} = k\left(1 - \frac{T + t}{T}\,\mathrm{e}^{-t\,/\,T}\right) \tag{1.198}$$

entstehen die Gewichtsfunktion $g(t)$

$$g\,(t) = \frac{k\,t}{T^2}\,\mathrm{e}^{-t\,/\,T}\ (\mathrm{s}^{-1}) \tag{1.199}$$

und die Impulsantwort $u_a(t)$

$$u_a(t) = \frac{k\,A}{T}\,\frac{t}{T}\,\mathrm{e}^{-t\,/\,T}. \tag{1.200}$$

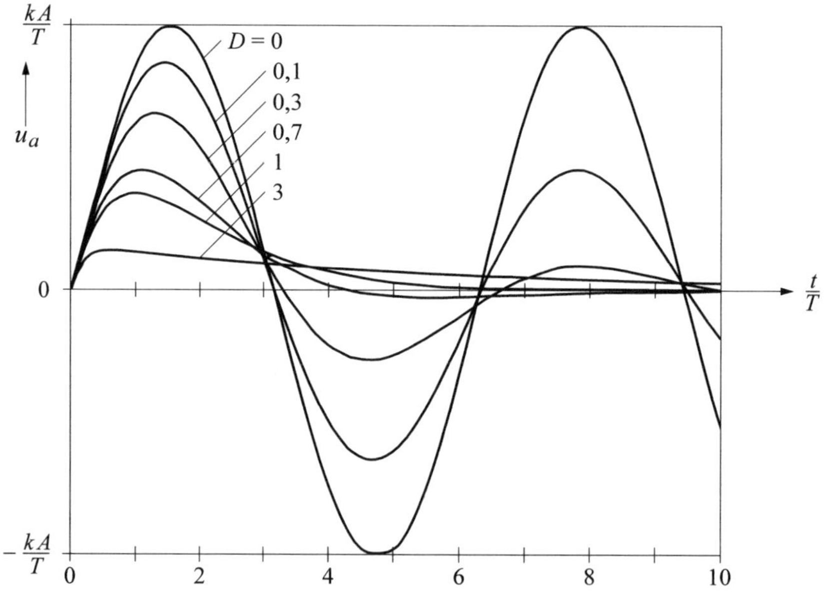

Bild 1.26: Normierte Impulsantwort eines Verzögerungsglieds 2. Ordnung

Bild 1.26 zeigt den Verlauf der Impulsantwort auch für Dämpfungswerte $D \neq 1$.

1.5.3 Weitere Beispiele für das Zeitverhalten

Nicht alle Messgeräte lassen sich durch Verzögerungsglieder 1. Ordnung oder 2. Ordnung beschreiben. Einige folgen nur ungefähr dem mathematischen Modell, andere entsprechen Differenzialgleichungen höherer Ordnung.

Hochpass; Differenzierglied. Das Netzwerk von Bild 1.27 bildet einen CR-Hochpass, der als Differenzierer wirkt. Unter Berücksichtigung von

$$u_a = i\,R\,, \quad i = C\,\frac{\mathrm{d}(u_e - u_a)}{\mathrm{d}t} \quad \text{und} \quad R\,C = T = \frac{1}{\omega_g} \tag{1.201}$$

entsteht die Differenzialgleichung

$$u_a + R\,C\,\dot{u}_a = R\,C\,\dot{u}_e \tag{1.202}$$

mit der Sprungantwort

$$u_a = U_0\,\mathrm{e}^{-t/T}. \tag{1.203}$$

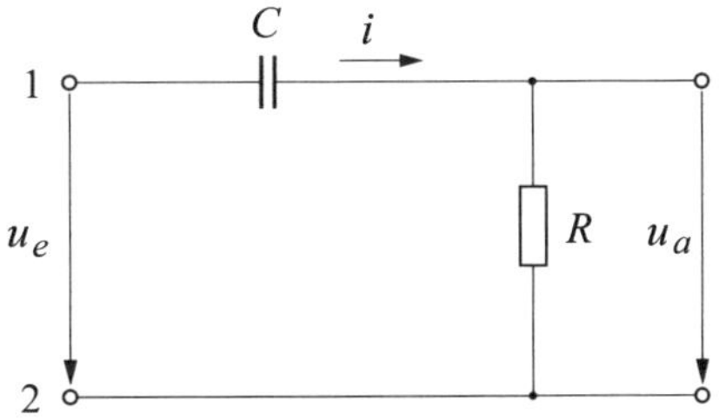

Bild 1.27: Hochpass

Die Flanke des anregenden Signals führt also zu einer Ausgangsspannung u_a, die zum Zeitpunkt $t = 0$ die Höhe U_0 der anregenden Spannung besitzt, dann aber mit der Zeitkonstante T abnimmt.

Entweder aus der Differenzialgleichung oder aus der Betrachtung als Spannungsteiler entsteht der Frequenzgang $G\,(\mathrm{j}\,\omega)$

$$G\,(\mathrm{j}\,\omega) = \frac{\underline{u}_a}{\underline{u}_e} = \frac{\mathrm{j}\,\omega\,T}{1 + \mathrm{j}\,\omega\,T} \tag{1.204}$$

mit dem Amplitudengang

$$|\,G\,(\mathrm{j}\,\omega)\,| = \frac{\hat{u}_a}{\hat{u}_e} = \frac{\omega\,T}{\sqrt{1 + \omega^2\,T^2}}. \tag{1.205}$$

Gleichspannungen ($\omega = 0$) können nicht übertragen werden. Sie werden durch die Kapazität abgeblockt. Für Frequenzen $\omega < \omega_g$ nimmt das Verhältnis aus Ausgangs- und Eingangsamplitude mit der Frequenz zu. Bei $\omega = \omega_g$ erreicht die Ausgangsamplitude den $1/\sqrt{2}$fachen Wert der Eingangsamplitude. Spannungen mit Frequenzen $\omega \gg \omega_g$

werden ungeschwächt übertragen. Mit zunehmender Frequenz geht der Blindwiderstand des Kondensators gegen null. Die Kapazität wirkt wie ein Kurzschluss. Der Hochpass lässt Spannungen mit Frequenzen $\omega \gg \omega_g$ passieren und trennt sie von einer eventuell vorhandenen Gleichspannung ab.

Für $\omega \ll \omega_g$ kann im Nenner von Gl. (1.204) der Term $\mathrm{j}\,\omega\,T$ gegenüber 1 vernachlässigt werden. Der Frequenzgang reduziert sich auf

$$G(\mathrm{j}\,\omega) = \mathrm{j}\,\omega\,T. \tag{1.206}$$

Dazu gehören die Differenzialgleichungen

$$\underline{u}_a = T\,\mathrm{j}\,\omega\,\underline{\mathrm{u}}_{\mathrm{e}}, \tag{1.207}$$

$$u_a = T\,\dot{u}_e. \tag{1.208}$$

Die Ausgangsspannung ist also proportional der nach der Zeit abgeleiteten Eingangsspannung. Der Hochpass wirkt in diesem Bereich als Differenzierer. Der mit der Frequenz ansteigende Amplitudengang bringt dieses Verhalten zum Ausdruck.

Für $\omega \gg \omega_g$ wird im Nenner von Gl. (1.204) die Eins vernachlässigt und es entsteht

$$G(\mathrm{j}\,\omega) = \frac{\mathrm{j}\,\omega\,T}{\mathrm{j}\,\omega\,T} = 1 \qquad \text{mit} \tag{1.209}$$

$$\underline{u}_a = \underline{u}_e. \tag{1.210}$$

Hochfrequente Signale können den Hochpass ungeschwächt passieren.

Tiefpass, Integrierglied. Der Tiefpass von Bild 1.17 wird oft als Integrierer bezeichnet. Dies trifft für Frequenzen $\omega \gg \omega_g$ zu. In diesem Bereich darf in Gl. (1.116) die Eins im Nenner vernachlässigt werden. Damit reduziert sich die Gleichung auf

$$G(\mathrm{j}\,\omega) = \frac{k}{\mathrm{j}\,\omega\,T}. \tag{1.211}$$

Die zugehörige Differenzialgleichung

$$T\,\dot{u}_a = k\,u_e \tag{1.212}$$

mit der Lösung

$$u_a = \frac{k}{T}\int u_e\,\mathrm{d}t \tag{1.213}$$

macht deutlich, dass die Ausgangsspannung die über die Zeit integrierte Eingangsspannung ist. Im Frequenzbereich kommt dieses Verhalten durch den mit $1/\omega$ abnehmenden Amplitudengang zum Ausdruck.

Genau genommen steht auf der rechten Seite von Gl. (1.213) der Mittelwert $\overline{u}_e$

$$\overline{u}_e = \frac{1}{T} \int u_e \, \mathrm{d}t \,, \tag{1.214}$$

$$u_a = k \, \overline{u}_e \tag{1.215}$$

und es zeigt sich, dass die Ausgangsspannung des Tiefpasses proportional dem Mittelwert der Eingangsspannung ($\omega \gg \omega_g$) ist.

Totzeitglied. Beim Totzeitglied erscheint am Ausgang die Eingangsspannung unverändert, jedoch um die Totzeit T_t verzögert:

$$u_a(t) = u_e(t - T_t) \,. \tag{1.216}$$

Dazu gehört der Frequenzgang

$$G\,(\mathrm{j}\,\omega) = \mathrm{e}^{-\mathrm{j}\,\omega\,T_t} \,, \tag{1.217}$$

der keine Amplitudenänderung, sondern nur eine Phasenverschiebung ausdrückt. Totzeiten treten immer im Zusammenhang mit Laufzeiten auf.

1.6 Dynamische Messfehler

Das Ausgangssignal eines Messgeräts kann einer sich zeitlich ändernden Messgröße im Allgemeinen nur verzögert folgen. Der ausgegebene Wert $x_a(t)$ ist mit dem Eingangswert $k\,x_e(t)$ nicht identisch. Es entsteht der zeitabhängige dynamische Fehler $\Delta\,x(t)$:

$$\Delta\,x(t) = x_a(t) - k\,x_e(t) \,. \tag{1.218}$$

Erst im Beharrungszustand verschwindet der dynamische Fehler und übrig bleibt der (in diesem Abschnitt nicht betrachtete) statische Messfehler.

Dynamische Messfehler sind insbesondere dann unzulässig, wenn das Messgerät Teil eines prozessgekoppelten Systems ist und z. B. den Istwert eines Regelkreises oder das Anregesignal einer Steuerkette liefert. In diesen Fällen ist sicherzustellen, dass die Messgeräte schneller sind als die Transienten des überwachten Prozesses, um gegebenenfalls noch rechtzeitig eingreifen zu können.

1.6.1 Fehlermöglichkeiten

Amplitudenanaloge Messsignale. Die Zeitkonstanten und Grenzfrequenzen der Messgeräte müssen zu den Änderungsgeschwindigkeiten der Messgrößen passen. Dabei dürfen eventuell vorhandene Oberwellen nicht vergessen werden. So genügt es bei der Aufzeichnung einer rechteckförmigen Impulsfolge nicht, nur die Grundfrequenz der Impulsfolge zu berücksichtigen. Es ist vielmehr sicherzustellen, dass auch die vorhandenen Oberwellen noch mit hinreichender Genauigkeit übertragen werden.

Der Arbeitsbereich der Messgeräte, ihre Bandbreite, liegt zwischen einer unteren und oberen Grenzfrequenz. Die untere Grenzfrequenz kann null oder von null verschieden sein. Im ersten Fall wie bei den Gleichspannungsverstärkern lassen sich Gleich- und Wechselgrößen verarbeiten. Ist die untere Grenzfrequenz von null verschieden, so können Gleichgrößen nicht gemessen werden. Dies ist z. B. beim Wechselspannungsverstärker und meistens auch beim piezoelektrischen Kraftaufnehmer der Fall.

Abtast- und Halteglied. Bei dem Umsetzen analoger Signale in digitale wird häufig vor dem Analog/Digital-Umsetzer ein Abtast- und Haltekreis verwendet.

Durch das Abtasten und Halten entsteht aus einem kontinuierlich verlaufenden Signal eine Art Treppenkurve (Bild 1.28). In der Zeit, in der ein abgetasteter Messwert gehalten wird, kann sich das originäre analoge Signal weiter entwickeln. Der umgesetzte Wert weicht von dem aktuellen ab und die Differenz bedeutet einen Messfehler, der nicht zu groß werden soll. Er hängt von der Änderungsgeschwindigkeit des Signals und der Abtastrate ab und kann wie folgt eingegrenzt werden:

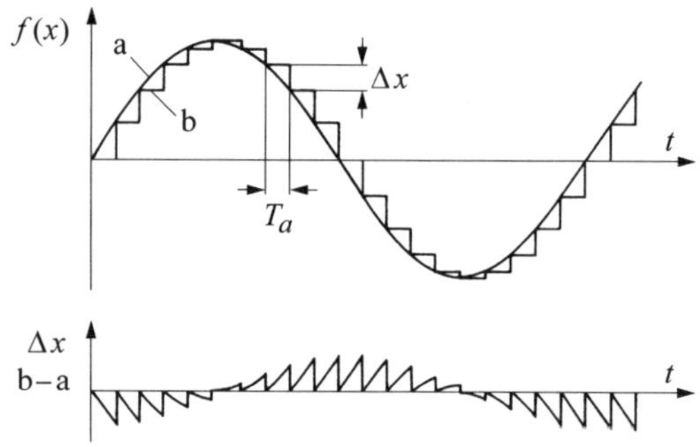

Bild 1.28: Durch das zeitdiskrete Abtasten und wertdiskrete Umsetzen entsteht aus der kontinuierlichen eine Stufenfunktion
T_a Abtastintervall, Δx Fehler
a Originalfunktion,
b abgetastete Funktion

Angenommen wird ein sinusförmiges Messsignal $x(t)$ mit dem Scheitelwert $\hat{x}$, das sich mit der Kreisfrequenz ω ändert:

$$x(t) = \hat{x} \sin \omega t = \hat{x} \sin 2\pi f t. \tag{1.219}$$

Die Änderungsgeschwindigkeit $\mathrm{d}x/\mathrm{d}t = \hat{x}\,\omega \cos\omega t$ hat ihr Maximum bei $\cos \omega t = \pm 1$, mit

$$\dot{x}_{\max} = \hat{x}\,\omega. \tag{1.220}$$

In der Zeit T_a zwischen zwei Abtastungen ändert sich damit das Signal maximal um Δx:

$$\Delta x = \hat{x}\,\omega\,T_a\,. \tag{1.221}$$

Wird das abgetastete Signal in ein n Bit enthaltendes Digitalwort umgesetzt und ist in diesem Wort das niedrigstwertige Bit unsicher, so ist der Quantisierungsfehler Δq:

$$\Delta q = \frac{\hat{x}}{2^n}\,. \tag{1.222}$$

Soll nun der Quantisierungsfehler für die Messgenauigkeit ausschlaggebend sein, so darf sich das Messsignal zwischen zwei Abtastungen um höchstens Δq ändern. Diese Forderung führt zu dem Ansatz

$$\Delta x \leq \Delta q\,, \tag{1.223}$$

$$\hat{x}\,\omega\,T_a \leq \frac{\hat{x}}{2^n}\,, \tag{1.224}$$

$$T_a \leq \frac{1}{\omega\,2^n} \quad \text{und} \tag{1.225}$$

$$f_a \geq \omega\,2^n = 2\,\pi\,f\,2^n = 2^{n+1}\,\pi\,f. \tag{1.226}$$

Die Abtastfrequenz $f_a = 1/T_a$ soll also größer sein als die $(\pi\,2^{n+1})$fache Signalfrequenz f. Bei einer Auflösung von 8 Bit müsste also die Abtastfrequenz mindestens das 1608fache der Signalfrequenz betragen.

Diese Art der Signalverarbeitung berührt **nicht** das so genannte „Abtasttheorem“ von Kapitel 8. Wird im Sinne dieses Theorems gearbeitet, so ist zunächst das interessierende Signal während einer bestimmten Zeit T_m abzutasten. Die Messwerte werden gespeichert. Erst nachdem der letzte Messwert erfasst ist, kann die Verarbeitung beginnen. Diese benutzt Algorithmen, die in der Systemtheorie entwickelt worden sind. Als Ergebnis dieser Rechnung lassen sich

a) die im abgetasteten Signal enthaltenen Frequenzen angeben und
b) die Amplituden des Signals lückenlos, d. h. auch zwischen den Abtastpunkten rekonstruieren.

Diese Ergebnisse sind nur zeitverzögert zu gewinnen. Die Abtastfrequenz darf jedoch bedeutend niedriger als in Gl. (1.226) sein. Die Abtastfrequenz muss lediglich mehr als das Doppelte der höchsten Signalfrequenz betragen.

Frequenzmessung. Bei der Frequenzmessung werden die Perioden des interessierenden Signals gezählt und durch die Messzeit T_m dividiert. Die angezeigte Frequenz ist dann der Mittelwert der während der Messzeit aufgetretenen Frequenzen. Ist f_1 z. B. die zu messende Frequenz bei Beginn der Messung zum Zeitpunkt t_1, und ist die Frequenz linear auf f_2 am Ende der Messung zum Zeitpunkt t_2 angestiegen, so wird der Zähler die Frequenz f_m

$$f_m = \frac{f_1 + f_2}{2} \tag{1.227}$$

anzeigen.

Die richtige Frequenz zum Zeitpunkt t_2 wäre jedoch die Frequenz f_2 gewesen. Der Fehler Δf beträgt also

$$\Delta f = f_m - f_2 = \frac{f_1 - f_2}{2}. \tag{1.228}$$

1.6.2 Korrektur des dynamischen Fehlers

In den Fällen, in denen das dynamische Verhalten des Messgeräts bekannt ist, lässt sich der dynamische Fehler bis zu einem gewissen Grad korrigieren. Dazu ist ein Hochpass notwendig, der in Reihe mit dem als Verzögerungsglied wirkenden Messgerät liegt.

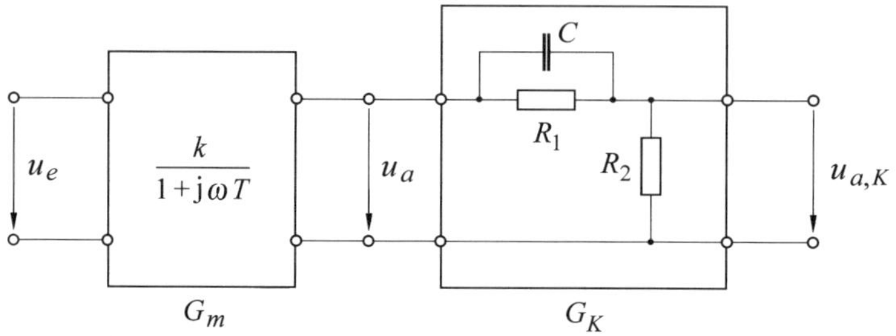

Bild 1.29: Dynamische Korrektur der Ausgangsspannung eines Messgeräts (Frequenzgang G_m) durch einen Hochpass (Frequenzgang G_K)

Bild 1.29 zeigt als Beispiel die Serienschaltung aus einem Verzögerungsglied 1. Ordnung und einem nachfolgenden Hochpass. Der Hochpass ist aus dem von Bild 1.27 entstanden, indem parallel zur Kapazität noch der Widerstand R_1 eingeführt worden ist. Das Messgerät hat den Frequenzgang G_m, der Hochpass als Korrekturglied den Frequenzgang G_K. Für Gleichspannungen mit $\omega = 0$ hat das Korrekturglied den Übertragungsfaktor $a = R_2/(R_1 + R_2)$. Die Ausgangsgleichspannung des Hochpasses ist also kleiner als seine Eingangsspannung.

Der Frequenzgang $G_K(\mathrm{j}\,\omega)$ ergibt sich mit $R_1\,C = T_K$ zu

$$G_K(\mathrm{j}\,\omega) = \frac{\underline{u}_{a,K}}{\underline{u}_a} = \frac{R_2}{\left(R_1 \,||\, \dfrac{1}{\mathrm{j}\,\omega\,C}\right) + R_2} = a\,\frac{1 + \mathrm{j}\,\omega\,R_1\,C}{1 + a\,\mathrm{j}\,\omega\,R_1\,C} = a\,\frac{1 + \mathrm{j}\,\omega\,T_K}{1 + \mathrm{j}\,a\,\omega\,T_K}. \tag{1.229}$$

Die Gesamtschaltung aus Messgerät und Korrekturglied hat dann mit $\underline{u}_a = G_m(\mathrm{j}\,\omega)\,\underline{u}_e$ und $\underline{u}_{a,K} = G_K(\mathrm{j}\,\omega)\,\underline{u}_a$ den Gesamtfrequenzgang $G_{ges}(\mathrm{j}\,\omega)$

$$G_{\mathrm{ges}}(\mathrm{j}\,\omega) = \frac{\underline{u}_{a,K}}{\underline{u}_e} = G_m(\mathrm{j}\,\omega)\,G_K(\mathrm{j}\,\omega) = \frac{k}{1 + \mathrm{j}\,\omega\,T}\,a\,\frac{1 + \mathrm{j}\,\omega\,T_K}{1 + \mathrm{j}\,a\,\omega\,T_K}. \tag{1.230}$$

Werden nun die Zeitkonstanten des Messgeräts und des Korrekturglieds gleich groß gewählt, $T = T_K$, so geht die letzte Gleichung über in

$$G_{\mathrm{ges}}(\mathrm{j}\,\omega) = \frac{a\,k}{1 + \mathrm{j}\,a\,\omega\,T}. \tag{1.231}$$

Das ist wieder die Gleichung eines Verzögerungsglieds 1. Ordnung. Der Gleichspannungs-Übertragungsfaktor a ist kleiner 1. Dementsprechend sind die Amplituden des zeitkorrigierten Signals auf das a-fache zurückgegangen, während die neue Grenzfrequenz $\omega_{g,K}$ auf ω_g/a angestiegen ist. Der Gewinn an Schnelligkeit ist also durch den Verlust an Empfindlichkeit erkauft (Bilder 1.30 und 1.31). In der Praxis wird die Zeitkorrektur durch das Rauschen der Messsignale begrenzt. Mit steigender Grenzfrequenz nimmt das Rauschen zu und die Nutzamplitude ab. Die bei industriellen Prozessen erzielbaren Beschleunigungsfaktoren $1/a$ liegen zwischen 10 und 100.

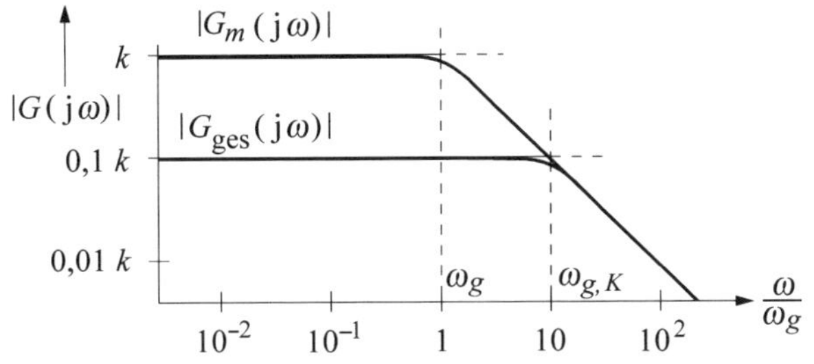

Bild 1.30: Bei der dynamischen Korrektur wird der Gewinn an Schnelligkeit durch einen Verlust an Empfindlichkeit erkauft. Im Bild gehen für $a = 0{,}1$ die Amplituden um den Faktor 10 zurück, während die Grenzfrequenz sich auf das 10fache erhöht.
G_m Frequenzgang eines Verzögerungsglieds 1. Ordnung mit der Grenzfrequenz ω_g
G_{ges} Frequenzgang der Serienschaltung aus Verzögerungsglied 1. Ordnung und der Korrekturschaltung mit der Grenzfrequenz $\omega_{g,k} = 10\,\omega_g$

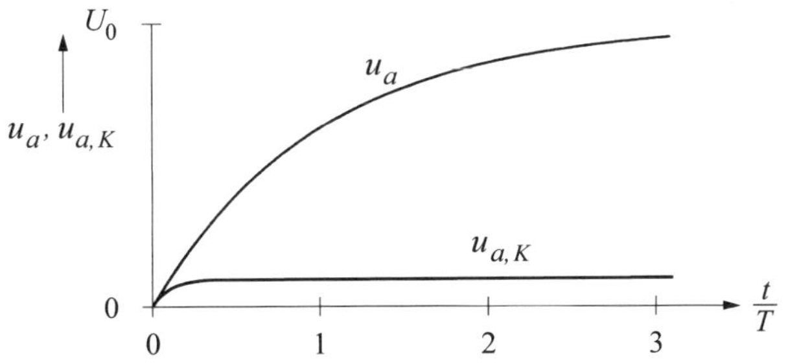

Bild 1.31: Sprungantwort der Schaltung von Bild 1.29
u_a Sprungantwort des Verzögerungsglieds 1. Ordnung mit der Zeitkonstanten T
$u_{a,k}$ Sprungantwort der Serienschaltung aus Verzögerungsglied 1. Ordnung und Korrekturglied für $a = 0{,}1$; Zeitkonstante und Amplitude sind um den Faktor a kleiner geworden. Durch die Korrektur können nicht mehr Informationen aus dem Messsignal herausgeholt werden, als ursprünglich schon enthalten waren. Nach der Zeitkorrektur sind die Amplituden noch entsprechend zu verstärken.

In den Fällen, in denen das zeitverzögerte Messsignal abgetastet, digitalisiert und mit Hilfe eines Mikroprozessors weiterverarbeitet wird, lässt sich die Zeitkorrektur besonders effektiv gestalten. Es ist nicht notwendig, den Hochpass als eigenständiges Gerät aufzubauen. Die Operation der Filterung wird mit Hilfe einer Rechenvorschrift durchgeführt. Dieses digitale Filter erlaubt die Messwerte ohne Amplitudenverlust zu beschleunigen. Bei der eben diskutierten rechnerischen dynamischen Korrektur ist die Kenntnis der Zeitkonstante T des Messgeräts notwendig. Ist diese nur ungenau bekannt, oder ändert sie sich während des Betriebs, so lässt sich die Bedingung $T = T_K$ nicht einhalten und die dynamische Korrektur wird falsch. Besser als die Zeitkonstante zu korrigieren ist es daher, diese überhaupt zu vermeiden. Das Anemometer von Abschnitt 3.7.2 ist dafür ein Beispiel. Dort wird in der Betriebsart mit eingeprägtem Strom die Temperatur des Heizdrahtes konstant gehalten, wodurch die thermischen Zeitkonstanten entfallen.

1.7 Strukturen von Messeinrichtungen

Für die Messung einer Größe sind in der Regel mehrere Messgeräte erforderlich, die eine Messeinrichtung oder ein Messsystem bilden. Die Art und Weise, wie die Messgeräte verschaltet und die Signale verknüpft sind, wird als Struktur der Messeinrichtung bezeichnet. Diese ist für das statische und dynamische Verhalten der Messeinrichtung maßgebend und bestimmt, wieweit äußere Störgrößen und Änderungen der Messgeräteparameter das Messergebnis beeinflussen können.

1.7.1 Kettenstruktur

Bei der sehr häufig angewandten Kettenstruktur sind die Messgeräte hintereinander geschaltet. Sie bilden eine Kette. Die Messeinrichtung von Bild 1.1 zum Beispiel enthält drei Messgeräte mit den folgenden statischen Übertragungsgleichungen:

$$x_{a1} = k_1\, x_{e1}\,, \tag{1.232}$$

$$x_{a2} = k_2\, x_{e2}\,, \tag{1.233}$$

$$x_{a3} = k_3\, x_{e3}\,. \tag{1.234}$$

Das Ausgangssignal des vorausgehenden Geräts ist jeweils das Eingangssignal des nachfolgenden, $x_{a1} = x_{e2}$, $x_{a2} = x_{e3}$ und der Messwert x_{a3} wird

$$x_{a3} = k_3\, k_2\, k_1\, x_{e1}\,. \tag{1.235}$$

Bei der Messkette multiplizieren sich die Übertragungsfaktoren der einzelnen Messgeräte. Die Empfindlichkeit K der Messeinrichtung ergibt sich als das Produkt der Geräteempfindlichkeiten k_i

$$K = k_1\, k_2\, \ldots k_n\,. \tag{1.236}$$

Die im vorausgegangenen Abschnitt entwickelten Rechenregeln zur Fehlerfortpflanzung sind sinngemäß auch auf Messeinrichtungen anzuwenden. Sind die Übertragungsfaktoren k_i mit den relativen Unsicherheiten $\Delta\, k_i/k_i$ behaftet, so ist entsprechend

Gl. (1.40) die wahrscheinliche, relative Unsicherheit des Übertragungsfaktors K der gesamten Messkette

$$\frac{\Delta K}{K} = \sqrt{\left(\frac{\Delta k_1}{k_1}\right)^2 + \left(\frac{\Delta k_2}{k_2}\right)^2 + \ldots + \left(\frac{\Delta k_n}{k_n}\right)^2} \,. \tag{1.237}$$

• **Beispiel 1.10.** Die Messkette von Bild 1.32 besteht aus einem Fotoelement, das in Abhängigkeit von der Beleuchtungsstärke E_V die Spannung u liefert. Diese wird in einen Strom umgeformt und dieser wird auf einem Strommesser angezeigt.

Bild 1.32: Messkette zur Messung der Beleuchtungsstärke mit
1 Fotoelement
2 Verstärker
3 Anzeigeinstrument

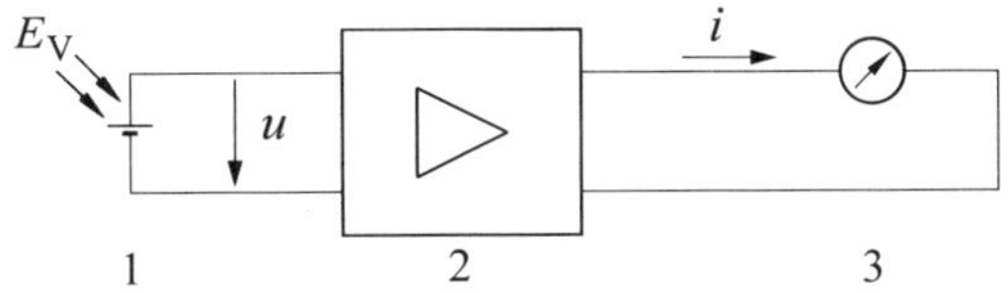

Die Übertragungsgleichungen der einzelnen Komponenten lauten:

$$u = k_1\, E_\mathrm{V}\,; \qquad i = k_2\, u\,; \qquad \alpha = k_3\, i\,. \tag{1.238}$$

Der Ausschlagwinkel α des Anzeigeinstruments ist mit der Empfindlichkeit K der Beleuchtungsstärke proportional:

$$\alpha = k_3\, k_2\, k_1\, E_\mathrm{V} = K\, E_\mathrm{V}\,. \tag{1.239}$$

Die Empfindlichkeit des Fotoelements hat die Einheit V/lx, die des Verstärkers A/V, die des Anzeigeinstruments Skalenteile/A und die der gesamten Messkette Skalenteile/lx.

Ist die Empfindlichkeit des Fotoelements um $\Delta\, k_1/k_1$=0,03 unsicher, die des Verstärkers um $\Delta\, k_2/k_2$=0,005 und die des Anzeigeinstruments um $\Delta\, k_3/k_3$=0,01, so ist die wahrscheinliche Unsicherheit der gesamten Messkette nach Gl. (1.237)

$$\frac{\Delta K}{K} = \sqrt{0,03^2 + 0,005^2 + 0,01^2} = 0,032\,. \quad \bullet \tag{1.240}$$

1.7.2 Parallelstruktur

Differenzbildung zur Gleichtaktunterdrückung. Eine Messeinrichtung ist parallel strukturiert, wenn mindestens 2 Größen gleichzeitig oder nacheinander mit derselben Empfindlichkeit k gemessen und verarbeitet werden. Die Einrichtung von Bild 1.33 zum Beispiel verarbeitet die beiden Eingangssignale x_{e1} und x_{e2} und liefert die Signale

$$x_{a1} = k\,x_{e1}\,; \qquad x_{a2} = k\,x_{e2}\,; \tag{1.241}$$

$$x_a = x_{a1} - x_{a2} = k\,(x_{e1} - x_{e2}). \tag{1.242}$$

Durch die Differenzbildung wird im einfachsten Fall der Nullpunkt unterdrückt und der Messbereich damit besser ausgenutzt. Ist x_{e1} z. B. eine zu messende Spannung zwischen 0 und 250 V und interessieren nur Spannungswerte größer als 200 V, so kann durch Verwendung einer Referenzspannung $x_{e2} = 200$ V der Messbereich entsprechend eingeengt werden.

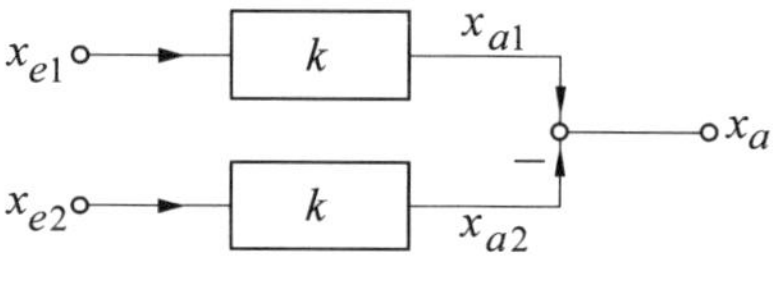

Bild 1.33: Messanordnung mit Differenzstruktur zur Gleichtaktunterdrückung

Die Referenzgröße muss dabei nicht konstant bleiben. So besteht z. B. bei der Messung geringer radioaktiver Strahlungen das Problem, dass ein Detektor jeweils die Summe aus der natürlichen und künstlichen Radioaktivität erfasst. Wird jetzt ein zweiter Detektor zur Messung allein der natürlichen Strahlung benutzt und wird dessen Signal als „Nulleffekt" von dem des ersten Detektors abgezogen, so ist das entstehende Differenzsignal ein Maß für die Stärke der künstlichen Quelle.

Die Differenzmessung ist des Weiteren geeignet, unerwünschte Einflüsse auf die Messgeräte zu korrigieren. Ist die Messgröße x_{e1} z. B. der Wert eines Widerstandes, der von R_0 ausgehend sich infolge einer Temperaturänderung um $\Delta\,R_T$ und infolge einer Dehnung um $\Delta\,R_\sigma$ ändert, und wird als Vergleichsmessgröße x_{e2} derselbe Widerstand genommen und nur der Temperaturänderung ausgesetzt, so hängt die Differenz x_a der beiden Signalc

$$x_a = x_{e1} - x_{e2} = k\,(R_0 + \Delta\,R_T + \Delta\,R_\sigma) - k\,(R_0 + \Delta\,R_T) = k\,\Delta\,R_\sigma \tag{1.243}$$

nur noch von der Dehnung ab. Der Grundwiderstand R_0 und seine Zu- oder Abnahme mit der Temperatur gehen explizit nicht in das Messergebnis ein.

Ein Spezialfall ist die Verwendung so genannter Differenzial-Aufnehmer, deren Signale sich in Abhängigkeit von einer Messgröße gegensinnig ändern. So lässt sich z. B. eine Strecke s messen, indem der Abgriff eines Potentiometers um diese Strecke verstellt und die Differenz der abgegriffenen Widerstände gebildet wird. Von der Mittelstellung des Potentiometers ausgehend nimmt der Widerstand der einen Potentiometerhälfte um $\Delta\,R$ zu, der der anderen um $\Delta\,R$ ab. Das Messsignal

$$x_a = k\left(\frac{R}{2} + \Delta\,R\right) - k\left(\frac{R}{2} - \Delta\,R\right) = 2\,k\,\Delta\,R \tag{1.244}$$

ist also doppelt so groß wie bei Verwendung einer Potentiometerhälfte und einer Nullpunktunterdrückung von $R/2$. Darüber hinaus ist die Kennlinie der Differenzial-Aufnehmer in einem gewissen Bereich auch dann linear, wenn die der Geberhälften gekrümmt ist.

In diesen Beispielen hoben sich durch die Differenzbildung die jeweils gleichen Signalanteile gegenseitig auf, und nur die unterschiedlichen lieferten einen Beitrag zum Ausgangssignal. Die Messeinrichtungen sind unempfindlich gegen Gleichtaktstörungen. Additive Störgrößen fallen heraus. Beispiele für diese Strukturen sind die Differenzverstärker und die Brückenschaltungen.

Verhältnisbildung zur Eliminierung der Messgeräteempfindlichkeit. Die Differenz der Messsignale muss nicht kontinuierlich, sondern kann auch zu diskreten Zeitpunkten gebildet werden. Diese Vorgehensweise soll anhand der Schaltung in Bild 1.34 erläutert werden, bei der drei Messsignale nacheinander über einen Schalter an das Messgerät angeschlossen werden können. Unterstellt wird, dass das Messgerät schon ohne Eingangssignal das Ausgangssignal x_{a0} liefert (fehlerhafter Nullpunkt) und die Empfindlichkeit k besitzt. Werden als Eingangssignale x_{ei} z. B. die Spannung 0, die zu messende Größe x_e und eine bekannte Referenzgröße x_r gewählt, so werden nacheinander die folgenden Ausgangssignale x_{ai} erhalten:

1. Schritt: $x_{e1} = 0 \qquad x_{a1} = x_{a0}\,,$

2. Schritt: $x_{e2} = x_e \qquad x_{a2} = x_{a0} + k\,x_e\,,$

3. Schritt: $x_{e3} = x_r \qquad x_{a3} = x_{a0} + k\,x_r\,.$

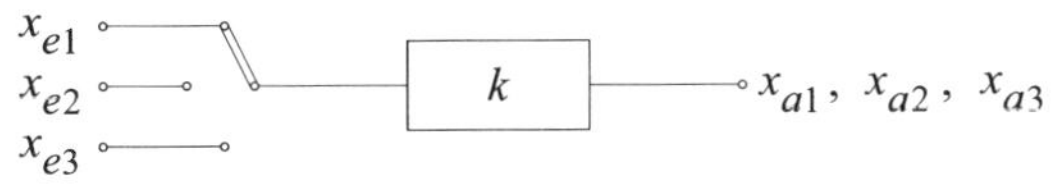

Bild 1.34: Serielle Messstellenabfrage und Messstellenverarbeitung

Die Signale x_{ai} werden abgespeichert und weiterverarbeitet. Wird x_{a1} von x_{a2} subtrahiert, so fällt ein eventueller Nullpunktfehler heraus und die Differenz ist proportional zu x_e. In der gleichen Weise kann auch x_{a3} hinsichtlich des Nullpunkts korrigiert werden:

$$x_{a2} - x_{a1} = x_a^* = k\,x_e\,, \tag{1.245}$$

$$x_{a3} - x_{a1} = x_r^* = k\,x_r. \tag{1.246}$$

Wird jetzt noch das Verhältnis der korrigierten Signale gebildet, so kürzt sich die Empfindlichkeit k heraus und die zu messende Größe x_e ist gleich dem Referenzsignal x_r, multipliziert mit dem Verhältnis aus den korrigierten Messwerten x_a^* und x_r^*:

$$\frac{x_a^*}{x_r^*} = \frac{k\,x_e}{k\,x_r}\,; \qquad x_e = x_r\,\frac{x_a^*}{x_r^*}. \tag{1.247}$$

Durch die Verwendung einer Referenzgröße und die Bildung des Verhältnisses gehen die Messgeräte-Empfindlichkeit und ihre Änderung nicht mehr in das Messergebnis ein (multiplikative Störgrößen fallen heraus). Ein bekanntes Beispiel für diese Struktur ist der Zweirampen-Umsetzer (Abschnitt 6.3.1).

1.7.3 Kreisstruktur

Prinzip. Kennzeichen der Kreisstruktur ist die Rückführung eines Signals vom Ausgang an den Eingang der Schaltung (Bild 1.35). Das rückgeführte Signal

$$x_g = k_g\, x_a \tag{1.248}$$

wird im Summationspunkt 1 entweder zum Eingangssignal addiert (Vorzeichen +) oder von diesem subtrahiert (Vorzeichen −). Die Rückführung des Signals

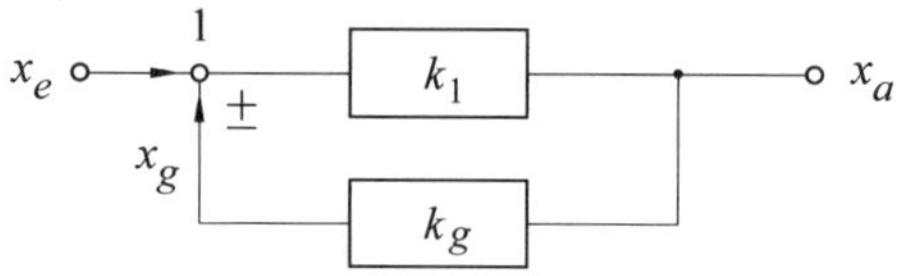

Bild 1.35: Kreisstruktur einer Messeinrichtung mit dem rückgeführten Signal x_g

mit einem positiven Vorzeichen, die **Mitkopplung**, kann zu schwingungsfähigen Systemen führen. Diese Systeme oszillieren auch dann noch, wenn das (zum Anstoßen benötigte) Eingangssignal nicht mehr vorhanden ist. Die zweite Betriebsweise, in der das rückgeführte Signal abgezogen wird (**Gegenkopplung**), liegt den Messverstärkern und allgemein allen Kompensationsverfahren zu Grunde. Ist k_1 der Übertragungsfaktor der Messeinrichtung im Vorwärtszweig und k_g der im Rückführungszweig, so hängen Eingangs- und Ausgangssignal wie folgt zusammen:

$$x_a = k_1\,(x_e - x_g) = k_1\,(x_e - k_g\, x_a) = \frac{k_1}{1 + k_1\, k_g}\, x_e \tag{1.249}$$

und die Empfindlichkeit E der Messeinrichtung wird

$$E = \frac{\mathrm{d}x_a}{\mathrm{d}x_e} = \frac{k_1}{1 + k_1\, k_g} = \frac{1}{1/k_1 + k_g} \approx \frac{1}{k_g} \qquad \text{für } k_1 \to \infty\,. \tag{1.250}$$

Solange der Übertragungsfaktor k_1 groß genug ist, um seinen Kehrwert gegenüber k_g vernachlässigen zu können, beeinflusst er nicht die Empfindlichkeit der Messeinrichtung. Diese wird allein bestimmt durch den Übertragungsfaktor k_g in Rückwärtsrichtung, der im Allgemeinen durch stabile passive Bauelemente realisiert werden kann. Die große Verstärkung k_1 in Vorwärtsrichtung erzwingt praktisch die Gleichheit von x_e und x_g:

$$x_e - x_g \approx 0\,. \tag{1.251}$$

Kompensations- und Ausschlagverfahren. Der geschlossene Wirkungskreis einer gegengekoppelten Messeinrichtung bedeutet immer eine Kompensationsmessung. Die Messgröße wird mit einer Referenz verglichen und die Messung ist durchgeführt, wenn die Differenz genügend klein geworden ist. Für die Genauigkeit der Messung ist der Übertragungsfaktor k_g im Rückwärtszweig maßgebend.

Von diesem Kompensationsverfahren ist das Ausschlagverfahren zu unterscheiden, das der Kettenstruktur von Bild 1.32 zu Grunde liegt. Dort laufen die Signale nur in Vorwärtsrichtung, ohne eine Rückführung. Die Genauigkeit der Messkette wird bestimmt durch die Genauigkeit aller in der Kette liegenden Glieder.

Messeinrichtungen mit Kreisstruktur benötigen immer eine Hilfsenergie, um das rückgeführte Signal, die Vergleichsgröße, zu erzeugen. Dafür wird dem Messobjekt keine Energie entzogen, da ja die Mess- und die Vergleichsgröße gleich groß sind. Eine Spannung z. B. kann gemessen werden, ohne die Quelle mit einer Stromentnahme zu belasten.

1.8 Die informationstragenden Parameter der Messsignale

Zwischen den einzelnen Geräten einer Messeinrichtung werden die Messsignale in Form von z. B. Spannungen und Strömen ausgetauscht, in denen die Informationen über die gemessenen Größen stecken. Dabei werden insbesondere die folgenden Signalarten oder Datenformate benutzt:

- amplitudenanaloges Signal: die Amplitude des Signals ist proportional dem Messwert,
- digitales Signal: parallele oder serielle Binärsignale geben den codierten Messwert an,
- zeitanaloges Signal: die Zeitdauer eines Impulses ist proportional dem Messwert,
- frequenzanaloges Signal: die Frequenz einer periodischen oder stochastischen Impulsfolge ist proportional dem Messwert.

Diese Signale unterscheiden sich zunächst hinsichtlich der Werte, die sie annehmen können (Bild 1.36). Die analogen Signale sind wertkontinuierlich. Innerhalb des Definitionsbereichs führt jeder Wert der Eingangsgröße zu einem eigenen Wert der Ausgangsgröße. Das digitale Signal hingegen ist wertdiskret. Die Kennlinie eines derartigen Geräts verläuft treppenförmig. Innerhalb einer Stufe ist verschiedenen Werten der Eingangsgröße ein einziger Wert der Ausgangsgröße zugeordnet.

Weitere Unterschiede liegen im Zeitverhalten. Die amplitudenanalogen Signale stehen jederzeit zur Verfügung, sie sind zeitkontinuierlich. Dasselbe gilt für die digitalen Signale, die von direktcodierten Umsetzern (Längengeber, A/D-Umsetzer mit parallelen Komparatoren) geliefert werden. Bei den zeitanalogen Signalen hingegen wird die zu messende Größe als Zeitintervall dargestellt, dessen Dauer erst noch festzustellen ist und somit nur zeitdiskret vorliegt. Ähnlich ist auch eine gewisse Zeit erforderlich, um die Frequenz eines frequenzanalogen Signals zu erfassen. Dementsprechend kann der Wert eines Zeitintervalls oder der einer Frequenz nur zu diskreten Zeitpunkten angegeben werden.

Einige weitere, für die Messtechnik wichtige Signaleigenschaften sind in Tabelle 1.9 angesprochen. Viele Aufnehmer und Messgeräte sind für **amplitudenanaloge** Signale entwickelt. Vorteilhaft sind das erreichbare hohe Auflösungsvermögen und die zeitkontinuierliche Darbietung des Signals. Bei der Weiterverarbeitung und Übertragung des Signals kann seine Amplitude allerdings durch verschiedene Effekte wie z. B. induktive und kapazitive Einstreuungen oder Änderungen der Leitungseigenschaften verfälscht werden. Nachteilig ist weiterhin, dass die amplitudenanalogen Signale nur mit größerem Aufwand galvanisch getrennt und nur unter Zwischenschaltung eines A/D-Umsetzers in einen Rechner eingegeben werden können. Das **digitale** Datenformat vermeidet diesen Nachteil, steht aber nur bei wenigen Aufnehmern direkt zur Verfügung. Die digitalen Schaltkreise arbeiten sehr schnell, sodass schon kurze Störimpulse, welche die viel langsameren Geräte der Analogtechnik nicht beeinflussen, zu Fehlschaltungen führen.

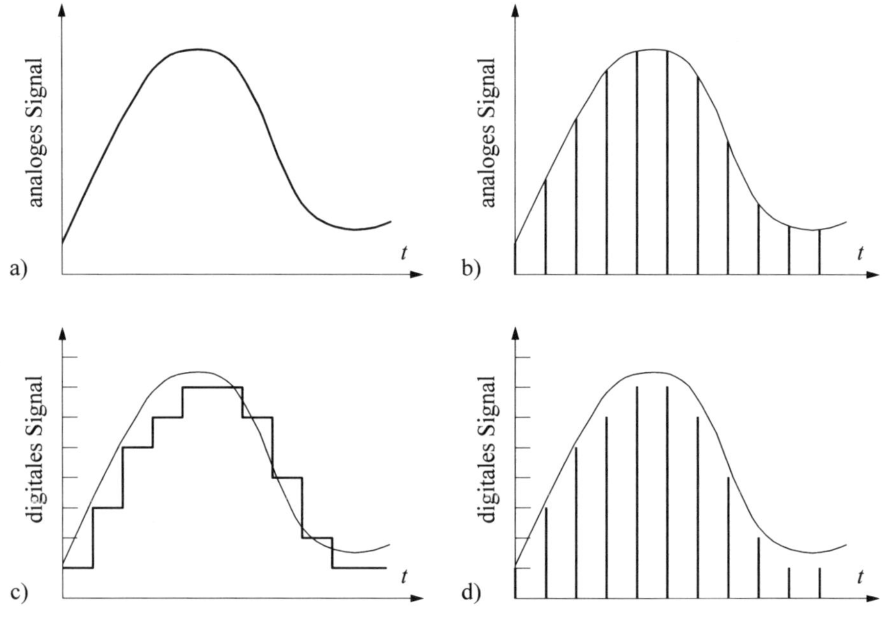

Bild 1.36: Signalarten
a) wert- und zeitkontinuierliches Signal b) wertkontinuierliches, zeitdiskretes Signal
c) wertdiskretes, zeitkontinuierliches Signal d) wert- und zeitdiskretes Signal

Eine Zwischenstellung nehmen die **zeit- und frequenzverschlüsselten** Signale ein. Bei deren Verarbeitung interessiert nicht die Amplitude des übertragenen Signals, sondern nur dessen Flanken. Das Messgerät ist solange unempfindlich gegen Einstreuungen und Störimpulse, solange deren Amplitude die Triggerschwelle nicht erreicht. Vorteilhaft ist weiterhin, dass unter Verwendung eines Zählers Impulsbreiten und Frequenzen leicht als Zahlen dargestellt und in digitalen Systemen weiterverarbeitet werden können.

In Übereinstimmung mit dem informationstragenden Parameter werden die Messsignale auch als amplitudenmodulierte, pulscodemodulierte, impulsbreitenmodulierte

Tabelle 1.9: Eigenschaften der Messsignale

	amplituden-analoges Signal	digitales Signal parallel codiert	digitales Signal seriell codiert	zeit-analoges Signal	frequenz-analoges Signal
Auflösungsgrenze	Rauschen	lsb	lsb	Jitter	Rauschen
Messunsicherheit	am Ende des Messbereichs gering	im ganzen Messbereich gering	im ganzen Messbereich gering	gering	gering
Zeitverhalten des Signals	kontinuierlich	kontinuierlich	diskret	diskret	diskret
Empfindlichkeit gegen äußere Störungen	vorhanden	vorhanden	vorhanden	gering	gering
Empfindlichkeit gegen Änderungen der Leitungsparameter	vorhanden	nicht vorhanden	nicht vorhanden	nicht vorhanden	nicht vorhanden
erforderliche Bandbreite bei der Signalverarbeitung	gering	gering	mittel	groß	
galvanische Trennung	aufwändig	weniger aufwändig	einfach	cinfach	einfach
Anpassung an einen Rechner	aufwändig über A/D-Umsetzer	vorhanden	vorhanden	einfach über Zähler	einfach über Zähler

und frequenzmodulierte Signale charakterisiert. Die amplitudenmodulierten Signale stellen an die Bandbreite des Übertragungskanals die geringsten Forderungen. Besonders schnelle Geräte sind für impulsbreitenmodulierte Signale notwendig. Hier soll auch bei niedrigen Messwerten die Anstiegs- und Abfallzeit der Impulse klein gegenüber ihrer Dauer sein. Weniger anspruchsvoll ist dagegen die Übertragung der frequenz- oder pulscodemodulierten Signale.

Die speziellen Vorteile der einzelnen Signale haben zur Folge, dass innerhalb einer Messeinrichtung häufig von einem Datenformat auf das andere übergegangen wird (Bild 1.37). So können amplitudenanaloge Größen mit direkt vergleichenden A/D-Umsetzern oder über die Umformung in ein Zeitintervall (Frequenz) und dessen digitale Messung numerisch dargestellt werden. Auch die Umsetzung in umgekehrter Richtung ist jeweils möglich. Jeder Signalwechsel bedeutet aber einen Mehraufwand und so wäre es günstig, wenn schon der Aufnehmer die für die Weiterverarbeitung gewünschte Signalart liefern würde.

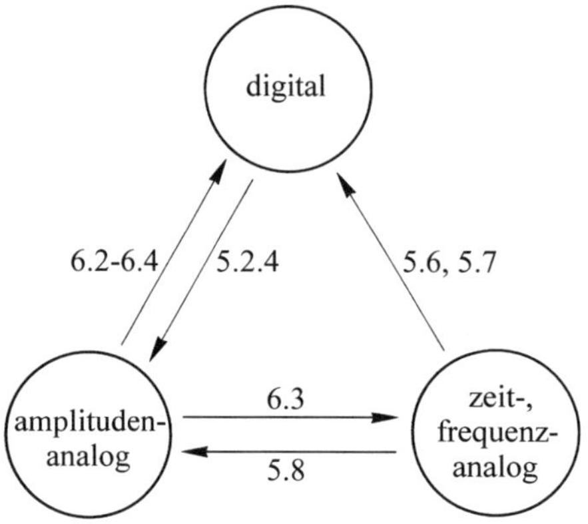

Bild 1.37: Signalumsetzung; in den angegebeneb Kapiteln sind die Umsetzverfahren behandelt

1.9 Elektrisches Messen nichtelektrischer Größen

1.9.1 Physikalische Effekte zum elektrischen Messen nichtelektrischer Größen

Die elektrische Messtechnik wird besonders interessant und abwechslungsreich dadurch, dass viele physikalische Effekte zur Messung nichtelektrischer Größen herangezogen werden. Dabei **steuert** oder **erzeugt** die nichtelektrische Größe das elektrische Signal des jeweiligen Aufnehmers, Gebers, Fühlers, Detektors oder Sensors. Bei ein und demselben Aufnehmer oder Sensor sind dabei gleichzeitig verschiedene Einflussgrößen wirksam. Der elektrische Widerstand eines Leiters z. B. ist sowohl von der Temperatur als auch von mechanischen Spannungen abhängig. Soll die Temperatur gemessen werden, sind mechanische Spannungen zu vermeiden. Umgekehrt müssen bei der Dehnungsmessung die Temperatureinflüsse herauskorrigiert werden. Die Sensoren sind so zu entwerfen und zu konstruieren, dass sie mindestens **reproduzierbar** und nach Möglichkeit auch **selektiv** auf die zu messende Größe reagieren. Störgrößen müssen, falls sie nicht vermieden werden können, korrigierbar sein. Dann werden die Genauigkeit und die Auflösung letztlich durch Driften und Rauschen begrenzt.

Der Aufnehmer wird charakterisiert durch seine Kennlinie, die den Zusammenhang zwischen der gemessenen nichtelektrischen Größe und dem abgegebenen elektrischen Signal beschreibt. Sie kann in Form einer Gleichung, einer Tabelle oder einer Kurve angegeben werden. Die nichtelektrischen Größen können passiv oder aktiv in die elektrischen umgeformt werden. Die **passiven Aufnehmer** sind auf eine elektrische Energieversorgung angewiesen. Die nichtelektrische Größe beeinflusst den Vorgang, der zu dem Ausgangssignal führt. Die **aktiven Aufnehmer** hingegen kommen ohne eine elektrische Hilfsenergie aus. Sie wandeln mechanische, thermische oder chemische Energien in elektrische um.

1.9.2 Sensornahe Signalverarbeitung

Die Sensoren benötigen teilweise eine elektrische Hilfsenergie, immer aber eine Verstärkung des gelieferten Signals. Die dafür notwendigen elektronischen Schaltungen lassen sich so miniaturisiert herstellen, dass sie bei der Dickschicht- und Dünnschichttechnik mit dem Sensor zusammen auf einem Substrat, bei der Siliziumtechnologie direkt auf dem Sensorchip untergebracht werden können. Derartige monolithisch integrierte Sensoren sind z. B. für die Messung einer magnetischen Feldstärke, einer Beleuchtungsstärke, eines Druckes oder einer Beschleunigung erhältlich.

Ein integrierter Sensor hat den Vorteil, dass das Messsignal vor der Übertragung verstärkt und ins digitale Datenformat umgesetzt werden kann. Damit wird es unempfindlicher gegenüber elektrischen Störungen auf dem Übertragungsweg. Der Signal-Stör-Abstand verbessert sich und die Zuverlässigkeit steigt. Nachteilig andererseits ist, dass bei der integrierten Anordnung nicht nur der Sensor, sondern auch die elektronische Schaltung den Umwelteinflüssen am Messort und den dortigen elektrischen Störungen ausgesetzt ist. Zusätzliche Maßnahmen sind hier erforderlich, um die elektronischen Teile unempfindlich gegen diese Umgebungsbedingungen und elektromagnetischen Einstreuungen zu machen. Auch die Konstruktion eines geeigneten Gehäuses ist nicht immer ganz einfach. Die zu messende Größe muss einerseits auf das Sensorelement einwirken, andererseits darf sie aber nicht den elektronischen Teil beeinflussen.

Neben der Signalverstärkung und Analog/Digital-Umsetzung lassen sich noch weitere Funktionen implementieren wie z. B.:

- Einstellung und Überwachung des Nullpunktes,
- Linearisieren der Kennlinie,
- Korrektur von Störgrößen,
- Korrektur des dynamischen Verhaltens,
- Frequenzselektive Auswahl des Messsignals durch Filter,
- Berechnung nicht direkt messbarer Größen,
- Selbstkalibrierung,
- Selbstüberwachung und Plausibilitätskontrolle,
- Bildung von Grenzwerten.

Bei einer derartig umfangreichen Messsignalverarbeitung ist dann der Sensor nicht nur „integriert“, sondern unter Umständen auch „smart“ oder „intelligent“.

2 Messung von Strom und Spannung; spannungs- und stromliefernde Aufnehmer

In diesem Kapitel werden zunächst die Geräte zur Strom- und Spannungsmessung vorgestellt, um dann in den Abschnitten 2.4 bis 2.9 die Effekte und die Aufnehmer zu behandeln, die nichtelektrische Größen als Strom- oder Spannungssignale darzustellen gestatten und damit elektrisch messbar machen.

2.1 Elektromechanische Messgeräte und ihre Anwendung

2.1.1 Messwerke

Die nachfolgend erklärten Messgeräte nutzen die zwischen zwei magnetischen Feldern wirkende Kraft zur Messung von Strömen aus. Die Felder können in stromdurchflossenen Leitungen oder in ferromagnetischen Stoffen ihren Ursprung haben. Durch die Kombination dieser Möglichkeiten entstehen Messwerke mit speziellen Vor- und Nachteilen, die von ihrer Wirkungsweise her Strommessgeräte sind [2.1], [2.2].

Drehspulmesswerk. Das Drehspulmesswerk enthält eine in dem radialhomogenen Feld eines Dauermagneten beweglich aufgehängte Spule (Bild 2.1). Fließt durch die Spule der Strom I, so wird sie senkrecht zur Richtung des durchgehenden Stroms und senkrecht zur Richtung des Magnetfelds ausgelenkt. Ist l dic Länge der Spule im Magnetfeld, d ihr Durchmesser, N ihre Windungszahl und B die Induktion des Dauermagneten, so ist die auf die Spule ausgeübte elektrische Kraft F_e

$$F_e = lNBI, \tag{2.1}$$

die mit dem Hebelarm $d/2$ und der Spulenfläche $A = d \cdot l$ das elektrische Moment M_e

$$M_e = 2\frac{d}{2}\,l\,N\,B\,I = A\,N\,B\,I \tag{2.2}$$

ergibt. Damit dieses Moment nicht wie bei einem Gleichstrommotor zu einer dauernden Umdrehung der Spule führt, ist diese durch eine Feder gefesselt. Die von dieser Feder mit der Federkonstanten c ausgeübte Richtkraft führt zu einem mechanischen Moment M_m, das mit dem Ausschlagwinkel α zunimmt:

$$M_m = c\,\alpha. \tag{2.3}$$

Fließt kein Strom, so wird die Spule durch die Feder in der Nullstellung gehalten. Bei Stromdurchgang wird dann die Spule so weit ausgelenkt, bis das elektrische Moment gleich dem mechanischen ist. In diesem Fall gilt

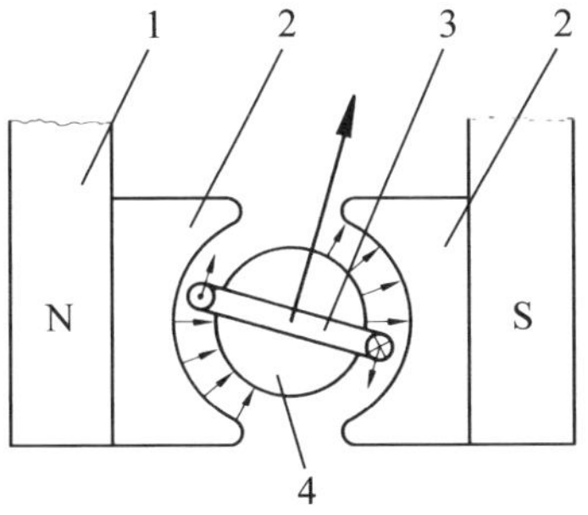

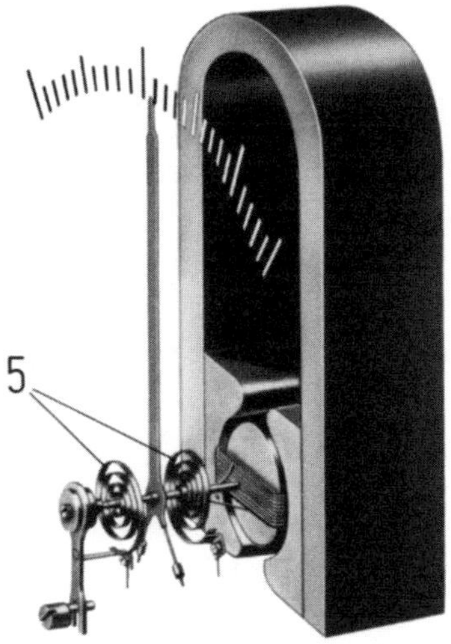

Bild 2.1: Prinzip und Aufbau eines Drehspulmesswerks (Hartmann & Braun)
1 Magnet
2 Polschuhe
3 Drehspule
4 Kern aus Weicheisen
5 Rückstellfeder

$$A\,N\,B\,I = c\,\alpha \quad \text{und} \tag{2.4}$$

$$\alpha = \frac{A\,N\,B}{c}\,I = k\,I\,, \tag{2.5}$$

wenn die bekannten Größen A, N, B, c in der Konstanten k zusammengefasst werden.

Der Ausschlag nimmt also linear mit dem durchgehenden Strom zu; die Empfindlichkeit

$$E = \frac{\mathrm{d}\alpha}{\mathrm{d}I} = k = \frac{A\,N\,B}{c} \tag{2.6}$$

ist konstant.

Ändert sich der zu messende Strom, so bewegt sich die Spule im Magnetfeld und in ihr wird die Spannung u induziert:

$$u = -N\,\frac{\mathrm{d}\Phi}{\mathrm{d}t} = -N\,B\,A\,\frac{\mathrm{d}\alpha}{\mathrm{d}t}. \tag{2.7}$$

Diese Spannung hat einen Ausgleichsstrom i zur Folge, der dem Messstrom entgegenwirkt. Dadurch wird bei richtiger Auslegung des Messwerks sein Ausschlag so weit gedämpft, dass der neue Endwert einerseits ohne Überschwingen, andererseits aber auch möglichst schnell erreicht wird.

Um die bei einer Bewegung entstehende Reibung besonders gering zu halten, wird die Drehspule nicht in Steinen gelagert, sondern an einem Spannband aufgehängt (Bild 2.2). Mit der Spule dreht sich das Band und erzeugt das benötigte mechanische Rückstellmoment. Gleichzeitig dient es dem Anschluss der Spule an den äußeren

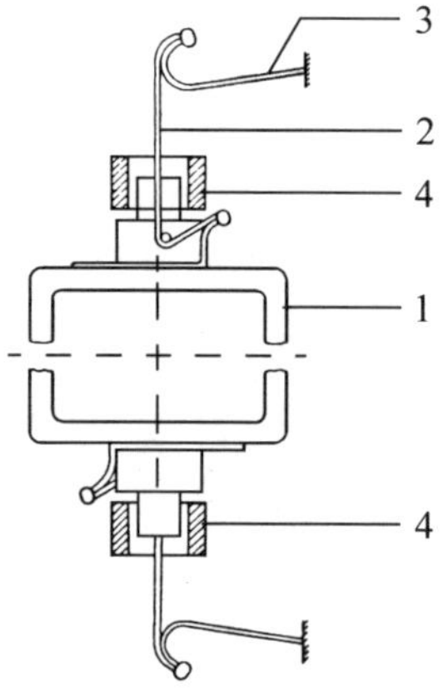

Bild 2.2: Spannbandlagerung
1 Drehspule 3 Spannfeder
2 Spannband 4 Abfangvorrichtung [0.1]

Stromkreis und löst so die drei Aufgaben Lagerung, Rückstellung und Stromzuführung.

Die Empfindlichkeit des Drehspulinstruments lässt sich vielen Erfordernissen anpassen. Ströme ab 10^{-9} A können gemessen werden. Dabei wird in der Spule nur eine geringe Leistung umgesetzt. Der Eigenverbrauch des Drehspulinstruments ist niedrig. Diese Eigenschaft ist wichtig, da die im Messwerk verbrauchte Energie dem Messkreis entzogen wird und so die zu messende Größe unter Umständen verfälscht.

Zeitverhalten des Drehspulmesswerks. Ändert sich der durch das Messwerk fließende Strom, so stellen sich Spule und Zeiger auf einen neuen Winkel α ein. Das geht nicht beliebig schnell, da folgende Effekte zu berücksichtigen sind:

- das Reibungsmoment M_{m1}, das mit dem Proportionalfaktor w der Geschwindigkeit der Winkeländerung proportional ist,
  $M_{m1} = w\,\dot{\alpha}$.
- das Drehmoment M_{m2}, das proportional dem Trägheitsmoment J und der Winkelbeschleunigung ist,
  $M_{m2} = J\,\ddot{\alpha}$.
- das elektrische Moment M_{el}, das durch die nach Gl. (2.7) induzierte Spannung und den daraus resultierenden Strom i hervorgerufen wird.

Wenn sich der Gesamtwiderstand des Messwerks aus dem Widerstand der Spule R_s und einem in Reihe liegenden Abgleichwiderstand R_a zusammensetzt, so entsteht aus der induzierten Spannung der Strom i

$$i = \frac{U_{\text{ind}}}{R_s + R_a} = \frac{-N\,B\,A}{R_s + R_a}\,\dot{\alpha}\,, \tag{2.8}$$

der das elektrische Moment M_{el} zur Folge hat:

$$M_{el} = A\,N\,B \cdot i\,. \tag{2.9}$$

Wie in Gl. (2.4) müssen sich die elektrischen und mechanischen Momente die Waage halten:

$$M_e + M_{el} = M_m + M_{m1} + M_{m2}\,; \tag{2.10}$$

$$A\,N\,B\,(I + i) = c\,\alpha + w\,\dot{\alpha} + J\,\ddot{\alpha}\,. \tag{2.11}$$

Indem jetzt (2.8) in die obige Gleichung eingeführt, diese neu geordnet und durch c dividiert wird, entsteht

$$c\,\alpha + w\,\dot{\alpha} + J\,\ddot{\alpha} + \frac{(A\,N\,B)^2}{R_s + R_a}\,\dot{\alpha} = A\,N\,B \cdot I\,,$$

$$\alpha + \left(\frac{w}{c} + \frac{(A\,N\,B)^2}{c\,(R_s + R_a)}\right)\dot{\alpha} + \frac{J}{c}\,\ddot{\alpha} = \frac{A\,N\,B}{c}\,I\,. \tag{2.12}$$

Das ist eine Differenzialgleichung 2. Ordnung, deren Lösung in Abschnitt 1.5.2 diskutiert worden ist. Der Strom I ist das anregende Signal und der Winkel α ist die Antwort. Ein Vergleich von Gl. (2.12) mit Gl. (1.141) zeigt, dass der Koeffizient von I die statische Empfindlichkeit k ausdrückt:

$$k = \frac{A\,N\,B}{c}\,. \tag{2.13}$$

Dieses Ergebnis stimmt mit Gl. (2.6) überein.

Der Koeffizient von $\ddot{\alpha}$ liefert den Kehrwert der Eigenkreisfrequenz des Messwerks:

$$\omega_0^2 = \frac{1}{T^2} = \frac{c}{J}\,. \tag{2.14}$$

Das Messwerk könnte also mit ω_0 schwingen. Dieses wird mit Hilfe des Abgleichwiderstandes R_a vermieden. Er wird so eingestellt, dass ein Dämpfungsfaktor $D \approx 1$ erreicht wird. Entsprechend Gl. (1.179) lautet für $D = 1$ die Lösung von Gl. (2.12):

$$\alpha = \frac{A\,N\,B}{c}\,I\left(1 - \frac{T + t}{T}\,\mathrm{e}^{-t/T}\right)\,. \tag{2.15}$$

Damit wird bei einer Stromänderung der neue Ausschlag ohne Überschwingen in der kürzest möglichen Zeit erreicht.

Elektrodynamisches Messwerk. Bei dem elektrodynamischen Messwerk oder Dynamometer ist der Dauermagnet des Drehspulmesswerks durch einen Elektromagneten ersetzt (Bild 2.3). Dieser kann aus einer Spule mit (eisengeschlossenes elektrodynamisches Messwerk) oder ohne Eisenkern (eisenloses elektrodynamisches Messwerk) bestehen. Wird ein Eisenkern verwendet, so ist er aus einzelnen, gegeneinander isolierten Blechen aufgebaut, um bei der Messung von Wechselströmen die Wirbelstromverluste niedrig zu halten.

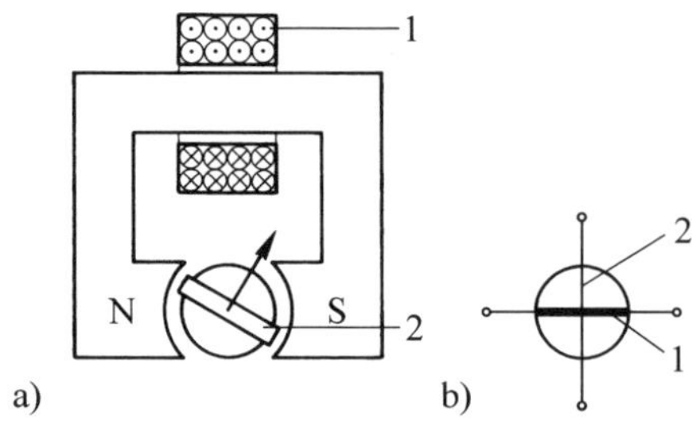

Bild 2.3: Elektrodynamisches Messwerk
a) Prinzip: 1 fest stehende, vom Strom I_1 durchflossene Feldspule mit Eisenkern, 2 bewegliche, vom Strom I_2 durchflossene Spule
b) Schaltbild mit 1 Strompfad und 2 Spannungspfad

Ist der magnetische Widerstand des Eisenkreises zu vernachlässigen, und fließt der Strom I_1 durch die Spule mit N_1 Windungen, so ist die magnetische Induktion B in dem Luftspalt der Breite a

$$B = \frac{\mu_0 N_1}{a} I_1 \,. \tag{2.16}$$

Von diesem Feld wird auf die bewegliche, von dem Strom I_2 durchflossene Spule mit N_2 Windungen und der Fläche A eine Kraft ausgeübt, woraus das elektrische Moment M_e

$$M_e = \frac{\mu_0 A N_1 N_2}{a} I_1 I_2 \tag{2.17}$$

resultiert. Das Rückstellmoment M_m wird wie bei dem Drehspulinstrument durch eine Spiralfeder oder durch ein Spannband erzeugt, $M_m = c\alpha$. Bei Gleichheit der Momente ist der Ausschlagwinkel α:

$$\alpha = \frac{\mu_0 A N_1 N_2}{a c} I_1 I_2 = k I_1 I_2 \,, \tag{2.18}$$

wenn in dem Proportionalitätsfaktor k wieder die bekannten Größen zusammengefasst werden. Das elektrodynamische Messwerk ist ein multiplizierendes Instrument und zeigt das Produkt zweier Ströme an. Häufig wird es zur Leistungsmessung benutzt. Wird derselbe Strom $I = I_1 = I_2$ durch beide Spulen geschickt, so ist der Ausschlag proportional zu I^2 und die Kennlinie verläuft quadratisch.

In Abschnitt 2.1.4 wird noch gezeigt, dass bei Wechselströmen die Phasenlage zu berücksichtigen ist. Für diesen allgemeineren Fall ist die rechte Seite der Gl. (2.18) noch mit dem Kosinus des Phasenwinkels φ zu multiplizieren (Gl. (2.65)).

Dreheisenmesswerk. Das Dreheisenmesswerk verwendet eine fest stehende Spule, in deren Feld zwei Eisenplättchen magnetisiert werden (Bild 2.4). Das eine ist befestigt, das andere ist beweglich und durch eine Feder in der Ruhelage gehalten. Die entstehenden Magnete haben gleichgerichtete Pole. Sie stoßen sich infolgedessen mit einer Kraft ab, die proportional dem Produkt ihrer magnetischen Momente ist. Das Moment jedes Plättchens hängt von dem durch die Spule fließenden Strom I ab. Der

Ausschlag α des Instruments ist damit proportional zu I^2 und mit k als Proportionalitätsfaktor kann geschrieben werden:

$$\alpha = k\,I^2\,. \tag{2.19}$$

Das Dreheiseninstrument bewertet das Quadrat des durchgehenden Stroms und seine Kennlinie verläuft nach Gl. (2.19) zunächst quadratisch. Durch geeignet gestaltete Plättchen kann aber auch ein linearer Zusammenhang zwischen Strom und Ausschlagwinkel erreicht werden.

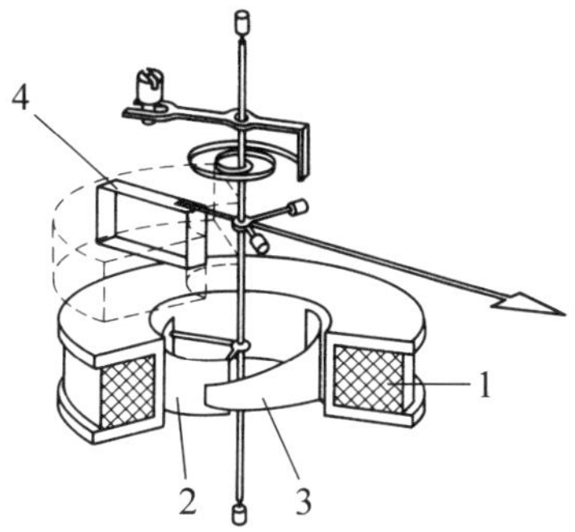

Bild 2.4: Rundspul-Dreheisenmesswerk
1 Feldspule
2 bewegliches Eisenplättchen
3 fest stehendes Eisenplättchen
4 Flügel zur Luftdämpfung

Beim Dreheiseninstrument wird wie beim Drehmagnetinstrument das benötigte Magnetfeld von dem zu messenden Strom erzeugt. Der Eigenverbrauch ist daher größer als beim Drehspulinstrument. Die Wirbelstromdämpfung ist nicht ausreichend; eine Luftdämpfung wird benötigt.

Temperatureinfluss. Die Messwerke benutzen Bauteile wie Spulen, Dauermagnete und Federn, deren Eigenschaften sich mit der **Temperatur** ändern. Dabei sind die Einflüsse auf die Federkonstante und auf die Induktion eines Dauermagneten entgegengerichtet oder gering und können so vernachlässigt werden. Bedeutsamer ist die Erhöhung des elektrischen Widerstandes einer Kupferspule von R_0 auf $R(T)$ bei einer Temperaturzunahme von T_0 auf T. Da der Temperaturkoeffizient α selbst noch von der Temperatur abhängt, gilt die folgende Beziehung nur angenähert:

$$R(T) = R_0\,[1 + \alpha\,(T - T_0)] \quad \text{mit} \quad \alpha = 0{,}004\ \mathrm{K}^{-1}\,. \tag{2.20}$$

Diese Temperaturänderung bleibt ohne Einfluss, solange nur Ströme gemessen werden. Sie ist jedoch bei Spannungsmessern zu berücksichtigen, bei denen der durch das Messwerk fließende Strom mit einem festen Wert des Spulenwiderstandes multipliziert und als Spannung interpretiert wird. Hier nimmt bei zunehmendem Spulenwiderstand der Strom ab und täuscht so eine kleinere Spannung vor. Um diesen Einfluss zu verringern, wird der Spule ein größerer, temperaturunabhängiger Widerstand vorgeschaltet. Noch effektiver ist, einen Widerstand mit negativem Temperaturkoeffizienten zu verwenden. Das Messwerk wird dann so ausgelegt, dass sich die Widerstandszunahme der Spule und die Widerstandsabnahme des Vorwiderstandes gegenseitig aufheben.

2.1.2 Messung von Gleichstrom und Gleichspannung

Strommessung

Im einfachsten Fall besteht ein Stromkreis aus einer Spannungsquelle mit der Leerlaufspannung U_L, dem Innenwiderstand R_i und einem Lastwiderstand R_b (Bild 2.5). Um den über den Lastwiderstand fließenden Strom zu messen, ist der Kreis aufzutrennen und das Strommessgerät mit dem Widerstand R_M ist in Reihe mit dem Lastwiderstand anzuschließen. Messgerät und Lastwiderstand werden vom gleichen Strom durchflossen, der jedoch durch das Messgerät beeinflusst ist. Ohne Messgerät fließt in dem Kreis der Strom I_b

$$I_b = \frac{U_L}{R_i + R_b} \tag{2.21}$$

und mit dem Messgerät der Strom I_M

$$I_M = \frac{U_L}{R_i + R_b + R_M}\,. \tag{2.22}$$

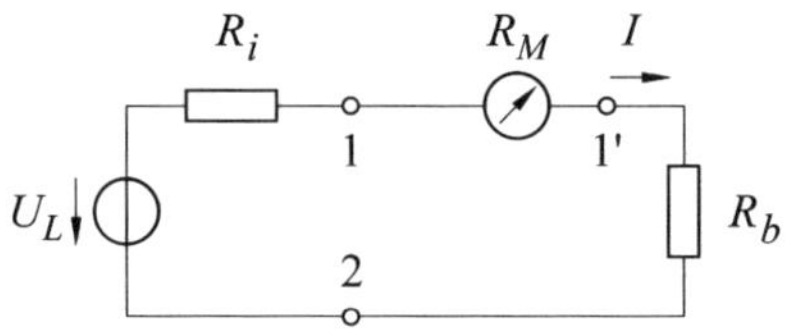

Bild 2.5: Zur Messung des über den Verbraucher R_b fließenden Stroms wird das Messgerät in Reihe zum Verbraucher angeschlossen

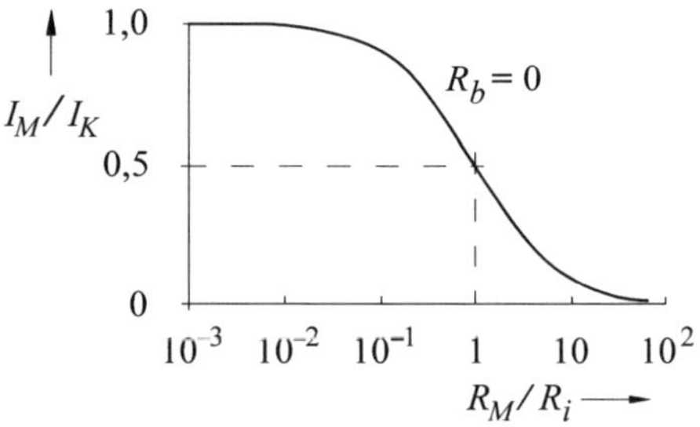

Bild 2.6: Um den Kurzschlussstrom I_K zu messen, muss der Widerstand R_M des Messgeräts klein sein gegenüber dem Innenwiderstand R_i der Quelle

Der wahre Wert I_b des Stroms wird nur dann angezeigt, wenn R_M gegenüber $R_i + R_b$ zu vernachlässigen ist. Daraus folgt für die Strommessung die Regel:

> Der Widerstand des Strommessers soll möglichst niedrig sein;
>
> Ströme sind niederohmig zu messen.

Ist der Kurzschlussstrom I_K der Quelle zu messen:

$$I_K = \frac{U_L}{R_i}\,, \tag{2.23}$$

so ist der Lastwiderstand $R_b = 0$ und die Quelle wird nur mit dem Messinstrument belastet. Dieses zeigt den Strom I_M an:

$$I_M = \frac{U_L}{R_i + R_M}\,. \tag{2.24}$$

Das Verhältnis aus angezeigtem Strom und Kurzschlussstrom

$$\frac{I_M}{I_K} = \frac{U_L\,R_i}{U_L\,(R_i + R_M)} = \frac{1}{1 + \dfrac{R_M}{R_i}} \tag{2.25}$$

ist in Abhängigkeit von R_M/R_i in Bild 2.6 dargestellt. Für $R_M \ll R_i$ ist $I_M/I_K = 1$. Ist der Messwerkwiderstand gleich dem Innenwiderstand der Quelle, so wird nur der halbe Kurzschlussstrom angezeigt.

Spannungsmessung

Die im vorausgegangenen Abschnitt vorgestellten Strommesser werden zur Spannungsmessung verwendet, indem der über das Messgerät fließende Strom mit dessen Widerstand multipliziert und das Ergebnis direkt als Spannung angezeigt wird. Im einfachsten Fall ist die Spannung einer Quelle mit der Leerlaufspannung U_L und dem Innenwiderstand R_i festzustellen (Bild 2.7). Das Messgerät mit dem Widerstand R_M wird an die Klemmen der Quelle angeschlossen, R_b ist nicht vorhanden. Damit fließt jetzt der Strom I und für den Kreis gilt die Maschengleichung:

$$I\,R_i + I\,R_M - U_L = 0\,. \tag{2.26}$$

Angezeigt wird die Spannung $U_M = I\,R_M$. Eingesetzt in die letzte Gleichung ergibt dies die Beziehung

$$U_M = U_L - I\,R_i\,. \tag{2.27}$$

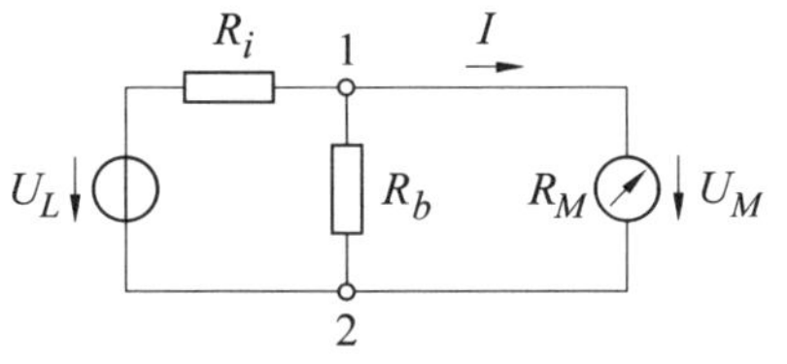

Bild 2.7: Zur Messung der an dem Verbraucher R_b abfallenden Spannung wird das Messgerät parallel zum Verbraucher angeschlossen

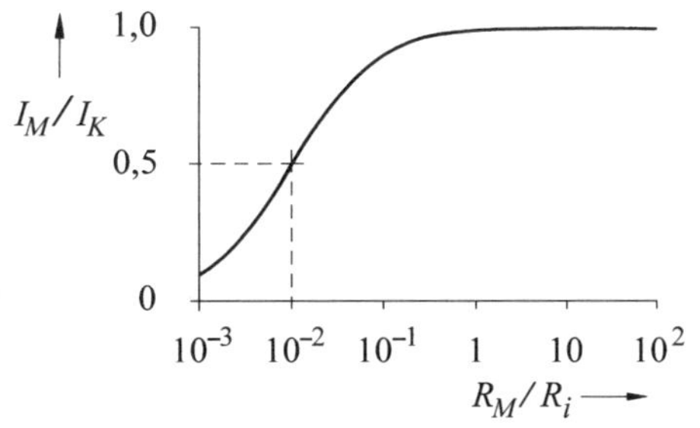

Bild 2.8: Um die Leerlaufspannung U_L zu messen, muss der Widerstand R_M des Messgeräts groß sein gegenüber dem Innenwiderstand R_i der Quelle

Das Instrument zeigt also nur die um den Spannungsabfall am Innenwiderstand verminderte Leerlaufspannung U_L an. Diese wird nur dann richtig gemessen, wenn der Term $I\,R_i$ zu vernachlässigen ist. Um dies zu erreichen, muss der über das Messwerk fließende Strom niedrig und der Widerstand dementsprechend hoch sein. Wir erhalten die folgende Regel:

Der Widerstand eines Spannungsmessers soll möglichst groß sein;
Spannungen sind hochohmig zu messen.

Das Verhältnis aus angezeigter Spannung und Leerlaufspannung

$$\frac{U_M}{U_L} = \frac{I\,R_M}{I\,(R_i + R_M)} = \frac{1}{1 + \dfrac{R_i}{R_M}} \tag{2.28}$$

ist nur für $R_M \gg R_i$ gleich 1 (Bild 2.8). Bei $R_i = R_M$ wird die halbe Leerlaufspannung angezeigt.

Liegt zwischen den Klemmen 1 und 2 von Bild 2.7 der Verbraucher R_b, so zeigt das Messinstrument die am Verbraucher liegende Spannung an. Um sie nicht zu beeinflussen, muss der Widerstand des Messwerks groß gegenüber dem des Verbrauchers sein.

Messung des Innenwiderstandes

Aus den bisherigen Ausführungen gehen die folgenden drei Verfahren zur Messung des Innenwiderstandes hervor:

a) Messung der Leerlaufspannung und des Kurzschlussstroms und Bestimmung des Innenwiderstandes nach der Gl. (2.23) $R_i = U_L/I_K$.
b) Messung des von der Quelle gelieferten Stroms bei Veränderung des Widerstandes R_M des Strommessers; wird der halbe Kurzschlussstrom angezeigt, so gilt $R_i = R_M$.
c) Messung der von der Quelle gelieferten Spannung bei Veränderung des Widerstandes R_M des Spannungsmessers; wird die halbe Leerlaufspannung angezeigt, so gilt $R_i = R_M$.

Messbereichserweiterung beim Drehspulinstrument

In der täglichen Praxis sind Messgeräte mit mehreren umschaltbaren Messbereichen sehr vorteilhaft. Sie geben dem Anwender die gewünschte Flexibilität und gestatten die Messung niedriger und hoher Ströme oder Spannungen mit demselben Instrument. Eine derartige Messbereichsumschaltung über weite Bereiche ist mit einfachen Mitteln nur beim Drehspulinstrument möglich und hat maßgebend zu dessen großer Verbreitung beigetragen.

Umschaltbare Strommessbereiche. Um mit einem Messwerk noch einen den Messbereich überschreitenden Strom I messen zu können, wird im Nebenschluss zum Messwerk mit dem Widerstand R_M der Parallelwiderstand R_p gelegt.

Der gesamte zu messende Strom I teilt sich jetzt auf in einen Strom durch das Messwerk I_M und einen Strom I_p durch den Parallelwiderstand (Bild 2.9):

$$I = I_M + I_p\,. \tag{2.29}$$

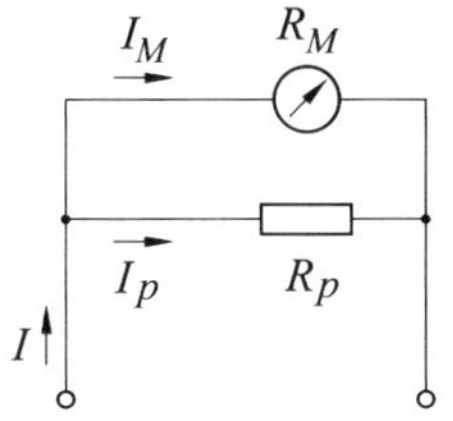

Bild 2.9: Erweiterung des Strommessbereichs durch einen Parallelwiderstand R_p

Der Spannungsabfall an R_M ist ebenso groß wie der an R_p:

$$R_M\, I_M = R_p\, I_p = R_p\,(I - I_M)\,, \tag{2.30}$$

womit die Vorschrift zur Dimensionierung von R_p gewonnen ist:

$$R_p = R_M\, \frac{I_M}{(I - I_M)}\,. \tag{2.31}$$

• **Beispiel 2.1.** Hat das vorhandene Messwerk, bestehend aus Spule und Vorwiderstand, zur Temperaturkompensation z. B. einen Widerstand $R_M = 400\ \Omega$ und einen Vollausschlag bei I_M =0,2 mA, und soll ein Strom I =1 mA gemessen werden, so ist ein Parallelwiderstand von

$$R_p = 400\, \frac{0,2}{1 - 0,2}\, \Omega = 100\, \Omega$$

erforderlich. •

Auf diese Weise lassen sich Widerstände für weitere Messbereiche ermitteln, die dann über einen Umschalter parallel zum Messwerk gelegt werden können. Dabei ist die zunächst nahe liegende Anordnung von Bild 2.10 a ungeeignet.

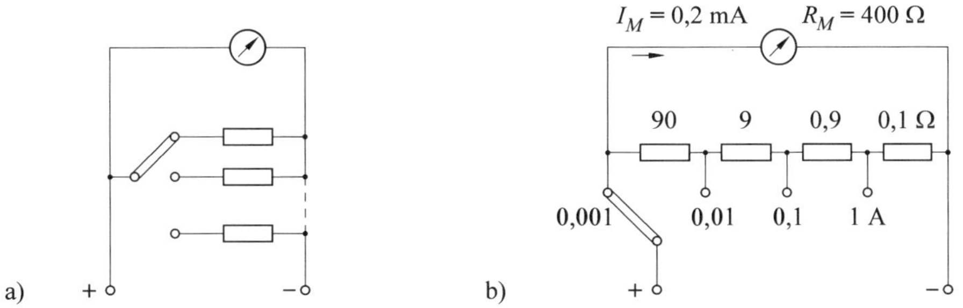

Bild 2.10: Umschaltung der Strommessbereiche bei einem Drehspulinstrument
a) Die Kontaktwiderstände beeinflussen die Stromaufteilung
b) Die Kontaktwiderstände führen nicht zu Fehlern

Hier liegen die Übergangswiderstände der Schaltkontakte in Reihe mit dem Parallelwiderstand und verfälschen das Verhältnis R_M/R_p. Besser ist, den für den niedrigsten

Messbereich erforderlichen Widerstand aufzuteilen und über einen im Hauptzweig sitzenden Schalter anzuwählen (Bild 2.10 b).

In unserem Beispiel wird der Widerstand von 100 Ω durch die vier Widerstände 90 Ω, 9 Ω, 0,9 Ω und 0,1 Ω gebildet. Die Übergangswiderstände des Kontakts beeinflussen nicht mehr die Stromaufteilung in der Parallelschaltung. Sie addieren sich lediglich zum Innenwiderstand der Quelle und zu dem Lastwiderstand im Stromkreis und sind diesen gegenüber zu vernachlässigen.

• **Beispiel 2.2.** Das Messgerät von Bild 2.10 zeigt bei einem Strom $I_M = 0{,}2$ mA Vollausschlag. Ist ein Messbereich von 100 mA eingestellt, so liegen die Widerstände $(9 + 90 + 400)$ Ω und $(0{,}9 + 0{,}1)$ Ω parallel. Mit $I_p : I_M = 499 : 1$ und $I_M = 0{,}2$ mA wird $I_p = 99{,}8$ mA. Wie beabsichtigt, ist $I = I_M + I_P = 0{,}2\text{ mA} + 99{,}8\text{ mA} = 100$ mA. •

Umschaltbare Spannungsmessbereiche. An dem Messwerk unseres Beispiels mit einem Messbereich von 1 mA liegt bei Vollausschlag die Spannung U_M von

$$U_M = 1\text{ mA} \cdot (400\ \Omega \,||\, 100\ \Omega) = 80\text{ mV}. \tag{2.32}$$

Um höhere Spannungen messen zu können, wird ein Vorwiderstand verwendet. Die gesamte zu messende Spannung U fällt dann mit U_v am Vorwiderstand und mit U_M am Messwerk ab (Bild 2.11):

$$U = U_v + U_M = R_v I + (R_p \,||\, R_M) I\,. \tag{2.33}$$

Indem die letzte Gleichung umgestellt wird, ergibt sich die Rechenvorschrift zur Dimensionierung von R_v:

$$R_v = \frac{U}{I} - (R_p \,||\, R_M)\,. \tag{2.34}$$

Um mit unserem Messwerk 100 mV zu messen, ist also ein Vorwiderstand von

$$R_v = \frac{100\text{ mV}}{1\text{ mA}} - 80\ \Omega = 20\ \Omega \tag{2.35}$$

erfordcrlich.

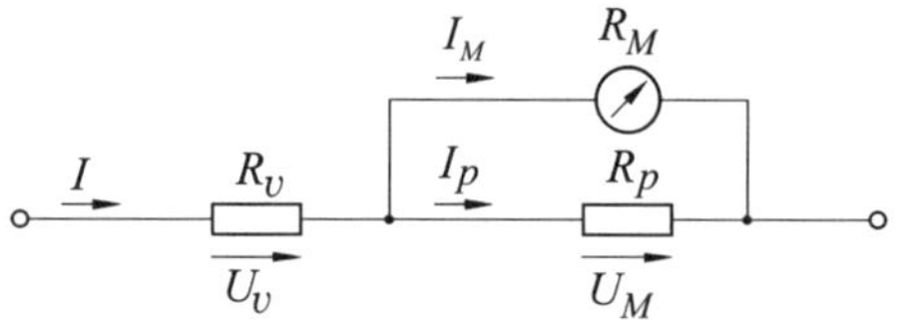

Bild 2.11: Erweiterung des Spannungsmessbereichs durch einen Vorwiderstand R_v

Auf dieselbe Weise werden die Vorwiderstände für weitere Spannungsmessbereiche berechnet. Für den Messbereich 1 V ist bei einer Stromaufnahme von 1 mA ein Gesamtwiderstand von 1000 Ω erforderlich. Da jedoch für den 0,1-V-Messbereich schon 100 Ω

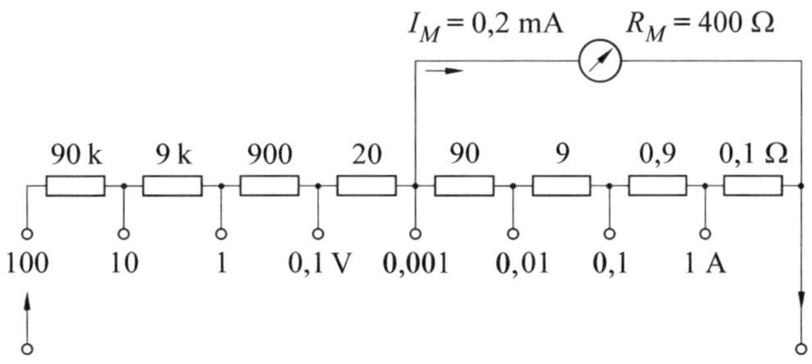

Bild 2.12: Drehspulinstrument mit umschaltbaren Strom- und Spannungsmessbereichen

vorhanden sind, wird zusätzlich nur noch ein Widerstand von $1000\,\Omega - 100\,\Omega = 900\,\Omega$ benötigt (Bild 2.12).

Die Spannungsmesser messen nur dann rückwirkungsfrei, wenn ihr Innenwiderstand genügend hoch ist. Dieser wird von den Herstellern auf den Messbereichsendwert bezogen. Die Angabe 1 k Ω/V z. B. bedeutet, dass – unabhängig von dem Ausschlag des Zeigers – im 100-V-Messbereich ein Widerstand von 100 kΩ zwischen den Geräteklemmen liegt.

Einsatz von Dioden

Um die Messwerke vor einer Überlastung zu schützen, ihren Messbereich gezielt zu beeinflussen oder um auch Wechselströme messen zu können, werden Halbleiterdioden oder ihre Sonderform, die Zenerdioden, eingesetzt. Diese werden in Reihe mit einem ohmschen Widerstand betrieben und es stellt sich dann die Aufgabe, den im Kreis fließenden Strom und die an den Bauelementen abfallenden Spannungen zu bestimmen. Die Lösung lässt sich einfach auf grafischem Weg finden (Bild 2.13).

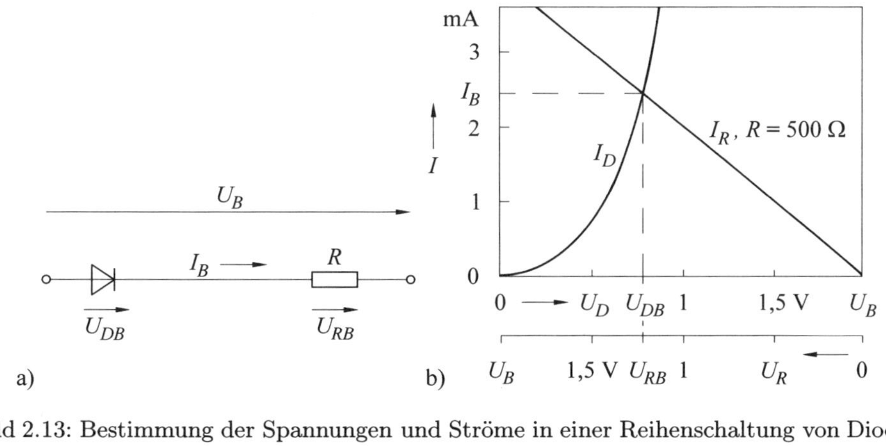

Bild 2.13: Bestimmung der Spannungen und Ströme in einer Reihenschaltung von Diode und Widerstand a) Schaltung b) Kennlinien

Als Abszisse wird die an die Bauelemente insgesamt angelegte Spannung U_B genommen. Vom Koordinaten-Nullpunkt aus wird dann die Kennlinie des nichtlinearen Elements (in unserem Beispiel die der Diode) gezeichnet. Vom Wert der Versorgungsspannung aus wird nach links die des Widerstandes aufgetragen. Die beiden Kennlinien schneiden sich. Die Ordinate des Schnittpunktes bezeichnet den im Kreis fließenden Strom I_B, die Abszisse die an der Diode abfallende Spannung U_{DB}, sodass für den Widerstand die Spannung $U_{RB} = U_B - U_{DB}$ übrig bleibt.

Anwendung der Dioden zur Messbereichsbegrenzung. Wird eine in Sperrrichtung gepolte Zenerdiode in Reihe mit dem Messgerät gelegt, so kann erst dann über das Instrument ein Strom fließen, wenn die anliegende Spannung U größer als die Zenerspannung U_Z ist. Der Anfang des Messbereichs wird unterdrückt (Bild 2.14 a).

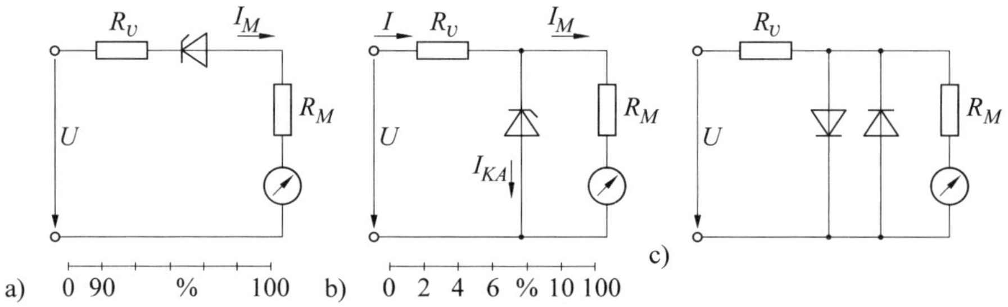

Bild 2.14: Begrenzerschaltungen am Drehspulinstrument
a) unterdrückter Anfangsbereich b) unterdrückter Endbereich c) Überlastschutz des Messwerks

Liegt die Zenerdiode parallel zum Messgerät, so fließt zunächst der ganze Strom über das Messgerät. Die Zenerdiode wird stromführend, wenn der Spannungsabfall am Messgerät mit dem Widerstand R_M größer als die Zenerspannung wird (Bild 2.14 b). Von diesem Arbeitspunkt an bleibt der Strom über das Messgerät praktisch konstant und eine eventuelle weitere Zunahme des Gesamtstroms führt zu einem größeren Strom über die Zenerdiode (Bild 2.15). Gemessen wird nur in dem Bereich, in dem die Zenerdiode noch sperrt.

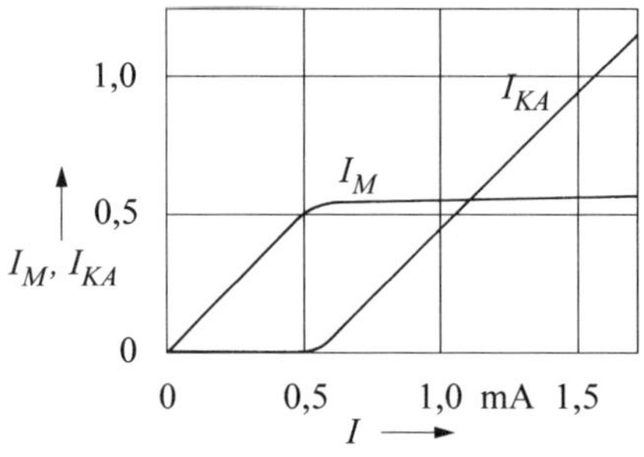

Bild 2.15: Überlastsicherung eines Messwerks nach Bild 2.13 b
I_M Strom durch das Messgerät (R_M = 3 k Ω)
I_{KA} Strom durch die Zenerdiode (U_Z = 1,5 V)

Auf dieselbe Weise lässt sich ein Messwerk vor Überlastung schützen. Zwei Dioden liegen antiparallel zum Messwerk. Wird der Spannungsabfall am Messwerk größer als 0,7 V, so wird eine der Dioden leitend und schützt das Messwerk vor einem zu großen Strom (Bild 2.14 c).

2.1.3 Messung von Wechselstrom und Wechselspannung

Begriffe. Ein zeitlich veränderliches Signal $x(t)$ hat den linearen Mittelwert

$$\overline{x(t)} = \frac{1}{T} \int_0^T x(t)\mathrm{d}t\,. \tag{2.36}$$

Dieser Mittelwert entspricht dem Gleichanteil des Signals. Ist der Mittelwert null, so liegt ein reines Wechselsignal vor.

Wird das Signal vor der Mittelung erst gleichgerichtet, d. h., wird erst der Betrag gebildet, so wird der Gleichrichtwert $\overline{|\, x(t)\,|}$ erhalten:

$$\overline{|\, x(t)\,|} = \frac{1}{T} \int_0^T |\, x(t)\,|\;\mathrm{d}t\,. \tag{2.37}$$

Der Mittelwert $\overline{x^2(t)}$ ist der Mittelwert aus dem quadrierten Signal:

$$\overline{x^2(t)} = \frac{1}{T} \int_0^T x^2(t)\,\mathrm{d}t\,. \tag{2.38}$$

Die Wurzel aus dem Mittelwert des quadrierten Signals gibt den Effektivwert X_{eff} (Quadratischer Mittelwert):

$$X_{\text{eff}} = X = \sqrt{\overline{x^2(t)}}\,\mathrm{d}t\,. \tag{2.39}$$

Der Effektivwert wird auch quadratischer Mittelwert genannt. Zur Ermittlung des Effektivwertes einer Summe von Einzelsignalen sind die Mittelwerte der quadrierten Einzelsignale zu addieren und anschließend ist aus der Summe die Wurzel zu ziehen.

Bei einer sinusförmigen Wechselspannung $u(t) = \hat{u}\,\sin\,\omega\,t$ (Bild 2.16) lauten die entsprechenden Größen:

$$\text{Linearer Mittelwert } \overline{u} = \frac{1}{T} \int_0^T \hat{u}\,\sin\,\omega\,t\,\mathrm{d}t = 0 \tag{2.40}$$

$$\text{Gleichrichtwert } \overline{|u|} = \frac{1}{T} \int_0^T |\;\hat{u}\,\sin\,\omega\,t\;|\;\mathrm{d}t = \frac{2}{\pi}\,\hat{u} = 0{,}637\,\hat{u} \tag{2.41}$$

$$\text{Effektivwert } U = \sqrt{\frac{1}{T} \int_0^T (\hat{u}\,\sin\,\omega\,t)^2\,\mathrm{d}t} = \frac{\hat{u}}{\sqrt{2}} = 0{,}707\,\hat{u}\,. \tag{2.42}$$

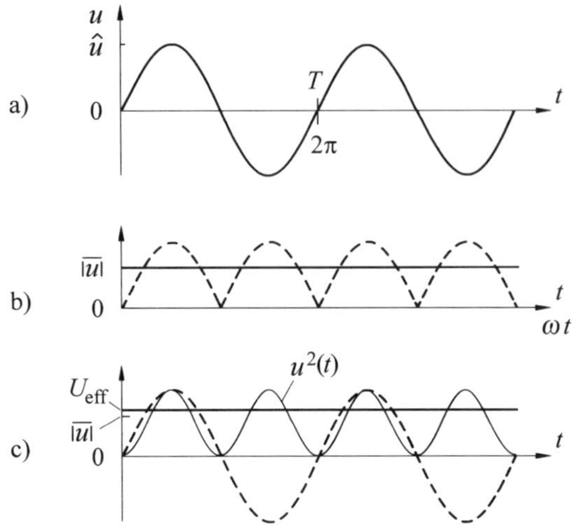

Bild 2.16: Wechselspannungsgrößen
a) Augenblickswert
b) Gleichrichtwert
c) u^2 (t) und Effektivwert U_{eff}

Die angegebenen Zahlenwerte gelten für sinusförmige Signale und nehmen für andere Kurvenformen abweichende Werte an. Der jeweilige zeitliche Verlauf der Größe, z. B. sinusförmig, rechteckförmig oder dreieckförmig, kann durch einen der folgenden Faktoren charakterisiert werden:

$$\begin{aligned} \text{Scheitelfaktor} &= \frac{\text{Scheitelwert}}{\text{Effektivwert}} \\ &= \frac{\hat{u}}{0{,}707\,\hat{u}} = 1{,}41 \quad \text{für sinusförmige Größen,} \end{aligned} \tag{2.43}$$

$$\begin{aligned} \text{Formfaktor} &= \frac{\text{Effektivwert}}{\text{Gleichrichtwert}} \\ &= \frac{0{,}707\,\hat{u}}{0{,}637\,\hat{u}} = 1{,}11 \quad \text{für sinusförmige Größen.} \end{aligned} \tag{2.44}$$

Messung des Scheitelwertes; Spitzenwert-Gleichrichtung

Um den Scheitelwert zu messen, ist er zunächst zu speichern. Dazu dient der in Bild 2.17 gezeichnete Kondensator. Er wird über die Diode auf die Spannung U_C aufgeladen, die gleich dem Spitzenwert der angelegten Spannung, vermindert um die Durchlassspannung der Diode von etwa 0,7 V ist; $U_C = \hat{u} - 0{,}7$ V. U_C wird mit dem parallel liegenden Drehspulinstrument erfasst. Über den hohen Widerstand R_M des Messinstruments entlädt sich der Kondensator etwas, bis seine Spannung mit der nächsten ansteigenden Signalflanke wieder ihren Maximalwert erreicht.

In der Schaltung von Bild 2.17 wird der Kondensator nur während der positiven Halbwelle aufgeladen und misst so nur die positive Scheitelspannung $\hat{u}_+$.

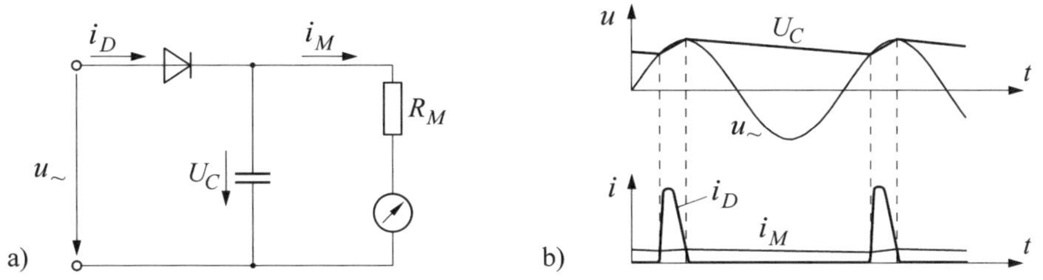

Bild 2.17: Spitzenwert-Gleichrichtung
a) Schaltung b) zeitlicher Verlauf der Spannungen und Ströme

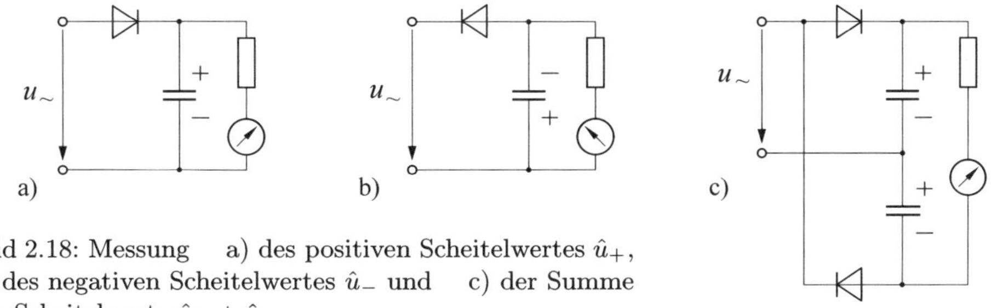

Bild 2.18: Messung a) des positiven Scheitelwertes $\hat{u}_+$, b) des negativen Scheitelwertes $\hat{u}_-$ und c) der Summe der Scheitelwerte $\hat{u}_+ + \hat{u}_-$

In den Fällen, in denen der positive und der negative Spitzenwert unterschiedlich sind, ist ein zweiter Gleichrichter mit Kondensator zur Messung des negativen Scheitelwertes $\hat{u}_-$ erforderlich. In Bild 2.18 c sind die beiden Kapazitäten in Reihe geschaltet. Die obere wird während der positiven Halbwelle, die untere während der negativen aufgeladen. Das Instrument zeigt dann die Summe der beiden Kondensatorspannungen und damit die Summe $\hat{u}_+ + \hat{u}_-$ der beiden Scheitelwerte der angelegten Wechselspannung an.

Messung des Gleichrichtwertes mit dem Drehspulinstrument

Einweg-Gleichrichtung. Wird eine Diode zur Gleichrichtung dem Drehspulinstrument vorgeschaltet, so können dann mit diesem auch Wechselgrößen gemessen werden (Bild 2.19). Damit bei einer Spannungsmessung die gekrümmte Diodenkennlinie nicht zu einer nichtlinearen Skala führt, darf der Messwerkwiderstand R_M nicht zu niedrig sein. Der Spannungsabfall am Messwerk soll groß gegenüber dem an der Diode sein.

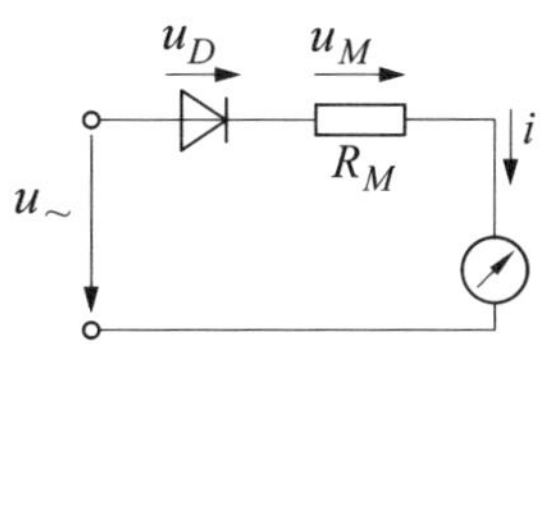

Bild 2.19: Messung des Gleichrichtwertes von Wechselspannungen

Doppelweg-Gleichrichtung. Die Schaltung mit nur einer Diode richtet nur die positive Halbwelle der zu messenden Spannung gleich und zeigt dementsprechend nur den halben Gleichrichtwert an. Um den vollen Gleichrichtwert zu erfassen, ist eine Doppelweg-Gleichrichtung erforderlich (Bild 2.20).

Die häufig benutzte Graetzschaltung (a) verwendet 4 Dioden, jeweils 2 für eine Stromrichtung. Damit verstärken sich die Nichtlinearitäten der Dioden. Diesen Nachteil vermeidet die Schaltung (b), bei der in Reihe mit dem Messinstrument jeweils eine Diode und ein Vorwiderstand zur Linearisierung liegen. Hier verzweigt sich aber der Strom; ein Teil fließt am Messwerk vorbei und verringert so die Empfindlichkeit. Die Gegentaktschaltung (c) verwendet einen Strom- oder Spannungswandler mit einer Mittelanzapfung. Sie kommt mit einer Diode für jede Stromrichtung aus, ohne dass eine Stromverzweigung auftritt. Darüber hinaus kann mit den Wandlern die Spannung an den Dioden so weit vergrößert werden, dass die Kennlinienkrümmung ohne Einfluss auf die Genauigkeit bleibt.

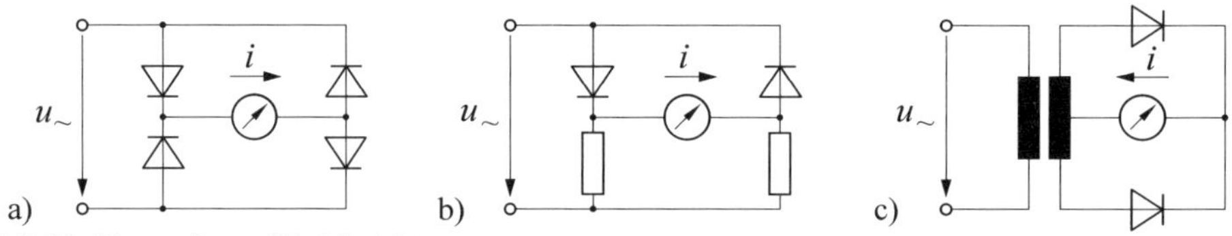

Bild 2.20: Doppelweg-Gleichrichtung
a) Brückenschaltung mit Dioden
b) Brückenschaltung mit Dioden und Widerständen
c) Mittelpunktschaltung, Gegentaktschaltung, Transformatorbrücke

Vielfachinstrument. Bei Verwendung von Gleichrichtern können mit dem umschaltbaren Drehspulinstrument auch Gleichrichtwerte gemessen werden. In Bild 2.21 ist die Schaltung von Bild 2.12 um den Doppelweg-Gleichrichter und um den Umschalter von Gleich- auf Wechselstrom ergänzt. Außerdem sind die Sicherung und die Dioden zum Überspannungsschutz dargestellt.

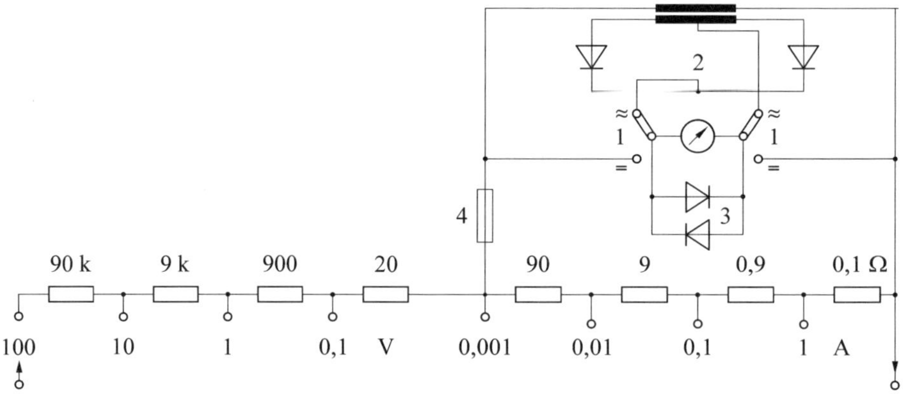

Bild 2.21: Umschaltbares Drehspulmesswerk zur Messung von Wechselspannungen und Wechselströmen 1 Umschaltung Gleichspannung/Wechselspannung, 2 Doppelweg-Gleichrichtung mit Mittelpunktschaltung, 3 Dioden als Überlastschutz, 4 Sicherung

Die Skala der Vielfachinstrumente ist im Allgemeinen für Effektivwerte ausgeführt. Da das Drehspulinstrument Gleichrichtwerte misst, sind diese mit dem Faktor 1,11 auf Effektivwerte umgerechnet. Dieser Formfaktor gilt nur für sinusförmig verlaufende Ströme, so dass bei anderen Kurvenformen eine spezielle Umrechnung erforderlich wird. Dies ist zweifelsohne ein Nachteil des Drehspulinstruments. Ihm steht aber der Vorteil des geringen Eigenverbrauchs und der leicht umschaltbaren Messbereiche gegenüber.

Messung des Effektivwertes

Dreheiseninstrument. Das Dreheiseninstrument ist zur Effektivwertmessung sehr geeignet. Dieses robuste Gerät führt ohne zusätzliche Einrichtungen die für die Effektivwertbildung notwendigen Operationen Quadrierung und Mittelwertbildung durch und kann bis zu Frequenzen von etwa 1 kHz verwendet werden.

Das Dreheiseninstrument bewertet den Effektivwert des durchgehenden Stroms. Sind **Spannungen** zu messen, so wird die Anzeige indirekt aus dem mit der Impedanz des Messwerks multiplizierten gemessenen Strom ermittelt. In diesem Fall muss auf seine Impedanz $\underline{Z}_s$ geachtet werden. Diese enthält eine ohmsche und eine induktive Komponente und hängt somit von der Frequenz ab:

$$\underline{Z}_s = R_s + \mathrm{j}\,\omega\,L\,. \tag{2.45}$$

Für jede Frequenz wäre jetzt mit einem eigenen Faktor vom durchgehenden Strom auf die anliegende Spannung umzurechnen. Um dieses zu vermeiden, wird der Widerstand des Instruments frequenzunabhängig ausgelegt. Dies gelingt, indem der Feldspule ein ohmscher Widerstand R mit einer parallel liegenden Kapazität C vorgeschaltet wird (Bild 2.22).

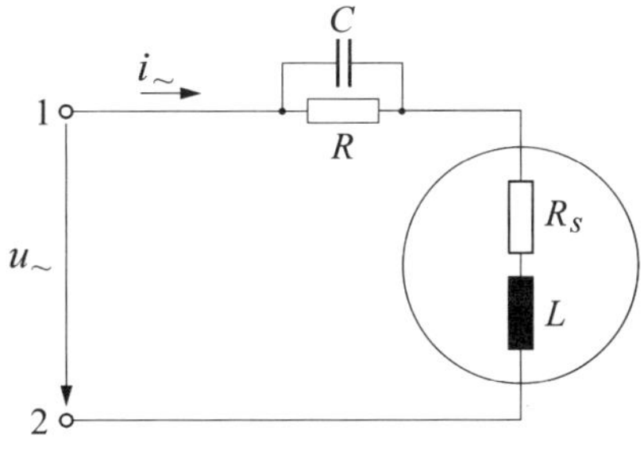

Bild 2.22: Um einen frequenzunabhängigen Widerstand zu erreichen, wird der Spule des Dreheiseninstruments (R_s, L) ein Widerstand mit parallel liegender Kapazität vorgeschaltet

Die Gesamtimpedanz $\underline{Z}$ des Messwerks zwischen den Klemmen 1 und 2 beträgt jetzt

$$\underline{Z} = R_s + \mathrm{j}\,\omega\,L + \left(R \;||\; \frac{1}{\mathrm{j}\,\omega\,\mathrm{C}}\right) = R_s + \mathrm{j}\,\omega L + \frac{R}{1 + \mathrm{j}\,\omega\,C\,R}\,. \tag{2.46}$$

Indem der Bruch mit dem konjugiert komplexen Nenner erweitert wird, entsteht

$$\underline{Z} = R_s + \frac{R}{1 + \omega^2\,C^2\,R^2} + \mathrm{j}\,\omega\left(L - \frac{C\,R^2}{1 + \omega^2\,C^2\,R^2}\right)\,. \tag{2.47}$$

Durch konstruktive Maßnahmen gelingt es, den Wert von $\omega^2 C^2 R^2 \ll 1$ zu halten, womit dieser Term vernachlässigt werden darf. Des Weiteren wird die vorgeschaltete Impedanz so ausgelegt, dass die Beziehung

$$L = C R^2 \tag{2.48}$$

eingehalten wird. In diesem Fall verschwindet die imaginäre, die Frequenz enthaltende Komponente von Gl. (2.47). Der Gesamtwiderstand ist reell, unabhängig von der Frequenz, und das Dreheiseninstrument ist zu Strom- und Spannungsmessungen in gleicher Weise geeignet.

Drehspulinstrument mit Thermoumformer. Um auch mit Drehspulinstrumenten Effektivwerte messen zu können, sind diesen Thermoumformer vorzuschalten (Bild 2.23). Ein Thermoumformer besteht zunächst aus einem Widerstandsdraht, der von dem zu messenden Strom aufgeheizt wird. Die Temperatur des Drahtes ist proportional der umgesetzten Leistung $R I^2$, also auch proportional dem Effektivwert I. Sie wird mit einem Thermoelement erfasst, dessen Gleichspannung dann mit dem Drehspulinstrument gemessen wird.

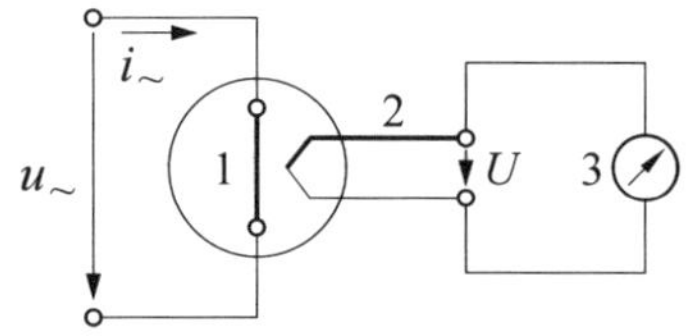

Bild 2.23: Drehspulinstrument mit Thermoumformer zur Messung von Wechselströmen
1 Widerstandsdraht
2 Thermoelement
3 Drehspulinstrument

Moderne Messköpfe mit Thermoumformer für Leistungsmessungen im Hochfrequenzbereich werden in einer kombinierten Halbleiter- und Dünnfilmtechnologie hergestellt [2.3]. Die Messzelle ist auf einer dünnen Siliziummembran aufgebaut. Die Funktion des Widerstandes von Bild 2.23 übernimmt eine dünne Schicht aus Tantalnitrid oder Chromnickel und schließt die Hochfrequenzleitung ab. Ein Metall-Halbleiter-Thermoelement liefert die Thermospannung proportional der im Abschlusswiderstand umgesetzten Leistung. Für eine hohe Empfindlichkeit ist eine gute thermische Isolation des Abschlusswiderstandes wichtig. Sie lässt sich aufgrund der schlechten Wärmeleitfähigkeit des Siliziums erreichen. Mit einem einzigen Messkopf kann der ganze Frequenzbereich von 0 bis 40 GHz erfasst werden. Die kleinste messbare Leistung liegt bei etwa 1 µW.

Wechselstrom-Gleichstrom-Komparator. Die Einheiten der elektrischen Größen sind als Gleichgrößen definiert. So entsteht die Aufgabe, die Wechselstrommessung auf die Gleichstrommessung zu beziehen. Dies ist bei niedrigen Frequenzen mit dem Dreheiseninstrument möglich, bei höheren Frequenzen mit dem Thermoumformer.

Das dem Bild 2.24 zu Grunde liegende Transferverfahren benutzt für die Gleichstrom- und Wechselstrommessung jeweils einen eigenen Thermoumformer. Durch einen einstellbaren Widerstand wird der Gleichstrom so lange verändert, bis die auf dem Nullinstrument angezeigte Differenz der Thermospannungen zu null geworden ist und die

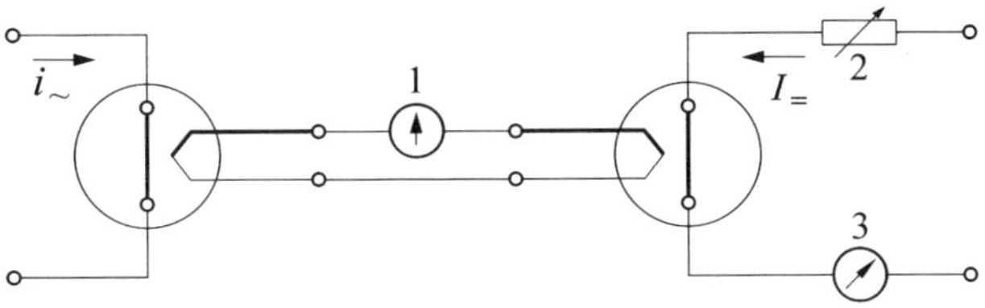

Bild 2.24: Wechselstrom-Gleichstrom-Komparator
1 Nullinstrument
2 Widerstand zur Einstellung des Gleichstroms
3 Messinstrument zur Anzeige des eingestellten Gleichstroms

beiden Widerstandsdrähte die gleiche Temperatur angenommen haben. Der Effektivwert des Wechselstroms ist jetzt gleich dem des Gleichstroms, der mit Hilfe des Instruments 3 direkt gemessen werden kann.

2.1.4 Messung der Leistung

Leistungsmessung bei Gleichspannung

In einem Gleichstromkreis ist die elektrische Leistung P das Produkt aus der Spannung U und dem Strom I:

$$P = U\,I\,. \tag{2.49}$$

Zu ihrer Messung ist das multiplizierende elektrodynamische Instrument gut geeignet. Dieses enthält die vom Strom I_1 durchflossene Feldspule und die bewegliche Spule mit dem Widerstand R_2 und dem Strom I_2. Wird nun der zu messende Strom I durch die Feldspule geschickt, $I = I_1$, und wird die zu messende Spannung U an die bewegliche Spule gelegt, so fließt dort der Strom $I_2 = U/R_2$ (Bild 2.25). Der Ausschlag α des Instruments ist damit proportional der zu messenden Leistung

$$\alpha = k\,I_2\,I_1 = k\,\frac{U}{R_2}\,I = k_1\,U\,I\,. \tag{2.50}$$

Die Feldspule des Instruments wird zur Strommessung benutzt. Ihr Widerstand soll niedrig sein. Dagegen ist die im Spannungspfad liegende bewegliche Spule hochohmig auszuführen.

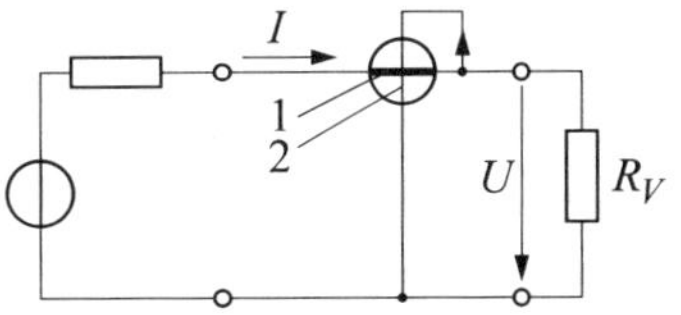

Bild 2.25: Leistungsmessung mit dem elektrodynamischen Messinstrument
1 Strompfad
2 Spannungspfad

Das Messgerät hat nun einen von null verschiedenen Eigenverbrauch und die von der Quelle gelieferte Leistung P_q teilt sich auf in die im Verbraucher R_V umgesetzte Leistung P_V und die für das Messgerät benötigte Leistung P_M:

$$P_q = P_V + P_M \,. \tag{2.51}$$

Damit müssen jetzt die Größen der Quelle U_q, I_q von denen des Verbrauchers U_V, I_V unterschieden werden. Wird wie in Bild 2.26 a der

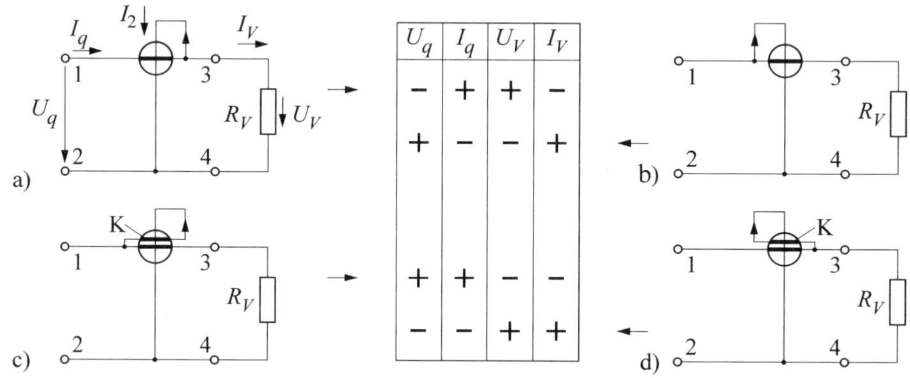

Bild 2.26: Anschlussmöglichkeiten für einen elektrodynamischen Leistungsmesser; die Größe wird richtig (+) oder falsch (−) gemessen; K Korrekturspule

Spannungspfad des Instruments an die verbraucherseitige Klemme 3 angeschlossen, so wird die an der Last abfallende Spannung U_V gemessen, nicht jedoch die Quellspannung U_q. Durch die Feldspule fließt der der Quelle entnommene Strom I_q, der um den Strom I_2 durch die bewegliche Spule größer ist als der Strom durch den Verbraucher. Versucht man nun in der Schaltung (b) den Laststrom I_V richtig zu erfassen und schließt die bewegliche Spule direkt an der Quelle an (Klemme 1), so wird die Quellspannung U_q und nicht die Verbraucherspannung U_V gemessen. Damit kann weder die der Quelle entnommene Leistung P_q noch die im Verbraucher umgesetzte Leistung P_V richtig angezeigt werden.

Die richtige Leistungsmessung gelingt, wenn das Dynamometer um eine zweite Feldspule K erweitert wird. Durch diese Korrekturspule wird der durch die bewegliche Spule fließende Strom I_2 geschickt. Je nach Stromrichtung ist dann das Magnetfeld der zweiten Feldspule dem der ersten gleich oder entgegengerichtet. In der Schaltung (c) wird der durch die bewegliche Spule fließende Strom zu dem in der Feldspule fließenden addiert. Die Leistung wird quellrichtig gemessen. In der Schaltung (d) hingegen wird der durch den Spannungspfad fließende Strom von dem der Feldspule abgezogen. Die Leistung wird verbraucherrichtig angezeigt.

Leistungsmessung bei Wechselspannung

Begriffe. In den Fällen, in denen die komplexe Schreibweise schneller zu Ergebnissen führt, soll sie hier angewendet werden. $\underline{X}$ bezeichnet eine komplexe Größe, $\underline{X}^*$

die dazu konjugiert komplexe und X ihren Betrag. In dieser Darstellung lauten die Effektivwerte von Spannung und Strom

$$\underline{U}_{\text{eff}} = U_{\text{eff}}\, \mathrm{e}^{\mathrm{j}\varphi_u} \;; \tag{2.52}$$

$$\underline{I}_{\text{eff}} = I_{\text{eff}}\, \mathrm{e}^{\mathrm{j}\varphi_i} \,. \tag{2.53}$$

Die komplexe Leistung $\underline{P}$ als Rechengröße ist erklärt durch

$$\underline{P} = \underline{U}_{\text{eff}}\, \underline{I}^*_{\text{eff}} = U_{\text{eff}}\, I_{\text{eff}}\, \mathrm{e}^{\mathrm{j}\varphi_{u\,i}} \tag{2.54}$$

$$= Re\,(\underline{P}) + \mathrm{j}\, Im\,(\underline{P}) \,. \tag{2.55}$$

Der Realteil der komplexen Leistung liefert die Wirkleistung P_W, der Imaginärteil die Blindleistung P_B und der Betrag stellt die Scheinleistung P_S dar (Bild 2.27):

$$Re\,(\underline{P}) = P_W = U_{\text{eff}}\, I_{\text{eff}}\, \cos\varphi_{u\,i} = U\, I\, \cos\varphi \,, \tag{2.56}$$

$$Im\,(\underline{P}) = P_B = U_{\text{eff}}\, I_{\text{eff}}\, \sin\varphi_{u\,i} = U\, I\, \sin\varphi \,, \tag{2.57}$$

$$|\,\underline{P}\,| = P_S = U_{\text{eff}}\, I_{\text{eff}} = U\, I \,. \tag{2.58}$$

Wirk-, Blind- und Scheinleistung sind auseinander zu halten und werden auf unterschiedliche Weise bestimmt.

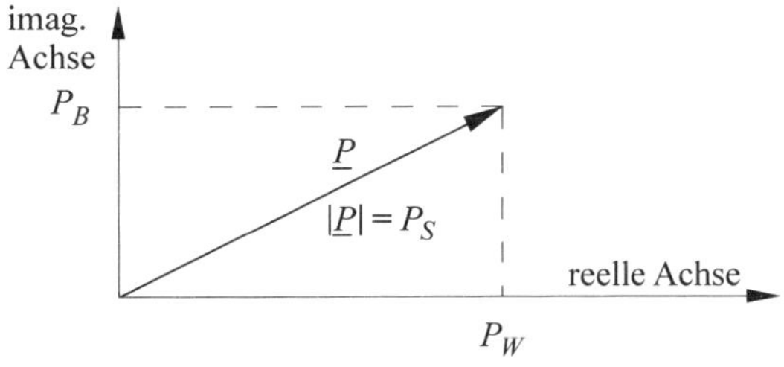

Bild 2.27: Zusammenhang zwischen Wirk-, Blind- und Scheinleistung

Wirkleistung. Ähnlich wie bei Gleichgrößen kann auch bei Wechselgrößen das elektrodynamische Messinstrument zur Leistungsmessung eingesetzt werden. Um dies zu zeigen, nehmen wir an, dass die Ströme i_1 und i_2

$$i_1 = \hat{i}_1\, \sin\omega\, t \,; \qquad i_2 = \hat{i}_2\, \sin(\omega\, t + \varphi) \tag{2.59}$$

durch die beiden Spulen des Messwerks fließen. Sie führen zu einem Ausschlag α

$$\alpha = k\, i_1\, i_2 = k\, \hat{i}_1\, \hat{i}_2\, \sin(\omega\, t) + \sin(\omega\, t + \varphi) \,. \tag{2.60}$$

Das Produkt der beiden trigonometrischen Funktionen lässt sich mit der Beziehung

$$\sin\alpha\,\sin\beta = \frac{1}{2}\left[\cos(\alpha-\beta) - \cos(\alpha+\beta)\right] \tag{2.61}$$

in eine Summe überführen:

$$\alpha = \frac{k}{2}\,\hat{i}_1\,\hat{i}_2\left[\cos\varphi - \cos(2\omega\,t+\varphi)\right]. \tag{2.62}$$

Indem von den Scheitelwerten $\hat{i}$ auf die Effektivwerte I übergegangen wird, entsteht

$$\alpha = k\,I_1\,I_2\,\cos\varphi - k\,I_1\,I_2\cos(2\,\omega\,t+\varphi)\,. \tag{2.63}$$

Das Messwerk kann den Augenblickswerten der Ströme nicht folgen. Es wird sich ein mittlerer Ausschlagwinkel $\overline{\alpha}$ einstellen mit

$$\overline{\alpha} = \frac{1}{T}\int_0^T \alpha\,\mathrm{d}t = k\,I_1\,I_2\,\cos\varphi\,\frac{1}{T}\int_0^T \mathrm{d}t - k\,I_1\,I_2\,\frac{1}{T}\int_0^T \cos(2\,\omega\,t+\varphi)\,\mathrm{d}t\,. \tag{2.64}$$

Das Integral über den zweiten periodischen Term (linearer Mittelwert) wird null und so bleibt übrig:

$$\overline{\alpha} = k\,I_1\,I_2\,\cos\varphi. \tag{2.65}$$

Der Ausschlag des elektrodynamischen Messwerks ist also von dem Kosinus des Phasenwinkels der beiden Ströme abhängig. Wird jetzt wie bei der Gleichstrommessung die Feldspule von dem zu messenden Strom durchflossen und wird die bewegliche Spule an die zu messende Spannung gelegt, so zeigt das Dynamometer die Wirkleistung an (Bild 2.28 a):

$$\overline{\alpha} = k_1\,U\,I\,\cos\varphi = k_1\,P_w. \tag{2.66}$$

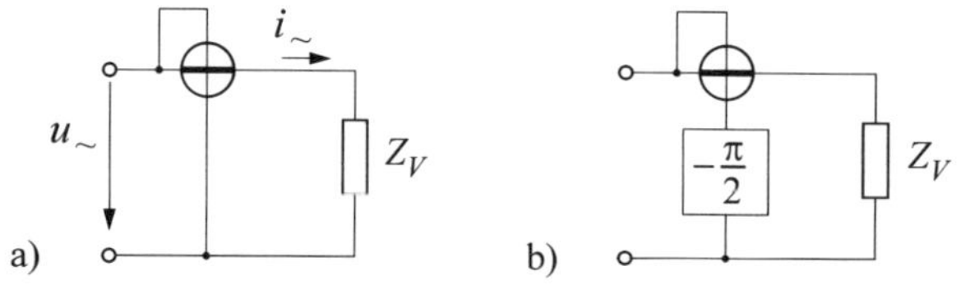

Bild 2.28: Messung der Leistung a) Wirkleistung b) Blindleistung

Blindleistung. Unter Verwendung eines zusätzlichen Phasenschiebers können mit dem elektrodynamischen Instrument auch Blindleistungen gemessen werden. Die Phasendrehung um $-\pi/2$ erfolgt zweckmäßig im Spannungspfad (Bild 2.28 b). Der Ausschlag $\overline{\alpha}$ des Instruments ist dann

$$\overline{\alpha} = k\,I_1\,I_2\,\cos(\varphi-\pi/2) = k\,I_1\,I_2\,\sin\varphi = k_1\,U\,I\,\sin\varphi = k_1\,P_B\,. \tag{2.67}$$

Scheinleistung. Bei der Messung der Scheinleistung darf die Phasenbeziehung zwischen Spannung und Strom nicht bewertet werden.

Eine Möglichkeit ist, die Effektivwerte von Spannung und Strom getrennt zu erfassen oder aus den gemessenen Scheitel- oder Gleichrichtwerten zu berechnen und dann zu multiplizieren. Diese Multiplikation kann auch in einem elektrodynamischen Messinstrument erfolgen. In der Schaltung von Bild 2.29 werden der Scheitelwert der Spannung und der Gleichrichtwert des Stroms erfasst. Im Strompfad ist auf den Kondensator zur Glättung des Signals verzichtet worden, da er sich über die niederohmige Feldspule schnell entladen würde. Die Zahlenfaktoren zwischen Scheitel-, Gleichricht- und Effektivwert sind in der in der Einheit Watt ausgeführten Skala berücksichtigt.

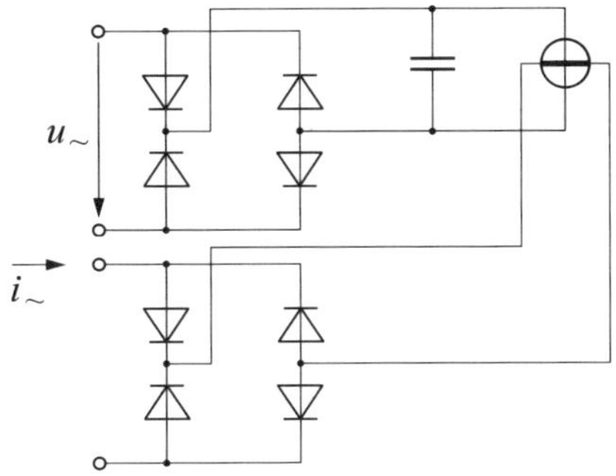

Bild 2.29: Messung der Scheinleistung

Leistungsmessung bei Drehstrom

Bezeichnungen Das Drehstromsystem ist ein dreifaches Wechselstromsystem mit den drei Außenleitern L 1, L 2, L 3 (früher R, S, T) und dem Sternpunktleiter L 0. Mit den Zählpfeilen von Bild 2.30 gilt für das 4-Leiter-System

$$i_1 + i_2 + i_3 = i_0 \,. \tag{2.68}$$

Fehlt der Sternpunktleiter, so entsteht das 3-Leiter-System mit

$$i_1 + i_2 + i_3 = 0 \,. \tag{2.69}$$

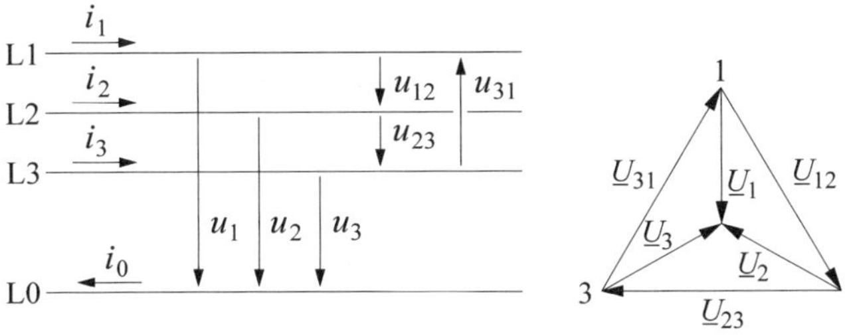

Bild 2.30: Spannungen und Ströme im Drehstromsystem

Im Drehstromsystem sind die Sternspannungen und die Leiterspannungen zu unterscheiden. Die **Sternspannung** u_i liegt zwischen einem Außenleiter und dem Sternpunkt. Die **Leiterspannung** $u_{i\,k}$ (Dreiecksspannung, verkettete Spannung) liegt zwischen zwei Außenleitern. Es gilt

$$u_{ik} = u_i - u_k \,. \tag{2.70}$$

Die Summe der Leiterspannungen ist zu jedem Zeitpunkt null:

$$u_{12} + u_{23} + u_{31} = 0 \,. \tag{2.71}$$

Beim symmetrischen Drehstromsystem sind die Phasen der Spannungen jeweils um $2\pi/3$ gegeneinander verschoben. Der Scheitelwert der Leiterspannungen ist um $\sqrt{3}$ größer als der der Sternspannungen:

$$\hat{u}_{ik} = \sqrt{3}\,\hat{u}_i \,. \tag{2.72}$$

Wirkleistung im 4-Leiter-System. Um die Wirkleistung P_W

$$P_W = U_1\,I_1 \cos\varphi_1 + U_2\,I_2 \cos\varphi_2 + U_3\,I_3 \cos\varphi_3 \tag{2.73}$$

im 4-Leiter-System zu messen, ist für jede Phase ein eigener Leistungsmesser erforderlich (Bild 2.31 a). Die Leistungen der drei Phasen sind dann zu addieren. Einfacher ist es, Leistungsmesser mit drei Messwerken zu verwenden, bei denen die drei beweglichen Spulen auf einer gemeinsamen Achse sitzen. Diese Geräte zeigen die gesamte im Drehstromsystem verbrauchte Leistung ohne Zwischenrechnung an.

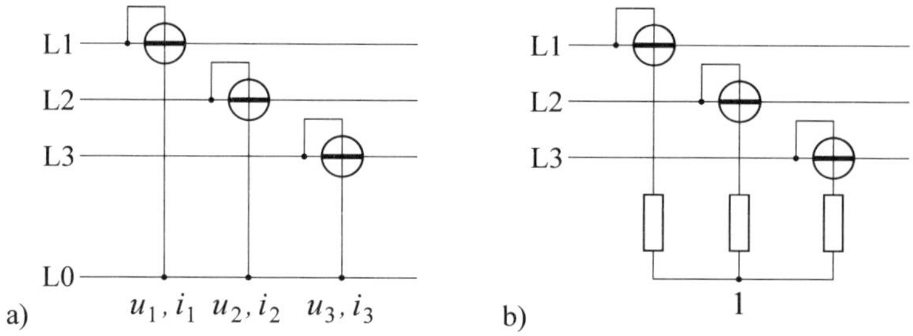

Bild 2.31: Messung der Wirkleistung a) im 4-Leiter-Drehstromsystem b) im 3-Leiter-Drehstromsystem mit künstlichem Sternpunkt 1

Wirkleistung im 3-Leiter-System bei beliebiger Belastung. Im 3-Leiter-System fehlt der Sternpunktleiter, so dass ein künstlicher Sternpunkt geschaffen werden muss (Bild 2.31 b).

Dies gelingt, indem die drei Phasen über Widerstände an einen gemeinsamen Punkt gelegt werden. Die Leistungsmessung lässt sich dann wie im 4-Leiter-System mit drei Messgeräten durchführen.

Eine genauere Betrachtung zeigt jedoch, dass zwei Messgeräte ausreichen, um die gesamte Leistung des beliebig belasteten 3-Leiter-Systems zu erfassen. In der komplexen Schreibweise ist die gesamte Leistung $\underline{P}$

$$\underline{P} = \underline{U}_1\,\underline{I}_1^* + \underline{U}_2\,\underline{I}_2^* + \underline{U}_3\,\underline{I}_3^* . \tag{2.74}$$

Indem beim ersten und beim letzten Term auf der rechten Seite die Sternspannungen durch die Leiterspannungen ausgedrückt werden (Gl. (2.70))

$$\underline{U}_1 = \underline{U}_{12} + \underline{U}_2; \qquad \underline{U}_3 = \underline{U}_{32} + \underline{U}_2, \tag{2.75}$$

entsteht der Ausdruck

$$\begin{aligned}\underline{P} &= \underline{U}_{12}\underline{I}_1^* + \underline{U}_2\underline{I}_1^* + \underline{U}_2\underline{I}_2^* + \underline{U}_{32}\underline{I}_3^* + \underline{U}_2\underline{I}_3^* \\ &= \underline{U}_{12}\underline{I}_1^* + \underline{U}_{32}\underline{I}_3^* + \underline{U}_2(\underline{I}_1^* + \underline{I}_2^* + \underline{I}_3^*).\end{aligned} \tag{2.76}$$

Hier verschwindet wegen Gl. (2.69) das letzte Glied und der Realteil von $\underline{P}$ liefert die Wirkleistung P_W

$$Re(\underline{P}) = P_W = U_{12}\,I_1\,\cos\varphi_a + U_{32}\,I_3\,\cos\varphi_b\,. \tag{2.77}$$

Um die Wirkleistung mit zwei Messgeräten zu erfassen, sind also mit dem ersten Messgerät die Spannung U_{12} und der Strom I_1 und mit dem zweiten Messgerät die Spannung U_{32} und der Strom I_3 zu messen (Bild 2.32).

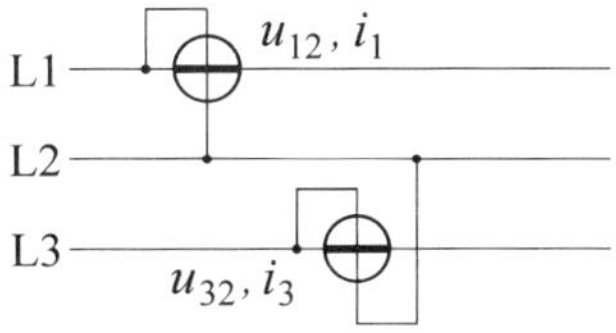

Bild 2.32: Messung der Wirkleistung im beliebig belasteten 3-Leiter-Drehstromsystem mit zwei Messgeräten (Aronschaltung)

Wirkleistung im 3-Leiter-Drehstromsystem bei symmetrischer Belastung. Bei einer symmetrischen Lastaufteilung wird die Leistungsmessung besonders einfach.

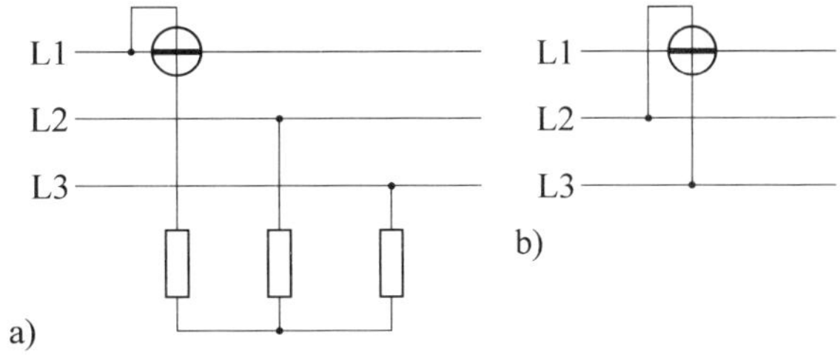

Bild 2.33: Messung im symmetrisch belasteten 3-Leiter-System
a) Wirkleistung b) Blindleistung

Man schafft sich einen künstlichen Sternpunkt (Bild 2.33 a), misst die Leistung einer Phase und multipliziert den Messwert mit dem Faktor 3:

$$P_W = 3\,U_i\,I_i\,\cos\varphi\,. \tag{2.78}$$

Blindleistung im 3-Leiter-Drehstromsystem bei symmetrischer Belastung. Um die Blindleistung zu messen, musste beim einfachen Wechselstromsystem die Phase der Spannung um $\pi/2$ verzögert werden. Diese Aufgabe stellt sich auch hier. Sie ist aber ohne zusätzliche phasendrehende Komponenten zu lösen, da im Drehstromsystem sich immer Spannungspaare mit der nötigen Phasendifferenz finden. Ist der Leistungsmesser z. B. wie im Bild 2.33 b angeschlossen, so ist sein Ausschlag α

$$\alpha = k\, I_1\, U_{2\,3}\, \cos\varphi\,. \tag{2.79}$$

Wird in dieser Beziehung an Stelle der Leiterspannung $U_{2\,3}$ die Sternspannung U_1 eingeführt, so ist einmal deren geringere Größe und dann ihre um $-\pi/2$ verschobene Phase zu berücksichtigen. Der Ausschlag ist proportional der Blindleistung:

$$\alpha = k\, I_1\, \sqrt{3}\, U_1\, \cos(\varphi - \pi/2) = k\, \sqrt{3}\, I_1\, U_1\, \sin\varphi = k\, \sqrt{3}\, P_{1B}\,. \tag{2.80}$$

2.1.5 Messung der elektrischen Arbeit

Zur Messung der elektrischen Arbeit dienen die Elektrizitätszähler. Sie sind die am weitesten verbreiteten elektrischen Messgeräte. Ihre Anzeige ist Grundlage für die Berechnung der in Haushalten, Büros und Betrieben bezogenen elektrischen Energie E

$$E = \int_0^T P_W\, \mathrm{d}t = U\, I\, \cos\varphi\, T\,. \tag{2.81}$$

Um die verbrauchte elektrische Energie zu erhalten, ist die Wirkleistung über die Zeit zu integrieren.

Induktionsmesswerk. Zur Messung der elektrischen Arbeit wird meistens der Zähler mit Induktionsmesswerk (Ferraris-Zähler, Wanderfeld-Zähler) verwendet [2.1]. Er enthält eine Achse mit einer metallischen Scheibe als beweglichem Organ (Bild 2.34). Würde die Scheibe in den Luftspalt eines Dauermagneten reichen und würde dieser um die Scheibe bewegt, so entstünden in der Scheibe Wirbelströme, welche die Bewegung zu hindern suchten und zu einer Drehung der Scheibe führten. Nach diesem Prinzip arbeitet das Induktionsmesswerk, wobei freilich das räumlich um die Scheibe laufende Magnetfeld nicht durch einen bewegten Dauermagneten, sondern durch die beiden um 90 Grad gegeneinander versetzten Elektromagnete 1 und 2 erzeugt wird. An deren Spulen liegen die Spannungen u_1 und u_2 und führen über die Ströme i_1 und i_2 zu den magnetischen Flüssen Φ_1 und Φ_2. Die Spule des Magneten 1 (Spannungsspule) hat eine große, die des Magneten 2 (Stromspule) eine kleine Induktivität. Durch zusätzliche magnetische Nebenschlüsse wird erreicht, dass der Fluss Φ_1 um genau $-\pi/2$ gegenüber der Spannung u_1 phasenverschoben ist, während u_2, i_2 und Φ_2 in Phase bleiben. Damit haben bei einer kosinusförmigen Erregung die beiden Flüsse den folgenden zeitlichen Verlauf:

$$\Phi_2 = A_0\, \cos\omega\, t \qquad \text{und} \qquad \Phi_1 = A_0\, \cos(\omega\, t - \pi/2) = A_0\, \sin\omega\, t\,.$$

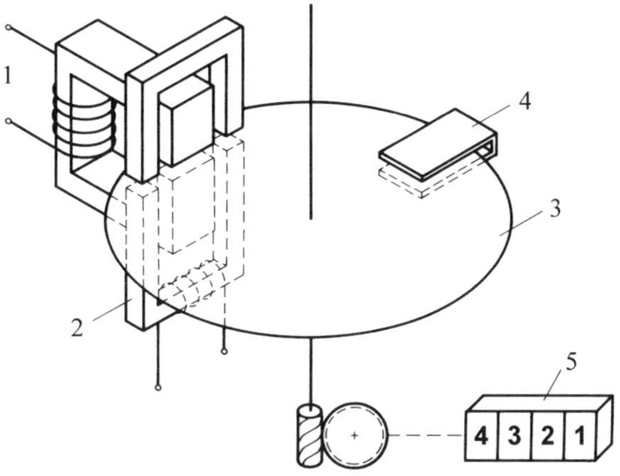

Bild 2.34: Schematischer Aufbau eines Energiezählers mit Induktionsmesswerk (Ferraris-Zähler, Wanderfeld-Zähler)
1 Spannungsspule
2 Stromspule
3 Metallscheibe
4 Bremsmagnet
5 Zählwerk

Das umlaufende Wechselfeld hat einen Fluss mit dem konstanten Betrag A_0. Es führt in der beweglichen Scheibe zu dem elektrischen Moment M_{el}. Wird jetzt an die Spule 1 die zu messende Spannung U gelegt und wird die Spule 2 vom Strom I durchflossen, so ist das Drehmoment proportional der Wirkleistung:

$$M_{\text{el}} = k\, U\, I\, \cos\, \phi\,. \tag{2.82}$$

Dieses Moment dreht die Scheibe durch das Feld des Dauermagneten 4. Dabei entstehen Wirbelströme, die die Bewegung zu hindern suchen. Das Bremsmoment M_{magn} ist proportional zur Drehzahl n:

$$M_{\text{magn}} = k_1\, n\,. \tag{2.83}$$

Die beiden Momente halten sich das Gleichgewicht, $M_{el} = M_{magn}$. Die daraus resultierende Drehzahl

$$n = \frac{k}{k_1}\, U\, I\, \cos\, \phi \tag{2.84}$$

ist proportional der Wirkleistung. Die noch notwendige Integration über die Zeit erfolgt, indem die Umdrehungen der Messwerkachse gezählt werden. Der Zählerstand ist damit ein Maß für die verbrauchte elektrische Energie.

Die Zähler mit Induktionsmesswerk haben sich außerordentlich bewährt. Ihre Lebensdauer ist wohl größer als die jedes anderen vergleichbaren Messgeräts. Die Eichung z. B. ist für zwanzig Jahre gültig.

2.1.6 Registrierende Messgeräte

Oft ist die zeitliche Entwicklung einer Messgröße zu beobachten. Die Anzeigegeräte liefern nur Augenblickswerte und sind für diese Aufgabe nicht geeignet. Besser ist,

Schreiber oder Registriergeräte zu verwenden und die Messgröße aufzuzeichnen. Ein derartiger Schreiberstreifen

- liefert eine lückenlose Aufzeichnung der Messwerte,
- lässt Tendenzen erkennen,
- erfasst auch schnell und unerwartet ablaufende Vorgänge,
- hilft bei Störungen die Vorgeschichte zu rekonstruieren,
- dokumentiert und belegt den Verlauf der Messgröße.

Die Registriergeräte werden in vielen Bauformen hergestellt. Hier soll nur kurz auf die wichtigsten Konstruktionsprinzipien eingegangen werden.

Konstruktionsmerkmale

Messwerk. Die bei den Anzeigegeräten besprochenen Messwerke begegnen uns wieder bei den Schreibern. Zusätzlich enthalten die Registriergeräte noch die für die Aufzeichnung der Messwerte benötigten Funktionseinheiten.

Papierform. Die Schreibfläche kann als Kreisblatt, Trommelblatt oder Streifen ausgeführt sein (Bild 2.35). Das Kreisblatt hat gekrümmte Koordinaten und muss etwa in Abständen von Stunden ausgewechselt werden. Der ab- und aufgewickelte Streifen dagegen kann mehrere Wochen lang den Verlauf der Messgröße aufzeichnen.

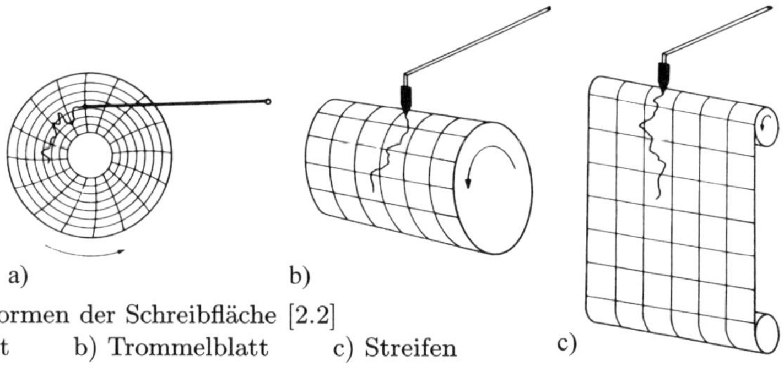

Bild 2.35: Formen der Schreibfläche [2.2]
a) Kreisblatt b) Trommelblatt c) Streifen

Papierantrieb. Als Antriebe stehen Federwerke, Synchronmotoren und Schrittmotoren zur Verfügung. Die Federwerke mit Handaufzug benötigen keine elektrische Hilfsenergie. Der Synchronmotor ist der am häufigsten eingesetzte Antrieb. Die Schrittmotoren werden in den Fällen verwendet, in denen die Antriebe mehrerer Schreiber exakt zeitgleich von den Impulsen einer Zentraluhr gesteuert werden sollen.

Getriebe. Zwischen Antrieb und Papierträger liegt ein Getriebe mit umschaltbarer Übersetzung. Die Papiergeschwindigkeit lässt sich so im Hinblick auf die erwartete Änderungsgeschwindigkeit der Messgröße etwa zwischen 20 und 3600 mm/h einstellen.

Registrierverfahren. Eine tintengefüllte Feder oder ein Faserstift an der Spitze des Messwerkzeuges vermögen dessen Bewegung aufzuzeichnen. Auch Farbbänder werden verwendet, um Markierungen auf das Papier zu drucken. In Spezialfällen werden Metall-, Wachs- oder Fotopapier verwendet. Das Papier mit metallisierter Rückseite wird in den Fällen, in denen ein weitgehend wartungsfreier Betrieb gewünscht wird, benutzt. An die Stelle der Feder tritt eine Elektrode. Die zwischen Papierrückseite und Elektrode angelegte Spannung führt zu einem Überschlag, der das Papier durchbrennt und so den Messwert markiert (Bild 2.36). Beim Wachspapier ist der gefärbte Untergrund mit einer Wachsschicht überzogen. Die Spitze des Zeigers wird hier geheizt (Thermoschreibstift). Die Wachsschicht schmilzt, so dass die gefärbte Unterlage als Spur sichtbar wird.

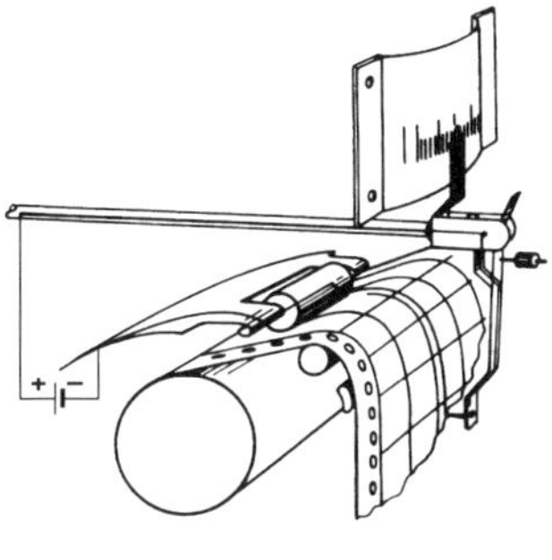

Bild 2.36: Aufzeichnung auf Metallpapier [2.2]

Federführung. Bogenkoordinaten sind im Prinzip zur Aufzeichnung des Winkelausschlags eines Messwerks geeignet. Sie sind aber schlecht abzulesen und auszuwerten. So wird oft die Drehbewegung in eine lineare Bewegung umgeformt (Ellipsenlenker), um den Verlauf der Messgröße in dem gewohnten, rechtwinkligen Koordinatensystem darstellen zu können.

Ausführungsformen

Linienschreiber. Ein Linienschreiber in seiner einfachsten Form enthält ein Drehspulmesswerk mit Ellipsenlenker und tintengefüllter Feder. Der Schreibarm ist schwerer als ein Zeiger, so dass das Messwerk des Schreibers ein höheres Drehmoment als das des Anzeigers aufbringen muss. Dementsprechend größer ist der Eigenverbrauch des Schreibers. Der Messwert wird kontinuierlich, gut sichtbar, als durchlaufende Linie aufgezeichnet.

Punktdrucker. Der Mehrfarben-Drehspul-Punktdrucker enthält einen Umschalter, über den nacheinander mehrere Messgrößen mit dem Drehspulmesswerk verbunden werden. Die Registrierung erfolgt, indem die als Schneide ausgebildete Unterkante des Zeigers von dem Fallbügel auf ein Farbband gedrückt wird. Der Messstellenumschalter steuert den Fallbügel und die Farbbänder so, dass mehrere Messgrößen als unterschiedlich gefärbte Punktfolgen dargestellt werden. Das Abtastintervall einer Messgröße beträgt mehrere Sekunden, so dass die Punktdrucker nur zur Registrierung langsam veränderlicher Größen geeignet sind.

Schreiber und Drucker mit Verstärker. Zunehmend enthalten die Drucker und Schreiber Verstärker. Diese belasten zum einen die Quelle weniger, zum anderen liefern sie ein höheres Drehmoment zur Verstellung des Zeigers. Dieser ist oft an einem auf einer Schiene laufenden Schreibwagen angeordnet. Der Schreibwagen trägt entweder eine tintengefüllte Feder oder einen Faserstift. Bei der Ausführung als Punktdrucker können über einen Umschalter nacheinander mehrere Messgrößen gemessen werden. Im Schreibwagen befindet sich dann ein Druckwerk, das bis zu 24 unterschiedliche Spuren markiert.

Enthalten die Schreiber nicht nur Verstärker, sondern auch Mikroprozessoren, so sind sie **parametrierbar**. Das bedeutet, dass die Messbereiche vom Benutzer in weiten Grenzen einstellbar sind. Nullpunktunterdrückung und -anhebung sind möglich. Oft lassen sich Grenzwerte einstellen und üblich ist auch ein LCD-Display zur digitalen Anzeige des Messkanals und des Messwertes.

x/y-Kompensationsschreiber. Die bisher erwähnten Schreiber registrierten den Verlauf einer Messgröße in Abhängigkeit von der Zeit t; sie sind x/t-Schreiber mit der Zeit als kontinuierlich verlaufende, unabhängige Variable. Die x/y-Schreiber hingegen enthalten getrennte Messwerke für die beiden Größen x und y. Beide Messsysteme steuern einen gemeinsamen Schreibwagen, der sich in einem rechtwinkligen Koordinatensystem bewegt. Damit ist es nun möglich, eine Größe y (Ordinate) in Abhängigkeit von einer anderen Größe x (Abszisse) darzustellen. Kennlinien können so direkt aufgezeichnet werden (Bild 2.37).

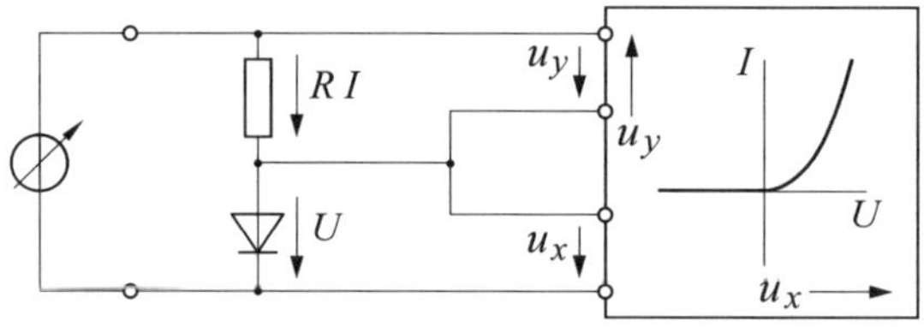

Bild 2.37: Aufnahme einer Dioden Kennlinie mit einem x/y-Kompensationsschreiber

2.2 Elektronenstrahl-Oszilloskop

Das Elektronenstrahl-Oszilloskop gestattet, den zeitlichen Verlauf von Signalen mit Frequenzen bis in den GHz-Bereich auf einem Leuchtschirm sichtbar zu machen. Es ist vielseitig anzuwenden und gehört zur Standardausrüstung jedes elektronischen Labors [2.4], [2.5].

2.2.1 Elektronenstrahl-Röhre

Das Elektronenstrahl-Oszilloskop enthält eine evakuierte Glasröhre (**Braun'sche Röhre**) mit verschiedenen Elektroden und einem Leuchtschirm (Bild 2.38). Aus der geheizten Kathode treten Elektronen aus. Sie werden infolge der zwischen Kathode und Anode liegenden Spannung U_z beschleunigt.

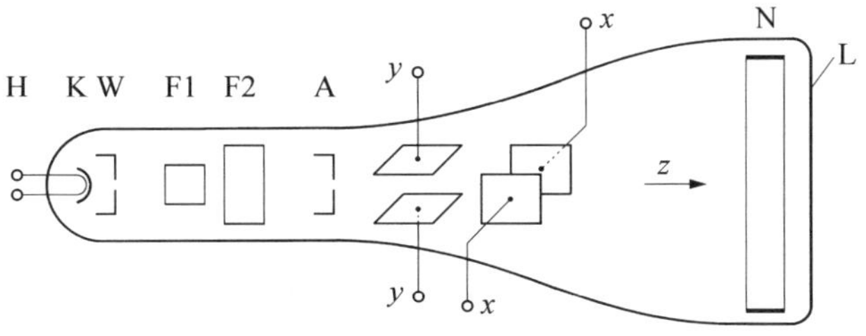

Bild 2.38: Prinzipieller Aufbau einer Elektronenstrahlröhre mit Heizung H, Kathode K, Wehnelt-Zylinder W, Fokussier-Elektroden Fl und F2, Anode A, Ablenkplatten x und y, Nachbeschleunigungs-Elektrode N und Leuchtschirm L

Der Elektronenstrahl wird zusätzlich in den vor der Anode liegenden Elektroden gebündelt und fokussiert, durchläuft die y- und x-Ablenkplatten und trifft auf den Leuchtschirm.

Geschwindigkeit der Elektronen. Ist e die Ladung eines Elektrons, d der Abstand zwischen Kathode und Anode und U_z die anliegende Spannung, so greift an dem Elektron die Kraft $e\,U_z/d$ an. Seine Masse m_0 wird in z-Richtung auf a_z beschleunigt:

$$m_0\,a_z = e\,\frac{U_z}{d}\,. \tag{2.85}$$

Die Integration dieser Gleichung führt zur Geschwindigkeit v_z und zur zurückgelegten Wegstrecke s_z:

$$v_z = \frac{e}{m_0}\,\frac{U_z}{d}\,t\,; \tag{2.86}$$

$$s_z = \frac{1}{2}\,\frac{e}{m_0}\,\frac{U_z}{d}\,t^2\,. \tag{2.87}$$

Die Anode im Abstand $s_z = d$ wird nach der Zeit t

$$t = \sqrt{2\,\frac{m_0}{e}\,\frac{d^2}{U_z}} \tag{2.88}$$

erreicht. Wird diese Zeit in Gl. (2.86) eingesetzt, so folgt damit die Geschwindigkeit der Elektronen in z-Richtung zu

$$v_z = \sqrt{2\,\frac{e}{m_0}\,U_z}\,, \qquad \frac{v_z}{\mathrm{km/s}} = 593\,\sqrt{\frac{U_z}{\mathrm{V}}}\,. \tag{2.89}$$

Ablenkung der Elektronen. Die Elektronen benötigen die Zeit $t = l/v_z$, um zwischen den y-Platten durchzufliegen (Bild 2.39). Während dieser Zeit werden sie in y-Richtung beschleunigt

$$m_0\, a_y = e\, \frac{u_y}{b} \tag{2.90}$$

und erhalten die Geschwindigkeit

$$v_y = \frac{e}{m_0}\, \frac{u_y}{b}\, \frac{l}{v_z}\,. \tag{2.91}$$

Sie werden um den Winkel α aus ihrer ursprünglichen Richtung abgelenkt

$$\tan\alpha = \frac{v_y}{v_z} = \frac{e}{m_0}\, \frac{u_y}{b}\, \frac{l}{v_z^2} \tag{2.92}$$

und treffen dann im Abstand B vom Mittelpunkt auf den Schirm:

$$B = s \cdot \tan\alpha = \frac{e}{m_0}\, \frac{u_y}{b}\, \frac{l\, s}{v_z^2}\,. \tag{2.93}$$

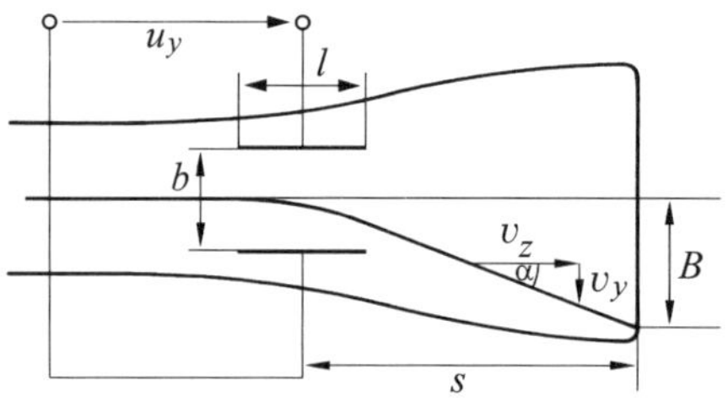

Bild 2.39: Ablenkung eines Elektrons in einem elektrischen Feld

Die an die y-Platten angelegte Spannung u_y wird so über die Auslenkung B des Elektronenstrahls gemessen. Die Auslenkung nimmt mit der Feldstärke zwischen den y-Platten, deren Länge l und dem Abstand s vom Leuchtschirm zu. Sie ist umso größer, je kleiner die Geschwindigkeit in z-Richtung ist. Die Empfindlichkeit E des Oszilloskops ist der Quotient aus der Auslenkung des Elektronenstrahls und der angelegten Spannung:

$$E = \frac{B}{u_y}\,. \tag{2.94}$$

An Stelle der Empfindlichkeit wird in den Datenblättern oft ihr Kehrwert, der **Ablenkkoeffizient**, genannt. Er gibt die Spannung an, die an die Ablenkplatten anzulegen ist, um den Bildpunkt auf dem Schirm um 1 cm zu verschieben.

Im Interesse einer hohen Empfindlichkeit ist also eine geringe Geschwindigkeit der Elektronen in z-Richtung erwünscht. Langsame Elektronen führen aber nur zu einem Leuchtbild von geringer Helligkeit. Um diesen beiden sich widersprechenden Gesichtspunkten nachzukommen, werden die Elektronen oft in der Nähe des Bildschirms noch einmal beschleunigt (Nachbeschleunigungs-Elektrode N von Bild 2.38). Diese Maßnahme verbessert die Bildhelligkeit, ohne die Empfindlichkeit zu verringern.

2.2.2 Baugruppen

Übersichtsschaltbild. Die an die x- und y-Plattenpaare anzulegenden Spannungen werden in getrennten Kanälen verarbeitet (Bild 2.40). An den Eingängen liegen die Betriebsarten-Schalter S 1 und S 2. Sie bestimmen, ob die gesamte angelegte Spannung (Stellung DC) oder nur der Wechselanteil (Stellung AC) dargestellt wird. Im letzten Fall wird der Gleichanteil durch einen Kondensator abgeblockt. Das Oszilloskop zeigt die dem Gleichanteil überlagerte Wechselspannung, deren linearer Mittelwert null ist.

Vor den Verstärkern sitzen Spannungsteiler, in denen die Messsignale an den Aussteuerbereich der Platten angepasst werden. Mit den entsprechenden Schaltern S 2 und S 3 werden die Ablenkkoeffizienten eingestellt, die z. B. zwischen 1 mV/cm und 100 V/cm liegen können. Die Verstärker sind Breitband-Verstärker; sie vervielfachen Gleichspannungen und Wechselspannungen bis zu einer oberen Grenzfrequenz, die einige hundert MHz erreichen kann. Die x- und y-Kanäle erlauben, auf dem Bildschirm die Abhängigkeit einer Größe von einer anderen darzustellen. Dieser x/y-Betrieb ist z. B. zur Aufnahme von Kennlinien geeignet.

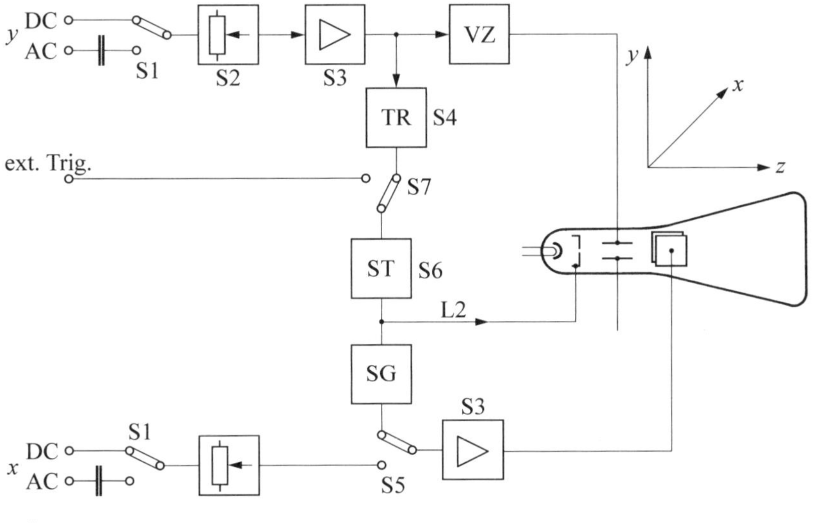

Bild 2.40: Übersichtsschaltbild eines analogen Oszilloskops
VZ Verzögerungsstufe, TR Triggereinheit, ST Steuereinheit, SG Signalgenerator
S 1 Betriebsartenschalter
S 2, S 3 Einstellung der Empfindlichkeit
S 4 Einstellung des Triggerpunktes
S 5 Umschaltung von x/y- auf y/t-Betrieb
S 6 Einstellung der Zeitablenkung
S 7 Umschaltung auf externe Triggerung

In vielen Fällen interessiert jedoch der Verlauf einer Größe in Abhängigkeit von der Zeit t. Um diese Darstellungsart zu erreichen, wird an die x-Platten eine linear mit der Zeit ansteigende Spannung gelegt. Der Sägezahn-Generator SG liefert eine derartige Spannung. Mit dem Schalter S 5 kann von der y/x- auf die y/t-Darstellung übergegangen und mit dem Schalter S 6 kann die Ablenkzeit etwa zwischen 0,1 µs und 100 s eingestellt werden.

Die Ablenkspannung läuft periodisch, und so ist es zunächst nicht leicht, auf dem Leuchtschirm ein stehendes Bild zu erhalten. Um dies zu erreichen, ist die Triggereinheit TR vorgesehen. Mit ihrer Hilfe kann abhängig von der Höhe und der Steigung der anliegenden Spannung über die Steuereinheit ST die Ablenkspannung bei den eingestellten Werten jeweils neu gestartet („**getriggert**") werden. Bei periodischen Signalen wird so immer dieselbe Kurve geschrieben. Beim Zurücksetzen der Ablenkspannung von ihrem maximalen Wert auf null würde der Leuchtpunkt von rechts nach links zum Ursprung zurücklaufen und das Bild stören. Um dieses zu vermeiden, wird während dieser Zeit eine negative Spannung an den Wehnelt-Zylinder gelegt (Leitung L 2). Die Elektronen können dadurch nicht den Bildschirm erreichen.

Die Triggereinheit braucht eine gewisse Zeit, um das Signal zu erkennen und den Ablenkvorgang zu starten. Um trotzdem auch steile Signalflanken darstellen zu können, liegt hinter dem y-Verstärker die Funktionsgruppe VZ, die das y-Signal um die für die Steuerung der x-Ablenkung benötigte Zeit verzögert.

Manchmal ist die zu untersuchende Größe y in Abhängigkeit von einem externen Ereignis aufzuzeichnen. Für diesen Fall kann mit dem Schalter S 7 von der internen auf die externe Triggerung umgeschaltet werden.

Nach dieser generellen Übersicht werden nun einige Funktionseinheiten näher erörtert.

Frequenzkompensierter Spannungsteiler. Am Spannungsteiler wird die zu messende Spannung $\underline{U}_1$ auf die zur Aussteuerung des hochohmigen Verstärkers benötigte Spannung $\underline{U}_2$ abgeschwächt. Der Ablenkkoeffizient und der Messbereich werden eingestellt. Das Teilerverhältnis soll dabei von Gleichspannung aus bis zu einer oberen Grenzfrequenz für alle Frequenzen dasselbe sein. Um dieses Ziel zu erreichen, sind die Streukapazitäten der Widerstände und des Umschalters zu berücksichtigen. Der Spannungsteiler ist aus Scheinwiderständen $\underline{Z}_i$ aufzubauen, die jeweils aus einem ohmschen Widerstand und einer parallel liegenden Kapazität bestehen (Bild 2.41):

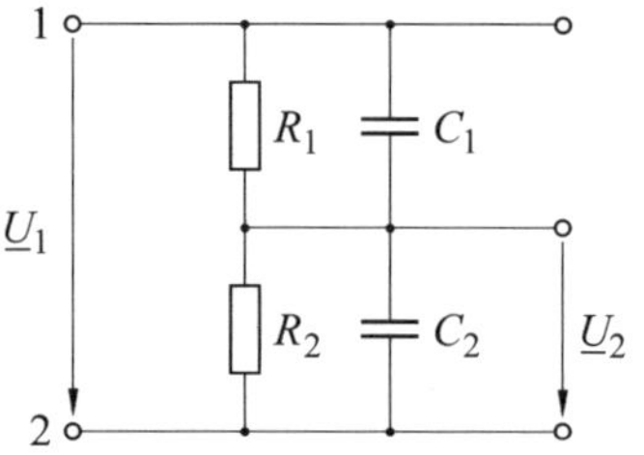

Bild 2.41: Frequenzkompensierter Spannungsteiler

$$\underline{Z}_i = \left(R_i \;||\; \frac{1}{\mathrm{j}\,\omega\, C_i}\right) = \frac{R_i}{1 + \mathrm{j}\,\omega\, R_i\, C_i}\,. \tag{2.95}$$

Für den Teiler wird das Verhältnis aus angelegter Spannung $\underline{U}_1$ und abgenommener Spannung $\underline{U}_2$

$$\frac{\underline{U}_1}{\underline{U}_2} = \frac{\underline{Z}_1 + \underline{Z}_2}{\underline{Z}_2} = 1 + \frac{Z_1}{Z_2} = 1 + \frac{R_1}{R_2}\,\frac{1 + \mathrm{j}\,\omega\,R_2\,C_2}{1 + \mathrm{j}\,\omega\,R_1\,C_1}\,. \tag{2.96}$$

Das Verhältnis der Spannungen wird von der Frequenz dann unabhängig, wenn in der obigen Gleichung der Term mit $\mathrm{j}\,\omega$ verschwindet. Dies ist der Fall für

$$R_1\,C_1 = R_2\,C_2\,. \tag{2.97}$$

Ist diese Bedingung eingehalten, dann ist innerhalb der Bandbreite des Elektronenstrahl-Oszilloskops das Teilerverhältnis frequenzunabhängig mit

$$\frac{\underline{U}_1}{\underline{U}_2} = 1 + \frac{R_1}{R_2}\,. \tag{2.98}$$

In der Praxis ist der Spannungsteiler mit mehreren Abgriffen ausgeführt. Von den Eingangsklemmen 1 und 2 aus gesehen, beträgt sein Gesamtwiderstand R_E etwa 1 MΩ und seine Kapazität C_E ist ungefähr 25 pF.

Tastteiler. In vielen Fällen wird die zu messende Spannung über längere Leitungen an den Eingang des Oszilloskops geführt. Die Kapazität C_K dieser Leitung liegt parallel zur Eingangskapazität C_E des Spannungsteilers. Die die Spannung $\underline{U}_e$ liefernde Quelle wird mit der Summe C_E^* dieser Kapazitäten belastet, $C_E^* = C_E + C_K$. Der der Quelle entnommene Strom $\underline{I}_e$ nimmt mit der Frequenz und der Kapazität zu:

$$\underline{I}_e = \underline{U}_e\,\mathrm{j}\,\omega(C_K + C_E) = \underline{U}_e\,\mathrm{j}\,\omega\,C_E^*\,. \tag{2.99}$$

Bei ausreichend großen Messspannungen kann die Rückwirkung des Messgeräts auf die zu messende Größe dadurch verringert werden, dass ein Tastteiler verwendet und nur ein Bruchteil der Messspannung an das Oszilloskop geführt wird (Bild 2.42). Der Tastteiler ist mit dem Kabel verbunden. Er enthält den festen Widerstand R_T und die veränderliche Kapazität C_T. Letztere ist so einzustellen, dass die Bedingung

$$R_T\,C_T = R_E\,C_E^* \tag{2.100}$$

erfüllt und das Teilerverhältnis damit frequenzunabhängig ist.

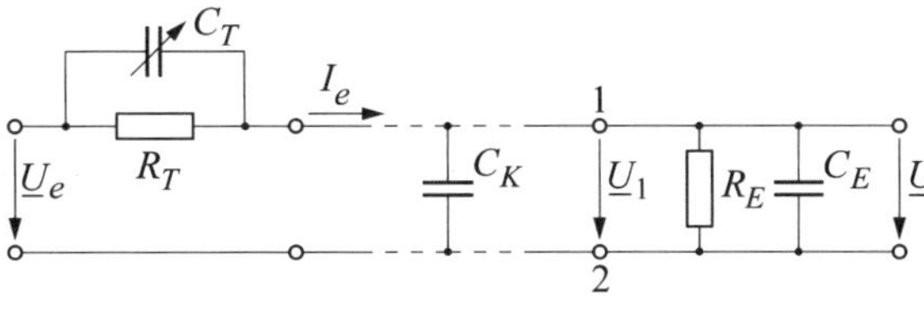

Bild 2.42: Tastteiler am Eingang eines Oszilloskops

Die richtige Einstellung lässt sich prüfen, indem rechteckförmige Impulse auf den Eingang gegeben werden. Bei einer fehlerhaften Frequenzkompensation ist das Dach der dargestellten Impulse entweder steigend oder fallend (Bild 2.43).

Die Differenzialgleichung des Spannungsteilers zeigt, dass im Falle a die Kapazität C_T im Tastkopf zu klein ist; der Teiler ist unterkompensiert. Umgekehrt ist bei dem

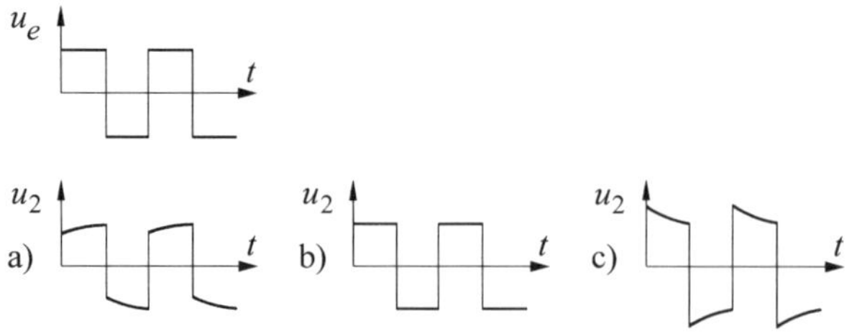

Bild 2.43: Rechteckimpulse an einem RC-Spannungsteiler
$u_e(t)$ Eingangsspannung
$u_2(t)$ Ausgangsspannung bei
a) unterkompensiertem,
b) richtig kompensiertem und
c) überkompensiertem Spannungsteiler

überkompensierten Teiler (Fall c) die Kapazität C_T zu groß. Zu den Zeitpunkten t_0 der Impulsflanken legen praktisch die Kapazitäten das Teilerverhältnis fest mit

$$u_2(t_0) = \frac{C_T}{C_T + C_E^*}\, u_e(t_0)\,. \tag{2.101}$$

Sobald zu den Zeitpunkten t_1 keine Ströme mehr durch die Kapazitäten fließen, wird die abgegriffene Spannung u_2 allein durch die ohmschen Widerstände bestimmt:

$$u_2(t_1) = \frac{R_E}{R_T + R_E}\, u_e(t_1) \tag{2.102}$$

Bei Verwendung eines Tastkopfes wird die Quelle ohmsch und kapazitiv weniger belastet. Der Lastwiderstand steigt von R_E auf $R_T + R_E$ und die Kapazität nimmt von C_E^* auf $C_T\, C_E^*/(C_T + C_E^*)$ ab.

Verstärker. In Oszilloskopen werden weitgehend die in dem nächsten Abschnitt zu besprechenden gegengekoppelten Gleichspannungsverstärker verwendet. Sie verstärken Gleich- und Wechselspannungen bis zu einer oberen Grenzfrequenz. Bei einer Bandbreite von 200 MHz beträgt der kleinste Ablenkkoeffizient etwa 1 mV/cm.

Sägezahngenerator. Der Sägezahngenerator liefert die linear mit der Zeit ansteigende Spannung, die an die horizontalen Ablenkplatten (x-Platten) des Oszilloskops gelegt wird. Ein derartiger Spannungsverlauf wird z. B. von den Integrationsverstärkern geliefert (Gl. (2.208)).

Aus Bild 2.44 ist im Detail ersichtlich, wie die an den x- und y-Platten anliegenden Spannungen die Koordinaten des Leuchtpunktes bilden. Nimmt die Spannung u_x linear mit der Zeit zu, so wird der zeitliche Verlauf von u_y auf dem Bildschirm dargestellt.

Triggereinheit. Um auf dem Bildschirm ein stehendes Bild eines periodisch verlaufenden Signals zu erhalten, muss immer derselbe Ausschnitt erfasst werden. Dazu werden die Größe und die Steigung der an den y-Platten liegenden Spannung durch die im Steuerteil enthaltene Triggereinheit überwacht. Bei einem ausgewählten, einstellbaren Wertepaar liefert die Triggereinheit einen Impuls, der den Sägezahn-Generator und damit die Zeitablenkung startet (Bild 2.45).

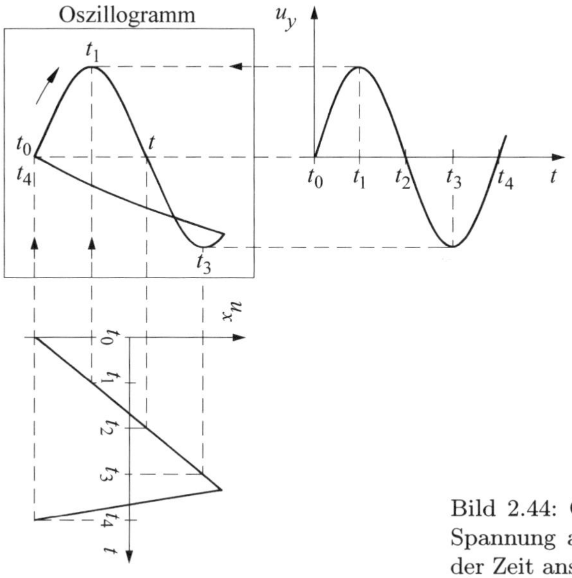

Bild 2.44: Oszillogramm bei einer sinusförmigen Spannung an den y-Platten und einer linear mit der Zeit ansteigenden Spannung an den x-Platten

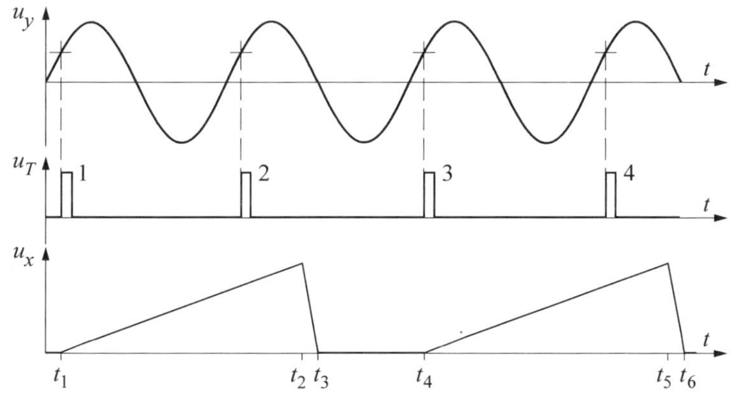

Bild 2.45: Arbeitsweise der Triggereinheit. Bei den eingestellten Werten von u_y wird zum Zeitpunkt t_1 die Zeitablenkung gestartet. Zwischen t_2 und t_3 läuft der Elektronenstrahl zum Anfangspunkt zurück. Zwischen t_2 und t_4 bleibt der Elektronenstrahl unsichtbar. Zum Zeitpunkt t_4 beginnt ein neuer Ablenkvorgang. Die Kurvenstücke t_1 bis t_2 und t_4 bis t_5 werden übereinander geschrieben.

Während des Laufs des Sägezahn-Generators bleiben neu hinzugekommene Triggerimpulse ohne Wirkung. Ist der Leuchtfleck am rechten Bildschirmrand angekommen, so wird der Strahl durch eine Spannung am Wehnelt-Zylinder dunkelgetastet und der Integrator wird zurückgesetzt. Gewartet wird, bis das darzustellende Signal wieder die gewünschte Größe und Steigung erreicht hat. Die Triggereinheit löst dann einen neuen Ablenkvorgang aus und schreibt das zweite Bild direkt über das erste. Dieses geschieht in so kurzen Abständen, dass dem Auge ein stehendes Bild vorgetäuscht wird.

Zweikanalbetrieb. Oft ist es zweckmäßig, zwei Signale y_1 und y_2 zur gleichen Zeit darzustellen. Diese Möglichkeit eröffnet mit einfachen Mitteln ein im y-Kanal sitzender elektronischer Umschalter (Bild 2.46). Dieser Schalter legt abwechselnd entweder y_1 oder y_2 über den Verstärker an die y-Platten des Oszilloskops. Üblicherweise kann zwischen den Darstellungsarten **chopped** und **alternated** gewählt werden. Im Chopper-Betrieb wird während eines Ablenkvorgangs zwischen den Signalen y_1 und y_2 umgeschaltet. Die einzelnen Leuchtpunkte liegen dicht beieinander und erwecken den Eindruck von zwei geschlossenen Kurvenzügen. Bei der alternierenden Betriebsweise werden die Signale im Takt der Zeitablenkung nacheinander dargestellt. Auch hier wird so schnell umgeschaltet, dass das menschliche Auge den Signalwechsel nicht wahrnimmt.

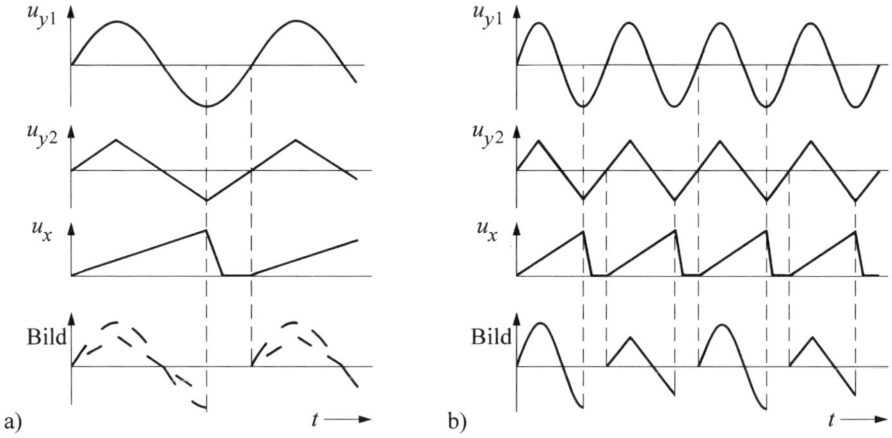

Bild 2.46: Zweikanal-Betrieb mit den Betriebsarten a) „chopped“ und b) „alternated“

Schwierigkeiten entstehen unter Umständen im Chopper-Betrieb bei der Triggerung, durch die die zeitliche Zuordnung der Signale verfälscht werden kann. Der Alternated-Betrieb ist nur für ausreichend hohe Signalfrequenzen sinnvoll, da sonst ein flimmerndes Bild entsteht.

2.2.3 Spezial-Oszilloskope

Zweistrahl-Oszilloskop. Die Schwierigkeiten des Zweikanal-Systems vermeidet das Zweistrahl-Oszilloskop. Dieses enthält eine Röhre mit zwei kompletten Elektrodensystemen. Die Zeitablenkung ist für beide Systeme gemeinsam. Der zeitliche Verlauf von zwei Signalen y_1 und y_2 lässt sich gut darstellen.

Abtast-Oszilloskop. Mit den bis jetzt besprochenen Elektronenstrahl-Oszilloskopen können periodische Signale mit Frequenzen bis zu 500 MHz angezeigt werden. Sollen

Signale höherer Frequenzen sichtbar gemacht werden, so muss von der Darstellung in Echtzeit auf eine Abtastung und auf eine damit verbundene Änderung der Zeitachse übergegangen werden. Die entsprechenden Sampling- oder Abtast-Oszilloskope tasten das **periodische** Messsignal punktweise ab (Bild 2.47).

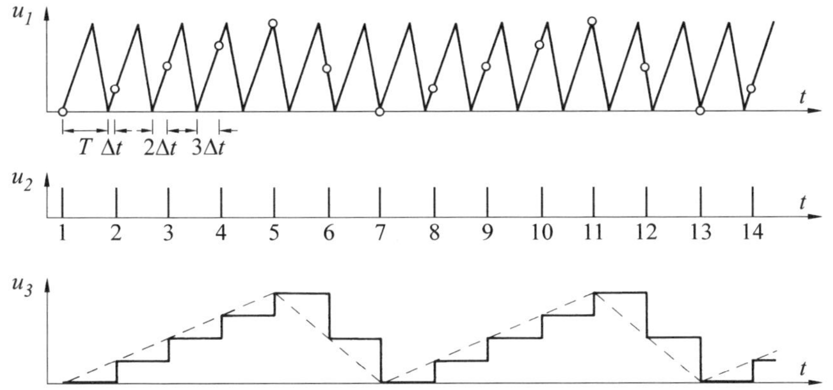

Bild 2.47: Arbeitsweise eines Abtast-Oszilloskops
u_1 zu messende Spannung, u_2 Abtastimpuls, u_3 Messsignal im gedehnten Zeitmaßstab

Der Momentanwert wird gespeichert, bis der nächste Abtastimpuls einen neuen Signalwert festhält. Das Zeitintervall zwischen den Sampling-Impulsen ist etwas größer als ein ganzzahliges Vielfaches der Periodendauer des Messsignals, so dass das Messsignal punktweise bei einer jeweils etwas anderen Phasenlage erfasst wird. Die abgetasteten Werte bilden in Form einer Treppenkurve den Verlauf des ursprünglichen Signals nach, das dann auf einem üblichen Oszillographenschirm dargestellt wird. Wird z. B. das ursprüngliche Signal in jeder zehnten Periode abgetastet und werden hundert Abtastwerte pro Periode genommen, so ist der Zeitmaßstab um den Faktor 1000 gedehnt. Frequenzen bis zu 20 GHz können sichtbar gemacht werden.

Während sonst bei Abtastsystemen die Frequenz der Abtastimpulse höher ist als die des Messsignals, ist dies beim Sampling-Oszilloskop nicht der Fall.

Speicher-Oszilloskop. Sind keine periodischen Signale, sondern einmalig auftretende Vorgänge zu beobachten, so führt der anzuzeigende Spannungsimpuls nur zu einem kurzen Aufleuchten des Bildschirms. Soll das Bild jedoch für eine gewisse Zeit festgehalten werden, so wäre in der analogen Technik eine Ladungsspeicherröhre erforderlich. Einfacher ist die Funktion der Speicherung jedoch mit einem digitalen Oszilloskop zu erreichen (Abschnitt 6.5.2).

2.2.4 Betriebsarten des Elektronenstrahl-Oszilloskops

Obwohl bei den vorausgegangenen Erklärungen der Funktionseinheiten schon auf die Anwendung eingegangen ist, sollen hier die wichtigsten Betriebsarten noch einmal im

Zusammenhang erwähnt werden.

x/t-Betrieb. Das Messsignal wird in Abhängigkeit von der Zeit dargestellt. Seine Kurvenform, Phase, Amplitude und Frequenz werden zusammen mit eventuell überlagerten Störspannungen angezeigt. Für Phasenmessungen besonders geeignet ist das Zweistrahl-Oszilloskop.

DC/AC-Umschaltung. In der Betriebsart AC wird über einen Kondensator der Gleichanteil der anliegenden Spannung abgeblockt und nur der Wechselanteil wird angezeigt. In der Stellung DC des Schalters hingegen wird die gesamte Spannung dargestellt. Die Differenz der beiden Anzeigen liefert den Gleichanteil des Signals (Bild 2.48).

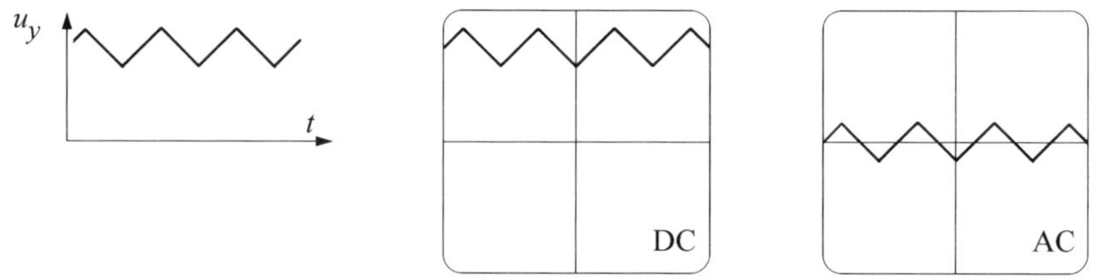

Bild 2.48: Darstellung eines Signals mit einem Gleichanteil in den Betriebsarten DC und AC

x/y-Betrieb. Der x-Kanal wird nicht zur Zeitablenkung benutzt, sondern mit einem interessierenden Signal beschaltet. Das Schirmbild zeigt den Zusammenhang der an den x- und y-Eingängen liegenden Größen. So können etwa Kennlinien geschrieben werden. Die einer Diode z. B. lässt sich mit einer dem Bild 2.37 ähnlichen Schaltung aufnehmen; die Magnetisierungskennlinie eines Eisenkerns wird in der Schaltung nach Bild 2.49 ermittelt.

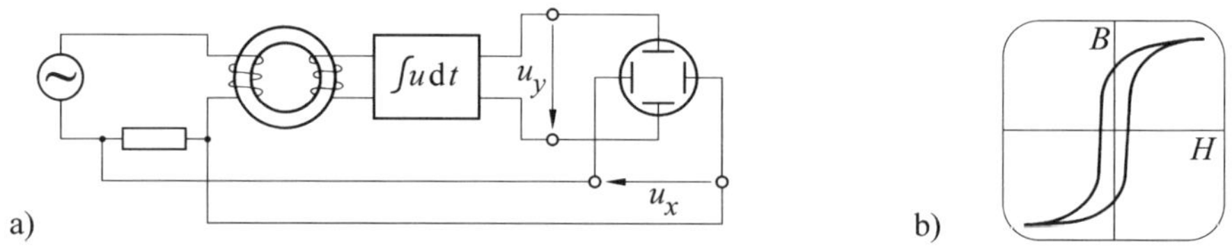

Bild 2.49: x/y-Betrieb eines Oszilloskops; Aufnahme der Magnetisierungskennlinie eines Eisenkerns; a) Schaltung b) Kennlinie

Die x- und y-Platten sind räumlich um 90° gedreht. Werden an die Platten zwei periodische Spannungen gleicher Amplitude und gleicher Frequenz, aber mit einer Phasendifferenz von 90° gelegt, so entsteht auf dem Schirm das Bild eines in einem Kreis umlaufenden Leuchtpunktes (Bild 2.50). Auf diese Weise kann z. B. das magnetische Drehfeld eines Induktionsmesswerks sichtbar gemacht werden.

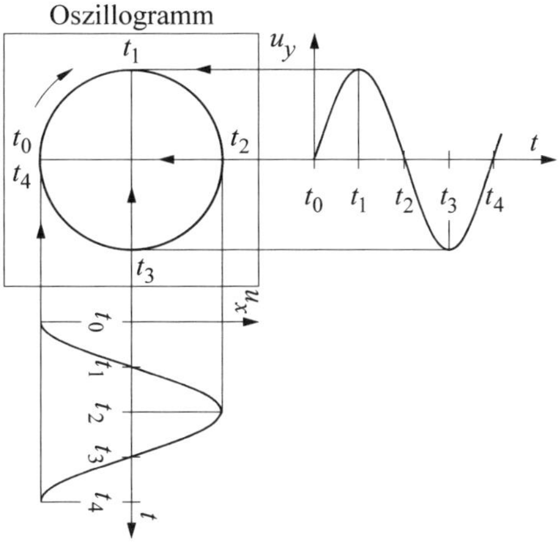

Bild 2.50: Liegen an den Eingängen eines Oszilloskops sinusförmige, um 90° phasenverschobene Spannungen, so entsteht auf dem Leuchtschirm das Bild eines in einem Kreis umlaufenden Punktes

2.3 Messverstärker

2.3.1 Einführung

Aufgabe

In vielen Fällen sind die zu messenden Spannungen und Ströme sehr niedrig. Die Messgrößen sind dann durch Verstärker in Signale höherer Leistung umzuformen. Diese können störungsfreier übertragen und auch in Messgeräten mit größerem Eigenverbrauch verarbeitet werden. Im Einzelnen sollen die Messverstärker die folgenden Forderungen erfüllen:

- geringe Rückwirkung auf die Messgröße: Um das Messobjekt nicht zu belasten, soll bei der Spannungsmessung der Eingangswiderstand des Verstärkers hoch, bei der Strommessung niedrig sein.
- hohes Auflösungsvermögen: Strom- oder Spannungssignale, die nahe der theoretischen Nachweisgrenze liegen, sollen noch erkennbar sein.
- definiertes Übertragungsverhalten: Das Ausgangssignal soll eindeutig vom Eingangssignal abhängen.
- gutes dynamisches Verhalten: Das Ausgangssignal des Verstärkers soll möglichst schnell dem Eingangssignal folgen.
- eingeprägtes Ausgangssignal: Das Ausgangssignal des Verstärkers soll durch die angeschlossenen Messgeräte nicht verändert werden.

Ersatzschaltbild

Wir betrachten den Verstärker als einen von der Messgröße gesteuerten Generator. Im idealen Fall erfolgt die Steuerung leistungslos. Bei einer Spannungsmessung ist der Eingangswiderstand des Verstärkers unendlich groß ($R_e \to \infty$) und bei einer Strommessung ist der Eingangswiderstand null ($R_e = 0$). Der Verstärker benötigt immer eine Hilfsenergie. Aus ihr stammt dann die am Verstärkerausgang abgegebene Leistung. Der Terminus „Verstärkung“ bezieht sich insbesondere auf das Verhältnis von Ausgangs- zu Eingangsleistung.

Eingangsseitig werden Spannungs- und Stromverstärker unterschieden. Sowohl ein Spannungssignal u_e wie auch ein Stromsignal i_e kann den entweder eine Ausgangsspannung u_a oder einen Ausgangsstrom i_a liefernden Generator steuern, so dass die folgenden vier Verstärkertypen entstehen (Bild 2.51):

- der u/u-Verstärker mit der Empfindlichkeit E bzw. dem Übertragungsfaktor k_u

$$E = k_u = \frac{u_a}{u_e} \text{ in } \frac{\mathrm{V}}{\mathrm{V}} \tag{2.103}$$

- der u/i-Verstärker mit

$$k_G = \frac{i_a}{u_e} \text{ in } \frac{\mathrm{A}}{\mathrm{V}} \tag{2.104}$$

- der i/u-Verstärker mit

$$k_R = \frac{u_a}{i_e} \text{ in } \frac{\mathrm{V}}{\mathrm{A}} \tag{2.105}$$

- der i/i-Verstärker mit

$$k_i = \frac{i_a}{i_e} \text{ in } \frac{\mathrm{A}}{\mathrm{A}} \tag{2.106}$$

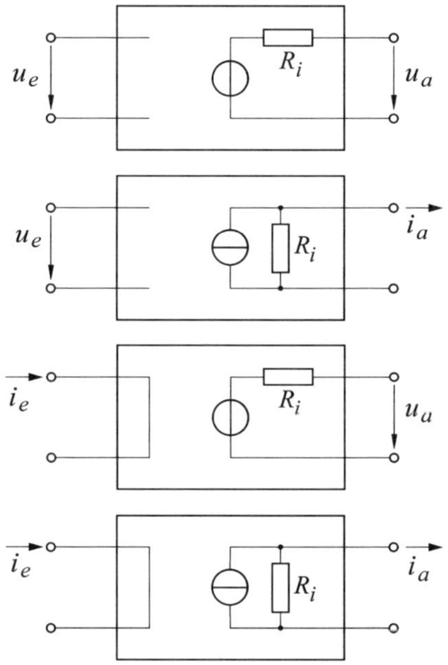

Bild 2.51: Die vier Verstärkertypen

Spannungsgenerator

Der im Verstärker enthaltene Spannungsgenerator liefert die Leerlaufspannung u_{aL} und hat den Innenwiderstand R_i (Bild 2.52). An seinen Klemmen 1 und 2 steht die Spannung u_a

$$u_a = \frac{R_b}{R_i + R_b} u_{aL} \tag{2.107}$$

an. Diese Spannung ist so lange gleich der Leerlaufspannung, solange der Lastwiderstand R_b groß gegenüber dem Innenwiderstand R_i der Quelle ist:

$$\frac{u_a}{u_{aL}} = \frac{1}{1 + \dfrac{R_i}{R_b}} .$$

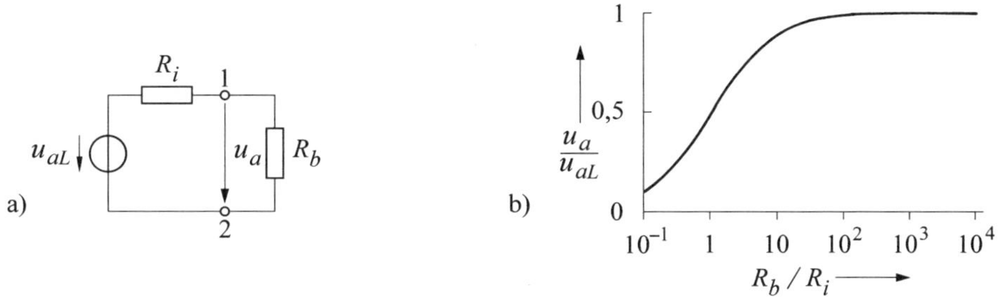

Bild 2.52: Belasteter Spannungsgenerator mit der Leerlaufspannung u_{aL} und dem Innenwiderstand R_i a) Ersatzschaltbild b) Ausgangsspannung in Abhängigkeit von R_b/R_i

Ein niedriger Innenwiderstand ist wünschenswert, damit die gelieferte Spannung möglichst unabhängig vom Lastwiderstand, d. h. eingeprägt ist. Er lässt sich, wie Gl. (2.107) zeigt, aus der Leerlaufspannung u_{aL} ($R_b \to \infty$) und der bei dem Lastwiderstand R_b gemessenen Spannung u_a bestimmen:

$$R_i = \left(\frac{u_{aL}}{u_a} - 1 \right) R_b . \tag{2.108}$$

Stromgenerator

Ein Stromgenerator wird im Ersatzschaltbild durch die den Kurzschlussstrom i_{aK} liefernde Quelle mit dem parallel liegenden Innenwiderstand R_i dargestellt (Bild 2.53).

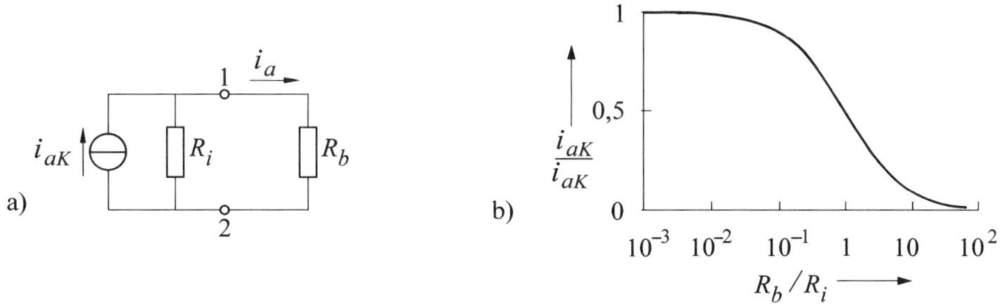

Bild 2.53: Belasteter Stromgenerator mit dem Kurzschlussstrom i_{aK} und dem Innenwiderstand R_i a) Ersatzschaltbild b) Ausgangsstrom in Abhängigkeit von R_b/R_i

Über einen Lastwiderstand R_b fließt der Strom i_a und an den Klemmen 1 und 2 fällt die Spannung $i_a\, R_b$ ab:

$$R_b\, i_a = R_i\, (i_{aK} - i_a) . \tag{2.109}$$

Der im Kreis fließende Strom ist so lange gleich dem Kurzschlussstrom, solange der Lastwiderstand R_b klein ist gegenüber dem Innenwiderstand R_i der Quelle:

$$\frac{i_a}{i_{aK}} = \frac{1}{1 + \dfrac{R_b}{R_i}} . \tag{2.110}$$

Für Stromgeneratoren ist ein hoher Innenwiderstand wünschenswert. Er lässt sich aus dem Kurzschlussstrom $i_{aK}(R_b = 0)$ und dem bei dem Lastwiderstand R_b gemessenen Strom i_a bestimmen zu

$$R_i = \frac{R_b}{\dfrac{i_{aK}}{i_a} - 1} . \tag{2.111}$$

Operationsverstärker

Die Messverstärker sind aus einem oder mehreren Operationsverstärkern aufgebaut. Diese stehen als integrierte Schaltkreise zur Verfügung. Sie sind mehrstufige Gleichspannungsverstärker großer Empfindlichkeit und großer Bandbreite. Sie haben zwei Eingänge und verstärken Spannungsdifferenzen. Ihre messtechnischen Eigenschaften lassen sich durch eine äußere Beschaltung mit Widerständen, Kondensatoren und Dioden z. B. festlegen. Operationsverstärker sind vielseitig anwendbar [2.6], [2.7].

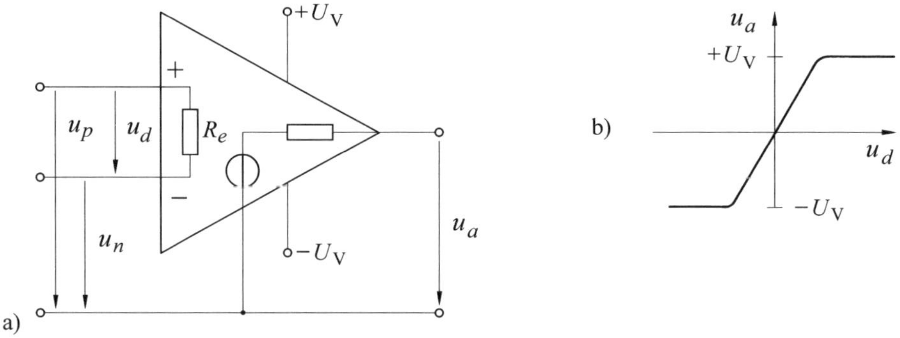

Bild 2.54: Operationsverstärker a) Schaltbild b) Kennlinie

Die Ausgangsspannung u_a eines Operationsverstärkers (Bild 2.54) ist proportional der Differenz u_d aus der am p-Eingang liegenden Spannung u_p und der am n-Eingang anstehenden Spannung u_n. Die Spannungen sind, mit Ausnahme von u_d, auf das gemeinsame Massepotenzial bezogen. Die Empfindlichkeit k' des Verstärkers ist

$$k' = \frac{u_a}{u_d} = \frac{u_a}{u_p - u_n} ; \qquad u_a = k' \left(u_p - u_n \right) . \tag{2.112}$$

Der Verstärkungsfaktor k' hat in der Regel Werte zwischen 10^4 und 10^6. Im Aussteuerbereich wächst die Ausgangsspannung linear mit der Eingangsspannung, kann aber selbstverständlich nicht größer werden als die Versorgungsspannung U_v des Verstärkers.

Wird in der obigen Schaltung der positive Eingang auf Masse gelegt ($u_p = 0$), so haben Eingangs- und Ausgangsspannung unterschiedliche Vorzeichen. Gl. (2.112) geht für $u_p = 0$ über in

$$u_a = -k' \, u_n \, . \tag{2.113}$$

Der Verstärker wird in dieser Betriebsart als **invertierend** bezeichnet und von dem nicht invertierenden mit $u_p \neq 0$ unterschieden.

Wird an beide Eingänge dieselbe Spannung $u_{\mathrm{Gl}} = u_p = u_n$ gelegt, so ist $u_p - u_n = 0$. Dementsprechend sollte bei dieser Gleichtaktaussteuerung auch keine Ausgangsspannung auftreten. Dies ist jedoch bei realen Verstärkern nicht der Fall.

Die Ausgangsspannung ändert sich auch bei einer gleichsinnigen Änderung der an den Eingängen liegenden Spannung u_{Gl} und eine Gleichtaktverstärkung k'_{Gl} lässt sich definieren mit

$$k'_{\mathrm{Gl}} = \frac{\Delta \, u_a}{\Delta \, u_{\mathrm{Gl}}} \, . \tag{2.114}$$

Die Ausgangsspannung u_a des Operationsverstärkers hängt somit von der Differenzspannung u_d und der Gleichtaktspannung u_{Gl} ab, wobei als Gleichtaktspannung die niedrigere der beiden Eingangsspannungen genommen wird:

$$u_a = k'_{(u_{\mathrm{Gl}}=\mathrm{konst.})} \cdot u_d + k'_{\mathrm{Gl}(\mathrm{u_d}=\mathrm{konst.})} \cdot u_{\mathrm{Gl}} \, . \tag{2.115}$$

Die Gleichtaktverstärkung ist sehr viel niedriger als k'. Das Verhältnis

$$\frac{k'}{k'_{\mathrm{Gl}}} \approx 10^4 \tag{2.116}$$

wird als Gleichtaktunterdrückung bezeichnet. Beim invertierenden Verstärker liegt der p-Eingang auf Masse und eine Gleichtaktaussteuerung tritt dementsprechend nicht auf.

Besondere Probleme entstehen beim realen Operationsverstärker noch durch eventuelle Nullpunktänderungen. Auf diese Schwierigkeiten wird im Abschnitt 2.3.6 eingegangen.

Gegenkopplung

Die Operationsverstärker werden gegengekoppelt, damit sie Messeigenschaften bekommen (Kreisstruktur Abschnitt 1.7.3).

Der Verstärker ohne eine äußere Beschaltung, der **offene** Verstärker, ist von dem **gegengekoppelten** zu unterscheiden, bei dem das Ausgangssignal an den Eingang zurückgeführt ist.

Im Signalflussplan Bild 2.55 stellt der Block mit der Empfindlichkeit k', dem Eingangssignal x'_e und dem Ausgangssignal x_a den offenen Verstärker dar:

$$x_a = k' \, x'_e \, . \tag{2.117}$$

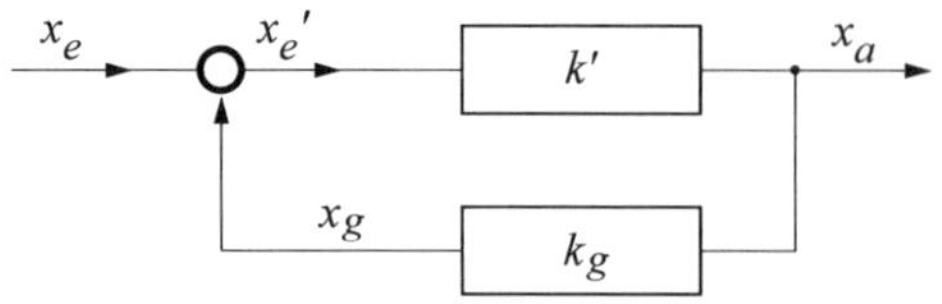

Bild 2.55: Prinzip der Gegenkopplung

Von dem Ausgangssignal wird der Teil x_g

$$x_g = k_g \, x_a \tag{2.118}$$

an den Eingang zurückgeführt und vom Eingangssignal x_e abgezogen:

$$x_e' = x_e - x_g \, . \tag{2.119}$$

Die Empfindlichkeit k des gegengekoppelten Verstärkers mit dem Eingangssignal x_e und dem Ausgangssignal x_a

$$k = \frac{x_a}{x_e} \tag{2.120}$$

lässt sich mit den vorausgegangenen Gleichungen überführen in

$$k = \frac{x_a}{x_e' + x_g} = \frac{k' \, x_e'}{x_e' + k_g \, k' \, x_e'} = \frac{k'}{1 + k_g \, k'} \, . \tag{2.121}$$

Die Gegenkopplung vermindert also die Empfindlichkeit. Infolge des Nenners von Gl. (2.121) ist k immer kleiner als k'.

Dieser Verlust an Empfindlichkeit wird aber mehr als aufgehoben dadurch, dass die Gegenkopplung die folgenden Eigenschaften des Verstärkers verbessert:

- Ist k' groß genug, so wird die Empfindlichkeit k des gegengekoppelten Verstärkers unabhängig von k':

$$\lim_{k' \to \infty} k = \lim_{k' \to \infty} \frac{1}{k_g + \dfrac{1}{k'}} = \frac{1}{k_g} \, . \tag{2.122}$$

  Die Empfindlichkeit wird nur durch den Übertragungsbeiwert k_g im Rückwärtszweig bestimmt. Dieser lässt sich durch wenige stabile passive Bauelemente realisieren, während in die Empfindlichkeit k' des offenen Verstärkers die Parameteränderungen der aktiven Bauelemente des Verstärkers eingehen.
- Der Eingangswiderstand des Spannungsverstärkers wird – wie noch gezeigt – vergrößert, der des Stromverstärkers verringert.
- Der Innenwiderstand des Spannungsgenerators wird verkleinert, der des Stromgenerators erhöht.

– Die Bandbreite wird durch die Gegenkopplung vergrößert. Das Produkt aus Empfindlichkeit und Grenzfrequenz ist konstant (Bild 2.56):

$$k' \, f'_g = k \, f_g \, . \tag{2.123}$$

In dem Maße, in dem die Gegenkopplung die Empfindlichkeit vermindert, erhöht sie die obere Grenzfrequenz und die Bandbreite. Außerdem nimmt auch durch die Erhöhung der Grenzfrequenz die Phasenverschiebung zwischen Ausgangs- und Eingangssignal ab.

Keine Verbesserung bringt jedoch die Gegenkopplung für die später noch zu behandelnden Nullpunktfehler.

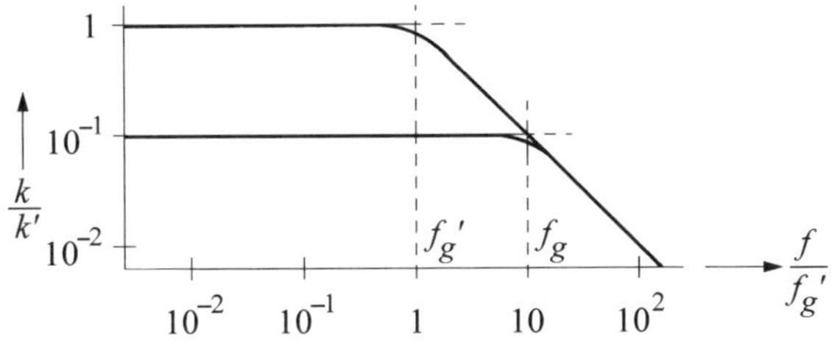

Bild 2.56: Die Grenzfrequenz des gegengekoppelten Verstärkers f_g ist höher als die des offenen Verstärkers f'_g

2.3.2 Nicht invertierender Spannungsverstärker

Nach den einleitenden Ausführungen der vorausgegangenen Abschnitte sollen nun die Eigenschaften der direkt gekoppelten Gleichspannungsverstärker quantitativ beschrieben werden. Die mit einem Strich als oberen Index versehenen Größen beziehen sich dabei auf den offenen Verstärker, die Größen ohne Strich auf den gegengekoppelten Verstärker.

Gegengekoppelter u/u-Verstärker

In der Schaltung nach Bild 2.57 entsteht der gegengekoppelte Verstärker mit den Klemmenpaaren 1, 2 und 3, 4 aus dem offenen Verstärker mit den Anschlüssen 1', 2' und 3', 4'. Der offene Verstärker mit der Empfindlichkeit k' verstärkt die Eingangsspannung u'_e auf $k' \, u'_e$. Wird der Ausgang belastet, so fällt ein Teil der Spannung am Innenwiderstand R'_i der Spannungsquelle ab und an den Ausgangsklemmen steht die Spannung u_a zur Verfügung. Der Bruchteil u_g

$$u_g = \frac{R_2}{R_1 + R_2} \, u_a \tag{2.124}$$

wird zur Gegenkopplung an den Eingang zurückgeführt und von der zu messenden Spannung u_e abgezogen. Damit der Spannungsteiler R_1, R_2 die Quelle nur vernachlässigbar belastet, soll er hochohmig gegenüber R'_i und auch gegenüber R_b sein:

$$R_1 + R_2 \gg R'_i \, , \qquad R_1 + R_2 \gg R_b \, . \tag{2.125}$$

a)

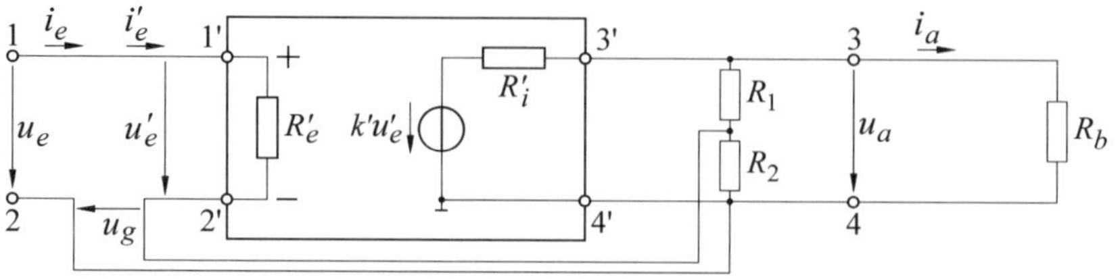

b)

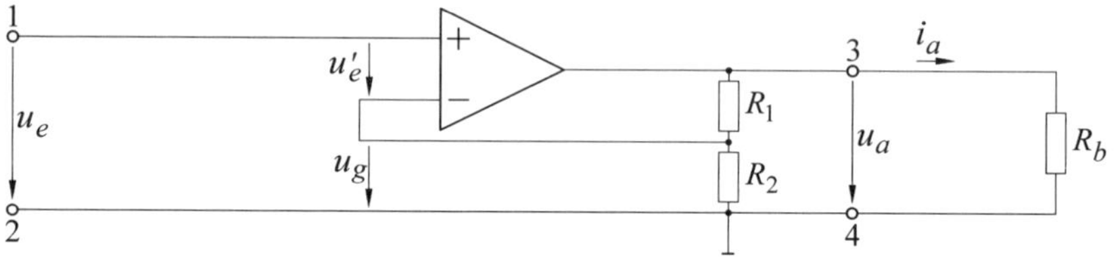

Bild 2.57: Gegengekoppelter u/u-Verstärker mit
a) vierpolig und b)dreipolig gezeichnetem Grundverstärker

Im Eingangskreis fließt der Strom $i_e = i'_e$ über die in Reihe liegenden Widerstände R'_e und R_2. Der Spannungsabfall an R_2 soll gegenüber dem an R'_e zu vernachlässigen sein. Dementsprechend wird R_2 so ausgelegt, dass gilt

$$R_2 \ll R'_e . \tag{2.126}$$

Empfindlichkeit. Zunächst soll die Empfindlichkeit k_u des gegengekoppelten Verstärkers, die **Betriebsempfindlichkeit**, berechnet werden:

$$k_u = \frac{u_a}{u_e} . \tag{2.127}$$

Gesucht ist also der Zusammenhang zwischen der Eingangsspannung u_e und der Ausgangsspannung u_a. Um ihn zu finden, werden Maschengleichungen für die Spannungen im Eingangskreis und im Ausgangskreis gebildet:

$$u_e - \frac{R_2}{R_1 + R_2} u_a - u'_e = 0 , \tag{2.128}$$

$$k' u'_e - u_a - \frac{R'_i}{R_b} u_a = 0 \tag{2.129}$$

und in Gl. (2.128) wird nach u'_e geordnet

$$u'_e = u_e - \frac{R_2}{R_1 + R_2} u_a \tag{2.130}$$

und in Gl. (2.129) eingesetzt. Die so entstandene Beziehung enthält nur die Variablen u_e und u_a:

$$k' u_e - k' \frac{R_2}{R_1 + R_2} u_a - u_a - \frac{R'_i}{R_b} u_a = 0\,;$$

$$u_e - \left(\frac{R_2}{R_1 + R_2} + \frac{1}{k'} + \frac{R'_i}{k' R_b} \right) u_a = 0 \tag{2.131}$$

und die Betriebsempfindlichkeit k_u ist

$$k_u = \frac{u_a}{u_e} = \frac{1}{\dfrac{R_2}{R_1 + R_2} + \dfrac{1}{k'} + \dfrac{R'_i}{k' R_b}}\,. \tag{2.132}$$

Bei einem „idealen“ Verstärker mit $k' \to \infty$ geht der letzte Ausdruck über in

$$\lim_{k' \to \infty} k_u = 1 + \frac{R_1}{R_2}\,; \qquad u_a = \left(1 + \frac{R_1}{R_2}\right) u_e\,. \tag{2.133}$$

Die Betriebsverstärkung k_u hängt nur von den Widerständen R_1 und R_2 ab. Die Verstärkung k' des offenen Verstärkers, die **Grundverstärkung**, bleibt so lange ohne Einfluss, solange sie nur groß genug ist.

Die Stärke der Gegenkopplung wird durch das Verhältnis aus Grundverstärkung und Betriebsverstärkung, durch den so genannten **Gegenkopplungsgrad** g, charakterisiert:

$$g = \frac{k'}{k_u}\,. \tag{2.134}$$

Für eine erste Dimensionierung der Gegenkopplung ist es ausreichend, den offenen Verstärker als ideal ($k' \to \infty$) anzusehen. In diesem Fall benötigt er keine Eingangsspannung, $u'_e = 0$, um eine endliche Ausgangsspannung u_a zu liefern. Die Maschengleichung Gl. (2.128) für den Eingangskreis reduziert sich auf

$$u_e = \frac{R_2}{R_1 + R_2} u_a\,, \tag{2.135}$$

woraus direkt das Ergebnis Gl. (2.133) folgt.

Eingangswiderstand. Der Widerstand R_e zwischen den Eingangsklemmen 1 und 2 des Verstärkers (Eingangswiderstand) ist

$$R_e = \frac{u_e}{i_e} = \frac{u_e}{i'_e}\,. \tag{2.136}$$

Um ihn mit dem des offenen Verstärkers R'_e

$$R'_e = \frac{u'_e}{i'_e} \tag{2.137}$$

in Verbindung zu setzen, werden die beiden letzten Gleichungen zusammengefasst:

$$R_e = \frac{u_e}{u'_e}\, R'_e\,. \tag{2.138}$$

In dieser Gleichung werden jetzt nach Gl. (2.127) und Gl. (2.129) die Eingangsspannungen durch die Ausgangsspannung und die Verstärkungsfaktoren ausgedrückt:

$$R_e = \frac{\dfrac{u_a}{k_u}}{\dfrac{u_a}{k'}\left(1 + \dfrac{R'_i}{R_b}\right)}\, R'_e = \frac{k'}{k_u}\, \frac{1}{1 + \dfrac{R'_i}{R_b}}\, R'_e \approx \frac{k'}{k_u}\, R'_e\,. \tag{2.139}$$

Der Eingangswiderstand des gegengekoppelten Verstärkers ist also um den Faktor k'/k_u größer als der des offenen. Bei einem idealen Verstärker wird der Eingangswiderstand unendlich

$$\lim_{k' \to \infty} R_e \to \infty \tag{2.140}$$

und die Quelle wird nicht belastet, $i'_e = i_e = 0$. Da früher nur mit Elektrometerröhren derartig hohe Eingangswiderstände erreicht werden konnten, wird der gegengekoppelte nicht invertierende Verstärker auch als **Elektrometerverstärker** bezeichnet.

Ausgangswiderstand. Der Innenwiderstand des Spannungsgenerators ist der Ausgangswiderstand des Verstärkers. Der des offenen Verstärkers ist R'_i. Der Ausgangswiderstand R_i des gegengekoppelten Verstärkers bezüglich der Klemmen 3 und 4 lässt sich nach Gl. (2.84) aus zwei Spannungsmessungen bestimmen:

$$R_i = \left(\frac{u_{aL}}{u_a} - 1\right) R_b\,. \tag{2.141}$$

Um den Zusammenhang zwischen R_i und R'_i zu finden, werden in der letzten Gleichung nach Gl. (2.132) die Ausgangsspannungen durch die Eingangsspannung und Verstärkungsfaktoren ersetzt. Die Leerlaufspannung u_{aL} ergibt sich aus Gl. (2.132), indem ein unendlich großer Lastwiderstand, $R_b \to \infty$, angenommen und der Term $R'_i \,/\, k'\, R_b$ vernachlässigt wird:

$$R_i = \left(\frac{u_e}{\dfrac{R_2}{R_1 + R_2} + \dfrac{1}{k'}}\; \frac{\dfrac{R_2}{R_1 + R_2} + \dfrac{1}{k'} + \dfrac{R'_i}{k'\, R_b}}{u_e} - 1 \right) R_b\,;$$

$$R_i = \frac{R'_i}{1 + k' \dfrac{R_2}{R_1 + R_2}} = \frac{R'_i}{1 + \dfrac{k'}{k_u}}\,. \tag{2.142}$$

Der wirksame Innenwiderstand R_i der Quelle wird durch die Gegenkopplung um den Faktor $k' \,/\, k_u$ verkleinert und verschwindet für den idealen Verstärker mit $k' \to \infty$:

$$\lim_{k'\to\infty} R_i = 0\,. \tag{2.143}$$

• **Beispiel 2.3.** Um die Spannung $u_e = 10$ mV auf $u_a = 10$ V zu verstärken, ist die Betriebsempfindlichkeit

$$k_u = \frac{u_a}{u_e} = \frac{10\ \text{V}}{0{,}01\ \text{V}} = 1000$$

erforderlich. Bei einem idealen Operationsverstärker ist dafür nach Gl. (2.133) das Teilerverhältnis $R_1/R_2 = 999$ notwendig, das z. B. mit $R_1 = 999\,\text{k}\Omega$ und $R_2 = 1\,\text{k}\Omega$ erreicht werden kann. (Später wird mit Gl. (2.216) noch begründet, dass der Widerstand R_2 ungefähr so groß wie der Innenwiderstand der Spannungsquelle sein soll.)

Mit diesem Spannungsteiler wird nun ein realer Operationsverstärker

$$k' = 10^5\,; \qquad R'_e = 10^{10}\,\Omega\,; \qquad R'_i = 100\,\Omega$$

mit $R_b = 1\,\text{k}\Omega$ beschaltet. Aus Gl. (2.132) ergibt sich die Betriebsempfindlichkeit zu $k_u = 989$. Der Gegenkopplungsgrad g ist 101. Der Eingangswiderstand R_e erhöht sich nach Gl. (2.139) auf $0{,}92 \cdot 10^{12}\,\Omega$ und der Ausgangswiderstand R_i nimmt mit Gl. (2.142) auf 0,99 Ω ab (Zeile mit Typ u/u von Tabelle 2.1). Um auch mit dem realen Verstärker den Verstärkungsfaktor von 1000 zu erreichen, ist das Verhältnis $R_1 : R_2$ auf 1010,1 zu erhöhen. •

Tabelle 2.1: Auslegen eines Operationsverstärkers durch Gegenkopplung. Ein Spannungsverstärker (Operationsverstärker) mit den Daten $R'_e = 10^{10}\,\Omega$, $R'_i = 10^2\,\Omega$, $k' = 10^5$ wird durch die Gegenkopplung zu einem u/u-, u/i-, i/u- oder i/i-Verstärker mit den in der Tabelle angegebenen Eigenschaften. Der Spannungsausgang ist mit $R_b = 1\,\text{k}\Omega$, der Stromausgang mit $R_b = 200\,\Omega$ belastet.

Typ	x_e	x_a	$\lim_{k'\to\infty}$	$k\ (k' = 10^5)$	R_e in Ω	R_i in Ω
u/u	10 mV	10 V	k_u=10^3	k_u=989	$0{,}9 \cdot 10^{12}$	0,99
u/i	10 mV	20,mA	k_G=2 A/V	k_G=1,988 A/V	$1{,}6 \cdot 10^{12}$	$5 \cdot 10^4$
i/u	10 µA	–10 V	k_R=–1 V/µA	k_R=–0,999 V/µA	1	$1 \cdot 10^{-3}$
i/i	10 µA	–20 mA	k_i=–2000	k_i=–1999	6	$1 \cdot 10^6$

Gegengekoppelter u/i-Verstärker

Die Eingangsgröße des u/i-Verstärkers von Bild 2.58 ist eine Spannung, die Ausgangsgröße der eingeprägte Strom i_a. Dieser fließt über den Gegenkopplungswiderstand R_g. Die am R_g abfallende Spannung u_g

$$u_g = R_g\, i_a \tag{2.144}$$

wird an den Eingang zurückgeführt und von der zu messenden Spannung u_e abgezogen. Der Gegenkopplungswiderstand R_g ist dabei klein gegenüber dem Eingangswiderstand R'_e zu halten:

$$R_g \ll R'_e \,. \tag{2.145}$$

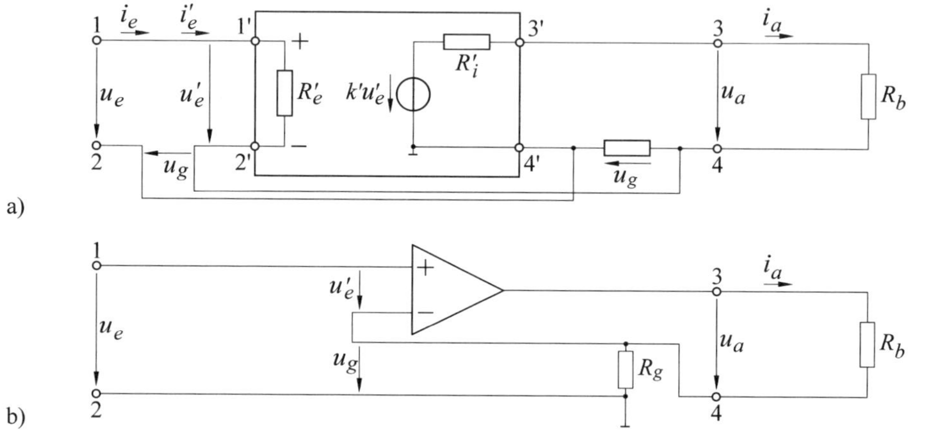

Bild 2.58: Gegengekoppelter u/i-Verstärker mit
a) vierpolig und b) dreipolig gezeichnetem Grundverstärker

Empfindlichkeit. Die Empfindlichkeit k_G des gegengekoppelten Verstärkers

$$k_G = \frac{i_a}{u_e} \tag{2.146}$$

hat die Einheit eines Leitwertes. Um den Zusammenhang zwischen der Eingangsspannung u_e und dem Ausgangsstrom i_a zu finden, werden die Maschengleichungen für den Ein- und Ausgangskreis aufgestellt:

$$u_e - R_g\, i_a - u'_e = 0\,; \tag{2.147}$$

$$k'\, u'_e - (R_g + R_b + R'_i)\, i_a = 0\,. \tag{2.148}$$

In die letzte Gleichung wird die Eingangsspannung u'_e des offenen Verstärkers

$$u'_e = u_e - R_g\, i_a$$

eingegesetzt:

$$k'\, u_e - k'\, R_g\, i_a - (R_g + R_b + R'_i)\, i_a = 0\,. \tag{2.149}$$

Daraus ergibt sich die gesuchte Empfindlichkeit k_G zu

$$k_G = \frac{i_a}{u_e} = \frac{1}{R_g + \dfrac{1}{k'}\left(R_g + R_b + R'_i\right)}\,. \tag{2.150}$$

Bei dem idealen Verstärker mit $k' \to \infty$ hängt die Empfindlichkeit nur von dem Gegenkopplungswiderstand R_g ab:

$$\lim_{k' \to \infty} k_G = \frac{1}{R_g}\,; \qquad i_a = \frac{u_e}{R_g}\,. \tag{2.151}$$

Dieses Ergebnis lässt sich schon direkt aus Gl. (2.147) ablesen. Der ideale Verstärker benötigt keine Eingangsspannung, $u'_e = 0$, so dass mit

$$u_e - R_g\, i_a = 0$$

die bekannte Gl. (2.151) übrig bleibt.

Eingangswiderstand. Um den sich an den Klemmen 1 und 2 ergebenden Eingangswiderstand zu bestimmen, wird von der Gl. (2.138) ausgegangen:

$$R_e = \frac{u_e}{u'_e}\, R'_e\,. \tag{2.152}$$

In dieser Beziehung werden jetzt die Eingangsspannungen nach Gl. (2.146) und Gl. (2.148) durch den Ausgangsstrom ersetzt:

$$R_e = \frac{i_a}{k_G}\, \frac{k'}{i_a\left(R_g + R_b + R'_i\right)}\, R'_e = \frac{k'}{k_G}\, \frac{R'_e}{R_g + R_b + R'_i}\,. \tag{2.153}$$

Der Eingangswiderstand R_e des gegengekoppelten Verstärkers ist wieder größer als der des offenen Verstärkers R'_e und geht für den idealen Verstärker gegen unendlich:

$$\lim_{k' \to \infty} R_e \to \infty\,. \tag{2.154}$$

Ausgangswiderstand. Der gegengekoppelte Verstärker liefert den eingeprägten Ausgangsstrom i_a. Das Ersatzschaltbild, das sein Verhalten bezüglich der Klemmen 3 und 4 beschreibt, ist das der Stromquelle von Bild 2.53. Deren Innenwiderstand lässt sich nach Gl. (2.111) aus zwei Strommessungen bestimmen:

$$R_i = \frac{R_b}{\dfrac{i_{aK}}{i_a} - 1}\,. \tag{2.155}$$

Um den Zusammenhang zwischen dem Ausgangswiderstand des gegengekoppelten und des offenen Verstärkers herzustellen, werden in die obige Beziehung die Ausgangsströme nach Gl. (2.150) eingesetzt. Der Kurzschlussstrom i_{aK} ergibt sich für $R_b = 0$.

$$R_i = \frac{R_b}{\left(\dfrac{u_e}{R_g + \dfrac{1}{k'}(R_g + R_i')}\right)\left(\dfrac{R_g + \dfrac{1}{k'}(R_g + R_b + R_i')}{u_e}\right) - 1}$$

$$= R_i' + (1 + k')\,R_g\,. \tag{2.156}$$

R_i ist jetzt größer als R_i'. Obwohl der offene Verstärker eine Spannungsquelle mit dem Innenwiderstand R_i' darstellt, zeigt der gegengekoppelte Verstärker das Verhalten einer Stromquelle mit dem für eine Stromquelle erforderlichen hohen Innenwiderstand R_i. Bei dem idealen Verstärker geht der Innenwiderstand gegen unendlich:

$$\lim_{k' \to \infty} R_i \to \infty\,. \tag{2.157}$$

• **Beispiel 2.4.** Mit einem idealen Verstärker soll eine Spannung von 10 mV in einen Strom von 20 mA umgeformt werden. Der notwendige Gegenkopplungswiderstand R_g errechnet sich nach Gl. (2.151) zu

$$R_g = \frac{u_e}{i_a} = \frac{10\text{ mV}}{20\text{ mA}} = 0,5\,\Omega.$$

Entsprechend gilt

$$k_G = \frac{1}{R_g} = 2\,\frac{\text{mA}}{\text{mV}}\,.$$

Wird wieder der reale Operationsverstärker des vorausgegangenen Abschnitts zu Grunde gelegt und mit dem Widerstand $R_b = 200\ \Omega$ beschaltet, so errechnet sich nach Gl. (2.150) der Übertragungsfaktor k_G zu $1{,}998\ \Omega^{-1}$. Die Gl. (2.153) liefert den Eingangswiderstand R_e zu $1{,}67 \cdot 10^{12}\,\Omega$ und der Ausgangswiderstand (Gl. 2.156) ist mit $50{,}1\,\text{k}\Omega$ der einer eingeprägten Stromquelle (Zeile mit Typ u/i von Tabelle 2.1). •

2.3.3 Invertierender Stromverstärker

Der p-Eingang des invertierenden Verstärkers liegt an Masse, so dass keine Gleichtaktspannungen auftreten können. Die Gegenkopplung führt, wie noch gezeigt wird, zu einem niedrigen Eingangswiderstand. Der invertierende Verstärker ist damit ein Strom- und nicht ein Spannungsverstärker.

Gegengekoppelter i/u-Verstärker

Der Strom i_e ist das Eingangssignal, die Spannung u_a das Ausgangssignal des gegengekoppelten i/u-Verstärkers (Bild 2.59). Zur Gegenkopplung wird der Strom i_g zurückgeführt und dem zu messenden Strom i_e hinzugefügt. Da Ströme in Knotenpunkten, Spannungen in Maschen addiert werden, können Strom- und Spannungsverstärker anhand der jeweiligen Eingangsschaltung unterschieden werden. Der zurückgeführte

Strom i_g ergibt sich aus dem an der Spannung $u_a - u'_e$ liegenden Gegenkopplungswiderstand R_g. Der Gegenkopplungswiderstand ist so auszulegen, dass die Bedingungen

$$R'_e \gg R_g \qquad R_g \gg R'_i \tag{2.158}$$

eingehalten sind. In diesem Fall wird einerseits der rückgeführte Strom i_g durch R_g bestimmt und andererseits die Ausgangsspannung nicht zu sehr belastet.

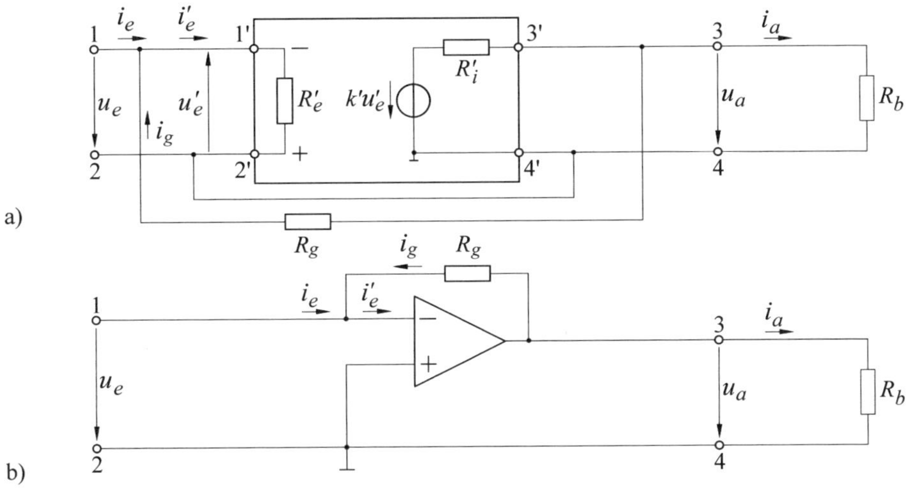

Bild 2.59: Gegengekoppelter i/u-Verstärker mit
a) vierpolig und b) dreipolig gezeichnetem Grundverstärker

Empfindlichkeit. Gesucht ist der Zusammenhang zwischen dem Eingangsstrom i_e und der Ausgangsspannung u_a. Die Rechnung wird hier etwas umfangreicher als beim Spannungsverstärker, da aus den in den Ansätzen stehenden Größen i_e, u_a, u'_e, i_g die beiden letzteren zu eliminieren sind. Die Knotenpunktgleichung im Eingangskreis liefert

$$i_e + i_g - i'_e = 0\,. \tag{2.159}$$

Sie wird unter Berücksichtigung der für den offenen Verstärker geltenden Beziehung $i'_e\, R'_e = -u'_e$ nach i_g geordnet:

$$i_g = -i_e - \frac{u'_e}{R'_e}\,. \tag{2.160}$$

Indem in die Maschengleichung

$$u'_e - R_g\, i_g + u_a = 0 \tag{2.161}$$

die Gl. (2.160) eingeführt wird, entsteht

$$u'_e + R_g\, i_e + \frac{R_g}{R'_e}\, u'_e + u_a = 0\,. \tag{2.162}$$

Hier kann wegen Gl. (2.158) der 3. Term gegenüber dem ersten vernachlässigt werden und übrig bleibt

$$u'_e = -R_g\, i_e - u_a\,. \tag{2.163}$$

Nun wird die Maschengleichung für den Ausgang aufgestellt, die Beziehung $i_a\, R_b = u_a$ berücksichtigt und Gl. (2.160) eingeführt:

$$k'\, u'_e + u'_e - R_g\, i_g - R'_i\,(i_a + i_g) = 0\,; \tag{2.164}$$

$$k'\, u'_e + u'_e + R_g\, i_e + \frac{R_g}{R'_e}\, u'_e - \frac{R'_i}{R_b}\, u_a + R'_i\, i_e + \frac{R'_i}{R'_e}\, u'_e = 0\,. \tag{2.165}$$

In dieser Gleichung können der 2., 4. und der letzte Term gegenüber dem l. unberücksichtigt bleiben. Mit Gl. (2.163) geht Gl. (2.165) über in

$$-k'\, R_g\, i_e - k'\, u_a + R_g\, i_e - \frac{R'_i}{R_b}\, u_a + R'_i\, i_e = 0\,. \tag{2.166}$$

Jetzt darf der 3. Term gegenüber dem ersten vernachlässigt werden und die gesuchte Betriebsverstärkung k_R des gegengekoppelten Verstärkers ergibt sich zu

$$k_R = \frac{u_a}{i_e} = -\frac{k'\, R_g - R'_i}{k' + \dfrac{R'_i}{R_b}} = -\frac{R_g - \dfrac{R'_i}{k'}}{1 + \dfrac{R'_i}{k'\, R_b}}\,. \tag{2.167}$$

Für den idealen Verstärker mit $k' \to \infty$ wird diese Gleichung besonders einfach mit

$$\lim_{k' \to \infty} k_R = -R_g \qquad u_a = -R_g\, i_e\,. \tag{2.168}$$

Maßgebend für die Verstärkung ist allein der Gegenkopplungswiderstand R_g, wobei das Minuszeichen die invertierende Eigenschaft zum Ausdruck bringt.

Die letzte Gleichung lässt sich auch schneller gewinnen. Der ideale Verstärker benötigt weder einen Eingangsstrom noch eine Eingangsspannung, $i'_e = 0$, $u'_e = 0$. Unter diesen Voraussetzungen folgt aus der Knotenpunktgleichung Gl. (2.159) $i_e = -i_g$ und aus der Maschengleichung Gl. (2.161) $u_a = R_g\, i_g$. Indem diese beiden Ergebnisse zusammengefasst werden, ergibt sich mit

$$u_a = -R_g\, i_e$$

die schon bekannte Beziehung Gl. (2.168).

Eingangswiderstand. Bei den gewählten Zählpfeilen sind die Eingangsspannungen des Stromverstärkers entgegengesetzt gleich:

$$u_e = -u_e' .$$

Der Eingangswiderstand zwischen den Klemmen 1 und 2 ist

$$R_e = \frac{u_e}{i_e} = -\frac{u_e'}{i_e} . \tag{2.169}$$

Mit Gl. (2.163) geht dieser Ausdruck über in

$$R_e = R_g + k_R . \tag{2.170}$$

Für eine unendlich große Grundverstärkung gilt $k_R = -R_g$ und der Eingangswiderstand des gegengekoppelten invertierenden Verstärkers wird null:

$$\lim_{k' \to \infty} R_e = R_g - R_g = 0 . \tag{2.171}$$

Der gegengekoppelte invertierende Verstärker verhält sich so, als läge neben dem p- auch der n-Eingang und damit auch der Knotenpunkt im Eingangskreis an Masse. Der n-Eingang wird aus diesem Grunde häufig als virtuelles Massenpotenzial bezeichnet.

Ausgangswiderstand. Wie beim u/u-Verstärker wird von Gl. (2.108) ausgegangen. Indem aus Gl. (2.167) die Werte für u_a und u_{aL} eingesetzt werden, entsteht das Ergebnis:

$$R_i = \frac{R_i'}{k'} . \tag{2.172}$$

Der Innenwiderstand des Spannungsgenerators geht für den idealen Verstärker wieder gegen null:

$$\lim_{k' \to \infty} R_i = 0 . \tag{2.173}$$

• **Beispiel 2.5.** Mit einem idealen Verstärker soll ein Strom von 10 µA in eine Spannung von −10 V umgeformt werden. Der erforderliche Gegenkopplungswiderstand errechnet sich aus Gl. (2.168) zu

$$R_g = -\frac{u_a}{i_e} = -\frac{-10\ \text{V}}{10\ \mu\text{A}} = 1\,\text{M}\Omega .$$

Wird jetzt der reale Operationsverstärker des vorausgegangenen Abschnitts zu Grunde gelegt und mit dem Widerstand $R_b = 1\,\text{k}\Omega$ beschaltet, so nimmt die Empfindlichkeit k_R leicht auf −0,999998 V/µA ab. Der Eingangswiderstand R_e des Stromverstärkers Gl. (2.170) ist mit 1 Ω sehr viel niedriger als der des offenen Verstärkers ($R_e' = 10^{10}\,\Omega$). Der Ausgangswiderstand ergibt sich aus Gl. (2.172) zu $10^{-3}\,\Omega$ (Zeile mit Typ i/u von der Tabelle 2.1). •

Gegengekoppelter i/i-Verstärker

Der i/i-Verstärker hat einen Strom als Eingangs- und Ausgangssignal (Bild 2.60). Der rückgeführte Strom i_g wird durch den Spannungsabfall an R_2 und durch den Widerstand R_1 bestimmt. Die beiden Widerstände sind so auszulegen, dass sie jeweils klein gegenüber R'_e bleiben:

$$R_1 \ll R'_e\,; \qquad R_2 \ll R'_e\,. \tag{2.174}$$

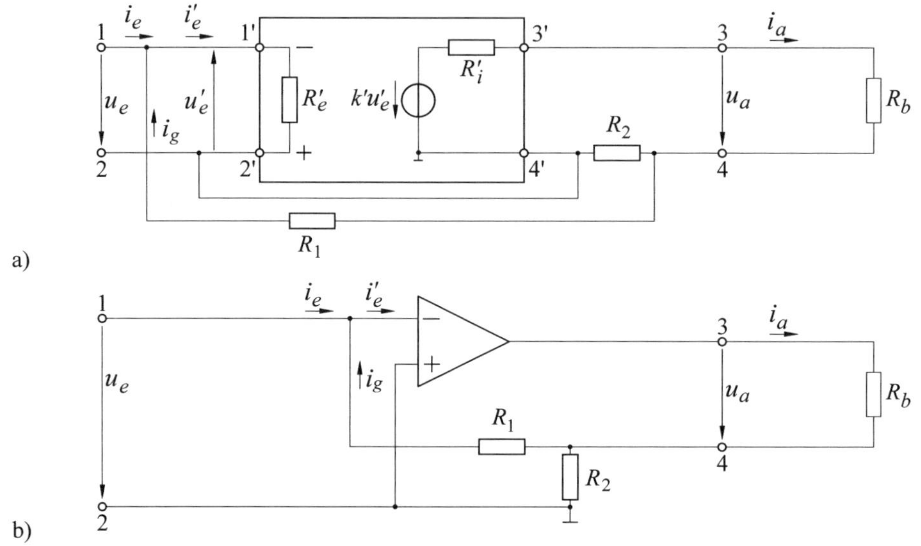

Bild 2.60: Gegengekoppelter i/i-Verstärker mit
a) vierpolig und b) dreipolig gezeichnetem Grundverstärker

Empfindlichkeit. Um die Abhängigkeit des Ausgangsstroms vom Eingangsstrom zu finden, werden wieder die Knoten- und Maschengleichungen aufgestellt. Die Stromaufteilung im Eingangskreis ist dieselbe wie beim i/u-Verstärker, so dass von dort die Beziehung Gl. (2.160) übernommen werden kann.

Die Maschengleichung für den Verstärkereingang

$$u'_e - R_1\,i_g + R_2\,(i_a - i_g) = 0 \tag{2.175}$$

geht mit Gl. (2.160) über in

$$u'_e + R_1\,i_e + \frac{R_1}{R'_e}\,u'_e + R_2\,i_a + R_2\,i_e + \frac{R_2}{R'_e}\,u'_e = 0\,. \tag{2.176}$$

Hier brauchen wegen Gl. (2.174) der 3. und der letzte Term nicht weiter berücksichtigt zu werden, so dass sich die Eingangsspannung u'_e des offenen Verstärkers darstellen lässt als

$$u'_e = -R_1\, i_e - R_2\, i_e - R_2\, i_a\,. \tag{2.177}$$

Wird nun in die Maschengleichung für den Ausgang

$$k'\, u'_e + u'_e - R_1\, i_g - R_b\, i_a - R'_i\, i_a = 0 \tag{2.178}$$

die Gl. (2.160) eingeführt, so entsteht

$$k'\, u'_e + u'_e + R_1\, i_e + \frac{R_1}{R'_e}\, u'_e - R_b\, i_a - R'_i\, i_a = 0\,. \tag{2.179}$$

Hier dürfen der 2. und der 4. Term gegenüber dem ersten vernachlässigt werden. Mit Gl. (2.177) folgt als Endergebnis mit $R_1\, i_e \ll k'\, R_1\, i_e$

$$-k'\, R_1\, i_e - k'\, R_2\, i_e - k'\, R_2\, i_a + R_1\, i_e - R_b\, i_a - R'_i\, i_a = 0\,; \tag{2.180}$$

$$k_i = \frac{i_a}{i_e} = -\frac{R_1 + R_2}{R_2 + \dfrac{R_b}{k'} + \dfrac{R'_i}{k'}}\,. \tag{2.181}$$

Für $k' \to \infty$ wird die Empfindlichkeit unabhängig von den Eigenschaften des offenen Verstärkers und allein durch die Widerstände R_1 und R_2 bestimmt:

$$\lim_{k' \to \infty} k_i = -\frac{R_1 + R_2}{R_2}\,; \qquad i_a = -\left(1 + \frac{R_1}{R_2}\right) i_e\,. \tag{2.182}$$

Dieses Ergebnis ist für den idealen Verstärker mit $i'_e = 0$, $u'_e = 0$ auch direkt zu gewinnen. Die Knotenpunktgleichung Gl. (2.160) liefert $i_e = -i_g$ und die Maschengleichung Gl. (2.175) ergibt $i_g = R_2\, i_a/(R_1 + R_2)$. Aus der Kombination der beiden Ausdrücke entsteht die Gl. (2.182).

Eingangswiderstand. Die Gl. (2.177) in Gl. (2.169) eingesetzt liefert

$$R_e = \frac{(R_1 + R_2)\, i_e + R_2\, i_a}{i_e} = R_1 + R_2 + k_i\, R_2\,. \tag{2.183}$$

Der Eingangswiderstand des idealen Verstärkers wird null bei $k' \to \infty$:

$$\lim_{k' \to \infty} R_e = R_1 + R_2 - \frac{R_1 + R_2}{R_2}\, R_2 = 0\,. \tag{2.184}$$

Der n-Eingang und der Knoten im Eingangskreis können wieder als virtuelles Massenpotenzial angesehen werden.

Ausgangswiderstand. In die Gl. (2.111) für den Ausgangswiderstand des Stromgenerators werden die Ströme nach Gl. (2.181) eingeführt. Damit ergibt sich der Ausgangswiderstand R_i zu

$$R_i = R'_i + k'\, R_2\,. \tag{2.185}$$

Der ideale Verstärker enthält eine ideale Stromquelle mit einem unendlich großen Innenwiderstand

$$\lim_{k' \to \infty} R_i \to \infty \,. \tag{2.186}$$

• **Beispiel 2.6.** Ein Strom von 10 µA soll auf −20 mA verstärkt werden. Die Gleichung (2.182) liefert für das Verhältnis R_1/R_2 den Wert 1999. Wird R_2 z. B. zu 10 Ω gewählt (0,1 R'_i), so ist R_1 mit 19,99 kΩ zu dimensionieren. Bei dem realen Verstärker mit den Daten von Tabelle 2.1 geht nach Gl. (2.181) die Empfindlichkeit von −2000 geringfügig auf −1999,4 zurück. Der Eingangswiderstand ist nach Gl. (2.183) 6 Ω und Gl. (2.185) liefert für den Ausgangswiderstand den Wert von $R_i = 1$ MΩ. •

2.3.4 Anwendungen des Spannungsverstärkers

Der Spannungsverstärker, charakterisiert durch seinen hohen Eingangswiderstand, wird natürlich zur Spannungsmessung verwendet. Als Beispiele für weitere Einsatzmöglichkeiten werden nachfolgend einige für die Messtechnik wichtige erläutert. Dabei wird jeweils der ideale Verstärker mit $u_e = u_g$ zu Grunde gelegt.

Konstantspannungs- und Konstantstromquelle. Galvanische Elemente und mit Zenerdioden stabilisierte Schaltungen werden als **Konstantspannungsquellen** verwendet. Bei einer wechselnden Belastung ändert sich jedoch die abgegebene Spannung und die Eigenschaft der Konstanz geht verloren. Hier helfen die gegengekoppelten Verstärker weiter. Der von Bild 2.61 (a) bildet aus der konstanten Eingangsspannung U_{e0} die konstante Ausgangsspannung U_{a0} mit

$$U_{a0} = \left(1 + \frac{R_1}{R_2}\right) U_{e0} \,. \tag{2.187}$$

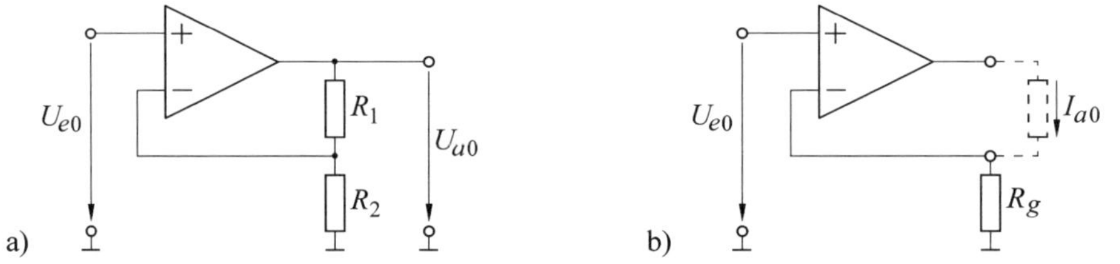

Bild 2.61: Gegengekoppelter Verstärker als
a) Konstantspannungsquelle b) Konstantstromquelle

Infolge des gleich bleibend hohen Verstärker-Eingangswiderstandes wird die Quelle praktisch nicht belastet und ihre Spannung U_{e0} bleibt konstant. Die Ausgangsspannung U_{a0} des Verstärkers andererseits ist eingeprägt und in weiten Grenzen vom entnommenen Strom unabhängig.

Wird an Stelle des u/u- ein u/i-Verstärker verwendet, so ergibt sich eine den eingeprägten Strom I_{a0} liefernde **Konstantstromquelle** (Bild 2.61 b):

$$I_{a0} = \frac{U_{e0}}{R_g} \,. \tag{2.188}$$

Spannungsfolger. Wird der Spannungsverstärker mit R_1=0 und $R_2 \to \infty$ gegengekoppelt (Bild 2.62), so wird die gesamte Ausgangsspannung u_a zurückgeführt und die Ausgangsspannung wird gleich der Eingangsspannung:

$$u_a = u_e \,. \tag{2.189}$$

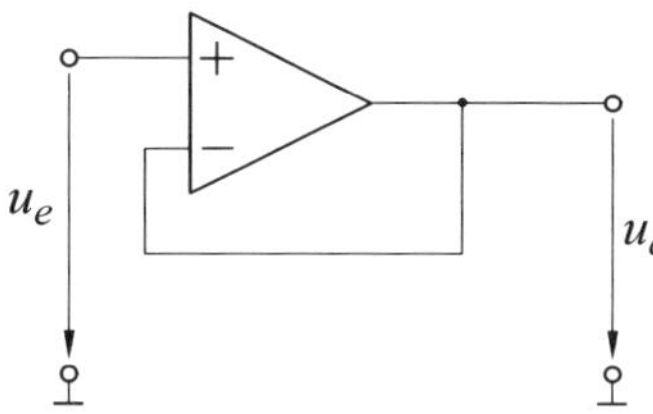

Bild 2.62: Spannungsfolger oder Impedanzwandler

Der Spannungsfolger oder **Impedanzwandler** bringt in den Fällen Vorteile, in denen Quellen mit einem großen Innenwiderstand schon ausreichend hohe Spannungen liefern. Er ändert nicht die Höhe der Spannung, sondern erleichtert ihre Weiterverarbeitung dadurch, dass jetzt die aus einer niederohmigen Quelle stammende Verstärker-Ausgangsspannung zu messen ist. Der Impedanzwandler wird insbesondere in Abtast- und Haltegliedern und bei Impulsmessungen verwendet. Hier wird der Ausgangswiderstand des Verstärkers an den Wellenwiderstand des Kabels angepasst, wodurch sich unerwünschte Reflexionen weitgehend vermeiden lassen.

Präzisions-Spitzenwertgleichrichter. Die in Bild 2.17 gezeigte Schaltung zur Messung des Scheitelwertes einer Wechselspannung hat den Nachteil, dass die Kondensatorspannung u_C jeweils um den Spannungsabfall u_D an der Diode kleiner als der Scheitelwert ist, $u_C = \hat{u}_e - u_D$. Dieser Fehler lässt sich vermeiden, wenn die Diode an den Ausgang eines Spannungsverstärkers gelegt und die Spannung hinter der Diode an den Eingang zurückgeführt wird (Bild 2.63 a).

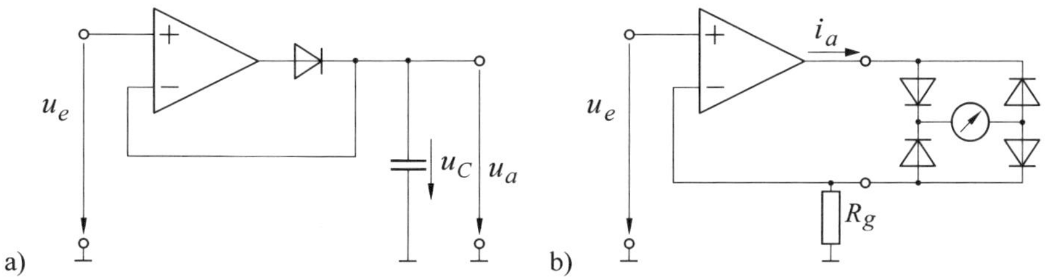

Bild 2.63: Präzisions-Gleichrichter für
a) positiven Spitzenwert (Spannungsausgang) und b) Gleichrichtwert (Stromausgang)

Jetzt wird der Kondensator, unabhängig von dem Spannungsabfall an der Diode, immer auf den Scheitelwert der Eingangsspannung aufgeladen:

$$u_C = u_a = \hat{u}_e \,. \tag{2.190}$$

Bei der Messung des Gleichrichtwertes von Wechselspannungen mit dem Drehspulinstrument stört die nichtlineare Diodenkennlinie. Wird die zu messende Spannung jedoch zunächst in einen Strom umgesetzt und wird dieser dann gleichgerichtet, so spielt die Diodenkennlinie keine Rolle mehr (Bild 2.63 b).

Der vom Drehspulinstrument gemessene Gleichrichtwert ist proportional dem Spitzenwert des Ausgangsstroms, der wiederum streng proportional dem Spitzenwert der Eingangsspannung ist:

$$\overline{|\, i_a \,|} = \frac{2}{\pi}\,\hat{i}_a = \frac{2}{\pi}\,\frac{\hat{u}_e}{R_g} \,. \tag{2.191}$$

2.3.5 Anwendungen des Stromverstärkers

Der invertierende Verstärker wird in den Fällen eingesetzt, in denen der niedrige Eingangswiderstand des Stromverstärkers entweder erforderlich ist oder nicht stört. Er ist in der Mess-, Regel- und Simulationstechnik für sehr unterschiedliche Aufgaben verwendbar. Beispielhaft wird in diesem Abschnitt gezeigt, wie sich mit seiner Hilfe in der Analogtechnik Rechenoperationen durchführen lassen.

Den nachfolgenden Ableitungen liegt wiederum der ideale Verstärker zu Grunde, bei dem der Eingangsstrom i_e entgegengesetzt gleich dem rückgeführten Strom i_g ist, $i_e = -i_g$.

Der p-Eingang liegt an Masse. Die Gleichtaktspannung ist damit null. Der n-Eingang darf als virtuelle Masse betrachtet werden.

Invertieren. Der im Eingangs- und Gegenkopplungskreis den gleichen Widerstand R enthaltende Invertierer von Bild 2.64 liefert die Ausgangsspannung u_a. Diese ist entgegengesetzt gleich der Eingangsspannung u_e, wie aus $i_e = -i_g$ folgt:

$$\frac{u_e}{R} = -\frac{u_a}{R}\,; \qquad u_a = -u_e \,. \tag{2.192}$$

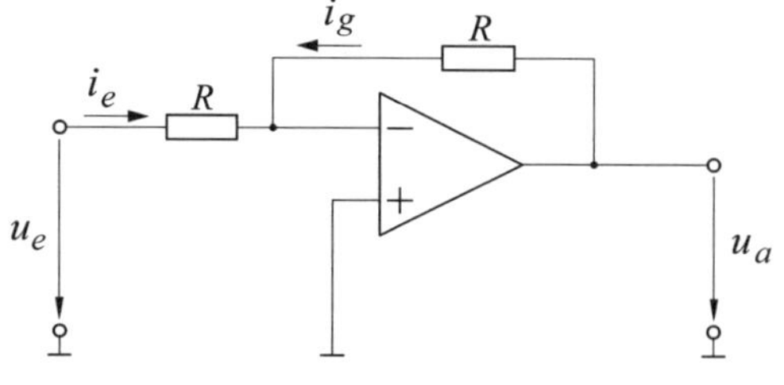

Bild 2.64: Polaritätsumkehr durch den invertierenden Verstärker

Addieren. Sind die zwei Spannungen u_1 und u_2 zu addieren, so sind sie zunächst über die Widerstände R_1 und R_2 in die Ströme i_1 und i_2 umzuformen (Bild 2.65).

Die Ströme fließen in den Knoten 1. Dieser liegt an der virtuellen Masse und es gilt

$$i_1 + i_2 + i_g = 0\,; \qquad \frac{u_1}{R_1} + \frac{u_2}{R_2} + \frac{u_a}{R_g} = 0\,;$$

$$u_a = -\left(\frac{u_1}{R_1} + \frac{u_2}{R_2}\right) R_g\,. \tag{2.193}$$

Sind die verwendeten Widerstände gleich, $R_1 = R_2 = R_g$, so ist der Betrag der Ausgangsspannung gleich dem der Summe der Eingangsspannungen:

$$u_a = -(u_1 + u_2)\,. \tag{2.194}$$

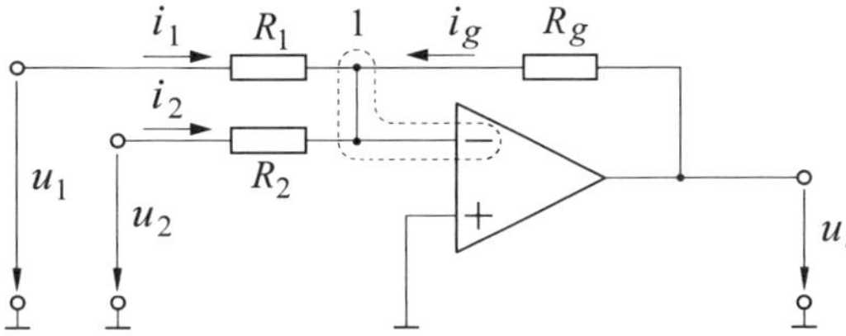

Bild 2.65: Addieren mit dem Umkehrverstärker

Subtrahieren. Bei dem Subtrahierer (Bild 2.66) liegt der p-Eingang nicht an Masse, sondern an der Spannung u_p:

$$u_p = \frac{R_5}{R_4 + R_5}\, u_2\,. \tag{2.195}$$

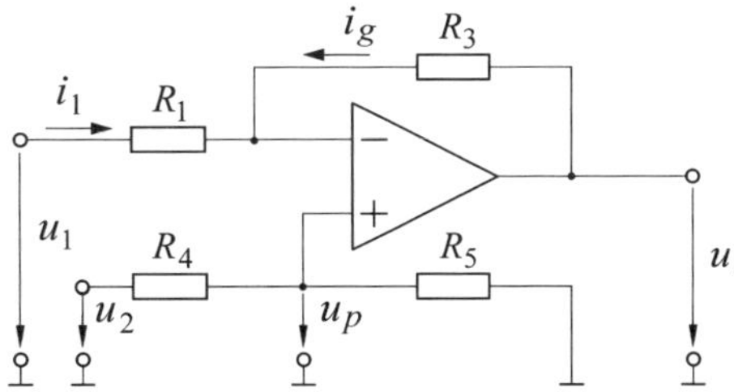

Bild 2.66: Subtrahieren mit dem Umkehrverstärker

In den Knoten 1 fließen die Ströme i_1 und i_g:

$$i_1 = \frac{u_1 - u_p}{R_1}\,; \qquad i_g = \frac{u_a - u_p}{R_3}\,.$$

Diese sind entgegengesetzt gleich, $i_1 = -i_g$, und unter Berücksichtigung von Gl. (2.195) errechnet sich u_a zu

$$u_a = -\frac{R_1 + R_3}{R_1}\left(\frac{R_3}{R_1 + R_3}u_1 - \frac{R_5}{R_4 + R_5}u_2\right). \tag{2.196}$$

Die obige Gleichung zeigt, dass nicht die vollen Eingangsspannungen u_1 und u_2, sondern nur die an den Widerständen R_3 und R_5 abfallenden Teilspannungen subtrahiert werden. Die Widerstände sind sehr genau auszulegen, da eventuelle Unterschiede im Teilerverhältnis ebenfalls vervielfacht werden. Für $R_1 = R_4$ und $R_3 = R_5$ geht die letzte Gleichung über in

$$u_a = -\frac{R_5}{R_4}(u_1 - u_2). \tag{2.197}$$

Die Differenz der Eingangsspannungen wird also um den Faktor R_5/R_4 verstärkt.

Um eventuelle Gleichtaktstörungen zu vermeiden, kann auch die zu subtrahierende Spannung u_2 mittels des Umkehrverstärkers in Bild 2.64 in die gleich große, entgegengesetzte Spannung u_2^* überführt werden:

$$u_2^* = -u_2 .$$

Anschließend werden dann u_1 und u_2^* addiert. Erhalten wird die Ausgangspannung u_a

$$u_a = -(u_1 + u_2^*) = -(u_1 - u_2). \tag{2.198}$$

Die Subtrahierer werden insbesondere in Verbindung mit Brückenschaltungen eingesetzt.

Multiplizieren. Die Rechenoperationen umkehren, addieren, subtrahieren werden in dem Parabel-Multiplizierer von Bild 2.67 benötigt.

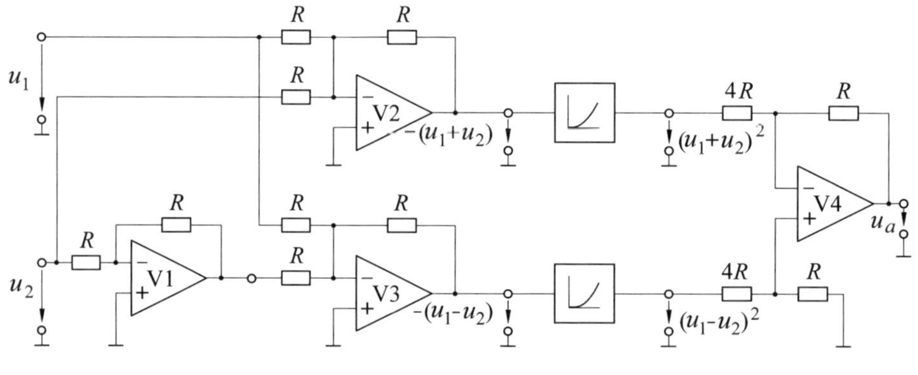

Bild 2.67: Parabel-Multiplizierer

Dieser bildet das Produkt der zwei Spannungen u_1 und u_2 nach der Beziehung

$$u_1\,u_2 = \frac{1}{4}\left[(u_1+u_2)^2 - (u_1-u_2)^2\right]. \tag{2.199}$$

Hier sind also zunächst die beiden Spannungen zu addieren und zu subtrahieren und die Ergebnisse sind zu quadrieren. Die Quadratbildung ist mit Diodenstrecken (hier nicht behandelt) oder mit Thermoumformern möglich. Die so entstandenen Spannungen werden subtrahiert. Bei einem Verstärkungsfaktor von 0,25 des Subtrahierers V 4 ist dessen Ausgangsspannung u_a dann gleich dem Produkt aus den beiden Eingangsspannungen u_1 und u_2, wobei wegen der unterschiedlichen Einheiten von u_a und $u_1 \cdot u_2$ noch der Skalierungsfaktor k in V^{-1} erforderlich ist:

$$u_a = -k\,u_1\,u_2\,. \tag{2.200}$$

Dividieren. Der Quotient zweier Spannungen u_1 und u_2 lässt sich bilden, indem ein Multiplizierer in den Gegenkopplungszweig eines invertierenden Verstärkers gelegt wird (Bild 2.68). Die Eingangsspannungen des Multiplizierers sind u_a und u_2. Seine Ausgangsspannung u_g ist proportional dem Produkt der Eingangsspannungen, $u_g = k\,u_a\,u_2$. Über den Widerstand R_g fließt der rückgeführte Strom i_g:

$$i_g = \frac{u_g}{R_g} = \frac{k\,u_a\,u_2}{R_g} = -i_1 = -\frac{u_1}{R_1}\,. \tag{2.201}$$

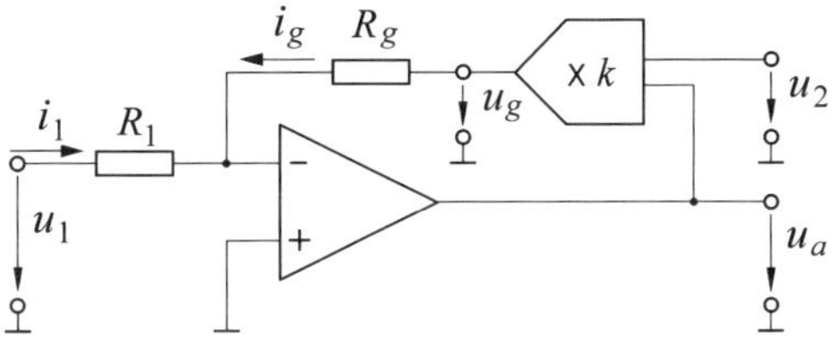

Bild 2.68: Dividieren mit dem Umkehrverstärker durch einen Multiplizierer in der Gegenkopplung

Die Ausgangsspannung u_a des Verstärkers

$$u_a = -\frac{R_g}{k\,R_1}\,\frac{u_1}{u_2} \tag{2.202}$$

ist also proportional dem Quotienten der beiden Spannungen u_1 und u_2.

Festlegung der Betriebsweise durch die Art der Gegenkopplung. Die Methode, die zum Dividieren geführt hat, lässt sich verallgemeinern und auch für andere Rechenoperationen nutzen. Ist k_R der Übertragungsbeiwert des i/u-Verstärkers in Vorwärtsrichtung

$$u_a = -k_R\,i_e$$

und beschreibt k_G den Zusammenhang zwischen der Ausgangsspannung u_a und dem rückgeführten Strom i_g des Verstärkers

$$i_g = k_G\, u_a = -i_e\,, \qquad u_a = -\frac{1}{k_G}\, i_e\,,$$

so lassen sich die beiden letzten Gleichungen zusammenfassen:

$$u_a = -k_R\, i_e = -\frac{1}{k_G}\, i_e$$

und es entsteht die aus Gl. (2.122) schon bekannte Beziehung

$$k_R = \frac{1}{k_G}\,, \tag{2.203}$$

d. h. die Verstärkung in Vorwärtsrichtung ist immer die Umkehrung der Verstärkung in Rückführung.

Miteinander sind so verbunden die Operationen

dividieren	- multiplizieren
radizieren	- quadrieren
integrieren	- differenzieren
logarithmieren	- potenzieren.

Wird die zweite Operation in der Rückführung realisiert, so entsteht die erste in Vorwärtsrichtung und bestimmt die Betriebsweise des gegengekoppelten Verstärkers.

Radizieren. Ist der Multiplizierer in der Rückführung als Quadrierer geschaltet (Bild 2.69), so ist der rückgeführte Strom i_g

$$i_g = \frac{k\, u_a^2}{R_g} = -i_1 = -\frac{u_1}{R_1}$$

und die Ausgangsspannung u_a wird proportional zur Wurzel aus der Eingangsspannung

$$u_a = -\sqrt{\frac{R_g}{k\, R_1}\, u_1}\,. \tag{2.204}$$

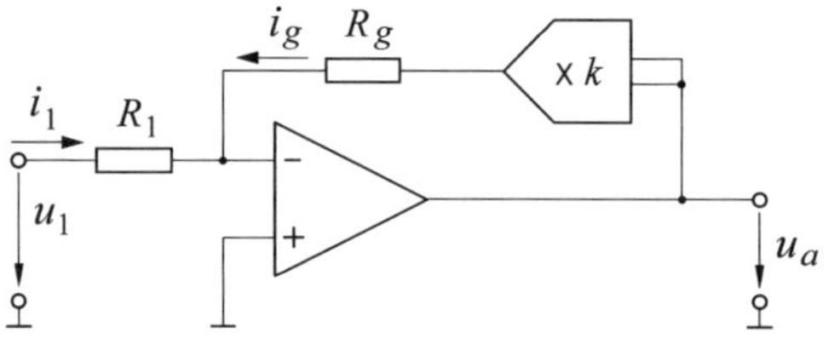

Bild 2.69: Radizieren mit dem Umkehrverstärker

Differenzieren. Der vor dem Verstärkereingang liegende Kondensator (Bild 2.70) führt dazu, dass der Eingangsstrom i_e von der zeitlichen Änderung der Eingangsspannung abhängt:

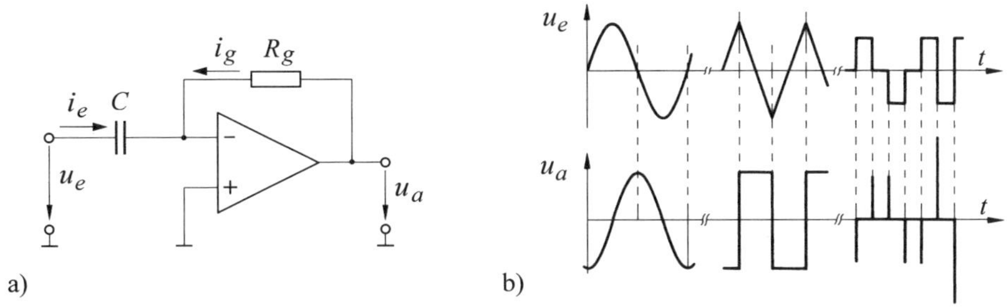

Bild 2.70: Differenzieren mit dem Umkehrverstärker; a) Schaltung b) Signale

$$i_e = C\,\frac{\mathrm{d}u_e}{\mathrm{d}t} = -i_g = -\frac{u_a}{R_g}\,. \tag{2.205}$$

Die Ausgangsspannung des Verstärkers ist damit proportional der Änderungsgeschwindigkeit der Eingangsspannung:

$$u_a = -R_g\,C\,\frac{\mathrm{d}u_e}{\mathrm{d}t}\,. \tag{2.206}$$

Das Differenzieren bereitet erfahrungsgemäß in der Praxis mehr oder minder große Schwierigkeiten, da durch diese Operation das Rauschen und die höher frequenten Störanteile der Messsignale besonders hervorgehoben werden. Die Schaltung von Bild 2.70 zeigt das Prinzip, muss aber für einen industriellen Einsatz insbesondere noch um Funktionseinheiten für eine Bandbegrenzung erweitert werden.

Integrieren. Der Kondensator liegt in der Gegenkopplungsschleife (Bild 2.71). Der rückgeführte Strom i_g ist proportional der zeitlichen Ableitung von u_a:

$$i_g = C\,\frac{\mathrm{d}u_a}{\mathrm{d}t} = -i_e = -\frac{u_e}{R}\,. \tag{2.207}$$

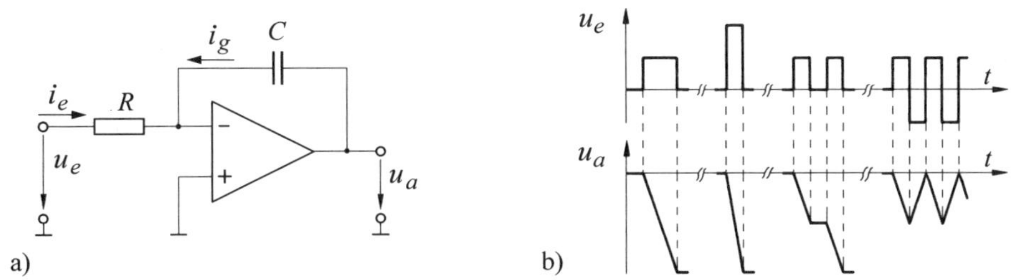

Bild 2.71: Integrieren mit dem Umkehrverstärker; a) Schaltung und b) Signale

Die Ausgangsspannung u_a ist proportional der am Eingang entstandenen Ladung $\int i_e\,\mathrm{d}t$ bzw. dem zeitlichen Integral der Eingangsspannung u_e:

$$u_a = -\frac{1}{C}\int i_e \, \mathrm{d}t = -\frac{1}{RC}\int u_e \, \mathrm{d}t \,. \tag{2.208}$$

Bei einer konstanten Eingangsspannung nimmt die Ausgangsspannung des **ladungsempfindlichen Verstärkers** oder Integrierers linear mit der Zeit zu.

Logarithmieren. In der Rückführung des invertierenden Verstärkers (Bild 2.72) liegt eine Diode mit dem Strom I_{AK} in Durchlassrichtung:

$$I_{AK} = I_s \, \mathrm{e}^{\mathrm{u_{AK}}/0,026 \mathrm{~V}} = \mathrm{I_s} \, \mathrm{e}^{-\mathrm{u_a}/0,026 \mathrm{~V}} \,. \tag{2.209}$$

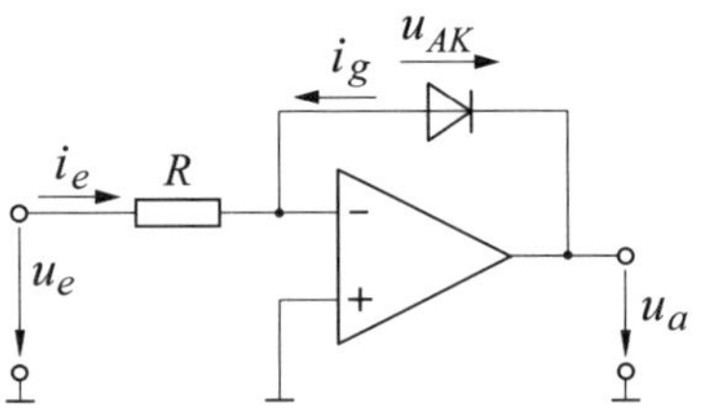

Bild 2.72: Logarithmieren mit dem Umkehrverstärker

Aus $I_e = -I_g = I_{AK}$ ergibt sich für die Ausgangsspannung u_a die Zahlenwertgleichung

$$u_a = -0,026 \ln \frac{I_e}{I_s} = -0,06 \log \frac{I_e}{I_s} \qquad \text{in V} \,. \tag{2.210}$$

Steigt der Eingangsstrom auf seinen zehnfachen Wert, so nimmt die Ausgangsspannung um 60 mV zu. Verstärker mit einer derartigen logarithmischen Kennlinie werden benötigt, um Messwerte, die sich um mehrere Zehnerpotenzen ändern, auf einer einzigen Skala zusammenhängend darzustellen. Die nichtlineare Kennlinie der Diode setzt positive Eingangsspannungen u_e voraus.

2.3.6 Nullpunktfehler des realen Operationsverstärkers

In der Übertragungsgleichung des offenen Verstärkers tritt die Empfindlichkeit k' als Faktor auf, $u_a = k' u_e'$. Wird der Verstärker gegengekoppelt, so bleiben Änderungen des Faktors k', die **multiplikativen** Störgrößen, unwirksam. Überlagert sich der Eingangsspannung u_e' jedoch eine andere Spannung, so wird diese genau wie u_e' verstärkt. Die Gegenkopplung kann gegen derartige **additive** Störsignale nicht schützen. Sie treten beim realen Operationsverstärker auf und führen zu Nullpunktfehlern, die letztlich die Messgenauigkeit begrenzen.

Ersatzschaltbild des realen Operationsverstärkers
Die Kennlinie eines realen Verstärkers geht im Allgemeinen nicht durch den Nullpunkt (Bild 2.73). Auch wenn beide Eingänge geerdet sind ($u_p = u_n = 0$), tritt eine Ausgangsspannung auf. Der Verstärker verhält sich so, als würde an seinem Eingang die

Spannung U_{os} liegen, die als **Offsetspannung** bezeichnet wird. Die Ausgangsspannung verschwindet erst dann, wenn der Verstärker mit der Spannung $-U_{\text{os}}$ beschaltet wird. Im Ersatzschaltbild kann die Quelle der Offsetspannung entweder dem p- oder dem n-Eingang zugeordnet werden. Die Ergebnisse unterscheiden sich nur im Vorzeichen.

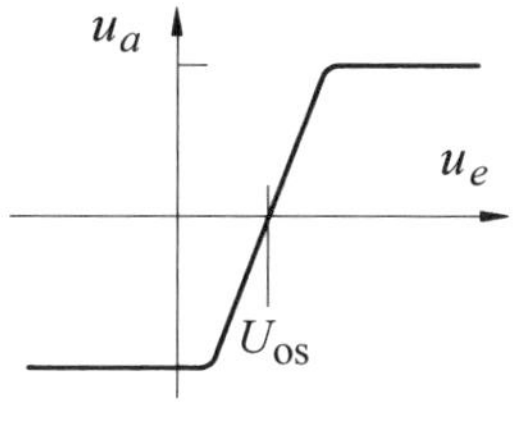

Bild 2.73: Kennlinie eines Operationsverstärkers mit der Offsetspannung U_{os}

Die Offsetspannung entsteht durch Unsymmetrien zwischen den Transistoren der Eingangsdifferenzstufe und kann durch einstellbare Widerstände zum Verschwinden gebracht werden. Der Abgleich ist leider nicht von Dauer, da sich die Offsetspannung mit der Temperatur ϑ, der Versorgungsspannung U_V und der Betriebszeit t ändert. Die Offsetspannung **driftet** um ΔU_{os}:

$$\Delta U_{\text{os}} = \frac{\partial U_{\text{os}}}{\partial \vartheta} \Delta \vartheta + \frac{\partial U_{\text{os}}}{\partial U_V} \Delta U_V + \frac{\partial U_{\text{os}}}{\partial t} \Delta t\,. \tag{2.211}$$

Von den genannten Einflussgrößen ist die Temperatur die wichtigste. Bei stabilisierten Versorgungsspannungen ist ΔU_V zu vernachlässigen. Zeitliche Änderungen entstehen sehr langsam, so dass die Messgenauigkeit praktisch allein durch die Temperaturdrift bestimmt wird.

Weitere Nullpunktfehler entstehen durch die in den Verstärkern fließenden Eingangsströme I_p und I_n. Ihre Differenz wird als **Eingangsoffsetstrom** $I_{\text{os}} = \mid I_p - I_n \mid$, ihr Mittelwert als **Eingangsruhestrom** oder **Biasstrom** $I_b = 0,5\,(\mathrm{I_p} + \mathrm{I_n})$ bezeichnet. Diese Ströme fließen über die an den Eingängen liegenden Widerstände und führen dort zu Spannungsabfällen, die wie zusätzliche Offsetspannungen wirken. Auch die Eingangsströme ändern sich mit der Temperatur, der Betriebsspannung und der Zeit.

• **Beispiel 2.7.** Ein Verstärker, dessen Offsetspannung sich um 5 µV/K ändert, soll im Temperaturbereich von 20 bis 60°C eingesetzt werden. Der kleinstmögliche Messbereich ist für den Fall anzugeben, dass der Nullpunktfehler höchstens 1 % des Messbereich-Endwertes ausmacht.

Der erste Term von Gl. (2.211) liefert die durch Temperaturänderungen maximal entstehende Offsetspannung von

$$\Delta U_{\text{os}} = 5\,\mu\text{V/K} \cdot 40\,\text{K} = 200\,\mu\text{V}\,.$$

Der Messbereichs-Endwert muss mindestens hundertmal so groß sein, also mindestens 20 mV betragen. •

Nullpunktfehler bei einer Spannungsmessung

Mit Hilfe des **Überlagerungssatzes** (Superpositionsprinzip) kann der Einfluss der Offsetgrößen auf die Ausgangsspannung untersucht werden. Dabei wird zunächst die Wirkung jeder Quelle für sich allein betrachtet und die Ergebnisse werden zum Schluss addiert. Zusätzlich vorhandene Spannungsquellen werden als kurzgeschlossen, Stromquellen als unterbrochen angesehen. Die Innenwiderstände der Quellen werden jedoch berücksichtigt. Die Ableitungen sind für den idealen Verstärker mit $u'_e = 0$, $i'_e = 0$ durchgeführt.

Bei dem u/u-Verstärker von Bild 2.74 interessiert zunächst der Einfluss der Offsetspannung U_{os}. Mit $U_q = 0$, $I_p = I_n = 0$ führt die Maschengleichung am Eingang, $U_{\text{os}} - U_g = 0$, zu dem Ergebnis

$$U_a(U_{\text{os}}) = \frac{R_1 + R_2}{R_2}\, U_{\text{os}}\,. \tag{2.212}$$

Die Offsetspannung wird also wie die Eingangsspannung verstärkt und überlagert sich dieser.

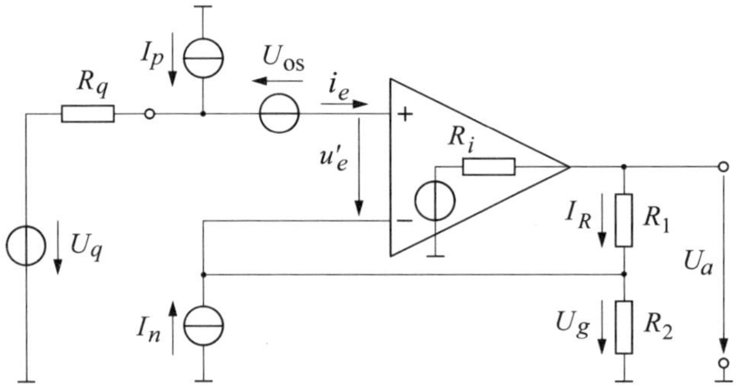

Bild 2.74: Offsetgrößen bei einer Spannungsmessung

Um die Wirkung des Eingangsstroms I_p zu finden, werden U_q und U_{os} als kurzgeschlossen und I_n als nicht vorhanden angenommen. Bei dem idealen Verstärker mit $i'_e = 0$ und $u'_e = 0$ fließt der Eingangsstrom I_p über den Innenwiderstand R_q der Quelle und führt dort zu dem Spannungsabfall $R_q\, I_p$, der die Ausgangsspannung U_a zur Folge hat:

$$U_a(I_p) = \frac{R_1 + R_2}{R_2}\, R_q\, I_p\,. \tag{2.213}$$

Der Strom I_n schließlich fließt in den Knoten zwischen R_1 und R_2, woraus

$$U_g = (I_n + I_R)\, R_2 \tag{2.214}$$

folgt. Aus der Maschengleichung für den Eingang, $U_{\text{os}} + U_q - U_g = 0$, ergibt sich, dass bei $U_q = U_{\text{os}} = 0$ auch U_g null ist. Aus Gl. (2.214) entsteht so

$$I_n = -I_R\,,$$

$$U_a(I_n) = R_1\,I_R + U_g = -R_1\,I_n\,. \tag{2.215}$$

Die Addition der Gln. (2.212), (2.213) und (2.215) liefert die gesamte Ausgangsspannung in Abhängigkeit der Offsetgrößen zu

$$U_a(U_{\text{os}},\,I_p,\,I_n) = \frac{R_1+R_2}{R_2}\left(U_{\text{os}} + R_q\,I_q - \frac{R_1\,R_2}{R_1+R_2}\,I_n\right). \tag{2.216}$$

Falls die Ströme I_p und I_n gleich groß sind, kompensieren sie sich für

$$R_q = R_1 \,||\, R_2\,. \tag{2.217}$$

Die letzte Gleichung ist zusammen mit den Bedingungen Gl. (2.125) und Gl. (2.126) bei der Dimensionierung der Widerstände R_1 und R_2 zu beachten. Für $k_u \gg 1$ empfiehlt sich, R_2 so groß wie den Innenwiderstand R_q der Spannungsquelle zu wählen und R_1 dann nach Gl. (2.133) zu berechnen.

• **Beispiel 2.8.** Die Spannung einer Quelle mit einem Innenwiderstand $R_q = 100\ \Omega$ ist mit einem Verstärker zu messen, der eine Offsetspannung $U_{\text{os}} = 200\ \mu\text{V}$ und die Eingangsströme $I_p = I_n = 10^{-8}$ A aufweist. Der Eingangsstrom I_p führt an R_q zu einem Spannungsabfall von $10^2\,\Omega \cdot 10^{-8}\ \text{A} = 1\ \mu\text{V}$, der gegenüber der Offsetspannung unberücksichtigt bleiben darf. Ist zusätzlich noch $R_2 = R_q$, so könnte auch $R_2\,I_n$ vernachlässigt werden unabhängig davon, dass sich für $R_2 = R_q$ die Wirkungen der Offsetströme gegenseitig aufheben. •

Allgemein gilt, dass eine Spannungsmessung bei niederohmiger Quelle durch die Offsetspannung, nicht aber durch die Offsetströme gestört wird.

Nullpunktfehler bei einer Strommessung

Um bei dem i/u-Verstärker von Bild 2.75 den Einfluss der Offsetspannung U_{os} zu finden, werden alle Stromquellen als unterbrochen angesehen.

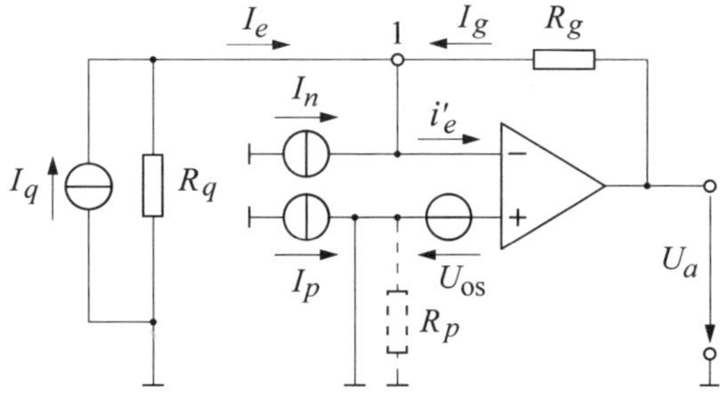

Bild 2.75: Offsetgrößen bei einer Strommessung; der p-Eingang kann über den Widerstand R_p an Masse gelegt werden

Zwischen den Eingangsklemmen liegt damit der Widerstand R_q. Der p-Eingang, der n-Eingang und der Knoten 1 befinden sich auf demselben Potenzial, so dass die Offsetspannung zu den folgenden Strömen führt:

$$I_e = -\frac{U_{\text{os}}}{R_q} \qquad \text{und} \qquad I_g = \frac{U_a - U_{\text{os}}}{R_g}\,. \tag{2.218}$$

Beide Ströme sind entgegengesetzt gleich, $I_e = -I_g$. Die Ausgangsspannung U_a

$$U_a(U_{\text{os}}) = \frac{R_q + R_g}{R_q}\, U_{\text{os}} = \left(1 + \frac{R_g}{R_q}\right) U_{\text{os}} \tag{2.219}$$

ist wegen des hohen Innenwiderstandes R_q der Stromquelle, $R_q \gg R_g$, nur unbedeutend höher als die Offsetspannung

$$U_a(U_{\text{os}}) \approx U_{\text{os}}\,.$$

Die Offsetspannung wird bei einer Strommessung praktisch nicht verstärkt und kann unberücksichtigt bleiben. Sie führt wegen des hohen Innenwiderstandes R_q nach Gl. (2.218) zu einem sehr kleinen Eingangsstrom I_e, der vernachlässigt werden darf.

Um den Einfluss von I_n zu untersuchen, wird die Offsetspannungsquelle als kurzgeschlossen betrachtet und die Stromquellen I_q und I_p werden als unterbrochen angesehen. Bei einem großen Innenwiderstand R_q der Stromquelle fließt dann auch kein Strom über R_q und $I_e = 0$. Damit folgt für den idealen Verstärker aus

$$I_n = -I_g = -\frac{U_a}{R_g} \tag{2.220}$$

die Ausgangsspannung U_a zu

$$U_a(I_n) = -R_g\, I_n\,. \tag{2.221}$$

Der Strom I_p schließlich fließt bei $R_p = 0$ wegen $i'_e = 0$ zur Masse ab und bleibt ohne Einfluss auf die Ausgangsspannung, $U_a(I_p) = 0$. Damit können sich die beiden Eingangsströme nicht gegenseitig aufheben und der am n-Eingang fließende Strom I_n wird wie der Eingangsstrom I_e verstärkt.

Die Schaltung des invertierenden Verstärkers lässt sich verbessern, indem der p-Eingang nicht direkt, sondern über einen Widerstand R_p

$$R_p = R_g \,||\, R_q = \frac{R_g\, R_q}{R_g + R_q} \tag{2.222}$$

an Masse gelegt wird. Die dadurch am p-Eingang entstehende Spannung $U_p = R_p\, I_p$ wirkt ähnlich wie U_{os} und führt zu der Ausgangsspannung

$$U_a(I_p) = \frac{R_q + R_g}{R_q}\, R_p\, I_p = R_g\, I_p\,. \tag{2.223}$$

Damit können sich jetzt die Wirkungen der Eingangsströme I_n und I_p gegenseitig aufheben und die Ausgangsspannung als Summe der Gln. (2.221) und (2.223)

$$U_a(I_p, I_n) = R_g\,(I_p - I_n) \tag{2.224}$$

verschwindet für $I_p = I_n$.

Nullpunktfehler beim Subtrahierer

Der Subtrahierer von Bild 2.66 ist mit $R_1 = R_4$, $R_3 = R_5$ und kurzgeschlossenen Spannungsquellen U_1 und U_2 noch einmal im Bild 2.76 dargestellt. Für ihn ist die Bedingung Gl. (2.222) erfüllt, so dass sich die Eingangsströme I_p und I_n gegenseitig aufheben können.

Bei dem als ideal angenommenen Verstärker ($u_e = 0$; $i'_e = 0$) liegen der p-, der n-Eingang und der Knotenpunkt 1 auf demselben Potenzial. Die Offsetspannung U_{os} führt zu den Strömen

$$I_1 = -\frac{U_{\text{os}}}{R_4} \quad \text{und} \quad I_g = \frac{U_a - U_{\text{os}}}{R_5}\,.$$

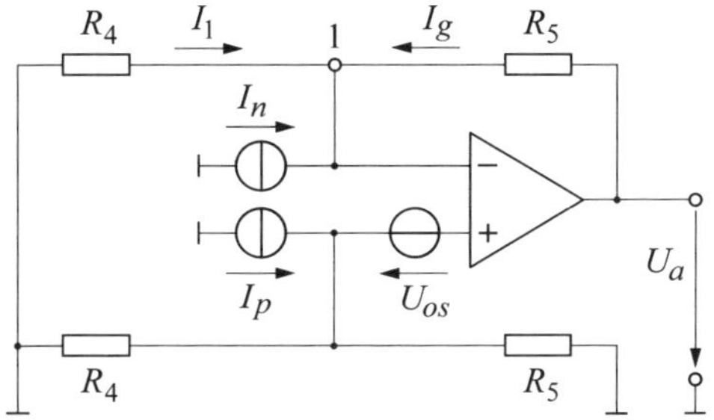

Bild 2.76: Offsetgrößen beim Subtrahierer; die Innenwiderstände der Spannungsquellen sind vernachlässigt

Beide Ströme sind entgegengesetzt gleich, $I_1 = -I_g$, woraus sich die Ausgangsspannung ergibt zu

$$U_a(U_{\text{os}}) = \left(1 + \frac{R_5}{R_4}\right) U_{\text{os}}\,. \tag{2.225}$$

Operationsverstärker mit automatischem Nullabgleich

Um die Driften der Offsetspannung und der Offsetströme möglichst gering zu halten, empfiehlt sich ein häufiger Nullabgleich. Dieser lässt sich automatisieren und dann dementsprechend oft, z. B. 100-mal in der Sekunde, durchführen. Ein derartiger Operationsverstärker mit automatischem Nullabgleich ist zweikanalig aufgebaut. Der entsprechende integrierte Schaltkreis enthält zwei Verstärker mit einer Steuereinrichtung und einem Umschalter. Er verarbeitet die zu messende Spannung abwechselnd in beiden Kanälen. Während der eine Verstärker nach außen hin aktiv ist, wird die Offsetspannung des anderen ermittelt und gespeichert. Damit kann die Offsetspannung nach der Umschaltung von der zu messenden Spannung abgezogen werden.

Verstärkerrauschen

Werden die Nullpunktfehler beherrscht, so liegt die Messungenauigkeit in einem Spannungsbereich, der durch das Rauschen des Verstärkers geprägt ist. Bild 2.74 kann bei einer Spannungsmessung als Ersatzschaltbild dienen, wenn die Quellen U_{os}, I_p und I_n jetzt als Rauschquellen interpretiert werden. Die Rauschspannungen und -ströme wirken ähnlich wie die Offsetgrößen, und die oben angestellten Überlegungen gelten auch hier. Die Rauschspannung wird direkt verstärkt, während der Rauschstrom I_p erst nach Multiplikation mit dem Quellwiderstand R_q zu einer störenden Spannung wird. Für die niederohmigen Signalquellen ist das Spannungsrauschen maßgebend, das z. B. bei 1 µV liegen kann. Eine gleich große Spannung wird durch einen Rauschstrom von 10 pA erst an einem Widerstand von 100 kΩ erzeugt. Bei niederohmigen Quellen kann also das Stromrauschen oft vernachlässigt werden. Bei hochohmigen Quellen jedoch ist es von Bedeutung.

Chopperstabilisierte Verstärker mit automatischem Nullabgleich haben zwar eine geringe Offsetspannungsdrift, aber im Allgemeinen keine besseren Rauschwerte als die nicht stabilisierten.

Thermospannungen

Im Eingangskreis eines Verstärkers finden unter Umständen Leiter und Bauelemente aus unterschiedlichen Metallen Verwendung. Liegen die Verbindungsstellen auf unterschiedlichen Temperaturen, so können Thermospannungen entstehen. Diese werden wie das Nutzsignal verstärkt und führen damit zu einem Fehler. Die Thermospannungen betragen für metallische Elemente etwa 40 µV bei 1 K Temperaturdifferenz. Sie sind bei einer Umpolung der Messspannung zu erkennen.

2.4 Elektrodynamische spannungsliefernde Aufnehmer

Nachdem die vorausgegangenen Abschnitte in die Spannungs- und Strommessung einführten, wird nun auf das elektrische Messen nichtelektrischer Größen übergegangen. In den nachfolgenden Abschnitten werden spannungs- und stromliefernde Aufnehmer vorgestellt.

Das Ersatzschaltbild eines spannungsliefernden Aufnehmers ist eine Spannungsquelle, die durch ihre Leerlaufspannung und ihren Innenwiderstand beschrieben wird. Beide Größen sind wichtig. Schwierigkeiten bei der Messung entstehen, wenn entweder die abgegebene Spannung sehr niedrig oder der Innenwiderstand der Quelle sehr hoch ist. Um wirklich die von der Quelle gelieferte Spannung zu erfassen, ist die Spannungsmessung hochohmig durchzuführen. Umgekehrt ist bei der Stromquelle, die als Stromgenerator mit parallel liegendem Innenwiderstand gezeichnet werden kann, der gelieferte Strom möglichst niederohmig zu messen.

Die nachfolgend zu besprechenden Aufnehmer sind nach den zu Grunde liegenden physikalischen Gesetzen und den abgegebenen Signalen, nicht jedoch nach der zu messenden nichtelektrischen Größe geordnet. So kommt es, dass in diesem Abschnitt so verschieden aussehende Geräte wie der Hall-Generator und der Induktions-Durchflussmesser im Zusammenhang besprochen werden.

Um zu sehen, welche Verfahren für die Messung einer bestimmten nichtelektrischen Größe bestehen, wird ein Blick ins Inhaltsverzeichnis empfohlen. Dort sind für die jeweilige nichtelektrische Größe die in diesem Buch behandelten Prinzipien zusammenfassend aufgeführt.

2.4.1 Weg- und Winkelmessung

Differenzial-Transformator

Der Differenzial-Transformator (Bild 2.77) besteht aus einer Primärspule und zwei Sekundärspulen, die auf einer Hülse sitzen. Gekoppelt sind die Spulen über einen in der Hülse verschiebbaren Kern. Die in den Sekundärspulen induzierten Spannungen sind gegeneinander geschaltet. Steht der Tauchkern in der Mitte, so sind die beiden Sekundärspannungen gleich und die Ausgangsspannung des Gebers ist null. Wird der Kern verfahren, nimmt die Ausgangsspannung der einen Spule zu, die der anderen ab, und die Differenz wächst streng linear mit der Verschiebung s.

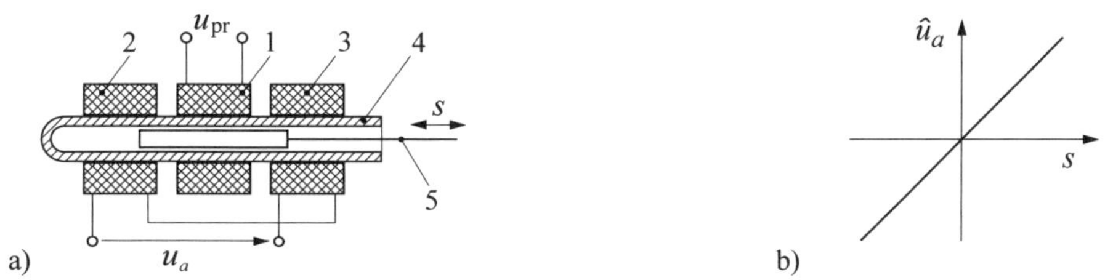

Bild 2.77: Differenzial-Transformator: a) Aufbau b) Kennlinie
1 Primärspule, 2 und 3 Sekundärspulen, 4 Hülse, 5 verschiebbarer Kern

Mit dem Differenzial-Transformator kann ohne einen mechanischen Kontakt zwischen Tauchkern und Spule ein Weg in eine Spannung umgeformt werden. Ist die Hülse druckdicht ausgeführt, so kann die Stellung des Kerns aus einem unter Druck stehenden Raum berührungslos nach außen übertragen werden. Die Messbereiche der Differenzial-Transformatoren liegen im Bereich zwischen 10^{-6} und 10^{-2} m. Ein voll ausgesteuerter Aufnehmer liefert etwa 1 V. Der Wechselstromwiderstand der Sekundärspulen bildet den Innenwiderstand der Ersatzspannungsquelle.

2.4.2 Analoge Drehzahlmessung

In diesem Abschnitt werden die Drehzahlgeber besprochen, die eine analoge Ausgangsspannung liefern. Einige impulsliefernde Drehzahlgeber sind im Abschnitt 5.9 aufgeführt.

Gleichspannungs-Generator. Im Feld eines Dauermagneten läuft ein Anker, auf dem eine oder mehrere Spulen gewickelt sind (Bild 2.78). Bei einer Drehung des Ankers wird in der Spule eine Spannung proportional zur Drehzahl induziert. Werden die Anschlüsse der Spulen über einen Kommutator jeweils bei dem Nulldurchgang der Spannung umgepolt, so entsteht als Ausgangssignal eine pulsierende Gleichspannung.

Ihre Amplitude ist proportional der Drehzahl. Die Drehrichtung ist in der Polarität der abgegebenen Spannung erkennbar.

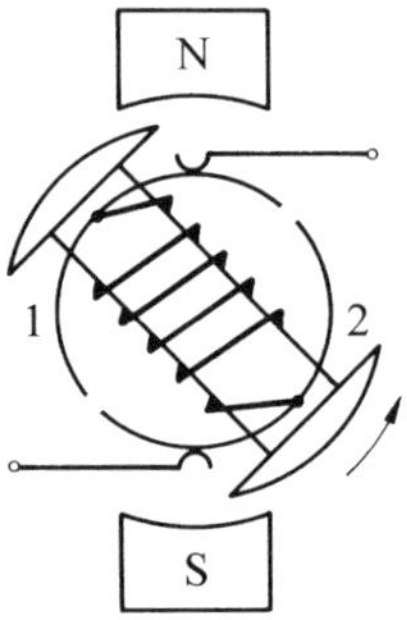

Bild 2.78: Gleichspannungs-Generator

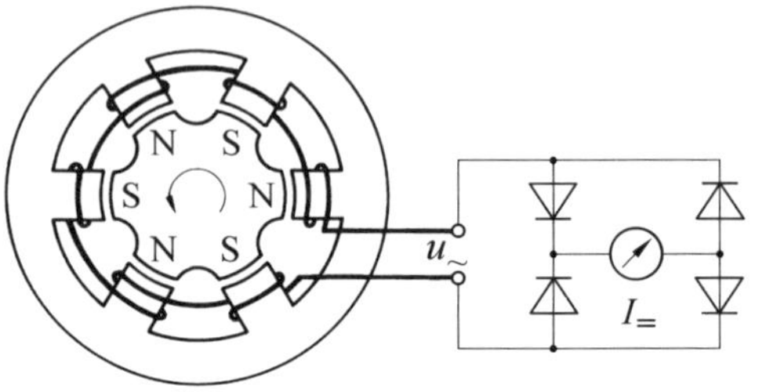

Bild 2.79: Wechselspannungs-Generator

Wechselspannungs-Generator. Um die Stromzuführungen zu einer sich drehenden Spule zu vermeiden, sind die Wechselspannungs-Generatoren mit fest stehenden Spulen und drehbar gelagerten Dauermagneten ausgeführt (Bild 2.79). Die induzierte Wechselspannung wird gleichgerichtet und kann z. B. auf einem Drehspulgerät angezeigt werden. Die Information über die Drehrichtung geht dabei verloren.

2.4.3 Hall-Sonde

Wirkungsweise. Eine Hall-Sonde enthält ein senkrecht von einem Magnetfeld durchsetztes Plättchen, dessen Dicke d klein ist gegenüber seiner Länge und seiner Breite b (Bild 2.80). Bei einem Steuerstrom I in Längsrichtung des Plättchens kann an seiner Seite eine Spannung, die so genannte Hall-Spannung, abgenommen werden.

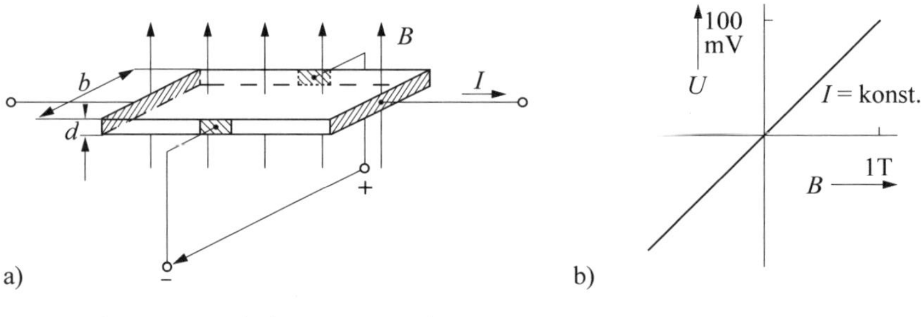

Bild 2.80: Hall-Sonde a) Aufbau b) Kennlinie

Diese Spannung entsteht infolge der Lorentz-Kraft F_m, die eine senkrecht zu einem Magnetfeld bewegte Ladung erfährt. Für ein mit der Geschwindigkeit v fließendes Elektron mit der Elementarladung e beträgt die Lorentz-Kraft

$$F_m = e\,v\,B\,. \qquad (2.226)$$

Die Elektronen werden abgelenkt, sodass die eine Seite des Hall-Plättchens an Elektronen verarmt, die andere dagegen entsprechend angereichert wird. Ein elektrisches Feld E baut sich auf, das auf die Elektronen die Gegenkraft F_e

$$F_e = e\,E \tag{2.227}$$

ausübt. Die beiden Kräfte stehen im Gleichgewicht, $E = v\,B$, so dass bei einem Plättchen der Breite b die Spannung U entsteht (Hall-Generator):

$$U = E\,b = b\,v\,B\,. \tag{2.228}$$

Die Geschwindigkeit v der Elektronen ist über ihre Konzentration n mit der Stromdichte S verknüpft, die sich ihrerseits aus dem Querschnitt $b \cdot d$ und dem durch das Plättchen fließenden Steuerstrom I ergibt:

$$S = n\,v\,e = \frac{I}{b\,d}\,. \tag{2.229}$$

Wird die letzte Gleichung nach v aufgelöst und in Gl. (2.228) eingesetzt, so ist die Hall-Spannung U

$$U = \frac{1}{n\,e}\frac{1}{d}\,I\,B \tag{2.230}$$

proportional dem Steuerstrom I und der magnetischen Flussdichte B. Sie ist, anders als der Widerstand der Feldplatte (Abschnitt 3.10), abhängig von der Richtung des durchgehenden Stroms. Sie nimmt mit der Elektronenkonzentration n ab und mit der Elektronengeschwindigkeit v bzw. mit der Elektronenbeweglichkeit $\mu = v/E$ zu. Letztere ist in Halbleitermaterialien bedeutend größer als in Metallen (Tabelle 2.2). Daher werden insbesondere InSb, InAs und In(As, P) für Hall-Sonden verwendet.

Der Innenwiderstand eines Hall-Generators liegt im Bereich von Ω.

Tabelle 2.2: Konzentration und Beweglichkeit von Ladungsträgern

Material	Konzentration n der Ladungsträger cm^{-3}	Beweglichkeit μ der Leitungselektronen $\frac{\mathrm{cm}}{\mathrm{s}} / \frac{\mathrm{V}}{\mathrm{cm}}$	Beweglichkeit der Defektelektronen $\frac{\mathrm{cm}}{\mathrm{s}} / \frac{\mathrm{V}}{\mathrm{cm}}$	Leitfähigkeit $1/(\Omega\,\mathrm{cm})$
Cu	$8{,}7 \cdot 10^{22}$	40	–	$6 \cdot 10^{5}$
Si	$1{,}5 \cdot 10^{10}$	1350	480	$5 \cdot 10^{-6}$
Ge	$2{,}4 \cdot 10^{13}$	3900	1900	$2 \cdot 10^{-2}$
InSb	$1{,}1 \cdot 10^{16}$	80000	750	$1 \cdot 10^{2}$
GaAs	$9 \cdot 10^{6}$	8500	400	$1 \cdot 10^{-8}$

Anwendungen des Hall-Effekts

Hall-Sonden werden zunächst benutzt, um Magnetfelder auszumessen. Darüber hinaus können sie alle die Größen erfassen, die Magnetfelder erzeugen oder beeinflussen.

Strommessung. Zur potenzialfreien Messung eines Stroms I_1 wird dieser durch die Wicklung eines Elektromagneten geschickt. Dessen magnetische Induktion B wird mit einer Hall-Sonde bestimmt (Bild 2.81 a). Bei konstantem Steuerstrom I ist die Hall-Spannung U ein Maß für den Strom I_1.

Um den Einfluss des Eisenkreises auf die Messgenauigkeit auszuschalten, empfiehlt es sich, auf die Kompensationsanordnung (Bild 2.81 b) überzugehen.

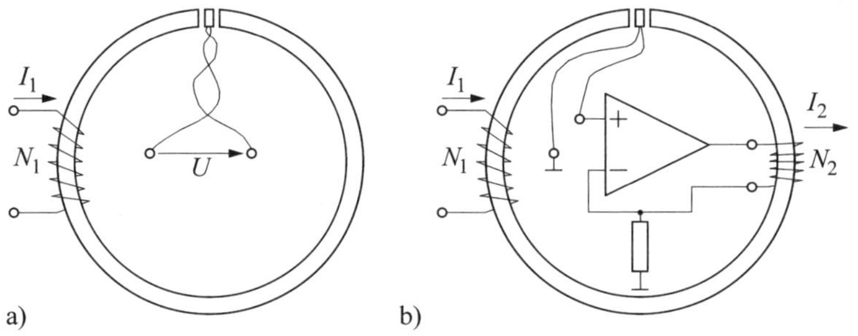

Bild 2.81: Strommessung mit Hall-Sonde; a) direkte Messung b) Kompensationsmessung

Hier trägt der Eisenkern zwei Spulen. Die eine mit der Windungszahl N_1 wird von dem zu messenden Strom I_1, die andere mit der Windungszahl N_2 von dem Kompensationsstrom I_2 durchflossen. Die zweite Spule ist so angeschlossen, dass ihr Magnetfeld dem der ersten Spule entgegenwirkt. Die resultierende magnetische Induktion wird mit einem Hall-Sensor erfasst. Dessen Spannung ist Eingangsgröße eines Reglers. Der Regler verändert seinen Ausgangsstrom I_2 so lange, bis seine Eingangsspannung bei $N_1 I_1 = N_2 I_2$ verschwindet und dadurch der Ausgangsstrom I_2 nicht mehr verstellt wird. Dieser ist dann ein Maß für den gesuchten Strom I_1.

Hall-Multiplizierer. Die Hall-Spannung U ist proportional dem Steuerstrom I und der magnetischen Flussdichte B. Wird Letztere mittels eines von dem Strom I_B durchflossenen Elektromagneten erzeugt (Bild 2.82), so steigt die Hall-Spannung mit dem Produkt der Ströme I und I_B.

Damit ist ein Bauteil verfügbar, in dem Ströme multipliziert werden können. So werden Hall-Multiplizierer z. B. zur Leistungsmessung verwendet. Ist der Steuerstrom I proportional der an einem Verbraucher liegenden Spannung U_b ($I = U_B/R$) und ist der über den Verbraucher fließende Strom I_b gleich dem, der das Magnetfeld erzeugt ($I_b = I_B$), so ist die entstehende Hall-Spannung U proportional der im Verbraucher umgesetzten Leistung, $U = k\,U_b\,I_b = k\,P_b$.

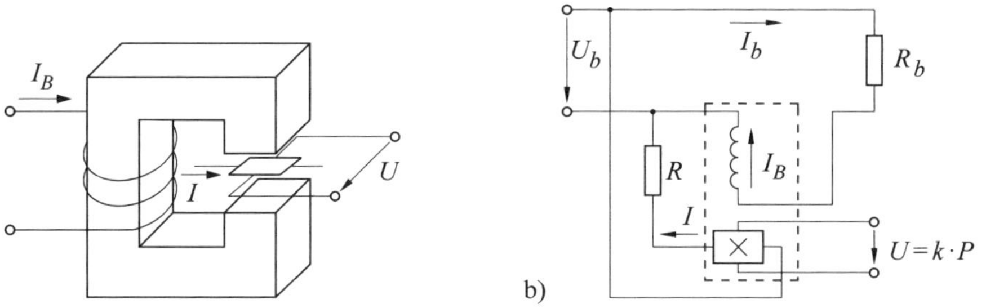

Bild 2.82: Hall-Multiplizierer; a) Aufbau b) Anwendung zur Leistungsmessung

Positionsmessung mit Magnetschranke. In der Magnetschranke von Bild 2.83 sitzt die Hall-Sonde in dem von einem Dauermagneten erzeugten Feld. In den Luftspalt fährt eine Weicheisenblende ein und aus und steuert so den das Hall-Plättchen durchsetzenden magnetischen Fluss, der als Maß für die Position der Weicheisenblende dient. Die Hall-Spannung wird in einer elektronischen Schaltung ausgewertet, die nur zwei diskrete Spannungspegel, z. B. 0 V und 12 V, ausgibt. Die Magnetschranke mit Hall-Detektor arbeitet damit als Endlagenschalter, der die Position von Maschinenteilen berührungslos überwacht.

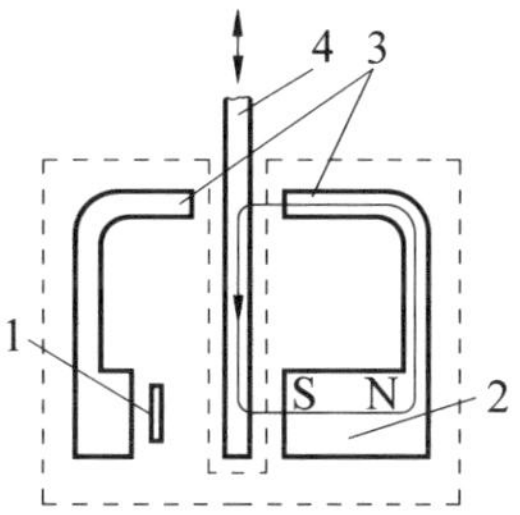

Bild 2.83: Magnetschranke mit Hall-Sonde zur Endlagenmessung
1 Hall-Sonde mit integrierter Auswerteschaltung
2 Dauermagnet
3 Fluss-Leitbleche
4 Weicheisenblende

Monolithisch integrierter Hall-IC. Die Hall-Sensoren werden in bipolarer oder CMOS-Technologie zusammen mit den Komponenten zur Signalaufbereitung als sog. Hall-ICs gefertigt. Der digitale Hall-IC wirkt als Schalter, während der lineare IC eine dem Magnetfeld proportionale Ausgangsspannung liefert.

Bestimmung der Ladungsträgerkonzentration und -beweglichkeit. Von den in der Gl. (2.230) stehenden Größen können die Dicke des Plättchens d, der Steuerstrom I, die magnetische Flussdichte B und die Hall-Spannung U gemessen werden. Aus diesen Werten ergibt sich die Konzentration n der Elektronen. Der Hall-Effekt entsteht nun nicht nur bei der Bewegung von Elektronen, sondern auch bei der von positiven Ladungen, wobei sich die Richtung der Hall-Spannung umkehrt. So können über den Hall-Effekt das Vorzeichen und die Anzahl der Ladungsträger bestimmt werden.

Die Geschwindigkeit v der Ladungsträger ist das Produkt ihrer Beweglichkeit μ und der Feldstärke E in der Bewegungsrichtung: $v = \mu\, E$. Die Stromdichte S ist proportional der Leitfähigkeit σ und der elektrischen Feldstärke E:

$$S = \sigma\, E = n\, v\, e\,. \tag{2.231}$$

Wird in der letzten Beziehung die Geschwindigkeit v durch die Beweglichkeit μ ausgedrückt, so entsteht

$$\frac{1}{n\, e} = \frac{\mu}{\sigma}\,. \tag{2.232}$$

Über die Hall-Spannung lässt sich also bei bekannter Leitfähigkeit auch die Beweglichkeit μ der Ladungsträger erfassen.

Entsprechende Messungen werden sowohl bei der Entwicklung neuer Halbleiter-Materialien als auch während der Fertigung zur Qualitätskontrolle und Qualitätssicherung durchgeführt.

Transfernormal für die Widerstandseinheit. Auf die Nutzung des Quanten-Hall-Effekts für die Reproduzierung der Widerstandseinheit Ω ist in Abschnitt 1.2.4 eingegangen.

2.4.4 Induktions-Durchflussmesser

Wirkungsweise. Flüssigkeiten enthalten entsprechend ihrer Leitfähigkeit Ionen als Ladungsträger. Haben diese Ionen die Ladung q und bewegen sie sich mit der strömenden Flüssigkeit durch ein senkrecht zur Bewegungsrichtung stehendes magnetisches Feld, so werden sie mit der Kraft $F_m = q\, v\, B$ zur Seite abgelenkt. Dadurch entsteht ein elektrisches Feld E mit einer auf die Ionen wirkenden Kraft $F_e = q\, E$. Die elektrische Feldstärke E führt zu einer Spannung U, die an den im Abstand eines Rohrdurchmessers D isoliert sitzenden Elektroden abgegriffen werden kann:

$$q\, v\, B = q\, E = q\, \frac{U}{D}\,; \qquad U = D\, v\, B\,. \tag{2.233}$$

Mit der Geschwindigkeit v ist der Volumendurchfluss $\dot{V}$ ($\dot{V} = 0{,}78\; D^2\, v$) verknüpft, so dass die abgegriffene Spannung als Maß für die Durchflussmenge genommen werden kann.

In Gl. (2.233) tritt die Leitfähigkeit σ der Flüssigkeit nicht auf. Sie hat keine Bedeutung für die Höhe der induzierten Spannung, wohl aber für den Innenwiderstand R_q der Quelle. Dieser ist gleich dem Widerstand der Flüssigkeitssäule zwischen den Elektroden. Bezeichnen D den Rohrdurchmesser und A die Fläche der Elektroden, so ist

$$R_q = \frac{1}{\sigma}\, \frac{D}{A} \tag{2.234}$$

und erreicht für $\sigma = 10\ \mu\text{S/cm}$, $D = 100$ cm und $A = 1\ \text{cm}^2$ den hohen Wert

$$R_q = \frac{1}{10^{-5}} \frac{\text{V cm}}{\text{A}} 100 \text{ cm} \frac{1}{1 \text{ cm}^2} = 10^7 \,\Omega\,. \tag{2.235}$$

Induktions-Durchflussmesser stellen also hochohmige Quellen dar und erfordern für die Spannungsmessung Verstärker mit großem Eingangswiderstand.

Magnetfeld. Da sich bei magnetischen Gleichfeldern Polarisationsspannungen den induzierten Spannungen überlagern und diese verfälschen, werden die Messungen im Allgemeinen mit Wechselfeldern durchgeführt. Die entstehenden Messspannungen haben Scheitelwerte von einigen mV. Durch das Streufeld der Magnete werden nun Störwechselspannungen in den Messleitungen induziert, die erheblich größer als die Nutzsignale sein können. Hier entsteht das Problem, Nutz- und Störsignal sicher voneinander zu trennen.

Das Nutzsignal ist proportional der magnetischen Flussdichte $B = \hat{B}\ \sin\omega\, t$, die Störspannung ist proportional der zeitlichen Ableitung $\mathrm{d}B/\mathrm{d}t = \omega\,\hat{B}\ \cos\,\omega\, t$. Stör- und Nutzspannung haben also eine Phasenverschiebung von 90°. So besteht die Möglichkeit, einen im Takt der Messspannung gesteuerten Gleichrichter zu verwenden, dessen Ausgangsspannung nach einer Mittelwertbildung die um $\pi/2$ verschobene Störspannung nicht mehr enthält.

Besser noch ist, an Stelle eines sinusförmig verlaufenden Feldes ein getaktetes umgeschaltetes Gleichfeld zu verwenden (Bild 2.84).

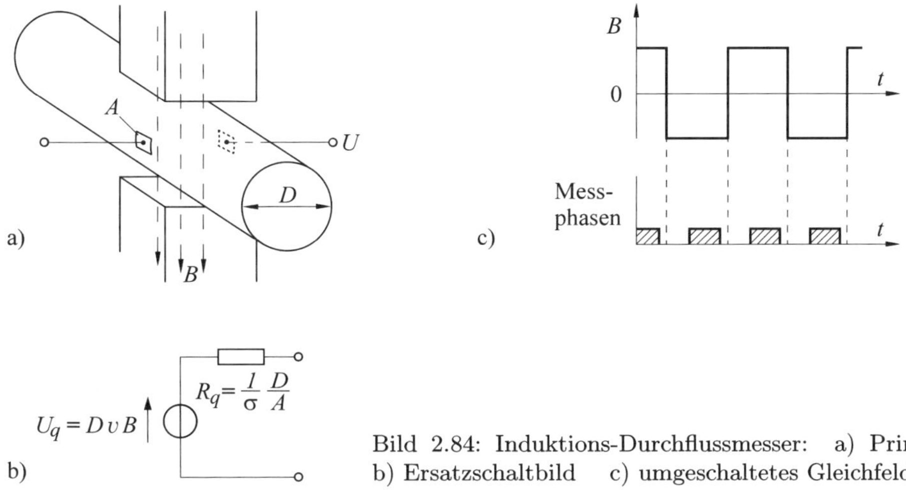

Bild 2.84: Induktions-Durchflussmesser: a) Prinzip b) Ersatzschaltbild c) umgeschaltetes Gleichfeld

Die Periodendauer wird so groß gewählt, dass gerade noch keine Polarisationsspannungen auftreten. Die Störspannungen entstehen nur während der Umschaltung des Magnetfelds. Gemessen wird nicht zeitlich kontinuierlich, sondern diskret zu den Zeiten, bei denen das Magnetfeld konstant und keine Störspannung vorhanden ist.

Eigenschaften. Der Induktions-Durchflussmesser wird auch als magnetischer Durchflussmesser, induktiver Durchflussmesser und magnetisch-induktiver Durchflussmesser bezeichnet. Die von ihm gelieferte Spannung ist bei einem homogenen Magnetfeld so lange ein Maß für den Durchfluss, solange das Strömungsprofil rotationssymmetrisch ist. Ein Vorteil des Induktions-Durchflussmessers ist, dass der Strömungsquerschnitt nicht durch Blenden oder Düsen eingeengt werden muss. Die Messung stark verschmutzter Flüssigkeiten (Klärschlamm), die von zähen Pasten oder auch von aggressiven Medien wie Säuren und Laugen ist mit entsprechend ausgekleideten Messstrecken möglich. Verglichen mit anderen Methoden ist die Messgenauigkeit hoch. Zwischen 10 und 100 % des Messbereichs kann die Unsicherheit der Messung kleiner als 1 % vom angezeigten Wert gehalten werden.

2.5 Thermische spannungsliefernde Aufnehmer

2.5.1 Thermoelement

Wirkungsweise. Zwei unterschiedliche Materialien A und B bilden den Stromkreis von Bild 2.85. A ist mit B an der Stelle I und B ist mit A an der Stelle II verlötet oder verschweißt. Die Temperaturen der Verbindungsstellen sind T_1 und T_2. Unterscheiden sich diese, so entsteht in dem Kreis eine Spannung U, die so genannte Thermospannung (thermoelektrischer Effekt, Seebeck-Effekt) [2.8].

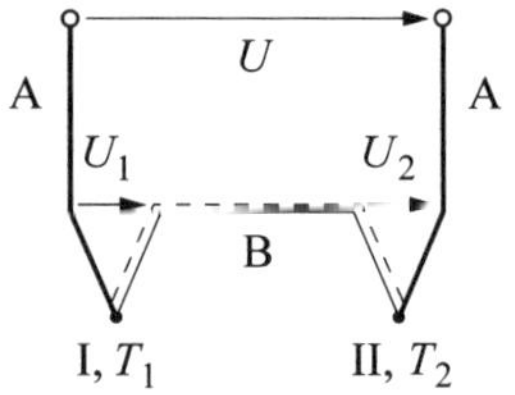

Bild 2.85: Prinzipschaltbild eines Thermoelements

An der Berührungsstelle zweier Metalle treten Elektronen von einem in das andere über. Maßgebend für diesen Vorgang ist die Austrittsarbeit der Elektronen. Das Metall mit der geringeren Austrittsarbeit gibt Elektronen ab und wird positiv. Dadurch bildet sich an der Grenzfläche ein elektrisches Feld. Es entsteht ein Gleichgewichtszustand zwischen den Elektronen, die von A nach B diffundieren, und denen, die infolge des elektrischen Felds von B nach A gezogen werden. An der Berührungsstelle I bildet sich die Kontaktspannung U_1, die nach der Boltzmann-Verteilung der dort herrschenden Temperatur T_1 und dem Verhältnis der Elektronenzahldichten n_A und n_B proportional ist:

$$U_1 = \frac{k\,T_1}{e} \ln \frac{n_A}{n_B} = \left(\frac{k}{e} \ln \frac{n_A}{n_B} \right) T_1 \,. \qquad (2.236)$$

In dieser Gleichung bedeutet k die Boltzmann-Konstante und e die Elementarladung.

Auf der rechten Seite lassen sich die in der Klammer stehenden Terme zu einer Materialkonstanten k_{AB} zusammenfassen, wodurch die Gleichung übergeht in

$$U_1 = k_{AB}\, T_1 \,.$$

Entsprechend gilt für die Lötstelle II:

$$U_1 = k_{BA}\, T_2 \,.$$

Die Summe der beiden Kontaktspannungen U_1 und U_2 ergibt die Thermospannung U. Aus Gl. (2.236) bzw. aus der Maschengleichung $U_1 + U_2 - U = 0$ und aus der Beobachtung, dass bei Temperaturgleichheit $T_1 = T_2$ keine Thermospannung auftritt, $U = 0$, folgt $U_1 = -U_2$ und

$$k_{AB}\, T_1 = -k_{BA}\, T_1 \,; \qquad k_{AB} = -k_{BA} \,. \tag{2.237}$$

Mit dieser letzten Beziehung entsteht aus den vorangegangenen Gleichungen für den allgemeinen Fall von unterschiedlichen Temperaturen, $T_1 \neq T_2$,

$$U = U_1 + U_2 = k_{AB}\,(T_1 - T_2) \,. \tag{2.238}$$

Die entstandene Thermospannung hängt von den Werkstoffen A und B ab und wächst mit der Temperaturdifferenz $T_1 - T_2$ zwischen den Verbindungsstellen I und II. Um den Proportionalitätsfaktor k_{AB} nicht für alle möglichen Werkstoffkombinationen angeben zu müssen, wurden die Empfindlichkeiten der einzelnen Materialien gegenüber Platin ermittelt. Die Ergebnisse sind in der so genannten thermoelektrischen Spannungsreihe zusammengestellt. In Tabelle 2.3 sind einige Werte angegeben, die für eine Temperaturdifferenz zwischen 100°C und 0°C gelten:

Tabelle 2.3: Thermoelektrische Spannungsreihe

Material X	k_{XPt} in [(mV) / (100 K)]
Konstantan (CuNi)	−3,47 ... -3,04
Nickel (Ni)	−1,9
Platin (Pt)	0,0
Wolfram (W)	0,7
Kupfer (Cu)	0,7
Eisen (Fe)	1,9
Nickel-Chrom (NiCr)	2,2
Silizium (Si)	44

Die Empfindlichkeit k_{AB} zweier beliebiger Materialien A und B ergibt sich dann als Differenz ihrer Empfindlichkeiten k_{APt}, und k_{BPt}:

$$k_{AB} = k_{APt} - k_{BPt} \,. \tag{2.239}$$

Für ein Thermoelement mit Schenkeln aus Eisen und Konstantan (Ko) wird dementsprechend

$$k_{\mathrm{FeKo}} = k_{\mathrm{FePt}} - k_{\mathrm{KoPt}} = 1,9 - (-3,47) = 5,37\,\frac{\mathrm{mV}}{100\ \mathrm{K}}\,. \tag{2.240}$$

Grundwerte. Die Gl. (2.238) drückt einen streng linearen Zusammenhang zwischen der Temperaturdifferenz und der Thermospannung aus. Dies ist nur in erster Näherung und nur für kleine Temperaturbereiche richtig. Um die Thermospannungen in Abhängigkeit von der Temperatur wirklich genau angeben zu können, sind Polynome höherer Ordnung notwendig. Diese können DIN IEC 584 oder DIN 43710 entnommen werden. Die Thermospannung eines NiCr-Ni-Thermopaares (Typ K) z. B. berechnet sich im Temperaturbereich 0 bis 1372°C aus

$$U = \sum_{i=0}^{8} b_i\,\vartheta + 125\,\exp\left[-\frac{1}{2}\left(\frac{\vartheta - 127}{65}\right)^2\right]\,\mu\mathrm{V}\,. \tag{2.241}$$

Dabei bezeichnet ϑ die jeweilige Temperatur in °C. Die einzelnen Koeffizienten sind in der Norm auf elf Stellen genau angegeben und gehen von

$$b_0 = 1,8533063273 \cdot 10^{+1} \qquad \text{bis} \qquad \mathrm{b}_8 = +2,2239974336 \cdot 10^{-20}\,. \tag{2.242}$$

Tabelle 2.4: Thermospannungen der (Fe–CuNi)- und (NiCr–Ni)-Thermoelemente bei einer Bezugstemperatur $T_0 = 0$°C (DIN IEC 584)

Temperatur T_1 °C	Spannung U Fe-CuNi mV	Spannung U NiCr-Ni mV
−200	−8,15	
−100	−4,75	
0	0	0
100	5,37	4,10
200	10,95	8,13
300	16,56	12,21
400	22,16	16,40
500	27,85	20,65
600	33,67	24,91
700	39,72	29,14
800		33,30
900		37,36
1000		41,31

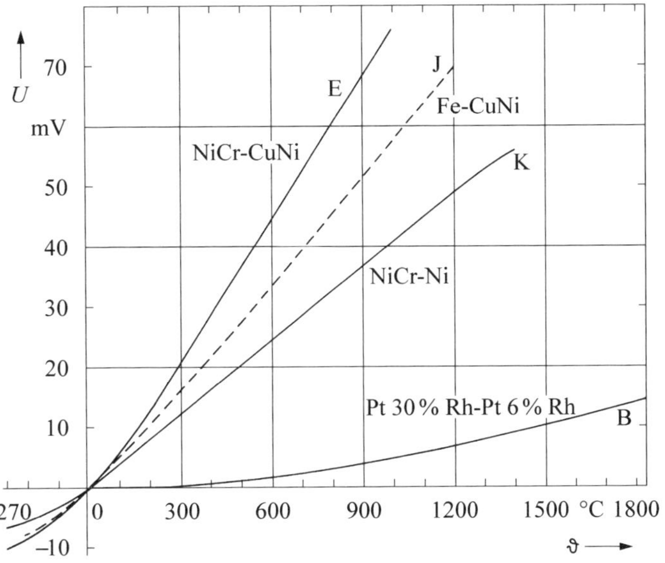

Bild 2.86: Kennlinie von Thermoelementen

Auch in der Tabelle 2.4 und in dem groben Maßstab von Bild 2.86 sind die Nichtlinearitäten zu erkennen. Die Empfindlichkeiten liegen zwischen 5 mV pro 100°C und 2 mV pro 100°C.

Die Thermospannungen der gefertigten Thermopaare dürfen von den Grundwerten der Norm bis zu einem maximalen Wert abweichen. In DIN IEC 584 Teil 2 werden drei verschiedene Klassen der Grenzabweichungen definiert. Sie hängen vom Material des Thermopaares und dem Temperaturbereich ab. Für (NiCr-Ni)-Thermopaare z. B. sind die folgenden Werte vorgeschrieben:

Klasse	Grenzabweichung	Verwendungsbereich
1	$\pm$ (1,5°C oder 0,004 $\mid \vartheta \mid$)	−40°C bis 1000°C
2	$\pm$ (2,5°C oder 0,0075 $\mid \vartheta \mid$)	−40°C bis 1200°C
3	$\pm$ (2,5°C oder 0,015 $\mid \vartheta \mid$)	−200°C bis 40°C

Von den beiden angegebenen Werten gilt jeweils der höhere. Ein (NiCr-Ni)-Thermopaar der Klasse 2 hat also zwischen −40°C und 330°C eine Unsicherheit von ± 2,5°C. Bei höheren Betriebstemperaturen ϑ beträgt sie $\pm\, 0{,}0075 \mid \vartheta \mid$.

Stromkreis mit drei unterschiedlichen Materialien. Die Thermospannung des in Bild 2.87 gezeigten Kreises ergibt sich als Summe der drei Einzelspannungen U_1, U_2 und U_3 mit

$$U_1 = k_{\mathrm{CA}}\, T_1 = (k_{\mathrm{CPt}} - k_{\mathrm{APt}})\, T_1 \,,$$

$$
\begin{aligned}
U_2 &= k_{\mathrm{AB}} T_2 = (k_{\mathrm{APt}} - k_{\mathrm{BPt}}) T_2 \,, \\
U_3 &= k_{\mathrm{BC}} T_3 = (k_{\mathrm{BPt}} - k_{\mathrm{CPt}}) T_3 \\
zu \quad U &= U_1 + U_2 + U_3 \\
&= k_{\mathrm{CPt}} (T_1 - T_3) + k_{\mathrm{APt}} (T_2 - T_1) + k_{\mathrm{BPt}} (T_3 - T_2) \,. \qquad (2.243)
\end{aligned}
$$

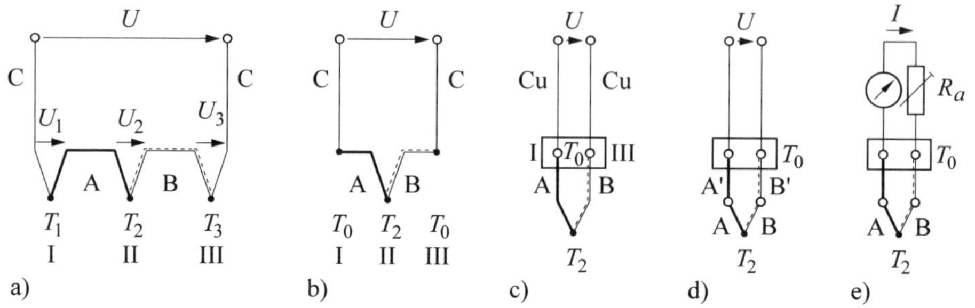

Bild 2.87: Thermoelementkreis mit 3 Materialien A, B und C
a) und b) Prinzip
c) technische Ausführung eines Thermoelements mit der Vergleichststellentemperatur T_0
d) Verwendung von Ausgleichsleitungen A' und B'
e) Abgleichwiderstand R_a zur Einstellung des Thermokreis-Widerstandes auf 20 Ω; Messung des Stroms I

Für den Fall, dass die Temperaturen der Verbindungsstellen I und III gleich sind, $T_1 = T_3 = T_0$, wird der erste Term auf der rechten Seite der obigen Gleichung null und übrig bleibt

$$
U = k_{\mathrm{APt}} (T_2 - T_0) + k_{\mathrm{BPt}} (T_0 - T_2) = k_{\mathrm{AB}}(T_2 - T_0) \,. \qquad (2.244)
$$

Diese Gleichung beschreibt die technische Ausführung eines Thermoelements nach Bild 2.87 b und Bild 2.87 c, die sich von der Prinzipskizze Bild 2.85 unterscheidet. Die Verbindungsstelle des Thermoelements aus den Werkstoffen A und B liegt auf der Temperatur T_2. An den Anschlusspunkten I und III wird von den Thermodrähten auf Kupferleitungen übergegangen. Die hier entstehenden Thermospannungen heben sich gegenseitig auf, solange die Anschlusspunkte dieselbe Temperatur $T_1 = T_3 = T_0$ haben. Das Thermoelement liefert die Spannung U, die nach Gl. (2.244) von der Materialpaarung A, B und der Temperaturdifferenz $T_2 - T_0$ abhängt.

In der Praxis wird manchmal von den Thermodrähten A, B zunächst auf Ausgleichsleitungen A', B' übergegangen (Bild 2.87 d). Die Ausgleichsleitungen haben bis etwa 200°C dieselben thermoelektrischen Eigenschaften wie die Thermodrähte, so dass an den Anschlusspunkten keine Thermospannungen entstehen. Die Ausgleichsleitungen sind aber etwas weniger aufwändig gefertigt, haben im Allgemeinen einen größeren Querschnitt und geringeren elektrischen Widerstand als die Thermodrähte und sind trotzdem preisgünstiger als jene. Damit entsteht ein wirtschaftliches Interesse an ihrer

Verwendung in den Fällen, in denen größere Entfernungen bis zum Anschluss an die Kupferleitungen zu überbrücken sind.

Vergleichsstelle. Die Thermospannung ist proportional der Temperaturdifferenz zwischen der Temperatur T_2 der heißen Lötstelle und der Temperatur T_0 der Anschlusspunkte. Soll die Temperatur T_2 angegeben werden, so muss die Temperatur T_0 der so genannten Vergleichsstelle bekannt sein. Diese Forderung lässt sich z. B. mit einem Thermostaten oder mit einer Korrekturschaltung erfüllen.

Thermostat: Die Temperatur im Innern eines Thermostaten wird auf einen konstanten Wert von 50 oder 60°C geregelt. Dort sitzen die Klemmen, in denen die Thermodrähte mit den Kupferleitungen verbunden sind (Bild 2.88 a). Die Temperatur der Vergleichsstelle ist damit bekannt und konstant, so dass aus der Thermospannung jederzeit die Temperatur T_2 der heißen Lötstelle angegeben werden kann.

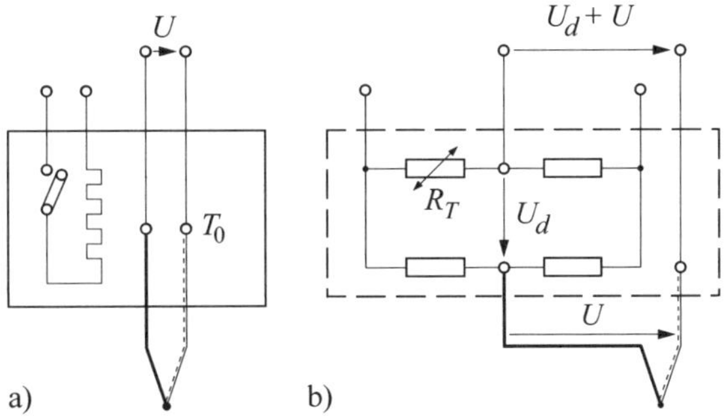

Bild 2.88: Ausführung der Vergleichsstelle mit a) einem Thermostaten b) einer Korrekturschaltung

Korrekturschaltung: Wird eine Korrekturschaltung verwendet, so darf die Temperatur T_0 der Vergleichsstelle schwanken. Bei einer Änderung von T_0 wird eine Zusatzspannung U_d erzeugt und zur Thermospannung U addiert, so dass die Summe $U_d + U$ konstant bleibt. Dazu wird eine Brücke mit einem temperaturempfindlichen Widerstand R_T verwendet (**Kompensationsdose, Spannungsausgleicher**, Bild 2.88 b). Sie ist für eine bestimmte Umgebungstemperatur T_0 abgeglichen, d. h., bei der Temperatur T_0 ist die Diagonalspannung null, $U_d(T_0) = 0$. Ändert sich T_0, so wird die Brücke verstimmt, und die Diagonalspannung nimmt mit T_0 zu. Umgekehrt verhält sich die entstandene Thermospannung. Diese wird mit steigender Umgebungstemperatur kleiner und bei fallender entsprechend größer. Die Brücke ist so ausgelegt, dass sie dieselbe Empfindlichkeit wie das zugehörige Thermoelement erreicht. Dadurch gleichen sich die beiden gegenläufigen Effekte aus, und die Summe der Diagonalspannung und der Thermospannung ist so groß wie das Signal eines Thermoelements, dessen Vergleichsstelle konstant auf T_0 gehalten wird.

Ausführungsformen der Thermoelemente. Unterschieden werden Thermoelemente in Messeinsätzen und Mantel-Thermoelemente:

Messeinsatz und Schutzrohr: Um die Thermodrähte vor einer mechanischen Beschädigung und einer chemischen Einwirkung durch das zu messende Medium zu schützen, sind sie zunächst in eine Hülse eingesetzt und bilden mit dieser den so genannten Messeinsatz (Bild 2.89).

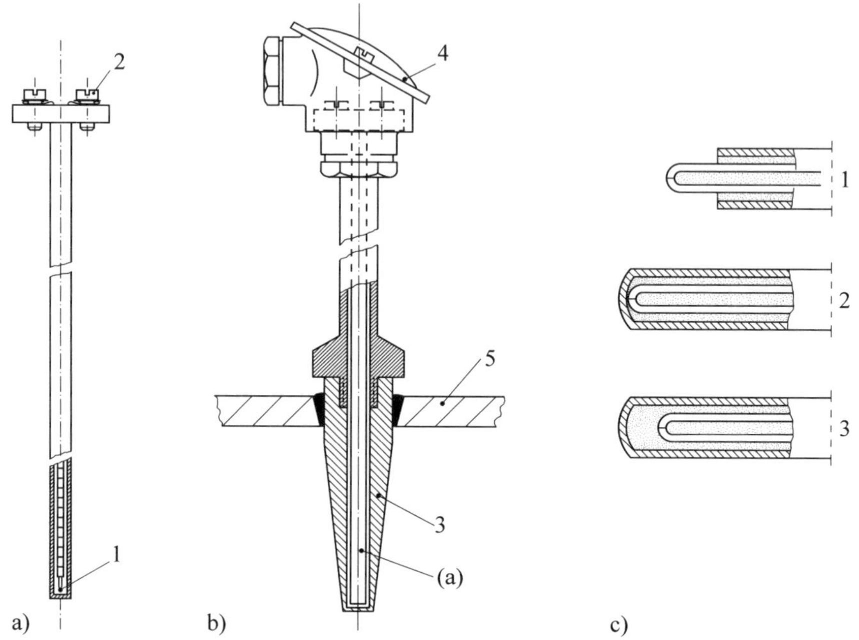

Bild 2.89: Ausführungsformen von Thermoelementen
a) Messeinsatz mit Thermopaar 1 und Anschlussklemmen 2
b) Armatur mit Messeinsatz (a); 3 Schutzrohr, 4 Anschlusskopf, 5 Wand der Rohrleitung oder des Behälters
c) Mantelthermoelemente; 1 Thermopaar offen, 2 Thermopaar mit dem Mantel verschweißt, 3 Thermopaar vom Mantel isoliert

Dieser steckt seinerseits in einem Schutzrohr, dessen Werkstoff und Wandstärke sich nach Art und Druck des Messmediums richtet. Ändert sich die Temperatur des Mediums, so muss erst das Schutzrohr, dann die Hülse und dann die Lötstelle die neue Temperatur annehmen, bevor diese zu einer Änderung der Thermospannung führt. Die Temperaturmessung ist also träge.

Mantel-Thermoelement: Die Thermodrähte des Mantel-Thermoelements sind von einem Metallröhrchen als Mantel umgeben und durch Al_2O_3 oder MgO von diesem isoliert. Der Mantel schützt die Thermodrähte vor chemischen Einwirkungen. Gleichzeitig erreichen die Elemente durch den kompakten Aufbau eine ausreichende mechanische Stabilität. Die Mantel-Thermoelemente haben eine geringere Masse und eine geringere Wärmekapazität als die Thermoelemente in Messeinsätzen und Schutzrohren. Besonders schnell sprechen diejenigen an, bei denen die Lötstelle mit dem Mantel verschweißt ist oder überhaupt offen liegt.

Messschaltung. Die elektrische Ersatzschaltung eines Thermoelements ist eine Spannungsquelle, deren Leerlaufspannung gleich der Thermospannung ist. Der Innenwiderstand liegt bei einigen Ohm für die Thermoelemente in Messeinsätzen und bei einigen kΩ für die dünneren Drähte der Mantel-Thermoelemente. Der Widerstand der Thermodrähte nimmt mit einem Temperaturkoeffizienten von etwa $5 \cdot 10^{-3}$ K^{-1} mit der Temperatur zu.

Manchmal wird nicht die erzeugte Spannung, sondern der im Thermoelementkreis fließende Strom I gemessen. In diesen Fällen muss der Widerstand des gesamten Kreises bekannt sein, um von dem Strom I über das ohmsche Gesetz auf die den Strom verursachende Thermospannung zurückrechnen zu können. Um zusätzlich die in Temperatureinheiten kalibrierten Strommessgeräte austauschbar zu halten, wird der Gesamtwiderstand des Messkreises durch einen Abgleich-Widerstand R_a auf z. B. jeweils 20 Ω ergänzt (Bild 2.87 e).

Zeitverhalten. Das Zeitverhalten des Thermoelements hängt von dem Wärmeübergang von dem zu messenden Medium auf den Temperaturfühler und von dessen Wärmekapazität und Wärmeleitfähigkeit ab. In strömendem Wasser ist die Anzeigeverzögerung geringer als bei einer Messung in einem stehenden Gas. Thermoelemente in Schutzrohren zeigen bei einer sprunghaften Temperaturänderung 90 % des neuen Wertes nach ca. 10 bis 100 s an. Bei Mantel-Thermoelementen sind diese Zeiten mit 0,1 bis 1 s erheblich kürzer. Deren Zeitverhalten lässt sich durch eine Differenzialgleichung erster Ordnung beschreiben mit einer Zeitkonstante als bestimmendem Parameter (Bild 2.90).

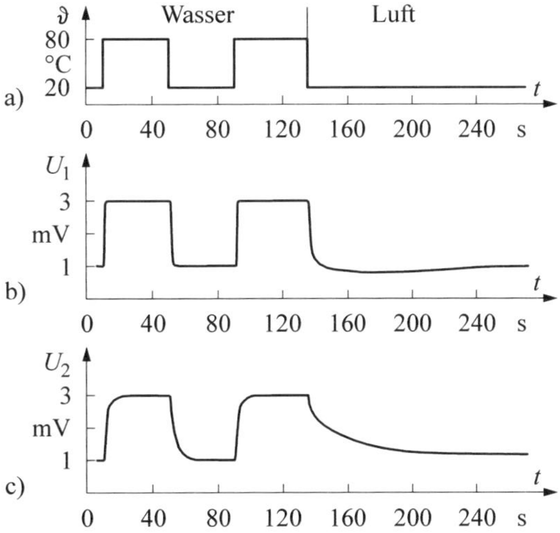

Bild 2.90: Anzeigegeschwindigkeit von Mantelthermoelementen beim Eintauchen in Wasser und Luft
a) Temperatur des Wassers und der Luft
b) Spannung des Thermoelements mit 0,5 mm Ø
c) Spannung des Thermoelements mit 3 mm Ø

2.5.2 Integrierter Sperrschicht-Temperatur-Sensor

Der Durchlassstrom einer Diode ist von der Temperatur abhängig. Dieser Effekt lässt sich für eine Temperaturmessung nutzen. In der Gleichung der Diodenkennlinie mit dem Index D für Durchlassstrom oder Durchlassspannung

$$I_D = I_S\,(T)\,(\mathrm{e}^{\mathrm{e\,U_D/k\,T}} - 1) \tag{2.245}$$

wird in der Klammer zunächst der Subtrahend 1 gegenüber der e-Funktion vernachlässigt, so dass übrig bleibt:

$$I_D = I_S(T)\,\mathrm{e}^{\,e\,U_D/k\,T}\,. \tag{2.246}$$

Indem Gl. (2.246) logarithmiert wird

$$U_D = \frac{k\,T}{e}\,\ln\frac{I_D}{I_S\,(T)}\,, \tag{2.247}$$

wird schon deutlich, dass die Spannung in Durchlassrichtung proportional mit der absoluten Temperatur T wächst. Leider steht in dieser Gleichung aber noch der von der Temperatur abhängige Sperrstrom $I_S = I_S(T)$, so dass noch kein eindeutiger Zusammenhang zwischen der Temperatur T und der Spannung in Durchlassrichtung erreicht ist.

Dieser lässt sich gewinnen, indem die Diode mit zwei unterschiedlichen Strömen I_1 und I_2 betrieben wird, zu denen in Durchlassrichtung die Spannungen U_1 und U_2 gehören. Deren Differenz

$$U_2 - U_1 = \frac{k\,T}{e}\,\ln\frac{I_2}{I_s} - \frac{k\,T}{e}\,\ln\frac{I_1}{I_s} = \frac{k\,T}{e}\,\ln\frac{I_2}{I_1} \tag{2.248}$$

ist unabhängig vom Sperrstrom und nimmt linear mit der absoluten Temperatur T zu.

Bei der praktischen Anwendung dieser Beziehung ist oft die Diode durch die Basis-Emitterstrecke eines Transistors ersetzt. Verwendet werden zwei Transistoren, die als Teil einer integrierten Schaltung völlig identisch aufgebaut sind. Der Emitterstrom I_2 des zweiten Transistors ist N-mal so groß wie der Strom I_1 des ersten, $I_2 = N\,I_1$. Gemessen wird die Differenz der beiden Basis-Emitterspannungen, die nach Gl. (2.248) von der Temperatur abhängt. Diese Differenz wird gleichzeitig verstärkt, so dass der integrierte Schaltkreis z. B. eine Ausgangsspannung von 1 mV/K oder einen Ausgangsstrom von 1 µA/K liefert. Die Signale bei 0°C sind also entweder 273,2 mV oder 273,2 µA. Mit einem derartigen integrierten Temperatursensor lassen sich Temperaturen zwischen −50 und +150°C messen. Vorteilhaft ist die lineare Kennlinie, die zusätzliche Schaltungen zur Linearisierung überflüssig macht, und die Kombination von Aufnehmer und Verstärker in einem Bauteil.

In der Gleichung der Diodenkennlinie kommen neben der Boltzmann-Konstanten k und der Elementarladung e nur noch die Größen Temperatur, Spannung und Strom vor. Die Messung der beiden letztgenannten liefert die Temperatur, ohne dass eine besondere Kalibrierung nötig ist. Der Messwert ist allerdings mit einer Unsicherheit von etwa 2 K behaftet. Es ist nun möglich, für die Diodenkennlinie verbesserte Modelle zu verwenden und damit die Unsicherheit zu verringern [2.9].

2.6 Chemische spannungsliefernde Aufnehmer und Sensoren

2.6.1 Galvanisches Element

Die chemischen spannungsliefernden Aufnehmer und Sensoren können als galvanische Elemente aufgefasst werden, deren Quellspannung in einer definierten Weise von der nachzuweisenden Komponente abhängt. Den Sensoren liegen die Erscheinungen und Gesetzmäßigkeiten zu Grunde, die zur Bildung von Galvani-Spannungen führen [2.10].

Taucht ein Metall in eine Lösung seiner Ionen ein, so können Metallionen in Lösung gehen. Die zugehörigen freien Elektronen bleiben im Metall und laden dieses negativ auf. Die Elektronen befinden sich an der Metalloberfläche und verhindern durch die elektrische Anziehung, dass sich die Metallionen von der Elektrode entfernen können. Es entsteht eine Doppelschicht aus Elektronen und Ionen. Die entsprechende Differenz zwischen dem Potenzial im Metall Φ_{M1} und dem der Lösung Φ_L führt über die Boltzmann-Verteilung zur Nernst-Gleichung

$$U_1 = \Phi_{M1} - \Phi_L = \frac{k\,T}{e} \ln \frac{c_{M1}}{c_L}\,, \tag{2.249}$$

wobei mit c_{M1} die Konzentration der Ionen im Metall und mit c_L die der Ionen in der Lösung bezeichnet wurde.

Um diese Spannung zu messen, ist eine zweite Elektrode notwendig. Ist diese aus einem anderen Metall M 2, so entsteht an ihr die Potenzialdifferenz U_2

$$U_2 = \Phi_{M2} - \Phi_L = \frac{k\,T}{e} \ln \frac{c_{M2}}{c_L}\,. \tag{2.250}$$

Beide Elektroden bilden zusammen mit dem Elektrolyten ein galvanisches Element, das die Spannung U liefert:

$$U_{21} = U_2 - U_1 = \frac{k\,T}{e} \ln \frac{c_{M2}}{c_{M1}}\,. \tag{2.251}$$

Diese Gleichung wird im Folgenden gleichermaßen auf die Elektronen- und Ionenleitung angewendet, d. h. auf das Vorzeichen der Spannung wird keine Rücksicht genommen.

Auch wenn zwei verschiedene Metalle in dieselbe Elektrolytlösung tauchen (z. B. Zink und Kupfer in die verdünnte Schwefelsäure des Daniell-Elements), ist zwischen ihnen eine Spannung zu messen. Die unterschiedlichen Metalle nehmen nämlich gegenüber der Lösung unterschiedliche Potenziale an. Des Weiteren treten Potenzialdifferenzen nicht nur an der Grenzfläche zwischen Metall und wässriger Lösung auf, sondern generell auch an den Grenzflächen Festkörper-Festkörper, Flüssigkeit-Flüssigkeit und Festkörper-Flüssigkeit. In dieser Situation ist die Aufgabe des Messtechnikers, eine Elektrodenkette zu finden, deren Spannung reproduzierbar und definiert von nach Möglichkeit einer einzigen interessierenden Komponente abhängt.

2.6.2 pH-Messkette mit Glaselektrode

Der pH-Wert (potentia Hydrogenii) kennzeichnet die Konzentration an H^+-Ionen in wässrigen Lösungen. Eine Lösung mit dem pH-Wert 7 ist neutral; kleinere pH-Werte weisen auf saure, größere auf alkalische Flüssigkeiten hin. Der pH-Wert ist der mit -1 multiplizierte dekadische Logarithmus der Konzentration c_{H^+} von H^+-Ionen

$$\mathrm{pH} = -\log c_{\mathrm{H}^+} \,.$$

Er ist eine reine Zahl und darf nicht wie eine Einheit angewendet werden (Schreibweise nach DIN 1962: eine Lösung hat den pH-Wert 5 oder: bei einer Lösung ist pH = 5; jedoch nicht: die Lösung hat 5 pH).

Der pH-Wert bestimmt die Richtung und die Geschwindigkeit der in wässrigen Lösungen miteinander reagierenden Stoffe. Seine Messung hat dementsprechend für die Chemie, Lebensmittelindustrie, Metallindustrie (Korrosionsschutz, galvanische Oberflächenveredelung) und nicht zuletzt für den Umweltschutz, indem die Emissionen kontrolliert und die Abwässer entsprechend neutralisiert werden können, eine große Bedeutung [2.11].

Elektroden. Die gesuchte Wasserstoffionenkonzentration c_x wird mit Hilfe von zwei Elektroden gemessen (Bild 2.91). Verwendet werden häufig Glaselektroden, die mit speziell ausgewählten Lösungen so gefüllt sind, dass die abgegebene Spannung weitgehend nur von der Konzentration der Wasserstoffionen abhängt und nicht durch oxidierende oder reduzierende Substanzen, durch Salze oder Elektrodengifte, gestört wird.

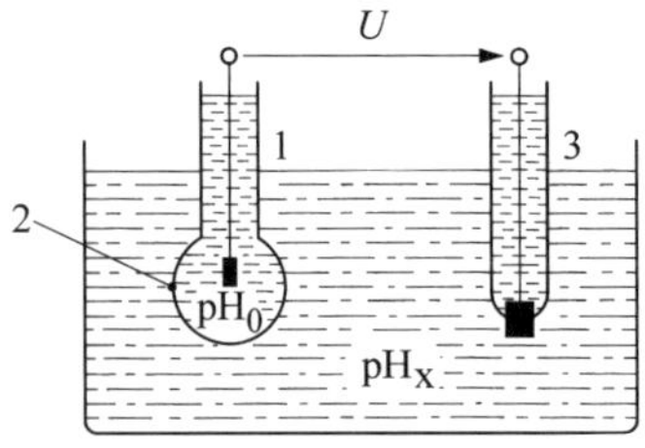

Bild 2.91: Glaselektrode zur Messung des pH-Wertes
1 innere Ableitelektrode
2 Glasmembran
3 äußere Ableitelektrode

Der Nullpunkt wird durch die Wasserstoffionenkonzentration c_0 in der inneren Ableitelektrode festgelegt. So resultiert schließlich aus den verschiedenen Potenzialdifferenzen der Grenzschichten die Spannung

$$\begin{aligned} U &= \frac{kT}{e} \ln \frac{c_x}{c_0} \\ &= \frac{kT}{e} 2,3 (\log \mathrm{c_x} - \log \mathrm{c_0}) \\ &= \frac{k}{e} 2,3\, T\, (\mathrm{pH}_0 - \mathrm{pH}_x) \\ &= 0,2\, T\, (\mathrm{pH}_0 - \mathrm{pH}_x) \quad \mathrm{mV}\,, \end{aligned} \tag{2.252}$$

in der T die absolute Temperatur bezeichnet. Bei 0 °C, T =273 K, beträgt also die Spannung

$$U = 54,2\, (\mathrm{pH}_0 - \mathrm{pH}_x) \quad \mathrm{mV}\,. \tag{2.253}$$

54,2 mV ist der Wert, falls sich die beiden pH-Werte um 1 unterscheiden.

Die entstandenen Spannungen sind so groß, dass sie an und für sich leicht weiterverarbeitet werden könnten. Schwierigkeiten entstehen jedoch durch den hohen Innenwiderstand der Spannungsquelle. Dieser kann infolge des gut isolierenden Glases der Messelektrode im Bereich von 10^9 Ω liegen. Dementsprechend hochohmig ist dann auch der Eingang des nachfolgenden Spannungsverstärkers auszuführen. Die Messleitung zwischen Elektroden und Verstärker ist sehr sorgfältig abzuschirmen, da irgendwelche Einstreuungen in diesem hochohmigen Kreis nicht abfließen und das Messergebnis verfälschen. Oft wird die Messung zusätzlich durch die feuchte und schmutzige Umgebung erschwert.

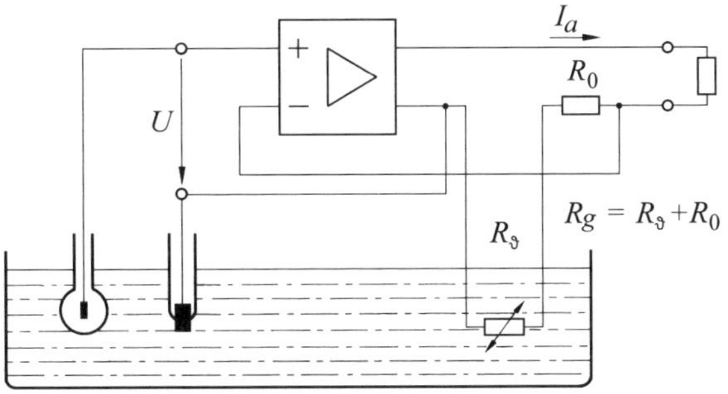

Bild 2.92: Verstärkung der von den pH-Elektroden gelieferten Spannung mit automatischer Temperaturkorrektur

Messkette. Der u/i-Verstärker (Bild 2.92) ist geeignet, die von den Elektroden gelieferte Spannung U in einen Strom I_a umzuformen:

$$I_a = \frac{U}{R_g} = \frac{U}{R_\vartheta + R_0}\,. \tag{2.254}$$

Der hierfür erforderliche Gegenkopplungswiderstand R_g ist in der Schaltung von Bild 2.92 in die zwei Widerstände R_ϑ und R_0 zerlegt, um den Einfluss der Temperatur auf die zu messende Spannung korrigieren zu können. Diese nimmt ja proportional zur absoluten Temperatur zu. Um die Widerstände R_ϑ und R_0 zu dimensionieren, ist zunächst der Temperaturkoeffizient α der von den pH-Elektroden gelieferten Spannung zu berechnen. Dieser ergibt sich aus dem Ansatz

$$0,2\,\mathrm{T} = 0,2\,(273+\vartheta) = 54,2\left(1+\frac{0,2}{54,2}\,\vartheta\right) = 54,2\,(1+0,0037\,\vartheta) \tag{2.255}$$

zu $\alpha = 0{,}0037$.

Der Wert des temperaturabhängigen Widerstandes R_ϑ ist dann mit dem des temperaturunabhängigen R_0 so abzustimmen, dass die Summe der Widerstände $R_g = R_\vartheta + R_0$ denselben Temperaturkoeffizienten $\alpha = 0{,}0037$ wie die Elektrodenspannung aufweist. Hat also R_g bei 0°C den Wert R_{g0}, so muss R_g mit der Temperatur ϑ wie folgt zunehmen:

$$R_g = R_{g0}\,(1+0,0037\,\vartheta)\,. \tag{2.256}$$

Werden die beiden letzten Ergebnisse in Gl. (2.253) eingesetzt, so kürzt sich der temperaturabhängige Faktor heraus und der Ausgangsstrom I_a hängt allein von dem zu messenden pH-Wert ab:

$$I_a = \frac{U}{R_g} = \frac{54,2\,(1+0,0037\,\vartheta)\,(\mathrm{pH}_0-\mathrm{pH}_m)}{R_{g0}\,(1+0,0037\,\vartheta)}\cdot\frac{\mathrm{mV}}{\Omega}$$

$$= \frac{54,2}{R_{g0}}\,(\mathrm{pH}_0-\mathrm{pH}_x) \quad \mathrm{mA}\,. \tag{2.257}$$

Indem hier der Gegenkopplungswiderstand im Hinblick auf die Temperaturkorrektur ausgelegt ist, ergibt sich zwangsweise die durch Gl. (2.257) definierte Empfindlichkeit. Soll diese noch frei einstellbar sein, so ist ein zweiter Verstärker erforderlich.

2.6.3 Sauerstoffmessung mit Festkörper-Ionenleiter

Prinzip. Bei Temperaturen größer als 350°C ist eine Keramik aus Zirkonoxid (ZrO_2) und Yttriumoxid (Y_2O_3) ein Sauerstoff-Ionenleiter. Ein Stromfluss durch eine solche Keramik erfolgt nicht wie beim metallischen Leiter durch Elektronen, sondern durch Sauerstoffionen (O^{--}). Der Stromtransport ist also, wie in einem flüssigen Elektrolyten, mit einem Ionentransport verbunden.

Wird ein derartiger Sauerstoff-Ionenleiter mit zwei porösen Elektroden aus z. B. Platin versehen und werden diese Elektroden unterschiedlichen Sauerstoff-Partialdrücken ausgesetzt, so bildet sich ein galvanisches Element (Bild 2.93).

Dabei spielen sich an den Elektroden die folgenden Vorgänge ab:

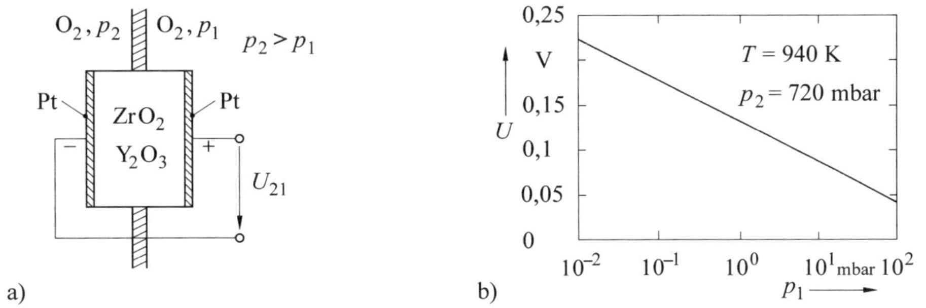

Bild 2.93: Sauerstoffsensor mit Festkörper-Elektrolyt a) Aufbau; b) Kennlinie

Kathode (Umgebung mit dem höheren Sauerstoff-Partialdruck p_2):

$$O_2 + 4\,e^- \rightarrow 2\,O^{--}, \qquad (2.258)$$

Anode (Umgebung mit dem niedrigeren Sauerstoff-Partialdruck p_1):

$$2\,O^{--} \rightarrow O_2 + 4\,e^-. \qquad (2.259)$$

Bei geschlossenem äußeren Stromkreis fließen Elektronen über die metallischen Leiter von der Anode zur Kathode und dementsprechend wandern Sauerstoffionen von der Kathode zur Anode. Bei offenem Stromkreis entsteht an den Elektroden entsprechend Gl. (2.251) die Spannung U_{21}:

$$U_{21} = \frac{k\,T}{4\,e}\,\ln\frac{p_2}{p_1}\,. \qquad (2.260)$$

Der Faktor 4 im Nenner berücksichtigt, dass 4 Elementarladungen am Umsatz eines Sauerstoffmoleküls beteiligt sind.

Indem in der vorstehenden Gleichung Zähler und Nenner mit der Avogadro-Zahl N_A erweitert werden, lassen sich die allgemeine Gaskonstante R und die Faraday-Konstante F (die Ladung, die pro Mol entsteht) einführen. Die Gleichung geht damit über in

$$U_{21} = \frac{R\,T}{4\,F}\,\ln\frac{p_2}{p_1} = 0,0496\,\mathrm{T}\,\log\frac{\mathrm{p}_2}{\mathrm{p}_1}\,\frac{\mathrm{mV}}{\mathrm{K}}\,. \qquad (2.261)$$

Ist der eine Sauerstoff-Partialdruck bekannt, so kann aus der obigen Formel der andere bestimmt werden. Messungen bestätigen diese Beziehung (Bild 2.93 b). Unterscheiden sich die Sauerstoff-Partialdrücke um den Faktor 10, so ergibt sich bei $T = 1000$ K die Spannung $U_{21} = 49{,}6$ mV.

Derartige Sensoren werden z. B. für die Messung der Sauerstoffkonzentration in Rauchgasen von Industriefeuerungen eingesetzt.

Lambda-Sonde. Zu einem Massenprodukt ist der Festkörper-Elektrolyt-Sauerstoff-Sensor in der Automobilindustrie geworden [2.12]...[2.14]. Dort bezeichnet λ die Luftzahl des dem Motor zugeführten Gemisches. Erhält der Motor genau so viel Luftsauerstoff wie zur vollständigen Verbrennung des Kraftstoffes erforderlich ist, so ist

$\lambda = 1$. Bei $\lambda < 1$ fehlt Sauerstoff; das Gemisch ist „fett". Es ist „mager" bei $\lambda > 1$ (Luftüberschuss).

Eine Sauerstoff-Sonde in der Abgasleitung des Motors vermag den Restsauerstoff zu erfassen (Bild 2.94). Er ist vom Luft-Kraftstoff-Verhältnis des Gemisches abhängig. Damit lässt sich aus dem Abgas auf die Betriebsweise des Motors schließen.

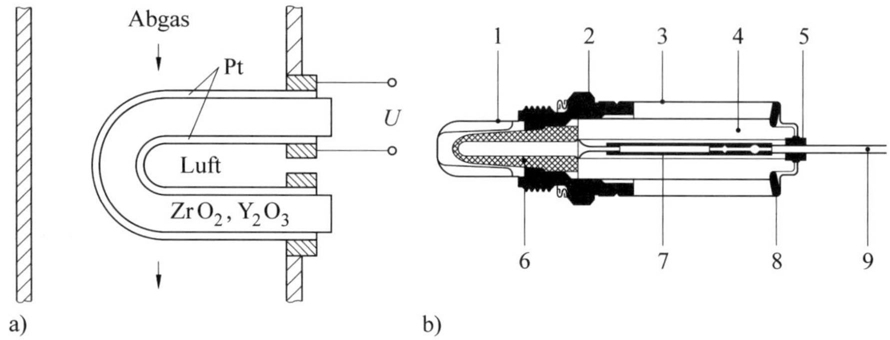

Bild 2.94: Lambda-Sonde a) Aufbau b) Technische Ausführung;
1 Schutzrohr mit Schlitzen, 2 Sondengehäuse, 3 Schutzhülse, 4 Stützkeramik, 5 Isolierteil, 6 Sondenkeramik, 7 Kontaktierung, 8 Tellerfeder, 9 Anschlussleitung

Die sich in der Lambda-Sonde an der Grenzfläche zwischen Elektrolyt und abgasseitiger Elektrode einstellende Potenzialdifferenz berechnet sich nun nicht direkt aus dem Sauerstoff-Partialdruck p_1 des Abgases, sondern aus dem Partialdruck p_1^* des thermodynamischen Gleichgewichts. Dieses wird infolge der katalytischen Wirksamkeit des Platins erreicht. Der Sauerstoff-Partialdruck p_1 ändert sich bei Veränderung der Luftzahl in einen engen Bereich um $\lambda = 1$ um mehr als 20 Größenordnungen. Für Luft als Referenzgas ($p_2 = 0{,}21$) wird bei 500 °C

$$\lambda = 0,9 \qquad \mathrm{p}_1^* = 1,9 \cdot 10^{-27} \qquad \mathrm{U} = 998\ \mathrm{mV},$$
$$\lambda = 1,1 \qquad \mathrm{p}_1^* = 1,8 \cdot 10^{-2} \qquad \mathrm{U} = 41\ \mathrm{mV}.$$

Die Spannungen sind dabei aus der Nernst'schen Gleichung (2.261) berechnet. Über diese signifikante Änderung der Sondenspannung bei $\lambda \approx 1$ lässt sich das Luft-Kraftstoff-Verhältnis des Gemisches zuverlässig erfassen (Bild 2.95).

Voraussetzung für die Messung ist die Sauerstoff-Ionenleitfähigkeit des Festkörper-Elektrolyts. Da diese erst oberhalb 400°C einsetzt, ist die Lambda-Sonde – insbesondere beim Start des Motors – auf eine Temperatur von etwa 700°C zu heizen. Innenwiderstand und Ansprechzeit der Sonde sind von der Temperatur abhängig. Bei 700°C betragen die entsprechenden Werte 100 Ω und 10 ms.

Regelung des Kraftstoff-Luft-Gemisches. Mit Hilfe der Lambda-Sonde lässt sich in Verbindung mit einem Katalysator die Schadstoffemission eines Kraftfahrzeugs wirkungsvoll begrenzen. Dazu wird in der Abgasleitung der Restsauerstoff-Gehalt gemessen. Auf Grund dieses Signals wird die Kraftstoffzufuhr so geregelt, dass der Motor bei $\lambda = 1$ betrieben wird (Bild 2.96).

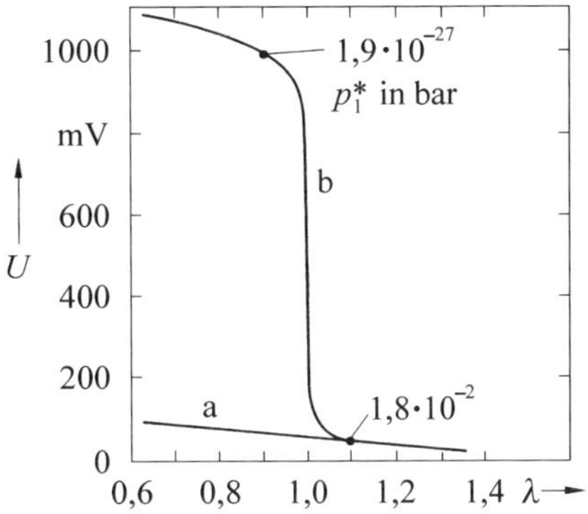

Bild 2.95: Leerlaufspannung der Lambda-Sonde bei $T = 780$ K in Abhängigkeit von der Luftzahl λ [2.17]; a katalytisch nicht aktive und b katalytisch aktive abgasseitige Elektrode; angegeben ist der Gleichgewichts-Sauerstoff-Partialdruck p_1^* in der abgasseitigen Elektrode

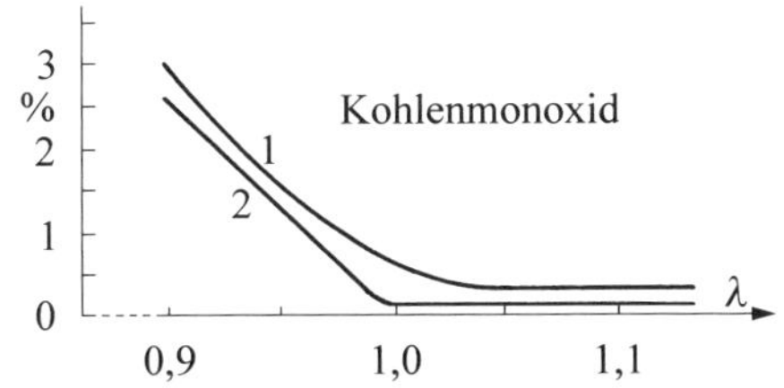

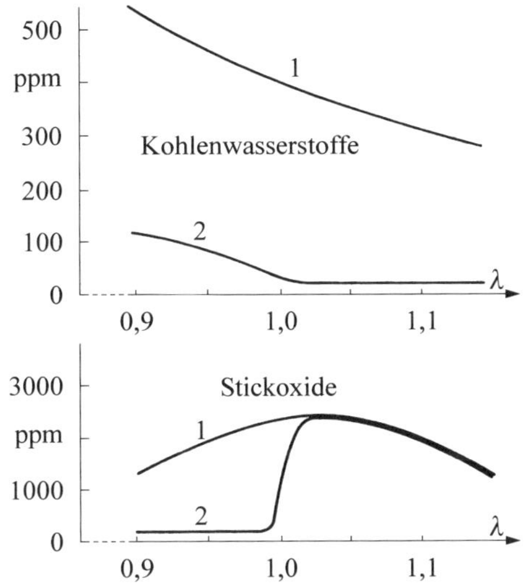

Bild 2.96: Schadstoffemissionen eines Kraftfahrzeugs in Abhängigkeit von der Luftzahl λ
(1,7 l Hubraum, 3000 Upm);
Kurve 1: ohne geregelten Katalysator;
Kurve 2: mit geregeltem Katalysator

Dadurch werden mit Hilfe des Katalysators die drei wichtigsten Schadstoffe Kohlenmonoxid, Kohlenwasserstoffe und Stickoxide wesentlich reduziert. Ohne diese Regelung würden (trotz Katalysator) entweder zu viel Kohlenmonoxid und zu viele Kohlenwasserstoffe (fettes Gemisch) oder zu viel Stickoxide (mageres Gemisch) emittiert.

2.7 Piezo- und pyroelektrische ladungsliefernde Aufnehmer

2.7.1 Wirkungsweise und Werkstoffe

Piezoelektrischer Effekt. Bei den piezoelektrisch wirksamen dielektrischen Stoffen sind die positiven und negativen Ladungen unsymmetrisch verteilt. Bei den Molekülen bzw. bei den Kristalliten fällt der Schwerpunkt der positiven Ladungen nicht mit dem der negativen zusammen. Die piezoelektrischen Stoffe sind elektrisch polarisiert. Werden sie deformiert, so ändern sich die Dipolmomente. Durch die damit verbundene Änderung der Polarisation werden an der Oberfläche Ladungen frei. So lässt sich dieser piezoelektrische Effekt nützen, um aus der gemessenen Ladung die die Deformation verursachende Größe zu bestimmen [2.15]...[2.17].

Je nach Polarisationsrichtung des piezoelektrischen Materials können die Ladungen an den mechanisch belasteten Flächen (Längseffekt) oder quer dazu (Quereffekt) auftreten. Auch durch Schubspannungen wird die Polarisation verändert (Schereffekt) (Bild 2.97).

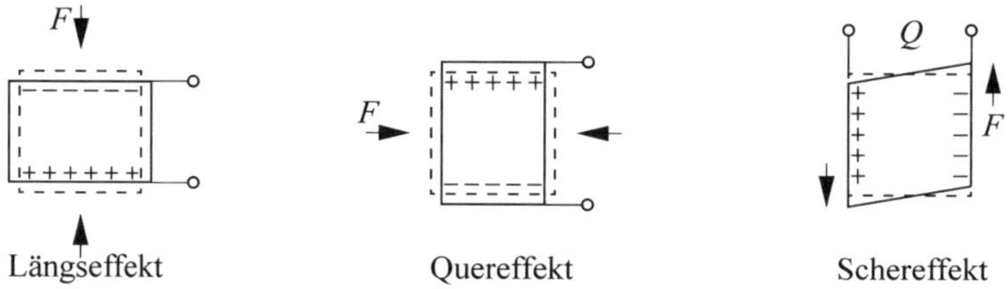

Bild 2.97: Wirkungsrichtungen des piezoelektrischen Effekts

Die freigesetzte Ladung hängt nur von der Deformation des Kristalls ab und nicht von der Geschwindigkeit oder Beschleunigung, mit der die Deformation erzeugt wird. Maßgebend ist also nur die jeweilige Längen- oder Dickenänderung. Ein piezoelektrischer Körper reagiert wie ein Längenfühler, wenn auch die Längenänderungen kaum wahrnehmbar sind.

Der piezoelektrische Effekt ist umkehrbar. Wird ein dielektrischer Stoff in ein elektrisches Feld gebracht, so dehnt er sich etwas aus oder zieht sich zusammen (Elektrostriktion, reziproker piezoelektrischer Effekt).

Pyroelektrischer Effekt. Die Polarisation eines dielektrischen Körpers nimmt nicht nur bei einer mechanischen Verformung andere Werte an, sondern auch bei Temperaturänderungen. Auch hier werden an der Oberfläche Ladungen frei, die als Maß für die Temperaturänderung dienen können [2.18], [2.19].

Werkstoffe. Der piezo- und pyroelektrische Effekt tritt auf in (Tab. 2.5)

- Einkristallen, wie z. B. Quarz, Triglyzinsulfat TGS, Lithiumtantalat $LiTaO_3$
- polykristallinen keramischen Körpern, wie z. B. Bariumtitanat $BaTiO_3$, Bleititanat $PbTiO_3$, Bleizirkonat $PbZrO_3$, Blei-Zirkonat-Titanat PZT $Pb(Zr, Ti)O_3$
- organischen Polymeren, wie z. B. Polyvinylidendifluorid PVDF.

In Übereinstimmung mit dem geringen Temperaturkoeffizienten des Quarzes ist der pyroelektrische Effekt dort zu vernachlässigen. Die erwähnten polykristallinen Metalloxide sind im Hinblick auf ihr piezo- und pyroelektrisches Verhalten entworfen. Sie sind empfindlicher als Quarz, preiswerter und lassen sich in unterschiedlichen Formen

Tabelle 2.5: Eigenschaften piezoelektrischer und pyroelektrischer Materialien bei Raumtemperatur [2.16]

Material	Curie-Temperatur in °C	ε_r	piezoelektrische Empfindlichkeit k (10^{-12} As/N)			pyroelektrische Empfindlichkeit	
			Längseffekt d_{33}	Quereffekt d_{31}	Schereffekt d_{15}	k_Q As/K·m²	k_u V/K·m
Quarz	–	4,5	2,3	³)	4,6	–	–
TGS ¹)	49	30	–	–	–	$3{,}5\cdot10^{-4}$	$1{,}3\cdot10^{6}$
$LiTaO_3$	618	45	5,7	–3	26	$2\cdot10^{-4}$	$0{,}5\cdot10^{6}$
$BaTiO_3$	120	1000	374	–150	550	$4\cdot10^{-4}$	$0{,}05\cdot10^{6}$
$Pb(Zr,Ti)O_3$	340	1600	374	–171	584	$4{,}2\cdot10^{-4}$	$0{,}03\cdot10^{6}$
$PbTiO_3$	470	200	51	–6,1	45	$2.3\cdot10^{-4}$	$0{,}13\cdot10^{6}$
PVDF	205 ²)	12	30	–20	–	$0{,}4\cdot10^{-4}$	$0{,}4\cdot10^{6}$

¹) d_{21}: $k = 23{,}5\cdot10^{-12}$ As/N
²) irreversible Polarisationsverluste bei Temperaturen über 80 °C
³) abhängig von den geometrischen Abmessungen

fertigen. Sie werden aus gemahlenen Metalloxiden hergestellt, die mit einem Bindemittel zu einem Brei verrührt sind. Er wird in die gewünschte Form gegossen und anschließend zu einem keramischen Körper gebrannt. Danach ist, um die genauen Abmessungen zu erreichen, noch eine mechanische Nachbehandlung notwendig. Anschließend wird die Keramik unter Erwärmung in einem elektrischen Feld polarisiert. Die vorher regellosen Kristallite orientieren sich in Richtung des elektrischen Feldes und behalten diese Richtung auch nach dem Abschalten der Polarisationsspannung bei (Bild 2.98).

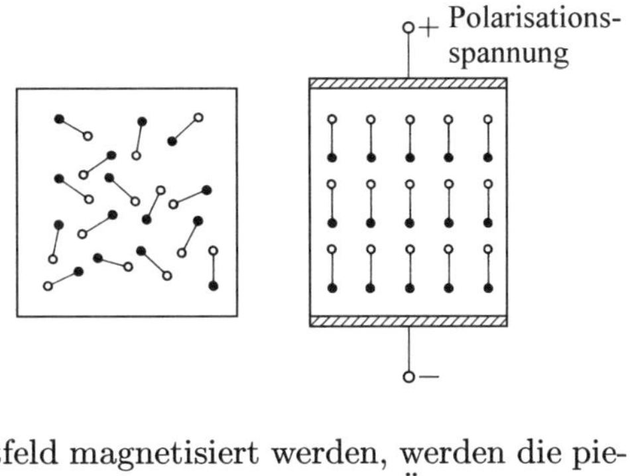

Bild 2.98: Polarisation eines piezoelektrischen Körpers; die vorher regellos angeordneten Dipole werden im elektrischen Feld ausgerichtet

Wie die ferromagnetischen Stoffe im Magnetfeld magnetisiert werden, werden die piezoelektrischen Stoffe im elektrischen Feld polarisiert. Wegen dieser Ähnlichkeit im Aufbau und im Verhalten werden die piezoelektrischen Metalloxide als ferroelektrisch bezeichnet. Ein ferroelektrischer Körper ist also immer auch piezoelektrisch. Die Ordnung der Kristallite und damit auch das piezo- und pyroelektrische Verhalten gehen aber bei Erreichen der Curie-Temperatur verloren. Doch auch dann noch sind die ferroelektrischen Metalloxide als Kaltleiter für die Messtechnik von Bedeutung (Abschnitt 3.6.3).

Von den bisher untersuchten Polymeren hat das Polyvinylidendifluorid PVDF die größte piezoelektrische und pyroelektrische Empfindlichkeit. Die Gruppen des Monomers Vinylidendifluorid $CH_2 = CF_2$ polymerisieren geordnet und bilden eine

$$— CH_2 — CF_2 — CH_2 — CF_2 — \text{- Kette}$$

mit einem großen Dipolmoment. Das PVDF lässt sich in Folien gießen und anschließend in verschiedenen Richtungen polarisieren. Die Folie ist flexibel, biegsam und kann leicht unterschiedlichen Aufgabenstellungen angepasst werden.

In der Messtechnik sind die piezoelektrischen Körper in ihrer Eigenschaft als mechanisch-elektrische Energiewandler von Bedeutung (Kraftmessung, Beschleunigungsmessung). Darüber hinaus spielt auch der reziproke piezoelektrische Effekt, die elektrisch-mechanische Energiewandlung, eine große Rolle. Sie wird z. B. beim Schwingquarz, zur Erzeugung von Ultraschall und als Antrieb für die Verstellung von Komponenten benutzt.

2.7.2 Piezoelektrischer Kraftaufnehmer

Als Beispiel eines piezoelektrischen Aufnehmers zeigt Bild 2.99 ein aus einem Einkristall in einer bestimmten Richtung herausgeschnittenes Stück Quarz. Die obere und untere Schnittfläche sind metallisiert und bilden die Elektroden.

Wirkt eine Kraft F auf die Quarzscheibe, so wird die Ladung Q

$$Q = k\,F \qquad k = 2,3 \cdot 10^{-12} \mathrm{AS/N}$$

frei. Die Ladung nimmt proportional zur wirkenden Kraft zu.

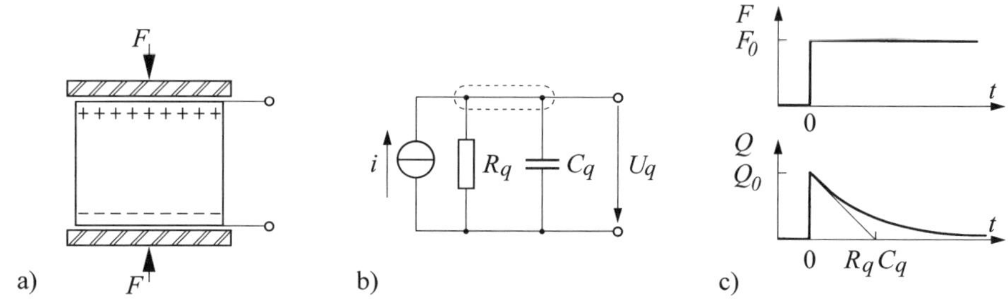

Bild 2.99: Piezoelektrischer Aufnehmer a) Aufbau b) Ersatzschaltbild c) Sprungantwort

Das Ersatzschaltbild eines derartigen Quarzes ist eine Stromquelle mit dem Kurzschlussstrom $i = \mathrm{d}Q/\mathrm{d}t = k\,\mathrm{d}F/\mathrm{d}t$, dem Innenwiderstand R_q und der Kapazität C_q.

Der Widerstand berechnet sich aus den Abmessungen und dem spezifischen Widerstand des Quarzes, die Kapazität aus den Abmessungen und der relativen Permittivitätszahl. Der Quarz lässt sich als Kondensator auffassen, der sich unter dem Einfluss der Kraft F infolge der freigesetzten Ladung Q auf die Spannung U_q auflädt:

$$U_q = \frac{Q}{C_q}\,. \tag{2.262}$$

• **Beispiel 2.9.** Ein Quarz mit der Empfindlichkeit $k = 2{,}3 \cdot 10^{-12}$ As/N, der Fläche $A = 10\ \mathrm{cm}^2$, der Dicke $d = 1$ mm, dem spezifischen Widerstand $\rho = 10^{14}\,\Omega\,\mathrm{cm}$, der relativen Permittivitätszahl $\varepsilon_r = 5$ und belastet mit einer Kraft von 10^3 N

– hat den Innenwiderstand $R_q = \dfrac{d}{A}\,\rho = \dfrac{0{,}1\ \mathrm{cm}}{10\ \mathrm{cm}^2}\,10^{14}\,\Omega\,\mathrm{cm} = 10^{12}\,\Omega\,,$

– hat die Kapazität $C_q = \dfrac{\varepsilon_0\,\varepsilon_r\,A}{d} = \dfrac{8,85 \cdot 10^{-12}\ \mathrm{As/Vm} \cdot 5 \cdot 0,001\mathrm{m}^2}{0,001\,\mathrm{m}} = 44\,\mathrm{pF}\,,$

– liefert die Ladung $Q = k\,F = 2,3 \cdot 10^{-12}\mathrm{As/N} \cdot 10^3\mathrm{N} = 2,3 \cdot 10^{-9}\,\mathrm{As}\,,$

– liefert die Spannung $U_q = \dfrac{Q}{C_q} = \dfrac{2,3 \cdot 10^{-9}\,\mathrm{As}}{44\,\mathrm{pF}} = 52\,\mathrm{V}\,.$ •

Zeitverhalten. Die durch die wirkende Kraft getrennten Ladungen bleiben nicht beliebig lange auf den Elektroden sitzen, sondern versuchen, sich über den Innenwiderstand R_q auszugleichen. Mit $i = \mathrm{d}Q/\mathrm{d}t$ gilt für den Knoten 1 von Bild 2.99 b die Differenzialgleichung:

$$\frac{\mathrm{d}Q}{\mathrm{d}t} - \frac{U_q}{R_q} - C_q\,\frac{\mathrm{d}U_q}{\mathrm{d}t} = 0\,. \tag{2.263}$$

Das ist eine inhomogene Differenzialgleichung 1. Ordnung

$$\frac{U_q}{R_q} + C_q\,\frac{\mathrm{d}U_q}{\mathrm{d}t} = \frac{\mathrm{d}Q}{\mathrm{d}t} \tag{2.264}$$

in der Form von Gl. (1.101). Eine partikuläre Lösung ist $U_{q,\,p} = 0$. Die Lösung der homogenen Gleichung ergibt sich zu

$$U_{q,\,h} = K\,\mathrm{e}^{-t/R_q\,C_q}\,. \tag{2.265}$$

Die Randbedingung $U_q(t = 0) = Q_0/C_q$ liefert für die Konstante den Wert $K = Q_0/C_q$. Damit ist die gesamte Lösung

$$U_q = \frac{Q_0}{C_q}\,\mathrm{e}^{-t/R_q\,C_q} \qquad \text{für } t > t_0\,. \tag{2.266}$$

Die Spannung U_q des Quarzes nimmt mit der durch die Materialkonstanten festgelegten Zeitkonstante T_q ab:

$$T_q = R_q\,C_q\,. \tag{2.267}$$

Bei dem Quarz des vorangegangenen Beispiels beträgt sie $10^{12}\,\Omega \cdot 44\,\text{pF} = 44\,\text{s}$. Soll der Messwert um höchstens 1 % falsch ermittelt werden, so müsste die Messung nach $T_q/100$, d. h. nach 0,44 Sekunden, abgeschlossen sein.

Aufnehmer mit entgegengesetzten Kristallen. Werden zwei Quarzscheiben, die entgegengesetzte Ladungen liefern, nach Bild 2.100 zusammengeschaltet, so kann die entstehende Ladung von der gemeinsamen Mittelelektrode abgenommen werden. Die beiden äußeren Elektroden lassen sich miteinander und mit dem Schirm des Messkabels verbinden, wodurch der Aufnehmer allseitig abgeschirmt wird.

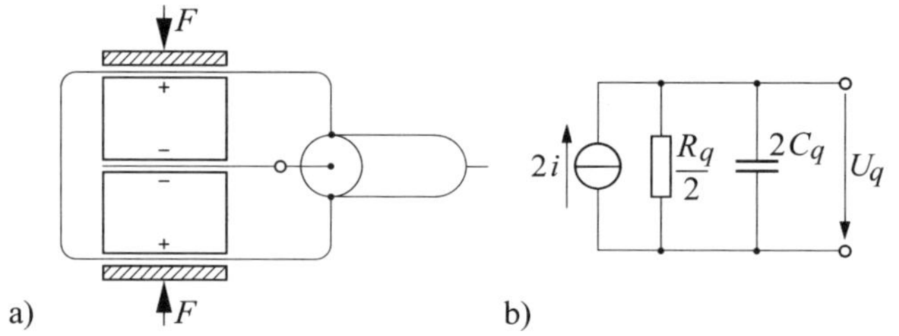

Bild 2.100: Aufbau a) und Ersatzschaltbild b) eines Aufnehmers mit zwei einander entgegengerichteten Kristallen

Jede Quarzscheibe liefert die Ladung Q, so dass insgesamt 2 Q entstehen. Die Kapazitäten der beiden Scheiben liegen parallel, und die Gesamtkapazität des Aufnehmers ist doppelt so groß wie die einer Scheibe. Wird bei dem Aufnehmer mit entgegengesetzten Kristallen nicht die erzeugte Ladung, sondern die entstandene Spannung gemessen, so ist sie mit

$$U_q = \frac{2\,Q}{2\,C_q} = \frac{Q}{C_q} \tag{2.268}$$

auch nicht größer als bei dem einfachen Aufnehmer von Bild 2.99.

Spannungsverstärker. Wie das weiter vorne gerechnete Beispiel zeigt, liefert der Quarzaufnehmer schon relativ große Spannungen. Diese können aber wegen des hohen Innenwiderstandes der Quelle nicht direkt mit einem elektromechanischen Voltmeter gemessen werden. Dessen niederohmiges Messwerk würde die Quarzelektroden kurzschließen, so dass sich überhaupt keine Spannung aufbauen könnte. So lässt sich ein Elektrometerverstärker, dessen Eingangswiderstand groß gegenüber dem Innenwiderstand des Quarzaufnehmers sein muss, nicht umgehen.

In der Schaltung von Bild 2.101 ist der Aufnehmer über ein Koaxialkabel mit dem Isolationswiderstand R_K und der Kapazität C_K mit dem Verstärker verbunden. Widerstand und Kapazität von Quelle und Kabel liegen somit einander parallel, woraus sich der Gesamtwiderstand R_e und die Gesamtkapazität C_e ergeben zu

$$R_e = R_q \,||\, R_K\,; \qquad C_e = C_q + C_K\,. \tag{2.269}$$

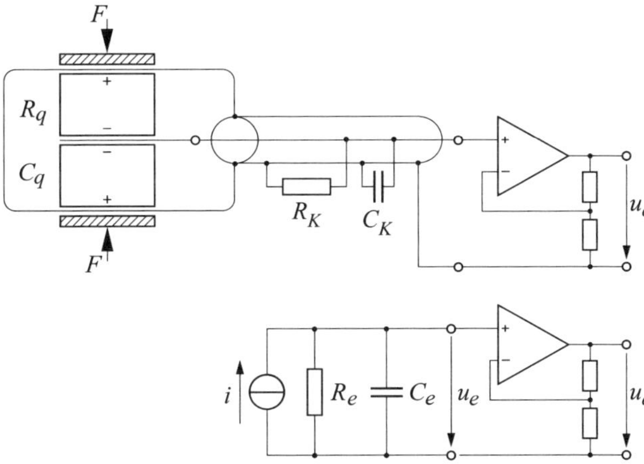

Bild 2.101: Anschluss eines Spannungsverstärkers an einen piezoelektrischen Aufnehmer

Die wirksame Kapazität wird also von C_q auf C_e vergrößert, und der Verstärker bekommt als Eingangssignal die kleinere Spannung $u_e = Q/C_e$.

Das Zeitverhalten wird wieder durch die Differenzialgleichung Gl. (2.64) beschrieben, wobei jetzt nicht mit R_q und C_q, sondern mit R_e und C_e zu rechnen ist. Nach wie vor lässt sich die entstandene Ladung nicht speichern, und statisch wirkende Kräfte lassen sich nicht messen.

Die Messeinrichtung, bestehend aus dem Aufnehmer und dem über das Kabel angeschlossenen Spannungsverstärker, ist nicht ganz ohne Probleme. Damit der Isolationswiderstand des Kabels nicht in die Messgenauigkeit eingeht, muss dieser groß gegenüber dem Innenwiderstand des Quarzes bleiben. Diese Bedingung ist nur mit hochwertigen Kabeln und bei entsprechend sorgfältig angeschlossenen Steckern zu gewährleisten. Die Kabelkapazität beeinflusst aber in jedem Fall die Empfindlichkeit. So muss das Messsystem für jedes Kabel eigens kalibriert werden. Hinzu kommt, dass der hochohmige Eingangskreis empfindlich gegen elektromagnetische Störungen ist.

Um diese Nachteile zu vermeiden, kann der Spannungsverstärker direkt mit dem Aufnehmer zusammengebaut werden. In diesem Fall entfallen die hochohmigen Verbindungsleitungen zwischen Aufnehmer und Verstärker, und nur die verstärkten Signale müssen vom Ort der Messung zu dem der Messwertausgabe übertragen werden. Eine zweite, häufig benutzte Alternative ist, an Stelle des Spannungsverstärkers einen Ladungsverstärker zu verwenden.

Ladungsverstärker. In Bild 2.102 ist der piezoelektrische Kraftaufnehmer an einen Integrations- oder Ladungsverstärker angeschlossen. Der Widerstand R_e beinhaltet wieder die Parallelschaltung aus dem Innenwiderstand der Quelle R_q und dem Isolationswiderstand des Kabels R_K. In gleichem Sinne ist C_e die Summe aus der Aufnehmer- und der Kabelkapazität. Im Unterschied zu dem Ladungsverstärker Bild 2.71 liegt in der Rückführung parallel zu Kapazität C_g noch der Widerstand R_g, über den sich C_g kontinuierlich entladen kann. Bei dem als ideal angenommenen Verstärker mit $i'_e = 0$ liegt der Knoten 1 an der virtuellen Masse. An R_e und C_e stehen keine Spannungen an, und dementsprechend fließen keine Ströme über diese Elemente. Mit $i = \mathrm{d}Q/\mathrm{d}t$ lautet die Knotengleichung für den Punkt 1:

$$i + \frac{u_a}{R_g} + C_g\,\frac{\mathrm{d}u_a}{\mathrm{d}t} = 0\,. \tag{2.270}$$

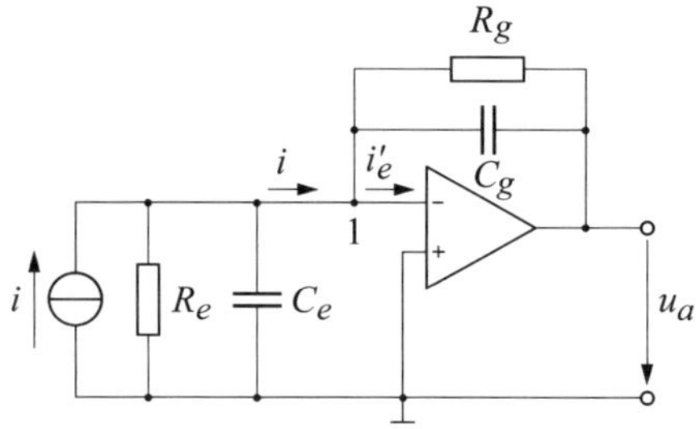

Bild 2.102: Anschluss eines Ladungsverstärkers an einen piezoelektrischen Aufnehmer

Dieser Ansatz enthält keine detektor- oder kabelspezifischen Parameter mehr wie z. B. R_q, C_q, R_K, C_K, sondern nur noch die Werte der in der Rückführung sitzenden Bauteile C_g und R_g. Dementsprechend sind jetzt diese allein maßgebend für die statische und dynamische Empfindlichkeit der Messeinrichtung.

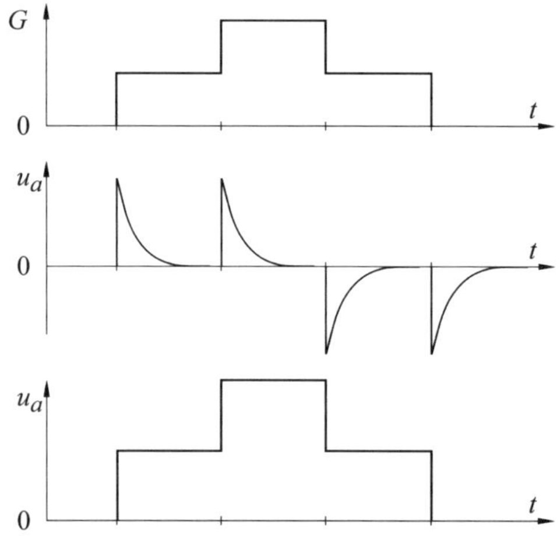

Bild 2.103: Sprungantwort des mit der Kraft G belasteten Quarzes
u_a Ausgangsspannung des Spannungsverstärkers Bild 2.101
u_a Ausgangsspannung des Ladungsverstärkers Bild 2.102 für $R_g \to \infty$

Die vom Aufnehmer gelieferte Ladung fließt völlig auf die in der Rückführung liegende Kapazität C_g. Springt zum Zeitpunkt t_0 die wirkende Kraft von 0 auf F_0, so entsteht die Ladung $Q_0 = k\,F_0$ und der Ladungsverstärker liefert für $t > t_0$ die Ausgangsspannung u_a

$$u_a = -\frac{Q_0}{C_g}\,\mathrm{e}^{-\dfrac{t}{R_g\,C_g}} \qquad \text{für } t > t_0\,. \tag{2.271}$$

Bei dem exakten Integrierer mit $R_g \to \infty$ kann die auf der Kapazität sitzende Ladung nicht mehr abfließen, und die Ausgangsspannung $u_a = -Q_0/C_g$ steht praktisch beliebig lange an. Der piezoelektrische Aufnehmer ist dementsprechend in Verbindung mit dem Ladungsverstärker auch zur Messung von sich langsam ändernden Kräften geeignet (Bild 2.103).

Anwendung der piezoelektrischen Aufnehmer zur Druckmessung. Wird der piezoelektrische Aufnehmer in ein mit einer elastischen Membran verschlossenes Gehäuse eingebaut, so wirkt der durch die Membran übertragene Druck nach der Beziehung

$$\text{Druck} \cdot \text{Fläche} = \text{Kraft}$$

wie eine Kraft und kann dementsprechend gemessen werden. Ein derartiger piezoelektrischer Aufnehmer ist insbesondere für die Messung schnell veränderlicher Drücke und für die Messung von Druckstößen geeignet, da dann der Ladungsausgleich über den Quarz keine Rolle spielt. Entsprechende Aufnehmer werden z. B. benutzt, um den Kompressionsdruck in den Zylindern von Verbrennungsmotoren zu messen. Erschütterungen am Einbauort stören die Messung, da der Druckaufnehmer selbst ein schwingungsfähiges System ist. In diesem Fall sind dann beschleunigungskompensierte Druckaufnehmer zu verwenden.

2.7.3 Pyroelektrischer Infrarot-Sensor

Empfindlichkeit. Ein pyroelektrischer Sensor enthält ein dünnes pyroelektrisches Plättchen, das auf der Ober- und Unterseite metallisiert und mit Anschlüssen versehen ist. Erwärmt sich das Plättchen um die Temperatur ΔT, so wird die Ladung ΔQ frei. Mit A als Fläche des Plättchens und k_Q als Ladungsempfindlichkeit ergibt sich

$$\Delta Q = k_Q \, A \, \Delta T \, . \tag{2.272}$$

Der Sensor liefert primär eine Ladung. Die Ersatzschaltung von Bild 2.99 gilt auch für den pyroelektrischen Detektor.

Das Plättchen mit der Dicke d und der Permittivitätszahl ε_r hat die Kapazität C_q

$$C_q = \varepsilon_0 \, \varepsilon_r \, \frac{A}{d} \, . \tag{2.273}$$

Die Ladung ΔQ führt an dieser Kapazität zur Spannung ΔU

$$\Delta U = \frac{\Delta Q}{C_q} = \frac{k_Q \, A \, \Delta T \, d}{\varepsilon_0 \, \varepsilon_r \, A} = k_U \, d \, \Delta T \, , \tag{2.274}$$

wenn die materialspezifischen Größen zur Spannungsempfindlichkeit k_U zusammengefasst werden:

$$k_U = \frac{k_Q}{\varepsilon_0 \, \varepsilon_r} \, . \tag{2.275}$$

Nach Gl. (2.274) liefert also eine 30 µm dicke Scheibe aus $LiTaO_3$ mit der in Tabelle 2.5 angegebenen Empfindlichkeit bei einer Temperaturänderung von 1 K die Spannung 15 V.

Die freigesetzte Ladung kann mit Hilfe eines Spannungs- oder eines Ladungsverstärkers weiterverarbeitet werden. Oft ist auch das pyroelektrische Plättchen zusammen mit einer FET-Stufe als Vorverstärker in einem Gehäuse zusammen untergebracht (integrierter Sensor). In diesem Fall sind die Elektroden des Plättchens mit einem Lastwiderstand R_L abgeschlossen und verstärkt wird die an diesem Lastwiderstand abfallende Spannung (Bild 2.104).

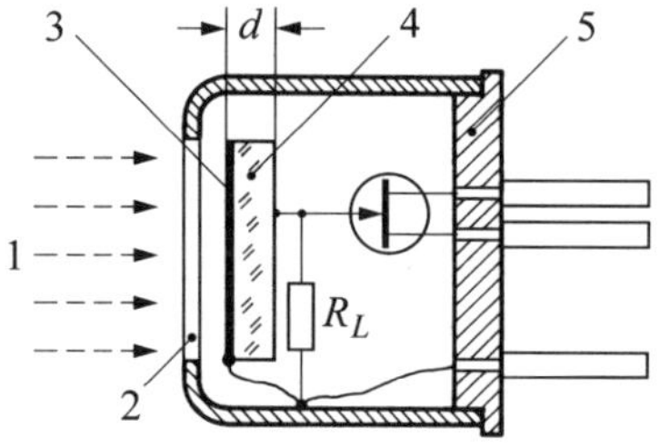

Bild 2.104: Aufbau eines pyroelektrischen Infrarot-Detektors 1 Infrarot-Strahlung, 2 infrarotdurchlässiges Fenster, 3 Absorber, 4 pyroelektrisches Material, 5 Transistorgehäuse

Zeitverhalten. Wird der pyroelektrische Detektor sprungförmig bestrahlt, so bildet sich das Signal mit der Zeitkonstante τ_1 aus.

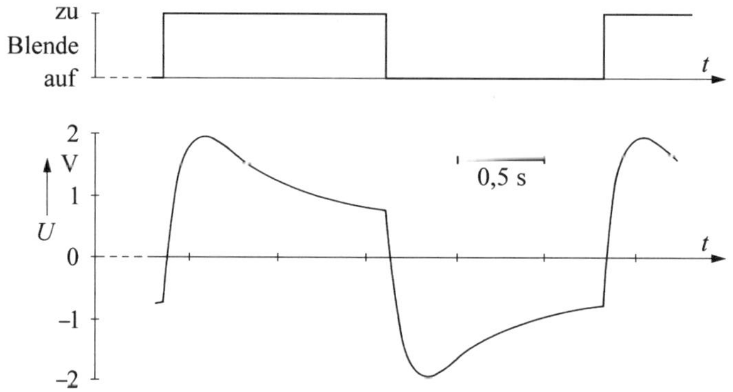

Bild 2.105: Signal eines zyklisch bestrahlten pyroelektrischen Infrarot-Sensors aus $LiTaO_3$ (Spannungsverstärker); bei offener Blende sieht der Detektor die infrarote Strahlung einer Wärmequelle, bei geschlossener die der Blende. Im Gleichgewichtszustand sind die Amplituden (Temperaturdifferenzen) beim Öffnen und Schließen der Blende gleich groß. Die in Tab. 2.5 angegebenen Spannungsempfindlichkeiten beziehen sich auf den Scheitelwert der Sprungantwort

Diese Zeitkonstante hängt von dem Wärmewiderstand R_{th} und der Wärmekapazität C_{th} des Sensors ab:

$$\tau_1 = R_{\mathrm{th}}\, C_{\mathrm{th}}\,. \tag{2.276}$$

Infolge der Leitfähigkeit des Sensors und des endlichen Ableitwiderstandes R_L gleichen sich die entstandenen Ladungen wieder aus. Dieser Ausgleich erfolgt bei vernachlässigter Konvektion mit der Zeitkonstante τ_2, die von der elektrischen Kapazität des Sensors C_q und dem Ableitwiderstand R_L abhängt:

$$\tau_2 = R_L\, C_q\,. \tag{2.277}$$

Die Sprungantwort des pyroelektrischen Detektors folgt mit x_a als Ausgangssignal der folgenden Gleichung (Bild 2.105):

$$x_a = k\left(\mathrm{e}^{-t/\tau_2} - \mathrm{e}^{-t/\tau_1}\right). \tag{2.278}$$

Anwendung. Verwendet werden die pyroelektrischen Sensoren zur Messung der infraroten Strahlung (Bild 2.106).

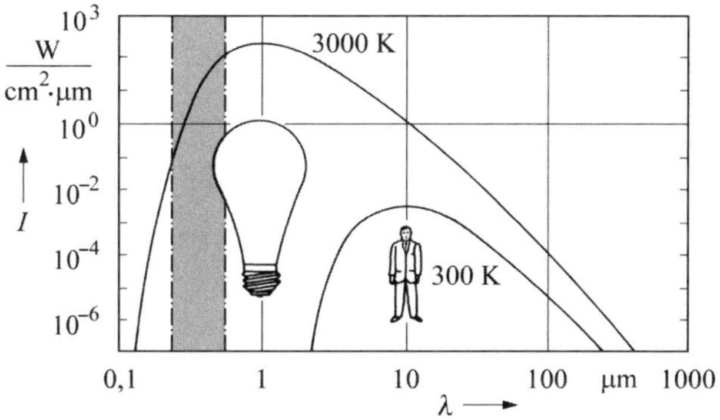

Bild 2.106: Strahlung eines Menschen (300 K) und einer Glühbirne (3000 K)
I spektrales Emissionsvermögen in W / (cm^2 · µm),
λ Wellenlänge in µm

Ihre Empfindlichkeit ist unabhängig von der Wellenlänge im Bereich zwischen 0,6 und 35 µm. Sie können aber nur Strahlungsänderungen erfassen. Dies ist z. B. ausreichend bei Brand- und Einbruch-Meldeanlagen. Tritt eine Person z. B. in das Blickfeld des pyroelektrischen Sensors, so ist sie mit ihrer Körpertemperatur eine heißere Strahlungsquelle als die sonst beobachtete kühlere Wand und der Sensor liefert ein entsprechendes Signal.

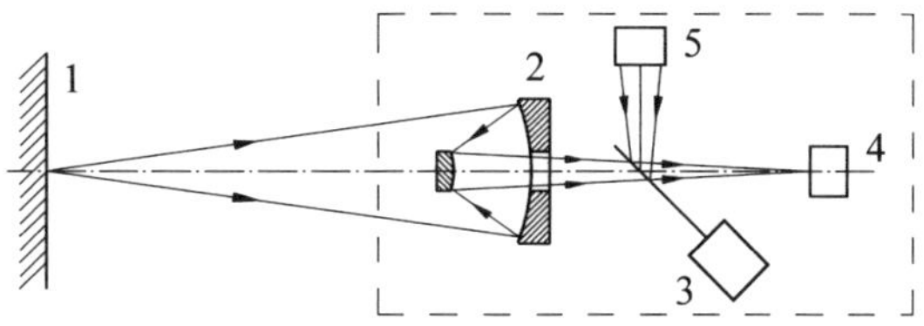

Bild 2.107: Messkopf eines Infrarot-Pyrometers (Heimann)
1 Messobjekt, 2 Optik, 3 Schwingmodulator, 4 Strahlungsempfänger, 5 Vergleichsstrahler

Ein weiteres Einsatzgebiet ist die berührungslose Temperaturmessung. Hier sind statische oder nur langsam veränderliche Temperaturen zu messen. Das gelingt, indem die statische Messung in eine dynamische umgeformt wird (Bild 2.107). Vor dem Sensor befindet sich eine umlaufende Blende (Chopper), die den Strahlengang abwechselnd abdeckt und freigibt. Bei unterbrochenem Strahlengang sieht der Detektor die Strahlung der Blende (bzw. die einer eingespiegelten Referenzquelle), bei geöffnetem die Strahlung des Objekts. Die daraus resultierende Temperaturänderung des mit einem absorbierenden Material belegten Detektors führt zu einem der Objekttemperatur proportionalen Signal. Diese Infrarot-Thermometer erweitern das Einsatzgebiet der im sichtbaren Licht messenden Strahlungspyrometer in Richtung niedrigerer Temperaturen.

2.8 Optische Aufnehmer und Sensoren

Übersicht. Fotoelement und Fotodiode gehören zusammen mit der Fotozelle, dem Fotovervielfacher und dem in Abschnitt 3.9 besprochenen Fotowiderstand zu den optoelektrischen Messgrößenumformern. Diese liefern proportional zu einer optischen Größe ein elektrisches Signal.

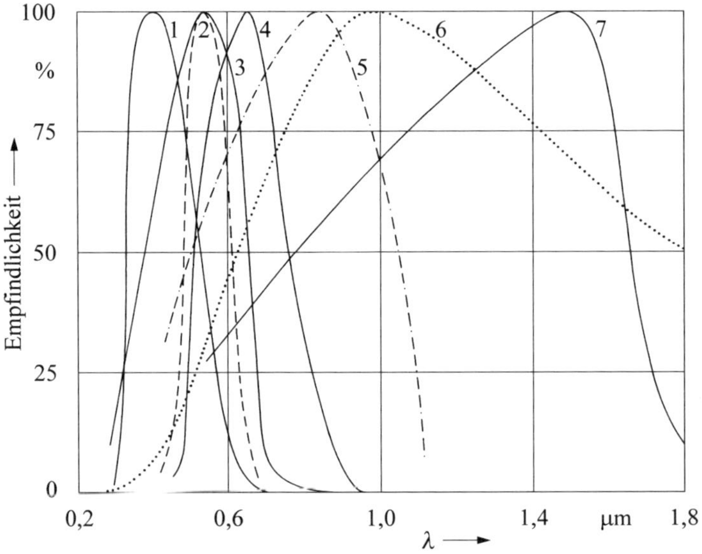

Bild 2.108: Normierte spektrale Empfindlichkeit optoelektrischer Messgrößenumformer
1 Fotozelle mit Sb-Cs-Kathode
2 Augenempfindlichkeit
3 Se-Fotoelement
4 CdS-Fotowiderstand
5 Si-pin-Fotodiode
6 spektrale Emission einer Glühlampe
7 Ge-Fotodiode

Die Einheiten der lichttechnischen Größen sind das Lumen und das Lux. Sie leiten sich von der Basiseinheit Candela ab:

- das Lumen lm ist die Einheit des Lichtstroms Φ, der die gesamte von einer Lichtquelle abgegebene und vom Auge bewertete Strahlungsleistung darstellt;
- das Lux lx ist die Einheit der Beleuchtungsstärke E_v und ergibt sich als das Verhältnis aus dem Lichtstrom Φ und der beleuchteten Fläche A:

$$\text{Beleuchtungsstärke } E_v = \frac{\text{Lichtstrom } \Phi}{\text{Fläche } A}; \qquad 1\ \text{lx} = \frac{1\ \text{lm}}{\text{m}^2}.$$

Die einzelnen Aufnehmer unterscheiden sich insbesondere in ihrer statischen, dynamischen und spektralen Empfindlichkeit (Bild 2.108).
Die wichtigsten Daten der fotoelektrischen Aufnehmer sind in der Tabelle 2.6 zusammengestellt. Diese Eigenschaften sind bei der Auswahl eines Aufnehmers für eine konkrete Messaufgabe zu berücksichtigen.

Tabelle 2.6: Optoelektronische Sensoren

Aufnehmer	Selen-Fotoelement	Silizium-Fotoelement	Silizium-Fotodiode
ausgenutzter Effekt	Sperrschicht-Fotoeffekt	Sperrschicht-Fotoeffekt	Sperrschicht-Fotoeffekt
elektrische Messgröße	Strom oder Spannung	Strom oder Spannung	Strom
ausgenutzter Bereich des $i(u)$-Kennlinienfeldes	4. Quadrant	4. Quadrant	3. Quadrant
Versorgungsspannung in V	0	0	-10
Stromempfindlichkeit in µA/lux	1	10^{-1}	10^{-1}
Grenzfrequenz in Hz	10^2	10^3	10^8
spektrale Empfindlichkeit	Se	Si	Si
Temperaturkoeffizient in K^{-1}	$2 \cdot 10^{-3}$	$5 \cdot 10^{-3}$	$5 \cdot 10^{-3}$

Aufnehmer	Fotozelle	Foto-vervielfacher	Foto-widerstand
ausgenutzter Effekt	äußerer Fotoeffekt	äußerer-Fotoeffekt	innerer-Fotoeffekt
elektrische Messgröße	Strom	Strom	Widerstand
ausgenutzter Bereich des $i(u)$-Kennlinienfeldes	1. Quadrant	1. Quadrant	1. und 3. Quadrant
Versorgungsspannung in V	100	1000	10...100
Stromempfindlichkeit in µA/lux	10^{-3}	10^5	10^2
Grenzfrequenz in Hz	10^9	10^6	10^2
spektrale Empfindlichkeit	Sb–Cs, Cs	Sb–Cs, Cs	CdS, CdSe
Temperaturkoeffizient in K^{-1}	sehr klein	sehr klein	$25 \cdot 10^{-3}$

2.8.1 Fotoelement und Fotodiode

Wirkungsweise des Fotoelements. In einem Halbleiter mit einer p- und einer n-leitenden Zone diffundieren an der Schnittstelle die Defektelektronen in den n-leitenden und die Leitungselektronen in den p-leitenden Bereich. Defekt- und Leitungselektronen rekombinieren, so dass eine Zone ohne freie Ladungsträger, die Raumladungszone oder Sperrschicht, entsteht. Dabei bleibt auf der p-leitenden Seite die unkompensierte negative Ladung der Akzeptoren und auf der n-leitenden die entsprechend große positive der Donatoren zurück, so dass an der Raumladungszone die Diffusionsspannung von z. B. 0,7 V bei Si entsteht.

Wird nun die Raumladungszone von Lichtquanten genügend hoher Energie getroffen, so wird die Elektronenbindung zerstört, und Elektronen werden vom Valenz- in das Leitungsband gehoben. Die dadurch entstandenen Elektron-Loch-Paare werden durch das elektrische Feld der Raumladungszone getrennt. Die Löcher werden zur p- und die Elektronen zur n-leitenden Seite hin abgesaugt (Driftstrom). Außerhalb der Raumladungszone erzeugte Ladungsträger müssen erst in die Raumladungszone diffundieren, um dort getrennt zu werden. Rekombinieren Löcher und Elektronen vorher, so tragen sie nicht zum Fotostrom bei. Der Fotostrom setzt sich damit aus dem Driftstrom der Raumladungszone und dem Diffusionsstrom aus dem p- und dem n-Gebiet zusammen. Er ist proportional der Beleuchtungsstärke und kann gemessen werden, indem der pn-Halbleiter mit Elektroden versehen und die Elektroden zu einem Stromkreis verbunden werden (**innerer lichtelektrischer Effekt, Sperrschicht-Fotoeffekt**). Selen und Silizium sind Ausgangsmaterialien für derartige Fotoelemente (Bild 2.109).

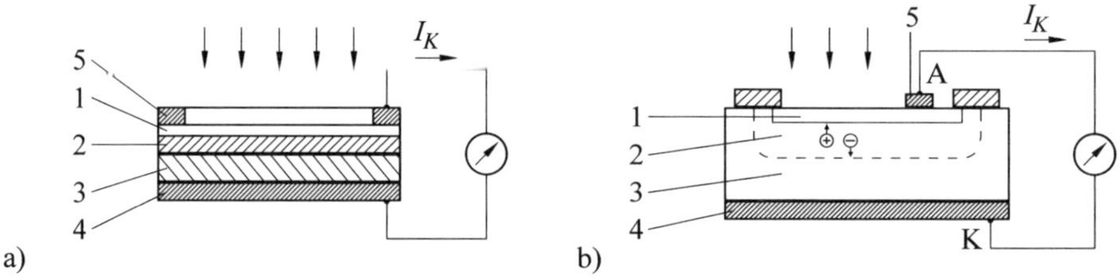

Bild 2.109: a) Selen-Fotoelement; 1 durchsichtige Metallelektrode, 2 CdS-Schicht, 3 Selenschicht, 4 Trägermetall, 5 Kontaktring b) Silizium-Fotoelement; 1 p-leitende Zone, 2 Raumladungszone, 3 n-leitende Zone, 4, 5 Kontaktierung

Das Se-Element, bei dem sich die Sperrschicht zwischen dem Se und dem CdS aufbaut, wird hauptsächlich in der Lichttechnik benutzt. Seine spektrale Empfindlichkeit ist der des menschlichen Auges ähnlich. Die optische Nachrichtentechnik hingegen ist das Einsatzgebiet der Si-Aufnehmer.

Betrieb als Fotoelement. Die Eigenschaften des Fotoelements sollen anhand seiner Kennlinien diskutiert werden.

Dargestellt sind in Bild 2.110 die Kennlinien für den gesamten möglichen Betriebsbereich.

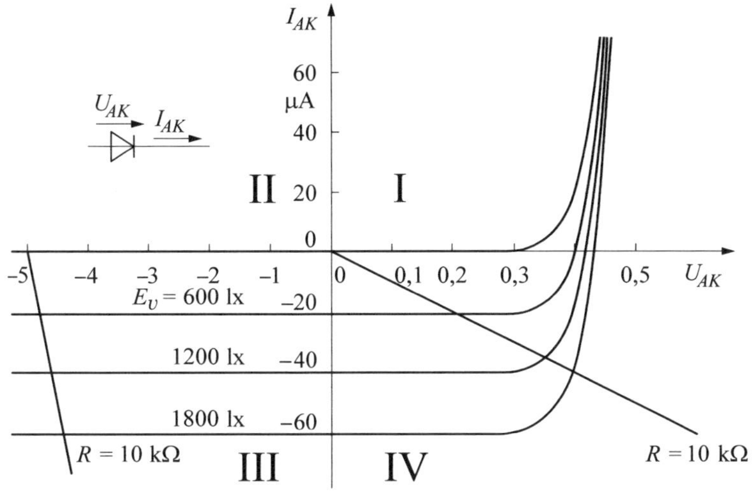

Bild 2.110: Kennlinie der Si-Fotodiode BPW20

Die im III. Quadranten des Kennlinienfeldes verlaufenden Kurven charakterisieren die Betriebsart „Diode", die im IV. Quadranten die Betriebsart „Element". Möglich ist beim Elementbetrieb die Messung des Kurzschlussstroms I_K bei $U_{AK} = 0$. Die entsprechenden Werte sind auf der negativen Ordinatenachse dargestellt. Der Kurzschlussstrom steigt linear mit der Beleuchtungsstärke (Bild 2.111 b).

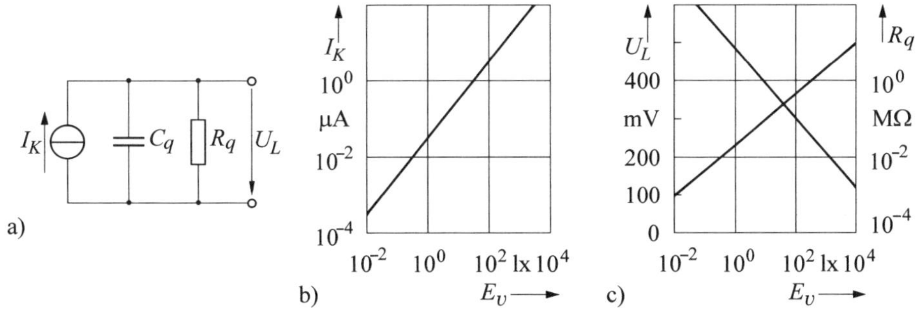

Bild 2.111: Fotoelement a) Ersatzschaltbild b) und c) Kennlinien;
I_K Kurzschlussstrom, U_L Leerlaufspannung, R_q Innenwiderstand, E_v Beleuchtungsstärke

Wird die Leerlaufspannung U_L des Elements gemessen, so fließt kein Strom durch die Diode, $I_{AK} = 0$. Für die verschiedenen Beleuchtungsstärken ergeben sich die auf der positiven Abszissenachse angegebenen Spannungen. Sie steigen mit dem Logarithmus der Beleuchtungsstärke (Bild 2.111 c).

Dieses Verhalten lässt sich im Ersatzschaltbild durch eine Stromquelle darstellen, bei der nicht nur der Kurzschlussstrom I_K, sondern auch der Innenwiderstand R_q von der Beleuchtungsstärke abhängt. Die Leerlaufspannung U_L ergibt sich als das Produkt aus dem Kurzschlussstrom I_K und dem Innenwiderstand R_q

$$U_L = I_K \, R_q \tag{2.279}$$

und steigt so weniger schnell als der Kurzschlussstrom. Kurzschlussstrom (Ordinate) und Leerlaufspannung (Abszisse) begrenzen den Betriebsbereich eines Fotoelements. Dazwischen kann praktisch jeder Arbeitspunkt erreicht werden, wenn man das Element mit einem Widerstand R belastet (Bild 2.112 c).

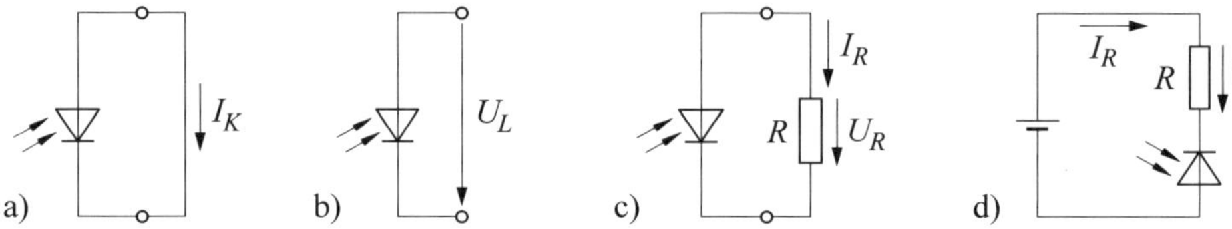

Bild 2.112: Betriebsarten von Fotoelement und Fotodiode
a) Elementbetrieb, Messung des Kurzschlussstroms I_K
b) Elementbetrieb, Messung der Leerlaufspannung U_L
c) Elementbetrieb, Strom- oder Spannungsmessung in einem Kreis mit Lastwiderstand
d) Diodenbetrieb, Messung des Stroms oder der am Lastwiderstand abfallenden Spannung

In diesem Fall kann entweder der im Kreis fließende Strom I_R oder die am Widerstand abfallende Spannung U_R gemessen werden. Beide Größen hängen nichtlinear von der Beleuchtungsstärke ab.

Betrieb als Fotodiode. Im Diodenbetrieb wird eine Spannung in Sperrrichtung an den Aufnehmer gelegt (III. Quadrant des Kennlinienfeldes). Dadurch ändert sich, wie die Kennlinien zeigen, nicht der vom Aufnehmer gelieferte Strom. Ein Lastwiderstand kann jetzt relativ groß gewählt werden, ohne dass der lineare Zusammenhang zwischen der Beleuchtungsstärke und dem im Messkreis fließenden Strom oder der am Widerstand abfallenden Spannung verloren geht. Noch wichtiger aber ist, dass durch die Spannung in Sperrrichtung die Breite der Raumladungszone zunimmt, womit die Kapazität der Diode sinkt. Dadurch verbessert sich ihr Zeitverhalten. Fotoelemente können Frequenzen von höchstens einigen kHz folgen, wogegen Fotodioden Frequenzen im MHz-Bereich zu messen gestatten.

2.8.2 Fotosensoren für Positionsmessungen und zur Bilderzeugung

In einer Vielzahl von Anwendungen wie z. B. bei Werkzeugmaschinen und Robotern ist mit optischen Mitteln die Position eines Werkstücks zu erfassen. Für diese Aufgabe interessiert nicht so sehr die Intensität eines Lichtstrahls als vielmehr seine Lage. Dafür sind ortsauflösende Fotodioden verfügbar, die sich als segmentiert oder nicht segmentiert unterscheiden lassen.

Lateraleffekt-Fotodiode. Die Lateraleffekt-Fotodiode ist nicht segmentiert. Sie kann die Verschiebung eines Lichtpunktes längs einer Geraden (einachsige Ausführung) oder in einer Ebene (zweiachsige Ausführung) messen.

An der lichtempfindlichen Seite der Fotodiode sind zwei bzw. vier p-Kontakte (Anoden) vorhanden. Der gemeinsame n-Kontakt (Kathode) befindet sich an der Rückseite (Bild 2.113).

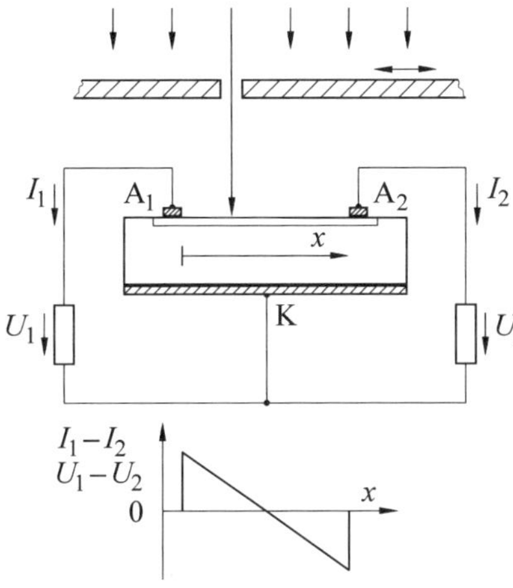

Bild 2.113: Lateraleffekt-Fotodiode mit den beiden p-Elektroden A_1 und A_2 in x-Richtung. Die Differenz der Ströme $I_1 - I_2$ gibt die Lage des Lichtpunktes in x-Richtung an

Bei einer punktförmigen Beleuchtung ist die zu einer Anode fließende Ladung umso größer, je näher der Lichtpunkt an dieser Anode zu liegen kommt. Die an gegenüberliegenden Elektroden austretenden Ströme werden subtrahiert. Ihre Differenz ist ein Maß für die Position des Lichtpunktes zwischen diesen beiden Elektroden.

Segmentierte Fotodioden. Bei den segmentierten Fotodioden sind mehrere getrennte p-leitende Zonen auf einem gemeinsamen n-leitenden Substrat untergebracht. Auf diese Weise lassen sich Quadranten-, Zeilen-, Ring- oder Flächensensoren (Diodenarrays) fertigen. Mit Hilfe der Quadrantendiode kann z. B. in Form einer Ja-Nein-Entscheidung festgestellt werden, ob der Lichtpunkt die Mitte der Diode trifft (Bild 2.114).

Haben die Dioden einige wenige individuelle lichtempfindliche Segmente, so können die dazugehörigen Elektroden noch einzeln als Anschlüsse nach außen geführt werden. Bei den großen Zeilensensoren mit bis zu 4096 einzelnen Segmenten, z. B. 13 µm breit und 2,5 mm hoch, können individuelle Zuleitungen nicht mehr untergebracht werden. Noch größer ist dieses Problem bei den matrixförmigen Flächensensoren, die z. B. bei einer Elementgröße von 24 µm · 24 µm bis zu 800 · 800 = 640000 Bildpunkte enthalten.

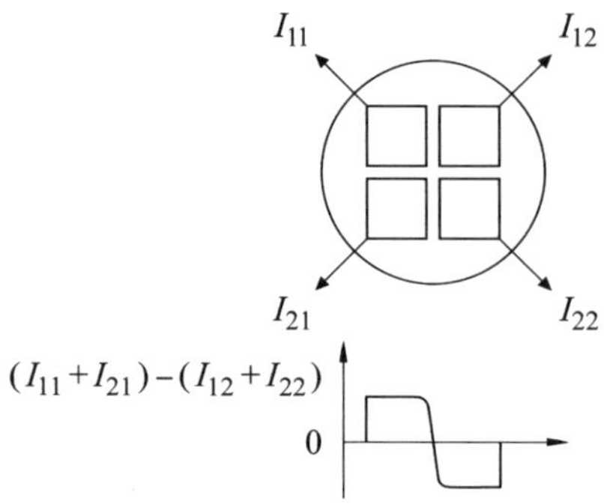

Bild 2.114: Segmentierte Quadranten-Fotodiode zur Zentrierung eines Lichtpunktes in der x/y-Ebene; das Signal $(I_{11}+I_{21})-(I_{12}+I_{22})$ zeigt die Abweichung in x-Richtung, $(I_{11}+I_{12})-(I_{21}+I_{22})$ die in y-Richtung an

In diesem Falle müssen die einzelnen Messsignale mit Hilfe besonderer Verfahren über gemeinsame Leitungen nacheinander ausgelesen werden.

Die lageempfindlichen Dioden dienen in der Mess- und Automatisierungstechnik zur berührungslosen Bestimmung der Lage von Werkstücken. Darüber hinaus werden die Zeilensensoren z. B. in optischen Spektrometern eingesetzt. Dort wird weißes Licht mit Hilfe eines Prismas oder eines Gitters spektral zerlegt. Das aufgefächerte Licht trifft auf einen Zeilensensor, wobei jedes einzelne lichtempfindliche Segment jetzt die Strahlung einer definierten Wellenlänge erfasst. Damit kann das gesamte Spektrum praktisch gleichzeitig ermittelt werden und es wird z. B. möglich, die Geschwindigkeit chemischer Reaktionen anhand ihrer Absorptionsspektren zu untersuchen.

In Verbindung mit einer entsprechenden Optik können die Flächensensoren Bilder aus dem sichtbaren oder infraroten Licht in elektrische Signale umsetzen (Bildsensoren, Festkörper-Vidikons, Bildwandler). Sie sind für die Aufnahmen schwarz-weißer und auch farbiger Bilder geeignet.

2.8.3 Fotozelle

Die Fotozelle besteht aus einer evakuierten Glasröhre mit einer Kathode K und einer Anode A (Bild 2.115).

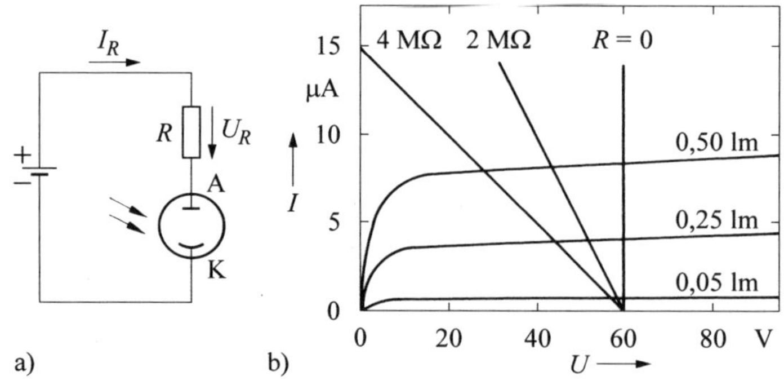

Bild 2.115: Aufbau a) und Kennlinie b) einer Fotozelle

Treffen auf die Kathode Lichtquanten, deren Energie größer als die Ablösearbeit der Elektronen ist, so werden Elektronen freigesetzt (äußerer Fotoeffekt). Die Elektronen werden unter dem Einfluss einer zwischen Kathode und Anode angelegten Spannung in Richtung Anode beschleunigt und führen zu einem im äußeren Kreis messbaren Strom.

Hat die an der Fotozelle liegende Spannung eine bestimmte Größe erreicht, so ist der Fotostrom unabhängig von der Spannung und nimmt linear mit der Beleuchtungsstärke zu. Die Empfindlichkeit ist konstant und beträgt etwa 10^{-3} µA/lx. Die Fotozellen sind sehr schnell; Lichtfrequenzen von 10^9 Hz können verarbeitet werden.

2.8.4 Fotovervielfacher

Der Fotovervielfacher (Multiplier, Sekundär-Elektronen-Vervielfacher) enthält zunächst wie die Hochvakuum-Fotozelle eine lichtempfindliche Kathode (Bild 2.116).

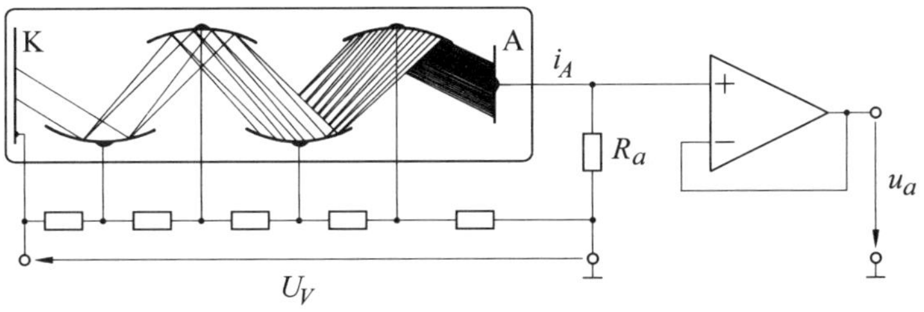

Bild 2.116: Fotovervielfacher mit Kathode K, Anode A, Spannungsteiler für die Spannungsversorgung der Dynoden und Impedanzwandler

Darüber hinaus sind jetzt mehrere Elektroden (Dynoden) vorhanden, die in Richtung Anode an einer jeweils höheren Spannung liegen. Die in der Kathode von den Lichtquanten freigesetzten Elektronen werden zur ersten Dynode beschleunigt. Dort wird der Effekt der Sekundärelektronenemission wirksam. Jedes auftreffende Elektron löst im Mittel z Sekundärelektronen aus. Dieser Vorgang setzt sich von Dynode zu Dynode fort, so dass bei insgesamt N Dynoden der Ausgangsstrom i_A um den Faktor z^N größer ist als der Fotostrom i_K der Kathode. Der Fotovervielfacher ist sehr empfindlich. Verstärkungsfaktoren bis zu 10^8 werden erreicht, und einzelne Lichtquanten können als Impulse nachgewiesen werden.

Wird vor die Kathode des Fotovervielfachers ein Szintillator gelegt, so wird ein Szintillationsmesskopf zum Nachweis radioaktiver Strahlung erhalten. Die α- und β-Teilchen und die γ-Quanten führen bei ihrer Absorption im Szintillator zur Emission von Elektronen, die am Ausgang des Fotovervielfachers zu Impulsen führen. Die Impulsrate ist proportional zur Aktivitat des Strahlers.

2.9 Aufnehmer für ionisierende Strahlung

2.9.1 Ionisationskammer

Die Ionisationskammer gehört zusammen mit dem Auslöse-Zählrohr, dem Szintillationszähler und dem Halbleiter-Detektor zu der Gruppe der Strahlungsdetektoren.

Wirkungsweise. Die Ionisationskammer besteht aus zwei Elektroden, deren Zwischenraum mit einem ionisierbaren Gas wie z.B. Luft oder Argon gefüllt ist (Bild 2.117).

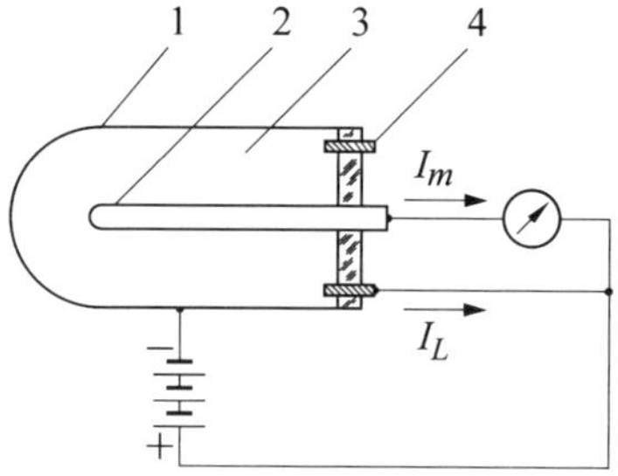

Bild 2.117: Ionisationskammer
1 Außenelektrode
2 Innenelektrode
3 Gasfüllung
4 Schutzring

Die Elektroden werden an eine Spannung gelegt, so dass sich ein elektrisches Feld aufbaut. Trifft eine α-, β- oder γ-Strahlung das Gas zwischen den Elektroden, so werden dessen Atome ionisiert. Das elektrische Feld trennt die entstandenen Ladungen. Diese fließen zu den Elektroden ab und bilden den im Außenkreis messbaren Ionisationskammerstrom I_m.

Der Ionisationskammerstrom steigt zunächst mit der an der Kammer liegenden Spannung, bis alle primär gebildeten Ladungsträger die Elektroden erreicht haben. Dieses ist bei der so genannten Sättigungsspannung der Fall. Von diesem Wert an ist der Ionisationskammerstrom nur noch abhängig von der in der Kammer erzeugten Ladung und ist damit ein Maß für die Dosisleistung $\dot{D}$ der auftreffenden γ-Strahlung (Bild 2.118).

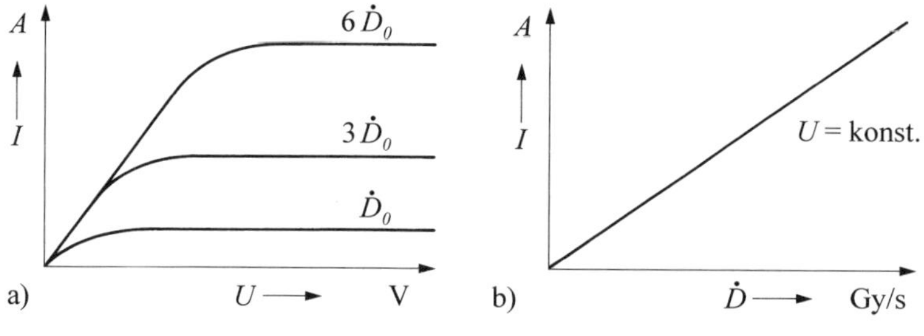

Bild 2.118: Ionisationskammer a) $I(U)$-Kennlinie b) $I(\dot{D})$-Kennlinie

Die Ionisationskammern werden so insbesondere im Strahlenschutz zur Messung und Überwachung der Dosisleistung verwendet [2.20].

Der Ionisationskammerstrom ist unter Umständen sehr niedrig und liegt im Bereich um 10^{-10} A oder darunter. Er kann leicht durch einen Leckstrom zwischen den Elektroden verfälscht werden. Um diesen Leckstrom von dem Ionisationskammerstrom zu trennen, enthält die Ionisationskammer von Bild 2.117 einen Schutzring. Dieser liegt auf demselben Potenzial wie die Innenelektrode. Die Potenzialdifferenz zwischen Schutzring und Innenelektrode ist null, so dass über diesen Weg kein Strom zu Stande kommt. Lediglich zwischen Außenelektrode und Schutzring kann ein Leckstrom I_L fließen, der sich jedoch nicht dem Ionisationskammerstrom I_m überlagert.

Ersatzschaltbild und Stromverstärker. Eine Stromquelle mit sehr hohem Innenwiderstand bildet das Ersatzschaltbild einer Ionisationskammer. Liefert diese z. B. bei einer angelegten Spannung von 100 V einen Strom von 10^{-11} A, so ist ihr Innenwiderstand $R_q = 100\ \text{V} : 10^{-11}\ \text{A} = 10^{13}\ \Omega$.

Wird der Ionisationskammerstrom von 10^{-11} A in einem idealen i/u-Verstärker in eine Spannung von 10 V umgeformt, so ist ein Gegenkopplungswiderstand R_g von $R_g = U_a : I_e = 10^{13}\,\Omega$ notwendig. Bei der Herleitung der Empfindlichkeit für den i/u-Verstärker war in Gl. (2.158) vorausgesetzt worden, dass der Eingangswiderstand R'_e des offenen Verstärkers groß gegenüber dem Gegenkopplungswiderstand R_g sein sollte. Diese Bedingung ist für Gegenkopplungswiderstände von $10^{12}\,\Omega$ nicht ohne weiteres zu erfüllen und so soll hier noch einmal der reale i/u-Verstärker untersucht werden, wobei eine von null verschiedene Eingangsspannung u'_e angenommen wird.

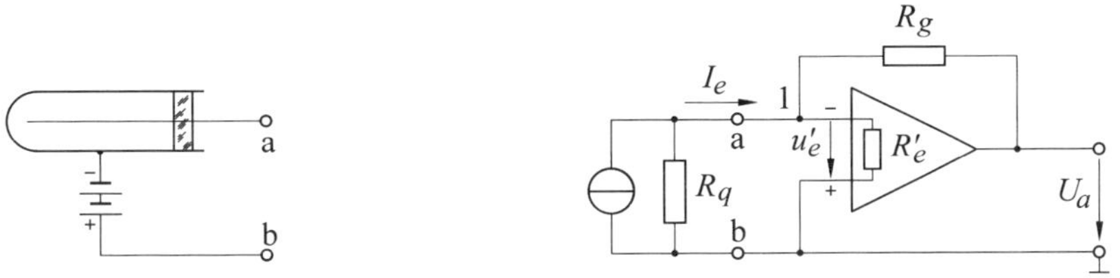

Bild 2.119: Ersatzschaltbild einer Ionisationskammer und Verstärkung des Ionisationskammerstroms

Für den Knoten 1 von Bild 2.119 entsteht die Gleichung

$$I_e + \frac{U_a - u'_e}{R_g} - \frac{u'_e}{R'_e} = 0\,, \tag{2.280}$$

die mit $U_a = -k'\,u'_e$ übergeht in

$$I_e + U_a\left(\frac{1}{R_g} + \frac{1}{k'\,R_g} + \frac{1}{k'\,R'_e}\right) = 0\,. \tag{2.281}$$

Hier darf in der Klammer der zweite Term gegenüber dem ersten vernachlässigt werden ($k' \approx 10^5$), und es entsteht

$$U_a = -I_e\,(R_g \parallel k'\,R'_e)\,. \tag{2.282}$$

Der Verstärker verhält sich so, als ob dem Gegenkopplungswiderstand R_g der mit k' multiplizierte Eingangswiderstand R'_e des offenen Verstärkers parallel geschaltet wäre. Damit nun R_g die Empfindlichkeit des Verstärkers bestimmt und nicht R'_e, muss $k' R'_e$ groß gegenüber R_g bleiben ($k' R'_e \gg R_g$). Diese Forderung ist leichter zu erfüllen als die ursprüngliche Annahme $R'_e \gg R_g$.

Bei der Messung derartig geringer Ströme muss also der Eingangswiderstand des offenen Verstärkers sehr hoch sein. Dieser wird dann durch die Gegenkopplung so weit reduziert, dass die von den hochohmigen Ionisationskammern gelieferten Ströme praktisch im Kurzschluss gemessen werden. Verstärker mit Feldeffekttransistoren oder Kapazitätsdioden-Modulatoren lassen sich verwenden, deren Spannungsdriften wegen des hohen Innenwiderstandes der Ionisationskammer die Strommessung nicht stören.

Flammen-Ionisationsdetektor. Der Flammen-Ionisationsdetektor dient zum Nachweis von Kohlenwasserstoffen in Luft. Diese sind meist geruch-, geschmack- und farblos. Sie treten in Räumen auf, in denen mit organischen Lösungsmitteln gearbeitet wird oder in denen Verbrennungsmotoren laufen. Sie schädigen den menschlichen Organismus schon bei Konzentrationen von etwa $1 : 10^6$.

In dem Flammen-Ionisationsdetektor (Bild 2.120) werden in einer H_2-Flamme die im Messgas enthaltenen Kohlenwasserstoffe verbrannt. Vor der Brennerdüse befindet sich eine gitterförmige Auffang-Elektrode. Brennerdüse und Auffang-Elektrode liegen an einer Spannung und bilden eine Ionisationskammer.

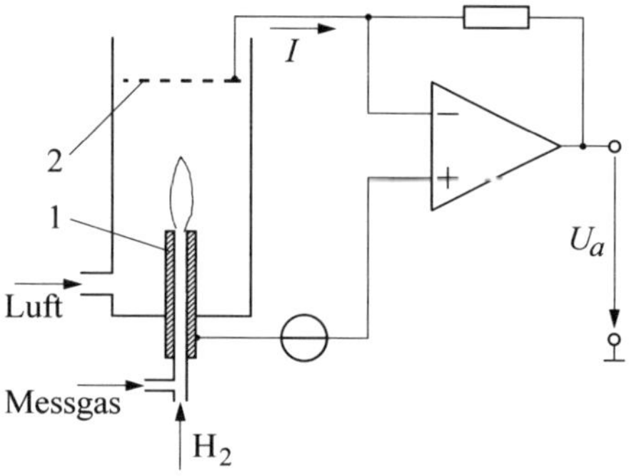

Bild 2.120: Prinzip des Flammen-Ionisationsdetektors mit Brennerdüse 1 und Auffang-Elektrode 2

Der zwischen beiden Elektroden fließende Strom ist proportional zur Konzentration an Kohlenwasserstoffen, wobei die Nachweisgrenze bei etwa 10^{-12} g/s liegt.

2.9.2 Auslöse-Zählrohr

Wirkungsweise. Das gasgefüllte Auslöse-Zählrohr oder Geiger-Müller-Zählrohr ist rotationssymmetrisch aufgebaut mit einem Zähldraht als Innen- und einem Zylindermantel als Außenelektrode (Bild 2.121). Die Elektroden liegen an einer Spannung von etwa 100 V.

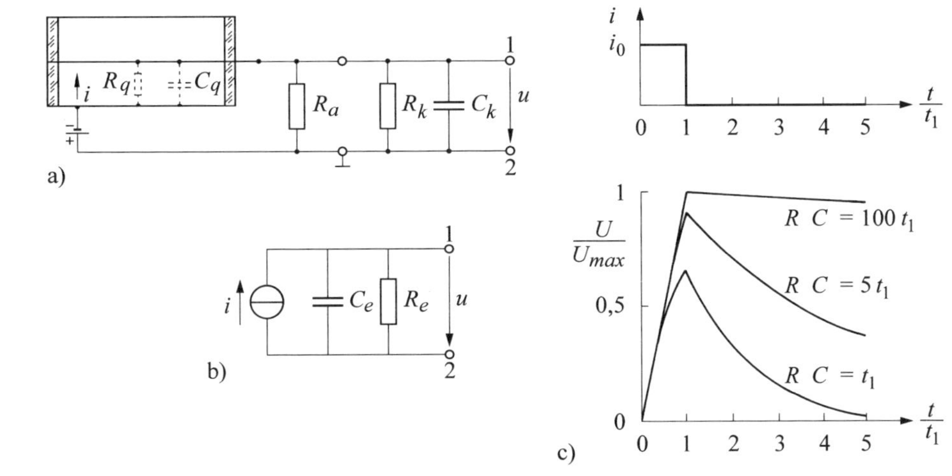

Bild 2.121: Auslöse-Zählrohr:
a) Prinzipschaltung b) Ersatzschaltbild c) Signale

Ein in dem Zählrohr absorbiertes radioaktives Teilchen ionisiert längs seiner Bahn die Atome des Füllgases. Die entstandenen Ladungen werden unter dem Einfluss des elektrischen Feldes getrennt und fließen zu den Elektroden ab. In der Nähe des sehr dünnen Zähldrahtes ist die Feldstärke sehr hoch; die primär gebildeten Elektronen werden so weit beschleunigt, dass sie bei ihren Zusammenstößen mit den Atomen des Füllgases diese zu einer Lichtemission anregen oder auch ionisieren. Die Fotonen werden nicht nur in Richtung des elektrischen Feldes, sondern nach allen Seiten abgestrahlt. Sie führen über den Fotoeffekt zur Bildung von weiteren freien Elektronen, so dass sich die Entladung des Zählrohrs längs des gesamten Zähldrahtes ausbreitet. Sie kommt erst dann zum Erliegen, wenn die beweglicheren Elektronen den Zähldraht erreicht haben und die langsameren positiv geladenen Ionen die elektrische Feldstärke in der Nähe des Zähldrahtes so weit herabsetzen, dass eine Fotonenemission und Sekundärionisation nicht mehr möglich ist.

Das Zählrohr liefert also bei einem Eindringen eines ionisierenden Teilchens einen Impuls. Ein weiteres Teilchen kann erst dann erfasst werden, wenn die bei dem vorausgegangenen Ereignis gebildeten positiven Ionen zur zylindrischen Außenelektrode abgewandert sind. Erst nach dieser Totzeit, die bei etwa 0,1 ms liegt, nimmt die Feldstärke wieder die für die Entladung notwendigen Werte an. In der Sekunde können so etwa 10^4 Teilchen nachgewiesen werden. Die Höhe eines Impulses hängt nicht mehr von der Zahl der primär gebildeten Ladungen, sondern nur von der Auslegung des Zählrohrs ab. Die Impulse sind etwa gleich groß und haben infolge der Gasverstärkung schon eine Amplitude von etwa 1 V. Die Impulse werden in der Regel noch normiert, bevor ihre Impulsrate ermittelt wird. Diese kann als Maß für die Aktivität oder die Dosisleistung der gemessenen Strahlung in den Fällen genommen werden, in denen die strahlenden Nuklide mit ihren Zerfallsschemata bekannt sind.

2.9.3 Halbleiter-Strahlungsdetektor

Wirkungsweise. Ein Halbleiter-Strahlungsdetektor ist eine pin-Diode, die auf einen geringen Dunkelstrom und hohe Spannungsfestigkeit hin entwickelt ist. An die Diode wird in Sperrrichtung eine Spannung von etwa 5 000 V gelegt. Sie wird mit flüssigem Stickstoff gekühlt, um die thermische Bildung von freien Ladungsträgern zu vermeiden.

Trifft eine γ-Strahlung die Diode und überträgt ein γ-Quant im Fotoeffekt seine Energie auf ein Elektron, so wird dieses über die Bildung von Elektron-Loch-Paaren abgebremst. Die so entstandenen Ladungen fließen unter dem Einfluss des elektrischen Feldes zu den Elektroden ab und führen dort zu einem Stromimpuls von etwa 10^{-7} s Dauer. Die Wahrscheinlichkeit für die Absorption eines γ-Quants im Fotoeffekt steigt mit der 4. Potenz der Ordnungszahl Z des Halbleitermaterials. Sie ist bei Germanium mit $Z = 32$ höher als bei Silizium mit $Z = 14$. So werden zur Strahlungsmessung hauptsächlich Ge-Dioden verwendet. Um ein Elektron-Loch-Paar zu bilden, ist in Germanium im Mittel eine Energie von 2,8 eV, in Silizium von 3,6 eV erforderlich.

• **Beispiel 2.10.** Ein Elektron der Energie 1 MeV erzeugt in Ge $10^6 : 2{,}8 = 0{,}36 \cdot 10^6$ Ladungsträger eines Vorzeichens.

Die Elementarladung ist $1{,}6 \cdot 10^{-19}$ As, so dass insgesamt die Ladung Q

$$Q = 0,36 \cdot 10^6 \cdot 1,6 \cdot 10^{-19} = 5,7 \cdot 10^{-14}\,\text{As}$$

abfließt. Wird diese Ladung auf einer Kapazität von 300 pF gesammelt, so entsteht die Spannung u

$$u = \frac{Q}{C} = \frac{5,7 \cdot 10^{-14}\ \text{As}}{300 \cdot 10^{-12}\ \text{As/V}} = 0,19\ \text{mV}\,. \quad \bullet$$

Ersatzschaltbild und Ladungsverstärker. Bei der Bildung von Elektron-Loch-Paaren fließt in der an Spannung liegenden Diode der Strom $i = \mathrm{d}Q/\mathrm{d}t$. Die Diode hat den Widerstand R_q und die Kapazität C_q und ist über ein Kabel mit dem Widerstand R_K und der Kapazität C_K mit den Verstärkerklemmen 3–4 verbunden (Bild 2.122). Im Ersatzschaltbild lässt sich die Diode durch eine Stromquelle mit dem Kurzschlussstrom i, dem Innenwiderstand R_e und der Kapazität C_e darstellen:

$$C_e = C_K + C_q\,, \tag{2.283}$$

$$R_e = R_K \,||\, (R_q + R_a) \approx R_K \,||\, R_q\,, \tag{2.284}$$

da der Arbeitswiderstand R_a von etwa 1 MΩ gegenüber dem Detektorwiderstand R_q vernachlässigt werden darf.

Der Halbleiter-Strahlungsdetektor hat damit dasselbe Ersatzschaltbild wie das Geiger-Müller-Zählrohr und der piezoelektrische Kraftaufnehmer, wobei die erzeugten Ladungen um Größenordnungen niedriger sind. Die beim Kraftaufnehmer diskutierten Vor-

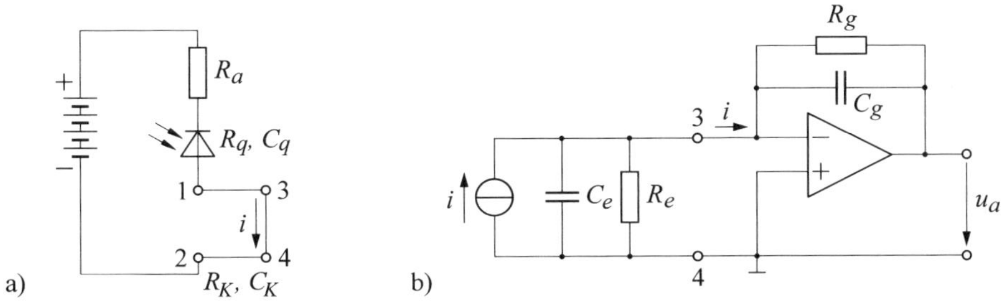

Bild 2.122: Halbleiter-Strahlungsdetektor a) Prinzipschaltung b) Ersatzschaltbild

und Nachteile einer Spannungs- oder Ladungsverstärkung gelten auch hier. Zweckmäßig ist, sich für den Ladungsverstärker zu entscheiden, ein Kabel für die Übertragung der Stromimpulse zu vermeiden und den Ladungsverstärker direkt mit der in einem Kryostaten sitzenden Diode zusammenzubauen. Das Zeitverhalten wird durch die Differenzialgleichung (2.270) beschrieben, in die nicht die detektorspezifischen Parameter R_q, R_K, C_q, C_K, sondern die Werte der in der Rückführung sitzenden Bauteile R_g und C_g eingehen. Wird ein rechteckförmiger Stromimpuls mit der Amplitude i_0 und der Dauer t_1 angenommen, so steigt für $0 \leq t \leq t_1$ die Ausgangsspannung u_a des Verstärkers mit

$$u_a(t) = -R_g\, i_0 \left(1 - \mathrm{e}^{-\dfrac{t}{R_g\, C_g}}\right) \quad \text{für } 0 \leq t \leq t_1 \tag{2.285}$$

und geht für $t \geq t_1$ mit

$$u_a(t) = -u_a(t_1)\, \mathrm{e}^{-\dfrac{t - t_1}{R_g\, C_g}} \quad \text{für } t \geq t_1 \tag{2.286}$$

wieder auf 0 zurück. Dieser Impuls ist im Allgemeinen für eine Weiterverarbeitung zu lang und wird wie der des Zählrohrs in Differenziergliedern amplitudengetreu verkürzt.

Anwendung. Der Halbleiter-Strahlungsdetektor ist wegen der erforderlichen Kühlung und seiner hohen Betriebsspannung nicht ganz einfach zu handhaben. Trotzdem kann auf ihn für Präzisionsmessungen nicht verzichtet werden. Die erzeugte Ladung Q ist ein Maß für die Energie des absorbierten Teilchens. Der Detektor wird hauptsächlich zur **Impulshöhenanalyse** und zur **Identifizierung unbekannter radioaktiver Nuklide** verwendet [2.21]. Da bei der Ge-Diode nur 2,8 eV für die Bildung eines Elektron-Loch-Paares erforderlich sind gegenüber 300 eV bei einem NaI(Tl)-Kristall, ist die Energieauflösung des Halbleiter-Detektors bedeutend besser als die des Szintillationszählers.

3 Messung von ohmschen Widerständen; Widerstandsaufnehmer

Die in der Elektrotechnik verwendeten Werkstoffe unterscheiden sich sehr hinsichtlich ihrer elektrischen Leitfähigkeit. Ihr ohmscher Widerstand kann Werte in dem außerordentlich weiten Bereich von mehr als 20 Zehnerpotenzen annehmen. Sehr niedrige Widerstände sind bei Leitern oder Leiterbahnen, sehr hohe bei isolierenden Werkstoffen zu messen.

Der elektrische Widerstand von Leitern oder Halbleitern ändert sich bei einer mechanischen, thermischen, magnetischen oder optischen Einwirkung. Über die Widerstandsmessung kann so die die Widerstandsänderung verursachende nichtelektrische Größe erfasst werden. Die entsprechenden Bauteile werden ohmsche Sensoren oder Widerstandsaufnehmer genannt. Sie sind passive Bauteile. Zur Messung ist jeweils eine Spannungs- oder Stromversorgung notwendig. Die nichtelektrische Größe beeinflusst den Widerstand in vielen Fällen rückwirkungsfrei und die für die Messung erforderliche Energie wird nicht der gemessenen Größe, sondern der benutzten Spannungs- oder Stromquelle entnommen.

3.1 Strom- und Spannungsmessung

Die Bestimmung eines Widerstandes nach dem ohmschen Gesetz aus Spannung und Strom ist sehr nahe liegend. Sie vereinfacht sich, wenn eine dieser Größen bekannt oder ein Referenzwiderstand vorhanden ist.

3.1.1 Gleichzeitige Messung von Spannung und Strom

Ein Widerstand kann durch eine getrennte, gleichzeitige Messung von Spannung und Strom nach den in Bild 3.1 wiedergegebenen Schaltungen (a) und (b) bestimmt werden, wobei jede Schaltung einen systematischen Messfehler verursacht. Diese Fehler können korrigiert werden, wenn die Widerstände R_A des Strommessers und R_V des Spannungsmessers bekannt sind.

Bei der Anordnung der Messgeräte nach Schaltung (a) wird der durch den Widerstand R_x gehende Strom I richtig erfasst, die Spannungsmessung ist fehlerhaft und der Spannungsabfall am Amperemeter ist abzuziehen:

$$R_x = \frac{U - R_A I}{I} = \frac{U}{I} - R_A \,. \tag{3.1}$$

Bild 3.1: Bestimmung eines Widerstandes R aus der gleichzeitigen Messung von Spannung und Strom
a) Schaltung für die Messung großer Widerstände
b) Schaltung für die Messung kleiner Widerstände

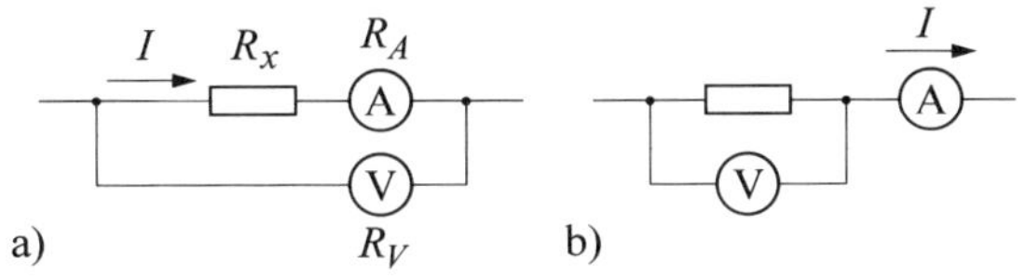

In der Schaltung (b) stimmt dann die Spannungsmessung, der Strom wird jedoch um den durch den Spannungsmesser gehenden Teil zu groß angezeigt:

$$R_x = \frac{U}{I - U/R_V}\,. \tag{3.2}$$

Da der Innenwiderstand des Strommessers R_A klein, der des Spannungsmessers R_V aber groß sein wird, empfiehlt sich die Schaltung (a) für große Widerstände ($R_x \gg R_A$), die Schaltung (b) für kleine Widerstände ($R_x \ll R_V$).

3.1.2 Vergleich mit einem Referenzwiderstand

Der systematische Fehler lässt sich vermeiden, wenn der zu bestimmende Widerstand R_x mit einem Referenzwiderstand R_r verglichen wird.

Bild 3.2: Bestimmung des Widerstandes R_x mit Hilfe eines Referenzwiderstandes R_r
a) Stromspeisung; Messung des Spannungsabfalls
b) Spannungsspeisung; Messung des durchgehenden Stroms

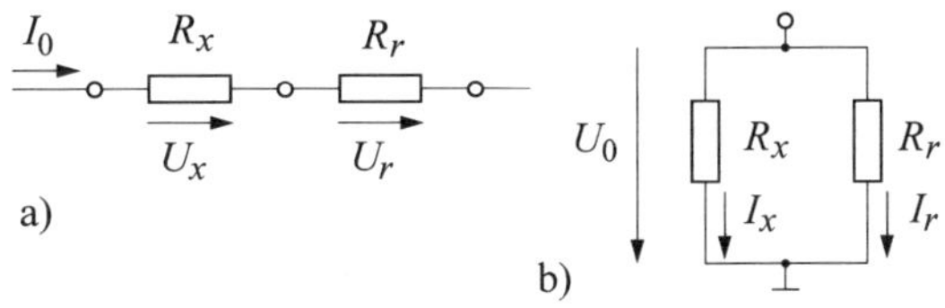

In der Schaltung nach Bild 3.2 (a) werden der gesuchte und der bekannte Widerstand vom gleichen, konstanten Strom I_0 durchflossen. Gemessen werden die an den Widerständen abfallenden Spannungen. Der gesuchte Widerstand R_x ergibt sich zu

$$R_x = \frac{U_x}{U_r}\,R_r\,. \tag{3.3}$$

Bei Isolationsmessungen schreiben die Normen jeweils die Spannung U_0 vor, die an den Prüfling R_x zu legen ist. Hier empfiehlt sich die Schaltung nach Bild 3.2 (b), in der die konstante Messspannung an den Prüfling und an den Referenzwiderstand gelegt wird. Gemessen werden die durch die beiden Widerstände fließenden Ströme I_x und I_r und der gesuchte Isolationswiderstand ist

$$R_x = \frac{I_r}{I_x}\,R_r\,. \tag{3.4}$$

3.2 Anwendung einer Konstantstromquelle

Prinzip. Eine kontinuierliche Anzeige eines Widerstandswertes ermöglicht die Schaltung nach Bild 3.3. Der eingeprägte, konstante Strom I_0 fließt über den zu bestimmenden Widerstand R_x und dessen Wert ergibt sich aus der gemessenen Spannung U_x

$$R_x = \frac{U_x}{I_0} \,. \tag{3.5}$$

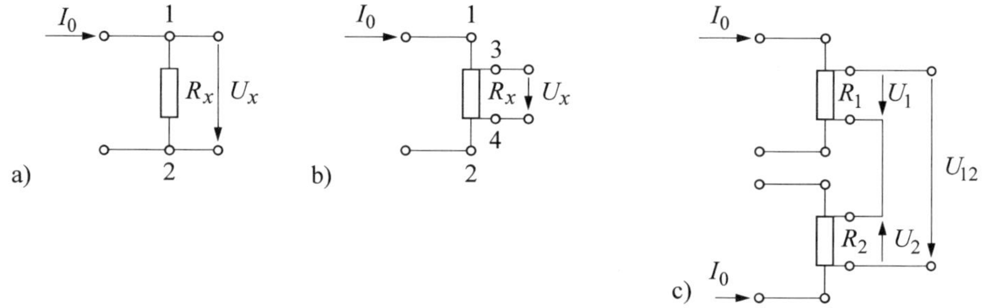

Bild 3.3: Speisung mit konstantem Strom und Messung des Spannungsabfalls
a) Prinzip b) Messung eines niederohmigen Widerstandes mit den Stromklemmen 1, 2 und den Spannungsklemmen 3, 4 c) Messung der Widerstandsdifferenz $R_1 - R_2$

Der eingeprägte Strom ist natürlich so niedrig zu wählen, dass er nicht zu einer Temperatur- und damit Widerstandserhöhung führt. Gegebenenfalls ist mit einer gepulsten Stromquelle zu arbeiten.

Bei der Messung sehr **niedriger Widerstände** sind die an den Klemmen auftretenden Übergangswiderstände nicht zu vernachlässigen. Um sie und eventuelle Zuleitungswiderstände nicht mit zu messen, empfiehlt sich der in Bild 3.3 (b) skizzierte 4-Leiter-Anschluss. Hier sind die Klemmen 1 und 2 der Stromzuführung von denen der Messleitungen (Potenzialklemmen) 3 und 4 getrennt. Die möglichen Spannungsabfälle an den Anschlusspunkten 1 und 2 werden nicht gemessen. Die Übergangswiderstände an den Klemmen 3 und 4 liegen in Reihe mit dem Eingangswiderstand des Spannungsmessers und können ebenso wie die Widerstände der Messleitungen vernachlässigt werden, solange der Spannungsmesser genügend hochohmig ist.

Widerstandsdifferenzen $R_1 - R_2$ können unter Verwendung von zwei Stromquellen, von denen jede denselben eingeprägten Strom I_0 liefert, gemessen werden. Bei der Schaltung nach 3.3 (c) fällt am Widerstand R_1 die Spannung $U_1 = R_1 I_0$ und am Widerstand R_2 die Spannung $U_2 = R_2 I_0$ ab. Die Spannung

$$U_{12} = U_1 - U_2 = I_0 \,(R_1 - R_2) \tag{3.6}$$

ist ein Maß für die gesuchte Widerstandsdifferenz $R_1 - R_2$.

Diese Schaltung ermöglicht gleichzeitig eine **Nullpunktunterdrückung** und eine **Kompensation unerwünschter Widerstandsänderungen**, die bei der Messung nichtelektrischer Größen häufig erforderlich sind. Gehen wir von zwei gleichen Widerständen $R_1 = R_2 = R_0$ aus und nehmen wir für den ersten Widerstand eine Zunahme seines Wertes auf $R_0 + \Delta R$ an, so wird in der Differenzschaltung der Grundwiderstand R_0 unterdrückt und nur die Widerstandsdifferenz ΔR wird angezeigt:

$$U_{12} = I_0\,(R_1 - R_2) = I_0\,(R_0 + \Delta R - R_0) = T_0\,\Delta R. \tag{3.7}$$

Nimmt in einem anderen Beispiel der Wert des Widerstandes R_1 infolge eines erwünschten Effekts A um ΔR_A und infolge eines störenden Effekts B um ΔR_B auf

$$R_1 = R_0 + \Delta R_A + \Delta R_B$$

zu, und ist der zweite Widerstand nur den Einflüssen der Störgröße B ausgesetzt

$$R_2 = R_0 + \Delta R_B\,,$$

so wird durch die Differenzschaltung nur der Unterschied der beiden Widerstände, also die Widerstandserhöhung des ersten infolge des Effekts A erfasst. Die gleichsinnige Änderung beider Widerstände infolge des Effekts B hebt sich durch die Differenzbildung auf:

$$U_{12} = I_0[(R_0 + \Delta R_A + \Delta R_B) - (R_0 + \Delta R_B)] = I_0\,\Delta R_A. \tag{3.8}$$

Operationsverstärker für die Widerstandsmessung. Die Konstantstrommessung kann vorteilhaft unter Verwendung eines invertierenden Verstärkers durchgeführt werden. In der Schaltung von Bild 3.4 (a) ergibt sich der konstante Eingangsstrom I_0 aus der bekannten Spannung U_0 und dem bekannten Widerstand R_0. Rückgeführt wird der Strom $I_g = u_a/R_x$. Beide Ströme heben sich gegenseitig auf, $I_0 + I_g = 0$. Die gemessene Spannung u_a ist also ein Maß für den gesuchten Widerstand R_x:

$$u_a = -\frac{U_0}{R_0}\,R_x\,. \tag{3.9}$$

Die diskutierte Schaltung funktioniert natürlich auch in Verbindung mit einer Konstantstromquelle I_0 (Bild 3.4 b). Der Verstärker liefert hier die Ausgangsspannung

$$u_a = -I_0\,R_x\,.$$

Bei der Speisung mit eingeprägtem Strom lässt sich auch der 4-Leiter-Anschluss realisieren (Bild 3.4 c), bei dem die Zuleitungswiderstände $R_{L\,1}$ bis $R_{L\,4}$ keine Rolle spielen. Dazu wird der Verstärkungsfaktor k' des nicht gegengekoppelten Operationsverstärkers so hoch angenommen, dass der Eingangsstrom i'_e zu vernachlässigen ist. Des Weiteren soll die Ausgangsspannung u_a so hochohmig gemessen werden, dass der Ausgangsstrom i_a unberücksichtigt bleiben darf. In der gezeigten Schaltung geht $R_{L\,1}$ wegen des eingeprägten Stroms I_0 nicht in das Ergebnis ein, ebenso wenig wie der

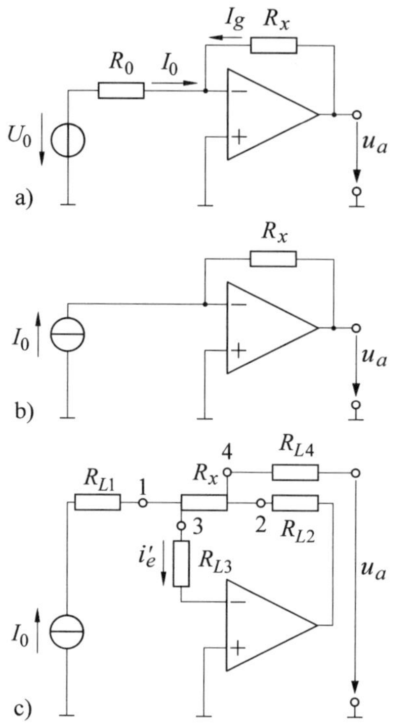

Bild 3.4: Widerstandsmessung mit Hilfe des invertierenden Verstärkers
a) Speisung mit einer konstanten Spannung
b) Speisung mit einem konstanten Strom
c) 4-Leiter-Anschluss bei Speisung mit einem konstanten Strom

Widerstand $R_{L\,2}$, der lediglich den (nicht gezeichneten) Innenwiderstand der Spannungsquelle des Operationsverstärkers vergrößert. Mit $i'_e = 0$ fällt keine Spannung an $R_{L\,3}$ ab; der Knoten 3 liegt an der virtuellen Masse. Wegen $i_a = 0$ tritt ebenfalls kein Spannungsabfall an $R_{L\,4}$ auf; zwischen der Klemme 4 und der Masse liegt die Spannung u_a. Damit gilt wie in Bild 3.4 (b)

$$u_a = -I_0\, R_x\,.$$

Die Leitungswiderstände beeinflussen also nicht das Ergebnis.

Operationsverstärker für die Messung von Widerstandsdifferenzen. In den Fällen, in denen eine Widerstandsdifferenz gemessen oder auch nur eine Nullpunktunterdrückung durchgeführt werden soll, ist ein Differenzverstärker notwendig. In Bild 3.5 (a) liegt z. B. in der Gegenkopplung ein Widerstandsthermometer mit dem Widerstand $R_0 + \Delta R$. Die Schaltung, gespeist von der konstanten Spannung U_0, ist durch drei weitere Festwiderstände R_0 ergänzt. Bei einem idealen Verstärker ($k' \to \infty$) liegt der Knoten 1 auf dem Potenzial $U_0/2$. Aus der Knotengleichung

$$I_1 + I_g = \frac{U_0 - U_0/2}{R_0} + \frac{u_a - U_0/2}{R_0 + \Delta R} = 0$$

folgt die Ausgangsspannung u_a zu

$$u_a = -\frac{U_0}{2\,R_0}\,\Delta\,R\,. \tag{3.10}$$

Die Verstärkerausgangsspannung nimmt streng linear mit $\Delta\,R$ zu. Das Widerstandsthermometer wird dabei von dem konstanten Strom I_g

$$I_g = -I_1 = -\frac{U_0 - U_0/2}{R_0} = -\frac{U_0}{2\,R_0}$$

durchflossen.

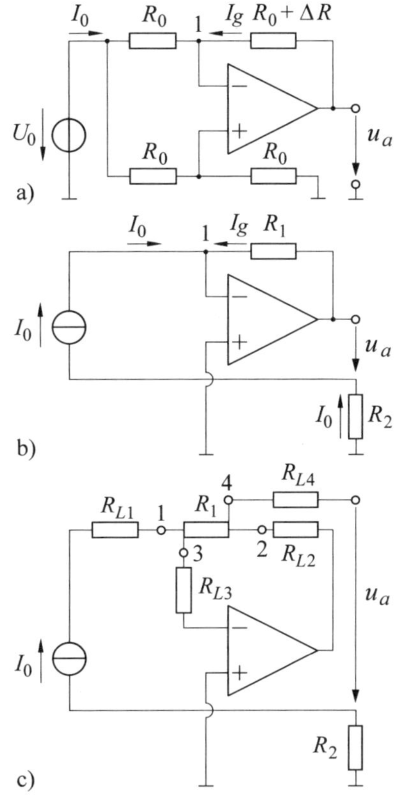

Bild 3.5: Widerstandsdifferenzmessung mit Hilfe des invertierenden Verstärkers
a) Speisung mit einer konstanten Spannung
b) Speisung mit einem konstanten Strom
c) 4-Leiter-Anschluss bei Speisung mit einem konstanten Strom

Eine Offsetspannung U_{os} führt nach Gl. (2.219) mit $R_q = R_0$ und $R_g = R_0 + \Delta\,R$ zu der Ausgangsspannung

$$u_a(U_{\text{os}}) = \frac{2\,R_0 + \Delta\,R}{R_0}\,U_{\text{os}} \approx 2\,U_{\text{os}}\,.$$

Die Eingangsströme I_p und I_n kompensieren sich für $\Delta\,R \ll R_0$ und $R_g = R_0$ nach Gl. (2.224) weitgehend:

$$u_a(I_p, I_n) = R_0(I_p - I_n)\,.$$

• **Beispiel 3.1.** Bei einer Versorgungsspannung $U_0 = 10$ V, einem Anfangswiderstand $R_0 = 100\ \Omega$ und einer Widerstandsänderung $\Delta R = 0{,}02\ \Omega$ liefert der Verstärker die Spannung

$$u_a = \frac{10\ \mathrm{V}}{2 \cdot 100\,\Omega}\,0{,}02\,\Omega = 0{,}001\,\mathrm{V} = 1\,\mathrm{mV}\,.$$

Sollen die Offsetgrößen keinen größeren Effekt als die Widerstandsänderung von 0,02 Ω verursachen (1 mV), so muss die Drift der Offsetspannung u_{os} kleiner als

$$U_{\mathrm{os}} = \frac{u_a}{2} = 0{,}5\,\mathrm{mV}$$

bleiben und die Differenz der Eingangsströme darf

$$I_p - I_n = \frac{u_a}{R_0} = \frac{1\,\mathrm{mV}}{100\,\Omega} = 10\,\mu\mathrm{A}$$

nicht überschreiten. Soll weiterhin auch die Gleichtaktverstärkung die Ausgangsspannung um höchstens 1 mV verfälschen, so ist bei einer Gleichtaktaussteuerung von 5 V eine Gleichtaktunterdrückung von mindestens 5 V : 1 mV = 5 000 erforderlich. •

In der Schaltung von Bild 3.5 (a) können auch die Spannungsteiler an den Verstärkereingängen getauscht werden. In diesem Fall kommt der Widerstandsaufnehmer zwischen dem p-Eingang und der Masse zu liegen und wäre somit geerdet. Er wird dann nicht mehr von einem konstanten Strom durchflossen und die Ausgangsspannung des Verstärkers steigt nur ungefähr proportional zu ΔR:

$$u_a \approx \frac{U_0}{2\,R_0}\,\Delta R\,.$$

In der Prinzipschaltung Bild 3.3 (c) sind für eine Differenzmessung zwei getrennte Quellen notwendig, die exakt dieselben Ströme liefern müssen. Gegenüber dieser Forderung stellt die Schaltung Bild 3.5 (b), die mit einer einzigen Stromquelle für eine Differenzmessung auskommt, eine Vereinfachung dar. Die Stromquelle muss allerdings massefrei ausgeführt werden und die Ausgangsspannung u_a ist auf das Potenzial $-I_0\,R_2$ bezogen. R_1 und R_2 sind die Widerstände, deren Differenz zu ermitteln ist. Der Knoten 1 liegt an der virtuellen Masse, so dass am Widerstand R_1 die Spannung $u_a + (-I_0\,R_2)$ ansteht. Es gilt die Knotenpunktgleichung

$$I_0 = -I_g = -\frac{u_a - I_0\,R_2}{R_1}\,,$$

aus der die Ausgangsspannung u_a folgt zu

$$u_a = -I_0\,(R_1 - R_2)\,. \tag{3.11}$$

Die Ausgangsspannung ist wieder der Widerstandsdifferenz proportional.

Der Widerstand R_1 lässt sich auch in der 4-Leiter-Technik anschließen. Nach den vorausgegangenen Überlegungen spielen dann die Zuleitungswiderstände keine Rolle mehr (Bild 3.5 c).

3.3 Brückenschaltungen

3.3.1 Abgleich-Widerstandsmessbrücke

Prinzip. Die erstmals von Wheatstone 1843 zum Messen eines Widerstandes verwendete Brückenschaltung enthält die vier Widerstände R_1 bis R_4, die paarweise einen Spannungsteiler bilden und an der Brückenspeisespannung U_0 liegen (Bild 3.6).

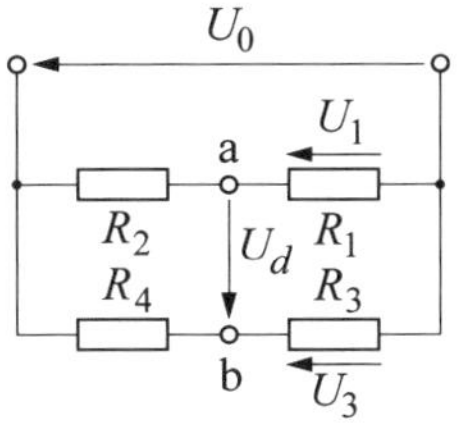

Bild 3.6: Wheatstone-Messbrücke

An dem Widerstand R_1 wird die Teilspannung

$$U_1 = U_0 \frac{R_1}{R_1 + R_2} \tag{3.12}$$

und am Widerstand R_3 die Teilspannung U_3

$$U_3 = U_0 \frac{R_3}{R_3 + R_4} \tag{3.13}$$

abgegriffen. Die Differenz dieser Teilspannungen ergibt die in der Brückendiagonale zwischen den Punkten a und b liegende Diagonalspannung U_d:

$$U_d = U_3 - U_1 = U_0 \frac{R_2\,R_3 - R_1\,R_4}{(R_1 + R_2)(R_3 + R_4)}. \tag{3.14}$$

Ist die Diagonalspannung null, so ist die Brücke abgeglichen. In diesem Fall verschwindet der Zähler der obigen Gleichung und als Abgleichbedingung ergibt sich

$$R_2\,R_3 = R_1\,R_4\,. \tag{3.15}$$

Zur Messung wird der gesuchte Widerstand (z. B. R_2) zusammen mit drei bekannten Widerständen zu einer Brücke verschaltet. Von diesen ist mindestens ein Widerstand einstellbar, so dass die Brücke abgeglichen werden kann. Der Wert des gesuchten Widerstandes R_2 ist

$$R_2 = R_1 \frac{R_4}{R_3}\,. \tag{3.16}$$

Schleifdraht-Messbrücke. Bei der Schleifdraht-Messbrücke (Bild 3.7) wird der untere Spannungsteiler durch einen Draht der Länge $l_3 + l_4$ mit dem konstanten Querschnitt A und dem spezifischen Widerstand ρ gebildet, an dem durch einen Abgriff die Teilwiderstände

$$R_3 = l_3 \frac{\rho}{A}\,; \qquad R_4 = l_4 \frac{\rho}{A}$$

eingestellt werden können. R_1 sei ein bekannter Widerstand und ungefähr so groß wie der zu messende Widerstand $R_x = R_2$. Aus dem Widerstandsverhältnis R_4/R_3, d. h. aus der Länge l_4/l_3, bestimmt sich nach dem Brückenabgleich der unbekannte Widerstand R_x zu

$$R_x = R_2 = R_1 \frac{R_4}{R_3} = R_1 \frac{l_4}{l_3}\,. \tag{3.17}$$

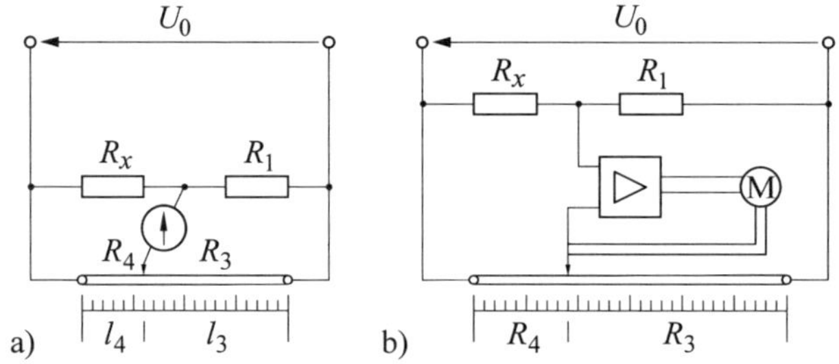

Bild 3.7: Schleifdraht-Messbrücke
a) manueller Abgleich
b) selbsttätiger Abgleich

Der Abgleich lässt sich leicht automatisieren, indem von der verstärkten Diagonalspannung ein Motor angetrieben wird. Wie bei den Potentiometerschreibern ist die Drehrichtung dieses Motors abhängig von der Polarität der Diagonalspannung. Mit dem Motor ist der Abgriff eines oft ringförmig ausgebildeten Potentiometers gekoppelt. Dieses wird so lange verstellt, bis die Diagonalspannung null geworden und der Motor zum Stillstand gekommen ist. Die Stellung des Abgriffs ist dann ein Maß für den gemessenen Widerstand.

Thomson-Messbrücke. Um bei der Messung sehr niedriger Widerstände Messfehler infolge von Übergangswiderständen zu vermeiden, sind diese in der 4-Leiter-Technik anzuschließen. Versucht man nun eine Wheatstone-Brücke mit zwei derartigen Widerständen in einem Brückenzweig aufzubauen (Bild 3.8 a), so sind zunächst die Leitungen 1–1 und 1'–1' völlig gleich. Eine Unterscheidung in eine niederohmige Speise- und eine hochohmige Messleitung ist nicht möglich.

Um diese Funktionen nun doch eindeutig definieren zu können, verwendet die Thomson-Messbrücke (Bild 3.8 b) zusätzlich den niederohmigen Widerstand R und den hochohmigen Spannungsteiler $R_1 : R_2$. Dadurch fließt zwischen den Anschlusspunkten 1–1 ein sehr viel größerer Strom als in der Leitung 1'–1', die damit eindeutig als Messleitung festgelegt ist.

Die Wirkungsweise der Thomson-Brücke ist jetzt leicht zu verstehen. In der gezeichneten Schaltung soll der niederohmige Widerstand R_x bestimmt werden. Dieser liegt in Reihe mit einem etwa gleich großen Referenzwiderstand R_r. Durch beide Widerstände fließt der relativ große Strom I_x. Die dabei abfallenden Spannungen werden in einer aus den bekannten, hochohmigen Widerständen R_1 bis R_4 aufgebauten Brücke verglichen. Diese Widerstände sind einstellbar und mechanisch so gekoppelt, dass in beiden Brückenzweigen immer dasselbe Widerstandsverhältnis vorliegt:

$$\frac{R_1}{R_2} = \frac{R_3}{R_4}\,.$$

Dieses Verhältnis wird nun so lange geändert, bis die Diagonalspannung zu null geworden ist. Für diesen Fall teilt sich die zwischen den Punkten a und b liegende Spannung wie folgt auf:

$$\frac{I_x\,R_r + I_1\,R_1}{I_1\,R_2 + I_x\,R_x} = \frac{I_3\,R_3}{I_3\,R_4} = \frac{R_1}{R_2}$$

und der zu bestimmende Widerstand R_x wird

$$R_x = R_r\,\frac{R_2}{R_1}\,. \tag{3.18}$$

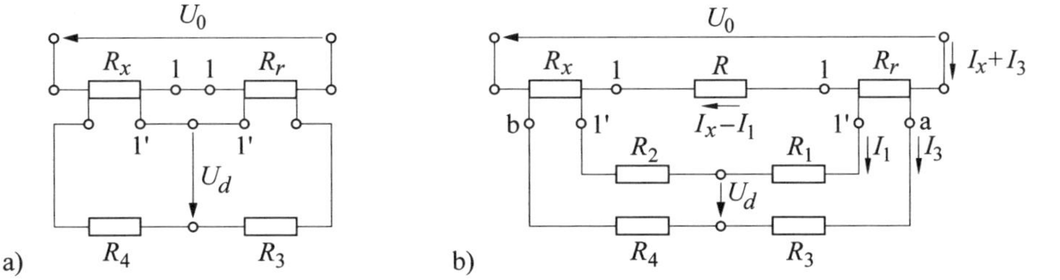

Bild 3.8: Messung niedriger Widerstände in einer Brückenschaltung; R_x, $R_r \ll R_1$, R_2, R_3, R_4; $I_x \gg I_1$, I_3;
a) Versuch, Widerstände in der 4-Leiter-Technik zu einer Wheatstone-Brücke zu verschalten
b) Thomson-Messbrücke

Mit der Thomson-Brücke lassen sich Widerstände bis zu 10^{-7} Ω messen. Infolge der gewählten 4-Leiter-Schaltung gehen die Übergangswiderstände nicht in das Messergebnis ein. Die Übergangswiderstände an den Stromklemmen werden nicht gemessen und die an den Spannungsklemmen liegen in Reihe mit den größeren Brückenwiderständen R_1 und R_2 bzw. R_3 und R_4 und sind diesen gegenüber zu vernachlässigen.

3.3.2 Ausschlag-Widerstandsmessbrücke

Wirkungsweise

Bei den bis jetzt besprochenen Messbrücken ist jeweils eine gewisse Mühe auf den Abgleich zu verwenden. Diese Anstrengungen lassen sich vermeiden, wenn Widerstandsänderungen nur in der Nähe eines Arbeitspunktes gemessen werden sollen. Die Brücke ist in diesen Fällen so ausgelegt, dass sie bei einem bestimmten Wert des interessierenden Widerstandes abgeglichen ist. Bei kleinen Änderungen dieses Widerstandswertes wird dann auf einen erneuten Abgleich verzichtet und die sich einstellende Diagonalspannung wird als Maß für die Widerstandsänderung genommen. Durch diesen Übergang von der Abgleich- auf die Ausschlagmessung wird eine zeitlich kontinuierliche Widerstandsmessung möglich. Ändert sich der gesuchte Widerstand R_x mit der Zeit, $R_x = R_x(t)$, so ist die Diagonalspannung ebenfalls eine Funktion der Zeit, $U_d = U_d(t)$.

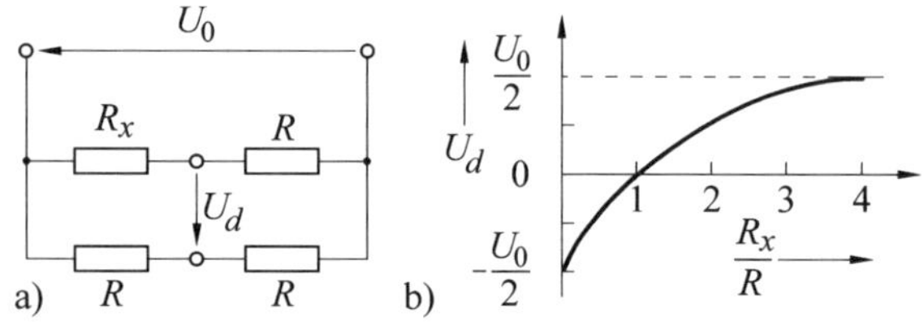

Bild 3.9: Verlauf der Diagonalspannung in Abhängigkeit von R_x
a) Schaltung
b) Kennlinie

Die in Bild 3.9 dargestellte Brücke besteht aus einem variablen Widerstand R_x und drei gleich großen Widerständen R. Zunächst wird überlegt, welche Werte die Diagonalspannung U_d

$$U_d = U_0 \left(\frac{1}{2} - \frac{R}{R + R_x} \right) = \frac{U_0}{2} \frac{R_x - R}{R_x + R} \tag{3.19}$$

in Abhängigkeit von R_x annimmt. Es ergeben sich die folgenden Wertepaare:

$$R_x = 0: \qquad U_d = -\frac{U_0}{2},$$

$$R_x = R: \qquad U_d = 0,$$

$$R_x \to \infty: \qquad U_d = +\frac{U_0}{2}.$$

Die Kennlinie verläuft also gekrümmt und die Empfindlichkeit $\mathrm{d}U_d/\mathrm{d}R_x$ ist auch in der Nähe des Arbeitspunktes $R_x = R$ nicht konstant. Die Höhe der Diagonalspannung kann aber immer als Maß für die Verstimmung der Brücke genommen werden. Sie ist nicht nur von der Größe der Widerstände, sondern auch von ihrer Anordnung abhängig, wie in dem folgenden Abschnitt gezeigt wird.

Brücke, mit einer konstanten Spannung gespeist

Ausgegangen wird von der mit einer konstanten Spannung gespeisten Brücke, die zunächst vier gleiche Widerstände R_0 enthält. Für die in Bild 3.10 gezeichneten Konfigurationen wird dann die Größe der betreffenden Widerstände um ΔR verändert und die sich einstellende Diagonalspannung wird berechnet. Die verschiedenen Anordnungen werden dabei als Viertel-, Halb- oder Vollbrücke bezeichnet, je nachdem, ob 1 Widerstand, ob 2 oder alle 4 Widerstände variabel sind.

		U_0-gespeist	I_0-gespeist
a	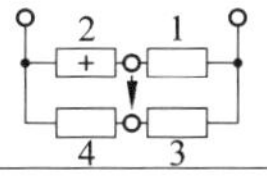	$U_d \approx +\frac{U_0}{4}\frac{\Delta R}{R_0}$	$U_d \approx \frac{I_0}{4}\Delta R$
b	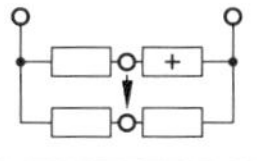	$U_d \approx -\frac{U_0}{4}\frac{\Delta R}{R_0}$	$U_d \approx -\frac{I_0}{4}\Delta R$
c	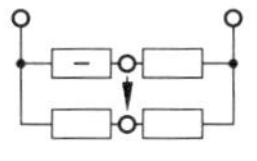	$U_d \approx -\frac{U_0}{4}\frac{\Delta R}{R_0}$	$U_d \approx -\frac{I_0}{4}\Delta R$
d	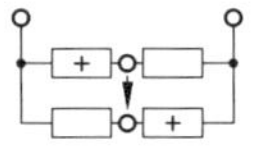	$U_d \approx \frac{U_0}{2}\frac{\Delta R}{R_0}$	$U_d = \frac{I_0}{2}\Delta R$
e	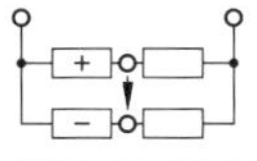	$U_d \approx \frac{U_0}{2}\frac{\Delta R}{R_0}$	$U_d = \frac{I_0}{2}\Delta R$
f	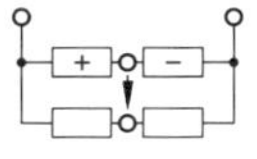	$U_d = \frac{U_0}{2}\frac{\Delta R}{R_0}$	$U_d = \frac{I_0}{2}\Delta R$
g	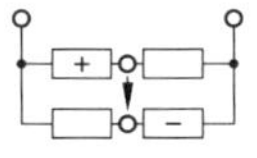	$U_d \approx -\frac{U_0}{4}\left(\frac{\Delta R}{R_0}\right)^2$	$U_d = -\frac{I_0}{4}\frac{\Delta R}{R_0}\Delta R$
h	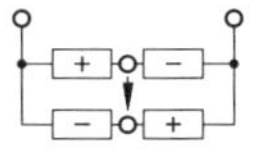	$U_d = U_0\frac{\Delta R}{R_0}$	$U_d = I_0\Delta R$

Bild 3.10: Diagonalspannung U_d für verschiedene Brückenanordnungen. Die nicht bezeichneten Widerstände haben den Wert R_0; die mit + gekennzeichneten den Wert $R_0 + \Delta R$ und die mit – markierten den Wert $R_0 - \Delta R$

Für die Brücke von Zeile a mit $R_1 = R_3 = R_4 = R_0$ und $R_2 = R_0 + \Delta R$ ergibt sich aus Gl. (3.14) U_d zu

$$U_d = U_0\,\frac{(R_0 + \Delta R)\,R_0 - R_0\,R_0}{(2\,R_0 + \Delta R)\,2\,R_0} = U_0\,\frac{\Delta R}{4\,R_0 + 2\,\Delta R}\,. \tag{3.20}$$

Hier kann im Nenner bei kleinen Widerstandsänderungen ΔR gegenüber R_0 vernachlässigt werden, womit die Gleichung übergeht in

$$U_d \approx \frac{U_0}{4}\,\frac{\Delta R}{R_0}\,. \tag{3.21}$$

Die Diagonalspannung ist also nicht exakt, sondern nur angenähert der auf den Anfangswiderstand R_0 bezogenen Widerstandsänderung ΔR proportional. (Bei der Anwendung der Brückenschaltungen wird dann diese Nichtlinearität vernachlässigt und die Gl. (3.21) wird mit dem Gleichheitszeichen geschrieben.) Auf dieselbe Weise wurden die übrigen in Bild 3.10 zusammengestellten Ergebnisse berechnet. Wird wie im Fall b ein Widerstand auf der rechten Seite um $+\Delta R$ erhöht, so ist die entstehende

Diagonalspannung negativ und entspricht der, die sich einstellt, wenn ein Widerstand auf der linken Seite um ΔR verringert wird (Fall c). Werden in einer Brückendiagonalen zwei Widerstände um ΔR erhöht (Fall d), so ist die entstehende Diagonalspannung doppelt so groß wie bei der Viertelbrücke.

Weitere Halbbrücken sind in den Anordnungen e, f und g dargestellt. Wird nur der Zähler der Gl. (3.14) berücksichtigt, so sollten die Schaltungen e und f dasselbe Ergebnis liefern. Die Anordnung nach f ist aber besser. Da hier im Nenner keine Vernachlässigungen notwendig werden, ist die Ausgangsspannung exakt linear proportional zu $\Delta R/R_0$. Entgegengesetzte Widerstandsänderungen in den beiden Brückendiagonalen führen zu einer linearen Abhängigkeit der Diagonalspannung von der Widerstandsänderung. Auf diese Eigenschaft der mit Differenzialaufnehmern bestückten Halbbrücke wird in Abschnitt 3.12.3 noch einmal besonders eingegangen.

Die Brücke g ist in beiden Brückenzweigen gleichsinnig verstimmt, so dass in erster Näherung die Diagonalspannung null erwartet wird. lm Zähler der Brückengleichung bleibt aber noch der Term $-(\Delta R)^2$ übrig. Die Diagonalspannung hängt von dem Quadrat der auf R_0 bezogenen Widerstandsänderung ab.

Die Anordnung h zeigt eine aus vier variablen Widerständen aufgebaute Vollbrücke mit der vierfachen Empfindlichkeit einer Viertelbrücke. Die Diagonalspannung steigt exakt mit $\Delta R/R_0$.

Brücke, mit einem konstanten Strom gespeist

Die Brücken werden entweder mit einer konstanten Spannung oder mit einem konstanten Strom gespeist. Im zweiten Fall fließt der Konstantstrom I_0 in die Parallelschaltung von (R_1+R_2) mit (R_3+R_4) (Bild 3.11) und führt zu einem Spannungsabfall $U_0(I_0)$ von

$$U_0 = I_0\,[(R_1+R_2)\;||\;(R_3+R_4)] = I_0\,\frac{(R_1+R_2)\,(R_3+R_4)}{R_1+R_2+R_3+R_4}\,. \tag{3.22}$$

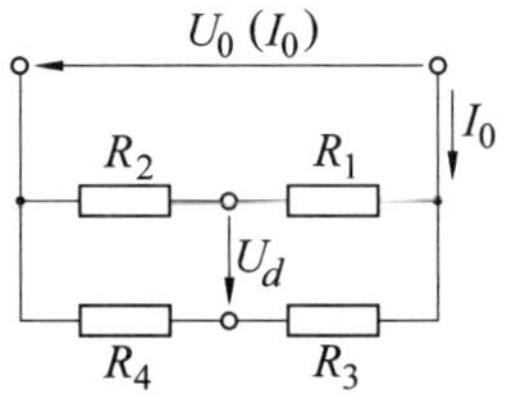

Bild 3.11: Der Speisestrom I_0 führt an der Brücke zu dem Spannungabfall $U_0(I_0)$

Wird U_0 nach Gl. (3.22) in die Brückengleichung (3.14) eingesetzt, ergibt sich die Diagonalspannung U_d der stromgespeisten Brücke zu

$$\begin{aligned} U_d &= I_0\,\frac{(R_1+R_2)\,(R_3+R_4)}{R_1+R_2+R_3+R_4}\,\frac{R_2\,R_3-R_1\,R_4}{(R_1+R_2)\,(R_3+R_4)} \\ &= I_0\,\frac{R_2\,R_3-R_1\,R_4}{R_1+R_2+R_3+R_4}\,. \end{aligned} \tag{3.23}$$

Sie ist proportional dem Speisestrom I_0. Der Zähler der Gl. (3.23) ist derselbe wie bei der spannungsgespeisten Brücke (Gl. 3.14). lm Nenner steht jetzt aber die Summe der Brückenwiderstände.

Werden nun für die stromgespeisten Brücken die Diagonalspannungen berechnet, so zeigt sich, dass diese nicht mehr von $\Delta R/R_0$, sondern von ΔR allein abhängen (Bild 3.10). Das ist in den Fällen ein Vorteil, in denen hochohmige Aufnehmer verwendet werden können. Darüber hinaus sind neben der Anordnung f jetzt auch schon die Schaltungen d, e und g streng linear.

Ersatzschaltbild für die belastete Brücke

Bei den bisherigen Betrachtungen wurde immer unterstellt, dass die Diagonalspannung ideal, d. h. ohne Stromentnahme gemessen wird. Im Folgenden wird nun angenommen, dass über das Messgerät mit dem endlichen Widerstand R_M der Strom I_M in der Brückendiagonalen fließt (Bild 3.12). Um diesen Strom zu berechnen, wird die Brückenschaltung durch eine Ersatzspannungsquelle mit der Leerlaufspannung U_q und dem Innenwiderstand R_i beschrieben. Die Aufgabe entsteht, diese beiden Größen zu bestimmen.

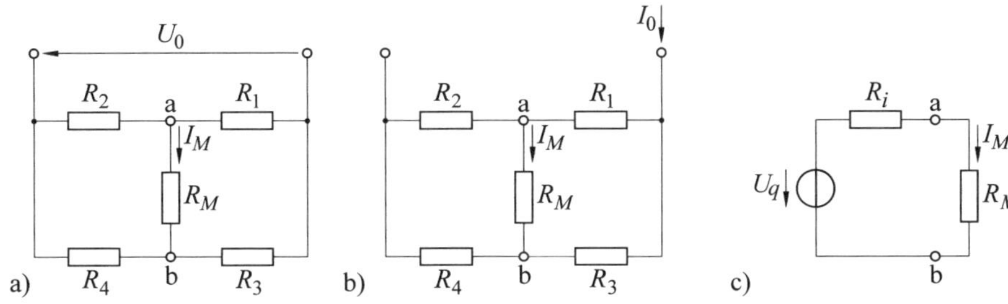

Bild 3.12:
a) spannungsgespeiste Brücke bei Belastung b) stromgespeiste Brücke bei Belastung
c) Ersatzschaltbild für diese Brücken

Spannungsgespeiste Brücke. Die Leerlaufspannung der Ersatzspannungsquelle ist gleich der Leerlaufspannung der Brücke, d. h. gleich der schon bekannten Diagonalspannung U_d, siehe Gl. (3.14).

Der Innenwiderstand R_i der Ersatzspannungsquelle wird erhalten, indem bei kurzgeschlossener Konstantspannungsquelle von den Punkten a und b aus der Widerstand der Schaltung bestimmt wird. Auf diese Weise ergibt sich

$$R_i = (R_1 \mid\mid R_2) + (R_3 \mid\mid R_4)\,. \tag{3.24}$$

Damit sind die Größen der Ersatzspannungsquelle bestimmt. Der Strom I_M in der Brückendiagonalen errechnet sich zu

$$I_M = \frac{U_d}{R_i + R_M}\,. \tag{3.25}$$

Infolge des Spannungsabfalls an R_i steht an den Klemmen a und b nicht mehr die gesamte Leerlaufspannung U_d zur Verfügung.

Stromgespeiste Brücke. Die Vorgehensweise ist dieselbe. Die Leerlaufspannung U_q der Ersatzspannungsquelle ist gleich der Brückendiagonalspannung, siehe Gl. (3.23).

Die Berechnung des Innenwiderstandes erfolgt, indem die Stromquelle als unterbrochen angenommen wird. Daraus errechnet sich R_i zu

$$R_i = (R_2 + R_4) \; || \; (R_1 + R_3) \tag{3.26}$$

und der in der Diagonalen fließende Strom I_M lässt sich wieder mit Gl. (3.25) bestimmen.

Nullpunktunterdrückung und Kompensation unerwünschter Einflüsse

Zum Schluss dieses Abschnitts sei noch einmal daran erinnert, dass die Brücke eine Messeinrichtung mit Parallelstruktur ist. Einflüsse, die auf beiden Seiten der Brücke gleichsinnig wirksam werden, heben sich gegenseitig auf. Diese **Gleichtaktunterdrückung** ist für die Verarbeitung des von einem Widerstandsaufnehmer gelieferten Signals besonders wertvoll. Der Widerstand eines Aufnehmers hat ja bei Beginn des Messbereichs schon einen bestimmten Wert R_0, der durch den zu messenden Effekt auf $R_0 + \Delta\, R$ ansteigt (Bild 3.13). Liegt der Aufnehmer in einer Brücke mit Festwiderständen der Größe R_0, so wird der Anfangswiderstand R_0 kompensiert. Die Diagonalspannung U_d ist bei der stromgespeisten Brücke direkt proportional der Widerstandsänderung $\Delta\, R$, bei der spannungsgespeisten Brücke proportional zur relativen Widerstandsänderung $\Delta\, R/R_0$.

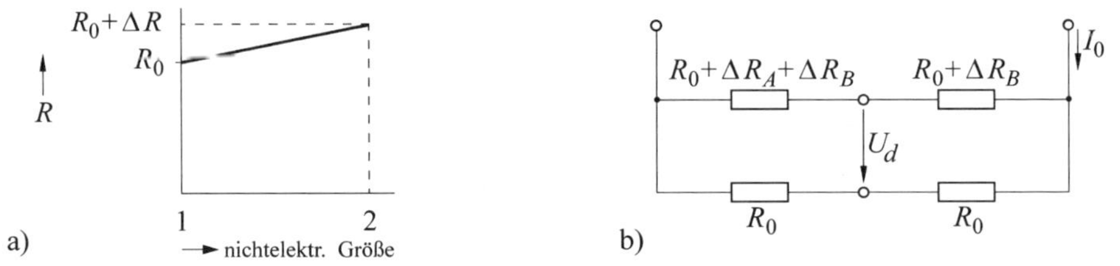

Bild 3.13: Nullpunktunterdrückung und Kompensation unerwünschter Einflüsse bei der Messung mit Widerstandsaufnehmern
a) Kennlinie mit Beginn des Messbereichs (1) und Ende des Messbereichs (2)
b) Brückenschaltung mit den Widerständen $R_1 = R_0 + \Delta\, R_B$ und $R_2 = R_0 + \Delta\, R_A + \Delta\, R_B$

Wie bei der Messung von Widerstandsdifferenzen mit zwei Konstantstromquellen kompensieren sich die Widerstandsänderungen, die auf beiden Seiten einer Brücke erfolgen. Die in Bild 3.13 (b) gezeigte Schaltung enthält die Aufnehmer R_1 und R_2. Der Widerstand von R_2 erhöht sich infolge einer Einflussgröße A um $\Delta\, R_A$ und infolge einer Störgröße B um $\Delta\, R_B$. Der Aufnehmer R_1 ist nur der Störgröße B ausgesetzt ($R_1 = R_0 + \Delta\, R_B$). Die stromgespeiste Brücke z. B. liefert die Diagonalspannung U_d

$$U_d = I_0 \frac{R_0(R_0 + \Delta R_A + \Delta R_B) - R_0 (R_0 + \Delta R_B)}{4 R_0 + \Delta R_A + 2 \Delta R_B}$$
$$= I_0 \frac{R_0 \Delta R_A}{4 R_0 + \Delta R_A + 2 \Delta R_B} \approx \frac{I_0}{4} \Delta R_A \,. \qquad (3.27)$$

Sie hängt nur von der Einflussgröße A ab, die sich damit spezifisch ohne Störung durch die Einflussgröße B erfassen lässt.

3.4 Verstärker für Brückenschaltungen

3.4.1 Subtrahierer mit invertierendem Verstärker

Die Brückendiagonalspannung U_d (Bild 3.14) entsteht als Differenz der ungefähr gleich großen Teilspannungen U_1 und U_2:

$$U_d = U_1 - U_2 \,.$$

Zur Bildung und Verstärkung dieser Differenz bietet sich zunächst der Subtrahierverstärker an (Bild 3.15). Er liefert nach Gl. (2.197) die Ausgangsspannung

$$U_a = -\frac{R_5}{R_4} (U_1 - U_2) \,.$$

Wird dieser Verstärker an die im Bild gezeigte Brücke angeschlossen, so wird die Diagonalspannung um den Faktor R_5/R_4 verstärkt:

$$U_a = -\frac{R_5}{R_4} U_d \approx -\frac{R_5}{R_4} \frac{U_0}{4 R_0} \Delta R \,. \qquad (3.28)$$

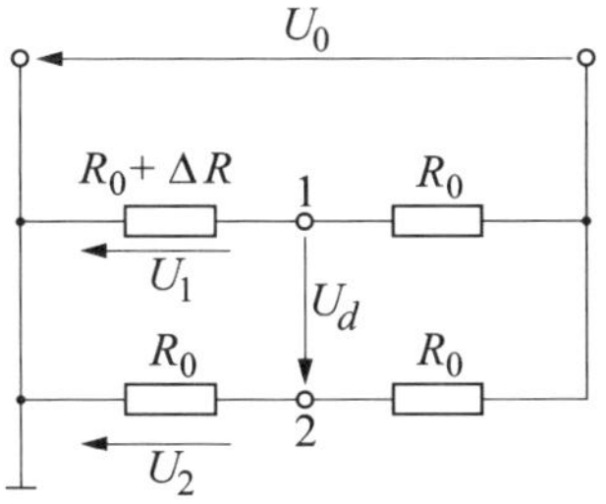

Bild 3.14: Brücke mit der Diagonalspannung $U_d = U_1 - U_2$

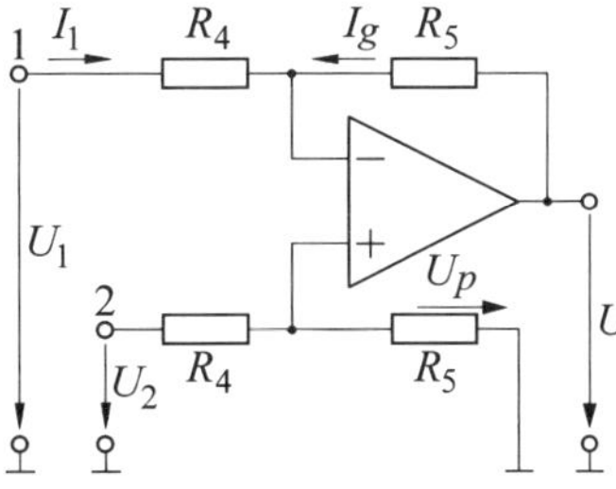

Bild 3.15: Subtrahierer zur Verstärkung der Diagonalspannung

Diese Kombination aus Brücke und invertierendem Verstärker ist nur für niederohmige Aufnehmer geeignet. Die Widerstände R_4 und R_5 verstimmen die Brücke und der in der Brückendiagonalen fließende Strom kann die Nichtlinearität vergrößern. Solange nur eine Nullpunktunterdrückung um den Wert R_0 erforderlich ist, könnte der Operationsverstärker von Bild 3.5 (a) benützt werden. Diese Schaltung hätte den Vorteil, nicht so viele eng tolerierte Widerstände zu benötigen wie die von Bild 3.14.

3.4.2 Subtrahierer mit Elektrometer-Verstärkern

Für die Verstärkung der Diagonalspannungen aus hochohmigen Brücken ist die Schaltung nach Bild 3.14 nicht geeignet. Um die Brücke nicht zu verstimmen, müssen die Teilspannungen U_1 und U_2 leistungslos gemessen werden. Dies gelingt mit der in Bild 3.16 gezeigten Schaltung. Die beiden Elektrometer-Verstärker V 1 und V 2 verstärken rückwirkungsfrei die Eingangsspannungen auf U_{1a} und U_{2a} und deren Differenz wird dann in dem schon bekannten Subtrahierer V 3 gebildet.

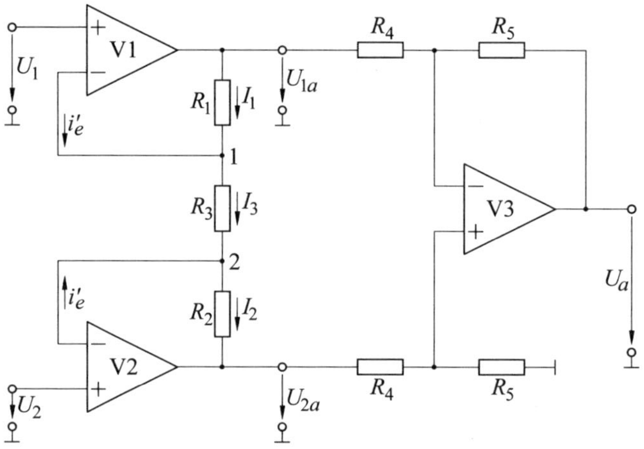

Bild 3.16: Subtrahierer mit Elektrometer-Verstärkern

Die Verstärker V 1 bis V 3 werden als ideal mit $u'_e = 0$, $i'_e = 0$ vorausgesetzt. Um zunächst die Ausgangsspannungen U_{1a} und U_{2a} zu ermitteln, werden die folgenden Maschengleichungen aufgestellt und nach den Strömen aufgelöst:

$$-U_1 - I_1\,R_1 + U_{1a} = 0\,; \qquad I_1 = \frac{U_{1a} - U_1}{R_1}\,, \tag{3.29}$$

$$-U_2 + I_2\,R_2 + U_{2a} = 0\,; \qquad I_2 = \frac{U_2 - U_{2a}}{R_2}\,, \tag{3.30}$$

$$-U_1 + I_3\,R_3 + U_2 = 0\,; \qquad I_3 = \frac{U_1 - U_2}{R_3}\,. \tag{3.31}$$

Die Gleichungen für die Knotenpunkte 1 und 2 liefern

$$I_1 - I_3 = 0\,; \qquad I_3 - I_2 = 0\,,$$

woraus

$$I_1 = I_2 = I_3 \tag{3.32}$$

folgt. Mit der Kenntnis von Gl. (3.32) ergibt sich aus den Gln. (3.29) und (3.31)

$$U_{1a} = \left(1 + \frac{R_1}{R_3}\right) U_1 - \frac{R_1}{R_3} U_2 \tag{3.33}$$

und aus den Gln. (3.30) und (3.31)

$$U_{2a} = \left(1 + \frac{R_2}{R_3}\right) U_2 - \frac{R_2}{R_3} U_1 \,. \tag{3.34}$$

Für die symmetrisch mit $R_1 = R_2$ aufgebaute Schaltung wird

$$U_{1a} - U_{2a} = \left(1 + \frac{2\,R_2}{R_3}\right) (U_1 - U_2) \,. \tag{3.35}$$

Die Widerstände R_1 und R_3 bestimmen also den Verstärkungsfaktor, gehen aber nicht in die Differenz $U_1 - U_2$ ein. Driften diese Widerstände, so ändert sich die Steigung der Kennlinie. Der Nullpunkt bleibt unbeeinflusst. Für $R_3 \to \infty$ arbeitet der Verstärker als Spannungsfolger mit $U_{1a} = U_1$ und $U_{2a} = U_2$:

$$U_a = -\frac{R_5}{R_4} (U_{1a} - U_{2a}) = -\frac{R_4}{R_5} \left(1 + \frac{2\,R_1}{R_3}\right) (U_1 - U_2) \,. \tag{3.36}$$

Die Differenz $U_{1a} - U_{2a}$ wird in dem Subtrahierer V 3 verstärkt. Nach Gl. (2.197) ist dessen Ausgangsspannung U_a.

Einfluss der Eingangsströme und der Offsetspannungen. Bei Spannungsverstärkern ist die Wirkung der Eingangsströme im Allgemeinen gegenüber der Offsetspannung zu vernachlässigen (Abschnitt 2.3.6). Aus diesem Grund sind in Bild 3.17 bei den Elektrometer-Verstärkern die Eingangsströme nicht gezeichnet. Die des Subtrahierers V 3 kompensieren sich weitgehend (Gl. 2.224) und werden deshalb im Folgenden auch nicht weiter betrachtet.

Die Offsetspannungen U_{os1} und U_{os2} an den Elektrometer-Verstärkern werden wie die Nutzspannungen verstärkt und führen zu der Ausgangsspannung

$$U_a(U_{os1}, U_{os2}) = -\frac{R_5}{R_4} \left(1 + \frac{2\,R_1}{R_3}\right) (U_{os1} - U_{os2}) \,. \tag{3.37}$$

Die Offsetspannung U_{os3} des Verstärkers V 3 liefert nach Gl. (2.225)

$$U_a(U_{os3}) = \left(1 + \frac{R_5}{R_4}\right) U_{os3} \,,$$

so dass insgesamt die Ausgangsspannung

$$U_a(U_{\mathrm{os}}) = -\frac{R_5}{R_4} \left(1 + \frac{2\,R_1}{R_3}\right) (U_{os1} - U_{os2}) + \left(1 + \frac{R_5}{R_4}\right) U_{os3} \tag{3.38}$$

entsteht.

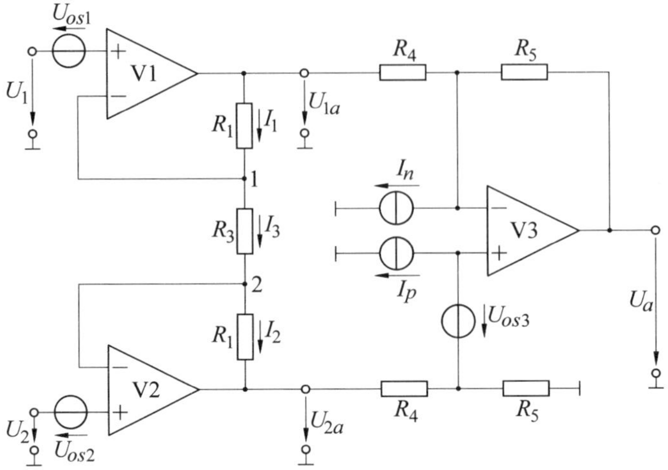

Bild 3.17: Offsetspannungen (U_{os}) und Offsetströme (I_n, I_p) bei dem Subtrahierer mit Elektrometer-Verstärkern

Instrumentierungs-Verstärker. Der Subtrahierer mit Elektrometer-Verstärker ist als integrierter Schaltkreis erhältlich (instrumentation amplifier). Die drei Verstärker dieses IC sind weitgehend gleich aufgebaut und sind denselben Umgebungs- und Temperaturbedingungen ausgesetzt. Die Offsetgrößen werden sich daher nach dem Abgleich nur gleichsinnig ändern. Die Offsetspannungen der Elektrometer-Verstärker V 1 und V 2 gehen als Differenz in das Gesamtergebnis ein und werden sich so weitgehend kompensieren. Damit kann nur noch die Offsetspannung des Verstärkers V 3 zu einem Fehler führen. Um ihn gering zu halten, ist die Verstärkung von V 3 (R_5/R_4) klein und die der Elektrometer-Verstärker ($1 + 2\,R_1/R_3$) möglichst groß zu wählen. Dazu ist ein Widerstand R_3 von außen an den Chip anschließbar.

3.4.3 Trägerfrequenz-Brücke und -Messverstärker

Das Auflösungsvermögen der bis jetzt besprochenen, mit Gleichspannung oder Gleichstrom versorgten Brückenschaltungen wird durch die Offsetdriften des Messverstärkers und durch eventuelle Thermospannungen, hervorgerufen durch unterschiedliche Materialien und Temperaturen an den Anschlusspunkten, begrenzt. Offset- und Thermospannungen sind Gleichgrößen, die von einem Wechselspannungs-Verstärker nicht übertragen werden. Eine Störung durch diese Gleichgrößen kann vermieden und das Auflösungsvermögen kann verbessert werden, wenn auf eine mit einer Wechselspannung gespeiste Brücke und eine Wechselspannungsmessung übergegangen wird.

Die in Bild 3.18 gezeigte Brückenschaltung enthält vier gleiche Widerstände R_0, von denen einer im Verlauf der Untersuchungen um $\pm\,\Delta\,R$ geändert werden soll. An der Brücke liegt die Wechselspannung (Trägerspannung) $u_T = \hat{u}_T\,\sin\omega_T\,t$. Wird die

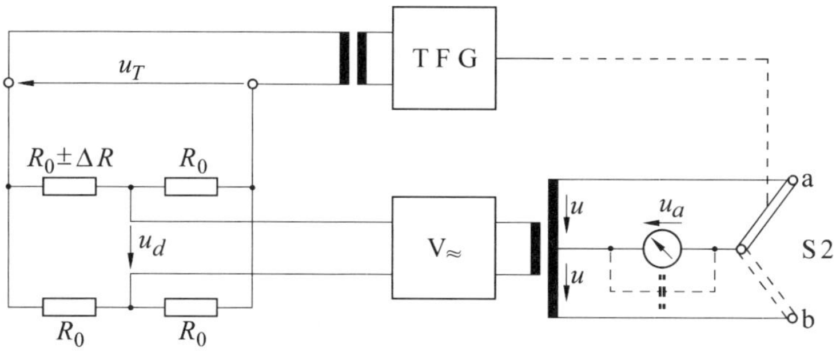

Bild 3.18: Trägerfrequenz-Messbrücke; TFG Trägerfrequenz-Generator, V≈ Wechselspannungs-Verstärker, S 2 gesteuerter Umschalter als Demodulator

Brücke um $+\Delta R$ verstimmt, so entsteht die Diagonalspannung u_d

$$u_d = \frac{\hat{u}_T \sin\omega_T t}{4 R_0} \Delta R. \tag{3.39}$$

Die Speisespannung lässt sich als Trägerspannung auffassen, die durch die Widerstandsänderung ΔR **moduliert** („Modulations-Verstärker“) wird.

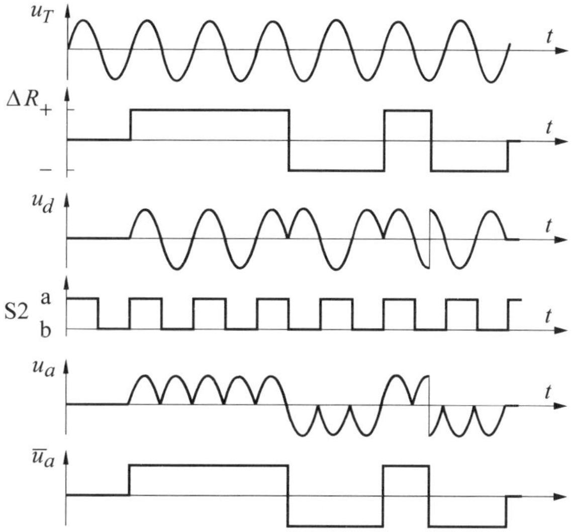

Bild 3.19: Signalverlauf bei der Trägerfrequenz-Messbrücke

Nimmt der veränderliche Widerstand auf $R_0 - \Delta R$ ab (2. Zeile von Bild 3.19), so wird die Diagonalspannung u_d

$$u_d = \frac{\hat{u}_T}{4} \sin\omega_T t \, \frac{(-\Delta R)}{R_0} = -\frac{\hat{u}_T \sin\omega_T t}{4 R_0} \Delta R.$$

Das Minuszeichen im letzten Ausdruck bedeutet eine Phasenverschiebung zwischen der Diagonalspannung und der Trägerspannung um 180°. Immer dann, wenn sich das Vorzeichen der Brückenverstimmung ändert, springt die Phase der Diagonalspannung um π (3. Zeile von Bild 3.19).

Der Wechselspannungs-Verstärker vervielfacht diese Diagonalspannung. Seine Ausgangsspannung muss gleichgerichtet werden, um die die Brücke verstimmende Widerstandsänderung erkennen zu können. Würde dies mit Hilfe eines Doppelweg-Gleichrichters versucht, so wäre in der gleichgerichteten Verstärkerausgangsspannung die Höhe der Widerstandsänderung, nicht aber das Vorzeichen erkennbar. Damit wäre die Brücke nur für Messaufgaben verwendbar, bei denen ΔR nicht das Vorzeichen wechselt.

Mit dir phasenselektiven Gleichrichtung aber ergibt sich für die Widerstandsänderungen unseres Beispiels die in der letzten Zeile von Bild 3.19 dargestellte Ausgangsspannung. Die Einhüllende dieser geglätteten Spannung ist ein eindeutiges Maß für die Widerstandsänderung ΔR und lässt auch deren Vorzeichen sicher erkennen.

Der Nullpunkt der Wechselspannungs-Verstärker ist zwar stabil, nicht so sehr jedoch der der Modulationsschaltung. Auch kann die Steuerspannung u_T zu Störspannungen im Messkreis führen.

Störspannungsunterdrückung beim Trägerfrequenz-Verstärker. Bei Messungen in industriellen Anlagen sind die Messsignale mitunter gestört durch Einstreuungen der Netzspannung, ihrer Oberwellen und auch durch Signale, die beim Schalten elektrischer Lasten entstehen. Der Modulations-Verstärker kann diese Störsignale unterdrücken, falls die Störfrequenzen höher sind als die Fequenzen des Messsignals.

Ohne Einschränkung der Allgemeinheit wird hier angenommen, dass sich der zu messende Widerstand R sinusförmig ändert:

$$R = R_0 + \Delta R \sin \omega_M t\,. \tag{3.40}$$

Bei der Modulation werden nun das Messsignal (Index M) und das Störsignal (Index S) mit der Trägerspannung (Index T) multipliziert. Bei sinusförmigen Signalen entstehen wegen

$$\sin 2\pi f_T t \sin 2\pi f_M t = \frac{1}{2}\left[\cos 2\pi t\,(f_T - f_M) - \cos 2\pi t\,(f_T + f_M)\right] \tag{3.41}$$

die Frequenzen $f_T - f_M$ und $f_T + f_M$. In gleicher Weise führen die Störsignale zu den Frequenzen $f_T - f_S$ und $f_T + f_S$ (Bild 3.20).

Der Verstärker ist nun hinsichtlich seiner Bandbreite so ausgelegt, dass nur Signale mit Frequenzen im Bereich $f_T \pm f_M$ verstärkt werden. Nach der Demodulation und Abtrennung der Trägerfrequenz durch die Tiefpassfilterung bleibt dann das ungestörte Messsignal bei der Frequenz f_M übrig.

Auf die Störunterdrückung wirkt sich beim Modulations-Verstärker mit magnetischer Kopplung vorteilhaft aus, dass Eingangs- und Ausgangssignal galvanisch voneinander getrennt sind.

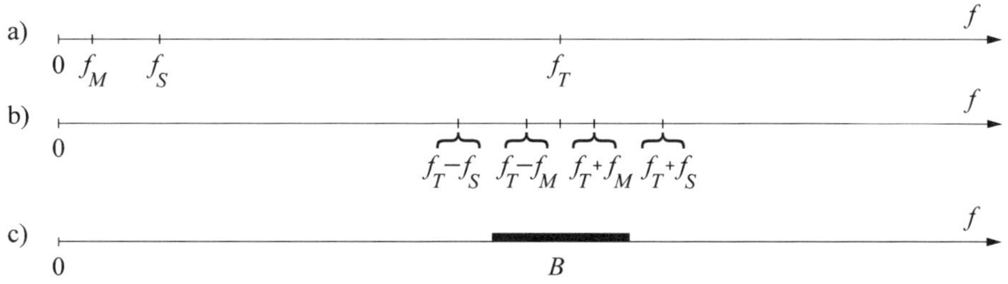

Bild 3.20: Unterdrückung von Störsignalen beim Trägerfrequenz-Verstärker
a) vor der Modulation; Frequenz des Messsignals f_M, des Störsignals f_S und des Trägers f_T
b) Frequenzen nach der Modulation
c) Bandbreite B des Modulations-Verstärkers

Störungsunterdrückung durch die phasenselektive Gleichrichtung. Störspannungen, die um ± 90° gegenüber der den Gleichrichter steuernden Spannung verschoben sind, werden bei einer nachfolgenden Mittelwertbildung unterdrückt. Um dies zu zeigen (Bild 3.21), wird ein Phasenwinkel φ zwischen der Eingangsspannung u_1 und der den Gleichrichter steuernden Spannung angenommen:

$$u_1 = \hat{u}_1 \sin(\omega t + \varphi)\,. \tag{3.42}$$

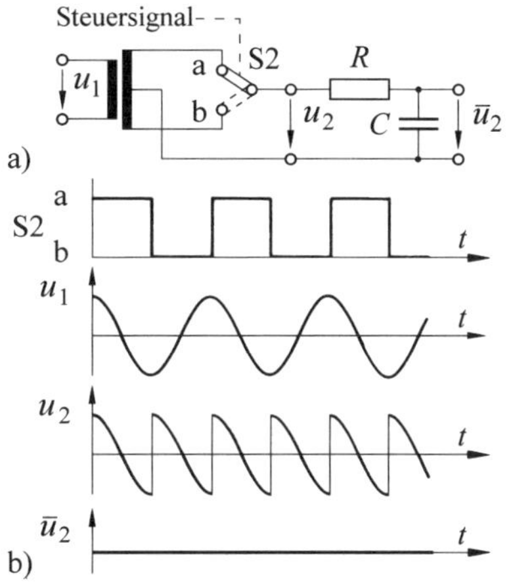

Bild 3.21: Phasenselektiver Gleichrichter
a) Schaltung
b) bei einer Phasenverschiebung von 90° zwischen Eingangsspannung u_1 und der Steuerspannung ist der Mittelwert $\bar{u}_2$ der Ausgangsspannung null

Der Übertragungsfaktor sei 1. Die gemittelte Ausgangsspannung $\bar{u}_2$ ist

$$\bar{u}_2 = \frac{1}{T}\left[\int_0^{T/2} \hat{u}_1 \sin(\omega t + \varphi) - \int_{T/2}^{T} \hat{u}_1 \sin(\omega t + \varphi)\right] \mathrm{d}t\,, \tag{3.43}$$

wobei der erste Term auf der rechten Seite die Mittelung während der positiven Halbwelle der Trägerspannung, der zweite Term die während der negativen bezeichnet. Die Integration führt zu dem Ergebnis

$$\bar{u}_2 = \frac{2}{\pi}\,\hat{u}_1\,\cos\varphi\,. \tag{3.44}$$

Die gemittelte Ausgangsspannung des phasenselektiven Gleichrichters bewertet also den Kosinus des Phasenwinkels zwischen Eingangsspannung und Steuerspannung. Für $\varphi = 0$ ergibt sich der Gleichrichtwert der Sinusschwingung, für $\varphi = 180°$ der negative Gleichrichtwert. Bei $\varphi = \pm 90°$ werden $\cos\varphi$ und $\bar{u}_2$ zu null. Der phasenselektive Gleichrichter mit **Mittelwertbildung** unterdrückt also die Spannungen, die um $\pm 90°$ gegenüber der steuernden Spannung phasenverschoben sind.

• **Beispiel 3.2.** Eine um 90° verschobene Spannung kann z. B. in einer Messleitung als Störung durch den Streufluss des Trägerfrequenzgenerators entstehen. Bei einer Frequenz des Generators $f = 5$ kHz und einem Fluss $\Phi = 2\cdot 10^{-7}\,\sin\omega\,t\ [\mathrm{V\,s}]$ wird in der 1 Windung umfassenden Messleitung die Spannung u_i induziert:

$$u_i = \frac{\mathrm{d}\Phi}{\mathrm{d}t} = -\,2\,\cdot\,10^{-7}\frac{\mathrm{d}\sin\omega\,t}{\mathrm{d}t} = -\,2\,\cdot\,10^{-7}\,\omega\,\cos\omega\,t\ [\mathrm{V}]\,. \tag{3.45}$$

Der Scheitelwert der Störspannung wird für $\omega = 2\,\pi\cdot 5$ kHz und $\cos\omega\,t = -1$

$$\hat{u}_i = 6{,}28\ \mathrm{m\,V}\,.$$ •

3.5 Widerstandsaufnehmer zur Längen- und Winkelmessung

Widerstandsaufnehmer (Widerstandsferngeber) werden zur Längen- und Winkelmessung verwendet. Sie bestehen jeweils aus einem Potentiometer, dessen Abgriff von der zu messenden Größe verstellt wird. Häufig werden drahtgewickelte Potentiometer verwendet. Deren Draht soll einen über seine Länge gleich bleibenden Widerstand mit einem nur geringen Temperaturkoeffizienten aufweisen, leicht zu verarbeiten und korrosionsbeständig sein. Diese Forderungen werden von einer Nickel-Kupfer-Legierung (Konstantan) und auch von einer Silber-Palladium-Legierung gut erfüllt. Als Schleifkontakt werden häufig Drahtbürsten aus einer Gold-Legierung benutzt.

Die Ferngeber werden mit unterschiedlichen Widerstandswerten, die etwa zwischen 10^2 und 10^4 Ω liegen, ausgeführt. Der Zusammenhang zwischen der Stellung des Schleifkontakts und dem abgegriffenen Widerstand kann linear, logarithmisch oder auch nach einer anderen Funktion ausgeführt sein.

Der Endwert des Messbereichs liegt bei Längenaufnehmern zwischen 1 cm und 200 cm, bei Winkelaufnehmern meistens bei 270° oder 360° und kann bei einem gewendelten Widerstandskörper mit mehreren Umdrehungen auch ein Vielfaches von 360° erreichen.

Der notwendige mechanische Abgriff des Widerstandswertes wirft in einigen Anwendungsfällen Probleme auf. Der Schleifkontakt kann den Widerstandsdraht beschädigen oder zerstören. Bei mechanischen Erschütterungen kann sich der Abgriff völlig vom

Draht lösen. Diesen Nachteilen der Widerstandsferngeber steht ihre gute Empfindlichkeit gegenüber. Jede Längen- oder Winkeländerung führt zu einer relativ großen Widerstandsänderung. Da außerdem über den Ferngeber die für ein Anzeigegerät erforderlichen Ströme fließen dürfen, gestaltet sich die Messung des abgegriffenen Widerstandes sehr einfach.

3.6 Widerstandstemperaturfühler

Häufiger als Thermoelemente werden Widerstandsthermometer eingesetzt. Diese nutzen die Abhängigkeit des elektrischen Widerstandes von der Temperatur zu deren Messung aus. Temperaturmessungen sind oft erforderlich, da die physikalischen Eigenschaften der Stoffe wie auch die Ablaufgeschwindigkeiten der meisten Prozesse temperaturabhängig sind. Darüber hinaus können über eine Messung der Temperatur auch die die Temperatur beeinflussenden Größen erfasst werden.

3.6.1 Metall-Widerstandsthermometer

Wirkungsweise. In Metallen bilden die frei beweglichen Elektronen der äußersten Atomschale ein Elektronengas. Eine anliegende Spannung treibt die sich ungeordnet bewegenden Elektronen als Strom durch den Leiter. Mit steigender Temperatur stoßen dabei die Elektronen häufiger miteinander und mit den größere Schwingungen ausführenden Metallionen zusammen. Die Bewegung der Elektronen wird behindert; der ohmsche Widerstand des Metalls steigt.

Hat ein metallischer Leiter bei der Temperatur T_0 den Widerstand R_0, so nimmt er bei der Temperatur T den Widerstand $R(T)$ nach der folgenden Beziehung an, in der α in K^{-1} und β in K^{-2} Materialkonstanten sind:

$$R(T) = R_0 \left[1 + \alpha\,(T - T_0) + \beta\,(T - T_0)^2\right]. \tag{3.46}$$

Der Zahlenwert der Konstanten β ist ungefähr drei Zehnerpotenzen kleiner als der von α, so dass bei einem nicht zu großen Temperaturintervall der letzte Term der obigen Gleichung vernachlässigt werden darf. Wird weiterhin die Temperatur β in Grad Celsius gemessen und werden 0°C als Bezugstemperatur ϑ_0 gewählt, so geht die obige Gleichung über in

$$R(\vartheta) = R_0 \left[1 + \alpha\,(\vartheta - \vartheta_0)\right] = R_0\,(1 + \alpha\,\vartheta)\,. \tag{3.47}$$

Die Empfindlichkeit E (in Ω/K) des metallischen Leiters ist

$$E = \frac{\mathrm{d}R}{\mathrm{d}\vartheta} = R_0\,\alpha\,. \tag{3.48}$$

Aus ihr wird nach Division durch den Widerstand R_0 der Temperaturkoeffizient α (in $1/K$) erhalten:

$$\alpha = \frac{1}{R_0}\frac{\mathrm{d}R}{\mathrm{d}\vartheta}\,. \tag{3.49}$$

Grundwerte. In der Technik werden vorwiegend Nickel- und Platin-Thermometer benutzt, die sich mit konstanten, reproduzierbaren Widerstandswerten herstellen lassen [3.1]. Die Widerstandswerte sind genormt und betragen 100 Ω bei 0 °C (Bild 3.22, Tabelle 3.1).

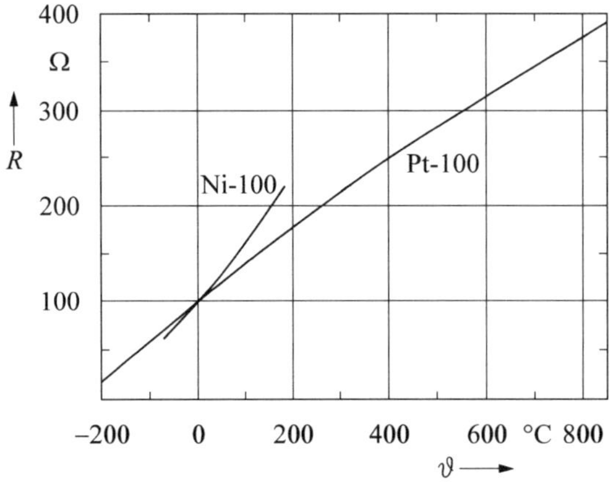

Bild 3.22: Kennlinien von Pt- und Ni-Messwiderständen

Nickel kann im Temperaturbereich von −60°C bis +180°C, Platin zwischen −200°C und 850°C eingesetzt werden. Für die Widerstandswerte in Abhängigkeit von der Temperatur gelten nach DIN 4367 die folgenden Zahlenwertgleichungen, wobei ϑ die Temperatur in °C und $R(\vartheta)$ den Widerstandswert in Ω bei der Temperatur ϑ °C bedeutet:

Für Pt-100 im Temperaturbereich von 0°C bis 850°C:

$$R(\vartheta) = 100\,(1 + 3{,}90802 \cdot 10^{-3}\,\vartheta - 0{,}580195 \cdot 10^{-6}\vartheta^2)\ \Omega\,. \tag{3.50}$$

Für Pt-100 im Temperaturbereich von −200°C bis 0°C:

$$R(\vartheta) = 100\,[1 + 3{,}90802 \cdot 10^{-3}\,\vartheta - 0{,}580295 \cdot 10^{-6}\,\vartheta^2$$

$$-4{,}27350 \cdot 10^{-12}\,(\vartheta - 100)\,\vartheta^3]\ \Omega\,. \tag{3.51}$$

Für Ni-100 im Temperaturbereich von −60°C bis 180°C:

$$R(\vartheta) = 100 + 0{,}5485\,\vartheta + 0{,}665 \cdot 10^{-3}\,\vartheta^2 + 2{,}805 \cdot 10^{-9}\,\vartheta^4\ \Omega\,. \tag{3.52}$$

Für das Pt-Widerstandsthermometer sind zwei Genauigkeitsklassen A und B definiert, für das Ni-Thermometer eine. Die zulässigen Abweichungen sind durch die folgenden Zahlenwertgleichungen festgelegt:

Pt-100, Klasse A: Zulässige Abweichung: $\pm\ (0{,}15 + 0{,}002 \mid \vartheta \mid)$ °C

Pt-l00, Klasse B: Zulässige Abweichung: $\pm\ (0{,}3 + 0{,}005 \mid \vartheta \mid)$ °C

Ni-100, (0°C bis 180°C): Zulässige Abweichung: $\pm\ (0{,}4 + 0{,}007 \mid \vartheta \mid)$ °C

Ni-100, (−60°C bis 0°C): Zulässige Abweichung: $\pm\ (0{,}4 + 0{,}028 \mid \vartheta \mid)$ °C

Tabelle 3.1: Grundwerte der Messwiderstände für Widerstandsthermometer nach DIN 43760
Mittlerer Temperaturkoeffizient im Bereich zwischen 0 und 100° C;
Nickel: $\alpha = 0{,}00618\ \text{K}^{-1}$, Platin: $\alpha = 0{,}00385\ \text{K}^{-1}$

	Nickel			Platin
Temperatur in °C	Grundwert Ω	zulässige Abweichung Ω	K	Grundwert Ω
−200				18,49
−100				60,25
−60	69,5	± 1,0	± 2,1	
0	100,0	± 0,2	± 0,4	100,00
100	161,8	± 0,8	± 1,1	138,50
180	223,2	± 1,3	± 1,5	
200				175,84
300				212,02
400				247,04
500				280,90
600				313,59
700				345,13

Draht-Messwiderstände. Die Draht-Messwiderstände werden in Form von dünnen Drähten verarbeitet, die auf einen Glas- oder Keramikkörper gewickelt werden (Bild 3.23).

Bild 3.23: Platin-Messwiderstand mit eingeschmolzenem Platin-Draht;
1 Glas- oder Keramikkörper, 2 bifilar gewickelter Platin-Draht, 3 Glas- oder Keramiküberzug, 4 Anschlussdrähte

Bei der Glasausführung erhält der gewickelte Draht eine Glasschutzschicht, in die er eingeschmolzen wird. Messdraht und Glas bilden dann eine homogene Einheit. Bei den Keramikmesseinsätzen sind die Platin-Wendeln in Kapillaren aus hochreinem

Aluminiumoxid spannungsfrei eingebettet und vor Umgebungseinflüssen geschützt. Die Glasausführung kann bis 500 °C, die Keramikausführung bis 850°C eingesetzt werden. Mit Widerstandsthermometern lassen sich also keine so hohen Temperaturen wie mit Thermoelementen messen. Die Messwiderstände können entweder direkt, d. h. ohne eine weitere Umhüllung zur Temperaturmessung verwendet oder auch, wie die Thermoelemente, in Tauchhülsen und Schutzrohre eingebaut werden.

Bei einer Temperaturänderung muss zunächst das Schutzrohr die neue Temperatur annehmen, bevor diese auf das Rohr des Messeinsatzes und dann auf den Träger mit dem Widerstandsdraht übergehen kann. Der Wärmeübergang hängt von der Ausführung der Armatur und von der Art des Mediums ab. Er ist in ruhenden Gasen sehr viel schlechter als in strömenden Flüssigkeiten. Bei Messungen in Wasser wird der neue Wert erst nach einigen zehn Sekunden, in Luft erst nach einigen Minuten erreicht.

Schichtwiderstände. Die Drahtwiderstände sind relativ aufwändig zu fertigen. Für die Anwendung in Haushaltsgeräten oder Verbrauchsgütern sind sie zu teuer. Trotzdem besteht der Wunsch, die Genauigkeit, Stabilität und Reproduzierbarkeit der Metallwiderstände auch für einfachere Aufgaben nutzbar zu machen. Dies gelingt durch die Dünnschichttechnik. Mit ihr lassen sich die Messfühler in großen Stückzahlen, automatisiert, gut reproduzierbar und preisgünstig fertigen und erfüllen so die Voraussetzungen, die gemeinhin an „Sensoren" gestellt werden.

Die Platin- und Nickel-Schichten werden auf einen isolierenden Träger entweder aufgestäubt oder aufgedampft. In die zunächst flächenhafte Schicht wird mit Hilfe eines Laserstrahls eine mäanderförmige Struktur gebrannt. Anschließend ist dann der strukturierte Schichtwiderstand – wieder mit Hilfe eines Laserstrahls – auf den Normwert abzugleichen. Die Platin- und Nickel-Schichten werden noch mit einer Schutzschicht überzogen, um eine Verschmutzung oder eine Zerstörung durch Feuchtigkeit zu verhindern.

Zur praktischen Handhabung sind die Schichtwiderstände in kleine Gehäuse eingebaut, die den Einsatz auf gedruckten Schaltungen oder auch das Eingießen in Schutzhülsen ermöglichen. Generell sind die verwendeten Massen und Abmessungen kleiner als bei den Drahtwiderständen, wodurch ein besseres dynamisches Verhalten erreicht wird.

Messschaltung. Zur Bestimmung des Draht- oder Schichtwiderstandes werden hauptsächlich

- die Messung mit Hilfe einer Konstantstromquelle,
- die Brückenschaltung mit automatischem Nullabgleich,
- die Ausschlag-Brücke oder auch
- der Relaxations-Oszillator

verwendet.

Zur Widerstandsmessung ist immer eine Spannungs- oder Stromquelle erforderlich. Dabei ist darauf zu achten, dass der über den Widerstand fließende Strom diesen nicht erwärmt und den Messwert verfälscht. In den Fällen, in denen die **Eigenerwärmung** zu groß ist, kann von der kontinuierlichen auf die diskontinuierliche Widerstandsmessung übergegangen werden. Bei diesem „gepulsten Betrieb“ wird der Widerstandswert nur in bestimmten Zeitabständen ermittelt, wobei nur während der Dauer der Messung ein Strom über den Widerstand fließt. Damit sind im zeitlichen Mittel die thermische Belastung und die Eigenerwärmung entsprechend geringer.

Linearisierung. Die Gl. (3.46) und Bild 3.22 zeigen den nichtlinearen Zusammenhang zwischen der Temperatur und dem Widerstand. Bei Nickel-Thermometern ist der Koeffizient des quadratischen Glieds positiv. Die Empfindlichkeit nimmt mit der Temperatur zu. Diese Nichtlinearität lässt sich auf Kosten der Empfindlichkeit verringern, indem dem Nickel-Thermometer ein temperaturunabhängiger Widerstand parallel geschaltet wird.

Beim Platin-Thermometer ist der Koeffizient des quadratischen Terms negativ. Die Empfindlichkeit nimmt mit zunehmender Temperatur ab. Hier sind aktive Schaltungen zur Korrektur der Nichtlinearität gebräuchlich.

Bei der Verwendung eines Oszillators kann z. B. die Torzeit in Abhängigkeit von der Frequenz (Temperatur) so geändert werden, dass ein linearer Zusammenhang zwischen Oszillatorfrequenz und Temperatur entsteht.

Immer häufiger wird aber die Messwertverarbeitung mit Hilfe eines Mikroprozessors durchgeführt. Hier wird die Gl. (3.46) nach der Temperatur aufgelöst und aus dem gemessenen Widerstandswert wird direkt die Temperatur errechnet:

$$\vartheta = -\frac{\alpha}{2\beta} - \left[\left(\frac{\alpha}{2\beta}\right)^2 + \frac{1}{\beta}\frac{R(\vartheta) - R_0}{R_0}\right]^{1/2} . \qquad (3.53)$$

Vergleich eines Widerstandsthermometers mit einem Thermoelement. Der Widerstand eines Nickel-Thermometers nimmt zwischen 0 und 100°C um 61,8 Ω zu. Fließt über das Thermometer ein Strom von 10 mA, so führt die Widerstandsänderung zu einer Spannungsänderung von $10\,\text{mA} \cdot 61{,}8\,\Omega = 618\,\text{mV}$. Ein (Fe-Konst)-Thermoelement würde bei derselben Temperaturänderung eine Spannung von 5,37 mV liefern. Das Widerstandsthermometer als passiver Aufnehmer (der zu messende Widerstand wird von der Temperatur nur gesteuert) ist mehr als hundertmal empfindlicher als der aktive Aufnehmer Thermoelement (die zu messende Spannung wird erzeugt). Als weiterer Vorteil ist die größere Genauigkeit des Widerstandsthermometers zu erwähnen. Bei 20°C z. B. hat ein Thermoelement Typ K der Klasse 2 eine Unsicherheit von ± 2,5°C, ein Platin-Widerstandsthermometer der Klasse A jedoch nur eine Unsicherheit von ± 0,19 °C. Bei 400°C sind die entsprechenden Werte ± 3°C und ± 0,95°C. Das Widerstandsthermometer ist allerdings meistens erheblich träger als das Thermoelement. In Bereichen mit großen Temperaturgradienten können die beiden Aufnehmer unterschiedliche Werte anzeigen. Das Widerstandsthermometer liefert eine über die Ausdehnung des Messeinsatzes gemittelte Temperatur, während das Thermoelement praktisch punktförmig misst.

3.6.2 Heißleiter

Wirkungsweise. Bei Halbleitern sind die Valenzelektronen fester an die Atomkerne gebunden als bei Metallen. Die Zahl der freien Leitungsträger ist zunächst gering, nimmt aber mit steigender Temperatur zu. Es vergrößert sich die Eigenleitfähigkeit. Dadurch erniedrigt sich der elektrische Widerstand der Halbleiter. Dieser Effekt wird in speziellen, aus Oxiden von Schwermetallen oder seltenen Erden gemischten und bei hohen Temperaturen gesinterten Bauelementen zur Temperaturmessung ausgenützt. Die kugel-, scheiben- oder zylinderförmig hergestellten Sensoren werden als NTC-Widerstände (Widerstände mit einem negativen Temperaturkoeffizienten), Heißleiter, Thermistoren oder Thernewids bezeichnet.

Für die Abhängigkeit des elektrischen Widerstandes R in Ω von der Temperatur T in K gilt näherungsweise die folgende Beziehung:

$$R = R_0\,\mathrm{e}^{b\left(\frac{1}{T} - \frac{1}{T_0}\right)}, \qquad (3.54)$$

b = Materialkonstante in K,

R_0 = Widerstand bei der Temperatur T_0 .

Mit $K_0 = R_0\,\mathrm{e}^{-b/T_0}$ lässt sich Gl. (3.54) umformen in

$$R = R_0\,\mathrm{e}^{b/T} \cdot \mathrm{e}^{-\mathrm{b}/\mathrm{T}_0} = \mathrm{K}_0\,\mathrm{e}^{\mathrm{b}/\mathrm{T}}. \qquad (3.55)$$

Daraus ergibt sich die Empfindlichkeit E zu

$$E = \frac{\mathrm{d}R}{\mathrm{d}T} = K_0\,\mathrm{e}^{b/T}\left(-\frac{b}{T^2}\right) = -\frac{b}{T^2}\,R \qquad \left[\frac{\Omega}{\mathrm{K}}\right]. \qquad (3.56)$$

Mit steigender Temperatur werden die Widerstandsänderungen immer geringer. Der Temperaturkoeffizient α nimmt mit steigender Temperatur ab:

$$\alpha = \frac{1}{R}\frac{\mathrm{d}R}{\mathrm{d}T} = -\frac{b}{T^2} \qquad \left[\mathrm{K}^{-1}\right]. \qquad (3.57)$$

Er hat bei Raumtemperatur den Betrag von etwa $4 \cdot 10^{-2}\,\mathrm{K}^{-1}$ und ist damit 10-mal größer als der von Platin (Bild 3.24).

Zutreffender als mit Gl. (3.54) lässt sich die Kennlinie des Heißleiters durch die folgende Steinhart-Hart-Gleichung beschreiben, wobei die drei Konstanten A, B und C durch Messungen an mindestens 3 bekannten Temperaturen zu bestimmen sind [3.2]:

$$\frac{1}{T} = A + B\,\ln R + C(\ln R)^3. \qquad (3.58)$$

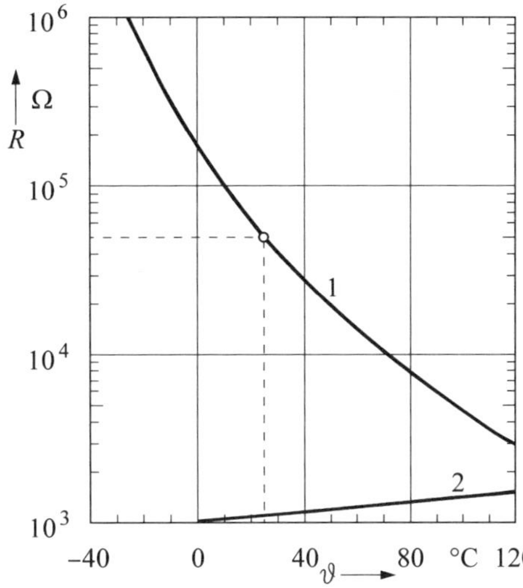

Bild 3.24: Widerstand eines Heißleiters 1 (Nennwiderstand 50 kΩ) und eines Platin-Widerstandsthermometers 2 (Nennwiderstand 1 kΩ) in Abhängigkeit von der Temperatur ϑ

Der Widerstand der polykristallinen Heißleiterkörper ist nicht so stabil wie der von Metallen. Die sporadischen Widerstandsänderungen werden jedoch mit zunehmender Lebensdauer seltener. Daher sind für anspruchsvolle Messungen künstlich gealterte Präzisionsheißleiter zu verwenden.

***U*(*I*) -Kennlinie.** Wird durch den Heißleiter ein Strom geschickt und der zugehörige Spannungsabfall gemessen (Bild 3.25), so wird zunächst eine strenge Proportionalität zwischen durchfließendem Strom I und abfallender Spannung U gefunden.

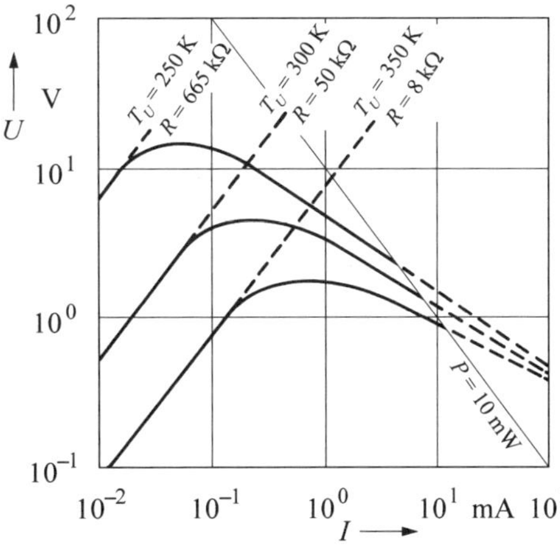

Bild 3.25: Spannungsabfall U an einem Heißleiter in Abhängigkeit vom durchgehenden Strom I; Parameter ist die Umgebungstemperatur T_U

Die zugeführte elektrische Leistung ist hier so gering, dass keine Eigenerwärmung auftritt. Der „**Kaltwiderstand**" des Heißleiters wird nur von der Umgebungstemperatur T_U bestimmt. Mit zunehmendem Strom erwärmt sich der Heißleiter, sein Widerstand nimmt ab und die Spannung steigt damit weniger schnell als der zugehörige Strom. In einem kleinen Bereich wird die Stromzunahme durch eine Widerstandsabnahme kompensiert. Die Spannung bleibt ungefähr konstant, bis schließlich die Widerstandsabnahme größer als die Stromzunahme wird und die Spannung wieder fällt. Wird die Kennlinie bei einer höheren Umgebungstemperatur aufgenommen, so ist der Widerstand des Heißleiters niedriger und die Erwärmung beginnt erst bei höheren Strömen. Temperaturmessungen sind nur in dem ohmschen Bereich der Kennlinie möglich. Nur dort ist der Widerstand des Heißleiters ein Maß für die Umgebungstemperatur.

Korrektur des dynamischen Fehlers. Die kleinsten Heißleiterperlen werden mit einem Durchmesser von etwa 0,1 mm gefertigt. Sie haben dank ihrer geringen Masse eine niedrige Zeitkonstante, die in Luft bei 0,4 s liegt. Soll trotzdem der dynamische Fehler korrigiert werden, so kann im Fall einer rein analogen Signalverarbeitung der NTC-Sensor auf eine konstante Temperatur geregelt werden, wobei der über den Sensor fließende Strom als Maß für die Temperatur genommen wird. Die NTC-Perle muss sich weder erwärmen noch abkühlen, sodass keine thermische Zeitkonstante auftritt. Bei einer digitalen Zeitkorrektur wird aus den abgetasteten und digitalisierten Augenblicksmesswerten auf die stationären Temperaturwerte hochgerechnet. Dies ist beim Heißleiter einfacher als beim Metall-Widerstandsthermometer, da sein Zeitverhalten wie das eines Thermoelements durch eine Differenzialgleichung 1. Ordnung beschrieben werden kann.

Vergleich eines Heißleiters mit einem Metall-Widerstandsthermometer. Von einem Metall-Widerstandsthermometer unterscheidet sich der Heißleiter insbesondere in den folgenden Punkten:

- der Temperaturkoeffizient ist negativ,
- der Temperaturkoeffizient und die Empfindlichkeit sind 10-mal höher als beim Platin-Messeinsatz,
- die Kennlinie ist stärker gekrümmt; die Nichtlinearität ist größer,
- der Widerstand des Heißleiters ist im Allgemeinen so groß, dass der Widerstand der Zuleitungen vernachlässigt werden kann,
- die Zeitkonstante der Heißleiter-Perlen ist kleiner als die von Metall-Messeinsätzen. Punktförmige Messungen können durchgeführt werden,
- die Herstellungstoleranzen sind größer, so dass unter Umständen ein Abgleich oder eine Selektion erforderlich werden kann.

3.6.3 Kaltleiter

Wirkungsweise. Kaltleiter oder PTC-Widerstände bestehen aus einem halbleitenden und **ferroelektrischen** Material wie z. B. Bariumtitanat. Im kalten Zustand ist der Widerstand relativ niedrig und zeigt den negativen Temperaturkoeffizienten der Heißleiter. Oberhalb einer von der Stoffzusammensetzung abhängenden Temperatur, der Curie-Temperatur, löst sich die vorher einheitliche Ausrichtung der einzelnen

Kristallite auf. Dies führt in einem schmalen Temperaturbereich zu einem exponentiellen Anstieg des Widerstandes, zu einem hohen positiven Temperaturkoeffizienten (Bild 3.26).

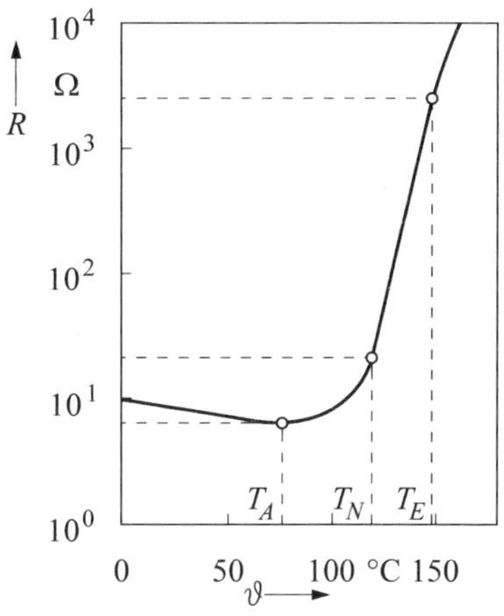

Bild 3.26: Widerstand eines Kaltleiters in Abhängigkeit von der Temperatur
T_A = Temperatur, bei der der Temperaturkoeffizient positiv wird
T_N = Nenntemperatur, Beginn des steilen Widerstandsanstiegs
T_E = Endtemperatur, Ende des steilen Widerstandsanstiegs

In dem Gebiet des steilen Widerstandsanstiegs hängt der Widerstand von der Temperatur wie folgt ab:

$$R = R_0 \, e^{b(T - T_0)} , \tag{3.59}$$

b = Materialkonstante in K^{-1},

R_0 = Widerstand bei der Nenntemperatur T_0 in Ω.

Die Empfindlichkeit E ist

$$E = \frac{dR}{dT} = b \, R_0 \, e^{b(T - T_0)} = b \, R \quad \left[\frac{\Omega}{K}\right] \tag{3.60}$$

und der Temperaturkoeffizient α wird unabhängig von der Temperatur und ist gleich der Materialkonstanten b:

$$\alpha = \frac{1}{R} \frac{dR}{dT} = b \quad \left[K^{-1}\right] . \tag{3.61}$$

Der Betrag des Temperaturkoeffizienten α ist mit ungefähr 0,25 K^{-1} fünfmal größer als der von Heißleitern. Damit sind die Kaltleiter sehr empfindliche Temperaturfühler. Nachteilig ist jedoch die große Streuung in den Materialkonstanten und die noch nicht befriedigende Messdauerhaftigkeit. Aus diesen Gründen werden Kaltleiter hauptsächlich für einfache, keine besondere Präzision erfordernde Überwachungsaufgaben eingesetzt.

$I(U)$-Kennlinie. Wird an den Kaltleiter eine niedrige Gleichspannung gelegt, so steigt der durch den Fühler fließende Strom zunächst mit der anliegenden Spannung an (Bild 3.27). Der durch den Kaltleiter fließende Strom erwärmt schließlich den Fühler, dessen Widerstand nimmt zu und wirkt so einem weiteren Stromanstieg entgegen. Bei noch weiter steigender Spannung werden Temperatur und Widerstand des Kaltleiters so groß, dass der Strom nach einem Maximum schließlich wieder abnimmt. Die Kennlinie ($U \cdot I$ = konstant) läuft hyperbolisch aus. Wird die Kennlinie bei einer höheren Umgebungstemperatur aufgenommen, so führt schon ein niedrigerer Strom zur Widerstandserhöhung des Kaltleiters und die Kennlinie liegt dann entsprechend tiefer.

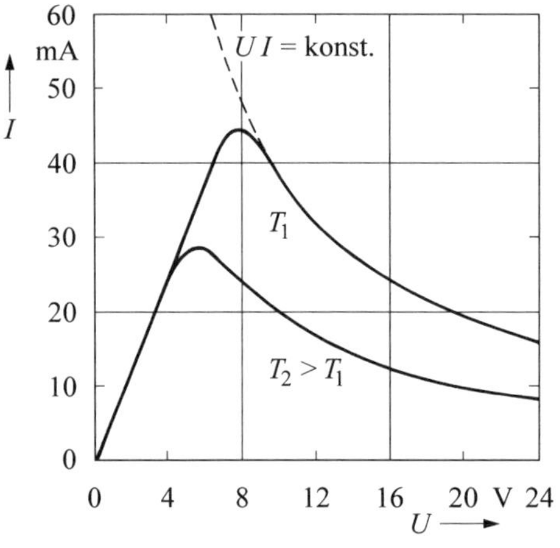

Bild 3.27: Höhe des durch einen Kaltleiter fließenden Stroms in Abhängigkeit von der angelegten Spannung bei verschiedenen Umgebungstemperaturen

3.6.4 Silizium-Widerstandstemperatursensor

Bei dem Silizium-Temperatursensor (spreading resistance sensor) wird der Ausbreitungswiderstand eines Silizium-Einkristalls gemessen. In einem Temperaturbereich von −50 bis +150°C sind bei einer bestimmten Dotierung alle Störstellen des Kristalls ionisiert. In diesem Störstellen-Erschöpfungsbereich führt eine Erhöhung der Temperatur nicht zu einer größeren Zahl von freien Ladungsträgern, wohl aber zu einer Verminderung deren Beweglichkeit. Der Widerstand des Silizium-Kristalls nimmt so mit der Temperatur zu. Der Si-Widerstandstemperatursensor enthält im Unterschied zu den Si-Dioden und -Transistoren keinen pn-Übergang.

Der Widerstand eines Silizium-Substrats wird zwischen einem spitzen Kontakt auf der Oberseite und einem flächigen Kontakt auf der Rückseite des Substrates gemessen (Bild 3.28). Dieser Widerstand nimmt, wie bei Metallen, in einer schwach gekrümmten Kennlinie zu. Der lineare Temperaturkoeffizient beträgt bei Raumtemperatur ungefähr $8 \cdot 10^{-3}$ K^{-1}. Er ist fast doppelt so groß wie der von Platin. Die Kennlinie lässt sich empirisch als ein Stück einer Parabel darstellen. Bedeutet ϑ die Temperatur in °C, $R(\vartheta)$ den Widerstand des Silizium-Sensors bei der Temperatur ϑ und R_{25} den Widerstand des Sensors bei der Temperatur $\vartheta = 25°C$, so gilt z. B. für einen bestimmten Typ die folgende Kennlinie:

$$R(\vartheta) = R_{25}\left[1 + \alpha\,(\vartheta - 25) + \beta\,(\vartheta - 25)^2\right] \quad [\Omega] \tag{3.62}$$

mit $\alpha = 7,8 \cdot 10^{-3}\ [\mathrm{K}^{-1}]$; $\beta = 18,4 \cdot 10^{-6}\ [\mathrm{K}^{-2}]$.

Bei Temperaturen höher als 150°C werden Ladungsträgerpaare thermisch gebildet und der Eigenleitungsbereich wird erreicht. Dadurch geht der spezifische Widerstand nach einem Maximalwert wieder zurück.

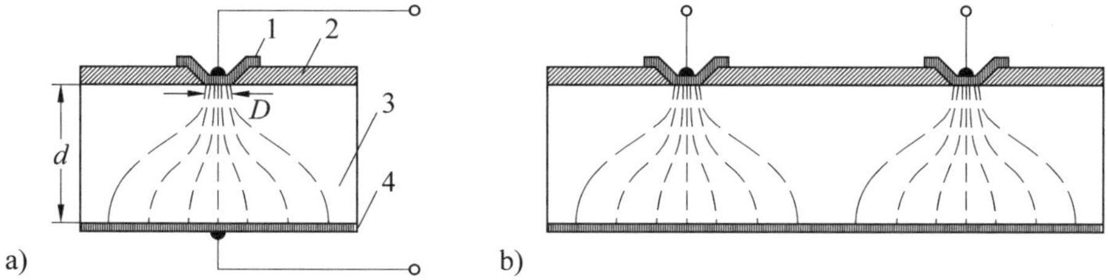

Bild 3.28: Silizium-Temperatursensor (spreading resistance sensor)
a) Ausführung mit einem Spitzenkontakt, b) symmetrische Ausführung
1, 4 Kontakte, 2 Passivierung mit Nitrid und Oxid, 3 Substrat

Grundwiderstand und Temperaturkoeffizient des Silizium-Temperatursensors lassen sich eng toleriert und gut reproduzierbar fertigen, so dass die einzelnen Fühler gegeneinander austauschbar sind. Die kleinen Silizium-Chips können in Transistorgehäusen untergebracht werden. Sie erreichen eine kurze Ansprechzeit. Die Langzeitstabilität soll an die Werte von Metall-Widerstandsthermometern heranreichen. Die Widerstandswerte liegen im Bereich von kΩ, womit wie bei den Heißleitern die Widerstände der Zuleitungen vernachlässigt werden dürfen.

3.6.5 Fehlermöglichkeiten bei der Anwendung von elektrischen Berührungsthermometern

Bei dem Einsatz von elektrischen Berührungsthermometern, deren Anwendungsbereiche in Tabelle 3.2 zusammengestellt sind, ist besonders auf die Vermeidung systematischer Fehler zu achten. Der unsachgemäße Einbau eines Fühlers führt zu einem Messfehler, der im Allgemeinen die Unsicherheiten und Ungenauigkeiten der Messgeräte übersteigt. Ausführliche Einbauhinweise werden in [3.4] gegeben, so dass hier nur auf zwei grundsätzliche Fehlermöglichkeiten hingewiesen wird, die in

- der falschen Wahl des Messorts und
- der Störung des Temperaturfeldes durch Wärmeableitung und Wärmeabstrahlung

liegen.

Größere Räume wie z. B. Öfen, Kessel, Behälter oder auch Zimmer haben nicht an allen Punkten die gleiche Temperatur. Hier besteht die Aufgabe, einen repräsentativen

Tabelle 3.2: Anwendungsbereiche von elektrischen Berührungsthermometern

Typ	Anwendungsbereich −200 0 200 400 600 800 °C 1200	Empfindlichkeit bei 25 °C in mV/K	TK bei 25 °C in K^{-1}	Kennlinie
(NiCr-Ni)-Thermoelement	————————————	0,04		≈ linear
Si-Sensor mit pn-Übergang	——	1		linear
Ni-Widerstand	——		+0,006	≈ linear
Pt-Widerstand	—————————		+0,004	≈ linear
NTC-Widerstand	—— - - - - -		−0,040	expon.
PTC-Widerstand	——		+0,250	expon.
Si-Widerstand	——		+0...008	fast linear
Quarz-Thermometer	———	1,5 kHz/K	0,00009	≈ linear

Messort zu finden. Für eine Messung der Raumtemperatur z. B. ist der Temperaturfühler so anzuordnen und gegebenenfalls auch von der Wand zu isolieren, dass er die Luft- und nicht die Wandtemperatur erfasst. In einem Ofen soll das Thermometer weder in der direkten Flamme noch in einem toten Winkel sitzen. In Behältern ist das gasförmige oder flüssige Medium eventuell umzuwälzen, um Temperaturschichtungen zu vermeiden und um die aktuellen Temperaturen zu messen.

Das Thermometer kann auch das Temperaturfeld des Messobjekts empfindlich stören. Längs des eingebauten Fühlers kann Wärme von dem auf einer höheren Temperatur befindlichen Messobjekt auf die kühlere Umgebung abgeleitet oder abgestrahlt werden. Der Temperaturfühler sieht in diesem Fall eine reduzierte Temperatur und kann die eigentlich interessierende, ohne ihn vorhandene, nicht anzeigen. Die Messung erfolgt in diesen Fällen nicht rückwirkungsfrei. Hier ist auf eine ausreichende Einbautiefe und auf einen guten Wärmeübergang zwischen Messobjekt und Temperaturfühler zu achten. Bei höheren Temperaturen ist unter Umständen ein Strahlungsschutz zwischen Fühler und Umgebung zu verwenden. **Das Thermometer zeigt immer seine Temperatur an und nicht unbedingt die interessierende des Mediums.**

3.7 Ermittlung verfahrenstechnischer Größen durch Temperaturmessungen

Die verschiedenen Arten von Widerstandstemperaturfühlern werden in der industriellen Technik häufig zur Bestimmung von Größen eingesetzt, die die Temperatur eines Messfühlers ändern und dadurch erkennbar werden. Nachfolgend wird nur auf zwei Beispiele etwas näher eingegangen: Der Füllstandswächter dient zur Überfüllsicherung in Heizöltanks und der thermische Massenstrommesser liefert in Kraftfahrzeugen das Signal, um den Kraftstoffen quantitativ die Luftmenge zumessen zu können. Dadurch wird eine vollständige Verbrennung bei minimalen Schadstoffen im Abgas erreicht.

3.7.1 Füllstandswächter

Zur Überwachung des Füllstands von flüssigen Medien werden vorzugsweise Kaltleiter eingesetzt. Wird der Fühler über einen Vorwiderstand von einem Strom durchflossen, so hängt seine Temperatur von der Wärmeableitung ab. Wird die Wärme schlechter abgeführt, so erhitzt er sich mehr und der Umkehrpunkt der Kennlinie liegt schon bei niedrigen Strömen.

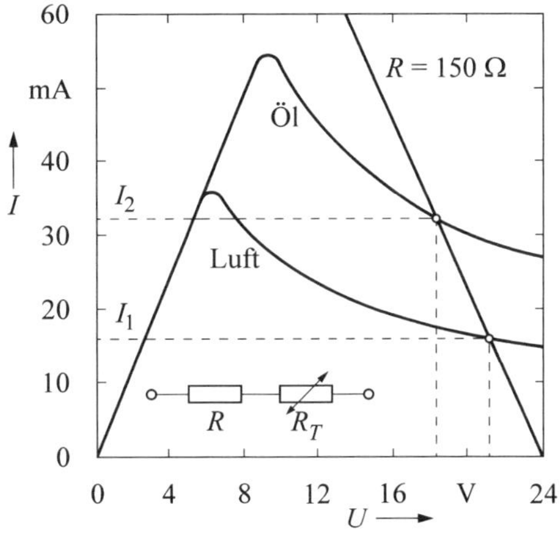

Bild 3.29: Strom durch einen Kaltleiter bei verschiedenen Umgebungsbedingungen; umgeben von Luft (I_1) oder eingetaucht in Öl (I_2)

In dem Kreis von Bild 3.29 stellt sich der Strom I_1 ein, der sich aus dem Schnittpunkt der Kaltleiterkennlinie mit der Widerstandsgeraden ergibt. Steigt der Füllstand im Tank so weit, dass der Fühler ins Öl eintaucht, so wird er besser gekühlt und sein Widerstand nimmt ab. Durch den Kreis fließt jetzt der größere Strom I_2, der einen vorher festgelegten Grenzwert übersteigt und damit die Füllung des Behälters signalisiert. Die Widerstandsänderung bei Kaltleitern ist so groß, dass auf Brückenschaltungen verzichtet werden kann.

3.7.2 Thermischer Massenstrommesser

Prinzip. Beim thermischen Massenstrommesser wird entweder ein beheizter Widerstandsdraht („Hitzdraht-Anemometer“) oder ein beheizter Dünnschicht-Widerstand („Dünnschicht-Anemometer“) einer Gasströmung ausgesetzt und von dieser abgekühlt [3.3], [3.4]. Die vom Gas abgeführte Wärme hängt von seiner Reynoldszahl Re ab. Letztere ist mit k proportional dem Produkt aus der Geschwindigkeit v des Gases und seiner Dichte ρ:

$$Re = k\,\rho\,v\,. \tag{3.63}$$

Die abgeführte Wärme ist also proportional der Massenstromdichte ($\mathrm{kg\,m^{-2}\,s^{-1}}$), aus der nach Multiplikation mit dem Rohrquerschnitt der gesamte Massenstrom in $\mathrm{kg\,s^{-1}}$ folgt. Der Massendurchfluss wird also ohne eine zusätzliche Dichtemessung erfasst. Die Messung selbst kann entweder bei konstantem Heizstrom oder bei konstanter Temperatur des Heizdrahtes durchgeführt werden.

Messung bei konstantem Heizstrom. Der Hitzdraht liegt in einer Brücke, die mit einem konstanten Strom gespeist wird (Bild 3.30 a).

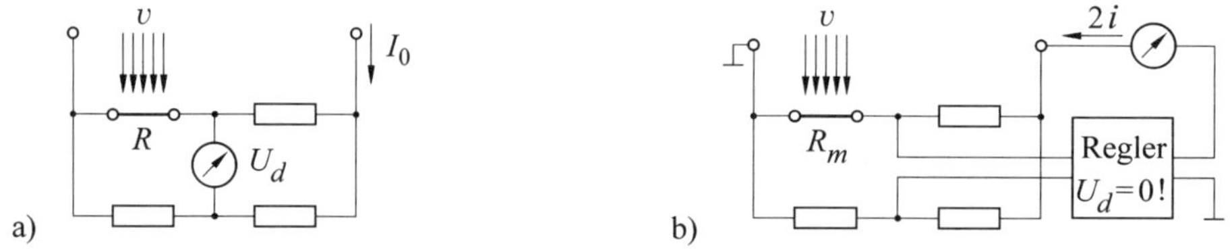

Bild 3.30: Grundschaltung eines Hitzdraht-Anemometers
a) Die Brücke wird mit dem konstanten Strom I_0 versorgt; die Temperatur und der Widerstand R des Hitzdrahtes ändern sich mit der Strömungsgeschwindigkeit v; gemessen wird die Diagonalspannung U_d, die ein Maß für die Strömungsgeschwindigkeit v ist.
b) Der über den Hitzdraht fließende Strom i wird so geregelt, dass der Hitzdraht die konstante Temperatur T_m und den konstanten Widerstand R_m annimmt; gemessen wird der Reglerausgangsstrom, der ein Maß für die Strömungsgeschwindigkeit ist.

Die von dem durchfließenden Strom im Hitzdraht erzeugte Wärme wird von dem vorbeistreichenden Gas teilweise abgeführt. Die Wärmeabgabe hängt im Einzelnen von der Geschwindigkeit v des Gases, von der Temperaturdifferenz zwischen Draht und Gas, von der Wärmeleitfähigkeit, der spezifischen Wärmekapazität und der Dichte des Gases ab. Gemessen wird die Diagonalspannung in der Brücke, aus der auf den Widerstand und die Temperatur des Drahtes und auf die Geschwindigkeit des Gases zurückgerechnet werden kann. Dabei wird vorausgesetzt, dass die physikalischen Daten des Gases während der Messung konstant bleiben.

Messung bei konstanter Hitzdrahttemperatur. Der Hitzdraht liegt wieder wie zuvor in einer Brücke (Bild 3.30 b). Diese ist so ausgelegt, dass bei der maximalen Strömungsgeschwindigkeit des Gases der Hitzdraht die Temperatur T_m und damit den

Widerstand R_m annimmt. Bei diesem Betriebspunkt ist die Brücke abgeglichen und die Diagonalspannung ist null. Sie ist Eingangssignal für einen Regler. Dieser steuert den Brückenstrom jeweils so, dass die Diagonalspannung null bleibt und der Hitzdraht die konstante Temperatur T_m behält. Sinkt z. B. die Strömungsgeschwindigkeit des Gases, so würde sich zunächst der Hitzdraht weniger abkühlen, sein Widerstand würde zunehmen und die Brücke würde verstimmt. Der Regler steuert dieser Verstimmung entgegen, indem er den Brückenstrom und damit die Heizung des Drahtes so lange zurücknimmt, bis dieser wieder die Auslegungstemperatur T_m angenommen hat. Gemessen wird bei dieser Betriebsart der Ausgangsstrom des Reglers. Die Temperaturdifferenz zwischen Hitzdraht und Gas bleibt konstant. Damit lässt sich der Zusammenhang zwischen dem über den Draht fließenden Strom und dem Massenstrom Q_m des Gases mit guter Näherung durch die Gleichung

$$i^2 = a + b\sqrt{Q_m} \tag{3.64}$$

wiedergegeben. Die strömungsunabhängige Konstante a resultiert aus der Wärmeabgabe an die Umgebung durch freie Konvektion, Wärmestrahlung und Wärmeableitung über die Halterung. Der Faktor b hängt von geometrischen Größen und den Eigenschaften des Fluids (Wärmeleitfähigkeit, Viskosität, spezifische Wärme) ab. Bild 3.31 vergleicht Messwerte mit der Kurve nach Gl. (3.64).

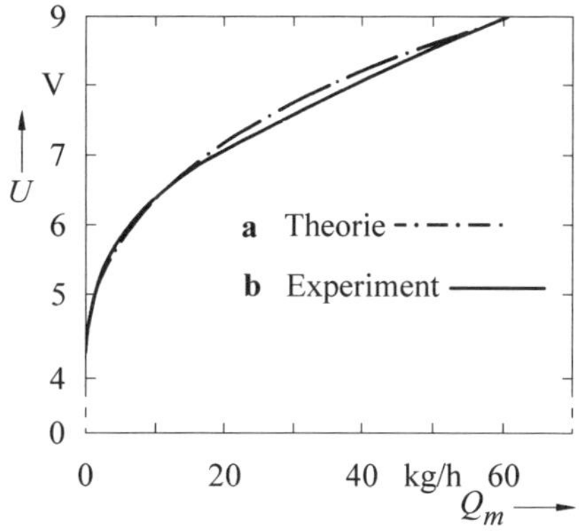

Bild 3.31: Kennlinie des thermischen Massenstrommessers
a Kennlinie nach Gl. (3.64), **b** gemessene Kurve

Die Kennlinie hat die entgegengesetzte Charakteristik zum Drosselgerät. Bei kleinen Durchflüssen reagiert die Messgröße besonders empfindlich auf die Durchflussmenge. Das führt dazu, dass bei den Anemometern der Fehler in Prozent vom Messwert (nicht vom Messbereichsendwert) angegeben werden kann. Er bleibt praktisch über den gesamten Messumfang konstant, so dass Durchflüsse zwischen 3 und 100 % des Endwertes gemessen werden können.

Ein weiterer bedeutsamer Vorteil ist, dass sich durch diese Betriebsart die dynamischen Eigenschaften der Messung verbessern (Bild 3.32). Indem die Temperatur des Hitzdrahtes konstant gehalten wird, entfallen die Zeiten, die sonst zur Einstellung der

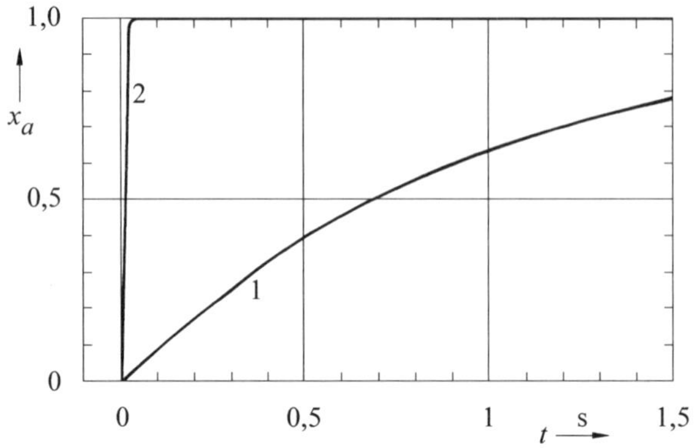

Bild 3.32: Sprungantwort einer Brückenschaltung mit Widerstandsanemometer
1 Betrieb mit konstantem Strom
2 Betrieb mit konstanter Temperatur

jeweiligen Drahtendtemperatur erforderlich sind. Damit können schnelle Durchflussänderungen, die z. B. bei pulsierenden Strömungen auftreten, noch gemessen werden.

Differenzial-Hitzdraht-Anemometer. Das Differenzial-Hitzdraht-Anemometer erweitert den Messbereich in Richtung kleinerer Strömungsgeschwindigkeiten. Volumenströme der Größenordnung von 10^{-4} mm^3 s^{-1} können noch erfasst werden. Das Anemometer besteht aus zwei dünnen, in der Strömung hintereinander liegenden Platin-Drähten (Bild 3.33).

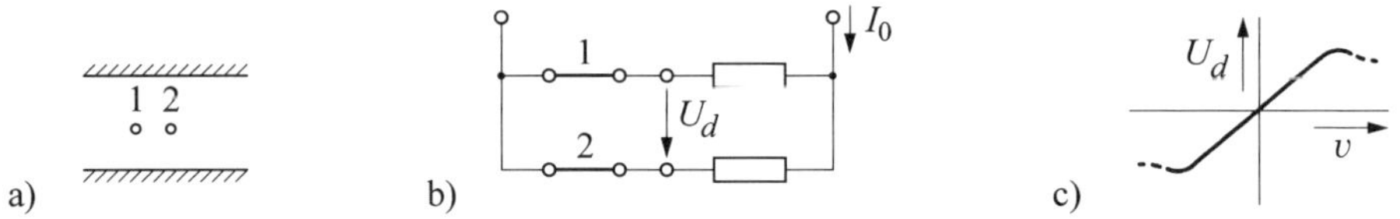

Bild 3.33: Differenzial-Hitzdraht-Anemometer
a) In einem Strömungskanal sind die beiden Sonden 1 und 2 hintereinander geschaltet
b) Brückenschaltung
c) Kennlinie

Beide Drähte sind beheizt. Sie sind thermisch gekoppelt, so dass bei einer Gasströmung das von dem ersten Draht erwärmte Gas zu dem zweiten Draht gelangt. Durch die Strömung wird der erste Draht abgekühlt, der zweite wird erwärmt. Beide sind in einer Brücke verschaltet. Deren Diagonalspannung hängt für kleine Volumenströme linear von der Durchflussgeschwindigkeit v ab.

3.7.3 Messung der Luftfeuchte; Messung von Gaskonzentrationen

Über die Temperaturabhängigkeit eines elektrischen Widerstandes lassen sich z. B. auch die Luftfeuchte und die Konzentration technisch wichtiger Gase messen [3.5].

Bei dem **LiCl-Feuchtegeber** wird der elektrische Strom durch eine LiCl-Lösung geschickt. Dabei heizt sich die Lithiumchlorid-Lösung selbsttätig bis zur Umwandlungstemperatur auf, bei der die den elektrischen Strom leitende Lösung in ein nicht leitendes Salz übergeht. Die Umwandlungstemperatur des LiCl ist streng mit dem Wasserdampfgehalt in der Luft gekoppelt. Um die absolute Feuchte zu bestimmen, ist so nur die LiCl-Temperatur zu messen.

Für die thermische Messung von **Gaskonzentrationen** gibt es verschiedene Verfahren. Ein Messvorgang nutzt die unterschiedliche Wärmeleitfähigkeit der Gase aus. Diese werden durch eine Messkammer geleitet und kühlen dabei einen geheizten Draht. Seine Temperaturerniedrigung ist ein Maß für die Konzentration des durchströmenden Gases, wie z. B. H_2 oder CO_2 (**Wärmeleitfähigkeitsverfahren**).

Bei der Gasanalyse nach dem **Wärmetönungsverfahren** werden oxidierbare Gase, wie z. B. CO, in einer Messkammer an einem geheizten Platin-Draht oder an einer mit Platin überzogenen Al_2O_3-Perle (Pellistor) verbrannt. Das Platin dient dabei als Katalysator. Die bei der Verbrennung frei werdende Wärme erhöht die Temperatur der Messdrähte. Die gemessene Temperaturerhöhung ist ein Maß für die Konzentration der verbrannten Komponente.

Das Messverfahren für die Bestimmung von O_2 nutzt das paramagnetische Verhalten des Sauerstoffs aus (**thermomagnetische Sauerstoff-Analyse**). Die entsprechende Messkammer (Bild 3.34) enthält einen Magneten, von dessen Feld der Sauerstoff angezogen wird. Im Magnetfeld liegt ein beheizter Widerstandsdraht. In seiner Nachbarschaft erwärmt sich der Sauerstoff und verliert dabei seine paramagnetische Eigenschaft. Der heiße Sauerstoff kann von dem nachdrängenden kälteren aus dem Magnetfeld entfernt werden. Eine Sauerstoff-Strömung entsteht, ein **magnetischer Wind**, der den Hitzdraht abkühlt. Die entsprechende Temperaturänderung wird wieder gemessen.

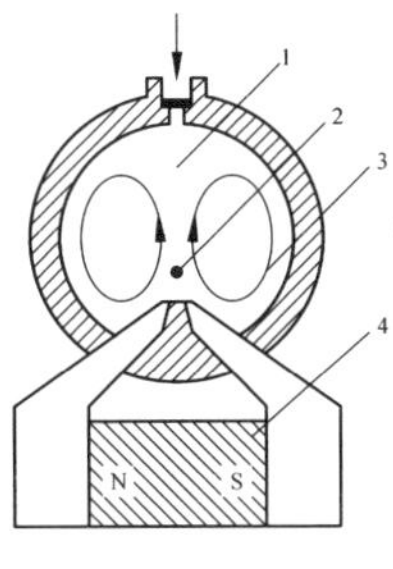

Bild 3.34: Messkammer eines thermomagnetischen Sauerstoff-Analysators
1 Messkammer
2 Heiz-Widerstandsdraht
3 Sauerstoff-Strömung, magnetischer Wind
4 Dauermagnet

3.8 Gassensoren mit halbleitenden Metalloxiden

SnO_2-Sensor. Zwischen einem Metalloxid und der umgebenden Luft finden chemische Reaktionen statt, die den Widerstand des halbleitenden Metalloxids verändern.

Dieser Effekt wird hauptsächlich bei ZnO und SnO_2 zur Messung von Gaskonzentrationen ausgenutzt.

Der Sauerstoff in dem Metalloxid ist nur lose gebunden. Sind reduzierende Gase in der Umgebung des Metalloxids vorhanden, so reagieren diese mit dem Sauerstoff und führen damit zu einer Erhöhung der Zahl der freien Elektronen. Kann das Reaktionsprodukt das Metalloxid verlassen, so ist bei einem konstanten Sauerstoff-Partialdruck die Zahl der Sauerstoff-Leerstellen proportional dem Partialdruck des reduzierenden Gases. Damit lässt sich dessen Konzentration aus einer Widerstandsmessung ermitteln. Metalloxid-Gassensoren bestehen z. B. aus einem geheizten, isolierenden Röhrchen, das eine dünne Schicht des Metalloxids mit Elektroden an den Enden trägt (Bild 3.35 a). Zu messen ist der Widerstand zwischen den Elektroden. Um aus einem Gasgemisch eine Komponente möglichst selektiv messen zu können, sind dem Metalloxid noch unterschiedliche Zusätze beigemischt. Verwendet werden die Metalloxide als billige Sensoren zur Überwachung des Arbeitsplatzes auf Schadstoffkonzentrationen, zum Nachweis von Alkohol in der ausgeatmeten Luft und auch als Gaswarngeräte bei der Überwachung der Gasleitungen in den Haushalten (Bild 3.35 b). Probleme bereiten noch die Temperaturabhängigkeit und mangelnde Selektivität (Querempfindlichkeit).

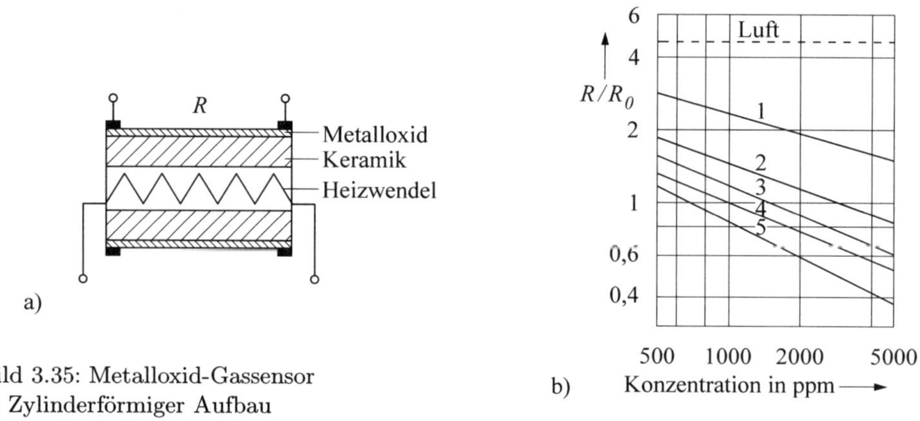

Bild 3.35: Metalloxid-Gassensor
a) Zylinderförmiger Aufbau
b) Ansprechempfindlichkeit des Taguchi-Gassensors TGS 815 D für verschiedene Gase (Figaro Inc. Osaka). Der Widerstand in Luft beträgt 4 kΩ
1 Kohlenmonoxid, 2 Ethanol, 3 Wasserstoff, 4 Methan, 5 Isobutan [0.4]

$SrTiO_3$-Sensor. Planare Sensoren mit dünnen halbleitenden Schichten aus $SrTiO_3$ auf einem Aluminiumoxid-Substrat können zur Messung des Sauerstoff-Gehaltes eingesetzt werden. Sie arbeiten bei Betriebstemperaturen bis 1000°C. Auf Grund ihrer kurzen Ansprechzeit von etwa 5 ms sind sie zur Messung schnell veränderlicher Gaskonzentrationen, wie sie z. B. im Abgasstrang eines Verbrennungsmotors auftreten, geeignet [3.6].

3.9 Lichtempfindlicher Widerstand

Bei Benutzung eines lichtempfindlichen Widerstandes (Fotowiderstand) lassen sich auch Licht- oder Helligkeitsmessungen auf die Bestimmung eines elektrischen Widerstandes zurückführen. Fotowiderstände sind sperrschichtfreie Halbleiter. Durch die bei einer Beleuchtung den Fotowiderstand treffenden Fotonen werden Valenzelektronen freigesetzt, die zu einer Vergrößerung der Eigenleitfähigkeit, also zu einer Widerstandsabnahme führen (**innerer lichtelektrischer Effekt**). Der elektrische Widerstand nimmt nahezu linear mit der Beleuchtungsstärke ab (Bild 3.36).

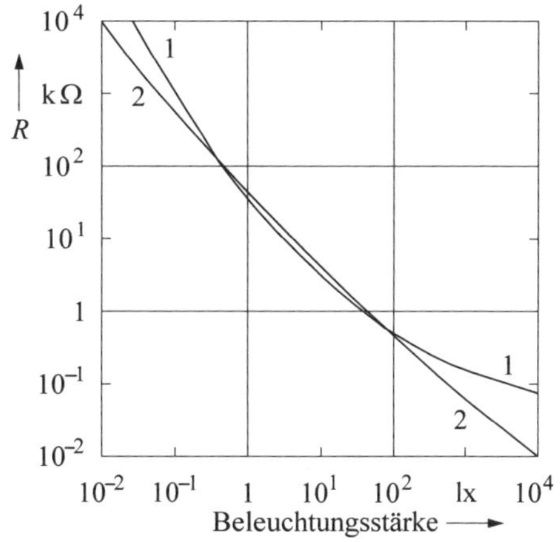

Bild 3.36: Widerstand R eines CdS-Fotowiderstandes in Abhängigkeit von der Beleuchtungsstärke
1 Normalausführung
2 nahezu lineare Kennlinie

Ein Fotowiderstand besteht aus einer auf einem Träger aufgebrachten dünnen lichtempfindlichen Schicht, in der die kammartig angeordneten Elektroden liegen (Bild 3.37). Auf diese Weise wird eine große lichtempfindliche Fläche mit einem geringen Elektrodenabstand kombiniert. Damit können die freigesetzten Elektronen vor einer Rekombination mit positiven Ladungsträgern zu den Elektroden abfließen. Die dadurch erreichte hohe Empfindlichkeit ist bei Cadmiumsulfid (CdS) und Cadmiumselenid (CdSe) auch im sichtbaren Teil des Spektrums gegeben (Bild 2.108).

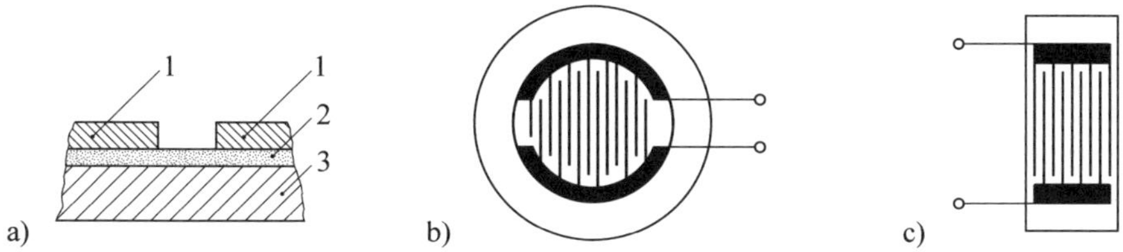

Bild 3.37: Fotowiderstand
a) Schnitt mit Elektroden 1, lichtempfindlicher Halbleiterschicht 2 und Glasplatte 3
b) und c) Draufsicht

Fotowiderstände verhalten sich wie ohmsche Widerstände. Die Polarität der angelegten Spannung ist ohne Bedeutung. Da mit zunehmender Beleuchtungsstärke der

Widerstand sinkt, der Strom zunimmt und die im Widerstand umgesetzte Leistung steigt, ist darauf zu achten, dass der Fotowiderstand nicht durch Überlastung thermisch zerstört wird.

Die Fotowiderstände arbeiten nicht verzögerungslos oder trägheitsfrei. Die Anzeigegeschwindigkeit nimmt mit der Beleuchtungsstärke zu, so dass bei 10^3 lux noch Wechsellicht mit einer Frequenz von etwa 100 Hz verfolgt werden kann. Nachteilig sind neben der großen Trägheit weiterhin die hohe Temperaturabhängigkeit und die starke Alterung.

3.10 Magnetisch steuerbarer Widerstand

Der Widerstand eines elektrischen Leiters erhöht sich in einem Magnetfeld (**magnetoresistiver Effekt, Thomson- bzw. Gauß-Effekt**). Deutlicher als in Metallen ist der Effekt in halbleitenden Materialien mit einer hohen Elektronenbeweglichkeit ausgeprägt. Vornehmlich werden III-V-Verbindungen, z. B. Indiumantimonid (InSb) oder Indiumarsenid (InAs) verwendet (Bild 3.38). Liegt ein derartiges Plättchen senkrecht zu den Feldlinien in einem Magnetfeld, so nimmt sein Widerstand ungefähr quadratisch gemäß der im Bild 3.39 gezeigten Kennlinie mit der magnetischen Induktion zu. R_0 ist dabei der Grundwiderstand des Materials bei $B = 0$. Die Widerstandsänderung ist unabhängig von der Richtung des Magnetfeldes. In diesem Punkt unterscheidet sich der Widerstandseffekt von dem Hall-Effekt.

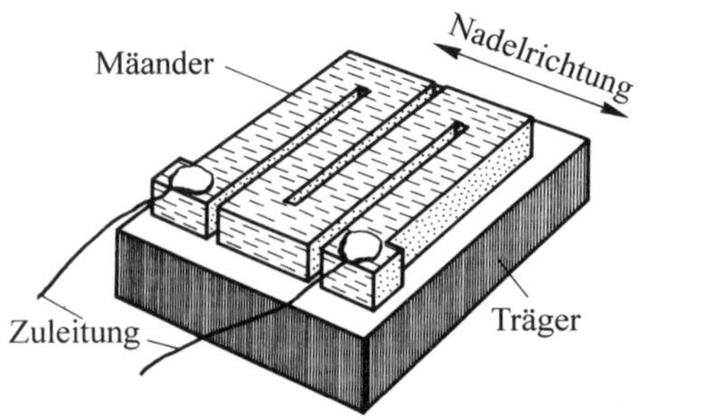

Bild 3.38: Schematische Darstellung einer Feldplatte

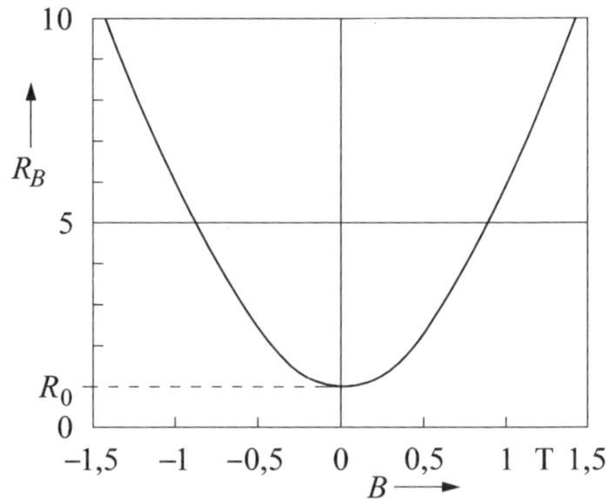

Bild 3.39: Kennlinie einer Feldplatte

Magnetisch steuerbare Widerstände (magnetoresistive Sensoren) werden auch als Feldplatten bezeichnet. Sie bestehen meistens aus kleinen, auf einem Träger aufgebrachten InSb-Plättchen mit eingebetteten Nadeln aus Nickelantimonid. Die Plättchen werden in verschiedenen geometrischen Formen hergestellt, wodurch sich Empfindlichkeit und Grundwiderstand in bestimmten Grenzen einstellen lassen.

Die Richtung eines Magnetfeldes kann zunächst durch eine Messung mit einer Feldplatte nicht festgestellt werden. Ist dieses erforderlich, so ist die Feldplatte durch einen Dauermagneten magnetisch vorzuspannen. Das zu messende äußere Magnetfeld überlagert sich dem des Dauermagneten, führt zu einer Widerstandszu- oder -abnahme und wird so in seiner Richtung erkennbar.

Neben der direkten Bestimmung von Magnetfeldern werden Feldplatten hauptsächlich als Endlagenschalter und zur kontakt- und berührungslosen Weg- und Winkelmessung eingesetzt. Dies ist möglich, indem eine Feldplatte und ein Dauermagnet relativ zueinander bewegt werden. Dabei ist es vorteilhaft, die Feldplatte durch einen Mittelabgriff in zwei etwa gleich große Widerstände zu teilen und Feldplatte und Dauermagneten in den Abmessungen aufeinander abzustimmen. Bei einer Bewegung relativ zum Magnetfeld ändern sich jetzt die Widerstände der Feldplattenhälften gegensinnig (Differenzial-Feldplatte, kontaktloses Potentiometer; Bild 3.40). Werden die beiden Widerstandshälften in den sich gegenüberliegenden Diagonalen einer Brücke verschaltet, so wird nicht nur eine besonders gute Empfindlichkeit, sondern auch eine Temperaturkompensation erreicht.

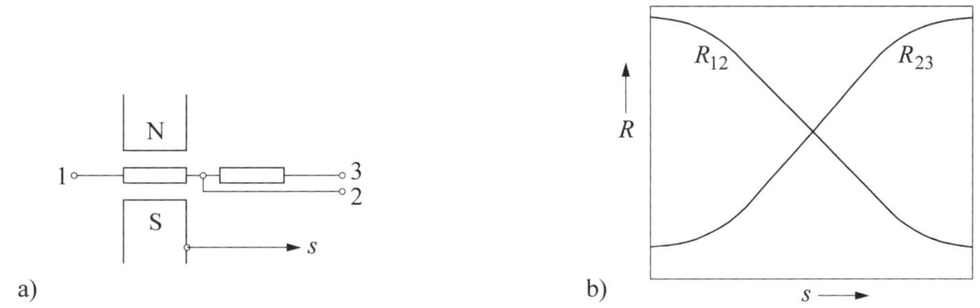

Bild 3.40: Widerstand einer Differenzial-Feldplatte in Abhängigkeit von ihrer Position im Magnetfeld; a) Anordnung b) Kennlinie

3.11 Dehnungsmessstreifen

3.11.1 Prinzip

Der Widerstand R eines elektrischen Leiters hängt von seiner Länge l, seinem Querschnitt q und seinem spezifischen Widerstand ρ ab [3.7]–[3.9]:

$$R = \frac{l}{q}\,\rho\,. \tag{3.65}$$

Wird der Leiter gestreckt oder gestaucht (Bild 3.41), so ändern sich Länge, Querschnitt und spezifischer Widerstand. Daraus resultiert eine Änderung des Widerstandes R, so dass über den Widerstand die Formänderung und deren verursachende Größe erfasst werden können.

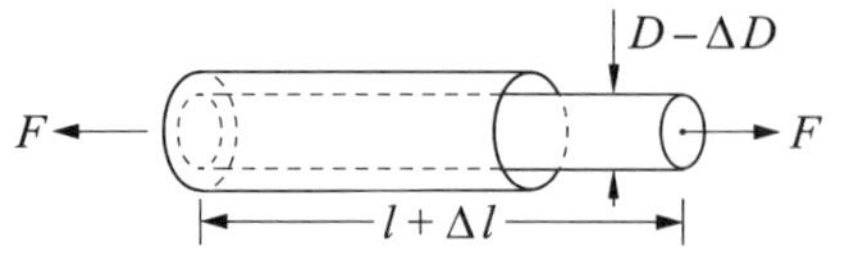

Bild 3.41: Formänderung eines gestreckten Drahtes mit der Länge l und dem Durchmesser D

Um im Einzelnen zu sehen, wie sich der Widerstand R mit den auf der rechten Seite von Gl. (3.65) stehenden Größen ändert, wird mit der aus der Fehlerrechnung bekannten Gl. (1.40) die relative Widerstandsänderung $\Delta R/R$ bestimmt:

$$\frac{\Delta R}{R} = \frac{\Delta l}{l} - \frac{\Delta q}{q} + \frac{\Delta \rho}{\rho}. \tag{3.66}$$

Wird an Stelle des Querschnitts q der Durchmesser D eingeführt, so geht Gl. (3.66) über in

$$\frac{\Delta R}{R} = \frac{\Delta l}{l} - 2\frac{\Delta D}{D} + \frac{\Delta \rho}{\rho}. \tag{3.67}$$

Die letzte Gleichung wird weiter umgeformt, indem sie durch die relative Längenänderung $\Delta l/l$ oder Dehnung $\varepsilon = \Delta l/l$ dividiert wird:

$$\frac{\left(\frac{\Delta R}{R}\right)}{\left(\frac{\Delta l}{l}\right)} = 1 - 2\frac{\left(\frac{\Delta D}{D}\right)}{\left(\frac{\Delta l}{l}\right)} + \frac{\left(\frac{\Delta \rho}{\rho}\right)}{\left(\frac{\Delta l}{l}\right)}. \tag{3.68}$$

Links steht jetzt das Verhältnis aus der relativen Widerstandsänderung und der Dehnung, das allgemein als „K-Faktor“ bezeichnet wird:

$$K = \frac{\Delta R/R}{\Delta l/l}. \tag{3.69}$$

Der zweite Term auf der rechten Seite beinhaltet die Poisson'sche Zahl μ, das Verhältnis der relativen Querkontraktion zur relativen Längenänderung:

$$\mu = -\frac{\Delta D/D}{\Delta l/l}. \tag{3.70}$$

Damit geht Gl. (3.68) über in

$$K = -\frac{\Delta R/R}{\Delta l/l} = 1 + 2\mu + \frac{\Delta \rho/\rho}{\Delta l/l}. \tag{3.71}$$

3.11.2 Metall-Dehnungsmessstreifen

Bei einer elastischen Verformung von Metallen ändert sich der spezifische Widerstand ρ nur sehr wenig. Der letzte Term von Gl. (3.71) darf vernachlässigt werden. Die Poisson'sche Zahl μ liegt für die üblichen Materialien zwischen 0,2 und 0,5. Damit nimmt der K-Faktor höchstens den Wert 2 an:

$$K = 1 + 2\,\mu \approx 1 + 2 \cdot 0{,}5 = 2\,. \tag{3.72}$$

Die relative Widerstandsänderung ist also höchstens doppelt so groß wie die zugehörige Dehnung:

$$\frac{\Delta\, R}{R} = K\,\varepsilon = 2\,\varepsilon. \tag{3.73}$$

Die zu messenden Dehnungen liegen zwischen 10^{-6} und 10^{-3} und dementsprechend niedrig sind dann auch die zu verarbeitenden Widerstandsänderungen.

Wird die Widerstandsänderung $\Delta\, R$ nicht auf den jeweiligen Widerstand R, sondern auf den festen Anfangswiderstand R_0 bezogen (für den z. B. eine Brücke ausgelegt ist), so wächst der Term $\Delta\, R/R_0$ nur näherungsweise mit $K\,\varepsilon$. Mit dem linearisierenden Ansatz $R = R_0 + \Delta\, R$ folgt aus der letzten Gleichung:

$$\frac{\Delta\, R}{R_0 + \Delta\, R} = K\,\varepsilon\,; \qquad \frac{\Delta\, R}{R_0} = \frac{K\,\varepsilon}{1 - K\,\varepsilon}\,.$$

Die Differenz zwischen dieser Näherung und dem exakten Ansatz ist

$$\frac{\Delta\, R}{R_0} - \frac{\Delta\, R}{R} = \frac{K\,\varepsilon}{1 - K\,\varepsilon} - K\,\varepsilon = \frac{(K\,\varepsilon)^2}{1 - K\,\varepsilon} \approx (K\,\varepsilon)^2. \tag{3.74}$$

Bei einem K-Faktor von 2 und einer Dehnung von 10^{-3} ist der Unterschied also ungefähr $4 \cdot 10^{-6}$. Er kann in den meisten Anwendungsfällen vernachlässigt werden und es ist erlaubt zu schreiben

$$\frac{\Delta\, R}{R} = \frac{\Delta\, R}{R_0} = K\,\varepsilon. \tag{3.75}$$

Ausführungsformen. Bei den **Draht-Messstreifen** ist ein mäanderförmig gelegter oder um einen dünnen Träger gewickelter Draht zwischen zwei elektrisch isolierenden Trägerfolien geklebt (Bild 3.42). Die Herstellung ist relativ aufwändig und die Draht-Messstreifen sind praktisch durch die **Folien-Messstreifen** abgelöst worden. Diese enthalten an Stelle des Drahtes ein auf einem Träger sitzendes Messgitter, das aus einer dünn ausgewalzten Metallfolie herausgeätzt ist. Mit dieser Technologie können auch komplexere Formen rationell hergestellt werden. Um den Anschluss zu erleichtern, ist in den Streifen schon von den dünnen Drähten oder Gittern auf dickere, mechanisch widerstandsfähigere Anschlussdrähte übergegangen. Zur Messung sind dann die Streifen mit großer Sorgfalt auf das zu untersuchende Werkstück zu kleben.

Die bei dem Kleben der Streifen auftretenden Probleme sind bei den Messfedern in der Dickschicht- und Dünnschichttechnik vermieden. Hier werden für häufig auftretende

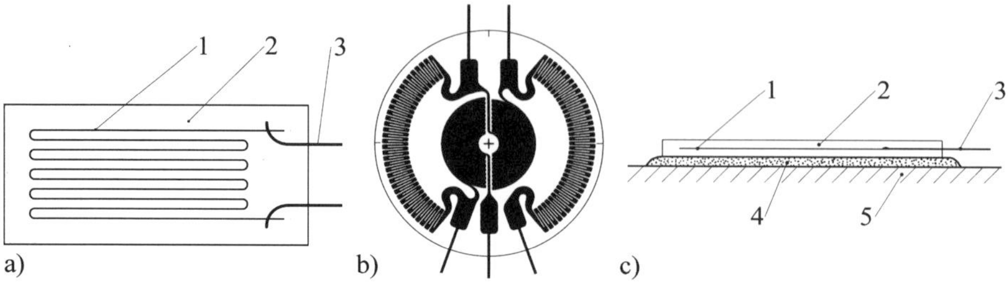

Bild 3.42: Dehnungsmessstreifen
a) Draht-Messstreifen
b) Folien-Messstreifen als Membranrosette (Hottinger Baldwin Messtechnik)
c) Querschnitt durch einen aufgeklebten Messstreifen; 1 Messgitter, 2 Abdeckung, 3 Streifenanschluss, 4 Kleber, 5 zu untersuchendes Werkstück

spezielle Anwendungen die Biegefedern und die Widerstände als komplette Einheiten gefertigt. Bei der **Dickschichttechnik** besteht z. B. eine sich biegende, für die Druckmessung verwendete, Membran aus Glas oder aus einem keramischen Material. Die DMS und die Isolierschichten werden aufgedruckt und anschließend eingebrannt. In der **Dünnfilmtechnik** wird auf den metallischen Federkörper aus Bronze oder Stahl im Vakuum zunächst eine anorganische Isolierschicht, dann eine dehnungsempfindliche Widerstandsschicht und schließlich eine niederohmige Leiterschicht zur Kontaktierung entweder aufgedampft oder aufgesputtert (Bild 3.43). Nach der vollflächigen Beschichtung erfolgt die Formgebung der Widerstände durch Fotoätzen der beiden oben liegenden Metallfilme [3.9].

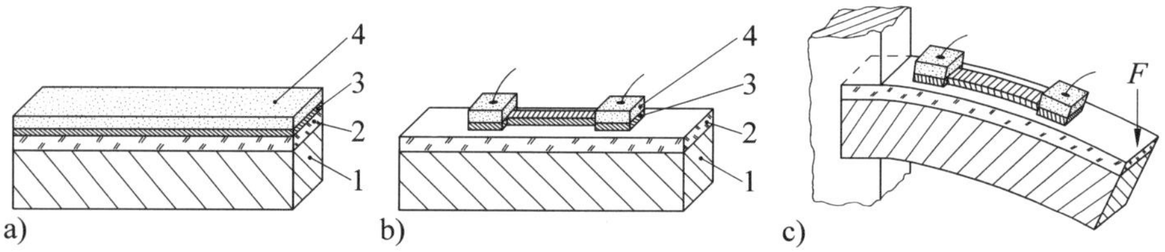

Bild 3.43: Biegebalken-Kraft-Messaufnehmer mit Dünnfilm-DMS [3.10]
a) nach einseitig-vollflächiger Beschichtung; 1 Federkörper aus Bronze oder Stahl, 2 Isolierschicht, 3 dehnungsempfindliche Widerstandsschicht, 4 niederohmige Leiterschicht
b) nach fotolithografischer Strukturierung
c) Aufnehmer unter Belastung

3.11.3 Störgrößen

Mit zunehmender **Temperatur** ändert sich zum einen der elektrische Widerstand des Messgitters, zum anderen dehnen sich Messobjekt und Messstreifen unter Umständen unterschiedlich aus. Um diese Effekte gering zu halten oder zu vermeiden, werden häufig die Streifen aus Konstantan gefertigt. Der Widerstand dieser Kupfer-Nickel-Legierung ist in einem weiten Bereich unabhängig von der Temperatur und der Ausdehnungskoeffizient lässt sich in bestimmten Grenzen einstellen. Dadurch kann bei Baustahl und Beton, bei Kupfer und rostfreiem Stahl, bei Aluminium und auch bei Porzellan der Ausdehnungskoeffizient des Streifens an den des Messobjekts angepasst werden. Relativbewegungen zwischen Messobjekt und Streifen, die zu nicht gewünschten Dehnungen führen würden, kommen so nicht zu Stande.

In den Fällen, in denen keine derartigen **temperaturkompensierten** oder **selbstkompensierenden Streifen** verfügbar sind, ist die Dehnungsmessung mit mehreren Streifen durchzuführen. Die Struktur der Messsignalverarbeitung ist dann so zu wählen, dass die zu messenden Dehnungen, nicht aber die unerwünschten Temperatureffekte in das Messergebnis eingehen. Dies ist insbesondere bei den Halbleiter-Dehnungsmessstreifen notwendig. Eine weitere Möglichkeit ist, die Temperatur getrennt zu erfassen und das Ergebnis der Dehnungsmessung entsprechend zu korrigieren.

Ausschlaggebend für die Genauigkeit der Messung ist die **Verbindung** zwischen Werkstück und DMS. Werden die Streifen geklebt, so sind die sorgfältige Reinigung der Oberflächen, die Verwendung geeigneter Materialien und nicht zuletzt eine gewisse Erfahrung erforderlich. Fehler entstehen, wenn ein belasteter Streifen infolge einer nachgebenden Verbindung wieder in seine Ausgangslage zurückkriecht. Die Klebung muss gewährleisten, dass die Bauteildehnungen kriech- und hysteresefrei auf das Messgitter des Streifens übertragen werden.

Die montierten DMS sind gegen **Feuchtigkeit** zu schützen. Bei einer Wasseraufnahme quellen Kleber und Streifen. Der Isolationswiderstand der Folie nimmt ab. Dadurch ändert sich der Widerstand des Streifens und täuscht eine Dehnung vor.

3.11.4 Anwendung der DMS zur Spannungsanalyse

Messung einer Normalspannung. Eine Normalspannung σ entsteht an einer Komponente, wenn zwei gleich große, aber entgegengesetzt gerichtete Zug- oder Druckkräfte angreifen. Sie ergibt sich aus dem Verhältnis von angreifender Kraft F und Angriffsfläche A:

$$\sigma = \frac{F}{A}. \tag{3.76}$$

Spannung und Dehnung sind einander proportional. Der Proportionalitätsfaktor E wird als Elastizitätsmodul bezeichnet (Hooke'sches Gesetz):

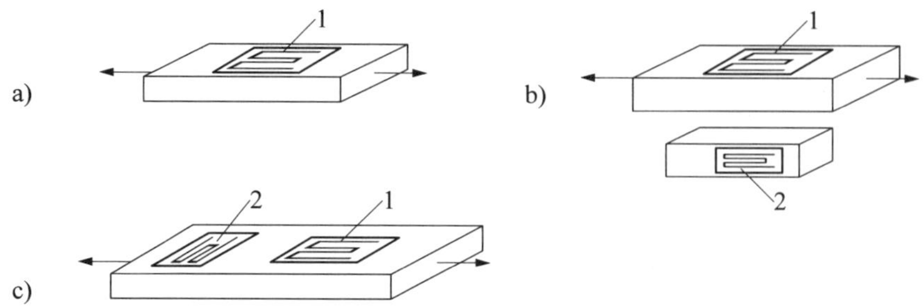

Bild 3.44: Messen einer Normalspannung
a) Messung mit einem Streifen 1
b) Verwendung eines zweiten nicht belasteten Streifens 2 zur Temperaturkompensation
c) Streifen 2 ist senkrecht zur Richtung des Streifens 1 geklebt

$$\sigma = E\,\varepsilon\,. \tag{3.77}$$

Im Bild 3.44 a ist ein durch Zug beanspruchter Stab dargestellt, dessen Normalspannung mit dem Dehnungsmessstreifen 1 gemessen werden soll. Der Widerstand ändere sich durch die Dehnung um ΔR_S und durch die Temperatur um ΔR_T. Wird der DMS in einer Viertelbrücke verschaltet, so ergibt sich die Diagonalspannung U_d:

$$U_d = \frac{U_0}{4}\left(\frac{\Delta R_S}{R_0} + \frac{\Delta R_T}{R_0}\right)\,. \tag{3.78}$$

Temperaturänderungen verstimmen in der gleichen Weise wie Dehnungsänderungen die Brücke.

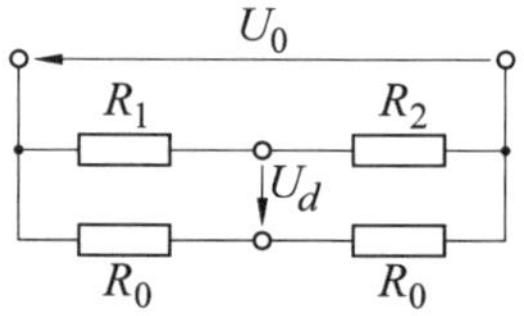

Bild 3.45: Dehnungsmessstreifen in einer Halbbrücke zur Temperaturkorrektur

Um die Dehnung für sich allein zu messen, ist die Temperatur zu kompensieren. Dies gelingt durch die Verwendung eines zweiten Messstreifens 2 (Bild 3.44 b), der mechanisch nicht belastet wird, sonst aber wegen seiner Nähe zum Streifen 1 dessen Temperatur annehmen soll. Liegen der inaktive Streifen 2 und der aktive Streifen 1 in unterschiedlichen Brückendiagonalen (Bild 3.45), so wird die Diagonalspannung unabhängig von der Temperatur:

$$U_d = \frac{U_0}{4}\left(\frac{\Delta R_S}{R_0} + \frac{\Delta R_T}{R_0} - \frac{\Delta R_T}{R_0}\right) = \frac{U_0}{4}\frac{\Delta R_S}{R_0}\,. \tag{3.79}$$

Noch vorteilhafter ist, den Streifen 2 quer zur Richtung des Streifens 1 zu kleben (Bild 3.44 c). In diesem Fall wird durch die angreifende Kraft der Streifen 1 z. B. gestreckt, der Streifen 2 gestaucht. Die Temperaturbeanspruchung ist für beide Streifen gleich. Die Diagonalspannung der Brücke in Bild 3.45 ist nicht nur unabhängig von der Temperatur, sondern auch größer als im Fall (b). Ist μ die Poissonzahl des beanspruchten Stabs, so ist die Widerstandsänderung des quer geklebten, gestauchten Streifens μ-mal so groß wie die des Streifens 1:

$$U_d = \frac{U_0}{4}\left[\left(\frac{\Delta R_S}{R_0} + \frac{\Delta R_T}{R_0}\right) - \left(-\frac{\mu\Delta R_S}{R_0} + \frac{\Delta R_T}{R_0}\right)\right] = (1+\mu)\frac{U_0}{4}\frac{\Delta R_S}{R_0}\,. \qquad (3.80)$$

• **Beispiel 3.3.** An einem 70 cm langen Stab aus Gussstahl mit einem Querschnitt von 10 cm^2 soll eine Kraft von 100 kN angreifen. Die zugehörige Normalspannung σ ist

$$\sigma = \frac{F}{A} = \frac{10^5\,\mathrm{N}}{10^{-3}\,\mathrm{m}^2} = 10^8\,\frac{\mathrm{N}}{\mathrm{m}^2}\,.$$

Der Elastizitätsmodul E für Gussstahl ist $2 \cdot 10^{11}$ $\mathrm{N/m}^2$, so dass sich eine Dehnung ergibt von

$$\varepsilon = \frac{\sigma}{E} = \frac{10^8\,\mathrm{N/m}^2}{2\cdot 10^{11}\,\mathrm{N/m}^2} = 5\cdot 10^{-4}\,.$$

Durch die Dehnung wird der Stab um $\Delta\, l$ länger,

$$\Delta\, l = \varepsilon\, l = 5\cdot 10^{-4}\, 70\,\mathrm{cm} = 0{,}35\,\mathrm{mm}\,.$$

Liegt der Messstreifen mit einem K-Faktor von 2 in einer mit 5 V gespeisten Viertelbrücke, so ist die Diagonalspannung

$$U_d = \frac{U_0}{4}\frac{\Delta R_S}{R_0} = \frac{U_0}{4} K\,\varepsilon = \frac{5\,\mathrm{V}}{4}\cdot 2\cdot 5\cdot 10^{-4} = 1{,}25\,\mathrm{mV}\,. \quad \bullet$$

Messung einer Biegespannung. Ein einseitig eingespannter Stab wird durch eine an seinem freien Ende senkrecht zum Stab angreifende Kraft gebogen (Bild 3.46).

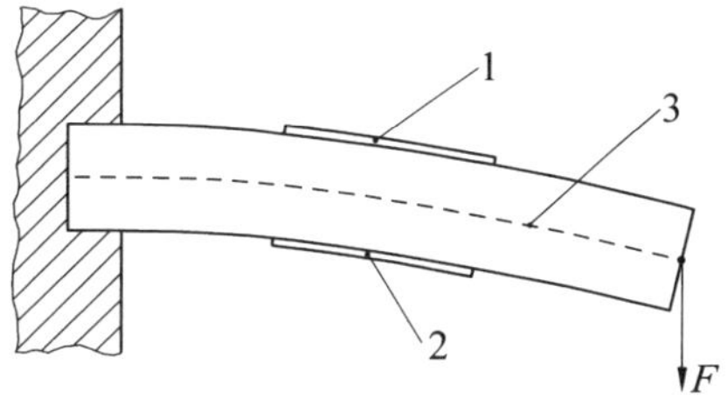

Bild 3.46: Messen einer Biegespannung
1 gedehnter Messstreifen
2 gestauchter Messstreifen
3 neutrale Faser

Dabei werden die oberen Schichten des Stabs gestreckt, die in der Mitte liegende neutrale Faser ändert ihre Länge nicht und die unteren Schichten werden verkürzt. Daraus resultieren Spannungen, die mit Dehnungsmessstreifen gemessen werden können. Zweckmäßig werden zur Bestimmung der Biegespannung Messstreifen an der

Ober- und Unterseite des Stabs angebracht. Der obere Streifen wird gedehnt, der untere wird in demselbem Maße gestaucht. Werden die beiden gegensinnig in einer Halbbrücke verschaltet, so liegen ähnliche Verhältnisse wie in Gl. (3.80) vor. Der Messeffekt ist doppelt so hoch wie bei der Anwendung eines Streifens. Gleichzeitig ist die Temperaturkompensation erreicht. Die Empfindlichkeit lässt sich nochmals verdoppeln, wenn auf der Ober- und Unterseite des Stabs jeweils zwei Streifen geklebt und in einer Vollbrücke ausgewertet werden.

Messung einer Scher-, Schub- oder Torsionsspannung. Schubspannungen entstehen, wenn Kräfte tangential zu der Ebene gerichtet sind, in der sie angreifen (Bild 3.47). Sie sind z. B. infolge der angreifenden Drehmomente an Wellen vorhanden, die Antriebsmaschinen mit Arbeitsmaschinen verbinden. Die Scherung führt dazu, dass ein auf der Wellenoberfläche gedachtes Quadrat zu einem Parallelogramm verändert wird. Die größte Dehnung tritt dabei unter einem Winkel von 45° zur Wellenachse auf. So ist es zweckmäßig, die DMS unter 45° zur Wellenachse zu kleben. Die sich dabei ergebende Brückendiagonalspannung ist unabhängig von der Temperatur und proportional der aus der Schubspannung resultierenden Widerstandsänderung ΔR, bzw. dem angreifenden Drehmoment M_D:

$$U_d = U_0 \frac{\Delta R_\tau}{R} = K M_D . \tag{3.81}$$

mit dem Proportionalitätsfaktor K in $\frac{\text{V}}{\text{N m}}$.

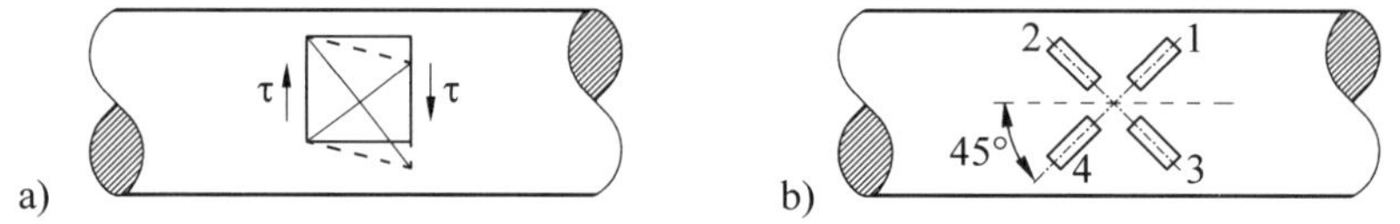

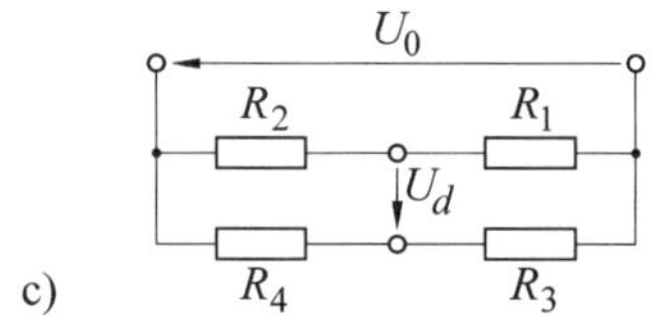

Bild 3.47: Messen einer Torsionsspannung
a) die angreifenden Drehmomente verzerren das Quadrat auf der Wellenoberfläche zu einem Parallelogramm
b) Anordnung der Messstreifen auf der Welle
c) Anordnung in der Vollbrücke

Aus einer Messung der Torsionsspannung kann die **Wellenleistung** P als das Produkt aus Drehmoment M_D und Winkelgeschwindigkeit ω bestimmt werden. Die Winkelgeschwindigkeit selbst wird aus einer Messung der Drehzahl n erhalten:

$$P = M_D\, \omega = 2\,\pi\, M_D\, n . \tag{3.82}$$

Bei der **Drehmomentmessung** müssen die mit der Welle umlaufenden DMS mit den anderen stationär angeordneten Teilen der Messeinrichtung verbunden werden. Dieser Anschluss ist im Prinzip über 4 Schleifringe möglich. Wird die Brücke mit einer

Wechselspannung gespeist, so entsteht in der Diagonalen ebenfalls eine Wechselspannung (Trägerfrequenz-Messbrücke). In diesem Fall kann über Transformatoren, deren Primärspule unbeweglich ist und deren Sekundärspule sich dreht, berührungslos die Speisespannung ein- und das Messsignal ausgekoppelt werden.

Kraftmessdose. Eine spezielle Anwendung haben DMS in Kraftmessdosen gefunden. Diese bestehen aus einem elastischen, zylindrischen Körper, der durch angreifende Kräfte gestreckt oder gestaucht wird. Der Körper ist mit Dehnungsmessstreifen beklebt, welche die auftretenden Normalspannungen erfassen (Bild 3.48). Diese Kraftmessdosen werden als Messelemente in elektromechanischen Waagen verwendet. Die Waagen werden für Druck- und Zugbelastungen hergestellt. Ihr Messbereich geht von 50 N bis ungefähr $5 \cdot 10^9$ N. Die Messunsicherheit liegt bei etwa 0,5 ‰. Die Kraftmessdosen finden sich in normalen Handelswaagen, in Behälter- und Bunkerwaagen, in Fahrzeugwaagen, Plattform- und Gleiswaagen, in Bandwaagen und nicht zuletzt in Kranwaagen, die ein direktes Wiegen der Lasten während des Transports ermöglichen.

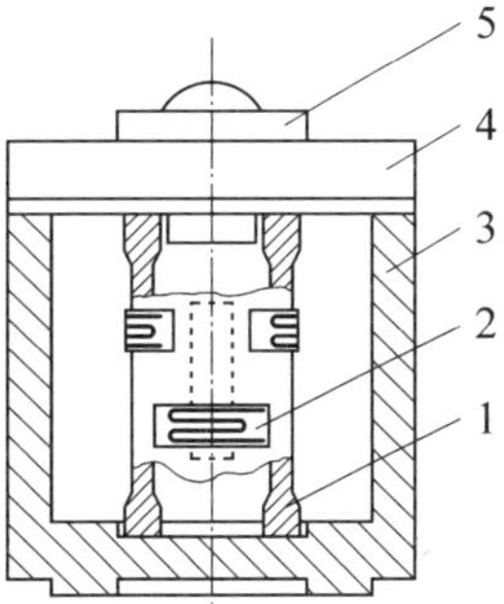

Bild 3.48: Kraftmessdose schematischer Aufbau
1 Hohlzylinder
2 Dehnungsmessstreifen
3 Gehäuse
4 Deckel
5 Druckstück

3.11.5 Halbleiter-Dehnungsmessstreifen

Bei der Ableitung des K-Faktors für die Metall-Dehnungsmessstreifen konnte in Gl. (3.71) der Term mit der Änderung des spezifischen Widerstandes vernachlässigt werden. Dies ist bei den Messelementen aus Germanium oder Silizium nicht mehr zulässig. Hier wird im Gegenteil die Änderung des spezifischen Widerstandes zum bestimmenden Faktor (**piezoresistiver Effekt**). Bei der Dehnung ändern sich Bandabstände und Dichte der Ladungsträger. Der K-Faktor bei p-Silizium kann Werte bis zu $+120$, bei n-Silizium bis zu -100 annehmen.

Monolithisch integrierter piezoresistiver Si-Drucksensor. Die Messzelle des **monolithisch integrierten** piezoresistiven Drucksensors besteht aus einem Silizium-Plättchen, aus dem durch elektrolytisches Ätzen eine einige µm dicke Membran gewonnen ist. Die Membran wirkt wie eine eingespannte Platte. Bei ihrer Durchbiegung treten auf der Oberfläche Dehnungen und Stauchungen auf. An diesen Stellen sind durch Diffusion oder Ionenimplantation Widerstände eindotiert, die entsprechend gedehnt oder gestaucht werden (Bild 3.49). Zusätzlich sind noch auf demselben Silizium

Widerstände zur Temperaturkompensation vorhanden, die mit denen zur Dehnungsmessung als Vollbrücke verschaltet sind. In einigen Ausführungsformen ist noch ein Operationsverstärker integriert, so dass die Diagonalspannung schon als verstärktes Signal zur Verfügung steht.

In dem kompletten, zum Anschluss an Rohrleitungen und Behältern geeigneten Aufnehmer, ist der Silizium-Sensor in eine Ölvorlage eingebaut. Der zu messende Druck wird über eine elastische Trennmembran in den Innenraum übertragen, so dass die Messstelle verspannungsfrei beaufschlagt wird. Derartige piezoresistive Aufnehmer sind für Druck- und Differenzdruckmessungen verfügbar. Die Messbereiche gehen von einigen mbar bis zu einigen 100 bar. Die niedrigeren Messbereiche verwenden dabei nicht die Kreis-, sondern wegen des geringeren Linearitätsfehlers eine Ringmembran.

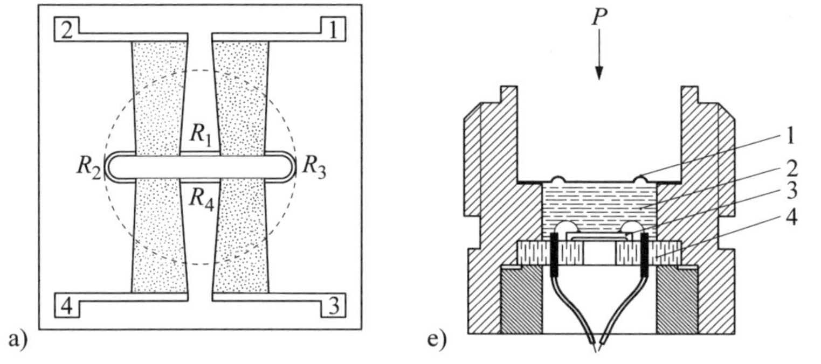

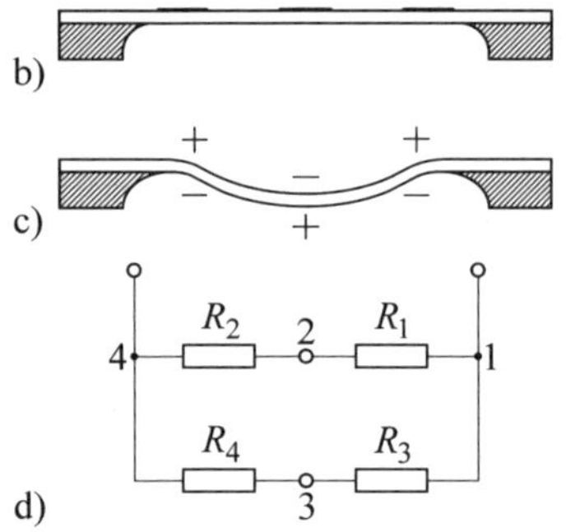

Bild 3.49: Messzelle eines piezoresistiven Druckaufnehmers
a) Silizium-Chip mit den eindotierten Widerständen $R_1 \ldots R_4$
b) Schnitt durch den unbelasteten Chip
c) Schnitt durch den belasteten Chip mit gedehnten (+) und gestauchten (−) Bereichen
d) Schaltung der eindotierten Widerstände
e) Schnitt durch den Aufnehmer; 1 Stahlmembran, 2 Ölvorlage, 3 Silizium-Chip, 4 druckdichte Durchführung der elektrischen Anschlüsse

3.12 Linearisieren der Widerstandsaufnehmer-Kennlinien

Die Widerstandsaufnehmer haben mehr oder weniger gekrümmte Kennlinien. Ein linearer Zusammenhang zwischen der interessierenden nichtelektrischen und der erfassten elektrischen Größe ist jedoch für die Anzeige und Weiterverarbeitung zweckmäßig. Aus diesem Grunde werden die Kennlinien oft linearisiert, d. h. sie werden so gestaltet, dass in einem gewissen Bereich das Sensorsignal von der zu messenden nichtelektrischen Größe linear abhängt. Dafür sind z. B. die folgenden Verfahren geeignet.

3.12.1 Linearisieren durch einen Vor- und/oder Parallelwiderstand

Wird der Widerstand des Aufnehmers mit einem definierten Vor- oder Parallelwiderstand kombiniert, so ergibt sich eine Kennlinie, die innerhalb des Messbereichs durch eine Gerade angenähert werden kann. Erkauft wird diese Linearisierung allerdings mit einem Verlust an Empfindlichkeit. Die Kennlinie der Widerstandskombination verläuft flacher als die des Aufnehmerwiderstandes allein.

Die Vorgehensweise soll anhand eines Heißleiters erläutert werden. Der Heißleiter-Widerstand (Gl. 3.55)

$$R_T = K_0 \, \mathrm{e}^{b/T}$$

kann wie im Bild 3.50 gezeigt mit Festwiderständen kombiniert werden. Die Kennlinie verläuft zwischen den Widerstandswerten, die sich bei sehr tiefen oder sehr hohen Temperaturen einstellen.

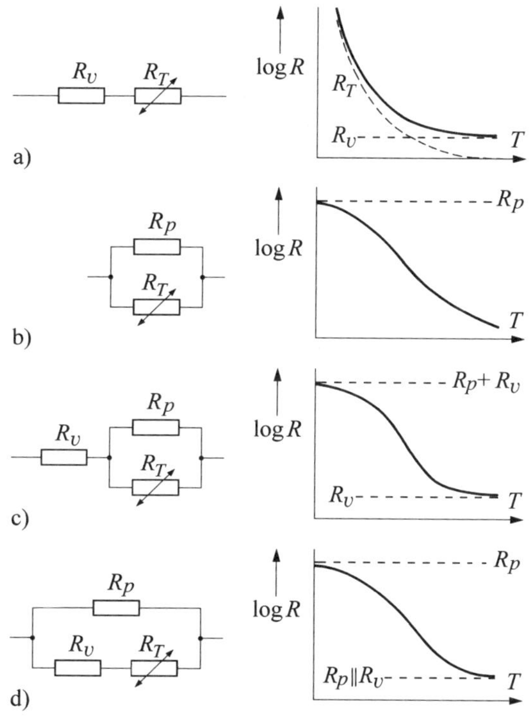

Bild 3.50: Möglichkeiten für die Linearisierung einer Heißleiter-Kennlinie

Der Gesamtwiderstand R_g der Reihenschaltung a) wird bei tiefen Temperaturen durch den Widerstand des Heißleiters ($R_T \to \infty$) und bei hohen Temperaturen ($R_T \to 0$) durch den Vorwiderstand R_v bestimmt. Der Gesamtwiderstand ist mindestens so groß wie R_v. Die Kennlinie der Kombination verläuft flacher als die des Heißleiters allein; sie hat keinen Wendepunkt.

Diesen erhalten wir bei der Parallelschaltung b). Die Widerstandskombination nimmt bei tiefen Temperaturen ihren höchsten Wert an ($R_g = R_p$) und geht bei höheren Temperaturen in den des Heißleiters über.

Etwas flacher liegen die Kennlinien der gemischten Serien/Parallel-Schaltung c). Die Kennlinie der Kombination verläuft zwischen $R_p + R_v$ bei tiefen Temperaturen und R_v bei hohen Temperaturen, während in der Schaltung d) bei tiefen Temperaturen der Parallelwiderstand R_p und bei hohen Temperaturen die Parallelschaltung aus Vor- und Parallelwiderstand wirksam wird.

Die Kennlinien b), c), d) haben einen Wendepunkt und sind so für eine Annäherung durch eine Gerade besonders geeignet. In der Praxis besteht dann die Aufgabe, die Widerstände R_v und R_p so zu dimensionieren, dass die Kennlinie der Kombination mit einer bestimmten Steigung durch einen bestimmten Punkt geht. Vorgegeben werden also jeweils der Widerstandswert bei einer bestimmten Temperatur und der Temperaturkoeffizient der Kombination.

Der Gesamtwiderstand der Schaltung von Bild 3.50 c

$$R_g = R_v + \frac{R_T\, R_p}{R_T + R_p} \tag{3.83}$$

nimmt bei der Temperatur T_1 mit $R_{T1} = K_0\,\mathrm{e}^{\mathrm{b/T_1}}$ den Wert $R_g(T_1)$ an:

$$R_g\,(T_1) = R_v + \frac{R_{T1}\, R_p}{R_{T1} + R_p}\,. \tag{3.84}$$

Der Temperaturkoeffizient α_g ist mit der Steigung von R_g verknüpft:

$$\frac{\mathrm{d}R_g}{\mathrm{d}T} = \alpha_g\, R_g\,. \tag{3.85}$$

Mit $\alpha = -b/T^2$ folgt aus Gl. (3.83)

$$\begin{aligned}\frac{\mathrm{d}R_g}{\mathrm{d}T} &= \frac{(-b/T^2)\, R_T\, R_p\,(R_T + R_p) - (-b/T^2)\, R_T\, R_T\, R_p}{(R_T + R_p)^2} \\ &= \frac{\alpha\, R_T\, R_p^2}{(R_T + R_p)^2}\end{aligned} \tag{3.86}$$

und die Zusammenfassung von Gl. (3.85) und Gl. (3.86) ergibt bei der Temperatur T_1

$$\alpha_g\, R_g\,(T_1) = \frac{\alpha\, R_{T1}\, R_p^2}{(R_{T1} + R_p)^2}\,. \tag{3.87}$$

Damit sind für die beiden Unbekannten R_V und R_p zwei unabhängige Gleichungen (3.84) und (3.87) gefunden, aus denen sich die gesuchten Werte berechnen lassen. Soll dann noch die Kennlinie der Widerstandskombination in der Nähe des Arbeitspunktes T_1 durch eine Gerade R_g^* angenähert werden (Bild 3.51), so lautet mit Gl. (3.85) ihre Gleichung:

$$\begin{aligned} R_g^*(T_1 + \Delta T) &= R_g(T_1) + \Delta T \cdot R'_g(T_1) \\ &= R_g(T_1) + \Delta T \cdot R'_g \alpha_g R_g(T_1) \\ &= R_g(T_1)(1 + \alpha_g \Delta T) \,. \end{aligned} \tag{3.88}$$

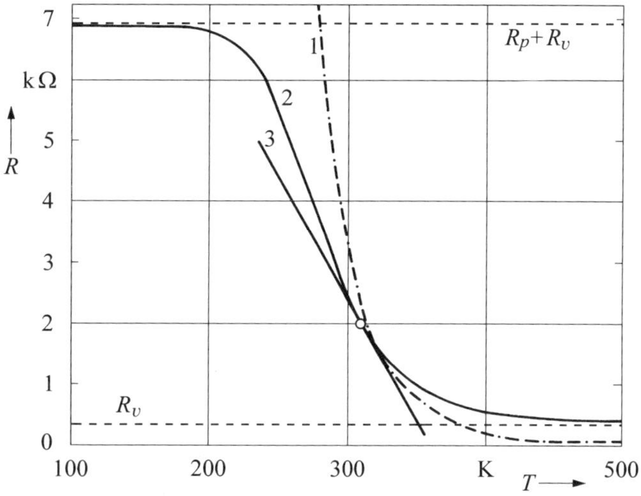

Bild 3.51: Linearisierung einer Heißleiter-Kennlinie nach Schaltung Bild 3.50 c
1 Kennlinie des Heißleiters
2 Kennlinie des linearisierten Heißleiters
3 Tangente an die Kennlinie des linearisierten Heißleiters

Tabelle 3.3: Widerstandswerte des linearisierten Heißleiter-Temperaturfühlers von Bild 3.51

T in K	250	300	310	320	350
R_T in Ω	24280	3074	2203	1611	702
R_g in Ω	5548	2446	2000	1643	982
R_g^* in Ω	4400	2400	2000	1600	400
$(R_g^* - R_g)/R_g$	−20,7 %	−1,9 %	0	−2,6 %	−59,3 %

Bild 3.51 und Tabelle 3.3 zeigen, dass die Linearisierung des Heißleiters nur in einem relativ schmalen Temperaturbereich wirksam ist.

Durch eine Beschaltung des Heißleiters mit Vor- und Parallelwiderständen lassen sich herstellungsbedingte Unterschiede im Nennwiderstand und im Temperaturkoeffizienten ausgleichen. Damit werden die Messfühler untereinander austauschbar und die Anzeigegeräte können mit standardisierten Messbereichen und Skalen ausgeführt werden.

• **Beispiel 3.4.** Ein Heißleiter mit $K_0 = 0,1\,\Omega$ und $b = 3\,100$ K soll nach Schaltung Bild 3.50c so abgeglichen werden, dass bei der Temperatur T_1=310 K der Gesamtwiderstand R_g =2 kΩ und der Temperaturkoeffizient α_g = – 0,02 K^{-1} wird. Die gesuchten Widerstände ergeben sich aus Gl. (3.84) und Gl. (3.87) zu R_p = 6603 Ω und R_v = 349 Ω. Die Gleichung der Geraden durch den Punkt (T_1, R_1) lautet:

$$R_g^* = 2\,000\,(1 - 0,02\,\Delta\,T)\,\Omega\,. \quad \bullet$$

3.12.2 Messung der Spannungsdifferenz bei Differenzial-Widerstandsaufnehmern

Differenzial-Aufnehmer bestehen aus zwei symmetrischen Einheiten, die durch die Verschiebung eines gemeinsamen Elements gegensinnig beeinflusst werden.

Dieses Konstruktionsprinzip ist gut geeignet, um lineare Kennlinien zu erhalten und soll anhand der Differenzial-Feldplatte erläutert werden (Bild 3.52).

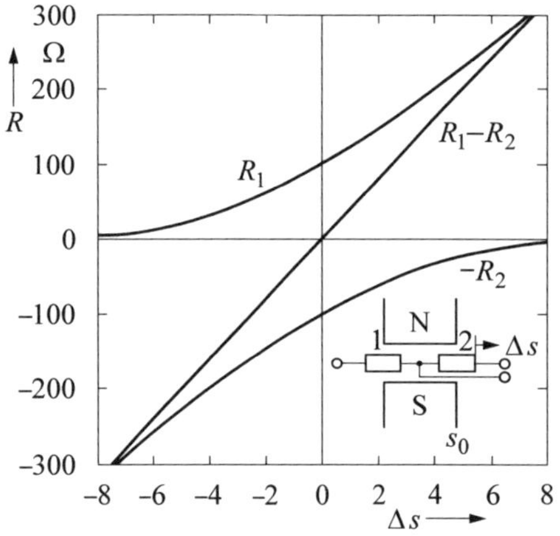

Bild 3.52: Kennlinie einer Differenzial-Feldplatte
R_1 Widerstand der Feldplattenhälfte 1 in Abhängigkeit von ihrer Stellung im Magnetfeld
R_2 Widerstand der Feldplattenhälfte 2 in Abhängigkeit von ihrer Stellung im Magnetfeld
$R_1 - R_2$ Differenz der beiden Feldplattenwiderstände

Bei einer Verschiebung im Magnetfeld um $\Delta\,s$ nimmt der Widerstand R_1 der einen Feldplattenhälfte zu, der Widerstand R_2 der anderen Feldplattenhälfte ab:

$$R_1 = R_0 + k\,(s_0 + \Delta\,s)^2\,; \qquad R_2 = R_0 + k\,(s_0 - \Delta\,s)^2\,. \tag{3.89}$$

Werden die beiden Feldplattenhälften entweder in der Schaltung von Bild 3.3 (c) oder in der von Bild 3.5 (b) angeschlossen, so ist die Spannungsdifferenz U_{12} linear von der Verschiebung $\Delta\,s$ abhängig. Für die Messung mit Konstantströmen ergibt sich:

$$\begin{aligned} U_{12} &= I_0\,(R_1 - R_2) \\ &= I_0\,[R_0 + k\,(s_0 + \Delta\,s)^2 - R_0 - k\,(s_0 + \Delta\,s)^2] \\ &= I_0\,4\,s_0\,\Delta\,s\,. \end{aligned} \tag{3.90}$$

Nicht bei allen Kennlinien lässt sich wie in diesem Beispiel eine exakte Linearisierung erreichen. Durch die Verwendung von Differenzial-Aufnehmern kann aber immer eine Verbesserung erzielt werden, da durch die Differenzbildung $R_1 - R_2$ mindestens eine Kennlinie mit einem Wendepunkt entsteht und diese dann besser als die Kennlinie eines einfachen Gebers durch eine Gerade angenähert werden kann.

3.12.3 Differenzial-Widerstandsaufnehmer in einer Halbbrücke

Eine weitere, oft benutzte Möglichkeit der Signalverarbeitung bei Differenzial-Widerstandsaufnehmern liegt in der Anwendung einer Halbbrücke. Deren Diagonalspannung hängt oft linear von der zu messenden, den Differenzial-Aufnehmer steuernden nichtelektrischen Größe ab. Für einen ohmschen Aufnehmer mit linearen Widerstandsänderungen zeigt die Halbbrücke von Bild 3.10 f schon dieses Verhalten. Weitere Anwendungsfälle werden später am Beispiel von Blindwiderständen in den Gln. 4.31, 4.32, 4.43 und 4.51 noch sichtbar.

4 Messung von Blind- und Scheinwiderständen; induktive und kapazitive Aufnehmer

Ideale induktive und kapazitive Widerstände sind technisch nicht zu realisieren. Spulen und Kondensatoren haben immer auch eine ohmsche Komponente, die bei Stromdurchgang zu Energieverlusten führt. Der Phasenwinkel φ zwischen Spannung und Strom beträgt nicht 90°, sondern ist um den Verlustwinkel δ geringer:

$$\delta = 90 - \varphi \,. \tag{4.1}$$

Bei einer Spule tragen der ohmsche Widerstand der Wicklung, die Wirbelströme im Eisen und die Ummagnetisierung des Eisens zu den Verlusten bei. Bei einem Kondensator sind es die begrenzte Isolation der Elektroden und des Dielektrikums.

Das Verhalten von Spule und Kondensator wird durch eine Ersatzschaltung beschrieben, in der die Wirkkomponente durch einen ohmschen Widerstand in Reihe oder parallel zum Blindwiderstand berücksichtigt wird (Bild 4.1). Der Tangens des Verlustwinkels δ wird Verlustfaktor genannt. Er hängt von der Frequenz und der Temperatur ab.

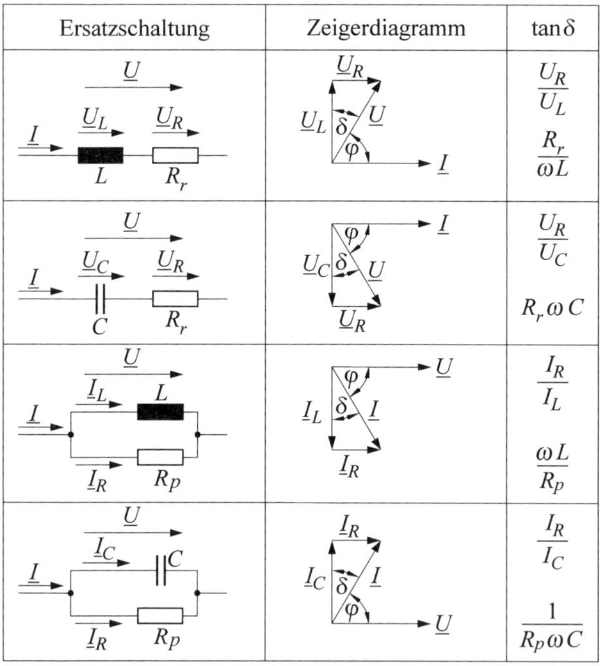

Bild 4.1: Reihen- und Parallel-Ersatzschaltung für verlustbehaftete induktive und kapazitive Widerstände

Bei der Messung eines Scheinwiderstandes ist die Blind- und Wirkkomponente gesondert zu erfassen. Bei den induktiven und kapazitiven Aufnehmern wird allerdings in der Regel nur der Blindwiderstand als Maß für die nichtelektrische Größe genommen. Diese Messung ist zeitlich kontinuierlich durchzuführen, wobei oft noch eine Nullpunktunterdrückung erforderlich ist.

4.1 Strom- und Spannungsmessung

Für die Messung von Blindwiderständen ist eine Wechselspannungsquelle bekannter und konstanter Frequenz erforderlich. Da die Blindwiderstände frequenzabhängig sind, soll die benutzte Spannung nur geringe Oberschwingungen enthalten.

4.1.1 Messung der Effektivwerte

Die Messung ist entsprechend Bild 3.1 möglich. Bezeichnen U und I die gemessenen Effektivwerte, so ergibt sich aus ihrem Verhältnis der Betrag Z des Scheinwiderstandes:

$$Z = \frac{U}{I}\,. \tag{4.2}$$

Der Scheinwiderstand $\underline{Z}$ enthält die Wirkkomponente R und die Blindkomponente X, wobei je nach der Art des Blindelements entweder $X = \omega L$ oder $X = -1/\omega C$ zu setzen ist:

$$\underline{Z} = R + \mathrm{j}\,X\,; \qquad \mathrm{Z}^2 = \mathrm{R}^2 + \mathrm{X}^2\,.$$

Ist der Wirkwiderstand R zu vernachlässigen, so ergibt sich aus der Strom-und Spannungsmessung der Blindwiderstand:

$$\omega L = \frac{U}{I} \quad \text{bzw.} \quad \frac{1}{\omega C} = \frac{U}{I}\,. \tag{4.3}$$

Um aus den Messwerten die Induktivität L oder die Kapazität C des Bauteils zu erhalten, muss die Frequenz der Messspannung bekannt sein.

Bei einer **Luftspule** können der Wirk- und der Scheinwiderstand getrennt gemessen werden. Aus einer Messung mit Gleichspannung ergibt sich der Wirkwiderstand R

$$R = \left(\frac{U}{I}\right)_{-}$$

und aus einer Messung mit Wechselspannung der Scheinwiderstand Z (Gl. (4.2))

$$Z = \left(\frac{U}{I}\right)_{\sim}\,.$$

Aus der Kombination der beiden letzten Ergebnisse folgt für den Blindwiderstand

$$\omega^2 L^2 = Z^2 - R^2 = \left(\frac{U}{I}\right)_{\sim}^2 - \left(\frac{U}{I}\right)_{-}^2\,. \tag{4.4}$$

4.1.2 Vergleich mit Referenzelement

Steht ein Referenzelement zur Verfügung, so kann der gesuchte Bindwiderstand bei gegebener Spannung aus einer Strommessung und bei gegebenem Strom aus einer Spannungsmessung ermittelt werden (Bild 4.2).

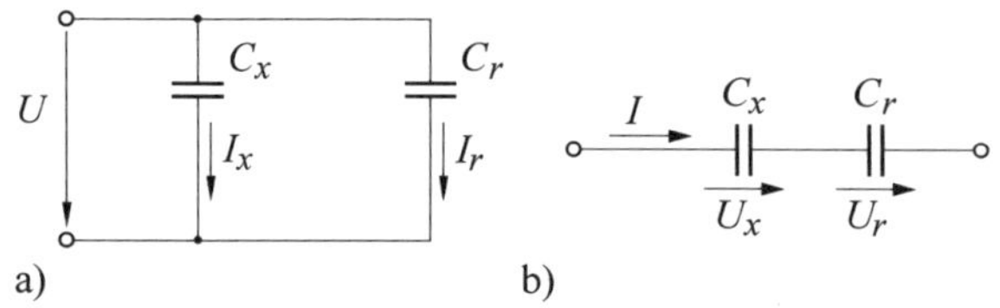

Bild 4.2: Bestimmung einer Kapazität C_x mit Hilfe einer Vergleichskapazität C_r durch
a) Strommessungen und
b) Spannungsmessungen

Die Eingangsgröße und ihre Frequenz gehen dabei nicht in das Ergebnis ein. Für einen Kondensator als Beispiel folgt für den Fall a mit $U = U_x = U_r$:

$$\frac{I_x}{\omega\, C_x} = \frac{I_r}{\omega\, C_r}\,; \qquad C_x = C_r\,\frac{I_x}{I_r} \tag{4.5}$$

und für den Fall b mit $I = I_x = I_r$:

$$\omega\, C_x\, U_x = \omega\, C_r\, U_r\,; \qquad C_x = C_r\,\frac{U_r}{U_x}\,. \tag{4.6}$$

Die Schaltung nach Bild 4.3 misst **kontinuierlich** die Differenz zwischen einem Scheinwiderstand $\underline{Z}_1$ und einem bekannten Scheinwiderstand $\underline{Z}_0$.

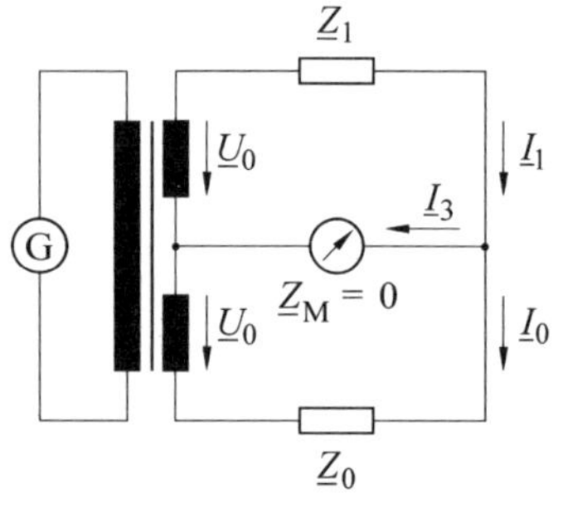

Bild 4.3: Kontinuierliche Messung von Impedanzunterschieden; Transformatorbrücke

Der Transformator enthält zwei sehr genau ausgeführte Sekundärwicklungen, die zwei gleiche Sekundärspannungen $\underline{U}_0$ liefern. Die erste Spannung liegt an dem zu messenden Scheinwiderstand $\underline{Z}_1$, die zweite an dem bekannten Scheinwiderstand $\underline{Z}_0$. Gemessen wird der Strom $\underline{I}_3$ in der gemeinsamen Leitung. Die Maschengleichungen liefern

$$\underline{U}_0 - \underline{I}_1\,\underline{Z}_1 = 0 \qquad \underline{I}_1 = \frac{\underline{U}_0}{\underline{Z}_1}\,,$$

$$\underline{U}_0 - \underline{I}_0\,\underline{Z}_0 = 0 \qquad \underline{I}_0 = \frac{\underline{U}_0}{\underline{Z}_0}$$

und der gesuchte Strom $\underline{I}_3$ ergibt sich aus der Knotenpunktgleichung zu

$$\underline{I}_3 = \underline{I}_1 - \underline{I}_0 .$$

Für einen Kondensator als Beispiel mit $Z_1 = 1/\omega C_1$ und $Z_0 = 1/\omega C_0$ ist I_3 ein Maß für die Kapazitätsdifferenz:

$$\underline{I}_3 = \omega U_0 (C_1 - C_0) . \tag{4.7}$$

Die Schaltung wird in Verbindung mit kapazitiven Aufnehmern bei der Messung nichtelektrischer Größen verwendet. Hat der verwendete Aufnehmer bei einem Arbeitspunkt die Kapazität C_0 und ändert sich diese auf $C_1 = C_0 + \Delta C$, so ist der kontinuierlich messbare Strom I_3 ein Maß für die Kapazitätsänderung ΔC:

$$I_3 = \omega U_0 \Delta C . \tag{4.8}$$

Wie bei einer Ausschlag-Brücke wird der Gleichtaktanteil unterdrückt. Die besprochene Differenzschaltung wird häufig auch als Transformator- oder Übertragerbrücke bezeichnet. In den Fällen, in denen schnelle Kapazitätsänderungen erfasst werden müssen, kann die Frequenz der Speisespannung von normalerweise 50 Hz bis auf 5 MHz erhöht werden.

4.1.3 Getrennte Ermittlung des Blind- und Wirkwiderstandes

Wirk- und Blindwiderstände lassen sich auch mit den Methoden der Leistungsmessung bestimmen. In der Schaltung von Bild 4.4 ist der Scheinwiderstand durch seine Parallel-Ersatzschaltung dargestellt.

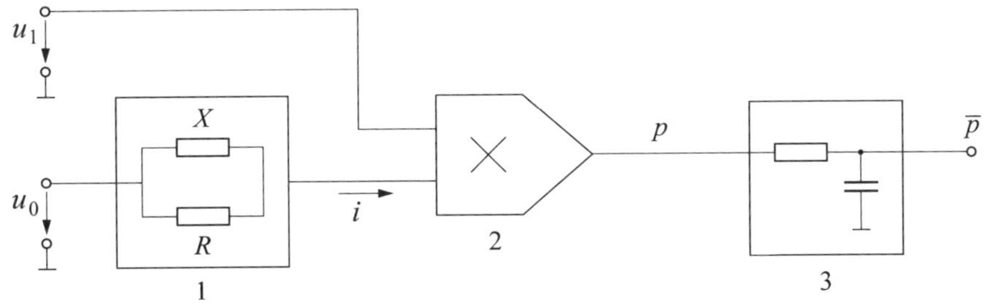

Bild 4.4: Bestimmung des Blindwiderstandes X und des Wirkwiderstandes R aus einer Leistungsmessung
1 Parallel-Ersatzschaltung für einen Scheinwiderstand
2 Multiplizierer
3 Tiefpass zur Mittelwertbildung

Die anliegende Spannung u_0

$$u_0 = \hat{u}_0 \sin \omega t$$

führt zu dem Strom i mit einer Blind- und Wirkkomponente. Für eine verlustbehaftete Kapazität z. B. ist

$$i = i_x + i_r = \hat{u}\,\omega\,C\,\cos\,\omega\,t + \frac{\hat{u}_0}{R}\,\sin\,\omega\,t\,. \tag{4.9}$$

Der Strom wird mit einer Spannung u_1 multipliziert und in einem Tiefpass wird der lineare Mittelwert des Ausgangssignals p gebildet. Die Phasenverschiebung zwischen den Spannungen u_0 und u_1 ist wählbar und kann entweder zu 0° oder 90° vorgegeben werden. Im ersten Fall ergibt sich die Wirkleistung $\bar{p}_W$ als Maß für den Wirkwiderstand R, im zweiten Fall die Blindleistung $\bar{p}_B$ als Maß für den Blindwiderstand X. Als Beispiel sollen die Kapazität und der Wirkwiderstand eines Kondensators ermittelt werden.

Bestimmung des Blindwiderstandes. Die Steuerspannung u_1 ist gegen u_0 um 90° phasenverschoben, $u_1 = \hat{u}_1\,\cos\omega\,t$. Mit ihr wird der Strom Gl. (4.9) multipliziert und erhalten wird das Ausgangssignal p_B:

$$\begin{aligned} p_B = i\,\cdot\,u_1 &= \omega\,C\,\hat{u}_0\,\hat{u}_1\,\cos^2\omega\,t + \frac{\hat{u}_0\,\hat{u}_1}{R}\,\sin\omega\,t\,\cos\omega\,t \\ &= \frac{1}{2}\left(\omega\,C\hat{u}_0\hat{u}_1 + \omega\,C\,\hat{u}_0\,\hat{u}_1\,\cos 2\omega\,t + \frac{\hat{u}_0\,\hat{u}_1}{R}\,\sin 2\,\omega\,t\right). \end{aligned}$$

Der zeitliche Mittelwert der beiden letzten Terme ist null. Damit ergibt sich dann das gemittelte Signal $\bar{p}_B$, die Blindleistung, zu

$$\bar{p}_B = \frac{1}{2}\omega\,C\,\hat{u}_0\,\hat{u}_1\,. \tag{4.10}$$

Die in der obigen Gleichung stehenden Größen $\bar{p}_B$, ω, $\hat{u}_0$, $\hat{u}_1$ sind bekannt, so dass sich die Kapazität berechnen lässt.

Bestimmung des Wirkwiderstandes. Um die Wirkleistung zu bestimmen, wird die Steuerspannung u_1 mit derselben Phasenlage wie die Spannung u_0 gewählt, $u_1 = \hat{u}_1\,\sin\omega\,t$. Damit ergibt sich hinter dem Multiplizierer das Signal p_W:

$$\begin{aligned} p_W = i\,\cdot\,u_1 &= \omega\,C\,\hat{u}_0\,\hat{u}_1\,\sin\omega\,t\,\cos\omega\,t + \frac{\hat{u}_0\,\hat{u}_1}{R}\,\sin^2\omega\,t \\ &= \frac{1}{2}\left(\frac{\hat{u}_0\,\hat{u}_1}{R} - \frac{\hat{u}_0\,\hat{u}_1}{R}\cos 2\,\omega\,t + \omega\,C\,\hat{u}_0\,\hat{u}_1\,\sin 2\,\omega\,t\right) \end{aligned}$$

mit dem Mittelwert $\bar{p}_W$

$$\bar{p}_W = \frac{\hat{u}_0\,\hat{u}_1}{2\,R}\,, \tag{4.11}$$

aus dem der gesuchte Wirkwiderstand R erhalten wird.

4.1.4 Messung eines Phasenwinkels

Prinzip. Wird ein aus einem Blind- und einem Wirkwiderstand bestehender Spannungsteiler an eine Spannung gelegt, so ist der durch die Widerstände fließende Strom gegenüber der angelegten Spannung phasenverschoben. Denselben Phasenwinkel φ hat die am Wirkwiderstand abfallende Spannung. Aus dem Phasenwinkel lässt sich bei bekanntem R mit

$$\cos\varphi = \frac{R}{\sqrt{R^2 + X^2}} \tag{4.12}$$

der Blindwiderstand X berechnen. Die Phasenverschiebung selbst wird entweder aus der gemittelten Spannung eines gesteuerten Gleichrichters bestimmt oder direkt digital gemessen (Abschnitt 5.6.4).

Bestimmung des Phasenwinkels aus einer Spannungsmessung. An dem in Bild 4.5 gezeichneten Spannungsteiler, bestehend aus der zu ermittelnden Induktivität L und dem bekannten Widerstand R, liegt die Spannung $u_0 = \hat{u}_0 \sin\omega\, t$. Dieselbe Spannung steuert den Gleichrichter.

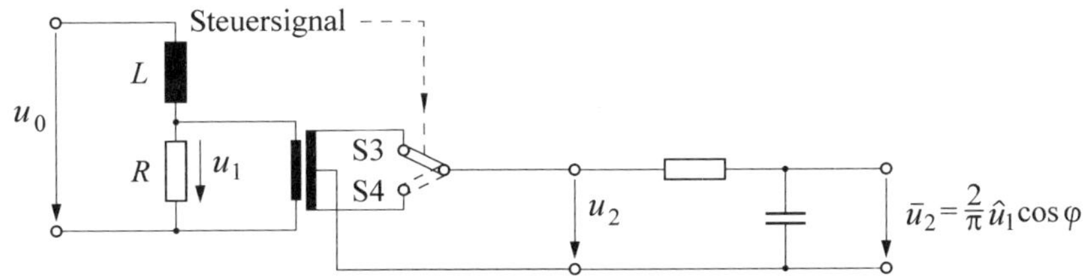

Bild 4.5: Messungen an einem induktiv-ohmschen Spannungsteiler

Über den Teiler fließt der Strom $i = \hat{i}\,\sin(\omega\, t + \varphi)$ und am Wirkwiderstand fällt die Spannung $u_1 = \hat{u}\,\sin(\omega\, t + \varphi)$ ab. Die Spannung u_1 wird mit dem gesteuerten Gleichrichter in die Spannung u_2 umgeformt und in dem Tiefpass gemittelt. Der Übertragungsfaktor k sei 1. Die gemittelte Ausgangsspannung $\overline{u}_2$ ist (Gl. 3.43)

$$\overline{u}_2 = \frac{1}{T}\left[\int_0^{T/2} \hat{u}_1\,\sin(\omega\, t + \varphi) - \int_{T/2}^{T} \hat{u}_1\,\sin(\omega\, t + \varphi)\right] \mathrm{d}t\,, \tag{4.13}$$

wobei der erste Term auf der rechten Seite die Mittelung während der positiven Halbwelle der Trägerspannung, der zweite Term die während der negativen Halbwelle bezeichnet. Die Integration führt zu dem Ergebnis

$$\overline{u}_2 = \frac{2}{\pi}\,\hat{u}_1\,\cos\varphi\,. \tag{4.14}$$

Indem in diese Gleichung die Beziehungen

$$\hat{u}_1 = \hat{u}_0 \frac{R}{\sqrt{R^2 + \omega^2 L^2}}\,; \qquad \cos\varphi = \frac{R}{\sqrt{R^2 + \omega^2 L^2}}$$

eingeführt werden, entsteht

$$\overline{u}_2 = \frac{2\,\hat{u}_0}{\pi} \frac{R^2}{\sqrt{R^2 + \omega^2 L^2}}\,. \tag{4.15}$$

Hier sind die Größen $\hat{u}_0$, R und ω bekannt, so dass aus der gemessenen Spannung $\overline{u}_2$ die Induktivität L berechnet werden kann.

Empfindlichkeit. Mit der besprochenen Schaltung werden die von induktiven Aufnehmern gelieferten Signale ausgewertet. In diesen Fällen interessiert der Zusammenhang zwischen der gemessenen Spannung $\overline{u}_2$ und der Induktivität L des Aufnehmers. Die gesuchte Empfindlichkeit E ist mit

$$E = \frac{\mathrm{d}\overline{u}_2}{\mathrm{d}L} = \frac{2\,\hat{u}_0\,R^2}{\pi} \frac{(-2\,\omega^2 L)}{(R^2 + \omega^2 L^2)^2} \tag{4.16}$$

noch von der Induktivität L abhängig. Um das Maximum der Empfindlichkeit zu finden, wird der Differenzial-Quotient $\mathrm{d}E/\mathrm{d}L$ null gesetzt, $\mathrm{d}E/\mathrm{d}L = 0$. Aus dieser Bedingung folgt

$$R^2 + \omega^2 L^2 = 4\,\omega^2 L^2\,; \qquad R = \sqrt{3}\,\omega\,L\,.$$

Die Induktivität L und der ohmsche Widerstand R sind so aufeinander abzustimmen und auszulegen, dass die Phasenverschiebung zwischen den beiden Spannungen 30° ist:

$$\tan\varphi = \frac{\omega\,L}{R} = \frac{1}{\sqrt{3}} = 0{,}5\,; \qquad \varphi = 30°\,. \tag{4.17}$$

4.1.5 Strommessung in einem fremderregten Schwingkreis

Wird ein Reihenschwingkreis, bestehend aus dem ohmschen Widerstand R, der Induktivität L und der Kapazität C von einem Generator G angeregt (Bild 4.6), und wird in **Abhängigkeit von der Frequenz** des Generators der im Schwingkreis fließende Strom oder die am Widerstand R abfallende Spannung u_R aufgezeichnet, so ergibt sich die im Bild 4.6 b dargestellte Resonanzkurve. Der Scheinwiderstand $\underline{Z}$

$$\underline{Z} = R + \mathrm{j}\,X = R + \mathrm{j}\left(\omega\,L - \frac{1}{\omega\,C}\right) \tag{4.18}$$

ist an der Stelle der Resonanz reell. Daraus folgt für die Resonanzkreisfrequenz ω_r

$$\omega_r\,L = \frac{1}{\omega_r\,C} \qquad \text{bzw.} \qquad f_r = \frac{1}{2\,\pi} \frac{1}{\sqrt{L\,C}}\,. \tag{4.19}$$

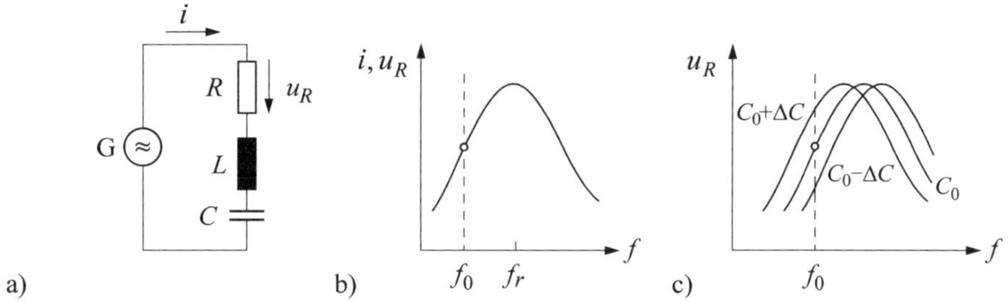

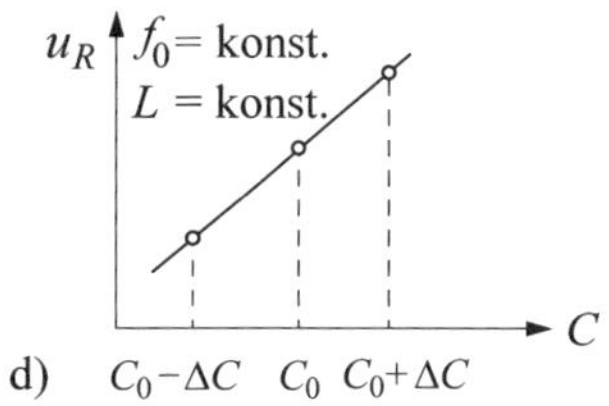

Bild 4.6: Bestimmung von L oder C durch eine Strommessung in einem Reihenschwingkreis
(a) Schwingkreis mit dem Generator G, dem Widerstand R, der Induktivität L und der Kapazität C
(b) Resonanzkurve
(c) Wahl des Arbeitspunktes und der Betriebsfrequenz f_0
(d) u_R in Abhängigkeit von C bei festgehaltener Betriebsfrequenz f_0

Die Resonanzfrequenz wird nur durch L und C bestimmt. Vergrößert sich z. B. die Kapazität vom Wert C_0 auf den Wert $C_0 + \Delta C$, so tritt die Resonanz schon bei niedrigeren Frequenzen auf und umgekehrt.

Dieses Verhalten lässt sich ausnutzen, um bei bekanntem L Änderungen von C oder bei bekanntem C Änderungen von L zu messen. Der aus L und C bestehende Schwingkreis wird mit einer Frequenz f_0 so angeregt, dass der Arbeitspunkt ungefähr in der Mitte des aufsteigenden Astes der Resonanzkurve zu liegen kommt (Bild 4.6c). Gemessen wird die am Widerstand R abfallende Spannung u_R, die bei festgehaltenem L mit der Kapazität C zu- oder abnimmt und damit als kontinuierliches Abbild für Letztere genommen werden kann.

Diese **„Messung bei der halben Resonanzkurve"**, bei der ein Schwingkreis zu einer erzwungenen Schwingung der konstanten Frequenz f_0 angeregt und eine **Spannung** gemessen wird, ist zu unterscheiden von den in den Abschnitten 6.3 und 6.4 erwähnten Messmethoden. Dort sind die Induktivitäten und Kapazitäten die frequenzbestimmenden Parameter frei schwingender Kreise und werden über eine **Frequenzmessung** ermittelt.

4.2 Wechselstrom-Abgleichbrücke

4.2.1 Prinzip

Die Arbeitsweise einer mit der Wechselspannung $\underline{U}_0$ gespeisten, die vier Scheinwiderstände $\underline{Z}_1$ bis $\underline{Z}_4$ enthaltenden Brücke (Bild 4.7) ist ähnlich der im Abschnitt 3.3 besprochenen Brücke mit ohmschen Widerständen [4.1]. Die Bedingung für den Brückenabgleich, bei dem die Diagonalspannung $\underline{U}_d$ zu null wird, ist

$$\underline{Z}_2 \underline{Z}_3 = \underline{Z}_1 \underline{Z}_4 . \tag{4.20}$$

Die Scheinwiderstände können in der Komponenten- oder Polarform dargestellt werden. Für den ersten Fall geht Gl. (4.20) über in

$$(R_2 + \mathrm{j}\, X_2)\,(R_3 + \mathrm{j}\, X_3) = (R_1 + \mathrm{j}\, X_1)\,(R_4 + \mathrm{j}\, X_4) .$$

In dieser Gleichung müssen auf jeder Seite Real- und Imaginärteil gleich sein:

$$R_2\, R_3 - X_2\, X_3 = R_1\, R_4 - X_1\, X_4 , \tag{4.21}$$

$$X_2\, R_3 + R_2\, X_3 = X_1\, R_4 + R_1\, X_4 . \tag{4.22}$$

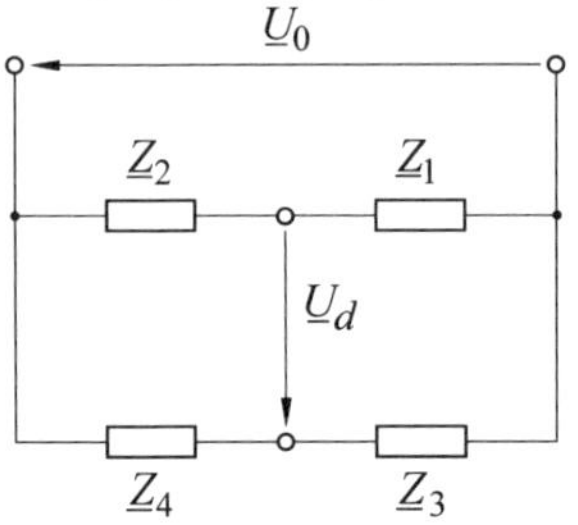

Bild 4.7: Wechselstrom-Brücke mit vier Scheinwiderständen

In Polarform lautet die Abgleichbedingung (Gl. (4.20))

$$Z_2\, Z_3\, \mathrm{e}^{\mathrm{j}(\varphi_2 + \varphi_3)} = Z_1\, Z_4\, \mathrm{e}^{\mathrm{j}(\varphi_1 + \varphi_4)} .$$

Dafür müssen das Produkt der Beträge und die Summe der Winkel gleich sein:

$$Z_2\, Z_3 = Z_1\, Z_4 , \tag{4.23}$$

$$\varphi_2 + \varphi_3 = \varphi_1 + \varphi_4 . \tag{4.24}$$

Bei dem Abgleich einer Wechselstrom-Brücke sind also zwei Bedingungen zu erfüllen. Die Brücke braucht dementsprechend mindestens zwei unabhängige Eingriffsmöglichkeiten, zwei einstellbare Komponenten. Diese sind in der Regel abwechselnd zu betätigen. Der Abgleich wird oft anhand eines Oszilloskops als Nullinstrument verfolgt.

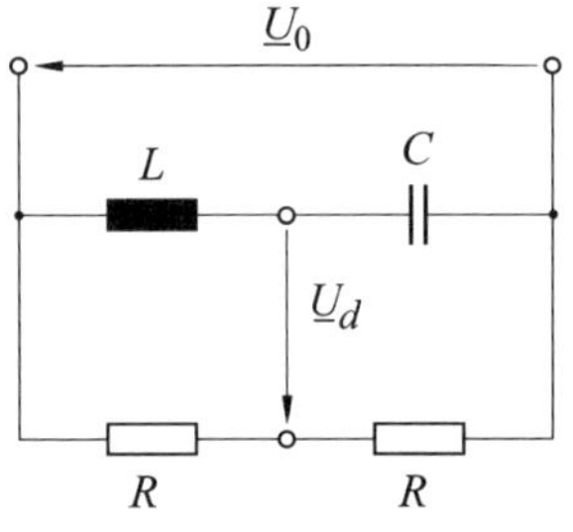

Bild 4.8: Beispiel einer nicht abgleichbaren Brückenschaltung

Nicht jede mögliche Zusammenschaltung von insgesamt vier Widerständen, Spulen oder Kondensatoren führt zu einer abgleichbaren Brücke. Eine Kontrolle lässt sich schnell anhand der Phasenbeziehungen vornehmen. So kann z. B. die Schaltung Bild 4.8 nicht abgestimmt werden. Die Winkel φ_1 und φ_2 haben ein entgegengesetztes Vorzeichen, die Winkel φ_3 und φ_4 sind null, so dass die Gl. (4.24) nicht zu erfüllen ist.

4.2.2 Kapazität-Messbrücke nach Wien

Mit der in Bild 4.9 dargestellten Brücke können verlustbehaftete Kondensatoren vermessen werden. Gesucht sind z. B. der Blindwiderstand C_2 und der Wirkwiderstand R_2 eines Kondensators, der in seiner Parallelersatzschaltung dargestellt ist. Einstellbar sind die Kapazität C_1 und der (oft auch in Reihe zu C_1 angeordnete) Widerstand R_1. Die Brücke ist abgeglichen für

$$\frac{\dfrac{R_2}{\mathrm{j}\,\omega\,C_2}}{R_2+\dfrac{1}{\mathrm{j}\,\omega\,C_2}}\,R_3=\frac{\dfrac{R_1}{\mathrm{j}\,\omega\,C_1}}{R_1+\dfrac{1}{\mathrm{j}\,\omega\,C_1}}\,R_4\,,$$

$$R_2\,R_3+\mathrm{j}\,\omega\,R_1\,R_2\,R_3\,C_1=R_1\,R_4+\mathrm{j}\,\omega\,R_1\,R_2\,R_4\,C_2\,.$$

Die Gleichsetzung des Realteils liefert die Bedingung

$$R_2=\frac{R_4}{R_3}\,R_1\,, \tag{4.25}$$

die durch eine Verstellung des Widerstandes R_1 zu erfüllen ist. Der aus dem Imaginärteil entstehenden Forderung

$$C_2=\frac{R_3}{R_4}\,C_1 \tag{4.26}$$

kann durch eine Änderung der Kapazität C_1 entsprochen werden.

Der Verlustfaktor $\tan\delta$ der beiden Kondensatoren ist gleich und beträgt

$$\tan\delta_1=\frac{1}{\omega\,C_1\,R_1}=\frac{1}{\omega\,C_2\,R_2}=\tan\delta_2\,. \tag{4.27}$$

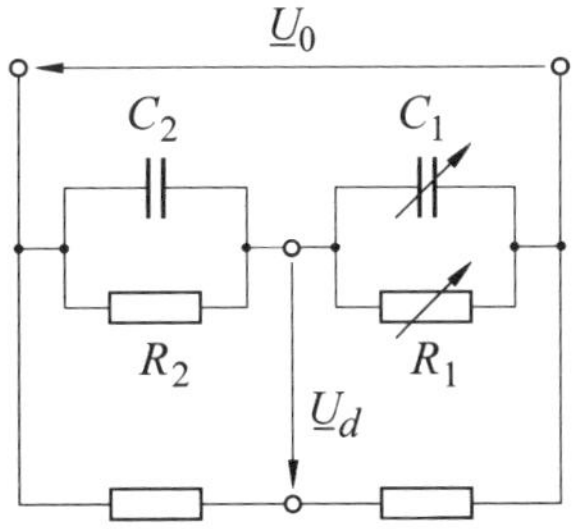

Bild 4.9: Kapazitäts-Messbrücke nach Wien

Wird eine aus zwei Widerstandsaufnehmern und zwei konstanten ohmschen Widerständen aufgebaute Brücke an eine Wechselspannung gelegt (Trägerfrequenz-Messbrücke), so sind bei den Widerstandsaufnehmern in der Regel Erdungs- und Leitungskapazitäten vorhanden. Die Widerstandsaufnehmer (R_1, R_2) haben also eine Blindkomponente (C_1, C_2), die durch eine Parallelersatzschaltung beschrieben werden kann. Dieses Vorgehen führt zu der in Bild 4.9 dargestellten Brücke. Daraus ist ersichtlich, dass die Trägerfrequenz-Messbrücke auch bei ohmschen Widerständen hinsichtlich des Wirk- und des Blindwiderstandes abzugleichen ist.

4.2.3 Induktivitäts-Messbrücke nach Maxwell

Verlustbehaftete Induktivitäten können mit der Brücke nach Maxwell gemessen werden (Bild 4.10). In unserem Beispiel seien L_2 und R_2 die gesuchten Größen. L_1 ist eine bekannte Vergleichsinduktivität und R_1 und R_3 sind bekannte, einstellbare Widerstände. Die Brücke ist abgeglichen für

$$(R_2 + \mathrm{j}\,\omega\,L_2)\,R_3 = (R_1 + \mathrm{j}\,\omega\,L_1)\,R_4\,.$$

Daraus folgen für den Real- und Imaginärteil die Bedingungen

$$R_2 = \frac{R_4}{R_3}\,R_1\,; \qquad L_2 = \frac{L_1\,R_4}{R_3}\,,$$

denen durch die Verstellung der Widerstände R_1 und R_3 zu genügen ist.

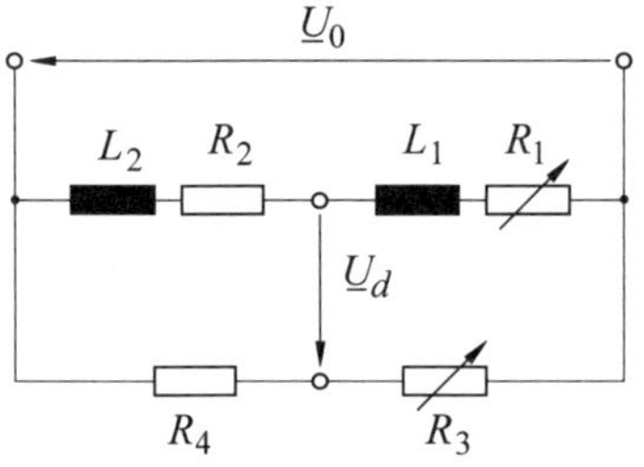

Bild 4.10: Induktivitäts-Messbrücke nach Maxwell

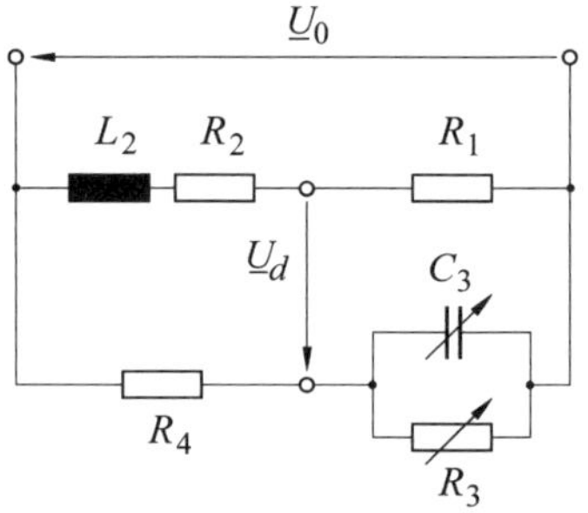

Bild 4.11: Induktivitäts-Messbrücke nach Maxwell-Wien

4.2.4 Induktivitäts-Messbrücke nach Maxwell-Wien

Die in Bild 4.11 gezeigte Brücke ist eine Kombination der beiden zuletzt erläuterten Schaltungen. Sie ermöglicht die Bestimmung einer unbekannten, verlustbehafteten Induktivität (in unserem Beispiel L_2 und R_2) mit Hilfe eines Kapazitätsnormals (C_3, R_3), das leichter als eine Referenzinduktivität herzustellen ist. Aus der Abgleichbedingung

$$(R_2 + \mathrm{j}\,\omega\,L_2)\left(\frac{\dfrac{R_3}{\mathrm{j}\,\omega\,C_3}}{R_3 + \dfrac{1}{\mathrm{j}\,\omega\,C_3}}\right) = R_1\,R_4$$

folgen für den Real- und Imaginärteil die beiden Gleichungen

$$L_2 = R_1\,R_4\,C_3\,; \qquad R_2 = \frac{R_1\,R_4}{R_3}\,,$$

die durch die einstellbare Kapazität C_3 und den einstellbaren Widerstand R_3 zu erfüllen sind.

4.2.5 Phasenschieber-Brücke

Neben den hier vorgestellten Brücken gibt es noch viele andere [4.1]. Des Weiteren gibt es Brücken, die nur für eine bestimmte Frequenz (früher oft zur Frequenzmessung benutzt) oder überhaupt nicht abgleichbar sind. Als Beispiel für die letzte Gruppe wird die Phasenschieber-Brücke Bild 4.12 hier aufgeführt, die aus einer Kapazität C, einem verstellbaren Widerstand R und zwei festen Widerständen R_0 besteht.

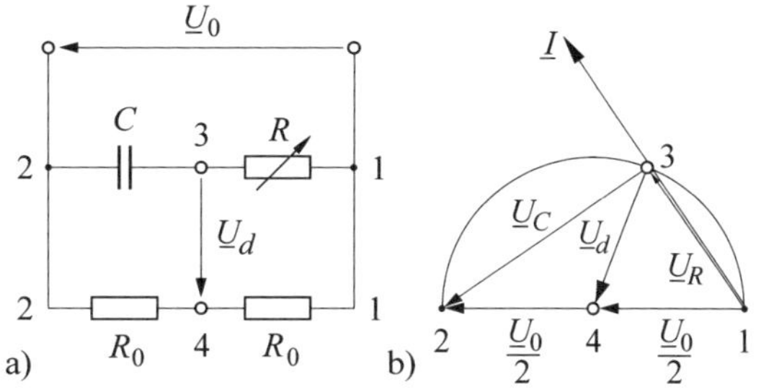

Bild 4.12: Phasenschieberbrücke mit Schaltung a) und Zeigerdiagramm b)

Die Brücke wird mit der Wechselspannung $\underline{U}_0$ versorgt, die an dem (R_0 : R_0)-Spannungsteiler im Verhältnis 1:1 geteilt wird. Zwischen den Punkten 1–4 und 4–2 liegt jeweils die Spannung $\underline{U}_0/2$. Im Brückenzweig mit dem Kondensator führt die angelegte Spannung zu einem der Spannung voreilenden Strom $\underline{I}$. Die am einstellbaren Widerstand R abfallende Spannung $\underline{U}_R$ hat die Richtung dieses Stroms (Punkte 1–3). Dagegen ist die Spannung $\underline{U}_C$ am Kondensator gegenüber dem Strom um 90° phasenverschoben (Punkte 3–2) und bildet mit $\underline{U}_R$ immer einen rechten Winkel. Wird der Widerstand R geändert, so ändert sich die Größe der Spannungen $\underline{U}_R$ und $\underline{U}_C$, ihr Phasenwinkel bleibt aber konstant und der Anschlusspunkt 3 verschiebt sich längs eines über $\underline{U}_0$ geschlagenen Halbkreises. Damit liegt in der Brückendiagonalen (Punkt 3–4) immer die Spannung $\underline{U}_0/2$. Der Phasenwinkel zwischen $\underline{U}_d$ und $\underline{U}_0$ ist am Widerstand R einstellbar und die Brücke wird benutzt, um die Phase einer Spannung verändern zu können.

4.3 Wechselspannungs-Ausschlagbrücke

Die Impedanzänderungen der induktiven und kapazitiven Aufnehmer werden oft in Ausschlagbrücken gemessen. Dabei werden die Wirkwiderstände der Aufnehmer als konstant angesehen und vernachlässigt, und nur die Blindwiderstände werden untersucht. Entsprechend Gl. (3.14) entsteht in der Brücke von Bild 4.13 die Diagonalspannung $\underline{U}_d$

$$\underline{U}_d = \underline{U}_0 \frac{\mathrm{j}\,(X_2 - X_1)}{\mathrm{j}\,(X_2 + X_1)} \frac{R_0}{2\,R_0} = \frac{\underline{U}_0}{2} \frac{(X_2 - X_1)}{(X_2 + X_1)} \,. \tag{4.28}$$

Daraus folgt für die **Viertelbrücke** mit $X_1 = X_0$ und $X_2 = X_0 + \Delta X$

$$\underline{U}_d = \frac{\underline{U}_0}{2} \, \frac{\Delta X}{2 X_0 + \Delta X} \approx \frac{\underline{U}_0}{4 X_0} \, \Delta X \, . \qquad (4.29)$$

Die Diagonalspannung steigt ungefähr proportional mit ΔX.

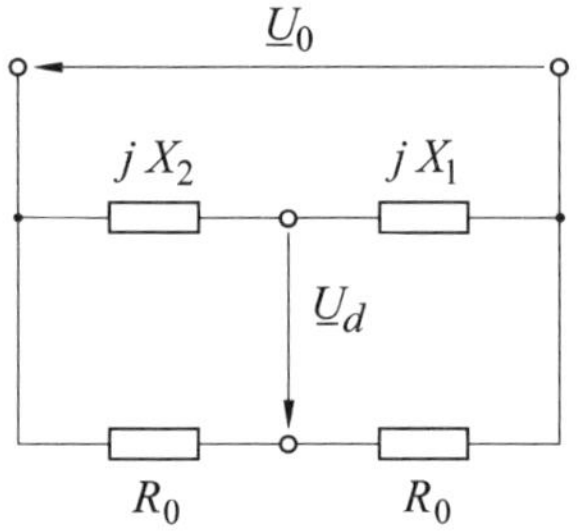

Bild 4.13: Brücke mit den Blindwiderständen X_1, X_2 und den Wirkwiderständen R_0

In den Fällen, in denen die Änderungen ΔX nicht das Vorzeichen wechseln, wird entweder der Gleichrichtwert $\overline{|u_d|}$ oder der Effektivwert U_d gemessen:

$$U_d \approx \frac{\underline{U}_0}{4} \, \frac{\Delta X}{X_0} \, . \qquad (4.30)$$

Können in der Brückendiagonalen aber positive und negative Spannungen auftreten, so sind diese phasenselektiv gleichzurichten und anzuzeigen ist deren geglätteter Wert (Trägerfrequenz-Messbrücke Bild 3.18).

Differenzial-Aufnehmer werden vorzugsweise in einer **Halbbrücke** verschaltet. Bei einem induktiven Differenzial-Aufnehmer mit $X_1 = \omega \, (L_0 - \Delta L)$ und $X_2 = \omega \, (L_0 + \Delta L)$ ist nach Gl. (4.28) die Diagonalspannung linear proportional zur Induktivitätsänderung ΔL:

$$\underline{U}_d = \frac{\underline{U}_d}{2} \, \frac{\omega \, (L_0 + \Delta L - L_0 + \Delta L)}{\omega \, (L_0 + \Delta L + L_0 - \Delta L)} = \frac{\underline{U}_0}{2 L_0} \, \Delta L \, . \qquad (4.31)$$

Bei kapazitiven Aufnehmern ergibt sich mit $X_i = -1/\omega \, C_i$ aus Gl. (4.28) zunächst die Beziehung

$$\underline{U}_d = \frac{\underline{U}_d}{2} \, \frac{-1/\omega \, C_2 + 1/\omega \, C_1}{-1/\omega \, C_2 - 1/\omega \, C_1} = \frac{\underline{U}_d}{2} \, \frac{C_1 - C_2}{C_1 + C_2} \, ,$$

die für Differenzial-Kondensatoren mit $C_1 = C_0 - \Delta C$ und $C_2 = C_0 + \Delta C$ übergeht in

$$\underline{U}_d = \frac{\underline{U}_d}{2} \, \frac{C_0 - \Delta C - C_0 - \Delta C}{C_0 - \Delta C + C_0 + \Delta C} = -\frac{\underline{U}_0}{2 C_0} \, \Delta C \, . \qquad (4.32)$$

Auch hier ist die $U_d(\Delta C)$-Kennlinie eine Gerade.

4.4 Induktive Aufnehmer

In derselben Weise, wie verschiedene nichtelektrische Größen den ohmschen Widerstand von Messwertgebern beeinflussen und dadurch messbar werden, können auch Induktivitäten durch nichtelektrische Größen gesteuert werden. Bei diesen induktiven Aufnehmern ist die Induktivität L einer Spule die zu messende elektrische Größe. Sie hängt von dem Quadrat der Windungszahl N und dem magnetischen Widerstand R_m der Spule ab:

$$L = \frac{N^2}{R_m} \,. \tag{4.33}$$

In den magnetischen Widerstand einer von Eisen umschlossenen Spule gehen die Weglänge s der Feldlinien, die von diesen durchsetzte Fläche A, die magnetische Feldkonstante μ_0 und die Permeabilitätszahl μ_r ein:

$$R_m = \frac{s}{\mu_0 \, \mu_r \, A} \,. \tag{4.34}$$

Die Größen, die bei den induktiven Aufnehmern beeinflusst werden, sind die Weglänge s oder die relative Permeabilitätszahl μ_r.

4.4.1 Tauchanker-Aufnehmer zur Längen- und Winkelmessung

Aufbau und Kennlinie. In seiner einfachsten Form besteht ein induktiver Längenaufnehmer aus einer Spule, in die ein verschiebbarer Eisenkern eintaucht (Bild 4.14).

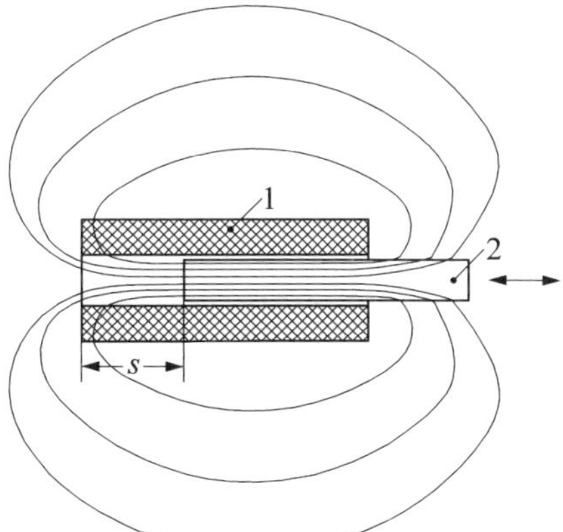

Bild 4.14: Spule 1 mit verschiebbarem Weicheisenkern 2

Die magnetischen Feldlinien laufen in drei verschiedenen Bereichen, nämlich im Eisen (s_{Fe}, A_{Fe}), in Luft innerhalb der Spule (s, A) und schließlich auf ihrem Rückweg in Luft außerhalb der Spule (s_a, A_a). Der magnetische Widerstand der Tauchkernspule ist

$$R_m = \frac{s_{\text{Fe}}}{\mu_0\,\mu_r\,A_{\text{Fe}}} + \frac{s}{\mu_0\,A} + \frac{s_a}{\mu_0\,A_a}\,. \tag{4.35}$$

Der erste Term auf der rechten Seite dieser Gleichung ist wegen der im Nenner stehenden Permeabilitätszahl μ_r des Eisens mit einem Zahlenwert von $10^3 \dots 10^4$ sehr viel kleiner als der zweite und kann so vernachlässigt werden. Auch der dritte Term spielt keine Rolle, da die für den Rückweg zur Verfügung stehende Querschnittsfläche A_a sehr viel größer als die Fläche A im Innern der Spule ist. Gegebenenfalls könnte auch ein Mantel aus Weicheisen um die Spule gelegt werden, in dem die Feldlinien praktisch widerstandsfrei verlaufen würden. Damit ist für den magnetischen Widerstand nur die eisenfreie Strecke s im Innern der Spule bestimmend:

$$R_m = \frac{s}{\mu_0\,A} \tag{4.36}$$

und die Induktivität

$$L = \frac{\mu_0\,A\,N^2}{s} = \frac{k}{s} \qquad \text{mit} \quad k = \mu_0\,A\,N^2 \tag{4.37}$$

ist umso größer, je weiter der Eisenkern in die Spule eintaucht. Sie hängt von der im Nenner stehenden eisenfreien Strecke s ab, wodurch sich ein hyperbelförmiger Verlauf der Kennlinie ergibt (Bild 4.15).

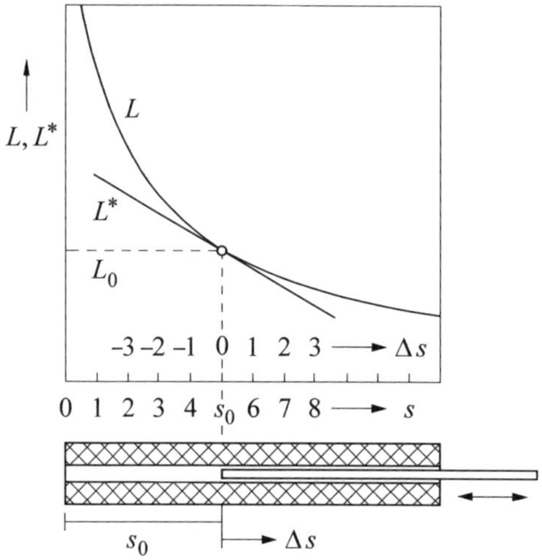

Bild 4.15: Induktivität L eines Tauchanker-Gebers in Abhängigkeit von der Verschiebung Δs des Tauchankers. Im Arbeitspunkt s_0, L_0 ist die Tangente L^* an die Kennlinie gelegt.

Die Empfindlichkeit

$$E = \frac{\mathrm{d}L}{\mathrm{d}s} = -\frac{\mu_0\,A\,N^2}{s^2} = -\frac{L}{s} \tag{4.38}$$

nimmt ebenfalls zu mit abnehmendem s. Die relative Induktivitätsänderung und die relative Wegänderung sind einander mit umgekehrten Vorzeichen gleich, wie aus einer Umstellung der letzten Gleichung zu sehen ist:

$$\frac{\mathrm{d}L}{\mathrm{d}s} = -\frac{\mathrm{d}s}{s}\,. \tag{4.39}$$

Um die Krümmung der Kennlinie zu verdeutlichen, ist in Bild 4.15 die Tangente L^* in dem Punkt $(s_0,\, L_0)$ eingezeichnet. Ihre Gleichung lautet:

$$L^*(s_0 + \Delta\, s) = L(s_0) + \Delta\, s\,\cdot\, L'(s_0) = L_0 - L_0\frac{\Delta\, s}{s_0}\,. \tag{4.40}$$

Sie weicht an der Stelle $s_0 + \Delta\, s$ mit

$$L^* - L = \frac{k}{s_0} - \frac{k}{s_0}\,\frac{\Delta\, s}{s_0} - \frac{k}{s_0 + \Delta\, s} = -\frac{k}{s_0 + \Delta\, s}\left(\frac{\Delta\, s}{s_0}\right)^2 \tag{4.41}$$

von der Kennlinie ab.

Bei einer Verschiebung des Tauchankers von der Stellung s_0 um $\Delta\, s$ nach außen nimmt die Induktivität der Spule von $L_0 = k/s_0$ auf $L = k/(s_0 + \Delta\, s)$ ab. Wird die Induktivität L in einer Viertelbrücke gemessen, so liefert diese mit

$$X_2 = \omega\, L = \frac{\omega\, k}{s_0 + \Delta\, s}\,; \qquad X_1 = \frac{\omega\, k}{s_0}$$

nach Gl. (4.28) die Diagonalspannung $\underline{U}_d$

$$\underline{U}_d = \frac{\underline{U}_0}{2}\,\frac{\dfrac{\omega\, k}{s_0 + \Delta\, s} - \dfrac{\omega\, k}{s_0}}{\dfrac{\omega\, k}{s_0 + \Delta\, s} + \dfrac{\omega\, k}{s_0}} = -\frac{\underline{U}_0}{2}\,\frac{\Delta\, s}{2\, s_0 + \Delta\, s} \approx -\frac{\underline{U}_0}{4\, s_0}\,\Delta\, s\,. \tag{4.42}$$

Sie ist nur ungefähr proportional der Verschiebung $\Delta\, s$.

Differenzial-Tauchanker-Geber. Der Differenzial-Tauchanker-Geber besteht aus zwei getrennten Spulen mit einem gemeinsamen beweglichen Eisenkern (Bild 4.16).

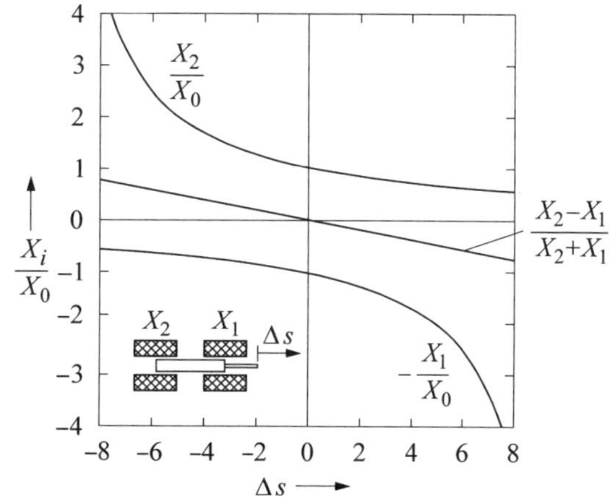

Bild 4.16: Kennlinien eines Differenzial-Tauchanker-Gebers. Die Diagonalspannung einer Halbbrücke ist proportional dem Quotienten $(X_2 - X_1)/(X_1 + X_2)$.

Dieser taucht in seiner Mittelstellung gleich tief in beide Spulen ein. Wird er verschoben, so wird die Induktivität der einen Spule erhöht und die der anderen vermindert. Mit einem axialsymmetrisch aufgebauten Differenzial-Tauchanker-Geber werden Wege, mit einem ringförmig und drehbar ausgeführten werden Winkel gemessen.

Um die Wegänderung des Tauchkerns zu messen, werden die beiden Spulen des Aufnehmers zweckmäßig zu einer Halbbrücke verschaltet. Diese liefert mit

$$X_1 = \omega\, L_1 = \frac{\omega\, k}{s_0 - \Delta\, s}\,; \qquad X_2 = \omega\, L_2 = \frac{\omega\, k}{s_0 + \Delta\, s}$$

nach Gl. (4.28) die Diagonalspannung $\underline{U}_d$, die jetzt exakt proportional zur Verschiebung $\Delta\, s$ ist:

$$\underline{U}_d = \frac{\underline{U}_0}{2}\,\frac{\dfrac{\omega\, k}{s_0 + \Delta\, s} - \dfrac{\omega\, k}{s_0 - \Delta\, s}}{\dfrac{\omega\, k}{s_0 + \Delta\, s} + \dfrac{\omega\, k}{s_0 - \Delta\, s}} = -\frac{\underline{U}_0}{2\, s_0}\,\Delta\, s\,. \tag{4.43}$$

Die Kennlinie der Messeinrichtung ist eine Gerade und die Empfindlichkeit E eine Konstante:

$$E = \frac{\mathrm{d}\underline{U}_d}{\mathrm{d}\Delta\, s} = -\frac{\underline{U}_0}{2\, s_0}\,. \tag{4.44}$$

4.4.2 Queranker-Aufnehmer zur Längen- und Winkelmessung

Für die Messung kleiner Wegstrecken werden vorwiegend Queranker-Aufnehmer benutzt (Bild 4.17). Hier befindet sich die Spule auf dem Schenkel eines u-förmigen Kerns. Der magnetische Kreis wird durch einen Queranker geschlossen, der vom Kern den Abstand s einnimmt. Die magnetischen Feldlinien durchlaufen zweimal den Luftspalt s und sind sonst weitgehend durch das Eisen geführt. Mit A als Querschnitt des Kerns ist der magnetische Widerstand R_m dieser Spule gegeben durch

$$R_m = \frac{2\, s}{\mu_0\, A} + \frac{s_{\mathrm{Fe}}}{\mu_0\, \mu_r\, A}\,. \tag{4.45}$$

Der letzte Term darf wieder wegen der großen Permeabilitätszahl μ_r des Eisens vernachlässigt werden. Die Induktivität $L = N^2/R_m$ dieser Spule mit Queranker

$$L = \frac{\mu_0\, A\, N^2}{2\, s} \tag{4.46}$$

ist umgekehrt proportional zur Breite des Luftspalts s.

Wegen unvermeidlicher Streuungen im Luftspalt verläuft die $L(s)$-Kennlinie nur ungefähr nach Gl. (4.46). Sie hängt sehr von dem Material des Querankers ab. Besteht dieser aus einem elektrisch leitenden, aber nicht ferromagnetischen Material wie z. B.

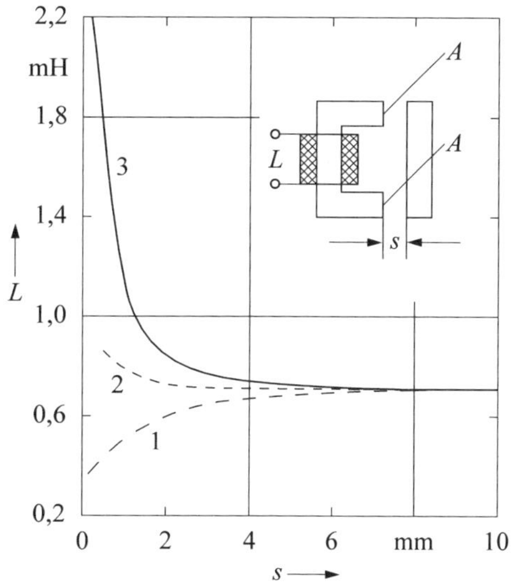

Bild 4.17: Induktivität eines Queranker-Gebers in Abhängigkeit vom Weg s für Queranker aus Messing 1, Weicheisen 2 und Ferrit 3

Messing oder Kupfer, so entstehen in ihm Wirbelströme, deren Gegenfeld den magnetischen Fluss der Spule schwächt. Die Induktivität nimmt mit kleiner werdendem Luftspalt ab. Beim Eisen heben sich der feldverstärkende Einfluss der hohen Permeabilität und der feldschwächende Einfluss der Wirbelströme teilweise auf. Dagegen führt die geringe Leitfähigkeit und hohe Permeabilität der Ferrite zu einem starken Anstieg der Induktivität bei abnehmendem Luftspaltabstand.

Auch in der Queranker-Bauform sind **Differenzial-Aufnehmer** verfügbar. Hier haben zwei sich gegenüberliegende Spulen ein gemeinsames Joch, das bei seiner Bewegung den einen Luftspalt vergrößert und den anderen entsprechend verringert (Bild 4.18). In der rotationssymmetrischen Ausführungsform mit Topfkern sind die Spulen praktisch vollständig vom Eisen umschlossen. Dadurch wird zum einen der Streufluss minimiert und zum anderen der Nutzfluss vor äußeren störenden Magnetfeldern abgeschirmt.

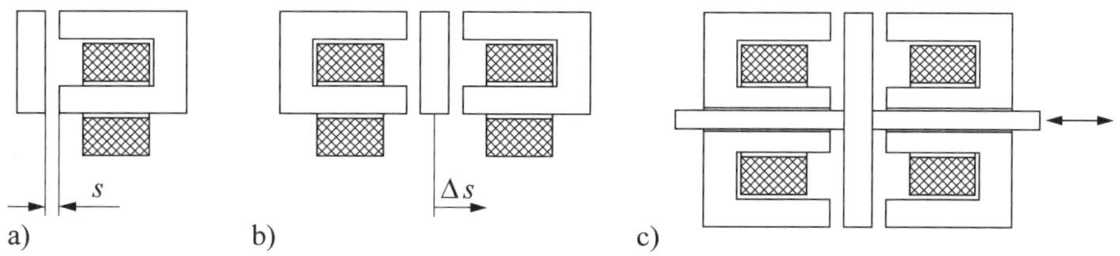

Bild 4.18: Queranker-Aufnehmer
a) einfache Ausführung, b) Differenzial-Queranker-Aufnehmer, c) Differenzial-Queranker-Aufnehmer mit Topfkern

Die Blindwiderstände der Queranker-Aufnehmer werden vornehmlich mit Ausschlag-Brücken gemessen. Die bei den Tauchanker-Gebern diskutierten Ergebnisse sind voll auf die Queranker-Geber zu übertragen. Die Diagonalspannung einer beide Spulen des Differenzial-Queranker-Gebers enthaltenden Halbbrücke ändert sich streng linear mit der Verschiebung des gemeinsamen Jochs. Die Differenzbildung in der Halbbrücke hat weiterhin den Vorteil, dass eventuell von außen auf beide Spulen gleich einwirkende Störungen weitgehend eliminiert werden.

4.4.3 Kurzschlussring-Sensor

Die Schwächung eines magnetischen Feldes durch Wirbelströme wird in dem auch bei ungünstigen Umgebungsbedingungen zuverlässig arbeitenden Kurzschlussring-Sensor zur Längen- und Winkelmessung ausgenutzt. Dieser besteht aus einem w-förmigen Kern, dessen Mittelschenkel die Spule und den beweglich angeordneten Kurzschlussring trägt (Bild 4.19).

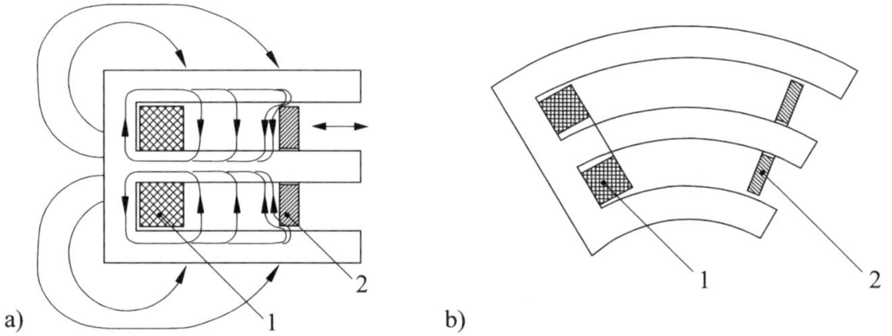

Bild 4.19: Kurzschlussring-Sensor mit 1 Spule und 2 beweglichem Kurzschlussring [4.2]
a) zur Wegmessung, b) zur Winkelmessung

Bei einem magnetischen Wechselfeld entstehen in dem Kurzschlussring Wirbelströme. Diese erzeugen ein magnetisches Gegenfeld, das nur unbedeutend schwächer als das anregende Feld ist. Der den Kurzschlussring durchsetzende magnetische Fluss wird praktisch null und das magnetische Feld der Spule wird auf den Raum zwischen Spule und Kurzschlussring begrenzt. Die Induktivität der Erregerspule ist proportional dem Abstand zwischen Spule und Ring, der damit messbar ist.

4.4.4 Anwendung der induktiven Längen- und Winkelgeber

Die in den vorausgegangenen Abschnitten besprochenen induktiven Aufnehmer werden zur berührungslosen Messung von Wegen und Winkeln und indirekt auch zur Messung all der Größen benutzt, die sich als Wege oder Winkel darstellen lassen. Der Messbereich kann vielen Erfordernissen angepasst werden und geht von etwa 1 µm (Auflösung 0,01 µm) bis zu ungefähr 1 m.

Bild 4.20 zeigt als Beispiel die induktive Messung der axialen Verschiebung einer Welle und die Bestimmung der Dicke einer nichtmagnetischen Schicht auf einer magnetischen Unterlage. Ein induktiver Drehzahlgeber ist in Bild 5.24 b dargestellt.

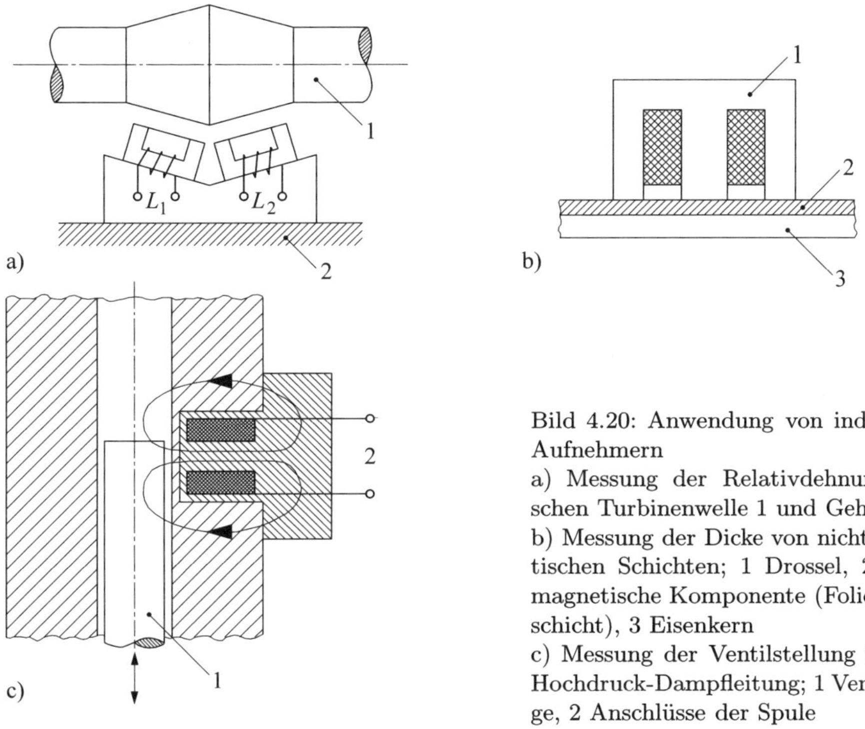

Bild 4.20: Anwendung von induktiven Aufnehmern
a) Messung der Relativdehnung zwischen Turbinenwelle 1 und Gehäuse 2
b) Messung der Dicke von nichtmagnetischen Schichten; 1 Drossel, 2 nichtmagnetische Komponente (Folie, Lackschicht), 3 Eisenkern
c) Messung der Ventilstellung in einer Hochdruck-Dampfleitung; 1 Ventilstange, 2 Anschlüsse der Spule

Bei Messungen in unter Druck stehenden Räumen kann der bewegliche Tauch- oder Queranker durch ein druckfestes nichtmagnetisches Rohr von der umgebenden Spule getrennt werden. Damit lassen sich, wie z. B. bei der Messung der Ventilstellung in einer Hochdruck-Dampfleitung, Längen- und Winkeländerungen aus einem druckführenden Raum ohne mechanische Durchführungen nach außen übertragen (Bild 4.20 c).

Der komplette Aufnehmer, bestehend aus Eisenkern und Spule, kann auch in den druckführenden Raum eingebaut werden. In diesem Fall sind die Spulenanschlüsse über besondere Durchführungen (z. B. in Glas eingeschmolzene Stifte) aus dem unter Druck stehenden Raum nach außen zu führen, womit die zu bestimmende Induktivität zugänglich wird.

4.4.5 Induktiver Schleifendetektor zur Erfassung von Fahrzeugen

In ihrer einfachsten Form besteht eine Spule aus einer Leiterschleife. Liegt diese in der Straßendecke (Bild 4.21), so kann sie als Fahrzeugsdetektor Verwendung finden. Überfährt ein Fahrzeug die Schleife, so wird durch das ferromagnetische oder leitfähige Material des Fahrzeugs das magnetische Feld verformt und die Induktivität wird für die Dauer der Überfahrt verändert. Aus ihrer Messung (z. B. in der Anordnung nach Bild 4.5) lassen sich die Zahl und Art der Fahrzeuge und gegebenenfalls auch ihre Geschwindigkeit erkennen. Diese Daten werden zur Steuerung der Verkehrssignale benutzt. Die induktiven Detektoren sind praktisch keinem Verschleiß unterworfen, arbeiten auch bei den unterschiedlichen Witterungsbedingungen zuverlässig und sind leicht zu installieren. Hierzu ist nur ein schmaler Schlitz in die Fahrbahndecke zu fräsen, in den die Leiterschleife gelegt und vergossen wird.

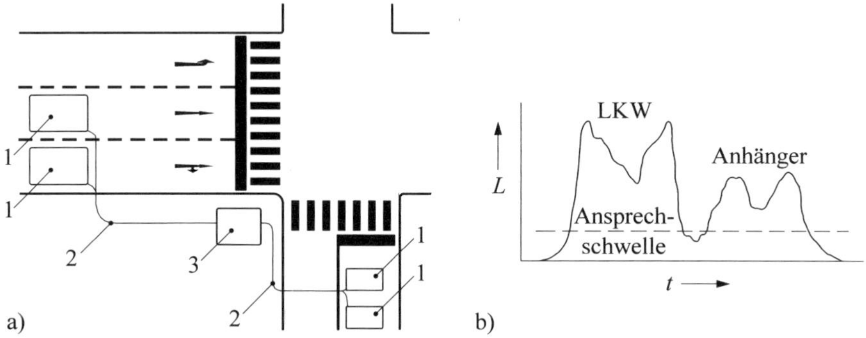

Bild 4.21:
a) Straßenkreuzung mit
1 induktiven Schleifendetektoren, 2 Zuleitungen und 3 Auswertegerät
b) Änderung der Schleifeninduktivität durch einen über die Schleife fahrenden Lastzug

4.4.6 Magnetoelastische Kraftmessdose

In die Gl. (4.34) für den magnetischen Widerstand einer Spule geht die relative Permeabilitätszahl μ_r des benutzten Eisens ein. Diese hängt bei bestimmten Nickel-Eisen-Legierungen von der Normalspannung ab. Bei einer Beanspruchung auf Zug nimmt die Permeabilität zu, bei einer Druckbelastung entsprechend ab. Dieser magnetoelastische Effekt, der bei einer dynamischen Belastung Spannungen in der Spule induziert, führt bei einer statischen Beanspruchung zu einer Änderung der Spuleninduktivität. Über deren Messung sind damit die im Eisen herrschenden Spannungen erkennbar. Der Effekt wird in der magnetoelastischen Kraftmessdose, die eine eisengeschlossene Induktivität darstellt, zur weglosen Messung von Kräften ausgenutzt (Bild 4.22). Die Verformung $\Delta\, l/l$ liegt zwischen 10^{-5} und 10^{-6} und der Messbereich geht von 10^3 N bis 10^6 N.

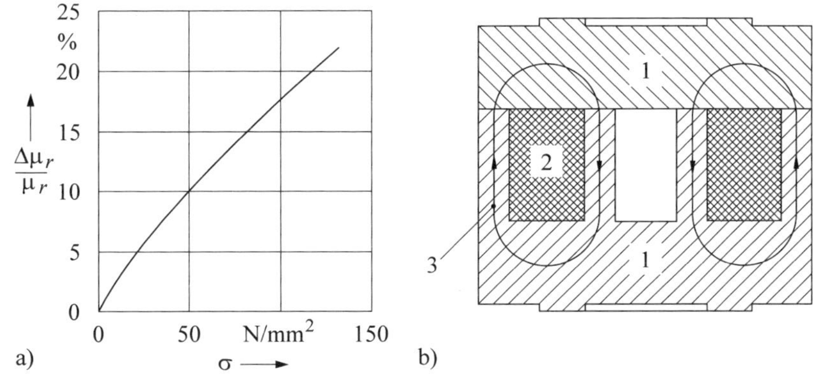

Bild 4.22: Magnetoelastische Kraftmessdose
a) Änderung der Permeabilität einer Nickel-Eisen-Legierung in Abhängigkeit von der Normalspannung σ
b) Schnitt mit Druckkörper 1 aus Nickel-Eisen, Spule 2 und magnetischer Feldlinie 3

4.5 Kapazitive Aufnehmer

Die Kapazität eines Plattenkondensators hängt von der elektrischen Feldkonstanten ε_0, der Permittivitätszahl ε_r, der Plattenfläche A und dem Plattenabstand a ab:

$$C = \frac{\varepsilon_0\, \varepsilon_r\, A}{a}\,. \tag{4.47}$$

Eine Änderung des Plattenabstands, der Plattenfläche oder der Permittivitätszahl führt zu einer Änderung der Kapazität. Damit lassen sich über eine Kapazitätsmessung alle die Effekte überwachen, die eine oder mehrere der drei genannten Größen beeinflussen.

4.5.1 Änderung des Plattenabstands

Die Kapazität eines Kondensators ist umgekehrt proportional zum Plattenabstand. Wird er verkleinert, so wird die Kapazität vergrößert und umgekehrt. Die entsprechende Empfindlichkeit E eines Kondensators ist

$$E = \frac{\mathrm{d}C}{\mathrm{d}a} = \frac{\varepsilon_0\, \varepsilon_r\, A}{a^2} = -\frac{C}{a}\,. \tag{4.48}$$

Sie ist also besonders groß bei kleinen Plattenabständen. Aus einer Umstellung der letzten Gleichung folgt:

$$\frac{\mathrm{d}C}{\mathrm{d}a} = -\frac{\mathrm{d}a}{a}\,. \tag{4.49}$$

Ähnlich Gl. (4.39) ist jetzt die relative Kapazitätsänderung proportional der relativen Abstandsänderung.

Die Kapazität eines Kondensators nimmt bei einer Vergrößerung des Plattenabstands um $\Delta\, a$ von $C_0 = \varepsilon_0\, \varepsilon_r\, A/a_0$ auf $C = \varepsilon_0\, \varepsilon_r\, A/(a_0 + \Delta\, a)$ ab. Wird sie in einer Viertelbrücke mit

$$X_2 = \frac{-1}{\omega\, C} = \frac{-(a_0 + \Delta\, a)}{\omega \varepsilon_0\, \varepsilon_r\, A}\,; \qquad X_1 = \frac{-1}{\omega\, C_0} = \frac{-a_0}{\omega\, \varepsilon_0\, \varepsilon_r\, A}$$

bestimmt, so ist nach Gl. (4.28) die Diagonalspannung $\underline{U}_d$ nur ungefähr der Änderung des Plattenabstands proportional:

$$\underline{U}_d = \frac{\underline{U}_d}{2}\, \frac{\Delta\, a}{2\, a_0 + \Delta\, a} \approx \frac{\underline{U}_0}{4\, a_0}\, \Delta\, a\,. \tag{4.50}$$

Diese Nichtlinearität verschwindet beim Differenzial-Kondensator, der zwei Kondensatoren mit einer gemeinsamen, beweglichen Mittelplatte darstellt (Bild 4.23).

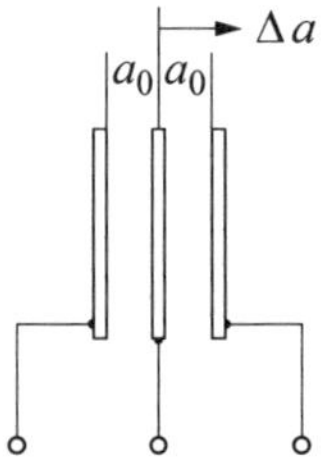

Bild 4.23: Differenzial-Kondensator, die mittlere Platte ist verstellbar

Wird diese Mittelplatte von a_0 ausgehend um $\Delta\, a$ verschoben, so vergrößert sich der Abstand des einen Plattenpaares, der des anderen nimmt ab:

$$X_1 = \frac{-1}{\omega\, C_1} = \frac{-(a_0 - \Delta\, a)}{\omega\, \varepsilon_0\, \varepsilon_r\, A}\,; \qquad X_2 = \frac{-1}{\omega\, C_2} = \frac{-(a_0 + \Delta\, a)}{\omega\, \varepsilon_0\, \varepsilon_r\, A}\,.$$

Werden die beiden Hälften des Differenzial-Kondensators in die diagonalen Zweige einer Brücke gelegt, so ist nach Gl. (4.28) die Diagonalspannung $\underline{U}_d$ streng proportional zur Änderung des Plattenabstands $\Delta\, a$:

$$\underline{U}_d = \frac{\underline{U}_0}{2\, a_0}\, \Delta\, a\,. \tag{4.51}$$

Kondensatoren mit verschiebbaren Elektroden werden ähnlich wie induktive Geber zu Weg- und Winkelmessungen benutzt. Nach dem gleichen Prinzip arbeiten die Kondensatormikrofone, die Schallschwingungen in elektrische Signale umformen.

4.5.2 Änderung der Plattenfläche

Neben dem Abstand lässt sich besonders einfach die Überdeckung, d. h. die wirksame Fläche der Kondensatorplatten, ändern (Bild 4.24). Befinden sich Platten mit der Breite b_0 und der Länge l_0 im Abstand a_0 einander gegenüber, so hat dieser Kondensator eine maximale Kapazität C_0 von

$$C_0 = \frac{\varepsilon_0\, b_0\, l_0}{a_0}\,. \tag{4.52}$$

Wird nun die eine Kondensatorplatte so an der anderen vorbeigeschoben, dass beide sich nur noch teilweise mit der Länge l überdecken, so nimmt die Kapazität von C_0 auf C ab:

$$C = \frac{\varepsilon_0\, b_0}{a_0}\, l = \frac{C_0}{l_0}\, l\,. \tag{4.53}$$

Sie ist der Länge l proportional. Damit ist auch dieser Kondensator für Wegmessungen geeignet.

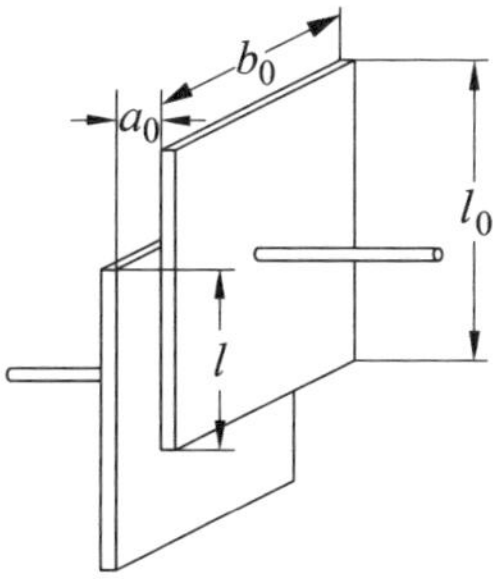

Bild 4.24: Parallelverschiebung der Kondensatorplatten

Die Kondensatorplatten müssen bei ihrer Bewegung exakt geführt werden, um ihren Abstand genau einzuhalten. Anderenfalls würden Kapazitätsänderungen auf Grund von Abstandsänderungen das Messergebnis verfälschen. Weniger empfindlich gegen diesen störenden Einfluss sind die Bauformen, die eine bewegliche Mittelelektrode enthalten (Bild 4.25).

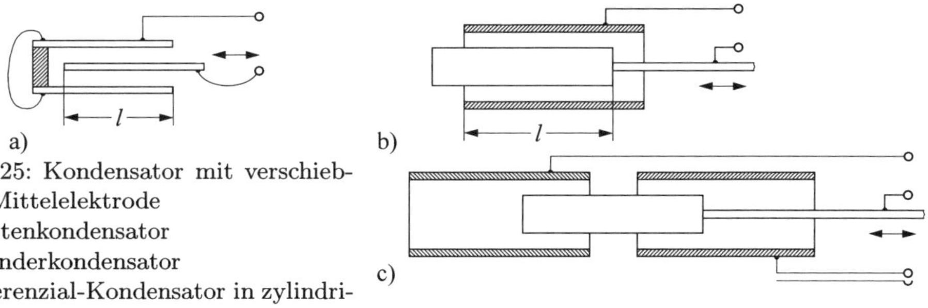

Bild 4.25: Kondensator mit verschiebbarer Mittelelektrode
a) Plattenkondensator
b) Zylinderkondensator
c) Differenzial-Kondensator in zylindrischer Ausführung

Die Abhängigkeit der Kapazität von der Plattenoberfläche wird z. B. bei den bekannten Drehkondensatoren ausgenutzt. In der Verfahrenstechnik wird auf Grund dieses Effekts der Füllstand von elektrisch leitenden Flüssigkeiten gemessen. In die Flüssigkeit wird eine Elektrode mit einem isolierenden Überzug eingetaucht (Bild 4.26).

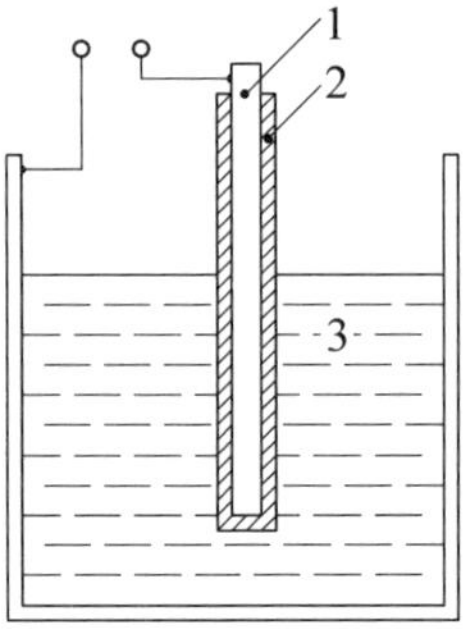

Bild 4.26: Kapazitive Füllstandsmessung einer leitenden Flüssigkeit mit isolierter Elektrode; 1 Elektrode, 2 Isolation, 3 Flüssigkeit

Die Elektrode und die umgebende elektrisch leitende Flüssigkeit stellen einen Kondensator mit der Isolationsschicht als Dielektrikum dar. Die Kondensatorfläche und damit die Kapazität der Anordnung ist umso größer, je höher der Behälterfüllstand ist.

4.5.3 Geometrische Änderung des Dielektrikums

Geschichtete Dielektrika. Der in Bild 4.27 a dargestellte Kondensator enthält zwei verschiedene Dielektrika mit den Permittivitätszahlen ε_{r1} und ε_{r2} und den Dicken a_1 und a_2.

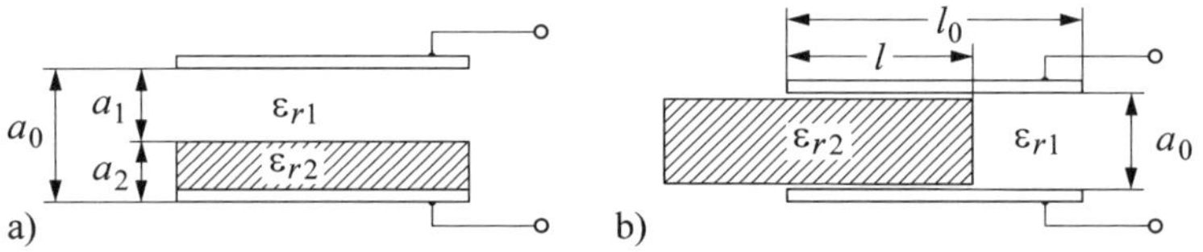

Bild 4.27: Kondensator mit geschichtetem a) und eingeschobenem b) Dielektrikum

Beide Dielektrika füllen den Raum zwischen den Kondensatorplatten völlig aus, $a_1 + a_2 = a_0$. Die Anordnung kann als eine Hintereinanderschaltung von zwei Kapazitäten C_1 und C_2 aufgefasst werden, deren Gesamtkapazität C zu bestimmen ist. Für die vorliegende Serienschaltung gilt:

$$\frac{1}{C} = \frac{1}{C_1} + \frac{1}{C_2} = \frac{1}{\varepsilon_0\, A}\left(\frac{a_1}{\varepsilon_{r1}} + \frac{a_2}{\varepsilon_{r2}}\right);$$

$$C = \frac{\varepsilon_0\, A}{a_1/\varepsilon_{r1} + a_2/\varepsilon_{r2}}\,. \tag{4.54}$$

Ist die Permittivitätszahl des ersten Dielektrikums gleich der der Luft ($\varepsilon_{r1} = 1$), so ist die gesuchte Gesamtkapazität C abhängig von der Permittivitätszahl ε_{r2} und der Dicke a_2 des zweiten Dielektrikums. Ist eine dieser Größen bekannt, so kann die andere aus einer Messung der Kapazität ermittelt werden.

Diese Methode wird zur berührungslosen Schichtdickenmessung angewendet. Papier- und Kunststoff-Folien, synthetische Fasern und Fäden, deren Dicke zu bestimmen ist, werden zwischen zwei Kondensatorplatten hindurchgezogen. Die Permittivitätszahl der untersuchten Stoffe ist bekannt, so dass aus der gemessenen Kapazität die Dicke des Materials bestimmt werden kann.

Dielektrika mit variablen Eintauchtiefen. Anders als in den vorausgegangenen Überlegungen wird jetzt angenommen, dass das Dielektrikum 2 unterschiedlich tief in den Kondensator eintaucht. Dies führt zu der im Bild 4.27 b gezeigten Anordnung, die sich als eine Parallelschaltung von Kondensatoren verstehen lässt.

Die Gesamtkapazität setzt sich aus den Teilkapazitäten C_1 (Permittivitätszahl ε_{r1}, Plattenfläche $b_0(l_0 - l)$) und C_2 (Permittivitätszahl ε_{r2}, Plattenfläche $b_0\, l$) zusammen:

$$C = C_1 + C_2 = \frac{\varepsilon_0\, \varepsilon_{r1}\, b_0\, (l_0 - l)}{a_0} + \frac{\varepsilon_0\, \varepsilon_{r2}\, b_0\, l}{a_0}$$

$$= \frac{\varepsilon_0\, b_0}{a_0} \Big[\varepsilon_{r1}\, (l_0 - l) + \varepsilon_{r2}\, l\Big]\,. \qquad (4.55)$$

Die letzte Gleichung wird etwas übersichtlicher, wenn als Dielektrikum 1 wieder Luft unterstellt ($\varepsilon_{r1} = 1$) und die Kapazität C_0 des leeren, luftgefüllten Kondensators (Gl. (4.52)) eingeführt wird. Die durch den Eintritt des Dielektrikums 2 verursachte relative Kapazitätsänderung $\Delta\, C/C_0$ wächst proportional zur Eindringtiefe l:

$$\frac{\Delta\, C}{C_0} = \frac{C - C_0}{C_0} = \frac{l_0 - l}{l_0} + \frac{\varepsilon_{r2}\, l}{l_0} - 1 = \frac{\varepsilon_{r2} - 1}{l_0}\, l\,. \qquad (4.56)$$

Dieses Prinzip wird zur Füllstandsmessung bei elektrisch nicht leitenden Flüssigkeiten und Schüttgütern angewendet. In das zu kontrollierende Medium werden zwei Kondensatorplatten eingeführt (Bild 4.28), die mit zunehmender Füllung mehr und mehr überdeckt werden. Die gemessene Kapazität ist dann nach Gl. (4.56) ein Maß für die gesuchte Füllhöhe l.

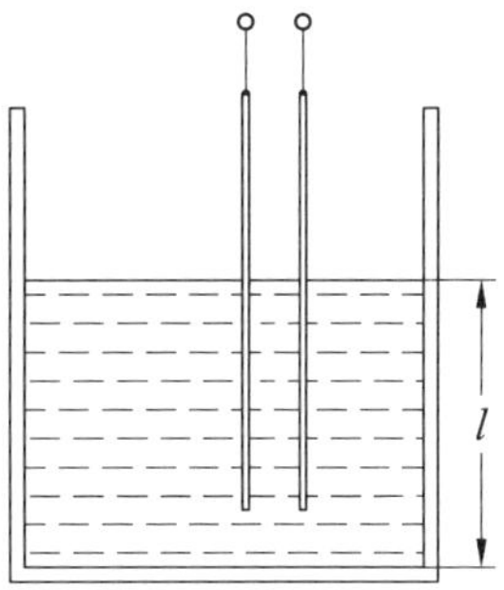

Bild 4.28: Kapazitive Füllstandsmessung bei nichtleitenden Flüssigkeiten oder Schüttgütern

4.5.4 Änderung der Permittivitätszahl durch Feuchtigkeit oder Temperatur

Die Permittivitätszahl von Wasser ist mit $\varepsilon_r = 81$ sehr viel größer als die anderer Stoffe. Die Permittivitätszahl eines Isolierstoffes nimmt aus diesem Grunde stark mit dem Wassergehalt zu. Diese Tatsache ermöglicht eine Wassergehalts- oder Feuchtemessung. Ist die Feuchte von festen, nicht leitenden Stoffen wie z. B. Getreide, Textilien, Holz oder Kohle festzustellen, so werden diese Stoffe durch die Platten eines Kondensators geführt. Aus der gemessenen Kapazität wird dann auf den in diesen Stoffen enthaltenen Wassergehalt geschlossen.

Des Weiteren besteht ein eindeutiger Zusammenhang zwischen der relativen Feuchte in Luft und dem von speziellen Kunststoffen molekular aufgenommenen Wasser. Mit einem derartigen Kunststoff als Dielektrikum eines Kondensators lässt sich aus der gemessenen Kapazität die relative Feuchte der umgebenden Luft bestimmen (Bild 4.29). Einige Dielektrika sind temperaturabhängig. Entsprechende Kondensatoren werden als Geber für Brand-Warnanlagen benutzt.

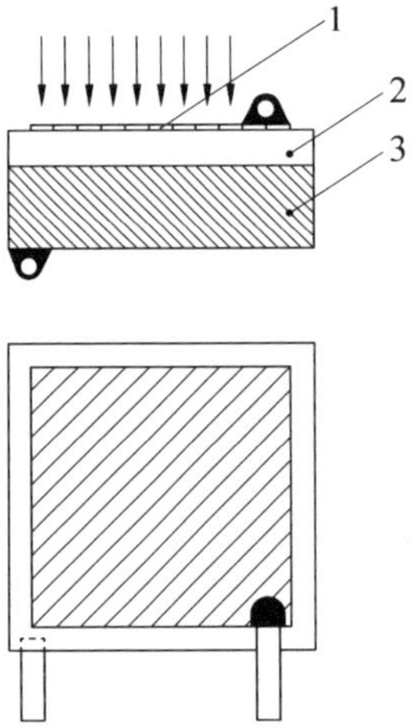

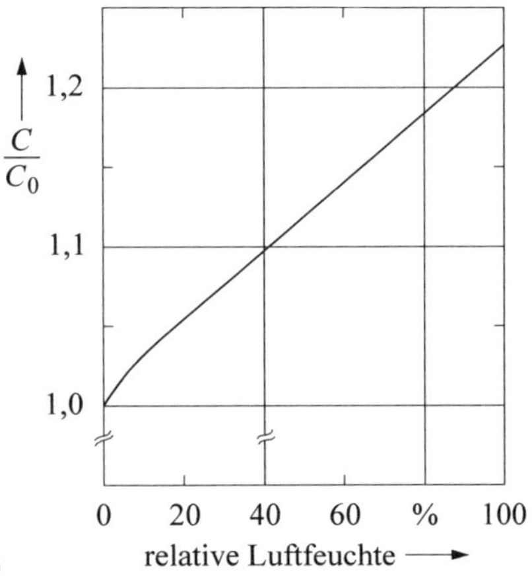

Bild 4.29: Kapazitive Messung der relativen Luftfeuchte
a) Aufbau des Fühlerelements mit wasserdurchlässiger Gold-Elektrode 1, feuchtempfindlichem Dielektrikum 2, Grundelektrode 3
b) Zusammenhang zwischen der Kapazität des Fühlerelements und der relativen Luftfeuchte ($C_0 \approx 300$ pF)

4.6 Einsatz der induktiven und kapazitiven Abgriffe in Differenzdruck-Messumformern

Differenzdrücke sind in der Verfahrenstechnik häufig zu messen, meistens in Verbindung mit Drosselgeräten zur Durchflussmessung [4.3]...[4.5]. Der Differenzdruck wird bei dieser Anwendung als „Wirkdruck“ bezeichnet.

Da ein großer Bedarf an Messumformern besteht, gibt es viele Hersteller mit ganz unterschiedlichen Konstruktionen. Allen gemeinsam ist jedoch die Verschiebung einer Stange, die entweder mit einem induktiven oder kapazitiven Abgriff erfasst wird.

Prinzip. Der prinzipielle Aufbau eines Druck-Messumformers wird anhand der Membran-Messzelle von Bild 4.30 erläutert.

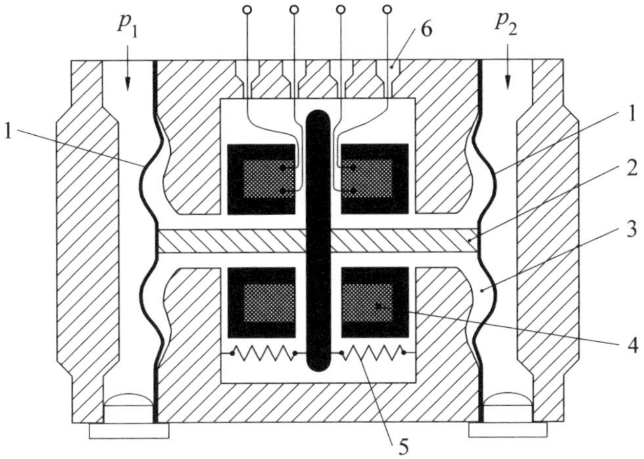

Bild 4.30: Membran-Messzelle mit innen liegendem induktiven Abgriff
1 Mess- und Trennmembran, 2 Mittelachse, 3 Ölfüllung, 4 induktiver Differenzial-Querankergeber, 5 Federn zur Messbereichseinstellung, 6 Glasdurchführungen

Die beiden Drücke p_1 und p_2, deren Differenz zu messen ist, werden in getrennten Druckmesskammern mit Membranfedern erfasst. Diese sind über eine Stange miteinander verbunden. Das zwischen ihnen eingeschlossene Volumen ist mit inkompressiblem Öl gefüllt. Ist A die Fläche der beiden gleich großen Membranen, so wirkt bei einem Differenzdruck $p_1 - p_2$ die Kraft

$$F_{1\,2} = A\,(p_1 - p_2)\,.$$

Sie verschiebt die beiden Membranen gegen die den Messbereich festlegenden Federn. Hier entsteht die Aufgabe, diese Verschiebung als Maß für den Differenzdruck aus dem abgeschlossenen, ölgefüllten, unter Druck stehenden Raum nach außen zu übertragen. Diese ist bei der gezeigten Zelle mit Hilfe eines induktiven Abgriffs gelöst (Differenzial-Queranker-Aufnehmer). Bei einer Verschiebung der Mittelachse nimmt die Induktivität der einen Spule zu, die der anderen ab. Die 2 mal 2 Spulenanschlüsse werden über elektrische Durchführungen druckdicht nach außen geführt, wo die Induktivitätsänderungen entsprechend ausgewertet werden.

Ähnliche Lösungen unter Verwendung von Differenzial-Kondensatoren sind in Bild 4.31 gezeigt. Darüber hinaus werden bei Differenzdruck-Messumformern auch Dehnungsmessstreifen und monolithisch integrierte Silizium-Differenzdruck-Sensoren verwendet.

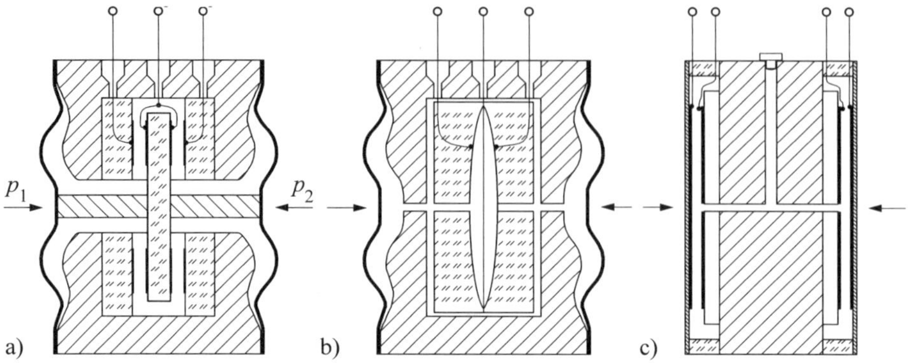

Bild 4.31: Verschiedene Ausführungen eines innen liegenden kapazitiven Abgriffs in Differenzdruck-Messumformern; das durch die Druckmembranen eingeschlossene Volumen ist jeweils ölgefüllt.
a) Die zwischen den Druckmembranen eingespannte Mittelachse bewegt die Mittelelektrode des Differenzialkondensators.
b) Die äußeren Platten des Differenzial-Kondensators werden durch geschliffene, mit aufgedampften Elektroden versehene Glasblöcke gebildet. Dazwischen ist als Mittelelektrode die „Messmembran" eingespannt.
c) Gesinterte Al_2O_3-Keramiken bilden das Mittelteil und die elastischen, planen Druckmembranen. In der Dickschichttechnik sind die Glaszwischenschichten und die notwendigen metallischen Elektroden aufgebracht.

Messbereich. Die Messbereiche für den Differenzdruck liegen zwischen 1 mbar und mehreren 1000 mbar. Die statischen Drücke gehen bis zu 400 bar. Die Messunsicherheit beträgt 0,25 % des Differenzdruck-Endwertes, bei einigen Messbereichen sogar nur 0,1 %. Werden zwei statische Drücke von etwa 100 bar bei einem Differenzdruck-Messbereich von 1 mbar mit einer Unsicherheit von 0,25 % verglichen, so werden Druckunterschiede von 0,0025 mbar angezeigt. Auf den statischen Druck bezogen gibt das die außerordentlich hohe Auflösung von $0{,}0025/100000 = 2{,}5 \cdot 10^{-8}$. Die analoge elektrische Aufgabe, die Differenz zweier etwa 100 V hoher Spannungen mit einer Auflösung von 0,0025 mV anzuzeigen, lässt sich nur mit erheblichem Aufwand realisieren.

Störgrößen bei der Messung sind die Temperatur und der statische Druck. Ihr Einfluss wird durch konstruktive Maßnahmen in Grenzen gehalten. In der Regel sind die Differenzdruck-Messumformer überdrucksicher bis zum vollen statischen Druck. Eine Zelle, die z. B. für die statischen Drücke p_1, $p_2 \approx 400$ bar und für einen Differenzdruck-Vollausschlag $p_1 - p_2 = 40$ mbar ausgelegt ist, wird auch durch einen eventuell bei der Inbetriebnahme fälschlich auftretenden Differenzdruck von 400 000 mbar nicht zerstört. Dies wird dadurch erreicht, dass die Membranen bei Überschreiten des Messbereichs sich entweder an ein fest stehendes Konstruktionsteil anlehnen oder durch das nicht kompressible, abgesperrte Öl vor einer weiteren zu großen Dehnung geschützt werden.

4.7 Vergleich der induktiven und der kapazitiven Längenaufnehmer

Randbedingungen. Induktive und kapazitive Längenaufnehmer sind sich insofern ähnlich, als sie im Unterschied zu den potentiometrischen Aufnehmern kontaktlos und verschleißfrei arbeiten. Bezüglich dieser Eigenschaft sind sie für die Messaufgaben gleich gut geeignet. Um zu sehen, ob sich die induktiven und kapazitiven Aufnehmer in anderen Punkten unterscheiden und damit eigene, spezifische Anwendungsgebiete haben, werden ein Queranker-Aufnehmer und ein Plattenkondensator verglichen (Bild 4.32).

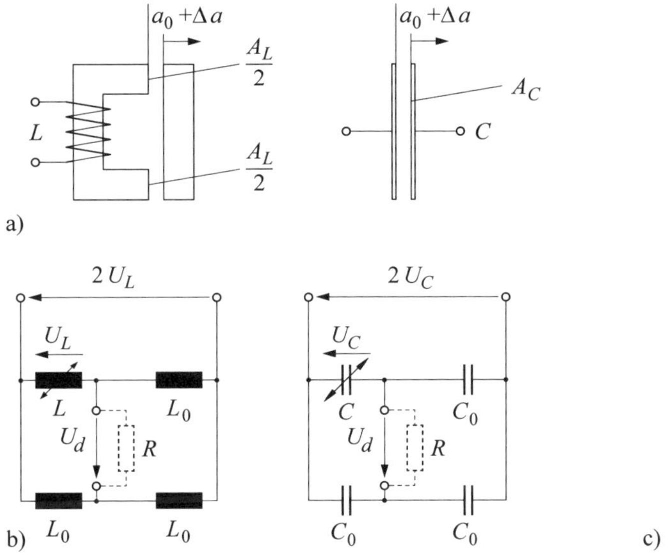

Bild 4.32: Vergleich eines induktiven Queranker.Aufnehmers mit einem kapazitiven Aufnehmer
a) Aufnehmer, b) Brückenschaltung, c) Ersatzspannungsquelle

Die Luftspaltbreite a des Queranker-Aufnehmers und der Plattenabstand a des Kondensators werden gleich groß angenommen. Dagegen soll die Kondensatorfläche A_C das Zehnfache der Querschnittsfläche A_L der Polschuhe betragen, womit auch das Volumen des elektrischen Feldes V_C zehnmal so groß wie das des magnetischen Feldes V_L ist, $A_C = 10\ A_L$.

Wird jeder Aufnehmer in einer mit der Spannung U_0 versorgten Brücke verschaltet und werden in der Brückendiagonalen die Leerlaufspannungen gemessen, so hängen diese entsprechend den Gln. (4.42) und (4.50) in gleicher Weise von $\Delta\, a$ ab. Die Messaufnehmer haben in dieser Schaltung die gleiche Empfindlichkeit.

Es ist nun unzweckmäßig, die induktive und die kapazitive Brücke an die gleiche Spannung U_0 zu legen. Besser ist, die Brücken auf die Erfordernisse der Aufnehmer abzustimmen und mit unterschiedlichen Spannungen so zu versorgen, dass die Aufnehmer gute, aber noch ohne allzu großen Aufwand erzielbare Empfindlichkeiten erreichen. Eine derartige Auslegung führt z. B. bei dem induktiven Aufnehmer zu einer magnetischen Flussdichte $B = 0{,}1\ \mathrm{V\,s}/\mathrm{m}^2$, bei dem kapazitiven Aufnehmer zu einer elektrischen Feldstärke $E = 10^5\ \mathrm{V/m}$, bei der Spannungsüberschläge noch nicht zu befürchten sind [4.6]. Um diese Größen zu erreichen, sind unterschiedliche Speisespannungen U_0 erforderlich, die im Folgenden als

$$U_{0L} = 2\,U_L \qquad \text{und} \qquad U_{0C} = 2\,U_C$$

unterschieden werden. Dabei ist U_L die am induktiven, U_C die am kapazitiven Aufnehmer liegende Spannung.

Auf Grund dieser Annahmen kann jetzt der wesentliche Unterschied zwischen beiden Aufnehmern herausgestellt werden. Er liegt darin, dass im magnetischen Feld der Drossel eine sehr viel größere Energie als im elektrischen Feld des Kondensators gespeichert ist.

4.7.1 Energie des magnetischen und des elektrischen Feldes

In der Gleichung für die Energie W_m des magnetischen Feldes

$$W_m = \frac{1}{2}\,L\,I^2 \tag{4.57}$$

kann der Strom durch die Spannung ersetzt werden, $I = U_L/\omega\,L$, womit sie übergeht in

$$W_m = \frac{1}{2\,\omega^2}\,\frac{U_L^2}{L}\,. \tag{4.58}$$

Außerdem kann die im Magnetfeld gespeicherte Energie durch die Kenngrößen der Drossel gemäß der folgenden Beziehung ausgedrückt werden:

$$W_m = \frac{a\,A_L\,B^2}{2\,\mu_0}\,. \tag{4.59}$$

Die Energie W_e des elektrischen Feldes

$$W_e = \frac{1}{2}\,C\,U^2 \tag{4.60}$$

lässt sich mit $C = \varepsilon_0\,A_C\,/a$ und unter Einbeziehung der elektrischen Feldstärke $E = U/a$ überführen in

$$W_e = \frac{1}{2}\,\varepsilon_0\,a\,A_C\,E^2\,. \tag{4.61}$$

Damit sind jetzt die Vorbereitungen getroffen, um das Verhältnis der in den beiden Feldern gespeicherten Energien bestimmen zu können. Dieses ergibt sich mit den getroffenen Annahmen aus den Gln. (4.61) und (4.59) zu

$$\frac{W_m}{W_e} = \frac{2\,a\,A_L\,B^2}{2\,\mu_0\,\varepsilon_0\,a\,A_C\,E^2}$$

$$= \frac{1}{1{,}25 \cdot 10^{-6}}\,\frac{1}{8{,}85 \cdot 10^{-12}}\,\frac{1}{10}\,\frac{10^{-2}}{10^{10}}\,\frac{\mathrm{A\ m}}{\mathrm{V\ s}}\,\frac{\mathrm{V\ m}}{\mathrm{A\ s}}\,\frac{\mathrm{V^2\ s^2}}{\mathrm{m^4}}\,\frac{\mathrm{m^2}}{\mathrm{V^2}} = 9 \cdot 10^3. \quad (4.62)$$

Die Energie des magnetischen Feldes ist um Zehnerpotenzen größer als die des elektrischen. Dieser Sachverhalt ist für die Anwendungsfälle bedeutsam, in denen die Diagonalspannung der verwendeten Brückenschaltung nicht im Leerlauf, sondern mit einer bestimmten Stromentnahme gemessen wird, für die Fälle also, in denen die Brücke belastet wird.

4.7.2 Größte der Brückenschaltung entnehmbare Leistung

Um die den Induktivitäts- und Kapazitätsmessbrücken entnehmbaren Leistungen zu finden, werden die Brücken durch ihre Ersatzschaltungen dargestellt. Die Leerlaufspannung der Ersatzspannungsquelle ist dabei jeweils die Diagonalspannung U_d. Ihr Innenwiderstand X wird zu ωL bzw. $1/\omega C$ angenommen. Der Verbraucher mit dem Widerstand R sei an den Innenwiderstand X der Spannungsquelle angepasst mit $R = X$.

In diesem Fall fließt über den Verbraucher der Strom I

$$I = \frac{U_d}{\sqrt{X^2 + R^2}} = \frac{1}{\sqrt{2}}\,\frac{U_d}{R} \quad (4.63)$$

und die im Verbraucher umgesetzte Leistung P ist

$$P = \frac{U_d}{\sqrt{2}}\,I = \frac{U_d^2}{2\,R} = \frac{U_d^2}{2\,X}\,. \quad (4.64)$$

Indem in die letzte Gleichung die von der induktiven Brücke gelieferte Leerlaufspannung $U_{d,\,L} = 2\,U_L\,\Delta\,a/4\,a_0$ eingeführt wird, ergibt sich die der induktiven Brücke maximal entnehmbare Leistung P_L zu

$$P_L = \frac{1}{8\,\omega}\,\frac{U_L^2}{L}\left(\frac{\Delta\,a}{a_0}\right)^2. \quad (4.65)$$

Der Quotient U_L^2/L lässt sich mit Gl. (4.58) durch die magnetische Feldenergie W_m ausdrücken und die letzte Gleichung geht damit über in

$$P_L = \frac{1}{4}\,\omega\,W_m\left(\frac{\Delta\,a}{a_0}\right)^2. \quad (4.66)$$

Bei der kapazitiven Brücke ergibt sich auf Grund entsprechender Überlegungen für die maximal entnehmbare Leistung P_C der Ausdruck

$$P_C = \frac{1}{8}\,\omega\,C\,U_C^2 \left(\frac{\Delta\,a}{a_0}\right)^2 ,$$

der mit Gl. (4.60) umgeformt werden kann in

$$P_C = \frac{1}{4}\,\omega\,W_e \left(\frac{\Delta\,a}{a_0}\right)^2 . \tag{4.67}$$

Damit können jetzt die von den Brücken gelieferten Leistungen miteinander verglichen werden. Das Verhältnis

$$\frac{P_L}{P_C} = \frac{\dfrac{1}{4}\,\omega\,W_m \left(\dfrac{\Delta\,a}{a_0}\right)^2}{\dfrac{1}{4}\,\omega\,W_e \left(\dfrac{\Delta\,a}{a_0}\right)^2} = \frac{W_m}{W_e} = 9 \cdot 10^3 \tag{4.68}$$

ist also ebenso groß wie das der in den Feldern gespeicherten Energien.

Der induktiven Brücke ist also eine wesentlich größere Leistung als der kapazitiven zu entnehmen. Die induktiven Aufnehmer liefern damit die leistungsstärkeren Signale. Diese werden weniger durch Einstreuungen und durch Rauschen gestört und sind sicherer zu verarbeiten. Bei der induktiven Brücke kann in vielen Fällen auf Messverstärker verzichtet werden. Anzeige- und Registriergeräte lassen sich direkt anschließen. Dieser Vorteil überwiegt die Nachteile der induktiven Aufnehmer wie die schwierigere Herstellung, die Temperaturabhängigkeit des Wicklungswiderstandes und die schlechtere Linearität, so dass induktive Geber zurzeit häufiger als kapazitive eingesetzt werden.

4.7.3 Steuerleistung zum Verstellen der Aufnehmer

Die den Brücken entnehmbare Leistung stammt aus den Quellen, die die Brücken speisen, und nicht aus den magnetischen oder elektrischen Feldern der Aufnehmer. Die Induktivitäten und Kapazitäten bestimmen lediglich die verfügbare Leistung. Ihre Steuerung geschieht nicht leistungslos. Hierfür ist eine Arbeit erforderlich, die von dem Aufnehmer bzw. von der den Aufnehmer führenden Komponente erbracht werden muss. Es zeigt sich, dass zur Verstellung des induktiven Aufnehmers größere Kräfte als beim kapazitiven aufgewendet werden müssen.

Wird durch eine Bewegung des Querankers um $\Delta\,a$ das Volumen des magnetischen Feldes geändert, so ist hierfür nach Gl. (4.59) die Arbeit $\Delta\,W_m$ aufzuwenden mit

$$\Delta\,W_m = \frac{1}{2\,\mu_0}\,A_L\,B^2\,\Delta\,a\,. \tag{4.69}$$

Entsprechend Gl. (4.61) ist für eine Änderung des elektrischen Feldes die Energie ΔW_e

$$\Delta W_e = \frac{1}{2} \varepsilon_0 \, A_C \, E^2 \, \Delta a \tag{4.70}$$

erforderlich. Das Verhältnis der aufzuwendenden Energien nimmt mit

$$\frac{\Delta W_m}{\Delta W_e} = \frac{2 \, A_L \, B^2}{2 \, \varepsilon_0 \, \mu_0 \, A_C \, E^2} = \frac{W_m}{W_e} = 9 \cdot 10^3 \tag{4.71}$$

den schon bekannten Wert an. Um den induktiven Aufnehmer zu verstellen oder auch nur in seiner Lage zu halten, sind – unabhängig von der Belastung der Brücke – höhere Energien und nach der Beziehung

$$\Delta W = F \, \Delta a \tag{4.72}$$

auch größere Kräfte F als beim kapazitiven erforderlich. Die Messung der interessierenden Wege und Winkel soll aber selbstverständlich rückwirkungsfrei erfolgen. Induktive Aufnehmer dürfen daher nur bei solchen Komponenten verwendet werden, bei denen die zur Verstellung notwendigen Kräfte ohne Beeinträchtigung des Messobjekts zur Verfügung stehen. Ist diese Forderung wie z. B. bei einigen Geräten der Feinmechanik nicht zu erfüllen, so können nicht induktive, sondern nur kapazitive Aufnehmer eingesetzt werden.

Für den induktiven Aufnehmer ergibt sich bei einer Polschuhfläche $A_L = 1 \text{ cm}^2$ und einer Flussdichte $B = 0{,}1 \text{ V s}/\text{m}^2$ aus einem Vergleich von Gl. (4.72) und Gl. (4.69) die zur Verstellung oder zum Halten des Ankers erforderliche Kraft F_L zu

$$F_L = \frac{1}{2\,\mu_0} A_L \, B^2 = \frac{1}{2} \, \frac{1}{1,25 \cdot 10^{-6}} \cdot 10^{-4} \cdot 10^{-2} \, \frac{\text{A m}}{\text{V s}} \, \text{m}^2 \, \frac{\text{V}^2 \text{ s}^2}{\text{m}^4} = 0,4 \frac{\text{A V s}}{\text{m}} = 0,4 \, \text{N}.$$

Dagegen lassen sich die Platten des der Betrachtung zu Grunde gelegten Kondensators mit einer Kraft F_C von $4{,}4 \cdot 10^{-5}$ N in ihrer Position halten. Wird jedoch an Stelle eines einfachen induktiven Queranker-Gebers ein Differenzial-Geber verwendet, so kompensieren sich weitgehend die von den beiden Magnetfeldern auf die gemeinsame Mittelplatte ausgeübten Kräfte, so dass auch dieser Geber praktisch rückwirkungsfrei betrieben werden kann.

5 Digitale Grundschaltungen; Zeit- und Frequenzmesstechnik

Mit diesem Kapitel beginnt die Erläuterung der **digitalen** Messgeräte [5.1]. Sie unterscheiden sich von den bisher besprochenen **analogen** durch die Verarbeitung wertdiskreter Signale (Abschnitt 1.8). Die digitale Messtechnik ist besonders geeignet für Messaufgaben, bei denen die Tätigkeit des Zählens erforderlich ist oder angewendet werden kann. Sie beinhaltet die wiederholte Anwendung einiger weniger Grundschaltungen. Diese werden im Folgenden so weit erklärt, dass Arbeitsweise und Einsatzmöglichkeiten der digitalen Messgeräte verständlich werden.

5.1 Binäre Signale und ihre logischen Verknüpfungen

5.1.1 Binäre Signale

Im einfachsten Fall ist ein diskretes Signal binär. Dieses kann nur zwei Werte annehmen, und zwei Zeichen wie z. B. 0 und 1 genügen zu seiner vollständigen Beschreibung.

Auf binäre Signale wird in der Technik deshalb zurückgegriffen, da sie sich durch einfache und zuverlässige, nur zwei klar unterscheidbare Betriebszustände annehmende Komponenten darstellen lassen. Geeignet sind z. B. offene und geschlossene Kontakte oder auch stromführende und sperrende Transistoren. Bei Betätigung dieser Komponenten wechselt die an den Signalleitungen liegende, zur Kennzeichnung des Signalzustandes dienende Spannung. Die Zuordnung wird im Sinn der „positiven Logik“ getroffen, d. h., die höhere Spannung H (high) kennzeichnet den Zustand 1, die niedrige L (low) den Zustand 0. Die Spannungen sind dabei nicht eng toleriert, sondern dürfen in einem gewissen Bereich schwanken. Dies ist ein Vorteil gegenüber den analogen Signalen. Dort steckt die Information in der Amplitude, die durch Verluste oder Einstreuungen verfälscht werden kann. Binäre Signale sind unempfindlich gegen derartige Störungen. Sie lassen sich ohne Einbuße an Genauigkeit verarbeiten und übertragen.

5.1.2 Logische Verknüpfungen binärer Signale

Um die Operationen mit binären Signalen beschreiben zu können, werden sie wie zweiwertige, logische Variablen behandelt. Die dafür nötigen Regeln liefert die Boole'sche Algebra, die ursprünglich von G. Boole (1815-1864) zur Behandlung philosophischer Fragen entwickelt worden ist. Diese Algebra baut auf den drei grundlegenden Operationen **Konjunktion**, **Disjunktion** und **Negation** auf.

Als Rechenzeichen für die Konjunktion (UND-Verknüpfung) dient der Multiplikationspunkt $(\cdot)$ der Algebra. Die Disjunktion (ODER-Verknüpfung) wird durch das normale Pluszeichen $(+)$ beschrieben, während die Negation durch einen Querstrich über der zu negierenden Variablen gekennzeichnet wird. Gebräuchlich ist auch das Zeichen $\vee$ für die Disjunktion (stilisiertes v von vel = oder) und das Zeichen $\wedge$ für die Konjunktion (stilisiertes et = & = und).

Im Folgenden werden einige Verknüpfungen für (ein oder) zwei Eingangssignale x_1, x_2 und ein Ausgangssignal y definiert. Dabei sind jeweils die logische Operation, das zurzeit genormte eckige **Schaltzeichen** [5.2] und die Wertetabelle angegeben. Realisiert werden die logischen Operationen in den so genannten Verknüpfungsgliedern oder Gattern.

NICHT-Verknüpfung, Negation. Die NICHT- oder Umkehrverknüpfung liefert als Ausgangssignal jeweils das umgekehrte, negierte Eingangssignal:

$$y = \overline{x} \tag{5.1}$$

x	y
0	1
1	0

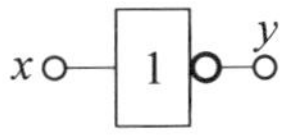

Die NICHT-Verknüpfung ist nur bei zweiwertigen, binären Signalen möglich. Bei Variablen, die mehr als zwei Werte annehmen können, existiert der Begriff der Negation nicht.

UND-Verknüpfung, Konjunktion. Das Ausgangssignal der UND-Verknüpfung hat nur dann den Wert 1, wenn alle Eingänge mit 1 belegt sind.

$$y = x_1 \cdot x_2 \tag{5.2}$$

x_1	x_2	y
0	0	0
0	1	0
1	0	0
1	1	1

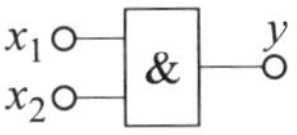

NAND-Verknüpfung. Die NAND-Verknüpfung ist eine negierte UND-Verknüpfung.

$$y = \overline{x_1 \cdot x_2} \tag{5.3}$$

x_1	x_2	y
0	0	1
0	1	1
1	0	1
1	1	0

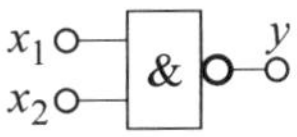

ODER-Verknüpfung, Disjunktion. Das Ausgangssignal der ODER-Verknüpfung hat den Wert 1, wenn mindestens ein Eingangssignal mit 1 belegt ist:

$$y = x_1 + x_2 \tag{5.4}$$

x_1	x_2	y
0	0	0
0	1	1
1	0	1
1	1	1

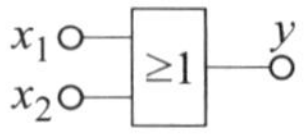

NOR-Verknüpfung. Die NOR-Verknüpfung ist die negierte ODER-Verknüpfung:

$$y = \overline{x_1 + x_2} \tag{5.5}$$

x_1	x_2	y
0	0	1
0	1	0
1	0	0
1	1	0

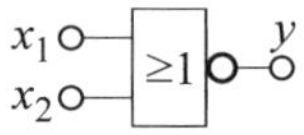

Exklusiv-ODER-Verknüpfung, Antivalenz. Das Ausgangssignal der Exklusiv-ODER-Verknüpfung hat dann den Wert 1, wenn genau ein Eingang mit 1 belegt ist:

$$y = \overline{x}_1 \cdot x_2 + x_1 \cdot \overline{x}_2 \tag{5.6}$$

x_1	x_2	y
0	0	0
0	1	1
1	0	1
1	1	0

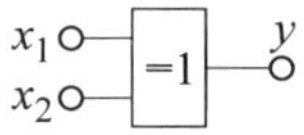

Äquivalenz. Das Ausgangssignal der Äquivalenzverknüpfung hat den Wert 1, wenn die Eingangssignale gleich, die Eingänge entweder mit 0 oder mit 1 belegt sind. Die Äquivalenz ist die negierte Antivalenz und umgekehrt.

$$y = \overline{x}_1 \cdot \overline{x}_2 + x_1 \cdot x_2 \tag{5.7}$$

x_1	x_2	y
0	0	1
0	1	0
1	0	0
1	1	1

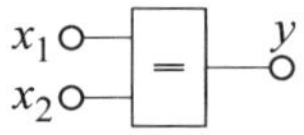

Die Antivalenz- und Äquivalenzoperationen können entsprechend den Definitionsgleichungen aus der Negation, Konjunktion und Disjunktion zusammengesetzt werden.

Hier sei noch besonders auf die negierten Signale $\overline{x}_i$ (Gl. 5.1) hingewiesen, die es in der analogen Technik nicht gibt. Die Negation wird eingesetzt, wenn ein Signal x_i den Zustand 0 und damit 0 V hat. Darf z. B. bei einer UND-Verknüpfung das Ausgangssignal y nur dann den Zustand 1 haben, wenn die Eingangssignale mit $x_1 = 1$, $x_2 = 1$, $x_3 = 0$ und $x_4 = 1$ belegt sind, so wird in der zugehörigen logischen Funktion nicht einfach x_3 weggelassen ($y = x_1 \cdot x_2 \cdot x_4$), sondern x_3 wird negiert verschaltet und realisiert wird

$$y = x_1 \cdot x_2 \cdot \overline{x}_3 \cdot x_4 \,. \tag{5.8}$$

Gesetze der Boole'schen Algebra. Für die Verknüpfung von logischen Variablen gelten generell die in der Tabelle 5.1 zusammengestellten Theoreme. Mit ihrer Hilfe lassen sich die Ausgangssignale umfangreicherer logischer Verknüpfungen berechnen und die entsprechenden Schaltungen unter Umständen vereinfachen. Die Mehrzahl der aufgeführten Regeln ist aus der Zahlenalgebra schon bekannt. Die Gesetze (5.11) und (5.17) jedoch können ebenso wie die auf der linken Seite von (5.9) und (5.15) stehenden Gleichungen nur auf logische Variable angewendet werden.

Tabelle 5.1: Gesetze der Schaltalgebra

Operationen mit 0 und 1:		
$x_1 + 1 = 1$	$x_1 \cdot 1 = x_1$	(5.9)
$x_1 + 0 = x_1$	$x_1 \cdot 0 = 0$	(5.10)
Tautologie:		
$x_1 + x_1 = x_1$	$x_1 \cdot x_1 = x_1$	(5.11)
Operationen mit negierten Variablen:		
$x_1 + \overline{x}_1 = 1$	$x_1 \cdot \overline{x}_1 = 0$	(5.12)
Kommutatives Gesetz:		
$x_1 + x_2 = x_2 + x_1$	$x_1 \cdot x_2 = x_2 \cdot x_1$	(5.13)
Assoziatives Gesetz:		
$x_1 + (x_2 + x_3) = (x_1 + x_2) + x_3$	$x_1 \cdot (x_2 \cdot x_3) = (x_1 \cdot x_2) \cdot x_3$	(5.14)
Distributives Gesetz:		
$x_1 + x_2 \cdot x_3 = (x_1 + x_2) \cdot (x_1 + x_3)$	$x_1 \cdot (x_2 + x_3) = x_1 \cdot x_2 + x_1 \cdot x_3$	(5.15)
De Morgans Gesetz:		
$\overline{x_1 + x_2} = \overline{x}_1 \cdot \overline{x}_2$	$\overline{x_1 \cdot x_2} = \overline{x}_1 + \overline{x}_2$	(5.16)
$x_1 + x_2 = \overline{\overline{x}_1 \cdot \overline{x}_2}$	$x_1 \cdot x_2 = \overline{\overline{x}_1 + \overline{x}_2}$	
Absorptionsgesetz:		
$x_1 + x_1 \cdot x_2 = x_1$	$x_1 \cdot (x_1 + x_2) = x_1$	(5.17)
$x_1 + \overline{x}_1 \cdot x_2 = x_1 + x_2$	$x_1 \cdot (\overline{x}_1 + x_2) = x_1 \cdot x_2$	(5.18)
$x_1 \cdot x_2 + x_1 \cdot \overline{x}_2 = x_1$	$(x_1 + x_2) \cdot (x_1 + \overline{x}_2) = x_1$	(5.19)

Ausdrücke wie Nx oder x^N mit $N > 1$ kommen wegen der Tautologie in der Schaltalgebra nicht vor. Die **Gesetze von de Morgan** werden benötigt, wenn mit den NOR- und NAND-Operationen gearbeitet wird.

5.2 Darstellung, Anzeige und Ausgabe numerischer Messwerte

5.2.1 Duales Zahlensystem

Die Zahlen (Messwerte), die sich mit binären Signalen bilden lassen, sind zunächst Dualzahlen. Jede Zahl Z wird als eine Summe von Potenzen zur Basis 2 angegeben:

$$Z = a_n \cdot 2^n + a_{n-1} \cdot 2^{n-1} + \ldots + a_1 \cdot 2^1 + a_0 \cdot 2^0 . \tag{5.20}$$

Die Koeffizienten a_i dieser Dualzahlen sind binäre Variable; sie haben entweder den Wert 0 oder 1. Die Dezimalzahl 237 z. B. setzt sich wie folgt aus Zweierpotenzen zusammen:

$$\begin{aligned} & 2 \cdot 10^2 + 3 \cdot 10^1 + 7 \cdot 10^0 \\ & = 1 \cdot 2^7 + 1 \cdot 2^6 + 1 \cdot 2^5 + 0 \cdot 2^4 + 1 \cdot 2^3 + 1 \cdot 2^2 + 0 \cdot 2^1 + 1 \cdot 2^0 . \end{aligned} \tag{5.21}$$

In der gleichen Weise, wie im dezimalen Zahlensystem die Zehnerpotenzen nicht eigens geschrieben werden, werden auch im dualen Zahlensystem die Zweierpotenzen weggelassen, und lediglich die Koeffizienten mit ihren Werten 0 oder 1 werden angegeben. Der Dezimalzahl 237 unseres Beispiels entspricht die Dualzahl 11101101.

Ein binäres Zeichen wird auch als Bit bezeichnet, und mehrere Bit bilden ein Wort. Das Wort 11101101 hat die Länge von 8 Bit = 1 Byte. Das erste Bit des obigen Worts stellt den Koeffizienten der höchsten Zweierpotenz, das letzte den der Einerstelle dar. Dementsprechend ist das erste Zeichen das Bit mit der höchsten Wertigkeit (msb = most significant bit), das letzte das mit der geringsten Wertigkeit (lsb = least significant bit).

Parallele und serielle Zahlendarstellung. Die einzelnen Zeichen eines Worts können gleichzeitig, parallel oder nacheinander, seriell übertragen und angezeigt werden. Bei der parallelen Darstellung sind so viele Leitungen erforderlich, wie das Wort Stellen hat. Die Anschlusspunkte führen entweder das Signal 1 oder 0. Für die serielle Darstellung ist eine Leitung ausreichend. Die einzelnen Bit eines Worts erscheinen hier als eine Folge von Impulsen, wobei die Information in der Impulsbreite oder in der Impulsamplitude liegen kann.

5.2.2 Binärcodes für Dezimalzahlen

Mit 4 binären Stellen können die Dezimalzahlen 0 bis 15, mit n Stellen die Zahlen 0 bis $2^n - 1$ gebildet werden. Größere Zahlen benötigen im dualen System schnell viele Stellen. Sie sind unübersichtlich und schlecht zu erfassen. So entstand der Wunsch, trotz der Verarbeitung binärer Signale das dezimale Zahlensystem nicht ganz zu verlassen. Dies gelingt, indem der dezimale Zahlenaufbau beibehalten und jede Ziffer einer Dezimalzahl durch binäre Signale dargestellt wird. Um die Ziffern 0 bis 9 auszudrücken, sind mindestens vier binäre Zeichen erforderlich. Mit diesen vier Bit können insgesamt 16 verschiedene Zeichen gebildet werden (Hexadezimalziffer). Davon werden aber für die Ziffern des Dezimalsystems nur zehn benötigt und sechs sind somit überflüssig. Damit ergeben sich verschiedene Möglichkeiten, verschiedene Codes, um vierstellige Dualzahlen in Dezimalziffern umzurechnen (Tabelle 5.2).

Tabelle 5.2: Zahlendarstellung mit binären Zeichen

Stellen-wertigkeit	Dualzahl 8 4 2 1	BCD 8 4 2 1	Aiken-Code 2 4 2 1	Gray-Code keine Zuordnung	hexadezimale Ziffer
Dezimalzahl					
0	0 0 0 0	0 0 0 0	0 0 0 0	0 0 0 0	0
1	0 0 0 1	0 0 0 1	0 0 0 1	0 0 0 1	1
2	0 0 1 0	0 0 1 0	0 0 1 0	0 0 1 1	2
3	0 0 1 1	0 0 1 1	0 0 1 1	0 0 1 0	3
4	0 1 0 0	0 1 0 0	0 1 0 0	0 1 1 0	4
5	0 1 0 1	0 1 0 1	1 0 1 1	0 1 1 1	5
6	0 1 1 0	0 1 1 0	1 1 0 0	0 1 0 1	6
7	0 1 1 1	0 1 1 1	1 1 0 1	0 1 0 0	7
8	1 0 0 0	1 0 0 0	1 1 1 0	1 1 0 0	8
9	1 0 0 1	1 0 0 1	1 1 1 1	1 1 0 1	9
10	1 0 1 0			1 1 1 1	A
11	1 0 1 1			1 1 1 0	B
12	1 1 0 0			1 0 1 0	C
13	1 1 0 1			1 0 1 1	D
14	1 1 1 0			1 0 0 1	E
15	1 1 1 1			1 0 0 0	F

Die Bit der **BCD-Zahlen** (binary coded decimals) haben wie die der Dualzahlen eine Wertigkeit von 8 – 4 – 2 – 1. Der Code ist aus dem Dualsystem entstanden, indem auf die letzten sechs Kombinationsmöglichkeiten verzichtet wird. Die Dezimalzahl 237 wird zur BCD-Zahl 0010 0011 0111.

Im Aiken-Code sind die mittleren Zeilen des Dualcodes weggelassen. Dies führt zu einer Wertigkeit der Binärstellen von 2 – 4 – 2 – 1. Der Code ist symmetrisch. Werden in einem Wort die Bit negiert, so wird die Ergänzung dieser Zahlen zu neun erhalten.

Da sich zudem in diesem Code die Dualüberträge mit den Dezimalüberträgen decken, eignet er sich besonders für Rechenoperationen. Die Dezimalzahl 237 lautet im Aiken-Code 0010 0011 1101.

Die einzelnen Stellen des einschrittigen Gray-Codes haben keine feste Wertigkeit. Das Kennzeichen dieses Codes ist, dass aufeinander folgende Gray-Zahlen sich nur in einem Bit unterscheiden. Derartige Codes werden für Längen- und Winkelaufnehmer vorteilhaft eingesetzt (Abschnitt 6.6.2).

Fehlererkennung und Fehlerkorrektur. Wird in einer aus binären Zeichen gebildeten Zahl ein Bit falsch gesetzt, so wird je nach Wertigkeit des fehlerhaften Bit unter Umständen die Zahl erheblich verfälscht. Ein derartiger Einzelfehler wird erkennbar, wenn eine weitere fünfte Binärstelle zur Zifferndarstellung verwendet wird.

In der Tabelle 5.3 ist die BCD-Zahl um ein Prüfbit, das so genannte Paritätsbit, ergänzt. Dieses wird so entweder auf 0 oder 1 gesetzt, dass die Summe der 1-Signale eine ungerade Zahl ergibt. Bei noch größerem Aufwand lassen sich die Fehler nicht nur erkennen, sondern auch lokalisieren und beheben. Ein fehlerkorrigierender Code benötigt dann mindestens 8 Bit für die Ziffern 0 bis 9.

Tabelle 5.3: Binär codierte Dezimalzahl mit Prüfbit

Stellenwertigkeit	BCD mit Prüfbit 8 4 2 1 Prüfbit
Dezimalzahl	
0	0 0 0 0 1
1	0 0 0 1 0
2	0 0 1 0 0
3	0 0 1 1 1
4	0 1 0 0 0
5	0 1 0 1 1
6	0 1 1 0 1
7	0 1 1 1 0
8	1 0 0 0 0
9	1 0 0 1 1

5.2.3 Ziffernanzeige; Vergleich mit Skalenanzeige

Die aus binären Signalen gebildeten Ziffern werden in der Regel mit Sieben-Segment-Anzeigen oder (5x7)-Matrixelementen angezeigt (Bild 5.1) Bei ersteren bestehen Streifen a bis g aus lichtemittierenden Dioden (LED) oder Flüssigkristallzellen (LCD). Die selbstleuchtenden LED-Anzeigen benötigen relativ hohe Ströme. Die nur bei Fremdlicht ablesbaren Flüssigkristallelemente hingegen werden über elektrische Felder gesteuert, belasten praktisch nicht die Versorgungsspannung und sind so besonders für batteriebetriebene, transportable Geräte (Uhren) geeignet.

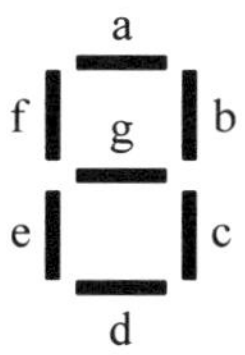

a)

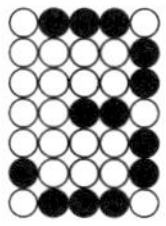

b)

Bild 5.1: Anzeige dezimaler Ziffern
(a) Sieben-Segment-Anzeige
(b) (5 x 7)-Matrixelement

Während ein Messwert bei einem analog arbeitenden Messgerät als Ausschlag eines Zeigers (Skalenanzeige) dargestellt wird, wird er bei einem digitalen Messgerät als Zahl ausgegeben. Die Ziffernanzeige stellt nur diskrete Werte der Messgröße dar, während auf der Skala eines Analoginstruments auch Zwischenwerte abgebildet werden. Darüber hinaus unterscheiden sich die Skalen- und die Ziffernanzeige noch in weiteren, für die praktische Messtechnik wichtigen Eigenschaften:

Bei der Skalenanzeige

- ist das Auflösungsvermögen begrenzt,
- ändert sich die Genauigkeit bei Störungen (z. B. infolge von Verschmutzung oder Reibung) nur wenig,
- ist auch bei stark schwankenden Messwerten der ungefähre Mittelwert gut zu erkennen,
- sind die zeitliche Veränderung einer Messgröße (Trend) und die signifikante Abweichung einer Messgröße von anderen (Ausreißer) verhältnismäßig leicht festzustellen.

Die Ziffernanzeige demgegenüber

- ist im Allgemeinen fehlerfrei abzulesen,
- bietet die bessere Auflösung,
- liefert aber bei Störungen unter Umständen einen völlig falschen Messwert (z. B. dann, wenn das Bit mit der höchsten Wertigkeit gestört ist),
- ist für die Anzeige schwankender oder sich zeitlich sehr schnell ändernder Messwerte nicht geeignet.

5.2.4 Umsetzung eines digitalen Signals in eine Spannung; Digital/Analog-Umsetzer; digital steuerbare Spannungsquelle

Des Öfteren müssen digitale Signale in Messgeräten weiterverarbeitet werden, die analoge Eingangssignale benötigen. Dies ist z. B. erforderlich, wenn die Vorteile einer Skalenanzeige ausgenutzt, wenn Motoren angesteuert oder wenn analoge mit digitalen Signalen verglichen werden sollen. In diesen Fällen ist der mit binären Zeichen dargestellte, digital verschlüsselte Messwert in eine Spannung oder in einen Strom umzusetzen. Diese Aufgabe erledigen die Digital/Analog-Umsetzer (DAU), die als **digital einstellbare Spannungsquellen** aufgefasst werden können.

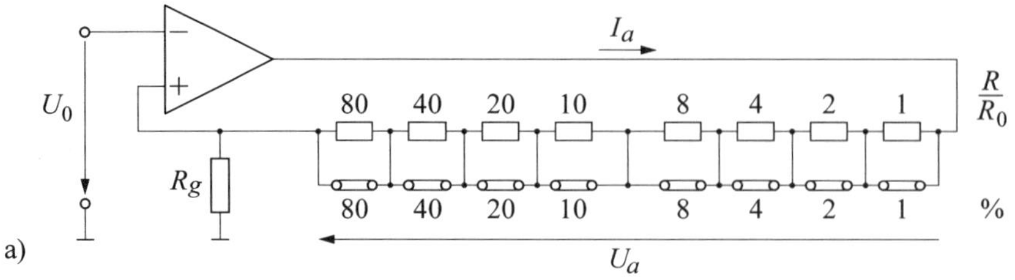

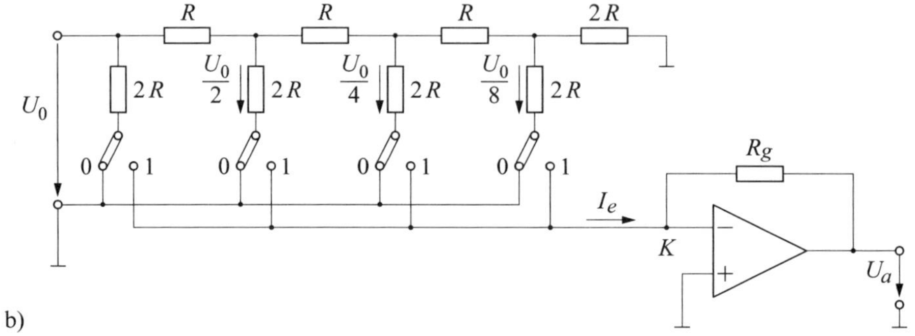

Bild 5.2: Digital-/Analog-Umsetzer mit
a) u/i-Verstärker, b) i/u-Verstärker mit $R/2R$-Netzwerk

Der im Bild 5.2 a dargestellte DAU enthält einen u/i-Messverstärker, der bei der konstanten Eingangsspannung U_0 den konstanten, eingeprägten Ausgangsstrom $I_a = U_0/R_g$ liefert. Dieser Strom fließt über entsprechend dem verwendeten Code abgestufte Widerstände, die zunächst durch parallel liegende Kontakte überbrückt sind. Die Kontakte werden von der umzusetzenden digitalen Größe so gesteuert, dass das 1-Signal den Kontakt öffnet, das 0-Signal den Kontakt geschlossen hält. Die an den stromdurchflossenen Teilwiderständen R_i abfallende Spannung U_a ist dann ein Maß für die umgesetzte digitale Größe:

$$U_a = I_a \sum R_i \,. \tag{5.22}$$

Die eben besprochene Schaltung benötigt dual abgestufte Widerstände, die sich in ihren Werten sehr unterscheiden. Sie sind nur mit großem Aufwand in der erforderlichen Genauigkeit herzustellen. In der Praxis wird deshalb fast immer das $R/2\,R$-Netzwerk (Kettenleiter-Netzwerk) vom Bild 5.2 b verwendet. Hier sind zwar doppelt so viele Widerstände notwendig, diese aber nur mit den beiden Werten R und $2\,R$. Die angelegte Spannung U_0 halbiert sich jeweils von Knoten zu Knoten. Die Umschaltkontakte realisieren die Koeffizienten a_i des digitalen Worts mit den Wertigkeiten 0 oder 1. In der Schalterstellung 1 ($a_i = 1$) fließt jeweils der Strom $(U_0/16\,R)\,2^i$ in den Knoten K am invertierenden Eingang des Stromverstärkers. Seine Ausgangsspannung $U_a = -R_g\,I_e$ entspricht mit

$$I_e = \frac{U_0}{16\,R} \sum a_i\, 2^i \tag{5.23}$$

dem steuernden digitalen Wort.

Das Ausgangssignal eines DAU ist eine Spannung, die aber nicht analog im eigentlichen Sinn des Worts ist. Da ja der Informationsgehalt des Ausgangssignals nicht größer als der des Eingangssignals sein kann, kann sich auch die Ausgangsspannung nur in diskreten Stufen ändern.

5.3 Bistabile Kippstufen

Das Ausgangssignal der weiter vorne besprochenen Gatter hängt von der Belegung der Eingänge und nur von dieser Belegung ab (kombinatorische Schaltwerke). Im Gegensatz dazu haben die jetzt zu behandelnden bistabilen Kippstufen, Speicherglieder oder Flipflops eine **Gedächtnis- und Speicherwirkung**. Ihr Ausgangssignal wird sowohl von den Eingangssignalen als auch von der Vorgeschichte bestimmt. Der Schaltzustand richtet sich nach der Reihenfolge der Signale, weshalb die Kippstufen auch als sequenzielle Schaltwerke bezeichnet werden.

5.3.1 Asynchrones *RS*-Speicherglied

Das asynchrone *RS*-Speicherglied (Bild 5.3) hat den Setzeingang S, den Rücksetzeingang R und die beiden Ausgänge Q und $\overline{Q}$. Das Flipflop ist entweder gesetzt ($Q = 1$, $\overline{Q} = 0$) oder rückgesetzt ($Q = 0$, $\overline{Q} = 1$). Es kann wie in Bild 5.3 a durch zwei NOR-Gatter realisiert werden, wenn der Ausgang des einen Gatters an den Eingang des anderen gelegt wird. Durch diese Rückführung kommt die erwähnte Speicherwirkung zu Stande.

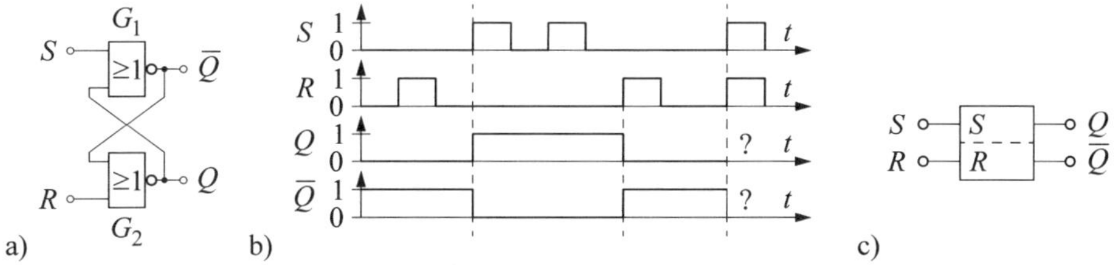

Bild 5.3: Asynchrones *RS*-Speicherglied
a) Aufbau aus NOR-Gattern, b) Ablaufdiagramm, c) Schaltzeichen

Die Funktion soll anhand des Ablaufdiagrammes Bild 5.3 b erläutert werden. Ausgegangen wird vom rückgesetzten Flipflop mit $Q = 0$, $\overline{Q} = 1$. Der Setz- und der Rücksetzeingang sind zunächst nicht beschaltet. Das 1-Signal des ersten NOR-Gatters liegt am Eingang des zweiten, woraus an dessen Ausgang das 0-Signal resultiert. Wird jetzt an den Rücksetzeingang R ein 1-Signal gegeben, so bleibt dies ohne Wirkung. Die Kippstufe war mit $Q = 0$ und $\overline{Q} = 1$ schon rückgesetzt und bleibt natürlich auch bei weiteren Rücksetzsignalen in dieser Stellung. Wird nun aber an den Setzeingang S das 1-Signal gelegt, so geht der Ausgang $\overline{Q}$ auf 0. Dieses 0-Signal führt zu einem 1-Signal am Ausgang Q. Das Flipflop ist mit $Q = 1$ und $\overline{Q} = 0$ gesetzt und bleibt in dieser Stellung, auch wenn das Setzsignal verschwindet oder wiederholt gegeben wird. Erst durch ein 1-Signal am Rücksetzeingang kippt das Flipflop um und wird zurückgesetzt (Tabelle 5.4).

Tabelle 5.4: Arbeitsweise eines asynchronen RS-Flipflops

	S	R	Q	$\overline{Q}$	
Ausgangszustand	0	0	0	1	rückgesetzt
Schritt 1	0	1/0	0	1	bleibt rückgesetzt
Schritt 2	1	0	1	0	gesetzt
Schritt 3	0/1/0	0	1	0	bleibt gesetzt
Schritt 4	0	1	0	1	rückgesetzt

Die Eingangssignale $S = 0$ und $R = 0$ sind möglich. Verboten ist jedoch die sich widersprechende Kombination $S = 1$ und $R = 1$. Die Kippstufe kann ja nicht gleichzeitig gesetzt und rückgesetzt sein. Hier wird manchmal durch zusätzliche Schaltungsmaßnahmen dafür gesorgt, dass diese nicht vereinbarte Eingangsbelegung durch die Signale $Q = 0$ und $\overline{Q} = 0$ am Ausgang erkennbar wird.

Das Schaltzeichen eines RS-Flipflops ist das in Bild 5.3 c gezeigte unterteilte Rechteck mit den Eingängen S und R und den Ausgängen Q und $\overline{Q}$. Im Gegensatz zur tatsächlichen Schaltung sind entsprechend der logischen Funktion einerseits die Signale S und Q, andererseits R und $\overline{Q}$ einander zugeordnet.

5.3.2 Taktgesteuertes *RS*-Speicherglied

Taktgesteuerte Speicherglieder haben zusätzlich zu dem R- und S-Eingang noch den Takteingang, der von Rechteckimpulsen beaufschlagt wird. Ein Signal am R- oder S-Eingang bereitet das Flipflop zur Betätigung vor. Ausgeführt wird diese aber erst bei einer bestimmten Phase des Eingangstakts. Unterschieden werden

- taktzustandsgesteuerte Speicherglieder, schaltend bei dem 0- oder 1-Signal des Eingangstakts, und
- taktflankengesteuerte Speicherglieder, schaltend bei einer steigenden (Übergang von 0 auf 1) oder fallenden Taktflanke (Übergang von 1 auf 0).

Werden mehrere Speicherglieder von demselben Taktsignal angesteuert, so schalten diese zum gleichen Zeitpunkt. Sie arbeiten synchron. Dadurch wird eine hohe Arbeitsgeschwindigkeit erreicht. Gleichzeitig sind die synchronen Speicherglieder unempfindlicher gegen kurzzeitige fehlerhafte Signale an den R- oder S-Eingängen, da diese ja nur dann wirksam werden, wenn sie zum Schaltzeitpunkt anstehen.

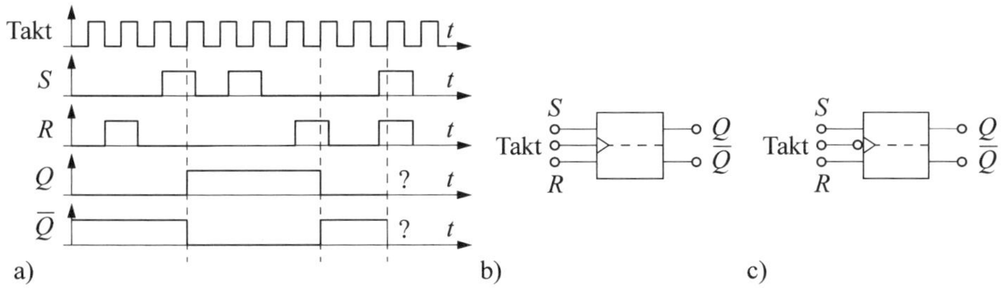

Bild 5.4: Taktflankengesteuertes RS-Speicherglied
a) Ablaufdiagramm, b) Speicherglied schaltend bei der ansteigenden Taktflanke,
c) Speicherglied schaltend bei der fallenden Taktflanke

Die Arbeitsweise eines von der ansteigenden Taktflanke gesteuerten RS-Speicherglieds wird durch das Ablaufdiagramm von Bild 5.4 verdeutlicht. Im Ausgangszustand ist das Flipflop rückgesetzt. Das 1-Signal am S-Eingang bereitet das Flipflop vor, das aber erst zum Zeitpunkt der nächsten ansteigenden Taktflanke kippt und gesetzt wird. Ähnlich ist die Reihenfolge bei dem Rücksetzen, das von dem R-Signal freigegeben und zum Zeitpunkt der nächsten steigenden Taktflanke ausgeführt wird (Tabelle 5.5).

Tabelle 5.5: Arbeitsweise eines taktflankengesteuerten RS-Flipflops (S_n, R_n, Q_n Signal zum Zeitpunkt des n-ten Takts; Q_{n+1} Signal zum Zeitpunkt des $(n + 1)$-ten Takts)

S_n	R_n	Q_{n+1}	Bemerkung
0	0	Q_n	keine Änderung des Ausgangssignals
1	0	1	Speicher wird oder bleibt gesetzt
0	1	0	Speicher wird oder bleibt rückgesetzt
1	1	?	Ausgangssignal muss durch zusätzliche
			Maßnahmen definiert werden

5.3.3 Taktflankengesteuertes D-Speicherglied

Die Schwierigkeiten, die beim RS-Flipflop durch ein gleichzeitiges Setz- und Rücksetzsignal auftreten, lassen sich leicht vermeiden. Dazu ist z. B. nur das negierte Setzsignal an den Rücksetzeingang zu führen (Bild 5.5). Die Umkehrstufe erzwingt eine eindeutige Eingangsbelegung. Das so entstandene Speicherglied wird als D-Speicherglied bezeichnet. Sein Ausgang Q übernimmt jeweils mit der nächsten Taktflanke das am D-Eingang anstehende Signal:

$$D(t_n) = 0; \qquad Q(t_{n+1}) = 0$$

$$D(t_n) = 1; \qquad Q(t_{n+1}) = 1\,.$$

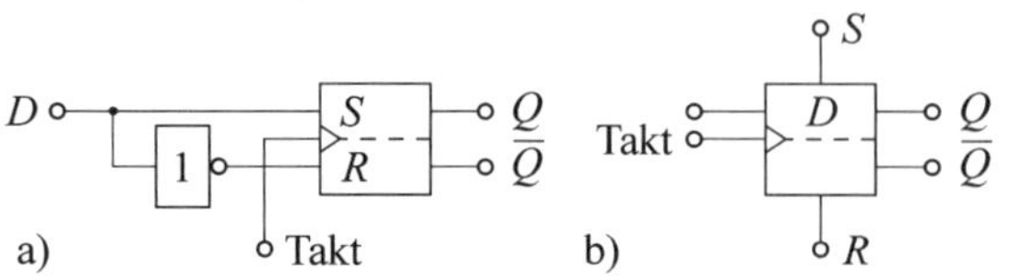

Bild 5.5: Taktflankengesteuertes D-Speicherglied
a) Aufbau, b) Schaltzeichen

Das D-Flipflop hat zusätzlich zu dem D-Eingang noch getrennte taktflankenunabhängige Setz- und Rücksetzeingänge. Mit Letzteren lässt sich eine gespeicherte Information löschen, so dass z. B. bei der Inbetriebnahme einer Schaltung von einem eindeutigen Ausgangszustand ausgegangen werden kann.

5.3.4 Taktflankengesteuertes *JK*-Speicherglied

Das JK-Speicherglied ist universell einsetzbar und lässt verschiedene Betriebsweisen zu. Es kann z. B. wie in Bild 5.6 aufgebaut sein, in dem die Ausgänge eines RS-Flipflops kreuzweise über UND-Gatter an die Eingänge zurückgeführt sind. Das obere UND-Gatter hat den J-Eingang, das untere den K-Eingang als freien Anschluss. Diese UND-Gatter bestimmen die Arbeitsrichtung des taktflankengesteuerten Flipflops, das bei einer fallenden Flanke, bei einem Wechsel des Signalzustandes von 1 auf 0, schaltet.

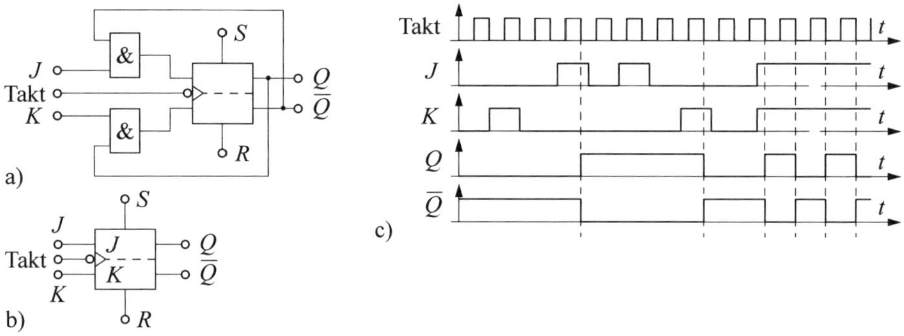

Bild 5.6: Taktflankengesteuertes JK-Speicherglied
a) Aufbau b) Schaltzeichen c) Ablaufdiagramm

Der Ausgangszustand des Ablaufdiagramms Bild 5.6 (b) ist das rückgesetzte Speicherglied mit $Q = 0$. Dieses Signal sperrt das UND-Gatter mit dem K-Eingang. Auch bei einem 1-Signal am K-Eingang bleibt der Ausgang des UND-Gatters auf 0. Umgekehrt ist durch das 1-Signal am Ausgang $\overline{Q}$ das UND-Gatter am J-Eingang vorbereitet. Ein 1-Signal am J-Eingang erfüllt die UND-Bedingung, so dass mit der nächsten fallenden Taktflanke das Flipflop gesetzt wird. In diesem Zustand bleibt das Speicherglied auch dann, wenn das 1-Signal am J-Eingang verschwindet.

Bei dem gesetzten Flipflop führt der Q-Ausgang ein 1-Signal, das gleichzeitig an dem UND-Gatter mit dem K-Eingang liegt. Erhält dieser ein 1-Signal, so ist dessen UND-

Bedingung erfüllt, und das Flipflop wird rückgesetzt. In dem bis jetzt besprochenen Umfang arbeitet das JK-Speicherglied wie ein RS-Speicherglied.

5.3.5 Taktflankengesteuertes T-Speicherglied

Bei dem JK-Flipflop dürfen die Eingänge J und K zu einem gemeinsamen T-Eingang verbunden und mit den gleichen Signalen beaufschlagt werden. Diese Betriebsweise ist hier eindeutig, da über die UND-Gatter die Schaltrichtung schon vorgegeben ist. Liegt kein Signal am T-Eingang, so wird sich auch der Zustand des Speicherglieds nicht ändern. Ein 1-Signal am T-Eingang führt aber dazu, dass das Flipflop mit der nächsten Taktflanke kippt und den negierten Ausgangszustand einnimmt. Bei einem stationären 1-Signal am T-Eingang liefert das Flipflop an seinem Ausgang rechteckförmige Impulse mit der doppelten Periode des Taktsignals. Die Frequenz des Eingangstakts wird im Verhältnis 1 : 2 untersetzt (Bild 5.7, Tabelle 5.6). Damit wird das T-Flipflop zu einem wichtigen Baustein der im nächsten Abschnitt zu besprechenden Ereigniszähler.

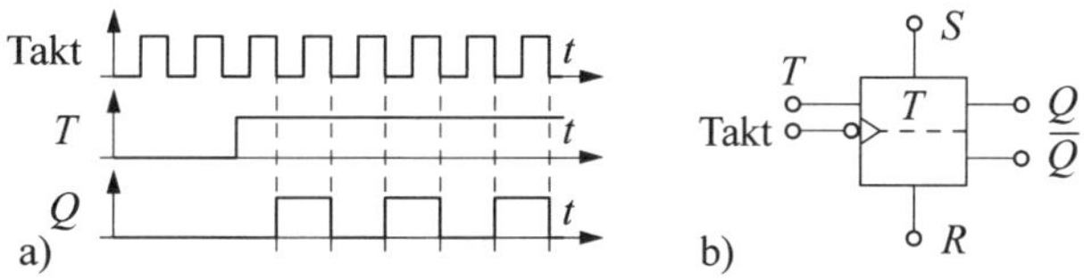

Bild 5.7: T-Speicherglied
a) Ablaufdiagramm
b) Schaltzeichen

Tabelle 5.6: Arbeitsweise eines taktflankengesteuerten JK-Flipflops (J_n, K_n, Q_n Signal zum Zeitpunkt des n-ten Takts; Q_{n+1} Signal zum Zeitpunkt des $(n+1)$-ten Takts)

J_n	K_n	Q_{n+1}	Bemerkung	Realisierung
0	0	Q_n	keine Änderung	RS-, T-Flipflop
1	0	1	gesetzt	RS-Flipflop
0	1	0	rückgesetzt	RS-Flipflop
1	1	$\overline{Q}_n$	Umkehrung des Ausgangssignals	T-Flipflop

Auch die JK- und T-Flipflops enthalten getrennte Setz- und Rücksetzeingänge, die jeweils einen definierten Anfangszustand ermöglichen.

5.4 Zähler

Zähler sind aus T- oder D-Flipflops aufgebaut. Die Kippstufen der asynchronen Zähler arbeiten nacheinander, die der synchronen schalten gleichzeitig im Takt eines gemeinsamen Signals. Außerdem unterscheiden sich die Zähler in der Zählrichtung und Art der Zahlendarstellung. So kann das Zählergebnis im Dual- oder im BCD-Code ausgegeben werden.

5.4.1 Asynchroner Vorwärts-Dualzähler

Der im Bild 5.8 dargestellte asynchrone Dualzähler enthält die vier hintereinander geschalteten, von der abfallenden Taktflanke gesteuerten T-Flipflops F_0 bis F_3. Alle T-Eingänge sind mit einer 1 beschaltet. Die zu zählenden Rechteckimpulse werden an den Takteingang des ersten Flipflops F_0 geführt. Die Takteingänge der übrigen Kippstufen sind mit den Q-Ausgängen der vorausgehenden Flipflops verbunden.

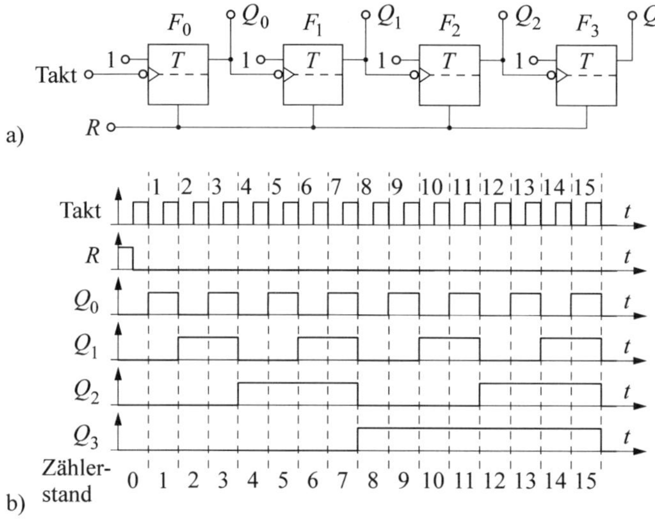

Bild 5.8: Asynchroner Vorwärts-Dualzähler
a) Aufbau
b) Ablaufdiagramm

Die Arbeitsweise wird anhand des Ablaufdiagramms Bild 5.8 b erläutert. Im Ausgangszustand sind alle Kippstufen zurückgesetzt ($Q_i = 0$, $\overline{Q}_i = 1$). Das Flipflop F_0 ändert mit jeder abfallenden Flanke des Eingangstakts seinen Zustand. Die Kippstufen F_1, F_2 und F_3 schalten, wenn das Q-Signal des Vorgängers von 1 auf 0 wechselt. Jedes Flipflop untersetzt so die Frequenz des vorausgehenden im Verhältnis 1:2.

Um die Summe der am Flipflop F_0 angekommenen Taktimpulse zu erhalten, ist aus den Signalen der Q-Ausgänge eine Dualzahl zu bilden. Dabei stellt das Flipflop F_0 das Bit mit der niedrigsten Wertigkeit (2^0), das Flipflop F_3 das mit der höchsten Wertigkeit (2^3) dar. Nach der 14. negativen Flanke ist z. B. die Kippstufe F_0 rückgesetzt, die Flipflops F_1, F_2 und F_3 sind gesetzt. Dargestellt ist die Dualzahl 1110, die der Dezimalzahl 8+4+2+0=14 entspricht. Mit vier Flipflops lässt sich bis $2^4 - 1 = 15$ zählen. Eine Erweiterung auf mehr Stellen ist ohne Schwierigkeiten möglich.

Die Signale der $\overline{Q}$-Ausgänge bilden eine Dualzahl, die sich von 1111 ausgehend mit jedem Taktimpuls um eins erniedrigt. Die einlaufenden Taktimpulse werden vom Ausgangszustand abgezogen, sie werden **rückwärts** gezählt.

5.4.2 Synchroner Vorwärts-Dualzähler

Die Kippstufen der asynchronen Zähler schalten nacheinander. Erst nach den Schaltzeiten aller Flipflops wird das richtige Zählergebnis angezeigt. Der zeitliche Abstand der zu zählenden Impulse muss also größer sein als die Summe der Schaltzeiten. Schneller als die asynchronen sind die synchronen Zähler. Hier steuert der zu zählende Taktimpuls parallel alle Kippstufen an, die somit gleichzeitig bei derselben Flanke schalten. Bei dem in Bild 5.9 dargestellten vierstufigen Zähler ist dies der (1 auf 0)-Übergang des Taktsignals, wobei oft an Stelle der einfachen T-Flipflops die hier nicht erklärten Flipflops mit Zwischenspeichern verwendet werden.

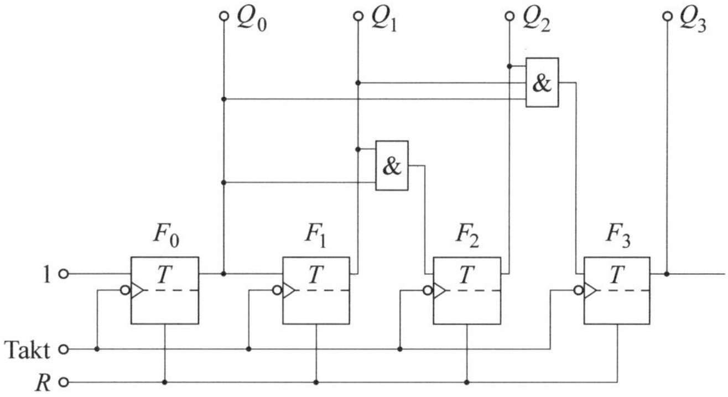

Bild 5.9: Synchroner Vorwärts-Dualzähler

Damit nun die einlaufenden Taktimpulse gezählt werden, sind nicht mehr alle T-Eingänge dauernd mit 1 belegt, sondern werden entsprechend dem Dual-Code von Bild 5.8 b aktiviert. Danach darf das Flipflop F_1 nur dann den Zustand ändern, wenn zuvor an Q_0 das Signal 1 angestanden ist. Diese Forderung lässt sich erfüllen, indem der Q_0-Ausgang mit dem T-Eingang der Kippstufe F_1 verbunden wird (Bild 5.9). Das Flipflop F_2 darf nur dann kippen, wenn zuvor Q_0 und Q_1 das 1-Signal hatten, und die Kippstufe F_3 schließlich darf nur dann schalten, wenn zuvor die Flipflops Q_0 und Q_1 und Q_2 gesetzt waren. Diese Bedingungen lassen sich durch UND-Gatter realisieren, deren Ausgangssignale die T-Eingänge der entsprechenden Flipflops ansteuern. Nur wenn an diesen T-Eingängen ein 1-Signal liegt, wechseln die Flipflops ihren Zustand. Der synchrone Dualzähler hat also dasselbe Ablaufdiagramm wie der asynchrone, erlaubt aber eine höhere Zählgeschwindigkeit.

5.4.3 Synchroner Vorwärts-BCD-Zähler

BCD-Zähler zählen zunächst dual, ermöglichen aber einen dekadischen Übertrag. Der BCD-Code benötigt vier Flipflops, um die Ziffern 0 bis 9 darzustellen. Durch geeignete

Rückkopplung ist dabei zu gewährleisten, dass nach der zehnten Taktflanke die Nullstellung der Zähldekade wieder erreicht wird (Bild 5.10). Die Bedingungen für diese Rückstellung ergeben sich aus einem Vergleich der Ablaufdiagramme des Dualzählers (Bild 5.8 b) und des BCD-Zählers (Bild 5.10 b). Das des BCD-Zählers unterscheidet sich an zwei Stellen von dem des Dualzählers:

- Die Kippstufe F_1 darf nach der 10. Taktflanke nicht mehr gesetzt werden und
- die Kippstufe F_3 muss nach der 10. Taktflanke wieder zurückgesetzt werden.

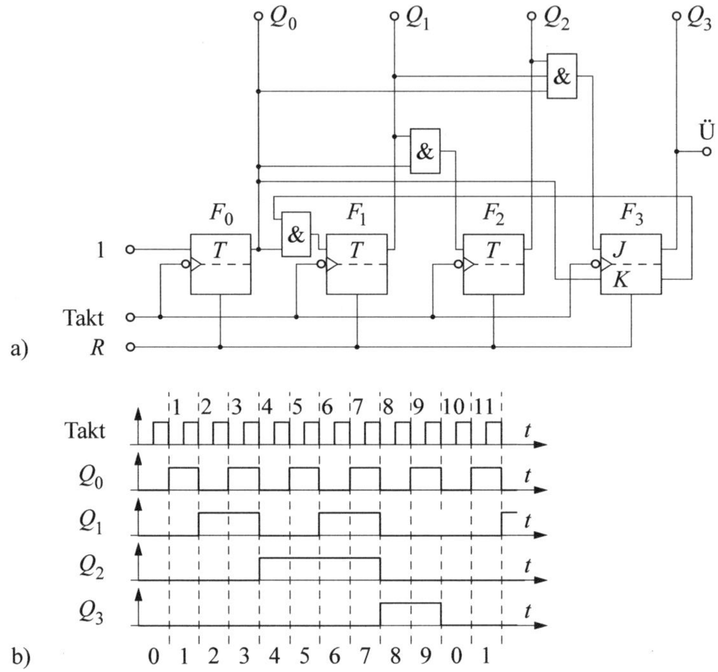

Bild 5.10: Synchroner Vorwärtszähler
a) Aufbau, b) Ablaufdiagramm

Die erste Bedingung wird erfüllt, indem das Signal $\overline{Q}_3$ mit dem Signal Q_0 über eine UND-Verknüpfung an den T-Eingang des Flipflops F_1 gelegt wird. Nach der 8. Taktflanke wechselt das Signal am Ausgang $\overline{Q}_3$ auf 0. Die UND-Bedingung ist ab diesem Zeitpunkt nicht mehr erfüllt, das UND-Gatter liefert jetzt das Ausgangssignal 0 und die Kippstufe F_1 bleibt nach der 10. Flanke in ihrem alten, rückgesetzten Zustand. Die Kippstufe F_3 muss nach der 10. Flanke rückgesetzt werden. Um dies zu erreichen, ist sie als JK-Flipflop ausgeführt. Der J-Eingang ist wie beim Dualzähler beschaltet, der K-Eingang ist mit Q_0 verbunden. Vor der 10. Flanke liegt so am Eingang K das Signal 1, am Eingang J das Signal 0. Dementsprechend wird mit der 10. Flanke das Flipflop F_3 zurückgesetzt. Am Ausgang Q_3 entsteht ein (1 auf 0)-Übergang, der als Übertrag und als Eingangssignal für die nächste Zähldekade dient.

Mehrere Zähldekaden lassen sich hintereinander schalten und bilden so einen mehrstufigen dekadischen Zähler. Für jede Zähldekade ist dabei noch ein Code-Umsetzer erforderlich, der dann die Anzeige der Ziffern 1 bis 9 ermöglicht (Bild 5.11).

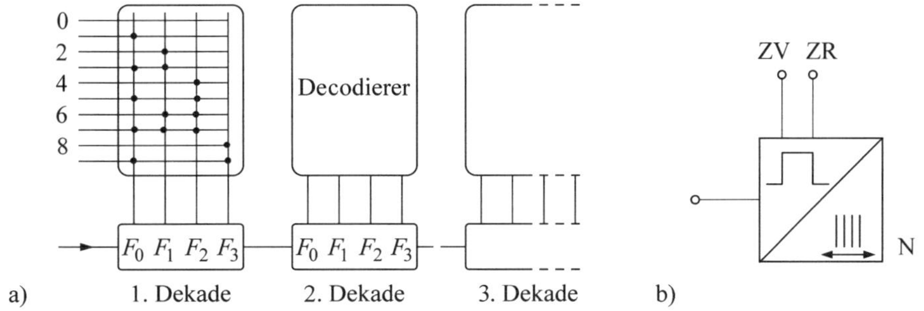

Bild 5.11: Mehrstufiger BCD-Zähler a) Aufbau, b) Schaltzeichen mit Vorwärts(ZV)- und Rückwärts(ZR)-Zählrichtung und dem Zählergebnis (N). Nicht gezeichnet sind die Funktionen „Rückstellung“ und „Ziffernvoreinstellung“.

5.5 Register

Im Rahmen der digitalen Messtechnik sind nicht nur Ereignisse oder Elemente zu zählen, sondern noch weitere Operationen durchzuführen. So sind z. B. Signale zu verzögern, zu speichern, umzusetzen oder umzurechnen. Hierfür werden die Register benötigt, die ebenso wie die Zähler aus Gattern und Kippstufen aufgebaut sind.

5.5.1 Parallelregister

Mit Parallelregistern können parallel vorliegende Informationen übernommen und gespeichert werden. Das beispielhaft in Bild 5.12 gezeigte Register enthält die vier *RS*-Flipflops F_0 bis F_3 mit UND-Gattern vor den Setz- und Rücksetzeingängen.

Das zu übernehmende Wort wird an die Eingänge E_0 bis E_3 gelegt. Seine mit 1 belegten Bit bereiten die UND-Gatter vor den Setzeingängen vor und sperren umgekehrt über die Umkehrstufen die Rücksetzeingänge. Entgegengesetzt wirken die auf 0 gesetzten Bit. Sie sperren die UND-Gatter vor den Setzeingängen und legen über die Umkehrstufen ein 1-Signal an die Gatter vor den Rücksetzeingängen. Mit einem Setzsignal S kann die an E_0 bis E_3 anliegende Information in die Ausgänge Q_0 bis Q_3 übernommen werden. Sie bleibt dort auch dann noch gespeichert, wenn die Eingangssignale E_0 bis E_3 wieder verschwunden sind. Die Kippstufen können dann bei einem erneuten Signal S eine neue Information übernehmen oder durch ein Signal an R rückgesetzt werden.

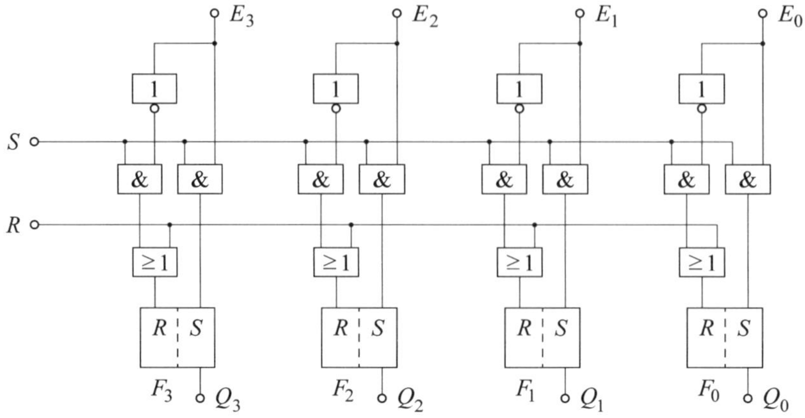

Bild 5.12: Parallelregister

5.5.2 Schieberegister zur Parallel/Serien-Umsetzung

Das Schieberegister zur Parallel/Serien-Umsetzung lässt sich als eine Erweiterung des Ringzählers auffassen. Während im Ringzähler ein Bit weitergereicht wurde, ist es im Schieberegister ein ganzes Wort.

Die Arbeitsweise des in Bild 5.13 dargestellten, aus taktflankengesteuerten D-Flipflops aufgebauten Registers soll anhand des Ablaufdiagramms besprochen werden. Um einen definierten Anfangszustand zu bekommen, werden zunächst alle D-Flipflops zurückgesetzt. Die in paralleler Form an den Eingängen E_0 bis E_3 liegende Information (im Beispiel 1011) wird durch das Setzsignal S in die Ausgänge Q_0 bis Q_3 der Flipflops F_0 bis F_3 übernommen. Diese Kippstufen sind so miteinander verschaltet, dass der Q-Ausgang des vorausgehenden an den D-Eingang des nachfolgenden angeschlossen ist. Mit der ersten ansteigenden Taktflanke übertragen die Flipflops das an ihrem Eingang liegende Signal auf den Ausgang, übernehmen also jeweils das Signal des vorausgehenden. Das eingelesene Wort ist jetzt um eine Stelle weiter nach rechts geschoben und steht in den Flipflops F_s bis F_2. Mit der nächsten Taktflanke rückt die Information eine weitere Stelle nach rechts, wobei jetzt nur noch drei Bit gespeichert sind, und nach dem 5. Schiebetakt schließlich ist das Register wieder leer. Dabei sind die zunächst parallel an den Eingängen E_0 bis E_3 angelegten Bit nacheinander seriell am Ausgang Q_s aufgetreten. Das Bit mit der niedrigsten Wertigkeit ist zuerst und das mit der höchsten Wertigkeit zuletzt erschienen. Um diese Folge von 0- und 1-Zuständen in eine Folge von Impulsen zu überführen, wurde sie in Bild 5.13 in einem UND-Gatter mit dem Schiebetakt verknüpft. Am Ausgang des UND-Gatters erscheint ein Impuls, wenn Q_s ein 1-Signal führt, und der Impuls fehlt bei $Q_s = 0$. Die Impulsfolge trägt dieselbe Information wie das zu Beginn übernommene Wort. Das Schieberegister ist also geeignet, eine Information parallel einzulesen und seriell auszugeben (Tabelle 5.7).

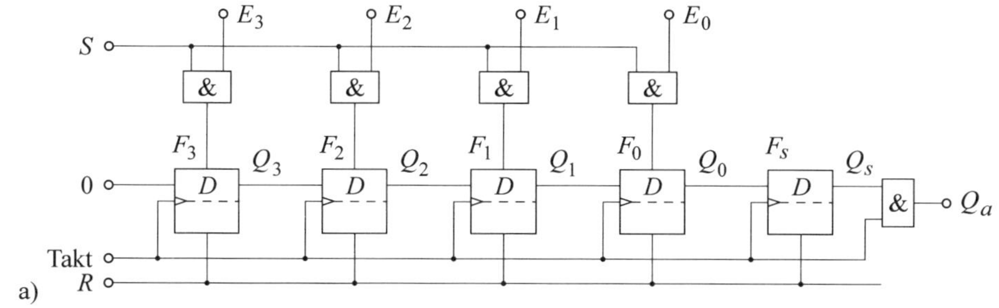

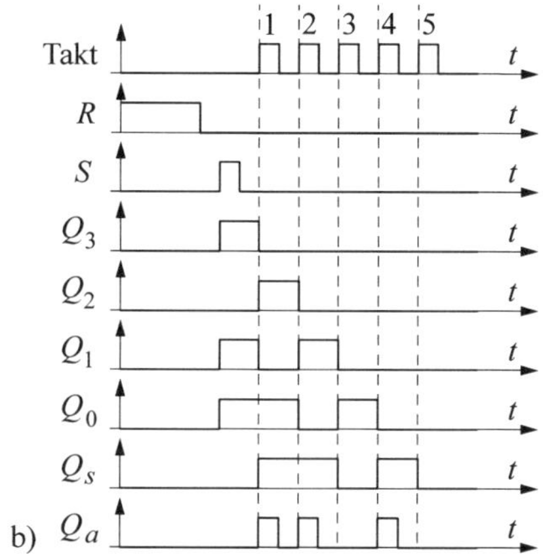

Bild 5.13: Schieberegister zur Parallel/Serien-Umsetzung
a) Aufbau
b) Ablaufdiagramm

Tabelle 5.7: Zustandstabelle des Schieberegisters zur Parallel/Serien-Umsetzung

	Q_3	Q_2	Q_1	Q_0	Q_s
Rücksetzen	0	0	0	0	0
Information übernehmen	E_3	E_2	E_1	E_0	0
1. Schiebetakt	0	E_3	E_2	E_1	E_0 (lsb)
2. Schiebetakt	0	0	E_3	E_2	E_1
3. Schiebetakt	0	0	0	E_3	E_2
4. Schiebetakt	0	0	0	0	E_3 (msb)
5. Schiebetakt	0	0	0	0	0

5.5.3 Schieberegister zur Serien/Parallel-Umsetzung

Auch die umgekehrte Operation, die Serien/Parallel-Umsetzung, ist in einigen Fällen notwendig. Sie lässt sich mit dem Register von Bild 5.14 durchführen, wobei das Beispiel für die Impulsfolge 1(lsb), 1, 0, 1 (msb) gezeichnet ist.

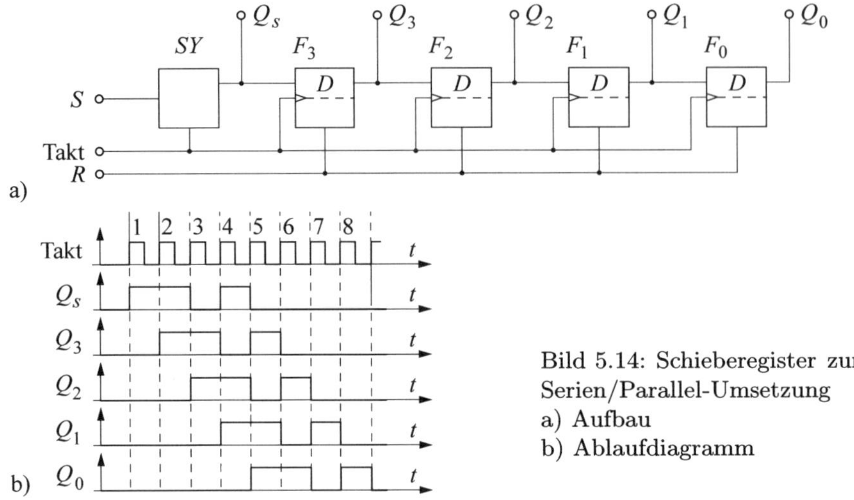

Bild 5.14: Schieberegister zur Serien/Parallel-Umsetzung
a) Aufbau
b) Ablaufdiagramm

Die Impulse werden in der Baugruppe *SY* mit dem steuernden Taktsignal synchronisiert und für die Dauer eines Takts gespeichert. Der Ausgang Q_s übernimmt also die am Eingang S impulsförmig angebotene Information. Damit liegt nach dem ersten Takt am Eingang von F_3 das Signal Q_s, das mit dem zweiten Takt nach Q_3 übertragen wird. Mit jedem Takt wird dann diese Information von Flipflop zu Flipflop weitergeschoben. Dabei wird jeweils ein neues Bit am Eingang übernommen, so dass schließlich mit dem 5. Takt vier Bit eingelesen sind und an den Ausgängen Q_0 bis Q_3 zur Verfügung stehen. Damit ist die Serien/Parallel-Umsetzung beendet (Tabelle 5.8).

Tabelle 5.8: Zustandstabelle des Schieberegisters zur Serien/Parallel-Umsetzung

	Q_s	Q_3	Q_2	Q_1	Q_0
Rücksetzen	0	0	0	0	0
1. Takt	lsb	0	0	0	0
2. Takt	2. Bit	lsb	0	0	0
3. Takt	3. Bit	2. Bit	lsb	0	0
4. Takt	msb	3. Bit	2. Bit	lsb	0
5. Takt	0	msb	3. Bit	2. Bit	lsb

Das Serien/Parallel-Register von Bild 5.14 lässt sich um das Flipflop F_s und das UND-Gatter des Parallel/Serien-Registers von Bild 5.13 erweitern. In diesem Fall wird bei fortlaufenden Schiebebefehlen die in den Kippstufen F_0 bis F_3 stehende Information nacheinander am UND-Gatter wieder ausgegeben. Das Schieberegister dient in dieser Betriebsweise zur Verzögerung von Messsignalen, wobei die Verzögerungszeit proportional der Länge des Schieberegisters ist.

5.5.4 Multiplexer als Parallel/Serien-Umsetzer

Umschalter oder Multiplexer werden benötigt, um mehrere Signale nacheinander an einen bestimmten Anschlusspunkt zu legen. Die hier zu besprechenden Schalter werden nicht von Hand betätigt, sondern von einem Adressenzähler gesteuert. Der in Bild 5.15 gezeigte Multiplexer für binäre Signale ist aus Gattern aufgebaut.

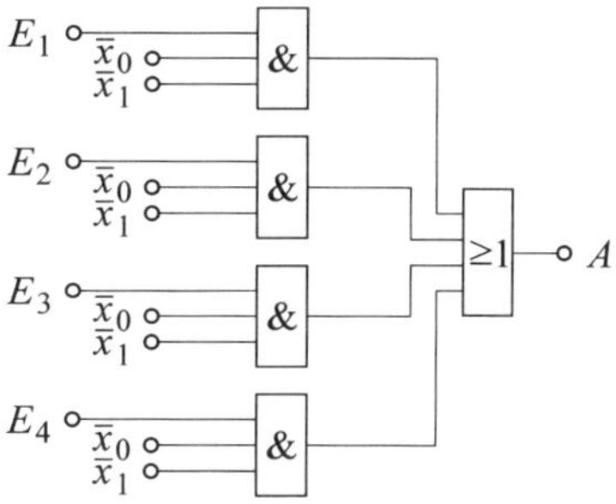

Bild 5.15: Multiplexer für binäre Signale

Er enthält die Signaleingänge E_1 bis E_4, den Ausgang A und die Adresseneingänge $x_i\, x_j$. Um vier Signale adressieren zu können, ist ein zweistelliger Dualzähler erforderlich. Dieser zählt kontinuierlich von 00 bis 11 und belegt die Adressenleitungen jeweils mit 0 oder 1. In den vier UND-Gattern sind die Adressen mit den vier Eingangssignalen so verknüpft, dass nacheinander immer nur eine UND-Bedingung erfüllt sein kann:

$$A = \overline{x}_1 \cdot \overline{x}_0 \cdot E_1 + \overline{x}_1 \cdot x_0 \cdot E_2 + x_1 \cdot \overline{x}_0 \cdot E_3 + x_1 \cdot x_0 \cdot E_4 \,. \tag{5.24}$$

Die Eingangssignale werden so seriell abgefragt und an den Ausgang A gelegt. Der gezeigte Multiplexer ist zur Parallel/Serien-Umsetzung eines an den Eingängen E_1 bis E_4 liegenden Worts geeignet und kann das Schieberegister von Bild 5.13 ersetzen.

5.6 Digitale Zeitmessung

5.6.1 Einführung

Zeitintervalle und Frequenzen lassen sich nicht nur mit einer außerordentlich hohen Genauigkeit messen, sie sind auch „digitalfreundliche" Größen. Über eine Impulszählung können die Messsignale leicht als Zahl dargestellt und weiterverarbeitet werden.

So werden in zunehmendem Maße Frequenzen als die die Messinformation tragenden Parameter benutzt, wobei sich die Vorteile analoger und digitaler Signalverarbeitung miteinander kombinieren lassen.

Die Frequenzsignale

- sind unempfindlich gegen Änderungen der Leitungsparameter,
- werden weniger als analoge Signale durch elektromagnetische Einstreuungen gestört,
- lassen sich leicht galvanisch entkoppeln,
- können ohne Verlust an Genauigkeit verstärkt werden und
- lassen sich mit einfachen Hilfsmitteln verarbeiten wie z. B. addieren, subtrahieren, multiplizieren, dividieren, integrieren.

Zeit- und Frequenzmessungen sind einander sehr ähnlich. Eine Impulsfolge der Frequenz f läuft jeweils während eines Zeitintervalls T in einen Zähler ein und führt dort zu dem Zählerstand N mit

$$N = f\,T\,. \tag{5.25}$$

Bei der Zeitmessung ist die Frequenz bekannt, und der Zählerstand ist ein Maß für die gesuchte Zeit T, während bei der Frequenzmessung die Messzeit konstant gehalten und aus dem Zählerstand die Frequenz f ermittelt wird.

5.6.2 Digitale Messung eines Zeitintervalls

Zur Messung eines Zeitintervalls ist ein Taktgeber notwendig, der eine Impulsfolge der bekannten Frequenz f_0 liefert (Bild 5.16).

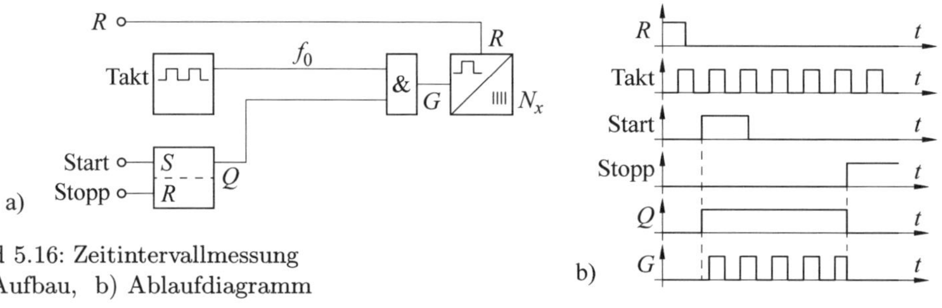

Bild 5.16: Zeitintervallmessung
a) Aufbau, b) Ablaufdiagramm

Als Taktgeber und damit als Normal für die Zeitmessung dient ein mit einer sehr konstanten Frequenz schwingender Oszillator wie z. B. ein Schwingquarz. Seine Impulse werden gezählt, solange das als Tor vor dem Zähler liegende UND-Gatter geöffnet ist. Dazu muss über einen Startimpuls das RS-Flipflop gesetzt und der entsprechende Eingang des UND-Gatters mit einer logischen 1 belegt werden. Das Tor schließt, sobald durch einen Stoppimpuls das Flipflop rückgesetzt wird. Bei der bekannten Frequenz f_0 ergibt sich die zwischen dem Start- und Stoppimpuls vergangene Zeit T_x als Zählerstand N_x zu

$$N_x = f_0 \, T_x \, . \tag{5.26}$$

Sobald das Ergebnis abgelesen oder zwischengespeichert ist, wird der Zähler wieder zurückgesetzt, und die Anordnung ist bereit für eine neue Messung.

Quantisierungsfehler. In dem gezeichneten Beispiel hat der Zähler fünf ansteigende Flanken des Taktsignals registriert. Der Startimpuls ist nicht mit dem Taktsignal synchronisiert und hätte auch bei einer anderen Phasenlage, z. B. eine halbe Taktperiode später, kommen können. In diesem Fall wären bei gleichem Zeitintervall zwischen Start- und Stoppimpuls nur vier ansteigende Flanken gezählt worden. Das Ergebnis ist also um ein Ereignis unsicher. Diese Unsicherheit wird als Quantisierungsfehler bezeichnet, und der Zählerstand wird mit $N_x \pm 1$ angegeben.

5.6.3 Messung einer Periodendauer

Für die Periodendauermessung ist zunächst das analoge Signal in ein binäres Rechtecksignal umzuformen. Dies geschieht mit dem Komparator auf Bild 5.17. Nach dem (nicht gezeichneten) Rücksetzen der Kippstufen und des Zählers wird von der ersten ansteigenden Flanke des Komparatorsignals das Flipflop T_1 gesetzt, mit der zweiten Flanke wieder rückgesetzt. Der damit verbundene (0 auf 1) - Übergang an $\overline{Q}_1$ führt zum Setzen der Kippstufe T_2. Das 1-Signal am T-Eingang von Flipflop T_1 geht auf 0, so dass dieses ab diesem Zeitpunkt in dem rückgesetzten Zustand bleibt. Die Impulse des Taktgenerators gelangen für genau eine Periode durch das UND-Gatter in den Zähler. Bei bekannter Frequenz f_0 ist dann der Zählerstand N_x ein Maß für die Periodendauer T_x:

$$N_x = f_0 \, T_x \, .$$

Das Flipflop T_1 kann durch einen Rückwärtszähler, bestehend aus N Stück T-Flipflops, ersetzt werden. Wenn dann der Q-Ausgang des N-ten T-Flipflops das UND-Gatter steuert, bleibt dieses für 2^{N-1} Perioden geöffnet und der Zähler läuft während dieser Zeit. Wird das Zählergebnis durch 2^{N-1} dividiert, ergibt sich die mittlere Dauer einer Periode mit einer geringeren Unsicherheit als bei einer Einzelmessung.

5.6.4 Messung eines Phasenwinkels

Um den Phasenwinkel φ zwischen den beiden Spannungen

$$u_1(t) = \hat{u} \, \sin \omega t \qquad \text{und}$$

$$u_2(t) = \hat{u} \, \sin(\omega t + \varphi) = \hat{u} \, \sin(\omega t + \omega t_x)$$

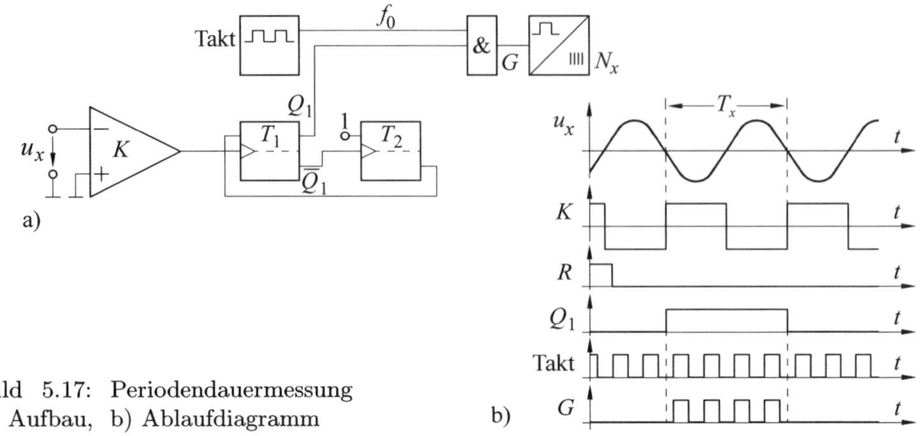

Bild 5.17: Periodendauermessung
a) Aufbau, b) Ablaufdiagramm

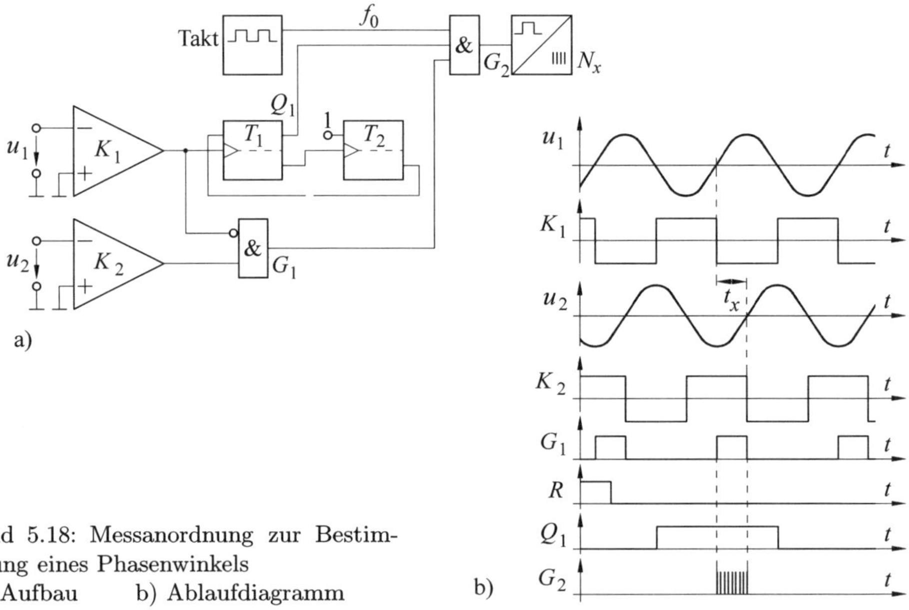

Bild 5.18: Messanordnung zur Bestimmung eines Phasenwinkels
a) Aufbau b) Ablaufdiagramm

zu bestimmen, ist die Messanordnung von Bild 5.17 um einen zweiten Komparator zur Umformung von $u_2(t)$ in ein binäres Signal und um das zusätzliche UND-Gatter G_1 zu erweitern (Bild 5.18).

Dieses verknüpft das Signal von Komparator 2 mit dem negierten Signal von Komparator l. Die UND-Bedingung ist jeweils für die Zeitintervalle t_x erfüllt, die durch die ansteigenden Nulldurchgänge der beiden Spannungen u_1 und u_2 gebildet werden. Das Flipflop T_1 bereitet Tor G_2 für eine Periode zum Öffnen vor und gewährleistet, dass die Impulse des Taktgebers nur während eines einzigen Intervalls t_x zum Zähler gelangen. Mit f_0 als Frequenz des Taktgebers und N_x als Zählerstand ergibt sich der Phasenwinkel φ zu

$$\varphi = \omega\, t_x = \omega \frac{N_x}{f_0}\,. \tag{5.27}$$

5.7 Digitale Frequenzmessung

5.7.1 Digitale Messung einer Frequenz oder einer Impulsrate

Die analogen Signale, deren Frequenzen f_x oder Impulsraten n_x zu bestimmen sind, sind zunächst in einem Komparator in eine Folge von Rechteckimpulsen umzuformen. Die Rechteckimpulse laufen dann während der vorgegebenen Messzeit T in einen Zähler und führen dort zum Zählerstand N_x. Dieser dient als Maß der gesuchten Frequenz f_x oder Impulsrate n_x mit

$$f_x = \frac{N_x}{T}\,; \qquad n_x = \frac{N_x}{T}\,. \tag{5.28}$$

Um die Messzeit (Torzeit, Zeitbasis) möglichst genau einzuhalten, wird sie von der bekannten, konstanten Frequenz f_0 eines Taktgenerators abgeleitet (Bild 5.19).

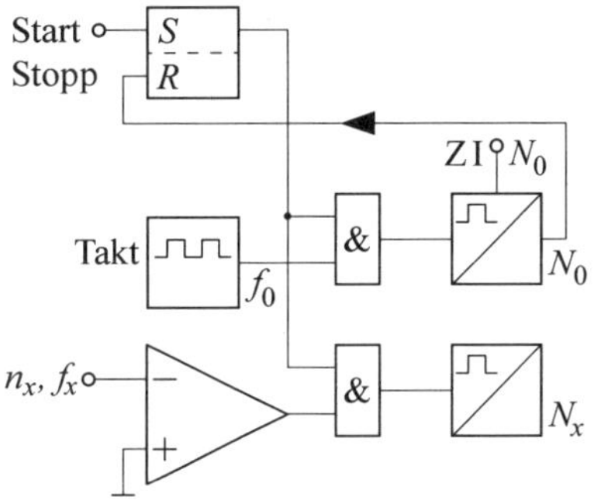

Bild 5.19: Anordnung zur Messung einer Frequenz f_x oder Impulsrate n_x

Mit einem Startimpuls wird das RS-Flipflop gesetzt. Der Q-Ausgang öffnet die vor den beiden Zählern als Tore liegenden UND-Gatter. Der obere Zähler zählt die Impulse der bekannten Frequenz f_0, der untere die der gesuchten Frequenz oder Impulsrate. Der obere Zähler ist auf den Wert N_0 voreingestellt. Bei Erreichen dieses Wertes wird ein Impuls geliefert, der das RS-Flipflop zurücksetzt und die Messzeit T beendet. Mit $T = N_0/f_0$ ist die gesuchte Frequenz f_x

$$f_x = \frac{N_x}{T} = \frac{f_0}{N_0}\,N_x\,. \tag{5.29}$$

Wird der Startimpuls von einem Taktgenerator bezogen, so lässt sich die Messung zyklisch wiederholen. Das Zählergebnis N_x ist dann für eine Taktperiode zwischenzuspeichern, da der Startimpuls bei Beginn einer neuen Messung die Zähler jeweils auf null zurücksetzt.

5.7.2 Messung des Verhältnisses zweier Frequenzen oder Drehzahlen

Die Messanordnung Bild 5.19 ist ebenfalls zur Messung des Verhältnisses zweier Frequenzen f_1 und f_2 geeignet. Mit $f_0 = f_1$, $f_x = f_2$ und $N_0 = N_1$, $N_x = N_2$ lässt sich Gl. (5.29) in der folgenden Form schreiben:

$$\frac{f_2}{f_1} = \frac{N_2}{N_1}\,. \tag{5.30}$$

Die Frequenzen verhalten sich wie die Zählergebnisse. Die Messung des Verhältnisses ist möglich, ohne dass die einzelnen Frequenzen bekannt sind.

5.7.3 Messung der Differenz zweier Frequenzen oder Drehzahlen

Um z. B. den Schlupf von Asynchronmotoren oder die Streckung eines Bandes beim Walzen zu ermitteln, ist jeweils die Differenz der Drehzahlen $n_2 - n_1$ zweier Wellen zu messen. Auch diese Aufgabe lässt sich mit dem Universalzähler oder mit der Messanordnung von Bild 5.19 lösen. Beide Zähler haben einen Messbereich von 0...999. Die niedrigere Drehzahl geht (über einen eigenen Komparator) auf den ersten Zähler N_0 (im Bild 5.19), der beim Erreichen des Wertes 999 einen Überlaufimpuls liefert. Dieser Impuls setzt das *RS*-Flipflop zurück und sperrt die Zähler. Die höhere Drehzahl wird in dem zweiten Zähler gemessen. Der zweite Zähler ist nach Erreichen des Wertes 999 „übergelaufen“ und hat wieder von 0 an aufwärts gezählt. Sein Zählerstand zeigt die Drehzahldifferenz an, die sich bei dem gewählten Wert $N_0 = 999$ direkt als relative Drehzahldifferenz $(n_2 - n_1)/n_1$ in Promille ergibt.

5.7.4 Universalzähler

Die erwähnten Aufgaben der Zeit- und Frequenzmessung lassen sich mit Hilfe eines Universalzählers erledigen. Dieses Messgerät enthält im Allgemeinen als Zeitbasis einen Quarzoszillator mit Untersetzer sowie zwei komplette Zählkanäle mit je einem Eingangsverstärker, Komparator, Tor und Zähler. Die verschiedenen Betriebsweisen können über Schalter angewählt und eingestellt werden.

Triggerung. Die im Komparator durchgeführte Umsetzung des analogen Signals in eine Folge von Rechteckimpulsen, deren steigende oder fallende Flanken gezählt werden, wird als Triggerung bezeichnet. Die Einstellung der Komparatorschwelle kann bei modulierten, gestörten oder Oberwellen enthaltenden Signalen zu Fehlern führen (Bild 5.20 b). Um Fehlmessungen zu vermeiden, empfiehlt es sich in diesen Fällen, das Signal und den Triggereinsatzpunkt auf einem Oszilloskop zu überprüfen.

Triggersperre. Mechanische Kontakte können prellen und die schnellen elektronischen Schaltungen interpretieren die Schwingungen der Kontaktzungen als echte Schaltvorgänge. Auch Einschwing- oder Ausschwingvorgänge können den Zähler auslösen. Wird von einem derartigen schwingenden System eine Zeitmessung gestartet,

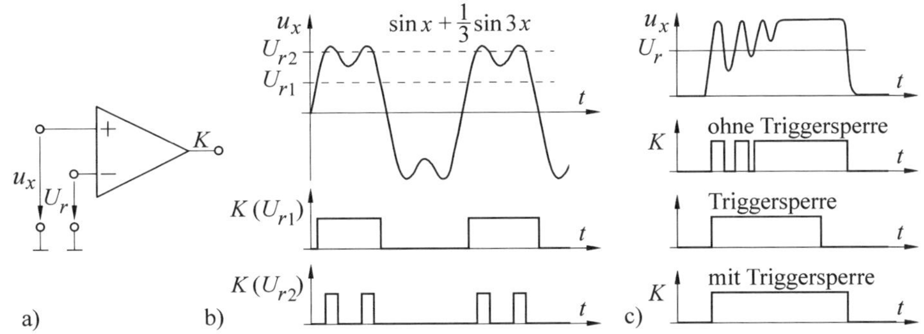

Bild 5.20: Die Vergleichsspannung U_r des Komparators a) ist mit U_{r1} so zu wählen, dass die Periodendauer der Grundwelle erfasst wird. b) Die Oberwellen sollen nicht gezählt werden. Die Triggersperre c) schützt vor Fehlmessungen bei prellenden Kontakten

so kann zunächst nur das kurzzeitige Schließen des Kontakts, nicht aber der eingeschaltete Vorgang gemessen werden.

Dieses Problem löst die einstellbare Triggersperre oder Hold-off-Schaltung, die den Zähler nach dem Start für eine Mindestzeit offen hält (Bild 5.20 c).

Überlaufbereich. Bei dem Messergebnis ist der Quantisierungsfehler zu berücksichtigen. Dieser fällt umso weniger ins Gewicht, je höher der Zählerstand N_x ist. Für genaue Messungen kann der Zähler im Überlauf betrieben werden. In diesem Bereich werden die höherwertigen Dezimalstellen nicht mehr angezeigt, sind aber natürlich im Zählergebnis zu berücksichtigen. Der Quantisierungsfehler wird dadurch so weit vermindert, dass die Genauigkeit der Frequenzmessung praktisch nur noch von der Genauigkeit der Zeitbasis abhängt (Tabelle 5.9).

Tabelle 5.9: Messung einer Frequenz von 100,3143 kHz mit einem 4-stelligen Zähler

Torzeit	Zählerstand N_x	Ergebnis f_x in Hz	Quantisierungsfehler in Hz
10 ms	1003	100 300	100,0
100 ms	0031	100 310	10,0
1 s	0314	100 314	1,0
10 s	3143	100 314,3	0,1

5.8 Analoge Messung eines Zeitintervalls oder einer Frequenz

Nicht immer ist das digitale Datenformat notwendig oder ausreichend. Oft sind die Zeitintervalle oder Frequenzen als analoge Spannungssignale anzubieten. Dies wäre im

Prinzip durch eine Digital/Analog-Umsetzung eines Zählerstandes möglich. Einfacher ist jedoch, das Zeitintervall oder die Frequenz direkt in eine Spannung umzuformen.

5.8.1 Analoge Messung eines Zeitintervalls; t/u-Umformung

Angenommen wird, dass die Information über die gemessene Größe in der Dauer t_x eines Zeitintervalls steckt und in einem bekannten Takt T gewonnen wird. Werden diese Impulse mit dem Scheitelwert U_0 und dem Tastverhältnis t_x/T an den Eingang eines RC-Tiefpasses gelegt, so hat dessen Ausgangsspannung u_2 den in Bild 5.21 gezeigten Verlauf.

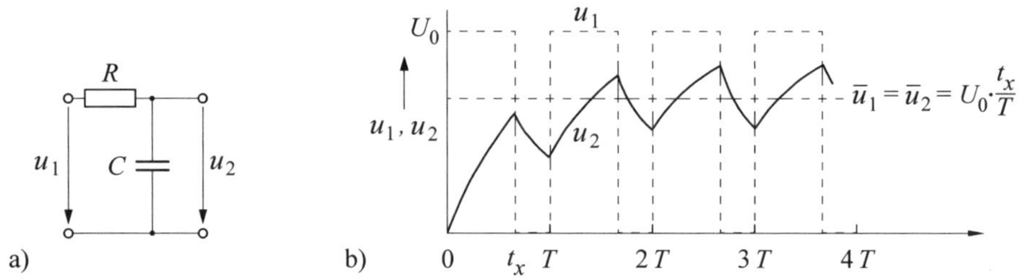

Bild 5.21: Schaltung a) und Signale b) eines RC-Tiefpasses zur Umformung einer Impulsbreite t_x in die Spannung $\overline{u}_2$

Sie pendelt zwischen einem maximalen und minimalen Wert hin und her. Die Extremwerte liegen umso weiter auseinander, je kleiner die Zeitkonstante RC des Tiefpasses ist. Im eingeschwungenen Zustand ist die gemittelte Ausgangsspannung $\overline{u}_2$ so groß wie die gemittelte Eingangsspannung $\overline{u}_1$. Beide sind proportional zu t_x:

$$\overline{u}_2 = \overline{u}_1 = \frac{U_0}{T}\, t_x\,, \tag{5.31}$$

und die gemittelte Ausgangsspannung $\overline{u}_2$ kann als Maß für die gesuchte Größe t_x genommen werden.

5.8.2 Analoge Messung einer Frequenz oder Impulsrate; f/u-Umformung

Frequenz- und Impulsratensignale sind als Spannungssignale anzubieten, wenn analoge Anzeige-, Registrier-, Steuer- oder Regelgeräte verwendet werden. Dazu müssen die Eingangssignale zunächst in eine Folge von Rechteckimpulsen gleicher Höhe und Dauer überführt werden. Die Normierung auf gleiche Höhe und gleiche Breite erfolgt in einer **monostabilen Kippstufe** (Monoflop, Univibrator). Diese hat im Gegensatz zur bistabilen nur einen stabilen Ausgangszustand. Wird sie von einem Eingangssignal angestoßen, so fällt sie nach einer definierten Zeit T_0 wieder in diesen stabilen Zustand zurück. Ein Monoflop wird benutzt, um auf eine Eingangsflanke hin einen rechteckförmigen Impuls mit einer definierten Länge T_0 und Höhe $U - 0$ zu liefern.

Mittelwertbildung am *RC*-Tiefpass. Die monostabile Kippstufe MF ist Bestandteil des Zählratenmessers Bild 5.22. Sie liefert Impulse gleicher Höhe und Breite. Diese lassen sich wie schon beim t/u-Umformer an einem RC-Tiefpass mitteln. Ist n die Zahl der Impulse in der Sekunde, U_0 ihre Höhe und T_0 ihre Dauer, so nehmen die gemittelten Spannungen mit der Impulsrate n zu:

$$\overline{u}_1 = U_0\, T_0\, n = \overline{u}_2\,. \tag{5.32}$$

Die gemittelte Ausgangsspannung $\overline{u}_2$ eines derartigen Impulsraten- oder Zählratenmessers steigt also proportional zur Impulsrate n.

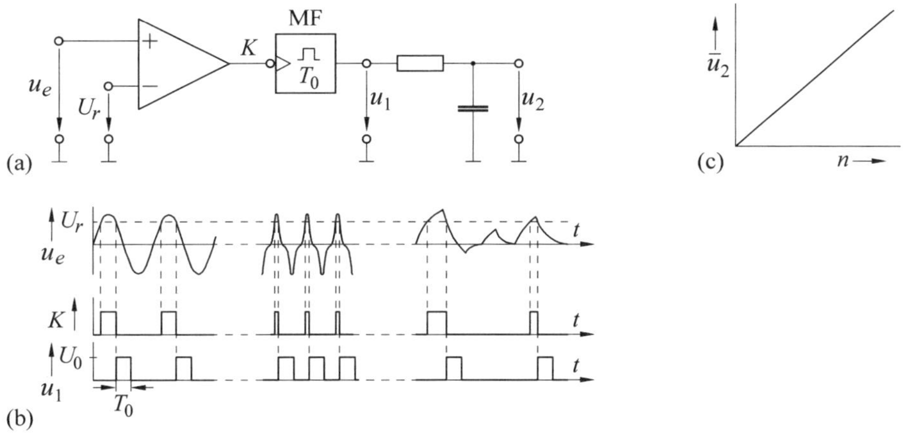

Bild 5.22: Zählratenmesser
a) Schaltung; MF Monoflop für Impulse der Zeitdauer T_0
b) Umformung verschiedener Eingangsspannungen u_e in Impulse der Höhe U_0 und der Dauer T_0
c) Kennlinie; die gemittelte Ausgangsspannung $\overline{u}_2$ ist proportional der Impulsrate n

Die Welligkeit der Ausgangsspannung u_2 ist bei kleinen Zeitkonstanten RC des Tiefpasses besonders ausgeprägt. Die Zeitkonstante kann aber nicht beliebig vergrößert werden, da sonst bei einer Änderung der Zählrate der neue Mittelwert zu spät erreicht werden würde. Hier ist ein Kompromiss zwischen dem Auflösungsvermögen und der notwendigen Anzeigegeschwindigkeit zu schließen. Schnelle Ansprechzeiten sind nur mit kleinen Zeitkonstanten und entsprechend großen Welligkeiten zu erreichen (Bild 5.23).

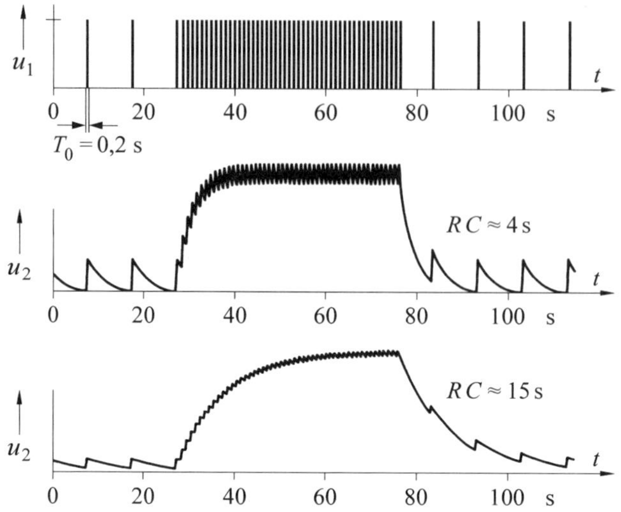

Bild 5.23: Die Anzeigegeschwindigkeit des Zählratenmessers und die Welligkeit der Ausgangsspannung hängen von der Zeitkonstanten RC des Tiefpasses ab

5.9 Drehzahlaufnehmer

Die Drehzahlaufnehmer sind wohl die bekanntesten Geräte, die eine Frequenz als Messsignal liefern (Bild 5.24). Sie bestehen aus mindestens einer auf der umlaufenden Welle sitzenden Marke und einem fest stehenden Geräteteil, das die Bewegung der umlaufenden Marke detektiert. Die Frequenz f des gelieferten Signals hängt dabei von der Drehzahl n und der Zahl k der auf den Umfang verteilten Marken ab:

$$f = k\,n\,. \tag{5.33}$$

Der **Induktions**-Drehzahlaufnehmer enthält einen mit der Welle umlaufenden Dauermagneten, der in einer fest stehenden Spule infolge der Flussänderung $\mathrm{d}\Phi/\mathrm{d}t$ Spannungsimpulse induziert. Die Höhe der Impulse ist proportional der Winkelgeschwindigkeit, d. h. proportional der Drehzahl. Damit ist der Induktionsgeber für niedrige Drehzahlen nicht geeignet und – wegen der starken Anziehung zwischen Magnet und Eisenkern der Spule – auch nicht für Wellen mit geringem Drehmoment. Der **induktive** Drehzahlaufnehmer benutzt als fest stehende Komponente eine Drossel mit Eisenkern, deren magnetischer Widerstand durch ein mit der Welle umlaufendes Zahnrad geändert wird. Gemessen werden die daraus resultierenden Induktivitätsänderungen. Diese führen in einer Brückenschaltung zu Spannungsimpulsen, deren Höhe unabhängig von der Drehzahl ist.

Andere magnetische Abgriffe sind ausgeführt, bei denen mit der Welle umlaufende Dauermagnete entweder direkt die Kontakte eines Reedrelais schalten, den Widerstand einer **Differenzial-Feldplatte** ändern oder in einem **Hall-Detektor** Spannungsimpulse hervorrufen. Von diesen Empfängern liefert der aktive Hall-Detektor das schwächere Signal, bietet aber die höhere Grenzfrequenz.

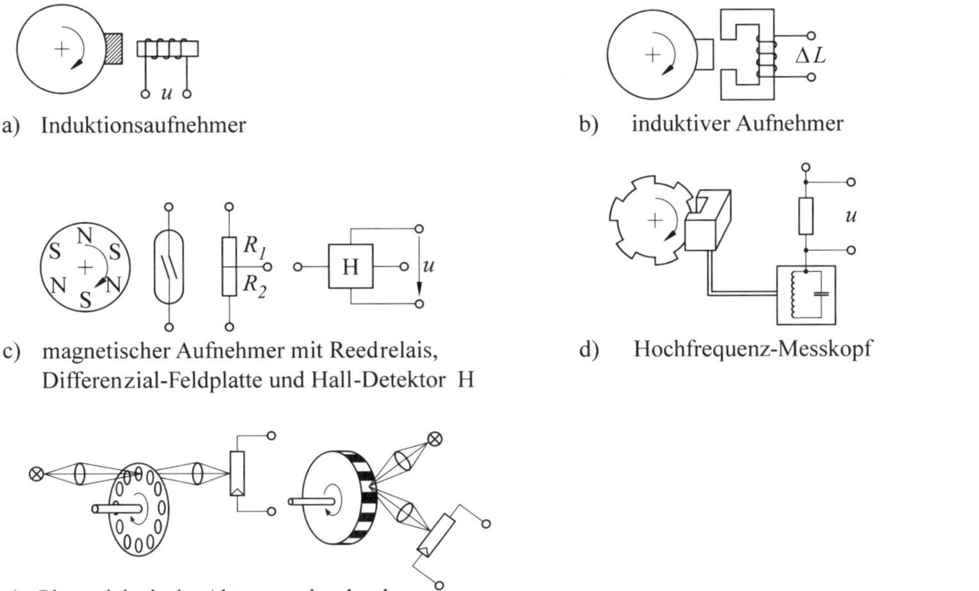

a) Induktionsaufnehmer

b) induktiver Aufnehmer

c) magnetischer Aufnehmer mit Reedrelais, Differenzial-Feldplatte und Hall-Detektor H

d) Hochfrequenz-Messkopf

e) Photoelektrische Abtastung im durchgehenden und reflektierten Licht

Bild 5.24: Drehzahlaufnehmer

Sollen Dauermagnete am Messort vermieden werden, so kann auf den **Hochfrequenz-Messkopf** übergegangen werden. Dieser besteht aus zwei magnetisch gekoppelten, einen Schwingkreis bildenden Spulen, durch deren Luftspalt sich eine mit der Welle umlaufende Schlitzscheibe bewegt. Taucht eine Metallfahne dieser Scheibe in den Luftspalt ein, so wird infolge der auftretenden Wirbelströme die Kopplung verringert, und die Schwingung reißt ab. Dies führt zu einem Spannungsimpuls im Speisestromkreis. Die Rückwirkung zwischen Welle und Messkopf ist sehr gering. Die angreifende Kraft beträgt nur etwa $5 \cdot 10^{-8}$ N.

Schließlich ist noch die **fotoelektrische Abtastung** im durchgehenden oder reflektierten Licht zu erwähnen, bei der völlig rückwirkungsfreie inkrementale fotoelektrische Winkelgeber eingesetzt werden.

6 Analog/Digital-Umsetzer für elektrische und mechanische Größen

Die Analog/Digital-Umsetzer ADU (analog to digital converter ADC) sind außerordentlich wichtige Komponenten [6.1]...[6.6]. Sie verbinden die Welt der analogen Messgrößen, Sensoren und Verstärker mit der digitalen Welt der Rechner. Ihre Eingangssignale sind amplitudenanalog, die Ausgangssignale sind zeit- und wertdiskret (digital). Die Umsetzer lassen sich in zwei große Gruppen einteilen. Bei den **direkt vergleichenden** werden Spannungen verglichen, bei den **indirekten** werden die umzusetzenden Spannungen zunächst in Zeitintervalle oder Frequenzen umgeformt und dann digital gemessen. Bei den direkt vergleichenden Umsetzern darf sich während der Umsetzung der Messwert nicht ändern. Er ist zu speichern. Dies geschieht in einem Abtast- und Halteglied.

6.1 Abtast- und Halteglied mit Multiplexer

Des schnelleren Verständnisses wegen ist in Bild 6.1 a der Abtast- und Haltekreis (sample and hold circuit) mit Relaiskontakten gezeichnet.

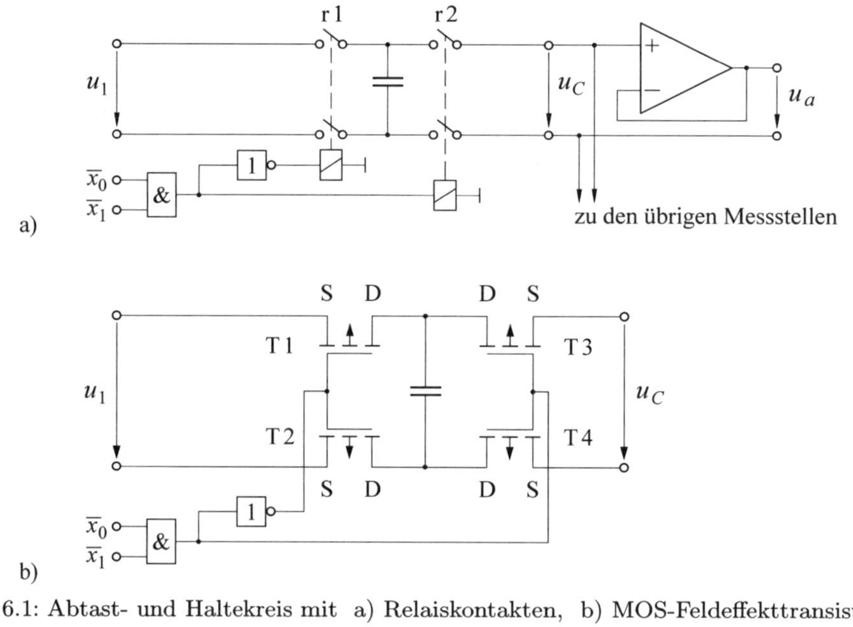

Bild 6.1: Abtast- und Haltekreis mit a) Relaiskontakten, b) MOS-Feldeffekttransistoren

In der Abtastphase sind die Kontakte r 1 des ersten Relais geschlossen und die Kontakte r 2 des zweiten geöffnet. Der Kondensator lädt sich auf die Spannung u_1 des Messwertgebers auf. In der Messphase öffnen die Kontakte r l; die Kontakte r 2 schließen und legen die Kondensatorspannung u_C an den Messverstärker, der die Ausgangsspannung $u_a = u_C = u_1$ liefert. Infolge des hohen Verstärker-Eingangswiderstandes kann sich der Kondensator während der Messung nicht entladen. Die Spannung wird „gehalten“. Der Vorteil der gezeichneten zweipoligen Umschaltung liegt darin, dass bei der Messung der Verstärkerkreis keine galvanische Verbindung zum eigentlichen Messwertgeber (u_1) hat, unabhängig vom Messwertgeber geerdet werden kann und nicht durch elektromagnetische Einstreuungen auf der Seite des Messwertgebers gestört wird.

Sollen die Spannungen mehrerer Messwertgeber nacheinander auf einen Messverstärker geschaltet werden, so werden die Relaisspulen über einen Adressenzähler angesteuert. Mit einem 2-Bit-Zähler lassen sich 4 Messstellen mit $\overline{x}_1\,\overline{x}_0$, $\overline{x}_1\,x_0$, $x_1\,\overline{x}_0$ und $x_1\,x_0$ adressieren. Normalerweise sind die Kontakte zum Messwertgeber geschlossen, und der Kondensator ist mit diesem verbunden. Nur zum Zeitpunkt der Messung wird er vom Messwertgeber getrennt und an den Verstärker gelegt.

In Bild 6.1 b ersetzen vier MOS-FET die Schließkontakte der Relais. In der Abtastphase sind die Transistoren T 1 und T 2 leitend, die Transistoren T 3 und T 4 sind gesperrt. In der Messphase ist es umgekehrt. Unter Umständen sind noch Pegelumsetzer erforderlich, da die MOS-FET mit anderen Spannungen als die DTL-Schaltkreise angesteuert werden.

6.2 Direkt vergleichende A/D-Umsetzer

In diesem Abschnitt werden die direkt vergleichenden Umsetzer behandelt, welche die zu messende Spannung mit bekannten, abgestuften Referenzspannungen vergleichen. Diesen Umsetzern ist in der Regel jeweils ein Abtast- und Haltekreis vorgeschaltet.

6.2.1 Komparator

Im einfachsten Fall ist der Wert einer zu messenden Spannung als binäres Signal auszugeben, d. h., es ist zu entscheiden, ob die Spannung größer oder kleiner als eine Vergleichs- oder Referenzspannung ist. Diese Aufgabe lässt sich mit einem nicht gegengekoppelten Differenzverstärker großer Empfindlichkeit wie z. B. einem Operationsverstärker als Vergleicher realisieren (Bild 6.2).

An seinem negativen Eingang liegt die unbekannte Spannung u_x, am positiven die Vergleichsspannung U_r. Verstärkt wird die Spannungsdifferenz u_d

$$u_d = U_r - u_x\,. \tag{6.1}$$

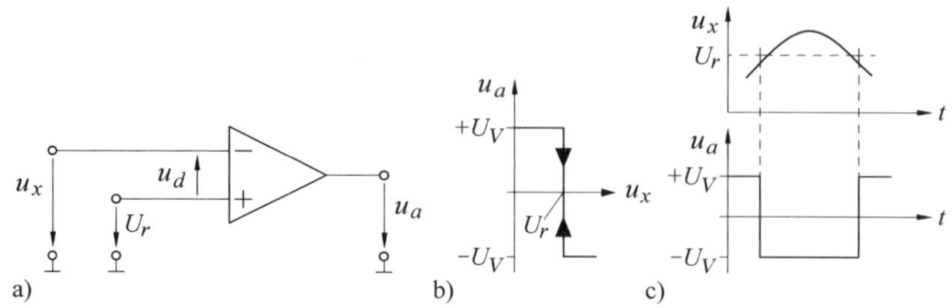

Bild 6.2: Komparator ohne Hysterese
a) Schaltung, b) Kennlinie, c) Eingangs- und Ausgangssignal in Abhängigkeit von der Zeit

Die maximalen Ausgangsspannungen des Verstärkers $\pm U_{a,max}$ sind ungefähr so groß wie die Versorgungsspannungen $\pm U_V$. Ist k' die Empfindlichkeit des offenen Verstärkers, so wird er ausgesteuert bei einer Differenzspannung von $u_d = U_{a,max}/k'$. Mit $k' = 10^5$ führt schon eine Differenzspannung von 0,1 mV zu einer Ausgangsspannung von 10 V. Die Kennlinie verläuft also außerordentlich steil. Der Komparator schaltet praktisch beim Nulldurchgang, so dass für seine Ausgangsspannung $u_a = k' \cdot u_d$ gilt:

$$u_a = +U_V \qquad \text{für} \quad u_x < U_r \,, \tag{6.2}$$

$$u_a = -U_V \qquad \text{für} \quad u_x > U_r \,. \tag{6.3}$$

Wird die Eingangsbelegung des Komparators vertauscht, indem u_x mit dem p- und U_r mit dem n-Eingang verbunden wird, so verläuft die Kennlinie umgekehrt mit $u_a = -U_V$ für $u_x < U_r$ und $u_a = +U_V$ für $u_x > U_r$.

6.2.2 Komparator mit Hysterese

Der zu vergleichenden Eingangsspannung u_x sind oft Oberwellen oder stochastische Einstreuungen überlagert. Bei ungefähr gleich großen Spannungen u_x und U_r wird infolge dieser überlagerten Störungen die Schaltschwelle des Komparators abwechselnd über- und unterschritten. Dadurch werden auch die vom Komparatorsignal angesteuerten Stellglieder oder Steuerkreise entsprechend häufig betätigt. Dies ist unerwünscht und kann durch einen mit einer Hysterese behafteten Komparator vermieden werden.

Bei dem Verstärker von Bild 6.3 ist ein Teil der Ausgangsspannung an den p-Eingang zurückgeführt. Der Verstärker ist mitgekoppelt. Mit U_h als rückgeführte Spannung ergibt sich die Differenzspannung u_d zu

$$u_d = U_r + U_h - u_x \,. \tag{6.4}$$

Zur Vergleichsspannung U_r wird also jetzt die rückgeführte Spannung U_h addiert mit

$$U_h = \frac{R_2}{R_1 + R_2}\,(u_a - U_r) \,. \tag{6.5}$$

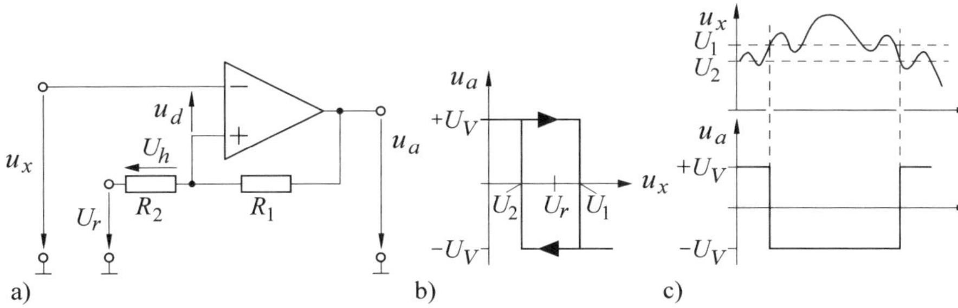

Bild 6.3: Komparator mit Hysterese
a) Aufbau, b) Kennlinie, c) Eingangs- und Ausgangssignal in Abhängigkeit von der Zeit

Dieser Term ist positiv, wenn die Kennlinie von links nach rechts, also in Richtung zunehmender Spannungen u_x durchlaufen wird. Für diesen Fall ist u_a zunächst gleich der positiven Versorgungsspannung $+U_V$ und der Verstärker kippt erst bei der Schwellspannung U_1, die größer ist als die Vergleichsspannung U_r:

$$U_1 = U_r + \frac{R_2}{R_1 + R_2}\,(U_V - U_r)\,. \tag{6.6}$$

Hat der Komparator umgeschaltet, so ist seine Ausgangsspannung $u_a = -U_V$. Die mitgekoppelte Spannung U_h ist jetzt negativ und verringert die Vergleichsspannung U_r. Bei abnehmendem u_x schaltet der Komparator bei der Schwelle U_2, die niedriger liegt als U_r und U_1:

$$U_2 = U_r + \frac{R_2}{R_1 + R_2}\,(-U_V - U_r)\,. \tag{6.7}$$

Die Differenz $U_1 - U_2$ der beiden Schaltpunkte, die **Schalthysterese**, beträgt

$$U_1 - U_2 = 2\,\frac{R_2}{R_1 + R_2}\,U_V\,. \tag{6.8}$$

Sie verhindert bei überlagerten Störungen einen allzu häufigen Wechsel des Komparatorsignals.

Komparatoren werden auch Grenzwerteinheiten, Schwellwertkomparatoren oder Diskriminatoren genannt. Liegt die Referenzspannung bei 0 V, so wird auch von Schaltverstärkern gesprochen, und ein Schaltverstärker mit Hysterese schließlich wird als Schmitt-Trigger bezeichnet.

6.2.3 A/D-Umsetzer mit parallelen Komparatoren

Bei Verwendung mehrerer Komparatoren kann die zu messende Spannung mit verschiedenen Referenzwerten verglichen und verschiedenen Spannungsbereichen zugeordnet werden. Bei dem in Bild 6.4 dargestellten A/D-Umsetzer liegt die zu messende

Spannung u_x an den parallel geschalteten p-Eingängen der Komparatoren (Parallelumsetzer). Deren Vergleichsspannungen sind aus einer gemeinsamen Spannungsquelle U_0 mit Hilfe eines Spannungsteilers gebildet worden. Je nach der Höhe der zu messenden Spannung u_x ist keiner der Schwellwerte, sind mehrere oder alle überschritten (Tabelle 6.1). Mit n einzelnen Komparatoren können $n + 1$ unterschiedliche Spannungsbereiche definiert werden.

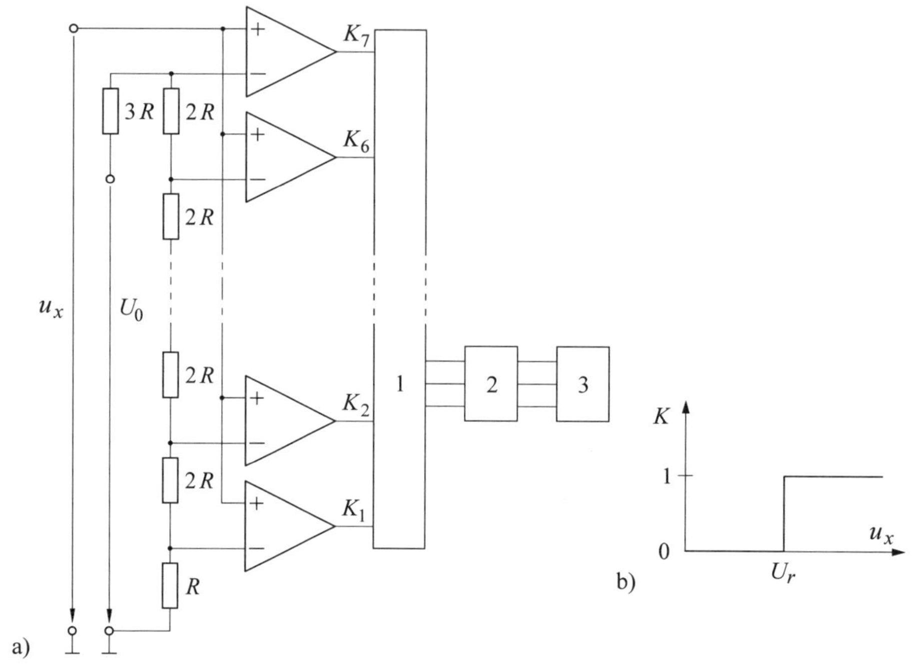

Bild 6.4:
a) 3-Bit-Umsetzer mit parallelen Komparatoren; 1 Logik zur Bildung einer Gray-Zahl aus den Komparatorsignalen („Thermometer-Code"), 2 Speicher, 3 Decodierer vom Gray-Code in den Dual- oder BCD-Code
b) Kennlinie der verwendeten Komparatoren

Um aus den Komparatorsignalen eine Zahl zur Anzeige der Spannung zu bilden, werden diese zunächst in einen einschrittigen Code wie z. B. den Gray-Code überführt. Die einzelnen Bit des Gray-Codes werden gespeichert, in eine Dual- oder Dezimalzahl umcodiert, und ausgegeben wird der in der Mitte des Intervalls liegende Spannungswert. Die ausgegebenen Werte haben einen Abstand von je einem least significant bit lsb.

Würde von den Komparatorsignalen sofort auf den Dual-Code übergegangen, so müssten bei bestimmten Änderungen der Eingangsspannung mehrere Bit gleichzeitig wechseln. Um zu verhindern, dass z. B. bei dem Übergang von 011 auf 100 der völlig falsche

Tabelle 6.1: Variable in einem 3-Bit-A/D-Umsetzer mit parallelen Komparatoren

Spannungsbereich	Komparatorsignal $K_7\,K_6\,K_5\,K_4\,K_3\,K_2\,K_1$	Gray-Zahl $G_4\,G_3\,G_2\,G_1$	angezeigter Wert u_x/U_0
$0 \leq u_x < U_0/16$	0 0 0 0 0 0 0	0 0 0 0	0
$U_0/16 \leq u_x < 3\,U_0/16$	0 0 0 0 0 0 1	0 0 0 1	1/8
$3\,U_0/16 \leq u_x < 5\,U_0/16$	0 0 0 0 0 1 1	0 0 1 1	2/8
$5\,U_0/16 \leq u_x < 7\,U_0/16$	0 0 0 0 1 1 1	0 0 1 0	3/8
$7\,U_0/16 \leq u_x < 9\,U_0/16$	0 0 0 1 1 1 1	0 1 1 0	4/8
$9\,U_0/16 \leq u_x < 11\,U_0/16$	0 0 1 1 1 1 1	0 1 1 1	5/8
$11\,U_0/16 \leq u_x < 13\,U_0/16$	0 1 1 1 1 1 1	0 1 0 1	6/8
$13\,U_0/16 \leq u_x$	1 1 1 1 1 1 1	0 1 0 0	7/8

Zustand 111 auftritt, abgespeichert und auch fälschlich ausgegeben wird, müssten die zur Auswertung der Komparatorsignale benötigten Gatter exakt gleichzeitig schalten. Dies ist infolge unterschiedlicher Gatterlaufzeiten nicht gewährleistet, und so ist der einschrittige Gray-Code zwischengeschaltet.

Die industriell gefertigten A/D-Umsetzer enthalten mehr als die sieben im Bild 6.4 gezeigten Komparatoren. Der Verbesserung der Auflösung sind aber durch den steigenden Aufwand Grenzen gesetzt. Letzten Endes wird die Genauigkeit durch die Toleranzen beim Abgleich des Spannungsteilers und die Driften der Komparatoren begrenzt. Die prinzipielle Stärke des parallelen A/D-Umsetzers liegt in seinem einfachen Aufbau und in seiner hohen Umsetzrate (Simultanumsetzer, Flash-Umsetzer). Diese wird durch die Einstellzeit der Komparatoren und die Schaltzeit der Gatter bestimmt.

6.2.4 Kaskaden-Parallel-Umsetzer

Der Aufwand beim Parallel-Umsetzer lässt sich durch eine Kaskadierung deutlich reduzieren. In Bild 6.5 sind zwei ADU dargestellt, die jeweils 4 Bit auflösen sollen und dementsprechend jeweils 16 Komparatoren enthalten.

Die interessierende Spannung u_x läuft in den ADU 1, der sie umsetzt und das Ergebnis in einem Register ablegt. Das so entstandene 4-Bit-Datenwort wird mittels der Digital/Analog-Umsetzer DAU wieder in eine Spannung umgewandelt und im Knoten 1 von der ursprünglichen Spannung abgezogen. Es bleibt eine Restspannung übrig, die geringer ist als die Auflösung des ADU 1, bei einem 4-Bit-Umsetzer also geringer als $1/16\,U_0$. Diese Spannung wird (um den Faktor 16) verstärkt und dem ADU 2 zugeführt. Dieser unterteilt die Restspannung wieder in 16 Intervalle und zeigt die vier niederwertigen Bit an. Damit ist die Spannung u_x in ein 8-Bit-Datenwort umgesetzt. Die Auflösung beträgt 1 von 256. Um sie zu erreichen, wären ohne Kaskadierung

256 Komparatoren erforderlich gewesen. Die Reduzierung des Aufwandes wird dabei durch eine längere Umsetzzeit erkauft.

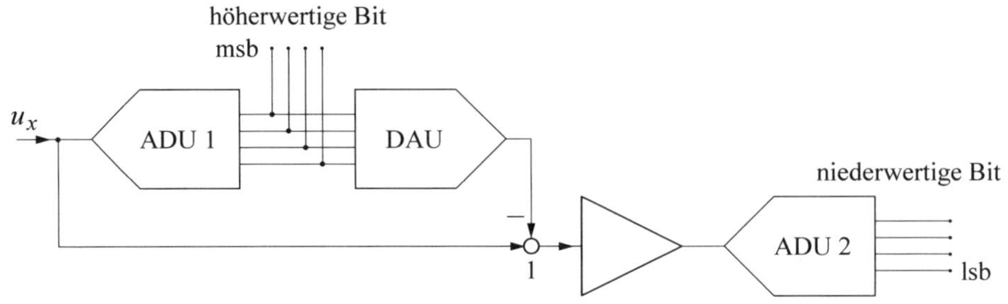

Bild 6.5: Kaskaden-Parallel-Umsetzer

Der Kaskaden-Umsetzer kann mit einer Balkenwaage verglichen werden. Benutzt man unterschiedlich schwere Gewichte, so braucht man weniger Gewichte, als wenn viele der leichtesten aufgelegt werden müssen.

Das Kaskaden-Verfahren kann in verschiedenen Varianten realisiert werden. Sie werden zum Teil auch als „pipelining" oder „subranging" bezeichnet.

6.2.5 A/D-Umsetzer mit sukzessiver Annäherung an den Messwert

Bei dem Stufenumsetzer mit sukzessiver Annäherung an den Messwert wird die Referenzspannung nicht in gleichen, sondern in unterschiedlich großen Stufen geändert. Seine Arbeitsweise gleicht der einer Balkenwaage, bei der nicht viele kleine, sondern wenige, gestaffelte Gewichtsstücke verwendet werden. Aus diesem Grunde ist auch die Bezeichnung **Wäge-Umsetzer** gebräuchlich.

Die einzelnen Teilvergleichsspannungen werden aus einer konstanten Hilfsspannung U_0 mit Hilfe eines Digital/Analog-Umsetzers gebildet. Sie sind oft im Dual- oder BCD-Code gestuft. Im BCD-Code sind 4 k unterschiedliche Teilspannungen notwendig, um einen Spannungswert dezimal mit k Stellen angeben zu können.

Der Wäge-Umsetzer enthält einen Komparator, der die unbekannte Spannung u_x mit der Referenzspannung U_r vergleicht (Bild 6.6). Die Messung beginnt, indem die höchste Teilspannung $U_r = U_0/2$ eingestellt und mit der zu messenden Spannung u_x verglichen wird. Ist $u_x > U_r$, so bleibt $U_0/2$ eingeschaltet, die nächste Teilspannung $U_0/4$ wird zu $U_0/2$ hinzuaddiert, und der Vergleich wird von neuem durchgeführt. Solange die zu messende Spannung größer als die Referenzspannung ist, bleibt der hinzugekommene Teilbetrag erhalten. Ansonsten wird der letzte Teilbetrag abgeschaltet, und der Abgleich wird mit der Addition der nächstniedrigeren Teilspannung versucht.

Am Ende der Messung hat sich die Referenzspannung sukzessiv der zu messenden Spannung genähert und weicht von dieser höchstens um die kleinste Spannungsstufe

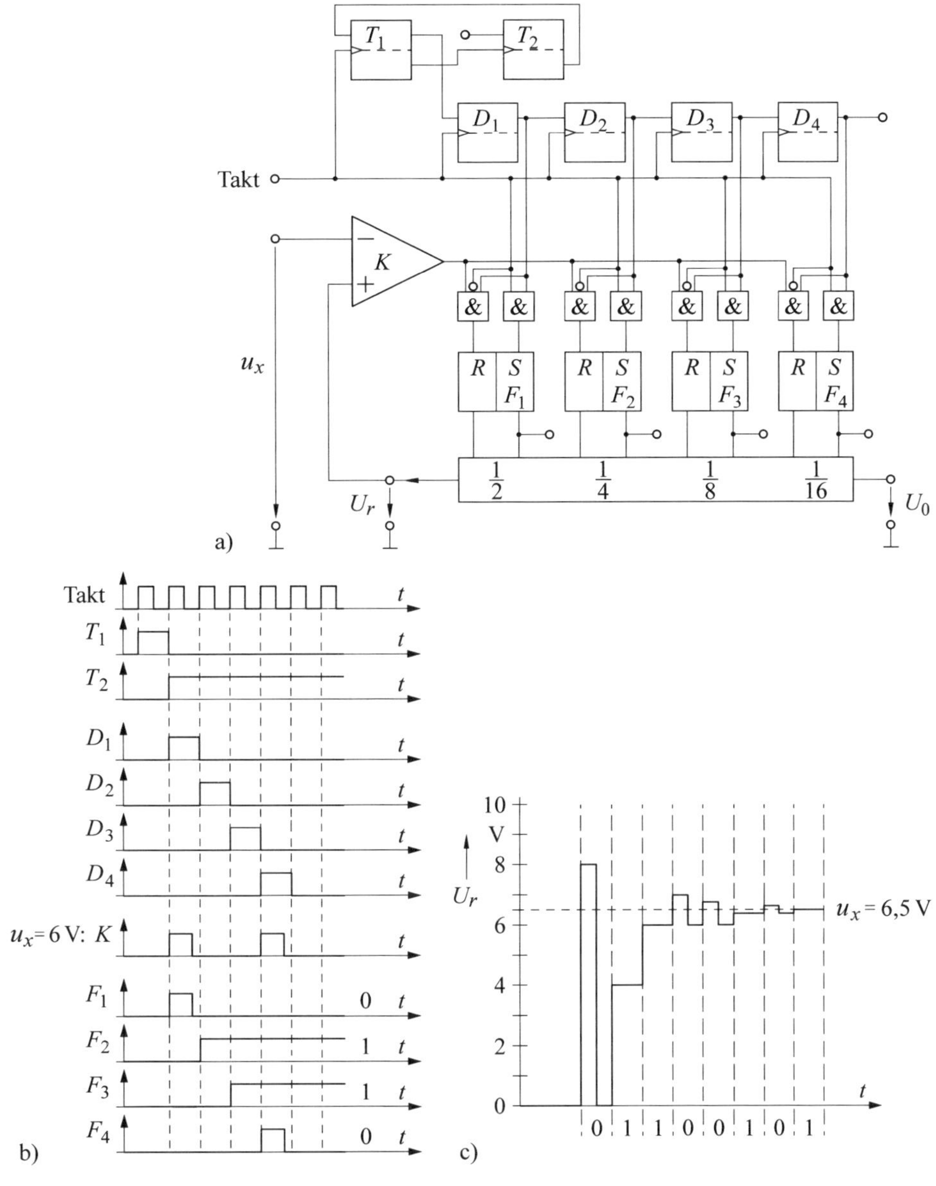

Bild 6.6: A/D-Stufenumsetzer mit sukzessiver Annäherung an den Messwert
a) Schaltung für die ersten 4 Bit
b) Ablaufdiagramm für die ersten 4 Bit
c) Abgleichvorgang für 4 + 4 Bit

ab. Der Wert der gesuchten Spannung u_x wird von den Stellungen der Schalter in der Referenzspannungsquelle als Dual- oder BCD-Zahl abgelesen. Ist die betreffende Teilspannung noch zugeschaltet, so wird für das entsprechende Bit eine 1, andernfalls eine 0 gesetzt. Das Ablaufdiagramm von Bild 6.6 c gilt für eine zu messende Spannung $u_x = 6,5$ V und für eine Konstantspannung $U_0 = 16$ V, die in insgesamt $2 \cdot 4$ Stufen von 8, 4, 2, 1 und 0,8, 0,4, 0,2, 0,1 V unterteilt ist. Als Ergebnis des Abgleichs wird die BCD-Zahl 0110 0101 erhalten.

Nach dieser Beschreibung des Prinzips soll noch einmal auf die für den Abgleichvorgang notwendigen Baugruppen zurückgekommen werden, die in Bild 6.6 für einen 4 Bit-Abgleich gezeichnet sind. Im Ausgangszustand sind alle Kippstufen zurückgesetzt. Der steuernde Eingangstakt setzt zunächst für genau eine Taktperiode das T-Flipflop T_1. Dessen Q-Signal wird dann durch die D-Flipflops geschoben. Diese liefern so nacheinander für jeweils eine Taktperiode an ihrem Q-Ausgang ein 1-Signal. Während dieser Zeit kann über die UND-Verknüpfung mit dem Zustand des Eingangstakts das dem D-Flipflop zugeordnete RS-Flipflop gesetzt werden. Damit wird in der digital steuerbaren Referenzspannungsquelle die entsprechende Teilspannung zugeschaltet. Der Komparator vergleicht die zu messende Spannung u_x mit der aktuellen Referenzspannung U_r. Ist die Referenzspannung zu groß, liefert der Komparator ein 1-Signal an das UND-Gatter vor den Rücksetzeingängen. Das RS-Flipflop, das in der gerade laufenden Taktperiode zugeschaltet wurde, wird dadurch wieder rückgesetzt, und die Teilspannung wird wieder abgeschaltet. Auf diese Weise werden alle Teilspannungen abgefragt. Am Ende des Abgleichs liefert der Zustand der RS-Flipflops den Messwert in dem Code, der der digital steuerbaren Vergleichsspannung zu Grunde gelegen hat. Der Messwert wird zwischengespeichert, alle Kippstufen werden zurückgesetzt, und ein neuer Abgleichvorgang kann beginnen.

6.3 Spannung/Zeit- und Spannung/Frequenz-Umsetzer

Zeitintervalle und Frequenzen lassen sich mit einfachen Mitteln digital messen. So ist es kein Umweg, eine analoge Größe wie z. B. eine Spannung zunächst in ein Zeitintervall oder in eine Frequenz umzuformen und dann den Wert dieser Zwischengröße über eine Impulszählung zu erfassen. Im Endeffekt ist damit eine Analog/Digital-Umsetzung erreicht. Der Vergleich der analogen Größe mit der Referenzgröße erfolgt dann nicht wie bei den direkt vergleichenden Umsetzern in der Größenart Spannung, sondern in der Größenart Zeit. Die Messunsicherheit kann dabei auf Grund der großen Genauigkeit des Zeitnormals sehr gering gehalten werden.

6.3.1 u/t-Zweirampen-Umsetzer

Die für den Zweirampen-A/D-Umsetzer (integrierender Zweirampen-Umsetzer, dual slope converter) benötigten Komponenten sind in Bild 6.7 dargestellt. Zu erkennen ist der Integrationsverstärker, der wechselweise einen der zu messenden Spannung u_x

oder einen der konstanten Spannung $-U_0$ proportionalen Strom integriert. Weiter sind der Komparator K_0 und die für eine Zeitmessung nötigen Komponenten wie Taktgeber, Tor und Zähler vorhanden. Die Ablaufsteuerung AS ist angedeutet.

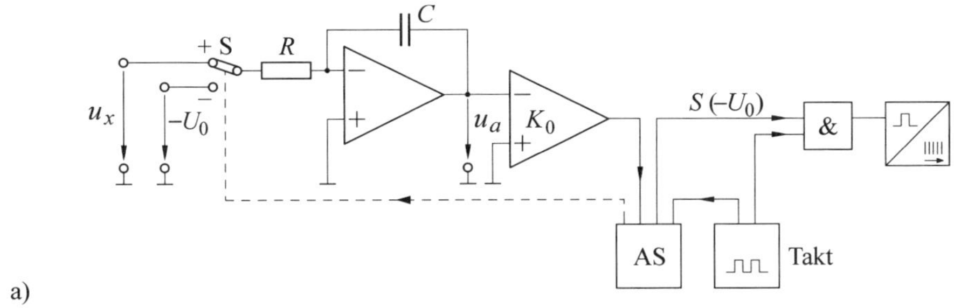

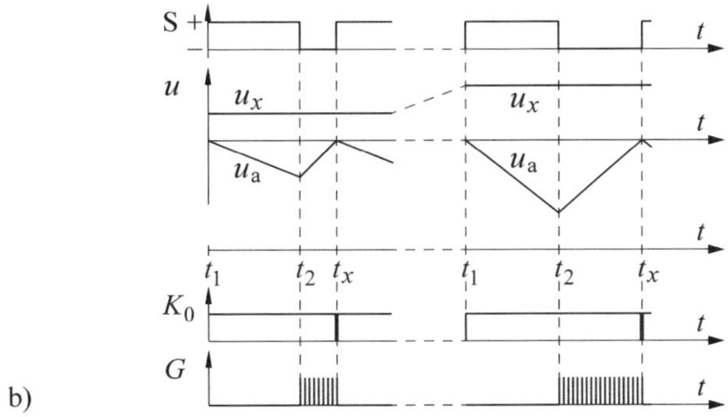

Bild 6.7: u/t-Zweirampen-Umsetzer
a) Blockschaltbild
b) Signale

Die Impulse des Taktgebers steuern über AS den Schalter S. Während der vorgegebenen Zeit t_1 bis t_2 wird der der zu messenden Spannung u_x proportionale Strom $i_x = u_x/R$ integriert. Die negative Ausgangsspannung des Integrators wächst proportional mit der Zeit. Zum Zeitpunkt t_2 wird u_x vom Integrator getrennt und die konstante Spannung $-U_0$ wird angeschlossen. Der jetzt fließende negative Eingangsstrom $I_0 = -U_0/R$ führt zu einem Ansteigen der Integratorausgangsspannung. Hat sie zum Zeitpunkt t_x den Wert U_a=0 erreicht, schaltet der Komparator K_0, und eine neue Messung kann beginnen.

Die für die Aufintegration notwendige Zeit $t_x - t_2$ ist proportional zur Höhe der zu messenden Spannung. Für diese Zeit steht der Schalter S in der Stellung $-U_0$. Das zugehörige Signal $S(-U_0)$ öffnet das zum Zähler führende Tor, die Impulse des Taktgebers werden gezählt, und der Zählerstand N_x ist ein Maß für die zu messende Spannung.

Quantitativ hängen die zu messende Spannung und der Zählerstand wie folgt zusammen: Zu Beginn der Messung, zum Zeitpunkt t_1, war die Ausgangsspannung u_a des Integrators 0. Am Ende der Abintegration (abnehmende Integratorausgangsspannung u_a) zum Zeitpunkt t_2 hat sie den Wert

$$u_a(t_2) = -\frac{1}{RC}\int_{t_1}^{t_2} u_x \, \mathrm{d}t \tag{6.9}$$

erreicht. Das Integral über die zu messende Spannung u_x bedeutet, dass nicht ein Augenblickswert, sondern der über die Zeit $t_2 - t_1$ gemittelte Wert $\overline{u}_x$ gemessen wird. Indem dieser Mittelwert

$$\overline{u}_x = -\frac{1}{t_2 - t_1}\int_{t_1}^{t_2} u_x \, \mathrm{d}t \tag{6.10}$$

in Gl. (6.9) eingeführt wird, geht sie über in

$$u_a(t_2) = -\frac{1}{RC}\,\overline{u}_x\,(t_2 - t_1)\,. \tag{6.11}$$

Während der Aufintegration, für Zeiten $t_2 \leq t \leq t_x$, beträgt die Ausgangsspannung

$$u_a(t) = u_a(t_2) - \frac{1}{RC}\int_{t_2}^{t} -U_0 \, \mathrm{d}\alpha = -\frac{1}{RC}\,\overline{u}_x\,(t_2 - t_1) + \frac{1}{RC}\,U_0\,(t - t_2)\,. \tag{6.12}$$

Sie wird bei $t = t_x$ zu null, so dass gilt

$$-\frac{1}{RC}\,\overline{u}_x\,(t_2 - t_1) = -\frac{1}{RC}\,U_0\,(t_x - t_2)\,. \tag{6.13}$$

Die vorgegebene Abintegrationszeit $t_2 - t_1$ wird gebildet, indem N_a Impulse des Taktgebers gezählt werden. Derselbe Taktgeber wird zur Messung der Aufintegrationszeit $t_x - t_2$ benutzt, die zu dem Zählerstand N_x führt. Mit f als Frequenz des Taktgebers lassen sich die Zeitintervalle schreiben:

$$t_2 - t_1 = \frac{N_a}{f}\,; \qquad t_x - t_2 = \frac{N_x}{f}\,. \tag{6.14}$$

Mit diesen Beziehungen geht Gl. (6.13) über in

$$\overline{u}_x\,\frac{N_a}{f} = U_0\,\frac{N_x}{f} \tag{6.15}$$

und mit $K = N_a/U_0$ entsteht das Endergebnis

$$N_x = K\,\overline{u}_x\,. \tag{6.16}$$

Der Zählerstand N_x ist also ein Maß für den Mittelwert $\overline{u}_x$ der zu messenden Spannung. Die Konstante K kann nur noch durch eventuelle Änderungen der Hilfsspannung $-U_0$ verfälscht werden. In Gl. (6.13) konnten die Größen R und C und in Gl. (6.15) konnte die Taktfrequenz f weggekürzt werden. Das bedeutet, dass diese Parameter nicht das Messergebnis beeinflussen, dass dieses also auch unabhängig von Änderungen dieser Größen ist. Damit werden jetzt die Vorteile des Zweirampen-Umsetzers deutlich. Der Zweirampen-Umsetzer

- ist unabhängig von Änderungen der Größen R und C,
- ist unabhängig von Änderungen der Taktfrequenz f,
- misst keinen Augenblickswert, sondern den über die Abintegrationszeit gemittelten Messwert $\overline{u}_x$.

Der Zweirampen-Umsetzer benötigt keinen Abtast- und Haltekreis. Liegen periodische Einstreuungen vor und ist die Abintegrationszeit gleich einer oder mehrerer Perioden dieser Störungen, so ist deren linearer Mittelwert null und die Einstreuungen verfälschen nicht das Messergebnis.

Der Einfachheit halber wurde in Bild 6.7 die Arbeitsweise nur für eine Polarität der Eingangsspannung erklärt. Diese Beschränkung ist nicht notwendig. Indem eine zweite, positive Hilfsspannung und eine die Polarität erkennende Logikschaltung benutzt werden, ist die Messung positiver und negativer Eingangsspannungen ohne Schwierigkeiten möglich.

6.3.2 u/f-Umsetzer nach dem Ladungsbilanzverfahren

Der u/f-Umsetzer nach dem Ladungsbilanzverfahren hat als Eingangsgröße die zu messende Spannung oder den zu messenden Strom und liefert als Ausgangssignal eine Folge von Impulsen. Die Frequenz f dieser Impulse ist dem Mittelwert $\overline{u}_x$ der anliegenden Spannung proportional. Im einfachsten Fall besteht der u/f-Umsetzer (Bild 6.8) aus einem Integrationsverstärker, einem Komparator, einer monostabilen Kippstufe und einer Stromquelle, die den konstanten Strom I_0 liefert. Diese Stromquelle wird benutzt, um über den von der monostabilen Kippstufe gesteuerten Schalter S den Integrationskondensator zu entladen. Zu Beginn der Messung, zum Zeitpunkt $t = 0$, sei die Ausgangsspannung u_a des Integrators null. Der Strom $i_x = u_x/R$ führt für $t \leq t_0$ zur Ausgangsspannung

$$u_a(t) = -\frac{1}{C} \int\limits_{t=0}^{t_0} i_x \mathrm{d}\tau \,. \tag{6.17}$$

Zum Zeitpunkt t_0 ist die Integratorausgangsspannung u_a gerade so groß wie die Referenzspannung U_r des Komparators, $u_a(t_0) = U_r$.

Das Komparatorsignal stößt die monostabile Kippstufe an, die für die Haltezeit T_a den Schalter S zur Konstantstromquelle schließt. Während dieser Zeit fließen der zu messende Strom $i_x = u_x/R$ und der konstante Strom $-I_0$. Die Integratorausgangsspannung ist zur Zeit $t_1 = t_0 + T_a$

$$u_a(t_1) = U_r - \frac{1}{C} \int\limits_{t_0}^{t_1} (i_x - I_0] \, \mathrm{d}t = U_r + \frac{1}{C} \left(I_0 - \bar{i}_x\right)(t_1 - t_0) \tag{6.18}$$

$$\text{mit } \bar{i}_x = \frac{1}{t_1 - t_0} \int\limits_{t_0}^{t_1} i_x \, \mathrm{d}t \,. \tag{6.19}$$

Anschließend wird die Konstantstromquelle abgetrennt und nur der zu messende Strom i_x wird integriert, bis zur Zeit t_x die Integratorausgangsspannung wieder den Wert der Referenzspannung erreicht hat:

$$u_a(t_x) = U_r = u_a(t_1) - \frac{1}{C}\int_{t_1}^{t_x} i_x \, dt$$

$$= u_a(t_1) - \frac{1}{C}\,\bar{i}_x\,(t_x - t_1). \tag{6.20}$$

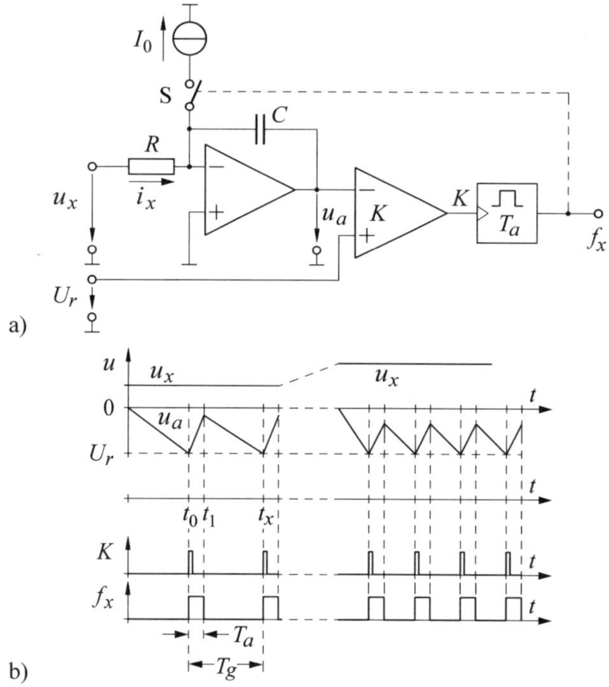

Bild 6.8: u/f-Umsetzer nach dem Ladungsbilanzverfahren
a) Schaltung
b) Signale

Die Integratorausgangsspannung u_a ist zur Zeit t_0 ebenso groß wie zur Zeit t_x, nämlich so hoch wie die Referenzspannung U_r:

$$u_a(t_0) = u_a(t_x) = U_r\,. \tag{6.21}$$

Indem Gl. (6.19) in Gl. (6.20) eingeführt wird, entsteht

$$U_r = U_r + \frac{1}{C}\,(I_0 - \bar{i}_x)\,(t_1 - t_0) - \frac{1}{C}\,\bar{i}_x\,(t_x - t_1),$$

$$(I_0 - \bar{i}_x)\,(t_1 - t_0) = \bar{i}_x(t_x - t_1). \tag{6.22}$$

Auf der linken Seite der letzten Gleichung steht die während der Zeit $t_1 - t_0$ vom Kondensator abgeführte, auf der rechten Seite die während der Zeit $t_x - t_1$ dem

Kondensator zugeführte Ladung. Die Bilanz ist ausgeglichen (charge balancing). Die Gleichung lässt sich noch weiter vereinfachen zu

$$I_0\,(t_1 - t_0) = \bar{i}_x\,(t_x - t_0). \tag{6.23}$$

Das Intervall $t_x - t_0$ ist die gesamte, für eine Umsetzung benötigte Zeit T_g

$$T_g = t_x - t_0 = \frac{I_0\,(t_1 - t_0)}{\bar{i}_x} = \frac{I_0\,T_0}{\bar{i}_x} \tag{6.24}$$

und die Frequenz $f_x = 1/T_g$ wird

$$f_x = \frac{1}{t_x - t_0} = \frac{\bar{i}_x}{I_0\,T_0} = \frac{\overline{u}_x}{R\,I_0\,T_a}. \tag{6.25}$$

Sie ist direkt proportional dem Mittelwert der gemessenen Spannung $\overline{u}_z$. Die u/f-Kennlinie ist jetzt eine Gerade.

Eine eventuelle Offsetspannung des Komparators addiert sich zur Vergleichsspannung U_r und verändert die Schaltschwelle. Dies bleibt jedoch ohne Wirkung, da das Verhältnis von Lade- zu Entladezeit gleich bleibt. Die Vergleichsspannung U_r ist ja aus Gl. (6.22) heraus gefallen. Offsetströme des Integrationsverstärkers hingegen verringern die Messgenauigkeit.

6.3.3 Synchroner u/f-Umsetzer nach dem Ladungsbilanzverfahren

Der synchrone Ladungsbilanzumsetzer entsteht dadurch, dass die Entladezeit T_a des Kondensators und die für die Frequenzmessung notwendige Torzeit T_0, von der Frequenz f_r eines Taktgebers abgeleitet werden. Mit $N_x = f_x\,T_0$,

$$T_a = \frac{N_a}{f_r} \qquad \text{und} \qquad T_0 = \frac{N_0}{f_r} \tag{6.26}$$

und $K = N_0/R\,I_0\,N_a$ entsteht aus (6.25)

$$N_x = \frac{\overline{u}_x\,T_0}{R\,I_0\,T_a} = \frac{\overline{u}_x}{R\,I_0}\,\frac{N_0}{N_a} = K\,\overline{u}_x. \tag{6.27}$$

Der Zählerstand N_x ist unabhängig von der Taktfrequenz f_r, unabhängig von der Kapazität C und proportional dem Mittelwert $\overline{u}_x$ der zu messenden Spannung. Dieser synchrone u/f-Umsetzer ist damit ähnlich unempfindlich gegenüber Änderungen der Bauelementparameter wie der u/t-Zweirampen-Umsetzer von Gl. (6.16).

Bild 6.9 zeigt, wie sich die Abintegrationszeit T_a, aus einer Taktfrequenz f_r bilden lässt. Die monostabile Kippstufe von Bild 6.8 ist durch ein taktflankengesteuertes D-Flipflop ersetzt. Nur wenn der am D-Eingang liegende Komparatorausgang ein

1-Signal liefert, kann mit der nächsten ansteigenden Flanke dieses 1-Signal am Q-Ausgang erscheinen und den Schalter S betätigen. Dann wird der Integrationskondensator durch $-I_0$ entladen, die Integratorausgangsspannung sinkt unter den Wert der Referenzspannung U_r, das Komparatorsignal geht auf 0 zurück. Dieses 0-Signal liegt am D-Eingang des Flipflops und dieses wird mit der nächsten ansteigenden Flanke des Steuertakts wieder zurückgesetzt. Der während der Zeit $T_a = 1/f_r$ geschlossene Schalter S wird wieder geöffnet und ein neuer Messzyklus kann beginnen. Infolge der Synchronisierung beginnt die Entladung des Kondensators nicht immer exakt zum Zeitpunkt t_x, sondern eventuell auch später, zum Zeitpunkt der nächsten ansteigenden Taktflanke. Der dadurch entstehende Fehler – f_x ist etwas zu klein – ist bei einer genügend großen Taktfrequenz f_r jedoch zu vernachlässigen.

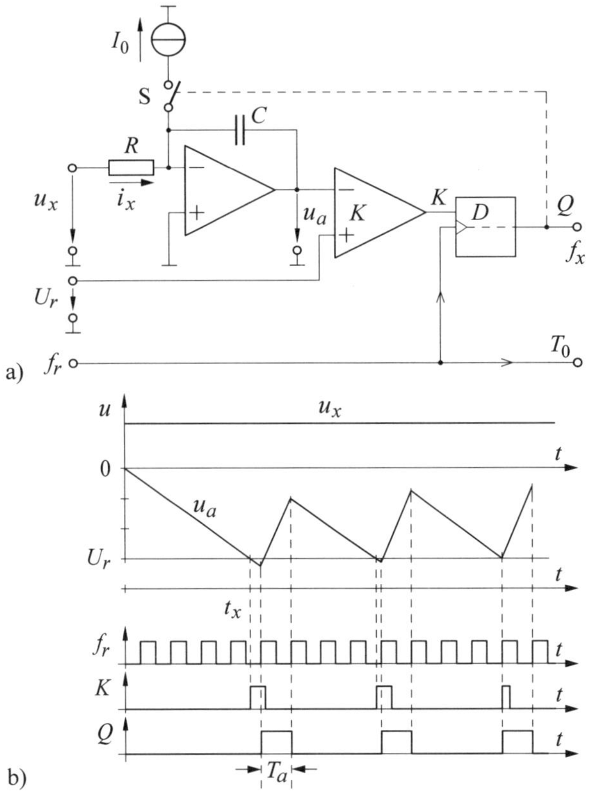

Bild 6.9: Synchroner u/f-Umsetzer nach dem Ladungsbilanzverfahren
a) Schaltung
b) Signale

6.3.4 Delta-Sigma-Umsetzer

Das Prinzip des Ladungsbilanzumsetzers liegt auch dem Delta-Sigma-ADU [6.7], [6.8] zu Grunde (Bild 6.10). Bei diesem sind – verglichen mit dem u/f-Umsetzer von Bild 6.9 – lediglich zwei Hilfsstromquellen einzusetzen. Diese liefern die Ströme $+I_0$

und $-I_0$ und legen damit den Messbereich fest. Der Komparator prüft, ob die Ausgangsspannung des Integrierers größer oder kleiner/gleich null ist und steuert über das mit der Taktfrequenz f_r getaktete D-Flipflop die Hilfsströme nach folgender Vorschrift:

$$u_a > 0: \quad K = -1: \quad I_r = +I_0, \tag{6.28}$$
$$u_a \leq 0: \quad K = +1: \quad I_r = -I_0. \tag{6.29}$$

Realisiert wird also eine Digital/Analog-Umsetzung. Aus den Binärsignalen werden analoge Spannungen.

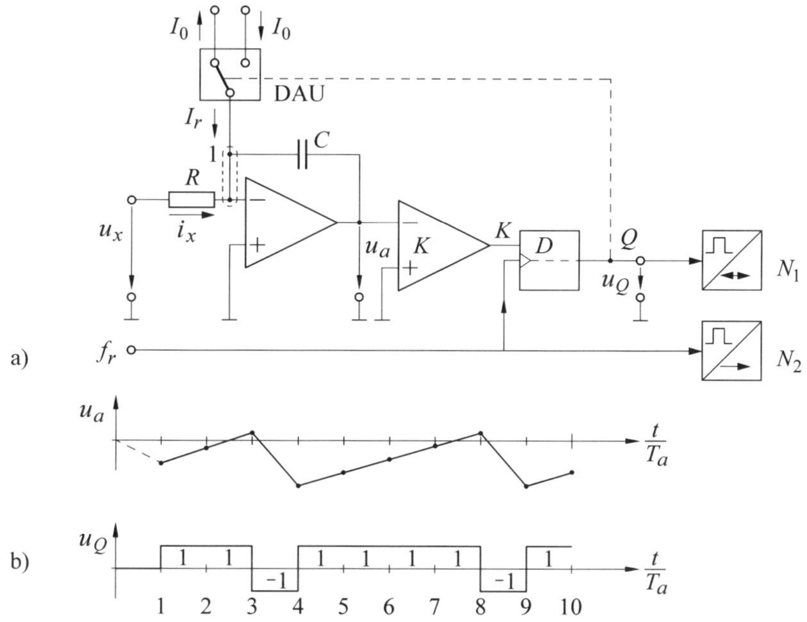

Bild 6.10: Delta-Sigma-Umsetzer a) Schaltung b) Signale

Der aus der zu messenden Spannung u_x stammende Strom i_x wird immer zusammen mit I_r integriert, wobei I_r den Wert $+I_0$ oder $-I_0$ annehmen kann. Die Integrationszeit entspricht dem Taktintervall $T_0 = 1/f_r$. Nach dieser Zeit liefert der Integrierer die Ausgangsspannung

$$u_a = -\frac{1}{C}(i_x + I_r)\, T_0. \tag{6.30}$$

Der Verlauf dieser Spannung u_a ist in Bild 6.10 so gezeichnet, dass ein während des Abtastintervalls integrierter Strom von 1 mA die Ausgangsspannung $u_a = -1$ V ergibt (Tab. 6.2). Der Messbereich ist auf $\pm$ 1 V festgelegt. Dem Beispiel sind eine Eingangsspannung $u_x = 0{,}6$ V, ein Eingangsstrom $i_x = 0{,}6$ mA und Hilfsstromquellen mit $I_0 = 1$ mA zu Grunde gelegt. Der Komparator wandelt die unbekannte

Spannung u_x in eine Folge von Binärzahlen mit den Wertigkeiten +1 und −1 um. Die Folge dieser Binärzeichen wiederholt sich in unserem Beispiel nach jedem fünften Abtastimpuls. Werden diese Binärzeichen in einem Vorwärts/Rückwärts-Zähler addiert (N_1), durch die Zahl der Taktimpulse dividiert (N_2) und wird das Verhältnis N_1/N_2 mit der Spannung am Messbereichsende $U_M = 1$ V multipliziert, so wird der Wert der anliegenden Spannung u_x erhalten. Wird über fünf oder sehr viel mehr Abtasttakte gemittelt, so ergibt sich der Wert der angelegten Spannung u_x zu

$$u_x = \frac{N_1}{N_2} U_M = \frac{3}{5} 1 = 0,6 \text{ V} . \tag{6.31}$$

Tabelle 6.2: Signale im Delta-Sigma-ADU bei u_x=0,6 V und i_x=0,6 mA

Takt	K	I_r mA	$I_r + I_x$ mA	U_a V
			0,6	−0,6
1	1	−1	−0,4	−0,2
2	1	−1	−0,4	0,2
3	−1	1	1,6	−1,4
4	1	−1	−0,4	−1,0
5	1	−1	−0,4	−0,6
6	1	−1	−0,4	−0,2
7	1	−1	−0,4	0,2
8	−1	1	1,6	−0,4
9	1	−1	−0,4	−1,0

Der Vorteil dieses Umsetzerprinzips liegt darin, dass nur geprüft wird, ob die Integrierspannung größer oder kleiner null ist. Die Entscheidung kann schnell getroffen und zuverlässig ausgeführt werden. So kann die Taktfrequenz f_r bei z. B. 100 MHz liegen. Die anschließende Mittelung über die Binärzahlen erfolgt dann wesentlich langsamer, eventuell mit einer Ausgabefrequenz von 10 kHz. Dafür wird dann aber der Mittelwert nicht mehr als eine Binärzahl, sondern mit größerer Auflösung ausgegeben. In der Praxis werden an Stelle der Zähler mittelnde Filter eingesetzt, die einen 1-Bit-Datenstrom hoher Frequenz in ein mehrere Bit breites Datenwort mit niedrigerer Taktfrequenz umwandeln.

Oft wird der Delta-Sigma-ADU so dargestellt, dass der Knoten 1 am Eingang des Integrierers von Bild 6.10 durch einen Subtrahierverstärker ersetzt ist (V 1 von Bild 6.11). An Stelle von Stromquellen werden Spannungsquellen verwendet. Von der zu messenden Spannung u_x wird also die Hilfsspannung $+U_0$ oder $-U_0$ abgezogen. Diese Differenzbildung ist durch den Term „Delta“, die anschließende Integration (Summierung) durch das Zeichen „Sigma“ im Namen des Delta-Sigma-Umsetzers ausgedrückt [6.7]. Andere Autoren bevorzugen die Bezeichnung „Sigma-Delta-Umsetzer“. Die Begründung ist, dass die „Delta-Modulation“ der Oberbegriff und die Integration („Sigma“)

nur eine der möglichen Ausformungen ist. In der englischen und deutschen Sprache steht das Adjektiv vor dem Substantiv; deswegen die Wortfolge Sigma-Delta. Ob aber Delta-Sigma oder Sigma-Delta gebraucht wird, gemeint ist immer dieselbe Funktion.

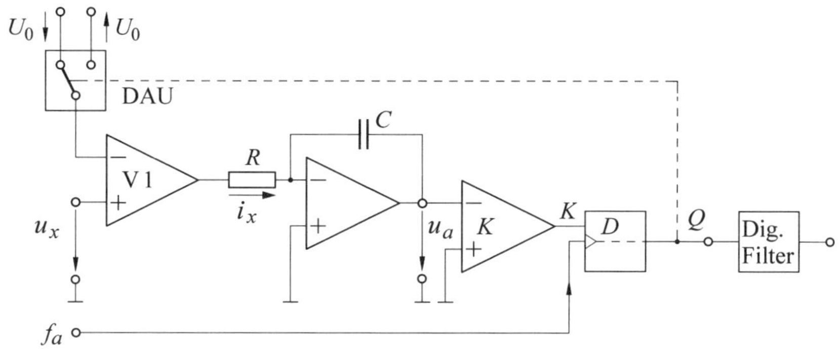

Bild 6.11: Delta-Sigma-Umsetzer mit Differenzverstärker (Verstärkung V1 = 1) am Eingang

Bei der praktischen Realisierung eines Delta-Sigma-ADUs wird als digitales Filter nicht ein einfacher Mittelwertbilder, sondern ein Filter höherer Ordnung eingesetzt. Dieses übernimmt dann noch die Aufgabe des „noise shaping". Das Quantisierungsrauschen des ADU, von dem im nächsten Abschnitt noch zu sprechen ist, wird so verformt, dass es in einem für die Messung nicht interessierenden Frequenzbereich zu liegen kommt. Dadurch steigt das Signal/Rausch-Verhältnis des ADU. Zum Erreichen einer 20-Bit-Genauigkeit tragen dann beide Effekte bei, einmal die Mittelung über die Binärzahlen und einmal die Verlagerung des Quantisierungsrauschens in einen Frequenzbereich, in dem dieses reduziert ist.

6.4 Kenngrößen der Analog/Digital-Umsetzer

6.4.1 Kennlinie

Die ADU sind in der Regel für die Umsetzung positiver und negativer Spannungen ausgelegt. Die Kennlinie verläuft treppenförmig. Die Stufen haben die Breite von einem least significant bit lsb. Die Kennlinie wird durch die Begriffe „differenzielle" und „integrale Nichtlinearität" charakterisiert.

Differenzielle Nichtlinearität. Die differenzielle Nichtlinearität DNL gibt an, ob die Quantisierungsstufen des ADU alle gleich breit sind. Nur in diesem Fall ist die Kennlinie linear. So entspricht bei der Kennlinie von Bild 6.12 a jedes digitale Wort einem Spannungsintervall von 1 V. Spannungen zwischen 3,5 und 4,5 V z. B. führen zu dem Code 0100. Ist die Gewichtung der Bit untereinander nun fehlerhaft, so entstehen differenzielle Nichtlinearitäten. Bei der Kennlinie von Bild 6.12 b hat z. B. das Bit mit der Wertigkeit 4 einen um 0,5 V zu geringen Wert. Damit ist die Stufe zwischen den

Codes 0011 und 0100 nur halb so breit und die zwischen 0111 und 1000 1,5-mal so groß wie im fehlerfreien Fall. Ist der Fehler eines höherwertigen Bit größer als 1 lsb, so treten bei der Umsetzung gewisse Worte überhaupt nicht mehr auf, Codes gehen verloren. Um dies zu vermeiden muss die Ungenauigkeit auch der höherwertigen Bit kleiner als 1 lsb bleiben.

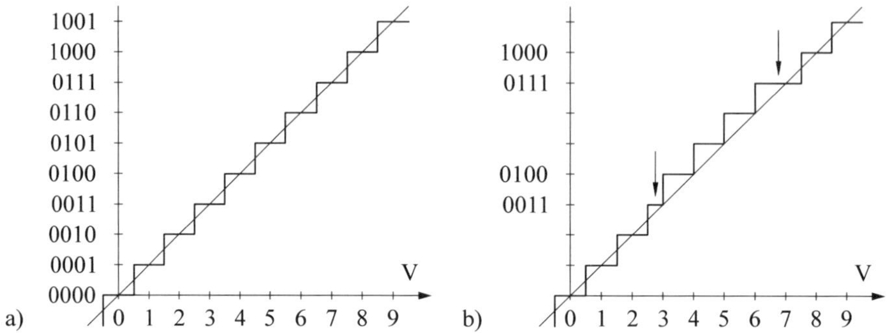

Bild 6.12: Kennlinie eines Analog/Digital-Umsetzers
a) fehlerfrei
b) das fehlerhafte Bit mit der Wertigkeit 2^2 führt zu einer differenziellen Nichtlinearität

Die DNL lässt sich messen, indem dem ADU eine sehr gleichförmig ansteigende Spannung angeboten wird. Werden bei einem 8-Bit-ADU insgesamt 2560 Messungen durchgeführt, so kommt jede der insgesamt möglichen 256 Zahlen (Klassen) im Mittel mit der Häufigkeit $\overline{H}$=10 vor. Von diesem Mittelwert kann sich die für die Klasse i gefundene Häufigkeit $H(i)$ unterscheiden. Die differenzielle Nichtlinearität der Klasse i ist die durch den Mittelwert dividierte Differenz zwischen der Häufigkeit der Klasse i und dem Mittelwert der Häufigkeit:

$$\mathrm{DNL}(i) = \frac{H(i) - \overline{H}}{\overline{H}}. \tag{6.32}$$

Integrale Nichtlinearität. Werden die differenziellen Nichtlinearitäten aufaddiert, so ergibt sich die integrale Nichtlinearität INL:

$$\mathrm{INL}(k) = \sum_{i=1}^{k} \mathrm{DNL}(i). \tag{6.33}$$

In diesen Kenngrößen INL und DNL unterscheiden sich die direkt vergleichenden Umsetzer von den indirekt arbeitenden. Differenzielle Nichtlinearitäten sind bei den direkt vergleichenden Umsetzern eher zu erwarten als bei den indirekt arbeitenden, bei denen nur monoton zu zählen ist. Auch der Delta-Sigma-Umsetzer hat geringe Nichtlinearitäten.

6.4.2 Abtasttheorem

Die A/D-Umsetzung benötigt eine gewisse Zeit, die als Abtastintervall T_a bezeichnet wird. Der Kehrwert ist die Umsetzrate oder Abtastfrequenz f_a

$$f_a = \frac{1}{T_a}\,. \tag{6.34}$$

Diese Abtastfrequenz f_a muss größer als das Doppelte der größten im Messsignal enthaltenen Frequenz $f_{\max}$ sein:

$$f_a > 2\,f_{\max}\,, \tag{6.35}$$

damit der Satz der Abtastwerte das Messsignal eindeutig repräsentiert. Diese Gleichung wird als Abtasttheorem bezeichnet (Abschnitt 8.3).

Bild 6.13 zeigt, wie bei Verletzung des Abtasttheorems ganz unterschiedliche Zeitfunktionen dieselben Abtastwerte ergeben, so dass aus diesen nicht mehr auf die ursprüngliche kontinuierliche Zeitfunktion geschlossen werden kann. (Das Abtast- oder Sampling-Oszilloskop von Abschnitt 2.2.3 verletzt zwar auch das Abtasttheorem. Hier ist die Verletzung aber gewollt. Die Randbedingungen sind bekannt, so dass auf die Originalfunktion zurückgerechnet werden kann.)

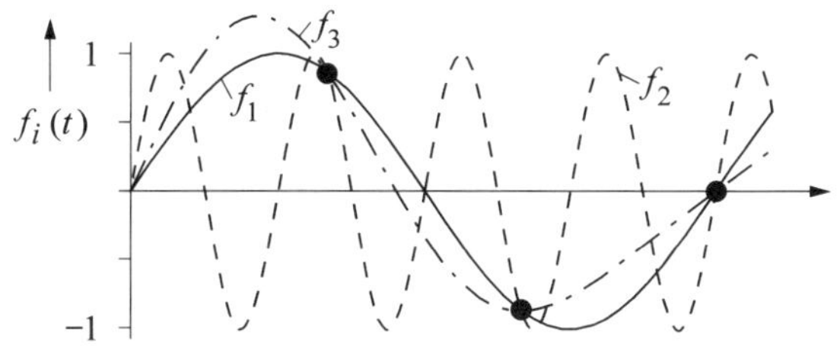

Bild 6.13: Bei ungenügender Abtastfrequenz liefern unterschiedliche Signale dieselben Abtastwerte; $f_1(t) = \sin 2\pi f t$; $f_2(t) = \sin 2\pi\, 4 f t$; $f_3(t) = \sin 2\pi f t + 0,33 \sin \pi f t$; nur das Signal $f_1(t)$ ist richtig abgetastet

In den Fällen, in denen der Abtastsatz falsch interpretiert wird, spiegelt er andere („alias") Frequenzen vor, als im ursprünglichen Signal enthalten sind. Um dies zu vermeiden, ist sicherzustellen, dass die höchste im Messsignal enthaltene Frequenz kleiner als die halbe Abtastfrequenz bleibt. Dies wird durch ein dem ADU vorgeschaltetes und die Messfrequenz begrenzendes analoges Tiefpassfilter, das so genannte Anti-Aliasing-Filter erreicht.

Des Weiteren darf sich bei den direkt vergleichenden Umsetzern während der Messung die umzusetzende Spannung nicht ändern. Dazu dient der vor dem ADU liegende Abtast- und Haltekreis. Damit ist bei Verwendung eines ADU immer eine Messkette gemäß Bild 6.14 erforderlich:

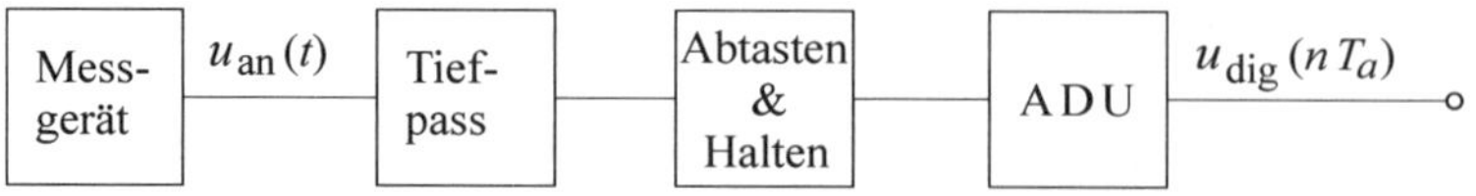

Bild 6.14: Anschluss eines ADU an ein die Spannung $u_{an}(t)$ lieferndes Messgerät über den Anti-Aliasing-Tiefpass und einen Abtast- und Haltekreis

Ein Messgerät (Sensor, Aufnehmer) liefert die analoge Spannung $u_{an}(t)$. Diese wird durch das Anti-Aliasing-Filter bandbegrenzt. Das bandbegrenzte Signal wird gegebenenfalls in einem Abtast- und Haltekreis gespeichert und dann im ADU umgesetzt. Aus dem zeit- und wertkontinuierlichen Signal $u_{an}(t)$ entsteht so der zeit- und wertdiskrete Datensatz $u_{dig}(n T_a)$. Die Werte dieses Datensatzes werden im einfachsten Fall direkt angezeigt. Meistens wird aber vor einer Messwertausgabe mit den abgespeicherten Daten erst eine Reihe von Rechnungen durchgeführt („digitale Signalverarbeitung").

6.4.3 Umsetzrate und Auflösung

Für eine gegebene Messaufgabe werden die ADU im Hinblick auf ihre Auflösung und Abtastrate ausgewählt Die Umsetzer mit parallelen Komparatoren sind die schnellsten, die integrierenden die genauesten (Bild 6.15).

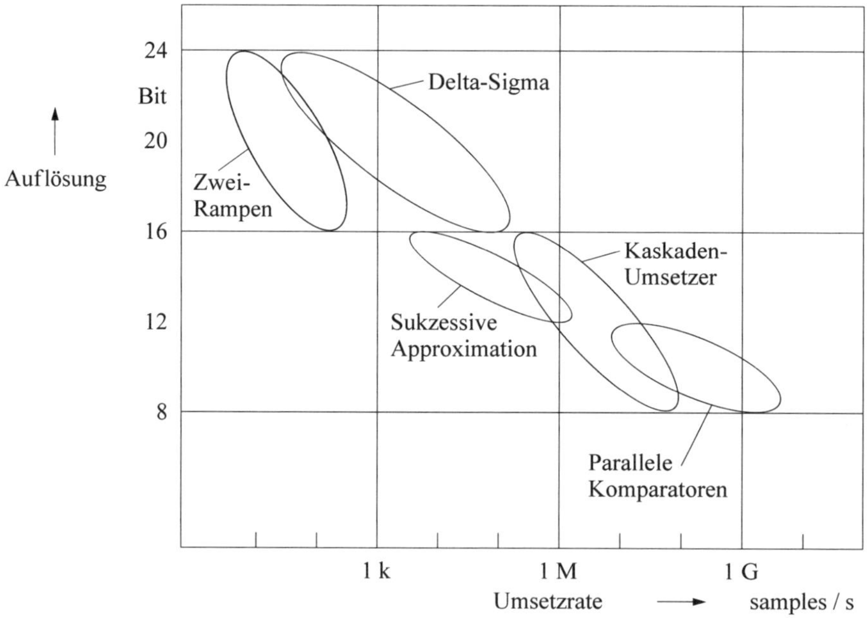

Bild 6.15: Arbeitsbereiche der verschiedenen Umsetzverfahren [6.9]

Die Genauigkeit wird zunächst – wie bei analogen Geräten – durch Nullpunkt- und Verstärkerfehler begrenzt. Die Datenblätter schreiben vor, wie der Nullpunkt und die Verstärkung bei der Inbetriebnahme abzugleichen sind. Ist dieser Abgleich richtig erfolgt, so bleibt die im Datenblatt spezifizierte Unsicherheit von der Größe eines halben bis ganzen lsb übrig. Bei Temperaturänderungen driften Nullpunkt und Verstärkung, sodass entsprechende Unsicherheiten übrig bleiben.

6.4.4 Quantisierungsrauschen, Zahl der effektiven Bit

Ein ADU setzt ein wertkontinuierliches Signal in ein wertdiskretes um. Jeder Zahl des ADU entspricht ein gewisser Wertebereich. So kann z. B. eine Spannung zwischen 2,6 und 3,5 mV als 3 mV ausgegeben werden. Die Differenz aus dem digitalen Wert u_{dig} der angezeigten Spannung und der tatsächlich anliegenden analogen Spannung u_{an} wird normalerweise als der bei der Analog/Digital-Umsetzung entstehende Quantisierungsfehler mit der Rauschspannung u_R

$$u_R = u_{\text{dig}} - u_{\text{an}} \tag{6.36}$$

erklärt. Ist $\Delta\, u$ die Höhe einer Quantisierungsstufe, so liegen die Maximalwerte der Rauschspannung bei $\pm\,\Delta\, u/2$. Sind die Amplituden dieser Rauschspannung gleich verteilt, so ergibt sich ihr Effektivwert U_R zu

$$U_R = \frac{\Delta\, u}{\sqrt{12}}. \tag{6.37}$$

Diese Rauschspannung geht in das Signal/Rausch-Verhältnis (Signal to Noise Ratio SNR) ein. Dieses ist der Quotient aus der Leistung P_N des Nutzsignals und der Rauschleistung P_R bzw. der Quotient aus dem Quadrat der entsprechenden Effektivwerte U_N und U_R:

$$\text{SNR} = \frac{U_N^2}{U_R^2} = \frac{P_N}{P_R}\,. \tag{6.38}$$

Es ist nun – leider – üblich, das Signal/Rausch-Verhältnis als ein Zehntel eines Exponenten zur Basis 10 als „Dezibel“ dB anzugeben, wodurch überflüssige Umrechnungen notwendig werden (Tab. 6.3).

Aus

$$10^{0,1\,\text{SNR}} = \frac{P_N}{P_R} \tag{6.39}$$

folgt das Signal/Rausch-Verhältnis in dB zu

$$\text{SNR} = 10 \log \frac{P_N}{P_R} \quad \text{in dB.} \tag{6.40}$$

Tabelle 6.3: Signal/Rausch-Verhältnis SNR

$\frac{U_N}{U_R}$	$\frac{P_N}{P_R}$	SNR in dB $20 \lg \frac{U_N}{U_R} = 10 \lg \frac{P_N}{U_R}$
1	1	0
$\sqrt{2}$	2	3
2	4	6
10	10^2	20
10^2	10^4	40
10^3	10^6	60
10^4	10^8	80
10^5	10^{10}	100
10^{-1}	10^{-2}	−20
10^{-2}	10^{-4}	−40

Hat nun die zu messende Gleichspannung den Effektivwert U_N und steuert dieser einen n-Bit-ADU vollständig aus mit

$$U_N = 2^n \Delta u, \tag{6.41}$$

so hat das zugehörige Signal/Rausch-Verhältnis den Wert

$$\mathrm{SNR} = 10 \log \frac{P_N}{P_R} = 10 \log \frac{U_N^2}{U_R^2} = 20 \log \frac{U_N}{U_R}$$

$$\mathrm{SNR} = 20 \log \frac{2^n \Delta u}{\Delta u/\sqrt{12}} = 20\, n \log\, 2 + 20 \log \sqrt{12}$$

$$= 6,02\, n + 10,79 \qquad \text{in dB.} \tag{6.42}$$

Diese Gleichung gilt für Gleichspannungen, bei denen der Augenblickswert identisch ist mit dem Effektivwert. Bei sinusförmigen Spannungen trifft dies nicht mehr zu. Wird der n-Bit-ADU z. B. so eingesetzt, dass er zwischen dem negativen und positiven Scheitelwert einer sinusförmigen Spannung voll ausgesteuert wird (Bild 6.16), so ist der Effektivwert U_N dieses Signals

$$U_N = \frac{2^n\, \Delta u}{2\sqrt{2}} \tag{6.43}$$

und das Signal/Rausch-Verhältnis ergibt sich für diesen Fall zu

$$\mathrm{SNR} = 20 \log \frac{2^n\, \Delta u}{2\,\sqrt{2}} \frac{\sqrt{12}}{\Delta u}$$

$$= 20\,n\,\log 2 + 20\,\log\sqrt{1,5}$$

$$= 6,02\,\mathrm{n} + 1,76 \qquad \text{in dB.} \tag{6.44}$$

In der Praxis erreichen die Analog/Digital-Umsetzer selten dieses Signal/Rausch-Verhältnis. Es ist im Allgemeinen, z. B. wegen Nichtlinearitäten, kleiner. Die Zahl der ausnutzbaren Bit ist geringer als theoretisch möglich. Es lässt sich nur eine **effektive Auflösung** erreichen, die durch die Zahl n_{eff} der effektiven Bit (Effective Number of Bit ENOB) charakterisiert wird. Diese Zahl kann nach einer Umstellung der letzten Gleichung aus einem gemessenen Signal/Rausch-Verhältnis $\mathrm{SNR}_{\text{gem}}$ ermittelt werden:

$$n_{\text{eff}} = \frac{\mathrm{SNR}_{\text{gem}} - 1,76}{6,02}\,. \tag{6.45}$$

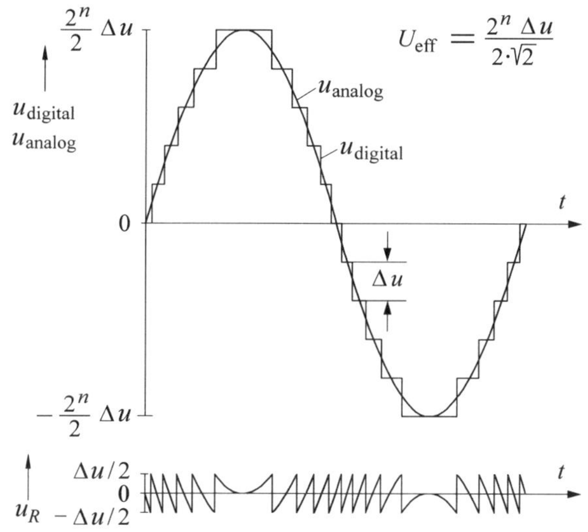

Bild 6.16: Entstehung der Quantisierungs-Rauschspannung u_R bei der Analog/Digital-Umsetzung eines sinusförmigen Signals

Zur Messung des SNR wird z. B. eine rauschfreie, oberwellenfreie, sinusförmige, den ADU voll aussteuernde Eingangsspannung abgetastet und digitalisiert. Mit Hilfe der Diskreten Fouriertransformation wird dann die zugehörige Spektralfunktion ermittelt. Diese liefert die Leistungen in den einzelnen Frequenzbereichen. Damit kann das SNR als Quotient aus der Leistung bei der Nutzfrequenz und der Summe der Leistungen bei den übrigen Frequenzen bestimmt werden. Das im Frequenzbereich ermittelte SNR ist gleich dem im Zeitbereich gemessenen.

6.5 Analog/Digital-Umsetzer in Messgeräten

6.5.1 Digital-Multimeter

Ein Analog/Digital-Umsetzer ist die wesentliche Komponente eines Digital-Multimeters. Ein derartiges Gerät mit Ziffernanzeige ist ähnlich universell zu verwenden wie das klassische umschaltbare Drehspulinstrument mit seiner Skalenanzeige. Ein breit gefächertes Angebot ist verfügbar, das vom handlichen Tascheninstrument bis zum komfortablen, busgesteuerten System-Multimeter großer Empfindlichkeit und großer Auflösung reicht (Bild 6.17).

Bild 6.17: Digital-Multimeter zur Messung von Gleich- und Wechselspannung, Gleich- und Wechselstrom, Widerstand und Frequenz (Rohde & Schwarz UDL35 und UDL45).
Das UDL35 ist ein vielseitig verwendbares Hand-Multimeter in einem robusten und staubdichten Gehäuse. Die Fehlergrenzen hängen vom jeweiligen Messbereich ab, sind aber deutlich geringer als bei einem Drehspulinstrument.
Das UDL45 ist ein systemfähiges Multimeter mit RS-232C-Schnittstelle. Es hat eine Auflösung von 100 nV und eine Grundgenauigkeit von 0,0025 %.

Die Digital-Multimeter verwenden Verstärker. Sie messen Spannungen mit großem und Ströme mit niedrigem Eingangswiderstand. Das große Auflösungsvermögen der Geräte mit mehreren Ziffern darf dabei nicht darüber hinwegtäuschen, dass nur bei bestimmungsgemäßer Anwendung und Vermeidung systematischer Fehler der angezeigte Wert mit dem tatsächlichen Wert der Messgröße übereinstimmt. Sind einem Gleichspannungs-Messsignal periodische oder stochastische Störungen überlagert, so verfälschen diese nicht die Anzeige eines elektromechanischen Instruments. Infolge der Trägheit des Instruments wird über die Störungen gemittelt. Das Digital-Multimeter hingegen erfasst auch diese Störungen, falls es Augenblickswerte misst und nicht wie die integrierenden Umsetzer die Mittelwerte bewertet.

6.5.2 Digitales Speicher-Oszilloskop

Die im Abschnitt 2.2 besprochenen analogen Oszilloskope werden mehr und mehr durch digitale Speicher-Oszilloskope DSO ersetzt. In der analogen Technik werden praktisch nur noch periodische Signale sehr hoher Frequenz oder sehr kurze einmalige Impulse verarbeitet. Für die übrigen Anwendungsfälle setzt sich das Digital-Oszilloskop mehr und mehr durch [2.4].

Aufbau. Das DSO enthält zunächst wie das analoge Oszilloskop Tastkopf, Spannungsteiler, Abschwächer und Verstärker. Nach einem Tiefpassfilter zur Bandbegrenzung und eventuell einem Abtast- und Haltekreis erfolgt die von einem Taktgeber gesteuerte A/D-Umsetzung. Die gewonnenen Werte werden sofort **gespeichert**. Diese wichtige Funktion besitzt das analoge Oszilloskop nicht. Sie wird hervorgehoben und im Namen ausgedrückt.

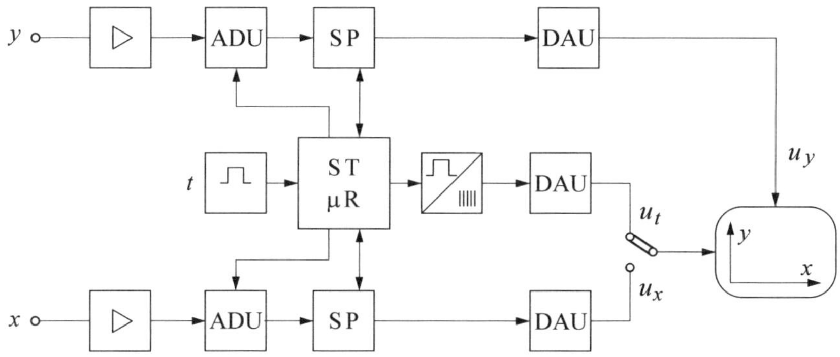

Bild 6.18: Blockschaltbild eines digitalen Speicher-Oszilloskops

Die gesamte Steuerung des DSO übernimmt dabei ein Mikrorechner (Bild 6.18). Ein Taktgenerator liefert die Impulse für die Zeitbasis. Diese werden gezählt. Um dann mit den diskretisierten Daten die Elektronenstrahlröhre ansteuern zu können, sind Digital/Analog-Umsetzer vorhanden. Diese wandeln den die Zeitbasis liefernden Zählerstand und die x- und y-Daten in analoge Spannungen um. Die Messwerte können praktisch in Echtzeit auf dem Bildschirm angezeigt werden. Bei periodischen Signalen ist es auch möglich, wie beim analogen Sampling-Oszilloskop mit verminderter Abtastrate mehrere Perioden zu unterschiedlichen Zeitpunkten abzutasten und die Daten so zusammenzusetzen, als ob die nötige höhere Abtastrate vorgelegen hätte.

Triggerung. Das DSO misst fortlaufend und legt die Messwerte in einem Speicher ab. Ist er voll, so wird der älteste Messwert gelöscht, um Platz für den neuen zu schaffen. Das Triggerereignis startet nun nicht wie beim analogen Oszilloskop den Sägezahn-Generator für die Zeitablenkung, sondern stellt einen Verzögerungszähler ein. Damit wird festgelegt, wie viele Messpunkte vor (pretrigger) oder nach (posttrigger) dem Triggerereignis angezeigt werden. Überschreitet z. B. ein Messwert bei einer Störung eine bestimmte Schwelle und löst die Triggerung aus, so stehen Messwerte vor und nach der Störung im Speicher. Sie werden ausgegeben und analysiert. Da zu sehen ist, wie sich die Störung entwickelt hat, lassen sich ihre Ursachen besser ergründen als in den Fällen, in denen die Vorgeschichte nicht aufgezeichnet ist. Dies gelingt noch besser, wenn nicht nur eine Messgröße, sondern gleichzeitig mehrere aufgezeichnet werden (Transientenrecorder).

Bildschirm. Üblich ist entweder die elektromagnetische **zeilenweise Ablenkung** bei Kathodenstrahlröhren oder die Verwendung von **LCD-Raster-Bildschirmen**. Bei diesen Verfahren werden die darzustellenden Messpunkte jeweils hell getastet. Oft werden auch die eingestellten Messparameter eingeblendet.

Bilddarstellung. Die Abtastwerte sind auf dem Oszilloskop zunächst nur als Punkte zu sehen. Liegen sie genügend dicht, so vermitteln sie dem Auge den Eindruck einer lückenlosen Kurve. Eine derart hohe Abtastfrequenz ist aber nicht immer gegeben. Nach dem Abtasttheorem genügt ja eine weit geringere Abtastrate. In diesem Fall erscheinen auf dem Bildschirm Punkte (Bild 6.19), aus denen die ursprüngliche Funktion zunächst nicht ersichtlich ist.

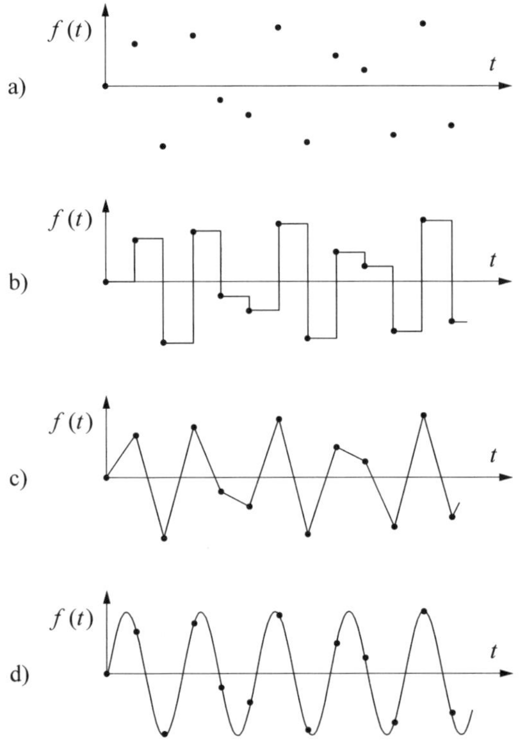

Bild 6.19: Bilddarstellung beim digitalen Oszilloskop
a) Abtastwerte
b) Impuls-Interpolation
c) lineare Interpolation
d) Interpolation mit Rekonstruktion der ursprünglichen Zeitfunktion

Die erste Verbesserung ist, die Punkte mit der Zeitbasis laufen und so lange leuchten zu lassen, bis ein neuer Messwert vorliegt. Diese Puls-Interpolation entspricht dem

Arbeiten mit einem Abtast- und Halteglied. Besser ist, zwischen den Abtastpunkten linear zu interpolieren. Aber auch hier wird unter Umständen der tatsächliche Kurvenverlauf nur ungenügend wiedergegeben. So sind in den besseren Oszilloskopen Algorithmen implementiert, die durch den Abtastsatz nach den Verfahren der Ausgleichsrechnung Kurven legen oder die sonst geeignet zwischen den Abtastwerten interpolieren. Damit kann die Originalfunktion lückenlos und richtig rekonstruiert werden. Dafür sind aber, wie schon gesagt, verschiedene Rechenoperationen notwendig, die nicht in Echtzeit, sondern erst nach Vorliegen des kompletten Abtastsatzes durchgeführt werden können.

Signalverarbeitung. Der für die Verarbeitung der Daten benötigte Rechner kann entweder Bestandteil des Oszilloskops oder von diesem getrennt sein. Im letzten Fall werden die Daten vom Oszilloskop dem separaten Rechner übergeben, dort verarbeitet und das Ergebnis wird wieder ans Oszilloskop zurückgemeldet und dort dargestellt. Die Grenzen zwischen einen digitalen Speicheroszilloskop und einem rechnergestützten Messplatz sind fließend. Der PC-Messplatz bietet im Allgemeinen die größeren Möglichkeiten; das kompakte DSO hat den Vorteil der einfacheren Benutzung. In beiden Fällen lassen sich die zunächst elektronisch abgespeicherten Signale auf Datenträger überspielen, wo sie beliebig lang zur Verfügung stehen. Bei den komfortableren Geräten werden dabei die benutzten Einstellungen wie z. B. die Empfindlichkeit und die Abtastrate gleichzeitig mit dokumentiert.

6.5.3 Logikanalysator

Der Logikanalysator dient der Untersuchung digitaler Schaltungen [6.5]. Weil dabei Binärsignale darzustellen sind, genügen Komparatoren für die Analog/Digital-Umsetzung (Bild 6.20). Deren Vergleichsspannung wird entsprechend den logischen Pegeln der zu untersuchenden Schaltung eingestellt. Komparatoren schalten schnell und ermöglichen hohe Taktraten. Je nach Gerät können zwischen 16 und 128 Eingangssignale verarbeitet werden.

Der die Umsetzung steuernde **Takt** kommt entweder aus einer Baugruppe des Analysators (interner Takt) oder er wird von dem zu untersuchenden Prüfling genommen (externer Takt). Der interne Takt läuft **asynchron** mit dem des Prüflings. In dieser Betriebsart „timing“ lassen sich Spannungs/Zeit-Diagramme aufnehmen. Bei entsprechend hohen Taktraten werden so auch sporadische Störimpulse innerhalb der Taktperiode (glitches) erkannt.

Wird der externe Takt zur Ablaufsteuerung herangezogen, so haben der Analysator und die zu untersuchende Schaltung denselben Takt. Dies ist die **synchrone** Betriebsart. Diese ist sinnvoll, da sich die Zustände des Prüflings nur mit diesem Takt ändern. Der Analysator ermöglicht eine „Zustandsanalyse“.

Die Triggerung wird auf Grund der vielen Eingänge komplizierter als bei einem DSO. Um sie auszuüben, sind aus Kombinationen der Eingangssignale „Triggerworte“ zu definieren. Diese starten und beenden die Aufzeichnung der Daten. Zur Anzeige der

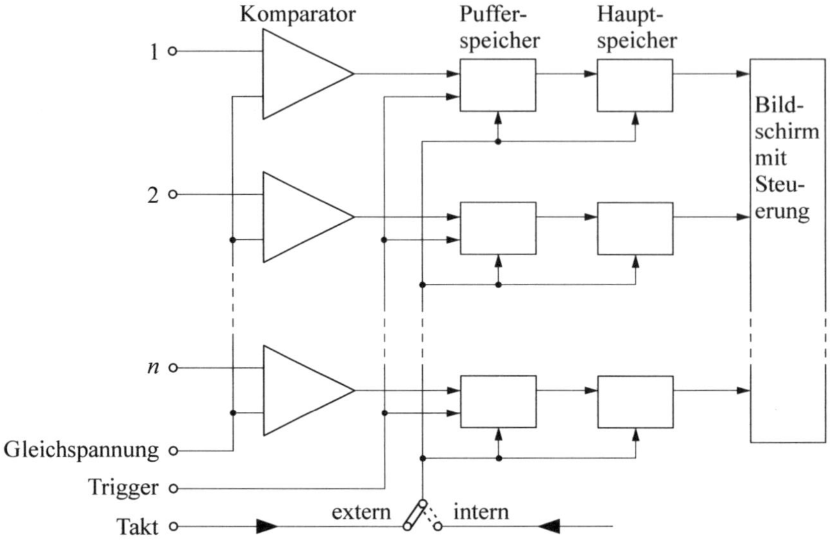

Bild 6.20: Blockschaltbild eines Logikanalysators

Bit-Ströme dienen Monitore oder LCD-Bildschirme. Gleichzeitig lassen sich etwa 16 Signale betrachten. So müssen die erfassten Daten abschnittsweise über den Bildschirm geschoben werden. Die vielen Spuren eines Ablaufdiagramms sind unter Umständen schwierig zu interpretieren. Aus diesem Grunde bietet der Logikanalysator auch die Möglichkeit, taktweise die Bit als Binärsignale oder codierte Worte auszudrucken. So lässt sich der Datentransport in der untersuchten Schaltung leichter nachvollziehen.

Die wichtigsten Kriterien für die Auswahl eines Logikanalysators sind die Kanalzahl, die Speichertiefe und die maximale Abtastrate.

6.6 A/D-Umsetzer für mechanische Größen

Auch nichtelektrische Größen lassen sich digital messen, ohne dass in allen Fällen zunächst ein analoges elektrisches Signal gebildet und dieses dann umgesetzt werden müsste. Aufnehmer stehen zur Verfügung, die schon ein diskretes Signal liefern. Von diesen Aufnehmern haben zurzeit allerdings nur die Längen- und Winkelfühler eine breitere technische Anwendung gefunden. Wir werden uns deshalb auf die Besprechung dieser Messwertgeber beschränken. Dabei werden codierte und inkrementale Aufnehmer unterschieden. Die codierten Geber liefern einen verschlüsselten Messwert, die inkrementalen Geber ändern ihr Ausgangssignal in äquidistanten Schritten. Hier entspricht der Messwert der Summe der ausgegebenen Schritte, d. h., die Schritte sind zu zählen.

6.6.1 Endlagenschalter

Die einfachste Messung ist wieder die, bei der eine Ja/Nein-Entscheidung zu treffen ist. Als Beispiel dient der Endschalter von Bild 6.21, der die Stellung einer Ventilspindel überwacht.

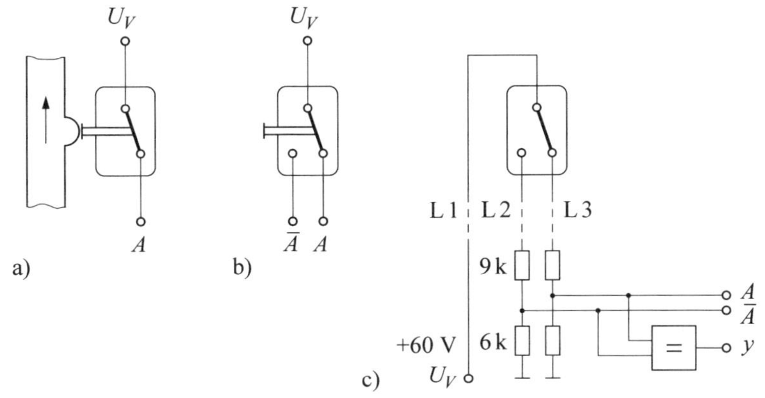

Bild 6.21: Endlagenschalter
a) mit Schließkontakt, b) mit Wechselkontakt, c) Signalaufbereitung

Ist das Ventil geschlossen, so wird der Stift des Endschalters nach innen gedrückt, sein Kontakt schließt, und am Ausgang A liegt die Versorgungsspannung U_V entsprechend dem logischen Signal 1. Umgekehrt ist in der Stellung „nicht geschlossen“, die nicht identisch ist mit der Stellung „offen“, der Kontakt geöffnet, und der Ausgang A ist spannungslos, er führt das Signal 0. Die Stellung des Ventils wird also wie folgt in ein binäres Signal übersetzt:

Ventil geschlossen:	$A = 1\,,$
Ventil nicht geschlossen:	$A = 0\,.$

Diese Auslegung lässt sich verbessern, indem im Endschalter an Stelle des einfachen Schließkontakts ein Wechselkontakt verwendet wird (Bild 6.21 b). Damit steht das negierte Signal A zur Verfügung und es gilt:

Ventil geschlossen:	$A = 1;$	$\overline{A} = 0\,,$
Ventil nicht geschlossen:	$A = 0;$	$\overline{A} = 1\,.$

Besonders für den Betrieb automatisierter Mess- und Steuersysteme ist wichtig zu wissen, ob die von den in der Anlage räumlich verteilten Komponenten in der zentralen Steuerwarte angekommenen Signale richtig oder falsch sind. Im Falle des Endschalters mit Wechselkontakt hilft das antivalente Signalpaar A und $\overline{A}$, diese Frage zu entscheiden. Ausfälle am Endschalter können auftreten infolge einer Unterbrechung U, eines Masseschlusses M oder eines Kurzschlusses K der Anschlussleitungen L 1, L 2, L 3 oder der Kontakte. Diese Fehlermöglichkeiten sind in der Tabelle 6.4 zusammengestellt.

Tabelle 6.4: Signale an den Ausgängen eines Endschalters mit Wechselkontakt bei verschiedenen Fehlermöglichkeiten
U_i = Unterbrechung der Leitung i; M_i = Verbindung der Leitung i mit Masse; $K_{i\,j}$ = Kurzschluss zwischen den Leitungen i und j

	richtig	Fehler								
		U_1	U_2	U_3	M_1	M_2	M_3	$K_{1\,2}$	$K_{1\,3}$	$K_{2\,3}$
Ausgang A	1	0	1	0	0	1	0	1	1	1
Ausgang $\overline{A}$	0	0	0	0	0	0	0	1	0	1
Ausgang y Äquivalenzgatter	0	1	0	1	1	0	1	1	0	1

Während bei einem funktionsfähigen Schalter an den Ausgängen A und $\overline{A}$ immer die antivalenten Signale 1 (24 V) und 0 (0 V) vorliegen, führen die Fehler in sechs von den neun betrachteten Fällen zu einer 00- oder 11-Signalkombination, die durch ein einfaches Äquivalenzgatter erkannt und gemeldet werden kann. Die restlichen drei Fehler, die das richtige Signal nicht verfälschen, werden in dem Moment entdeckt, in dem der Schalter betätigt wird.

Bei der in Bild 6.21 c gezeigten Schaltung liegt an den Kontakten eine Spannung von 60 V, während an den nicht dargestellten elektronischen Steuerkreis 0- und 24-V-Signale gegeben werden. Gleichzeitig fließt über die Kontakte ein Strom von 4 mA. Diese erhöhte Belastung der Kontakte ist eingeführt, damit auch bei verschmutzten oder korrodierten Oberflächen die Spannungen sicher geschaltet werden.

6.6.2 Codierte Längen- und Winkelgeber

Mit dem codierten Längen- und Winkelgeber können Weg- und Winkeländerungen von einem festen Bezugspunkt aus digital gemessen werden. Das bewegte Teil ist zu diesem Zweck mit einem Raster oder Code-Lineal verbunden, dessen Position von einem fest stehenden Punkt aus mechanisch oder optisch abgetastet wird. Im Fall der mechanischen Abtastung ist der Code durch spannungsführende Leiterbahnen, die auf einem isolierenden Träger sitzen, festgelegt. Die Lage der spannungsführenden Abschnitte wird von direkt aufliegenden Schleifkontakten erfasst. Bei der optischen Abtastung sind eine Lichtquelle und ein lichtempfindlicher Aufnehmer notwendig. Die Messung kann im durchgehenden oder reflektierten Licht erfolgen.

Das Raster von Bild 6.22 a ist im Dual-Code ausgeführt. Es enthält fünf Bahnen, so dass insgesamt 2^5=32 Längen- oder Winkelpositionen unterschieden und absolut angegeben werden können. Die schraffierten Segmente des Bildes kennzeichnen im Fall einer mechanischen Abtastung die spannungsführenden Teile der einzelnen Bahnen. Jeder Bahn ist einer der Schleifkontakte A bis E zugeordnet, der bei vorhandener Spannung ein 1-Signal liefert.

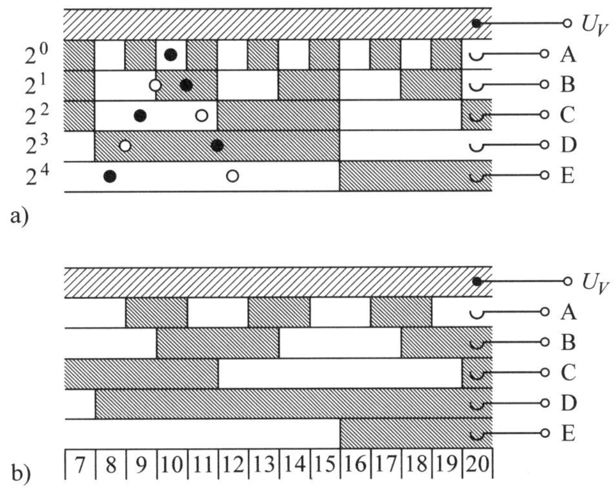

Bild 6.22: Code-Scheibe eines Längengebers
a) Dual-Code; eingezeichnet ist die V-Abtastung bei der Position 01010
b) Gray-Code

Bei der Abtastung besteht nun die Gefahr, dass die einzelnen Schleifkontakte infolge ihrer nicht zu vernachlässigenden Abmessungen oder auch infolge von Erschütterungen oder Wärmedehnungen nicht exakt übereinander stehen und in einer Linie abtasten. Dies kann an den Stellen, an denen sich mehrere Bit ändern, zu völlig falschen Angaben führen. Ist z. B. bei einem Übergang von 01111 nach 10000 der Schleifkontakt D etwas nach rechts justiert, wird zeitweilig der unsinnige Wert 00111 ausgegeben.

Diese Schwierigkeit vermeidet die so genannte V-Abtastung. Dabei wird die Bahn mit der niedrigsten Wertigkeit mit einem Schleifkontakt, alle anderen mit zwei gegeneinander um etwa eine halbe Segmentlänge versetzten Bürsten detektiert. Bei einem 1-Signal in einer Spur wird dann in der Bahn mit der nächsthöheren Wertigkeit die linke Ablesestelle, ansonsten die rechte bewertet. Dadurch werden nur direkt aufeinander folgende Positionen angezeigt. Dieses Vorgehen ist in Bild 6.22 a dadurch angedeutet, dass die maßgebenden Schleifkontakte als Kreisflächen, die nicht ausgewerteten als Kreisringe gezeichnet sind.

Das geschilderte, schon bei den Umsetzern mit parallelen Komparatoren aufgetretene Problem lässt sich noch einfacher, nämlich durch die Verwendung eines einschrittigen Codes lösen (Bild 6.22 b). Bei einem derartigen Code ändert sich bei dem Übergang von einer auf eine andere Position jeweils nur ein Bit, so dass die Abtastung jetzt unempfindlich gegen geringfügig dejustierte Schleifkontakte ist. In diesem Fall wird die neue Position zwar etwas zu früh oder zu spät angezeigt, der Fehler bleibt aber in jedem Fall kleiner als das Auflösungsvermögen von einem Bit.

6.6.3 Inkrementale Längen- und Winkelgeber

Wirkungsweise. Der inkrementale Geber [6.10] unterscheidet sich durch sein gleichmäßig geteiltes Raster von dem codierten. Das Raster ist mit dem bewegten Werkstück verbunden, dessen Position zu ermitteln ist. Es kann mechanisch oder optisch abgetastet werden. Bei der optischen Abtastung von Bild 6.23 liegt im Strahlengang zwischen der Lichtquelle und dem Fotodetektor das Raster mit seinen lichtdurchlässigen und lichtundurchlässigen Segmenten. Die Ausgangsspannung des Detektors ändert sich bei einer Bewegung des Rasters in Abhängigkeit von der Beleuchtung ungefähr dreieckförmig. Sie wird in einem Komparator mit einem vorgegebenen Schwellwert verglichen und in ein binäres Signal umgesetzt. Die dabei entstehende Folge von rechteckförmigen Impulsen wird auf einen Zähler gegeben, der z. B. die ansteigenden Flanken erfasst. Der Zählerstand ist dann ein Maß für die Strecke, die das Werkstück zurückgelegt hat. Durch Nullstellen des Zählers kann der Anfangspunkt der Messung beliebig innerhalb des Messbereichs verschoben werden.

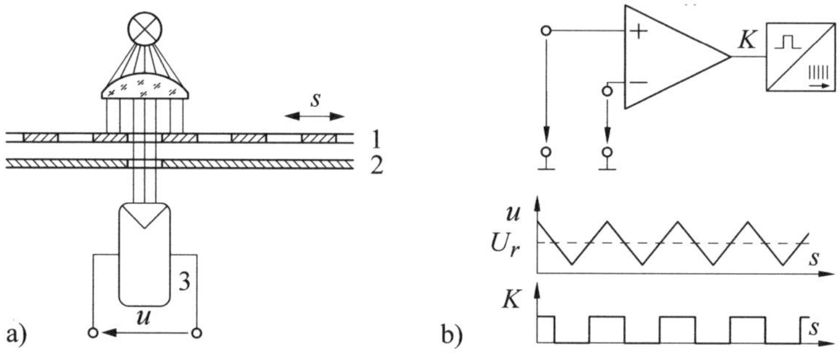

Bild 6.23: Optischer inkrementaler Längengeber
a) Schema: Raster 1, Blende 2, spannungsliefernder Fotodetektor 3; b) Signale

Richtungsabhängige Anzeige. Die bis jetzt besprochene Ausführung zählt jeden Hell-Dunkel-Übergang, unabhängig davon, ob sich das Raster nach rechts oder links bewegt. Sie lässt sich noch dahingehend verbessern, dass auch bei beliebiger Bewegung des Rasters der Zählerstand die eingenommene Position richtig wiedergibt. Dies gelingt durch die Verwendung von zwei Fotodetektoren, die um ein Viertel des Rasterabstands versetzt angeordnet werden (Bild 6.24). Die Ausgangsspannungen dieser Detektoren werden wieder in binäre Signale umgesetzt und auf ein D-Flipflop gegeben. Das Signal des Empfängers 1 liegt am D-Eingang, das des Empfängers 2 steuert den Takteingang.

Wird das Raster nach rechts, vorwärts, bewegt, so liefert der Empfänger 1 das schon vom vorherigen Bild bekannte Signal. Der Empfänger 2, der direkt an einer Hell-Dunkel-Grenze steht, wird jetzt für eine halbe Rasterlänge beleuchtet und liefert für diese Strecke sein 1-Signal. Entsprechend dem räumlichen Abstand der Detektoren sind also auch ihre Signale verschoben. Das angeschlossene D-Flipflop schaltet bei der ansteigenden Flanke des zweiten Signals. Zu diesem Zeitpunkt ist das am D-Eingang liegende Signal des ersten Empfängers immer im Zustand 1. Damit ist bei einer Rasterbewegung nach rechts das D-Flipflop immer gesetzt mit $Q = 1$, $\overline{Q} = 0$.

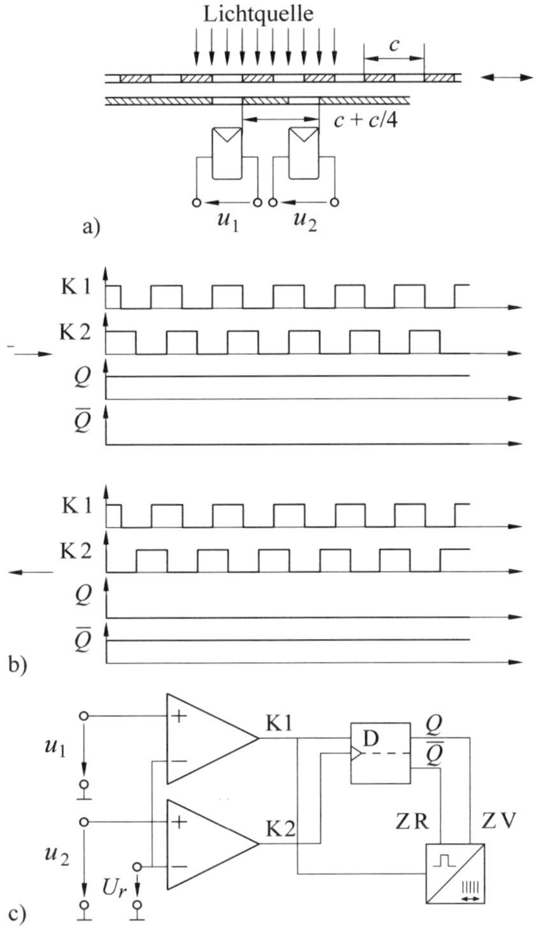

Bild 6.24: Richtungsabhängige Anzeige eines inkrementalen Längengebers
a) Anordnung
b) Signale
c) Schaltung

Bei einer Verschiebung des Rasters nach links, rückwärts, ändert sich das Signal des ersten Empfängers nicht; das des zweiten ist zuerst 0 (das Raster schiebt sich in den Strahlengang des Empfängers 2) und dann 1. Damit ist zum Zeitpunkt der ansteigenden Flanke der D-Eingang immer mit einer 0 belegt. Das Flipflop bleibt immer rückgesetzt mit $Q = 0$, $\overline{Q} = 1$.

Die Ausgangssignale Q und $\overline{Q}$ des D-Flipflops hängen von der Bewegungsrichtung ab. Sie werden benutzt, um die Zählrichtung eines Vorwärts/Rückwärts-Zählers umzuschalten. Dessen Zählerstand ist dann ein Maß für die Position des Rasters.

Auflösungsvermögen. Die feinsten zur inkrementalen Wegmessung benutzten Strichgitter haben einen Rasterabstand von etwa 10 µm und ermöglichen Messungen mit noch höherer Auflösung. Hier ist es nicht mehr sinnvoll, die Abmessungen der Lichtquelle und des Detektors kleiner als den Strichabstand zu wählen. Das Messsignal wäre für eine sichere Auswertung zu schwach. In diesem Fall wird die lichtempfindliche Fläche einige Strichabschnitte breit ausgeführt, und vor den Detektor wird ein zweites, fest stehendes Raster mit derselben Teilung wie das bewegliche angeordnet (Bild 6.25 a). Der Detektor wird jetzt von dem durch mehrere lichtdurchlässige Abschnitte gehenden Licht getroffen und liefert ein Signal, das zu einer sicheren Unterscheidung des Hell-Dunkel-Übergangs ausreicht.

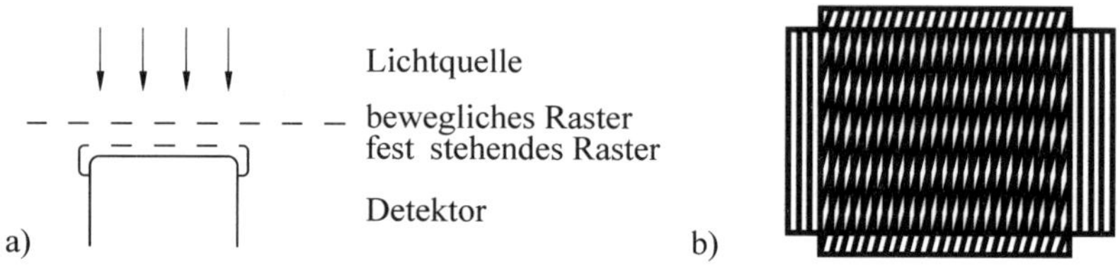

Bild 6.25: Wegmessung mit zwei Rastern
a) Die lichtempfindliche Fläche des Detektors ist größer als der Rasterabstand
b) Moiré-Streifen bei schräg gestellten Rastern

Um die Bewegungsrichtung des Rasters zu erkennen, sind nun versetzt angeordnete Detektoren und entsprechend breite dunkle und helle Abschnitte erforderlich. Diese ergeben sich, indem die beiden Gitter etwas schräg zueinander angeordnet werden. In diesem Fall entstehen die mehrere Strichabstände breiten Moiré-Streifen, die bei einer Relativbewegung der beiden Raster nach oben oder unten laufen und damit die Bewegungsrichtung erkennen lassen (Bild 6.25 b). Darüber hinaus ist es auch bei den feinsten Strichgittern möglich, die vor den Detektoren befindlichen fest stehenden Raster um genau ein Viertel des Teilungsmaßes zu versetzen und damit wie in Bild 6.24 die Bewegungsrichtung zu erkennen.

Interferometer. Eine nochmals um den Faktor 10 bessere Auflösung liefert das Interferometer nach Bild 6.26. Der Strahl einer Laserlichtquelle wird aufgeweitet, geteilt und in einem fest stehenden und einem beweglichen Prisma reflektiert. Die reflektierten Lichtbündel überlagern sich, und senkrecht zur Zeichenebene entstehen Interferenzringe, die von zwei gegeneinander versetzten Fotodetektoren erfasst werden. Wird das bewegliche Prisma verschoben, so laufen die Ringe nach innen oder außen. Die Detektoren zählen die Hell-Dunkel-Übergänge und bewerten zusätzlich die Richtung. Die Verschiebung s des beweglichen Prismas ergibt sich aus der Zahl der Nulldurchgänge m und der Wellenlänge λ zu

$$s = m\,\frac{\lambda}{2}\,. \tag{6.46}$$

Das Auflösungsvermögen ist bei diesem inkrementalen Zählverfahren halb so groß wie die Wellenlänge des benutzten Lichts. Wird noch die Phasenverschiebung der beiden Lichtsignale ausgewertet, so können Verschiebungen von etwa 0,02 λ aufgelöst werden. Auch codierfähige Streifenmuster sind möglich [6.6].

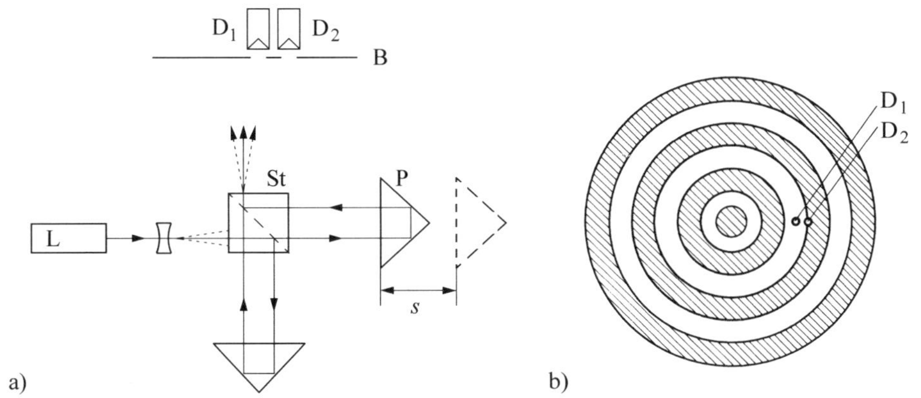

Bild 6.26: Interferometer
a) Interferometer mit Lichtquelle L, Strahlteiler St, beweglichem Prisma P, Blende B und zwei Fotodetektoren D_1 und D_2
b) Interferenzmuster in der zum Messtisch senkrechten Ebene

6.6.4 Vergleich der codierten und inkrementalen Längengeber

Die codierten und inkrementalen Längengeber werden zwar für dieselben Messaufgaben verwendet, haben aber ihre spezifischen Vor- und Nachteile.

Der codierte Geber, der eine V-Abtastung verwendet oder einschrittig ist,

- ist aufwändiger,
- misst die Länge von einem definierten Ausgangspunkt aus,
- liefert direkt das Ergebnis in einer verschlüsselten Form,
- zeigt nach einem Spannungsausfall wieder das richtige Ergebnis und
- ist unempfindlicher gegen irgendwelche Störimpulse.

Der inkrementale Geber hingegen

- erreicht die bessere Auflösung,
- lässt eine Nullpunktverschiebung innerhalb des Messbereichs zu,
- zählt eventuell auch Störimpulse,
- verliert bei Ausfall der Versorgungsspannung den Messwert.

Trotz dieser Bedenken werden inkrementale Geber häufiger als codierte eingesetzt. Sie sollten aber nur dort verwendet werden, wo der Nullpunkt jederzeit kontrolliert und die Messung – falls notwendig – wiederholt werden kann.

7 Schwingungsmessungen

Schwingungsmessungen spielen nicht nur in der Hochfrequenztechnik eine Rolle, sondern zunehmend auch bei der elektrischen Messung nichtelektrischer Größen. Der informationstragende Parameter derartiger Messsysteme ist die Frequenz, die sich ohne Gleichstromdriften genau messen und über Zähler digitalisieren lässt.

7.1 Astabile Kippschaltungen als Frequenzumsetzer

Die astabilen Kippschaltungen (Multivibratoren, Relaxations-Oszillatoren) wechseln dauernd ihr binäres Ausgangssignal, indem zyklisch ein Speicher gefüllt und geleert wird. Sie liefern eine Folge von rechteckförmigen Impulsen. Die frequenzbestimmenden Bauteile eines derartigen Oszillators sind Widerstände, Kapazitäten oder Spannungen. Werden zwei dieser Größen konstant gehalten, so lässt sich die dritte als digital messbare Frequenz oder Periodendauer darstellen. Die astabilen Kippschaltungen werden so nicht nur als Taktgeneratoren, sondern auch als nicht von einem externen Takt gesteuerten Frequenzumsetzer verwendet.

7.1.1 Kippschaltung mit Verstärker und Komparator

Die astabile Kippschaltung von Bild 7.1 besteht aus dem Integrierer V 1, dem Verstärker V 2 zur Umkehrung der Polarität und dem Komparator K. Wichtig ist die Rückführung der Ausgangsspannung u_a (Knoten 2) an den Eingang (Knoten 1). Dadurch wird die Verstärkerschaltung zu einem Oszillator. Zu Beginn sei die Ausgangsspannung des Komparators $u_a = +U_0$. Sie führt über den Strom U_0/R am Integrierer zu der mit der Zeit linear abfallenden Spannung $u_1(t)$. Diese berechnet sich während der Abklingzeit $t_0 \leq t \leq t_1$ zu

$$u_1(t) = -\frac{1}{RC} \int\limits_{t_0}^{t} U_0 \,\mathrm{d}\tau = -\frac{1}{RC}\, U_0\,(t - t_0)\,. \tag{7.1}$$

Der invertierende Verstärker V 2 hebt die in V 1 erfolgte Phasendrehung wieder auf:

$$u_2(t) = -\frac{R_4}{R_3}\, u_1(t)\,. \tag{7.2}$$

Die Spannung u_2 ist zum Zeitpunkt t_1 genauso groß wie die Vergleichsspannung U_{r1} des Komparators:

$$u_2(t_1) = \frac{R_4}{R_3}\frac{1}{RC}U_0\,(t_1 - t_0) = U_{r1} = \frac{R_2}{R_1 + R_2}U_0\,. \tag{7.3}$$

Aus dieser Gleichung bestimmt sich $t_1 - t_0$ zu

$$t_1 - t_0 = \frac{R_2}{R_1 + R_2}\frac{R_3}{R_4}RC\,. \tag{7.4}$$

Bei $u_2(t_1)$ kippt der Komparator um. Seine Ausgangsspannung u_a wechselt das Vorzeichen, $u_a = -U_0$. Dementsprechend steigt jetzt die Ausgangsspannung $u_1(t)$ des Verstärkers V 1 linear mit der Zeit an ($u_2(t)$ fällt mit der Zeit), bis die untere Schwelle U_{r2} des Komparators bei

$$U_{r2} = -\frac{R_2}{R_1 + R_2}U_0 \tag{7.5}$$

erreicht ist. Der Komparator kippt wieder um und das Spiel beginnt von neuem.

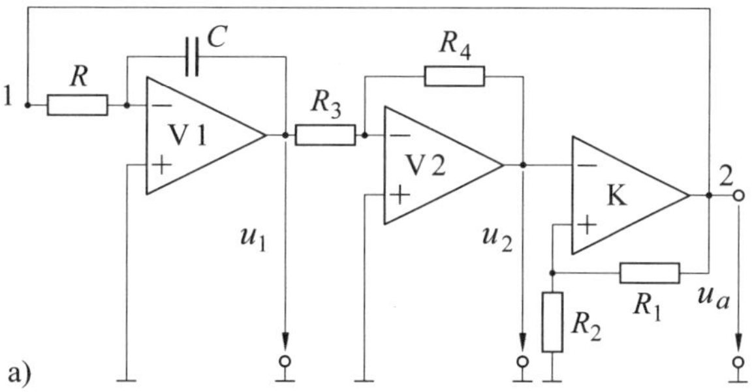

a)

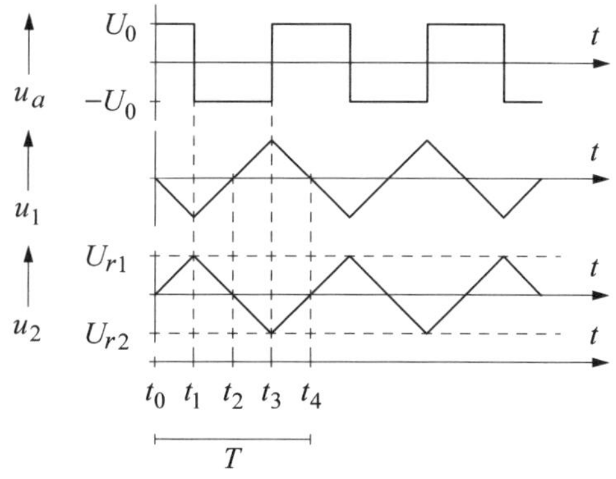

b)

Bild 7.1: Astabile Kippschaltung mit Integrationsverstärker und Komparator
a) Schaltung
b) Signale

Die gesamte Periodendauer T der im Komparator entstehenden Rechteckschwingung setzt sich so aus vier gleichen Zeitabschnitten zusammen und ist viermal so groß wie das Intervall $t_1 - t_0$:

$$T = 4\,\frac{R_2}{R_1 + R_2}\frac{R_3}{R_4}RC\,, \tag{7.6}$$

$$f = \frac{1}{T} = \frac{1}{4} \frac{R_1 + R_2}{R_2} \frac{R_4}{R_3} \frac{1}{RC} \,. \tag{7.7}$$

Wird bei einer Widerstands/Frequenz-Umsetzung eine Frequenz proportional zu einem Widerstand benötigt, so kann z. B. der Widerstand R_4 als das frequenzbestimmende Bauteil R_x genommen werden. Ist umgekehrt eine Kennlinie $f = k_1/R_x$ gewünscht, so könnte einer der Widerstände R_2, R_3 oder R umgesetzt werden. Werden schließlich die Widerstände konstant gehalten und wird die Kapazität C variiert, so ergibt sich der Zusammenhang $f = k_2/C$.

Generell hat natürlich der Anwender noch zu entscheiden, ob die Periodendauermessung evtl. der Frequenzmessung vorzuziehen ist. In diesem Fall würde dann die Kippschaltung nicht als Frequenz-, sondern als Zeitumsetzer benutzt.

Diskussion der die Frequenzgenauigkeit beeinflussenden Größen
Ändern sich die Werte der auf der rechten Seite von Gl. (7.7) stehenden Größen, so ändert sich selbstverständlich auch die Frequenz f. Darüber hinaus fällt auf, dass in Gl. (7.3) sich die Beträge der Komparatorausgangsspannung weggekürzt haben. Das bedeutet, dass Änderungen der Komparatorausgangsspannung nicht ins Ergebnis eingehen, solange die positive und negative Sättigungsspannung gleich groß sind.

Des Weiteren ist, wie im Folgenden gezeigt wird, die Frequenz der Kippschaltung weitgehend unabhängig von den Offsetgrößen der Verstärker (Bild 7.2).

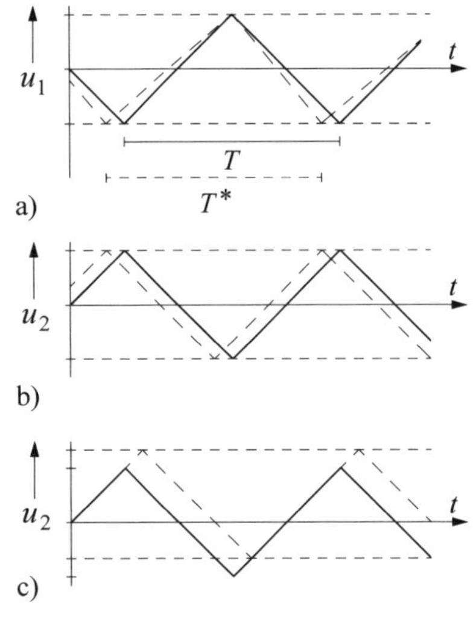

Bild 7.2: Signale der Kippschaltung von Bild 7.1 ohne (—) und mit (- - -) Offsetgrößen
a) Offsetstrom am Eingang des Integrationsverstärkers V 1
b) Offsetspannung am Eingang des Invertierers V 2
c) Offsetspannung am Eingang des Komparators K

Beim **Integrationsverstärker** V 1 führt ein Offsetstrom I_{os} zu einem steileren oder schwächeren Anstieg der Integratorausgangsspannung u_1. Dadurch ändern sich die Zeitintervalle für die Auf- und Abintegration gegensinnig. Ohne Offsetstrom und bei fehlerfreiem Umkehrverstärker mit $R_3 = R_4$ ist bei der Abintegration mit dem Strom $I_0 = U_0/R$ die Schwelle U_{r1} nach der Zeit $t_1 - t_0 = T/4$ erreicht. Addiert sich zu dem Strom I_0 der Offsetstrom I_{os}, so ist der Gesamtstrom I^*

$$I^* = I_0 \left(1 + \frac{I_{\text{os}}}{I_0}\right) \tag{7.8}$$

und die Zeit zur Abintegration sinkt auf

$$t_1^* - t_0 = \frac{1}{1 + (I_{\text{os}}/I_0)} \frac{T}{4}. \tag{7.9}$$

Während der Aufintegrationszeit $t_1 \leq t \leq t_2$ fließt jetzt der kleinere Strom

$$-I^* = -I_0 \left(1 + \frac{I_{\text{os}}}{I_0}\right) \tag{7.10}$$

und der Komparator (Schwelle U_{r2}) kippt erst zu dem späteren Zeitpunkt t_2^*:

$$t_2^* - t_1^* = \frac{1}{1 + (I_{\text{os}}/I_0)} \frac{T}{4}. \tag{7.11}$$

Die Zeit für eine halbe Taktperiode

$$\begin{aligned} t_2^* - t_0 &= t_2^* - t_1^* + t_1^* - t_0 \\ &= \left(\frac{1}{1 + (I_{\text{os}}/I_0)} + \frac{1}{1 - (I_{\text{os}}/I_0)}\right) \frac{T}{4} \\ &= \frac{2}{1 - (I_{\text{os}}/I_0)^2} \frac{T}{4} \approx \frac{T}{2} \qquad \text{für } I_{\text{os}} \ll I_0 \end{aligned} \tag{7.12}$$

ändert sich durch den Offsetstrom in erster Näherung nicht. Damit ist die Frequenz der Kippschaltung unabhängig von dem Offsetstrom des Integrationsverstärkers.

Als nächste Fehlermöglichkeit wird eine Offsetspannung am **Umkehrverstärker** V 2 betrachtet. Überlagert sich hier eine Offsetspannung der vom Integrator gelieferten dreieckförmigen Spannung u_1, so ist die Ausgangsspannung u_2 zeitlich verschoben. Das bedeutet, dass die beiden Schwellwerte U_{1r} und U_{2r} bei einer positiven Offsetspannung früher, bei einer negativen später erreicht werden. Die Periodendauer T wird aber nicht geändert und dementsprechend bleibt auch die Ausgangsfrequenz des Komparators dieselbe.

Als Letztes bleibt schließlich noch die Wirkung einer Offsetspannung U_{os} am Eingang des **Komparators** K zu untersuchen. Diese verschiebt die Schaltpunkte auf die Werte U_{r1}^* und U_{r2}^* mit

$$U_{r1}^* = U_{r1} + U_{\text{os}}\,, \tag{7.13}$$

$$U_{r2}^* = U_{r2} + U_{\text{os}}\,. \tag{7.14}$$

Der Abstand der Schaltpunkte

$$U_{r1}^* - U_{r2}^* = U_{r1} + U_{\text{os}} - (U_{r2} + U_{\text{os}}) = U_{r1} - U_{r2} \tag{7.15}$$

ändert sich also nicht und die Ausgangsfrequenz ist unabhängig von der Offsetspannung des Komparators.

Zusammenfassend ist festzustellen, dass Offsetgrößen die Frequenzgenauigkeit der Kippschaltung von Bild 7.1 nicht beeinflussen.

7.1.2 Kippschaltung mit stabilisierten Hilfsspannungen

In dem vorausgegangenen Beispiel waren die Sättigungsspannungen des Komparators als hinreichend gleich angenommen worden. Ist diese Voraussetzung nicht erfüllt, so sind für die benötigten Spannungen $\pm U_0$ zwei besonders stabilisierte Spannungsquellen zur Verfügung zu stellen. Diese können dann wechselweise über einen vom Komparator gesteuerten Schalter an den Ladewiderstand R gelegt werden (Bild 7.3). Sie sind so gepolt, dass der invertierende Verstärker V_2 von Bild 7.1 überflüssig wird.

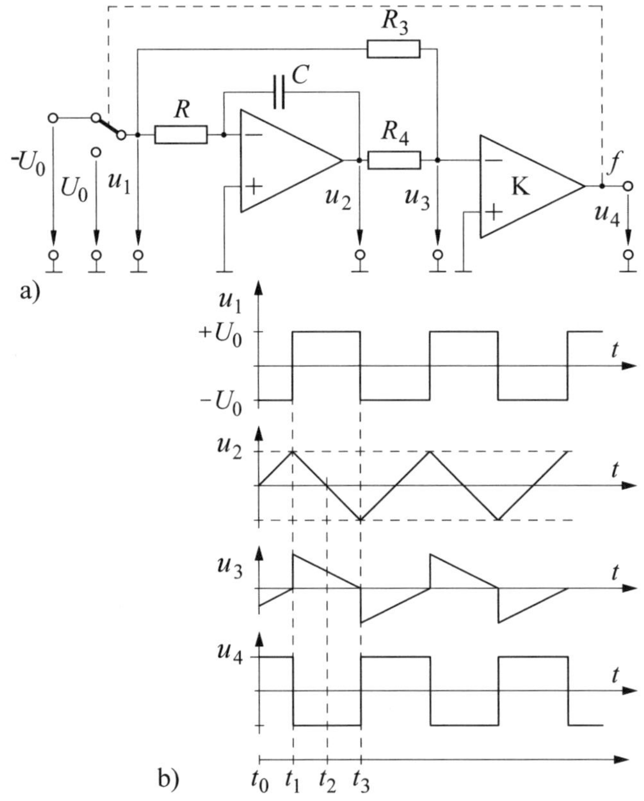

Bild 7.3: Kippschaltung mit stabilisierten Hilfsspannungen
a) Aufbau
b) Signale

Des Weiteren ist der Komparator jetzt anders geschaltet. Der p-Eingang liegt auf Masse, die Vergleichsspannung beträgt 0 V, und die Kennlinie enthält keine Hystereseschleife. Der Komparator prüft, ob die zwischen den Widerständen R_3 und R_4 abgegriffene, von u_1 und u_2 abhängende Teilspannung u_3 positiv oder negativ ist. Sie berechnet sich zu

$$u_3 = \frac{R_4}{R_3 + R_4} (u_1 - u_2) + u_2 \tag{7.16}$$

$$= \frac{R_4}{R_3 + R_4}\, u_1 + \frac{R_3}{R_3 + R_4}\, u_2\,. \tag{7.17}$$

Der Komparator schaltet bei $u_3 = 0$, also bei der Integratorausgangsspannung u_2

$$u_2 = \frac{R_4}{R_3}\, U_0 \qquad \text{für } u_1 = -\,U_0\,, \tag{7.18}$$

$$u_2 = -\frac{R_4}{R_3}\, U_0 \qquad \text{für } u_1 = +\,U_0\,. \tag{7.19}$$

In der Zeit $t_0 \le t \le t_1$ steigt die Integratorausgangsspannung u_2

$$u_2(t) = -\frac{1}{R\,C}\,(-\,U_0)\,(t - t_0) \tag{7.20}$$

von $u_2(t_0) = 0$ auf den Wert

$$u_2(t_1) = \frac{1}{R\,C}\, U_0\,(t - t_0) = \frac{R_4}{R_3}\, U_0$$

an. Daraus bestimmt sich $t_1 - t_0$ zu $t_1 - t_0 = R\,C \cdot R_4/R_3$. Die gesamte Periode T ist viermal so groß und wird

$$T = 4\,\frac{R_4}{R_3}\, R\,C\,. \tag{7.21}$$

7.2 Harmonische Oszillatoren

Bei harmonischen Schwingungen ist die Rückstellkraft linear proportional zur Auslenkung und stets zur Gleichgewichtslage gerichtet. Da das $u(t)$-Diagramm eine Sinuskurve ergibt, werden harmonische Schwingungen auch als Sinusschwingungen bezeichnet und harmonische Oszillatoren werden verwendet, um sinusförmige Spannungen wechselnder Frequenz zu erzeugen.

Die frequenzbestimmenden Bauteile sind Widerstände, Induktivitäten oder Kapazitäten. Wie die Relaxationsoszillatoren können auch die harmonischen Oszillatoren zur Umsetzung dieser Größen in Frequenzen oder Periodendauern benutzt werden. Die harmonischen Oszillatoren sind dabei aufwändiger, haben eine gekrümmte Kennlinie (z. B. $f = 1/2\,\pi\sqrt{LC}$), liefern aber unter Umständen eine genauere Frequenz, da diese nur von passiven Bauelementen und nicht von aktiven Schaltungen wie z. B. Komparatoren abhängt. Als Spannungs/Frequenz-Umsetzer sind die harmonischen Oszillatoren nicht geeignet.

7.2.1 Erzeugung ungedämpfter Schwingungen

Das Prinzip eines harmonischen Oszillators wird von Bild 7.4 ausgehend erklärt. Die Variablen sind als komplexe Größen geschrieben, da die Beträge und die Phasenbeziehungen wichtig sind. Die Eingangsspannung $\underline{u}_e$ wird in dem Verstärker V mit der Empfindlichkeit $\underline{k}_1$ auf den Wert $\underline{u}_a$ vervielfacht:

$$\underline{u}_a = \underline{k}_1 \, \underline{u}_e \, . \tag{7.22}$$

In dem Rückführungsnetzwerk R wird die Teilspannung $\underline{u}_r$ gebildet und an den Eingang zurückgeführt:

$$\underline{u}_r = \underline{k}_2 \, \underline{u}_a \, . \tag{7.23}$$

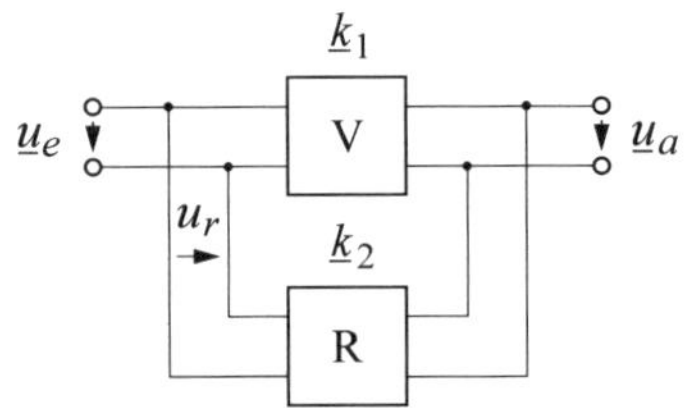

Bild 7.4: Prinzip eines Oszillators

Stimmt die rückgeführte Spannung in Betrag und Phase mit der Eingangsspannung überein, so kann sie diese ersetzen. Nach dem Anstoßen des Oszillators ist die Eingangsspannung $\underline{u}_e$ nicht mehr notwendig. Der Schwingkreis liefert die Ausgangsspannung $\underline{u}_a$ mit einem konstanten Scheitelwert und einer konstanten Frequenz.

Die Bedingung für das Zustandekommen einer ungedämpften Schwingung ist also

$$\underline{u}_r = \underline{u}_e \, ,$$

$$\underline{k}_2 \, \underline{u}_a = \underline{k}_2 \, \underline{k}_1 \, \underline{u}_e = \underline{u}_e \, ,$$

$$\underline{k}_1 \underline{k}_2 = \underline{k}_1 \, \mathrm{e}^{\mathrm{j}\,\alpha_1} \cdot \underline{\mathrm{k}}_2 \, \mathrm{e}^{\mathrm{j}\,\alpha_2} = 1 \, . \tag{7.24}$$

Die letzte Gleichung ist für die Amplituden

$$k_1 \, k_2 = 1 \tag{7.25}$$

(der Verstärker hebt die Abschwächung und die Verluste im Rückführungsnetzwerk auf) und für die Phasen

$$\alpha_1 + \alpha_2 = 0, 2\,\pi, \ldots, 2\,\mathrm{N}\,\pi \tag{7.26}$$

zu erfüllen. Die Phasenbeziehung zwischen Ausgangsspannung $\underline{u}_a$ und Eingangsspannung $\underline{u}_e$ muss 0 oder ein ganzzahliges Vielfaches von 2π sein.

7.2.2 LC-Oszillator

Resonanzkreis. Um den LC-Oszillator einzuführen, wird von dem Parallel-Resonanzkreis Bild 7.5 ausgegangen. Dieser enthält die Kapazität C, die Induktivität L und den ohmschen Widerstand R, der auch als Wirkwiderstand der Spule aufgefasst werden kann. Der Scheinwiderstand $\underline{Z}$ dieser Anordnung mit dem Wirkwiderstand R_Z und dem Blindwiderstand X ist

$$\underline{Z} = \frac{\frac{1}{\mathrm{j}\,\omega\,C}\,(R + \mathrm{j}\,\omega\,L)}{\frac{1}{\mathrm{j}\,\omega\,C} + R + \mathrm{j}\,\omega\,L} = Re\,(\underline{Z}) + Im\,(\underline{Z}) = R_Z + \mathrm{j}\,X\,. \tag{7.27}$$

mit

$$R_Z = \frac{R}{(1 - \omega^2\,L\,C)^2 + \omega^2\,C^2\,R^2}\,; \tag{7.28}$$

$$\mathrm{j}\,X = \mathrm{j}\,\frac{\omega\,L - \omega\,C\,R^2 - \omega^3\,L^2\,C}{(1 - \omega^2\,L\,C)^2 + \omega^2\,C^2\,R^2}\,. \tag{7.29}$$

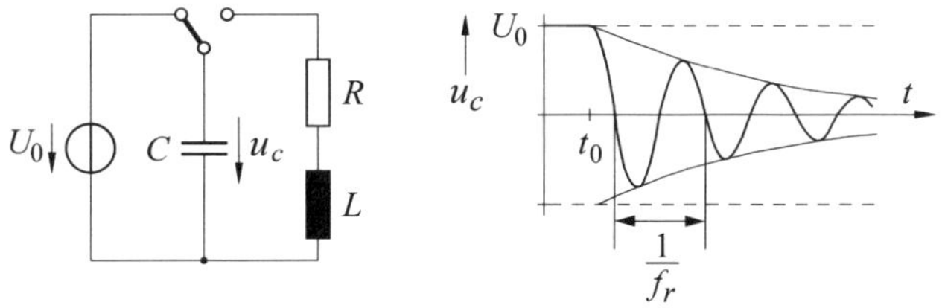

Bild 7.5: LC-Resonanzkreis

Im Zustand der Resonanz ist $\underline{Z}$ reell. Der Imaginärteil ist null und die Resonanzkreisfrequenz ω_0 errechnet sich für $X = 0$ aus Gl. (7.29) zu

$$\omega_0^2 = \frac{1}{L\,C} - \frac{R^2}{L^2}\,. \tag{7.30}$$

Wird der Resonanzkreis zur Zeit t_0 von seiner Versorgungsspannung getrennt, so schwingt er mit gedämpften Schwingungen der Kreisfrequenz ω_0 aus. Gl. (7.30) lässt sich noch umformen und als

$$C = \frac{L}{R^2 + (\omega_0\,L)^2} \tag{7.31}$$

schreiben, wodurch sich später die Rechnung vereinfacht.

Oszillator. Um von der gedämpften Schwingung des Resonanzkreises zur ungedämpften des Oszillators zu kommen, sind die entstehenden Energieverluste kontinuierlich auszugleichen. Dazu wird in Bild 7.6 a ein Verstärker verwendet, dessen Ausgangsspannung $\underline{u}_a$ über dem Widerstand R_1 an dem Parallel-Resonanzkreis liegt.

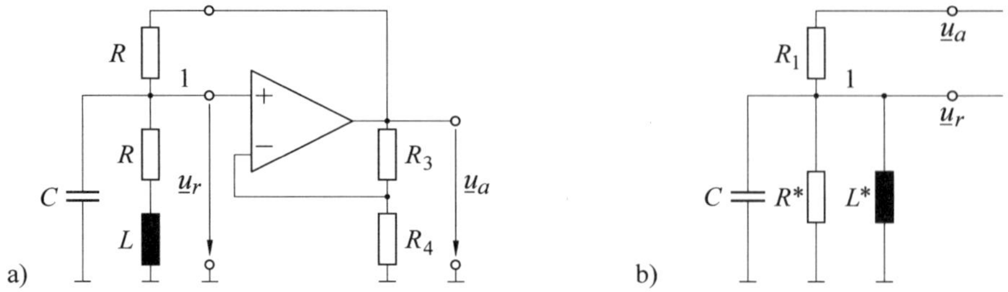

Bild 7.6: LC-Oszillator
a) Serienschaltung, b) gleichwertige Parallelschaltung mit den Ersatzgrößen R^* und L^*

Die Empfindlichkeit k_1 des Spannungsverstärkers

$$\underline{k}_1 = \frac{\underline{u}_a}{\underline{u}_r} = 1 + \frac{R_3}{R_4} = k_1 \tag{7.32}$$

ist reell. Dementsprechend darf dann auch, um die Phasenbedingung nicht zu verletzen, der Übertragungsfaktor k_2

$$\underline{k}_2 = \frac{\underline{u}_r}{\underline{u}_a} = \frac{R_Z + \mathrm{j}\,X}{R_1 + R_Z + \mathrm{j}\,X}$$

$$= \frac{R_1\,R_Z + R_Z^2 + X^2}{(R_1 + R_Z)^2 + X^2} + \mathrm{j}\,\frac{R_1\,X}{(R_1 + R_Z)^2 + X^2} \tag{7.33}$$

keinen Imaginärteil haben. Der Zähler des Imaginärteils ist tatsächlich bis auf den konstanten Faktor R_1 gleich dem des Resonanzkreises (Gl. 7.29), wird also auch bei der Resonanzfrequenz nach Gl. (7.30) null. Der Übertragungsfaktor ist somit bei der Resonanzkreisfrequenz reell und nimmt für $X = 0$ bei ω_0 den Wert

$$\underline{k}_2(\omega_0) = k_2 = \frac{R_Z(\omega_0)}{R_1 + R_Z(\omega_0)} \tag{7.34}$$

an. $R_Z(\omega_0)$ errechnet sich aus Gl. (7.28) und Gl. (7.31) zu

$$R_Z(\omega_0) = \frac{R^2 + (\omega_0\,L)^2}{R}\,. \tag{7.35}$$

Aus den gegebenen Werten für R, L, C und aus der bekannten Resonanzfrequenz ω_0 lässt sich zunächst k_2 bestimmen. Der Verstärkungsfaktor k_1 wird anschließend aus $k_1 = 1/k_2$ berechnet.

Differenzialgleichung des LC-Oszillators. Die Formeln für ω_0 und k_2 sollen nun noch einmal aus der Differenzialgleichung abgeleitet werden. Um diese aufzustellen, wird die Serienschaltung von R und L im Bild 7.6 a in die elektrisch gleichwertige Parallelschaltung von Bild 7.6 b mit den Hilfsgrößen R^* und L^* umgeformt. Ausgehend vom Leitwert der Serienschaltung

$$\frac{1}{R+\mathrm{j}\,\omega\,L} = \frac{R}{R^2+(\omega\,L)^2} - \frac{\mathrm{j}\,\omega\,L}{R^2+(\omega\,L)^2} = \frac{1}{R^*} + \frac{1}{\mathrm{j}\,\omega\,L^*} \tag{7.36}$$

errechnen sich die Ersatzgrößen R^* und L^* aus der letzten Gleichung zu

$$R^* = \frac{R^2+(\omega\,L)^2}{R}\,, \tag{7.37}$$

$$L^* = \frac{R^2+(\omega\,L)^2}{\omega^2\,L}\,. \tag{7.38}$$

Bei der Eigenkreisfrequenz ω_0 ist nach Gl. (7.35) R^* also identisch mit dem Realteil von Z, $R^* = R_Z$.

Nach dieser vorbereitenden Überlegung werden die Ströme

$$i_1 = \frac{u_a - u_r}{R_1}\,, \qquad i_C = C\,\dot{u}_r\,,$$

$$i_{R^*} = \frac{u_r}{R^*}\,, \qquad i_{L^*} = \frac{1}{L^*}\int u_r \mathrm{d}t$$

im Knotenpunkt 1 addiert:

$$\frac{u_a - u_r}{R_1} - C\,\dot{u}_r - \frac{u_r}{R^*} - \frac{1}{L^*}\int u_r\,\mathrm{d}t = 0\,. \tag{7.39}$$

Dann wird die rückgeführte Spannung u_r durch die Ausgangsspannung u_a ausgedrückt, $u_r = k_2\,u_a$. Anschließend wird differenziert und noch mit $-L^*/k_2$ multipliziert. Es ergeben sich

$$\frac{u_a}{R_1} - \frac{k_2\,u_a}{R_1} - k_2\,C\,\dot{u}_a - \frac{k_2}{R^*}\,u_a - \frac{k_2}{L^*}\int u_a \mathrm{d}t = 0\,,$$

$$\left(\frac{1}{R_1} - \frac{k_2}{R_1} - \frac{k_2}{R^*}\right)\dot{u}_a - k_2\,C\,\ddot{u}_a - \frac{k_2}{L^*}\,u_a = 0\,,$$

$$u_a + \left(\frac{L^*}{R_1} + \frac{L^*}{R^*} - \frac{L^*}{k_2\,R_1}\right)\dot{u}_a + L^*\,C\,\ddot{u}_a = 0\,. \tag{7.40}$$

Damit ist die gesuchte Differenzialgleichung erhalten. Nach den Ausführungen von Abschnitt 1.5.2 liefert der Koeffizient von $\ddot{u}_a$ die Eigenkreisfrequenz

$$\omega_0^2 = \frac{1}{L^*\,C}\,. \tag{7.41}$$

Indem hier L^* durch Gl. (7.38) ausgedrückt wird, ergibt sich das von Gl. (7.30) schon bekannte Ergebnis.

Der Koeffizient von $\dot{u}_a$ muss für einen Oszillator null sein:

$$\frac{1}{R_1} + \frac{1}{R^*} - \frac{1}{k_2\,R_1} = 0\,! \tag{7.42}$$

Dieser Ansatz liefert

$$k_2 = \frac{R^*}{R_1 + R^*}\,,$$

womit unter Berücksichtigung von $R^* = R_Z$ dieselbe Auslegungsvorschrift wie in Gl. (7.34) erhalten ist.

7.2.3 *RC*-Oszillator

Ein *RC*-Netzwerk ist im Gegensatz zu einer *LC*-Kombination nicht zu Eigenschwingungen fähig, kann aber trotzdem zusammen mit einem aktiven Element einen Oszillator bilden.

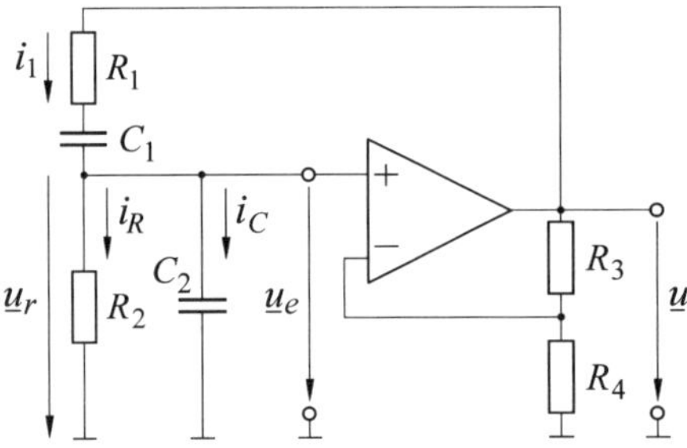

Bild 7.7: *RC*-Oszillator

Bei dem in Bild 7.7 als Beispiel gezeigten Wien-Robinson-Oszillator wird die Verstärker-Ausgangsspannung $\underline{u}_a = \underline{k}_1 \underline{u}_e$ an das *RC*-Netzwerk gelegt. Die Teilspannung $\underline{u}_r$ wird abgegriffen und dem Verstärkereingang zugeführt:

$$\underline{u}_r = \underline{k}_2\,\underline{u}_a = \frac{\underline{Z}_2}{\underline{Z}_1 + \underline{Z}_2}\,\underline{u}_a \tag{7.43}$$

mit

$$\underline{Z}_1 = R_1 + \frac{1}{\mathrm{j}\,\omega\,C_1}\,; \qquad \underline{Z}_2 = \frac{\dfrac{R_2}{\mathrm{j}\,\omega\,C_2}}{R_2 + \dfrac{1}{\mathrm{j}\,\omega\,C_2}}\,. \tag{7.44}$$

Eine ungedämpfte, selbsttätige Schwingung kommt für $\underline{u}_r = \underline{u}_e$ zu Stande.

Der Operationsverstärker wird wieder unterhalb seiner Grenzfrequenz betrieben. Der Übertragungsfaktor $\underline{k}_1$ ist daher reell und unabhängig von der Frequenz:

$$\underline{k}_1 = k_1 = 1 + \frac{R_3}{R_4}\,. \tag{7.45}$$

Um die Schwingbedingung

$$k_1\,\underline{k}_2 = 1 \tag{7.46}$$

zu erfüllen, muss auch $\underline{k}_2$

$$\underline{k}_2 = \frac{\underline{Z}_2}{\underline{Z}_1 + \underline{Z}_2} = \frac{1}{1 + \dfrac{\underline{Z}_1}{\underline{Z}_2}} = \frac{1}{1 + \dfrac{R_1}{R_2} + \dfrac{C_2}{C_1} + \mathrm{j}\,\omega\,R_1\,R_2 + \dfrac{1}{\mathrm{j}\,\omega\,R_2\,C_1}} \tag{7.47}$$

für die Resonanzfrequenz ω_0 reell und frequenzunabhängig sein. Dazu ist notwendig, dass der imaginäre Anteil im Nenner von Gl. (7.47) verschwindet. Daraus bestimmt sich die Resonanzfrequenz ω_0 zu

$$\omega_0{}^2 = \frac{1}{R_1 R_2 C_1 C_2} \tag{7.48}$$

und geht für $R_1 = R_2 = R$ und $C_1 = C_2 = C$ über in

$$\omega_0 = \frac{1}{RC}\,. \tag{7.49}$$

Mit den angenommenen Werten wird der Übertragungsfaktor k_2

$$k_2 = \frac{1}{1+1+1} = \frac{1}{3}\,. \tag{7.50}$$

Die Amplitudenbedingung $k_1\,k_2 = 1$ fordert für k_1 den Wert

$$k_1 = 1 + \frac{R_3}{R_4} = 3\,, \tag{7.51}$$

der mit $R_3 = 2\,R_4$ erreicht wird.

Amplitudenregelung. Während die LC-Schwingkreise im Allgemeinen eine so ausgeprägte Resonanzfrequenz haben, dass die Amplitudenbedingung automatisch erfüllt wird, benötigen RC-Oszillatoren eine spezielle Amplitudenregelung. Diese ist in der im Bild 7.8 gezeigten Schaltung über eine selbsttätige Verstellung des Widerstandes R_4 realisiert. Der Widerstand wird durch die Source-Drain-Strecke eines Feldeffekttransistors gebildet und durch die zwischen Gate und Source liegende Spannung verändert.

Die Spannung wird aus der Ausgangsspannung u_a gewonnen, indem ein Teil des Spitzenwertes $\hat{u}_a$ zur Aussteuerung des FET genommen wird. Ist z. B. die Ausgangsspannung zu hoch, so führt die dann erhöhte Gate-Source-Spannung zu einem vergrößerten

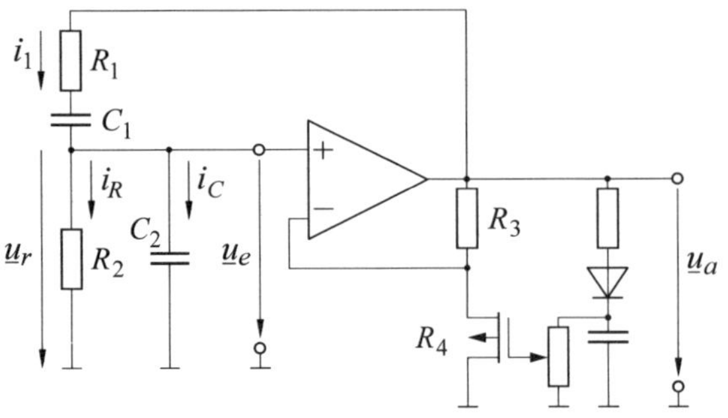

Bild 7.8: Amplitudenregelung des RC-Oszillators

Widerstand R_4, dieser verkleinert die Empfindlichkeit k_1, womit die Ausgangsspannung u_a wieder auf ihren Sollwert zurückgeführt wird.

Differenzialgleichung des $\boldsymbol{RC}$-Oszillators. Auch für den RC-Oszillator soll die Differenzialgleichung abgeleitet werden. Dazu werden die Ströme i_R, i_C und i_1 eingeführt (Bild 7.8) mit

$$i_R = \frac{u_e}{R_2}; \qquad i_C = C_2 \frac{\mathrm{d}\, u_e}{\mathrm{d}\, t}; \qquad i_1 = i_R + i_C. \tag{7.52}$$

Die Maschengleichung vom Ausgang zum Eingang liefert den Ansatz

$$-u_a + i_1 R_1 + \frac{1}{C_1} \int i_1 \mathrm{d}\, t + u_e = 0, \tag{7.53}$$

in dem i_1 ersetzt und nach Gl. (7.52) durch u_e ausgedrückt wird:

$$-u_a + \frac{u_e}{R_2} R_1 + R_1 C_2 \frac{\mathrm{d}\, u_e}{\mathrm{d}\, t} + \frac{1}{C_1} \int \frac{u_e}{R_2} \mathrm{d}\, t + \frac{C_2}{C_1} u_e + u_e = 0. \tag{7.54}$$

Um die Gleichung etwas übersichtlicher zu bekommen, wird nun $R_1 = R_2 = R$ und $C_1 = C_2 = C$ angenommen:

$$-u_a + u_e + RC\, \dot{u}_e + \frac{1}{RC} \int u_e \, \mathrm{d}\, t + u_e + u_e = 0. \tag{7.55}$$

Hier wird nun mit

$$u_e = \frac{R_4}{R_3 + R_4} u_a = \frac{u_a}{k_1}; \qquad k_1 = \frac{R_3 + R_4}{R_4} \tag{7.56}$$

an Stelle der Eingangsspannung die Ausgangsspannung eingeführt. Anschließend ist das Ergebnis zu differenzieren und mit $k_1 R\, C$ zu multiplizieren, womit die gesuchte Differenzialgleichung gefunden ist:

$$u_a + RC\,(3 - k_1)\, \dot{u}_a + R^2 C^2\, \ddot{u}_a = 0\,. \tag{7.57}$$

Der Koeffizient von $\ddot{u}_a$ liefert die Oszillatorfrequenz (Vergleich mit Gl. (1.148))

$$\omega_0 = \frac{1}{RC}, \tag{7.58}$$

und die Bedingung für die Erzeugung ungedämpfter Schwingungen (der Koeffizient von $\dot{u}_a$ muss null sein) führt mit

$$3 - k_1 = 0, \qquad k_1 = 3 \tag{7.59}$$

zu der schon bekannten Dimensionierung des Verstärkers (Gl. (7.56)) von $R_3 = 2\,R_4$.

7.3 Piezoelektrische Resonatoren

Piezoelektrische Materialien wurden schon im Abschnitt 2.7 erwähnt. Von ihnen hat der einkristalline Quarz SiO_2 die größte Güte. Größere Kopplungsfaktoren aber, die die umwandelbare gespeicherte Energie im Verhältnis zur gesamten aufgenommenen Energie ausdrücken, haben polykristalline Stoffe. Diese haben die allgemeine Formel ABO_3, wobei A ein großes zweiwertiges Metallion und B ein kleines vierwertiges Metallion darstellt. Vertreter dieser Gruppe sind z. B. Lithiumniobat $LiNbO_3$ oder Bleititanat $PbTiO_3$. Weiterhin können piezoelektrische Schichten in der Dickschicht- oder Dünnschichttechnik aus Zinkoxid ZnO hergestellt werden. Werden Sensoren mit den Methoden der Halbleitertechnologie gefertigt, so werden als piezoelektrische Schichten Aluminiumnitrid AlN oder Galliumarsenid GaAs verwendet [7.1].

Im Folgenden wird der Einfachheit halber öfter von „Schwingquarzen“ gesprochen. Das schließt jedoch nicht aus, dass die besprochenen Effekte auch mit anderen piezoelektrischen Materialien oder Bauformen erreicht werden.

7.3.1 Volumenschwingende Quarze

Wirkungsweise. Schwingquarze werden wegen ihrer konstanten Schwingfrequenz in sehr großen Stückzahlen als Taktgeber in Uhren und bei Ablaufsteuerungen (Rechner) benutzt. Derartige Quarze sind Plättchen oder Scheiben, die aus einem Quarzkristall in einer bestimmten Richtung herausgeschnitten sind.

Ausgenutzt wird der inverse piezoelektrische Effekt. Unter dem Einfluss einer anliegenden Spannung wird das Quarzplättchen deformiert. Durch eine Wechselspannung wird es periodisch verformt und kann zu Schwingungen angeregt werden. Die Art der Schwingung (Bild 7.9) und die Resonanzfrequenz hängen vom Schnittwinkel des Quarzes ab (Tabelle 7.1) [7.2].

Ersatzschaltbild und Resonanzfrequenz. Das elektrische Verhalten des Quarzes wird durch die Ersatzschaltung vom Bild 7.10 beschrieben. L und C legen die dynamischen Eigenschaften des Quarzes fest, R ist sein Verlustwiderstand, und C_0 ist die Kapazität der auf dem Quarzplättchen angebrachten Elektroden und ihrer Zuleitungen.

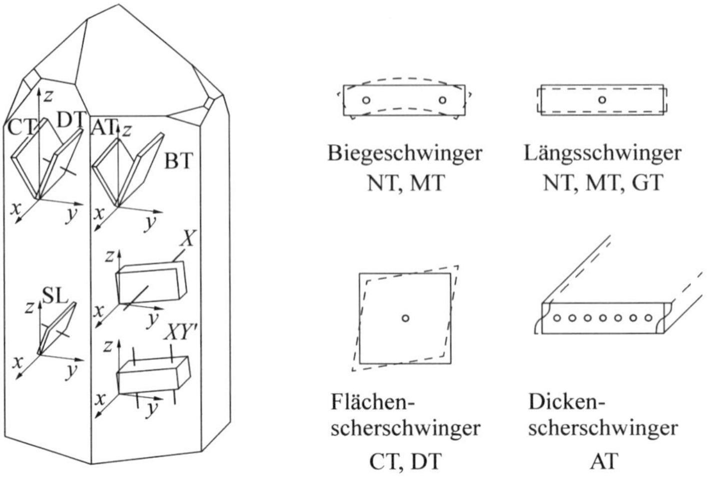

Bild 7.9: Schwingungsformen des Quarzes; die Buchstabenkombinationen kennzeichnen die Orientierung des herausgeschnittenen Plättchens zu den Kristallachsen

Tabelle 7.1: Daten von Schwingquarzen

Schwingungstyp	Schnitt	f_0	R	C
Biegeschwinger	X,XY,NT	1...100 kHz	5...1000 kΩ	1...250 fF
Längsschwinger	X,MT	50...200 kHz	2...5 kΩ	30...60 fF
Flächenscherschwinger	DT,CT,SL	150...800 kHz	0,5...10 kΩ	7...30 fF
Dickenscherschwinger	AT,BT	1...160 MHz	4...400 Ω	0,2...25 fF

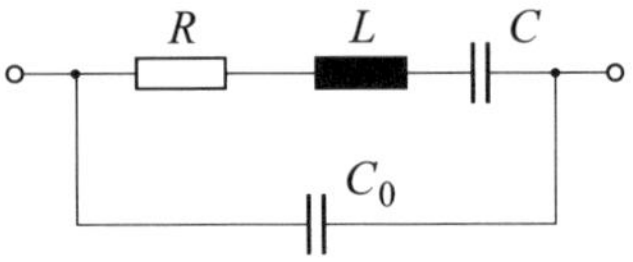

Bild 7.10: Ersatzschaltbild eines Schwingquarzes

Der komplexe Widerstand $\underline{Z}$ dieser Schaltung ist

$$\underline{Z} = \frac{\left(R + \mathrm{j}\,\omega\,L + \dfrac{1}{\mathrm{j}\,\omega\,C}\right)\dfrac{1}{\mathrm{j}\,\omega\,C_0}}{R + \mathrm{j}\,\omega\,L + \dfrac{1}{\mathrm{j}\,\omega\,C} + \dfrac{1}{\mathrm{j}\,\omega\,C_0}} = \frac{R + \mathrm{j}\left(\omega\,L - \dfrac{1}{\omega\,C}\right)}{1 + \dfrac{C_0}{C} - \omega^2 L\,C_0 + \mathrm{j}\,\omega\,R\,C_0}. \tag{7.60}$$

Indem die normierte Frequenz $\Omega = \omega/\omega_0$ eingeführt wird, die auf die Resonanzfrequenz $\omega_0 = 1\,/\sqrt{L\,C}$ bezogen ist, geht Gl. (7.60) unter Berücksichtigung von $\omega_0 L = 1/\omega_0 C$ über in

$$\underline{Z} = R \frac{1 + \mathrm{j}\,\dfrac{\omega_0 L}{R}\left(\varOmega - \dfrac{1}{\varOmega}\right)}{1 + \dfrac{C_0}{C}\left(1 - \varOmega^2\right) + \mathrm{j}\dfrac{C_0}{C}\dfrac{R}{\omega_0 L}\,\varOmega} \tag{7.61}$$

mit dem Realteil

$$Re(\underline{Z}) = \frac{R}{\left[1 + \dfrac{C_0}{C}\left(1 - \varOmega^2\right)\right]^2 + \left(\dfrac{C_0}{C}\dfrac{R}{\omega_0 L}\,\varOmega\right)^2} \tag{7.62}$$

und dem Imaginärteil

$$Im(\underline{Z}) = -\mathrm{j}\,R\,\frac{C_0}{C}\,\frac{\omega_0 L}{R\,\varOmega} \cdot \frac{\varOmega^4 - \left[2 + \dfrac{C_0}{C} - \left(\dfrac{R}{\omega_0 L}\right)^2\right]\varOmega^2 + 1 + \dfrac{C}{C_0}}{\left[1 + \dfrac{C_0}{C}\left(1 - \varOmega^2\right)\right]^2 + \left(\dfrac{C_0}{C}\dfrac{R}{\omega_0 L}\,\varOmega\right)^2}\,. \tag{7.63}$$

• **Beispiel 7.1.** Für einen konkreten Uhrenquarz mit $C = 3{,}24 \cdot 10^{-15}$ F, $L = 7281$ H, $R = 30\ \mathrm{k}\varOmega$ und $C_0 = 3{,}24 \cdot 10^{-12}$ F ergeben sich ω_0 und f_0 zu

$$\omega_0 = \frac{1}{\sqrt{L\,C}} = \frac{1}{\sqrt{7281 \cdot 3,24 \cdot 10^{-15}}}\ \mathrm{s}^{-1} = 205888\ \mathrm{s}^{-1}\,,$$

$$f_0 = \omega_0 / 2\pi = 32768\ \mathrm{s}^{-1}\,.$$

Das Verhältnis C_0/C aus Zuleitungskapazität und Quarzkapazität ist 1000, und das Verhältnis aus Blindwiderstand und Wirkwiderstand, das die Güte eines Oszillators beschreibt, berechnet sich zu

$$\omega_0 L / R = 49969\,. \quad \bullet$$

Im Folgenden soll nun die **Resonanzfrequenz** $\varOmega_r$ des Quarzes berechnet werden. Bei der Resonanzfrequenz ist $\underline{Z}$ reell, der Imaginärteil verschwindet, so dass Gl. (7.56) die Bestimmungsgleichung für $\varOmega_r$ liefert:

$$\varOmega^4 - \left[2 + \frac{C}{C_0} - \left(\frac{R}{\omega_0 L}\right)^2\right]\varOmega^2 + 1 + \frac{C}{C_0} = 0\,. \tag{7.64}$$

Wenn nun der Term $(R/\omega_0 L)^2$ gegenüber C/C_0 vernachlässigt wird, ergeben sich als Lösung die beiden Frequenzen ω_S und $\varOmega_p$ beziehungsweise ω_S und ω_p:

$$\varOmega_S^2 = 1\,; \quad \varOmega_S = 1\ : \quad \omega_S = \omega_0\,, \tag{7.65}$$

$$\varOmega_p^2 = 1 + \frac{C}{C_0}\,; \quad \varOmega_p \approx 1 + \frac{C}{2\,C_0}\ : \quad \omega_p \approx \left(1 + \frac{C}{2\,C_0}\right)\omega_0\,. \tag{7.66}$$

Die Frequenz, bei der $Re(\underline{Z})$ den geringeren Wert annimmt, ist die Serienresonanzfrequenz ω_S, die mit dem höheren Widerstandswert die Parallelresonanzfrequenz ω_p. Die Serienresonanzfrequenz

$$\omega_S = \omega_0 = \frac{1}{\sqrt{LC}} \tag{7.67}$$

hängt nur von den gut definierten Größen L und C ab, während für die Parallelresonanzfrequenz

$$\omega_p = \sqrt{\frac{1 + \dfrac{C}{C_0}}{LC}} = \frac{1}{\sqrt{L\dfrac{C\,C_0}{C + C_0}}} \tag{7.68}$$

die Hintereinanderschaltung von C und der weniger gut definierten Anschlusskapazität C_0 maßgebend ist.

Ortskurve. Bei Gleichspannung (ω=0) hat der Quarz einen geringen Wirkwiderstand und einen gegen $-\infty$ gehenden kapazitiven Blindwiderstand. Die Ortskurve steigt mit zunehmender Frequenz rasch an.

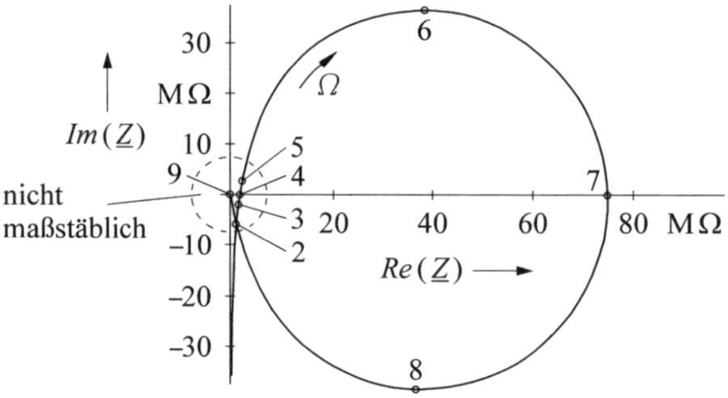

Ort	Ω	$Re(\underline{Z})$ in Ω	$Im(\underline{Z})$ in Ω
1	0	0,03	$-\infty$
2	0,99999	28824	−30103
3	1,0000000	29988	−600
4	1,0000002	3012	0
5	1,00001	31224	30423
6	1,00049	$37{,}91 \cdot 10^6$	$36{,}67 \cdot 10^6$
7	1,0004997	$74{,}80 \cdot 10^6$	0
8	1,00051	$36{,}97 \cdot 10^6$	$-38{,}17 \cdot 10^6$
9	∞	0	0

Bild 7.11: Ortskurve eines Schwingquarzes

In Bild 7.11 ist sie für kleine Wirkwiderstände nicht maßstabsgerecht wiedergegeben. In Wirklichkeit fällt sie im Rahmen der Zeichengenauigkeit zunächst mit der negativen imaginären Achse zusammen und beschreibt dann einen Kreis, dessen Durchmesser der Wirkwiderstand des Quarzes bei seiner Parallelresonanzfrequenz bildet.

Werden die Koordinaten für die Serienresonanzfrequenz $\Omega = 1$ aus Gl. (7.61) ermittelt, so wird der Fehler deutlich, der durch die Vernachlässigung von $(R/\omega_0 L)^2$ in Gl. (7.64) entstanden ist. Für $\underline{Z}(\Omega = 1)$ ergibt sich ein Wert, der nicht rein reell ist, sondern noch einen geringen Blindwiderstand enthält:

$$\underline{Z}(\Omega = 1) = \frac{R}{1 + \mathrm{j}\dfrac{C_0}{C}\dfrac{R}{\omega_0 L}} = \frac{R}{1 + \mathrm{j}\,0{,}02} = 29988 - \mathrm{j}\,600{,}1\ \Omega. \tag{7.69}$$

Der entsprechende Punkt in der Ortskurve liegt also dicht unterhalb der reellen Achse.

• **Beispiel 7.2.** Um zu sehen, wie steil sich die Ortskurve in der Nähe der Serienresonanzfrequenz ändert, werden ihre Werte für die nur unwesentlich kleineren Frequenzen $\Omega = 1 - 10^{-5}$ und $\Omega = 1 + 10^{-5}$ untersucht. Für die kleinere Frequenz folgt aus Gl. (7.61)

$$\underline{Z}(\Omega = 1 - 10^{-5})$$

$$= R\,\frac{1 + \mathrm{j}\,49969\left(1 - 10^{-5} - \dfrac{1}{1 - 10^{-5}}\right)}{1 + 1000\left[1 - (1 - 10^{-5})^2\right] + \mathrm{j}\,\dfrac{1000}{49969}(1 - 10^{-5})} = 28824{,}0 - \mathrm{j}\,30103{,}1\ \Omega.$$

Der Imaginärteil des Widerstandes ist jetzt fast so groß wie sein Realteil. Der Blindwiderstand ist kapazitiv.

Der Scheinwiderstand für $\Omega = 1 + 10^{-5}$ ergibt sich zu

$$\underline{Z}(\Omega = 1 + 10^{-5}) = 31244{,}0 + \mathrm{j}\,30423{,}5\ \Omega.$$

Der Blindwiderstand ist jetzt induktiv. •

Die geringe Frequenzänderung von $\Delta\,\Omega/\Omega = 1 \cdot 10^{-5}$ führt also schnell zu einer Vergrößerung der Blindwiderstände. Damit ist eine starke Änderung des Phasenwinkels zwischen Strom und Spannung verbunden. Liegt der Quarz in der Rückführungsleitung eines Oszillators und ist die Phasenbedingung für $\Omega = 1$ eingehalten, so führen schon sehr geringe Frequenzabweichungen zu starken Phasenverschiebungen, die über die Rückführung ausgeregelt werden. Der Quarz kann so nur bei seiner sehr scharf ausgeprägten Resonanzfrequenz schwingen.

Mit steigender Frequenz nimmt dann der Realteil von $\underline{Z}$ stärker zu als der Imaginärteil. Die Ortskurve beschreibt einen Kreisbogen und schneidet bei der Parallelresonanzfrequenz Ω_p =1,000499 wieder die reelle Achse. Der Wirkwiderstand beträgt ungefähr 75 MΩ. Obwohl sich die Widerstände bei den beiden Resonanzfrequenzen

Ω_S und Ω_p um einen Faktor 2500 unterscheiden, liegen die Resonanzfrequenzen nur um 0,05 % auseinander.

Im weiteren Verlauf schließt die Ortskurve den Kreisbogen, schneidet sich selbst und läuft bei sehr hohen Frequenzen unter 90° in den Koordinatennullpunkt ein.

Feineinstellung der Resonanzfrequenz. Zur Feineinstellung der Resonanzfrequenz wird die Zieh- oder Lastkapazität C_z in Reihe oder parallel zum Schwingquarz geschaltet (Bild 7.12), je nachdem, ob dieser bei seiner Serien- oder Parallelresonanzfrequenz betrieben wird. Um den Einfluss der Ziehkapazität auf die Serienresonanzfrequenz zu berechnen, wird der Wirkwiderstand des Quarzes in Gl.(7.60) vernachlässigt ($R = 0$), so dass sich für die Reihenschaltung aus Quarz und Ziehkapazität der folgende Scheinwiderstand $\underline{Z}^*$ ergibt:

$$\underline{Z}^* = \frac{\mathrm{j}\,(\omega L - 1/\omega C)}{1 + C_0/C - \omega^2 L C_0} + \frac{1}{\mathrm{j}\,\omega C_z}$$

$$= \frac{1}{\mathrm{j}\,\omega C_z} \frac{C + C_0 + C_z - \omega^2 L C\,(C_0 + C_z)}{C_0 + C - \omega^2 L C\, C_0} \,. \tag{7.70}$$

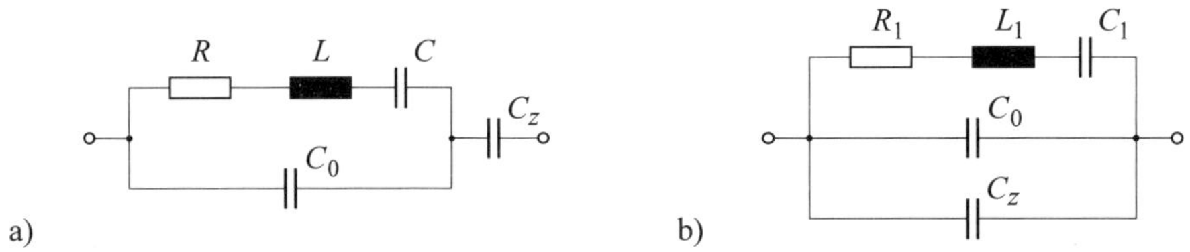

Bild 7.12: Feineinstellung der Resonanzfrequenz durch die Ziehkapazität C_z in Reihe a) oder parallel b) zum Quarz

Die neue Serienresonanzfrequenz ω_S^* wird durch Nullsetzen des Zählers gefunden zu

$$\omega_S^* = \frac{1}{\sqrt{LC}} \sqrt{1 + \frac{C}{C_0 + C_z}} \,. \tag{7.71}$$

Hier darf für $C/(C_0 + C_z) \ll 1$ die Wurzel durch das erste Glied ihrer Reihenentwicklung angenähert werden:

$$\omega_S^* \approx \frac{1}{\sqrt{LC}} \left(1 + \frac{C}{2\,(C_0 + C_z)}\right) . \tag{7.72}$$

Bei Verwendung einer Ziehkapazität wird die Frequenz um $\Delta f_s/f_s$ erhöht mit

$$\frac{\Delta f_s}{f_s} = \frac{\Delta \omega_S}{\omega_S} = \frac{\omega_S^* - \omega_S}{\omega_S} = \frac{C}{2\,(C_0 + C_z)} \,. \tag{7.73}$$

In der Praxis gehen die relativen Frequenzänderungen bis zu $1 \cdot 10^{-4}$, wobei dann die Ziehkapazität entsprechend größer als die Quarzkapazität ist.

Stabilität der Quarzfrequenz. Die Frequenz der industriell verfügbaren Schwingquarze hängt von verschiedenen Einflüssen ab. Hier ist zunächst die Abgleichtoleranz als die zugelassene, fertigungsbedingte Abweichung von der Nennfrequenz zu beachten. Sie wird als relativer Wert für eine festgelegte Temperatur angegeben und liegt z. B. zwischen $0{,}5 \cdot 10^{-5}$ und $2 \cdot 10^{-5}$.

Darüber hinaus ändert sich mit der Temperatur auch die Resonanzfrequenz. Diese Änderung ist für die einzelnen Schnittwinkel und Schwingungsmoden unterschiedlich.

Der Zusammenhang zwischen Temperatur und Frequenz wird im allgemeinen Fall durch die folgende Gleichung wiedergegeben, in der α den linearen, β den quadratischen und γ den kubischen Temperaturkoeffizienten darstellt:

$$f = f_0 \left[1 + \alpha (T - T_0] + \beta (T - T_0)^2 + \gamma (T - T_0)^3\right]. \tag{7.74}$$

f_0 ist dabei die Frequenz, die sich bei der Bezugstemperatur T_0 (z. B. 22 °C) einstellt. Bei bestimmten Schnittwinkeln verschwindet der lineare Temperaturkoeffizient α (Bild 7.13 a). Der kubische Temperaturkoeffizient ist etwa drei Zehnerpotenzen kleiner als der quadratische. Daher bleibt bei nicht zu großen Temperaturbereichen von Gl. (7.74) nur der quadratische Term übrig. Das Temperaturverhalten hat die Form einer Parabel mit dem Scheitelpunkt bei der Bezugstemperatur T_0 (Bild 7.13 b). Der Temperatureinfluss ist daher sehr gering und lässt sich bei einem Einbau des Quarzes in ein temperaturstabilisiertes Gehäuse nochmals um etwa drei Zehnerpotenzen verringern.

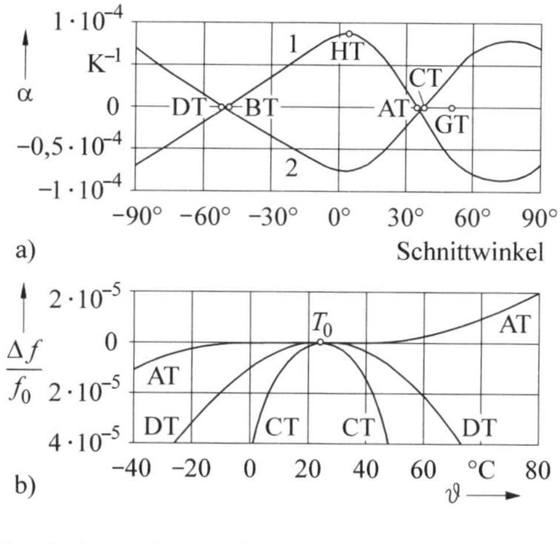

Bild 7.13: Temperaturabhängigkeit des Schwingquarzes [0.7]
a) Linearer Temperaturkoeffizient α in Abhängigkeit vom Schnittwinkel bei einer Temperatur von 25 °C; 1 Dickenscherschwinger, 2 Flächenscherschwinger
b) Änderung der Quarz-Resonanzfrequenz bei einem AT-Schnitt in Abhängigkeit von der Temperatur

Schließlich altert der Quarz mit zunehmender Lebensdauer. Seine Resonanzfrequenz wird immer größer. Die Drift verläuft asymptotisch ungefähr nach einer e-Funktion. Nach einigen Wochen wird ein Wert von $\Delta f/f \approx 10^{-9}$ pro Tag erreicht.

Über die genannten Effekte hinaus können auch Staub und Feuchtigkeit die Eigenfrequenz des Quarzes ändern. Durch Einbau in ein dichtes Gehäuse wird er vor diesen Einflüssen geschützt.

Oszillatorschaltungen. Der Quarz wird in Oszillatorschaltungen als frequenzbestimmendes Bauteil benutzt. Die Schaltung von Bild 7.14 a ist aus der des harmonischen LC-Oszillators entwickelt.

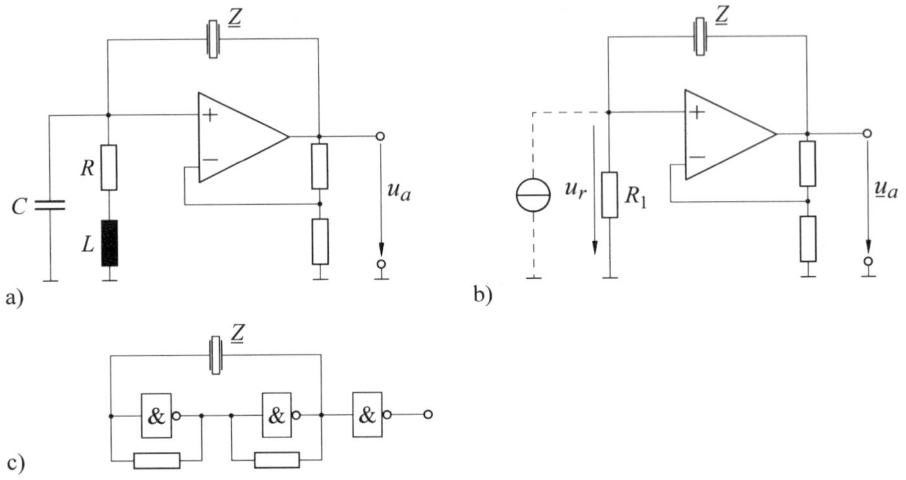

Bild 7.14: Quarz-Oszillatorschaltungen
a) Oszillator mit RLC-Netzwerk, b) Oszillator ohne RLC-Netzwerk, c) Oszillator mit NAND-Gliedern

In der Rückführungsleitung sitzt der Quarz mit der Impedanz $\underline{Z}$. Nur für seine Resonanzfrequenz ist die Phasenbedingung erfüllt, und nur für diese Frequenz ist $\underline{Z}$ betragsmäßig so gering, dass eine ungedämpfte Schwingung zu Stande kommt. Das RLC-Netzwerk erleichtert das Anschwingen, ist aber nicht unbedingt erforderlich. Einfacher ist die Schaltung 7.14 b, bei der der Quarz und der Widerstand R_1 einen Spannungsteiler bilden. Dem Verstärker wird die Spannung $\underline{u}_r = \underline{k}_2 \underline{u}_a$ zugeführt. Wird im Ersatzschaltbild des Quarzes die Kapazität C_0 vernachlässigt, so errechnet sich der Übertragungsfaktor $\underline{k}_2$ zu

$$\underline{k}_2 = \frac{\underline{u}_r}{\underline{u}_a} = \frac{R_1}{R_1 + R + \mathrm{j}\left(\omega L - \dfrac{1}{\omega C}\right)} .$$

Bei der Resonanzkreisfrequenz ${\omega_0}^2 = 1/LC$ ist $\underline{k}_2$ reell, $\underline{k}_2(\omega_0) = R_1/(R_1 + R)$, und k_1 ist dementsprechend zu $k_1 = 1/k_2$ auszulegen. Die gestrichelt gezeichnete Stromquelle ist nur zum Einschalten erforderlich und kann entfallen, sobald der Oszillator schwingt. Besonders preiswert und geeignet in Verbindung mit anderen integrierten Schaltkreisen ist die Schaltung nach Bild 7.14 c, in der der Verstärker durch zwei NAND-Gatter ersetzt ist. Die an und für sich sehr steile Kennlinie dieser Gatter ist durch die zwischen ihren Ein- und Ausgängen sitzenden Widerstände soweit abgeflacht, dass ein genügend linear proportionaler Zusammenhang zwischen der Eingangs-

und Ausgangsspannung entsteht. Jedes für sich rückgekoppelte NAND-Gatter arbeitet wie ein invertierender Verstärker. Die Phase wird zweimal um 180° gedreht, und nur bei der Resonanzfrequenz des Quarzes kommt vom Ausgang des zweiten Gatters ein genügend großes Signal an den Eingang des ersten. Das dritte Gatter wird benutzt, um die Amplitude der Ausgangsspannung zu normieren und um eine Folge von Rechteckimpulsen mit der Resonanzfrequenz des Quarzes zu erhalten.

Schwingquarz als Temperaturfühler. Die Temperaturabhängigkeit des Quarzes muss nicht immer stören. Sie kann z. B. bewusst zur Temperaturmessung genutzt werden. In diesem Fall ist der Quarz ein genauer, stabiler, frequenzanaloger Temperatursensor. Für diesen Verwendungszweck ist ein Kristallschnitt vorteilhaft, bei dem der lineare Temperaturkoeffizient möglichst groß ist. Dies ist z. B. bei dem HT-Dickenscherschwinger von Bild 7.13 (a) der Fall. Für diesen Quarz gilt die Gl. (7.74) mit den Koeffizienten [7.3]

$$\alpha = 90 \cdot 10^{-6}\ \mathrm{K}^{-1}, \quad \beta = 60 \cdot 10^{-9}\ \mathrm{K}^{-2}, \quad \gamma = 30 \cdot 10^{-12}\ \mathrm{K}^{-3}. \tag{7.75}$$

Liefert der Quarz z. B. bei 0°C die Frequenz $f_0 = 16$ MHz, so ist sie bei 100°C infolge des linearen Temperaturkoeffizienten um 144 kHz und infolge des quadratischen Temperaturkoeffizienten um weitere 9,6 kHz angestiegen. Die relative Frequenzänderung

$$\frac{\Delta f}{f_0} = \frac{0,1536}{16} = 9,6 \cdot 10^{-3} \tag{7.76}$$

macht zwar nur weniger als 1 % aus. Da sich aber Frequenzen genau messen lassen, ist der Quarz durchaus als Temperatursensor und sogar als solcher mit großer Auflösung geeignet.

Wie der Uhrenquarz wird auch der Temperaturquarz als frequenzbestimmende Komponente eines Oszillators benutzt. Aus einer Frequenz- oder Periodendauermessung wird dann die Temperatur ermittelt.

Neben der Temperatur gibt es noch eine Reihe anderer Größen, welche die Resonanzfrequenz ändern und den Quarz so zu einem Sensor für nichtelektrische Größen werden lassen [7.4].

7.3.2 Oberflächenwellen OFW in Quarzen

Prinzip. In piezoelektrischen Materialien können nicht nur Volumenschwingungen, sondern auch Oberflächenwellen OFW (surface acoustic waves SAW) angeregt werden [7.1], [7.4] bis [7.7]. Ein derartiges Bauelement besteht aus einem piezoelektrischen Substrat wie z. B. Quarz oder $LiNbO_3$, auf das mit den Mitteln der Fotolithografie Elektroden aufgebracht sind. Wird eine hochfrequente Spannung im Bereich zwischen 100 MHZ und 3 GHz an ein Elektrodenpaar, den so genannten Interdigitalwandler IDW gelegt, so regt die elektrische Spannung über den piezoelektrischen Effekt eine akustische Oberflächenwelle an (Bild 7.15).

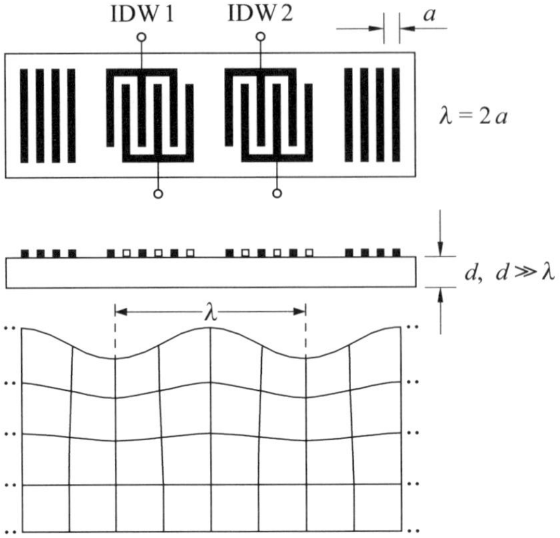

Bild 7.15: Bauteil mit Oberflächenwelle

Der Abstand a der Elektrodenfinger definiert die Wellenlänge λ:

$$\lambda = 2\,a\,. \tag{7.77}$$

Sie ist also unabhängig von der Dicke d des Substrates. Die Frequenz f der OFW ergibt sich aus der Ausbreitungsgeschwindigkeit v, dividiert durch die Wellenlänge λ:

$$f = \frac{v}{\lambda}\,. \tag{7.78}$$

Wichtig ist, dass die Welle auf der Oberfläche läuft und nur etwa 10 Wellenlängen in das Substrat eintaucht. Das Substrat als solches bleibt in Ruhe und insbesondere seine Rückseite nimmt nicht an der Schwingung teil.

Durch unterschiedliche Elektrodenstrukturen ergeben sich nun unterschiedliche Bau- und Betriebsformen.

Zweitor-Resonator. Das Bild 7.15 zeigt einen Zweitor-Resonator mit den beiden Interdigitalwandlern IDW 1 und IDW 2. Die in IDW 1 induzierte akustische Welle läuft zum IDW 2. Dort wird sie in die elektrische Form zurück gewandelt und kann als elektrisches Signal abgegriffen werden. Die auf dem Substrat an den Rändern noch angebrachten Streifen sollen die noch laufende akustische Welle absorbieren und das Rücklaufen verhindern.

Zusammen mit einem Verstärker bildet der Resonator einen Oszillator. Der Zweitor-Oszillator wird wie ein volumenschwingender Quarz als frequenzbestimmendes Bauteil in die Rückführung des Verstärkers gelegt (Bild 7.16).

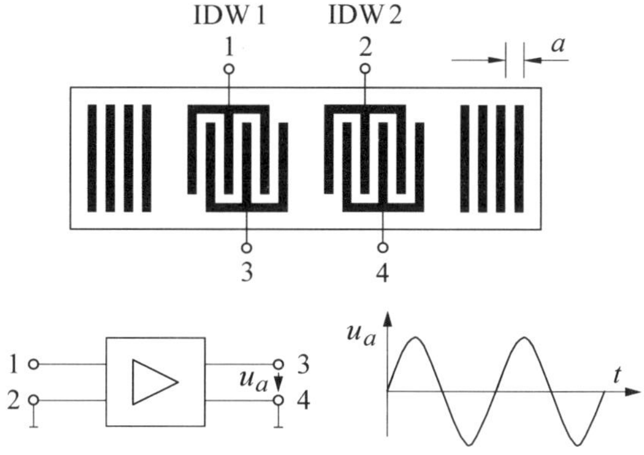

Bild 7.16: Zweitor-Resonator zur kontinuierlichen Erzeugung von Oberflächenwellen

Der Verstärker liefert kontinuierlich die sinusförmige Ausgangsspannung u_a.

Eintor-Resonator. Bei dem Eintor-Resonator wird die akustische Welle durch einen hochfrequenten Puls angeregt (Bild 7.17).

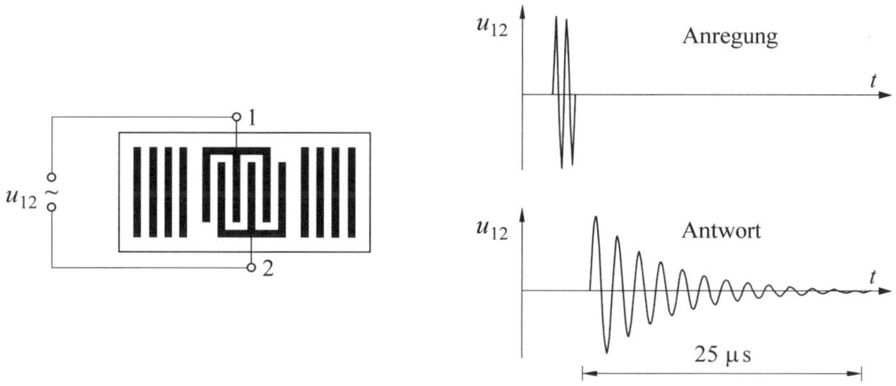

Bild 7.17: Eintor-Resonator für diskontinuierlichen Betrieb

Die Welle läuft zu den Reflektorstreifen, wird zum IDW und von dort wieder zu den Streifen reflektiert. Es bildet sich als Antwort auf den anregenden Puls eine gedämpfte Schwingung aus, die am IDW abgenommen werden kann. Hier ist nur ein diskontinuierlicher Betrieb zwischen Sender und Empfänger möglich.

Die für den Betrieb des Eintor-Resonators benötigte elektronische Schaltung zeigt Bild 7.18.

Der beispielsweise 433-MHz-Generator liefert einen hochfrequenten Puls, der verstärkt wird und den OFW-Resonator zum Schwingen anregt. Der stimulierende Puls wird durch S 1 unterbrochen. Über den Umschalter S 2 wird dann der Sensor mit dem Empfangskanal verbunden. Das reflektierte Signal wird verstärkt und demoduliert. Die Frequenz f_S des Sendesignals ist etwas tiefer als die Frequenz des Resonators f_r gewählt worden. Beträgt die Verstimmung z. B. 450 kHz, so ist nach der Demodulation die leichter abtastbare Basisfrequenz f_b

$$f_b = f_r - f_S = 450\,\text{kHz} \tag{7.79}$$

vorhanden. Hat sich nun durch eine auf den Resonator einwirkende Größe dessen Resonanzfrequenz f_r um Δf_r geändert, so ändert sich die Basisfrequenz um denselben Betrag.

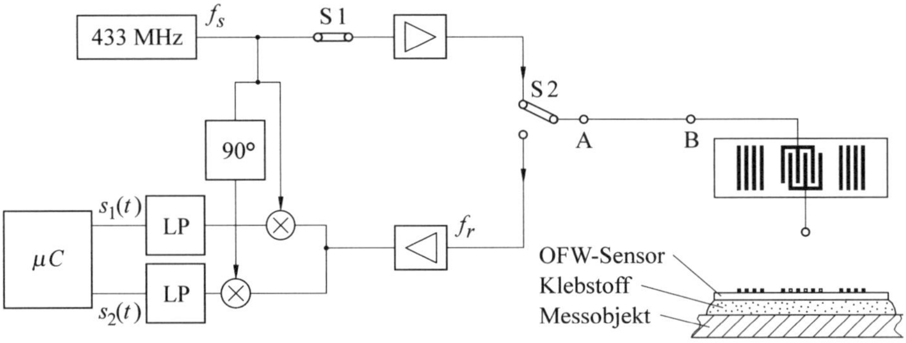

Bild 7.18: Blockschaltbild des Eintor-Resonators

Die beiden Zeitsignale $s_1(t)$ und $s_2(t)$ werden abgetastet. Im Rechner werden beide Datensätze der (komplexen) Fouriertransformation unterzogen, aus der sich die Frequenzänderung Δf_r ergibt. Wird der Resonator z. B. um ε gedehnt, so liegt die relative Frequenzänderung $\Delta f_r / f_r$ bei

$$\Delta f_r / f_r = -1{,}2\,\varepsilon\,. \tag{7.80}$$

OFW-Laufzeitsensor. Bei dem OFW-Laufzeitsensor (Bild 7.19) wird die durch den Interdigitalwandler ausgelöste Welle an den Reflektorfeldern reflektiert und läuft zum IDW zurück. Aus den erhaltenen elektrischen Signalen wird die Laufzeit zwischen den Reflektorfeldern ermittelt.

Die dafür nötigen elektronischen Baugruppen sind dieselben wie in Bild 7.18. Im Rechner wird allerdings nicht die Fouriertransformation durchgeführt, sondern es wird die Phasenverschiebung als Maß für die Laufzeit ermittelt. Da hier nicht das Abklingen einer gedämpften Welle abgewartet werden muss, sind beim Laufzeitsensor höhere Messraten als beim Resonator möglich.

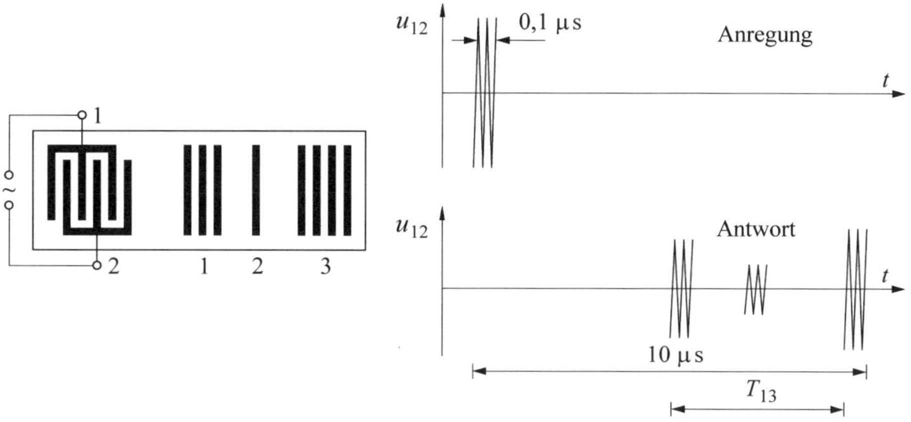

Bild 7.19: OFW-Laufzeitsensor

7.3.3 Funkabfragbare Sensoren

In Bild 7.18 sind die elektronischen Baugruppen über die Leitung A B mit dem Sensor verbunden. Auf dieser Verbindungsleitung läuft das hochfrequente Signal. Dieses Signal benötigt zur Übertragung keinen metallischen Leiter, sondern kann als elektromagnetische Welle über Antennen abgestrahlt und empfangen werden (Bild 7.20).

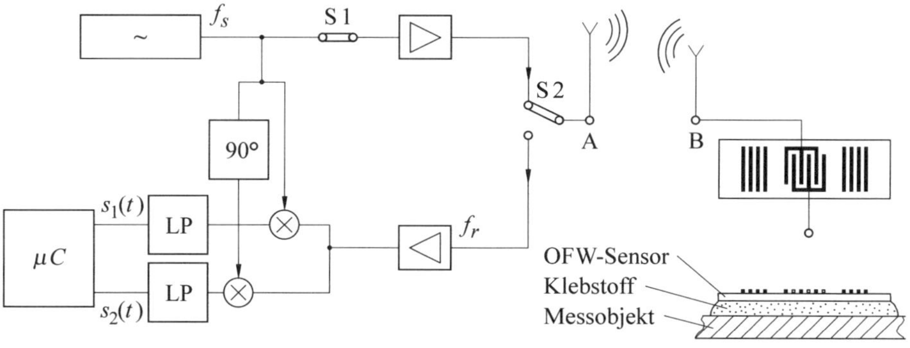

Bild 7.20: Funkabfragbarer OFW-Sensor

Damit wird die Verbindungsleitung A B überflüssig. Die Sensoren benötigen keinen Anschluss, keine Spannungsversorgung. Sie sind „energieautark" und arbeiten rein passiv. Sie können an unzugänglichen Stellen, wie z. B. rotierenden Teilen oder Hochspannungsleitungen, installiert und abgefragt werden [7.8], [7.9]. Diese Freizügigkeit bei der Installation muss allerdings mit einem Energieverlust bei der elektromagnetischen Übertragung erkauft werden [7.9], [7.10].

Mit den Größen

P_S	Leistung an der Sendeantenne
P_r	Leistung an der Sensorantenne
G_S	Gewinn an der Sendeantenne ($G_S = 1{,}64$)
G_r	Gewinn an der Sensorantenne ($G_r = 1{,}64$)
λ	Wellenlänge der Radiowelle ($f = 433$ MHz, $\lambda = 69$ cm)
v	Entfernung zwischen den Antennen ($v = 1$ m)

wird das Verhältnis aus empfangener zu abgestrahlter Leistung

$$\frac{P_r}{P_S} = \frac{G_S\, G_r\, \lambda^2}{4\pi\; 4\pi\, v^2} = 8 \cdot 10^{-3} \,. \tag{7.81}$$

Dieser Energieverlust tritt zweimal auf, einmal bei der Stimulation des Sensors und dann bei der Reflexion. Das Signal/Rausch-Verhältnis ermöglicht Messungen bis zu einigen Metern.

Das Verfahren der frequenzabfragenden, intermittierenden Messung ist bei volumenschwingenden Quarzen ausreichend hoher Frequenzen genauso möglich wie bei OFW-Sensoren.

Bei diesen Telemetriemessungen, bei diesem „Remote Sensing“, müssen die jeweiligen Funkvorschriften beachtet werden. Für wissenschaftliche und technische Anwendungen sind schmale Frequenzbänder um die Mittenfrequenzen von Tabelle 7.2 freigegeben.

Tabelle 7.2: Frequenzbereiche für Telemetrieanwendungen

Bereich	Mittenfrequenz
RF	6,8; 13,5; 27; 40 MHz
VHF, UHF	434 MHz
Mikrowellen	2,450; 5,800 GHz

Beispiele für die Anwendung funkabfragbarer Sensoren sind die **Drehmomentmessungen** mit OFW-Sensoren, die auf der Welle wie Dehnungsmessstreifen aufgeklebt sind.

Eine weitere Anwendung ist die Messung des **Reifendrucks** bei Kraftfahrzeugen. Die Druckmessdose von Bild 7.21, die in den Reifenfelgen eingelassen werden kann, enthält zwei Dickenscherschwinger mit dem AT-Schnitt. Bei diesem Quarz ist die Resonanzfrequenz umgekehrt proportional zu seiner Dicke. Ein 27-MHz-Quarz wäre so 61,5 µm dünn und schlecht zu handhaben. Aus diesem Grund wurde ein 9-MHz-Quarz benutzt – 184 µm dick – und bei seiner dritten Oberwelle angeregt. Damit wurde das erlaubte Frequenzband von 27 MHz erreicht.

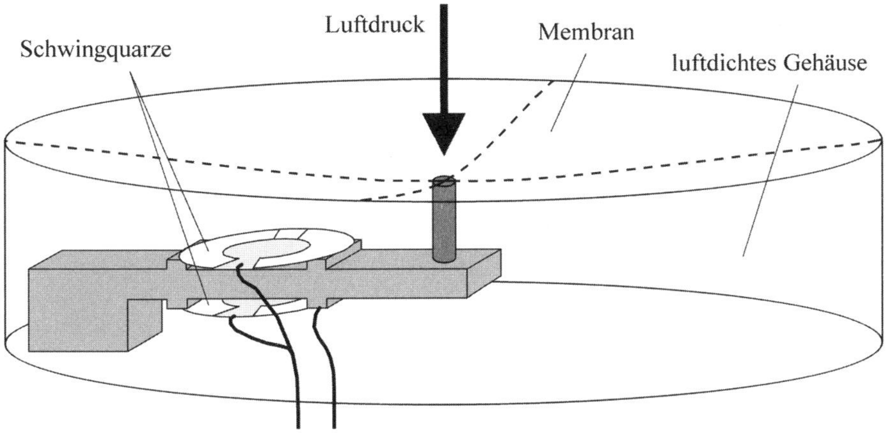

Bild 7.21: Druckmessdose mit Schwingquarzen zur Messung des Reifendrucks [7.10]

Bei der Messung von Kräften mit volumenschwingenden Quarzen sind immer zwei entgegengesetzte Forderungen zu erfüllen: Zum einen müssen die Quarze mechanisch fest eingespannt sein, um die Kräfte einzuleiten, und zum anderen muss der Quarz frei schwingen können. Es werden deshalb Quarzplättchen oder Linsen benötigt, an deren Rand die Schwingungen schon abgeklungen sind. Das wird durch verschiedene konstruktive Maßnahmen zu erreichen versucht. Ansonsten würde der Quarz Schwingungsenergie an die Halterung abgeben. Der die Verluste repräsentierende ohmsche Widerstand R im Ersatzschaltbild Bild 7.10 wäre zu groß. Die Schwingung wäre stark gedämpft oder käme überhaupt nicht zu Stande. Viel leichter lassen sich dagegen die OFW-Sensoren handhaben. Sie haben eine größere Dicke und sind mechanisch stabiler. Sie können auf der Rückseite geklebt werden, da die Schwingung auf der Oberfläche die Rückseite nicht erreicht.

7.3.4 Ultraschall-Durchflussmesser

Piezoelektrische Schallgeber. Die piezoelektrischen Materialien werden auch zur Erzeugung von Ultraschall benutzt. So soll zum Abschluss des Abschnitts 7.3 noch ihre Anwendung zur Durchflussmessung erläutert werden.

Die Frequenzen des Ultraschalls liegen oberhalb des Hörbereichs. Technisch ausgenutzt wird der Bereich zwischen 20 kHz und 10 MHz. Die Frequenz f, die Wellenlänge λ und die Ausbreitungsgeschwindigkeit (Schallgeschwindigkeit) c_0 sind durch die Beziehung

$$c_0 = f \cdot \lambda \qquad (7.82)$$

verknüpft. Die Schallgeschwindigkeit ist von den Eigenschaften des Mediums und insbesondere von seiner Temperatur abhängig. Sie beträgt bei Raumtemperatur in

Luft 344 m/s, in Wasser 1483 m/s. Daraus folgt für einen 100-kHz-Schall in Wasser die Wellenlänge λ zu $\lambda = 15$ mm.

In der Betriebsart „Sender" des Wandlers wird elektrische Energie in mechanische umgewandelt. Bei Anlegen einer entsprechenden Wechselspannung schwingen die piezoelektrischen Scheiben bei ihrer Eigenfrequenz und strahlen die entsprechenden Schallwellen senkrecht zur Oberfläche ab (Bild 7.22).

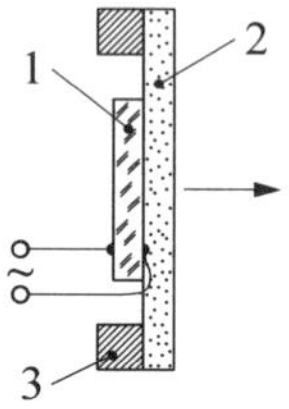

Bild 7.22: Prinzipieller Aufbau eines piezoelektrischen Ultraschallwandlers
1 metallisierte piezoelektrische Scheibe
2 Material zur akustischen Anpassung
3 ringförmige Halterung
Die Abstrahlung erfolgt in Form einer Keule senkrecht zur Oberfläche des Wandlers

Als Empfänger für den Ultraschall werden wieder dieselben Elemente benutzt. Jetzt wird die mechanische in die elektrische Energie umgeformt. Die ankommende Schallwelle regt die piezoelektrische Scheibe zu Schwingungen an. Über den reziproken piezoelektrischen Effekt entsteht die zum Nachweis der Schallwelle dienende elektrische Spannung. In der Praxis wird oft dasselbe Bauteil abwechselnd als Sender und Empfänger benutzt.

Messung der Laufzeitdifferenz. Zur Durchflussmessung werden die Schallwandler entsprechend Bild 7.23 im Abstand L in die Rohrleitung eingebaut.

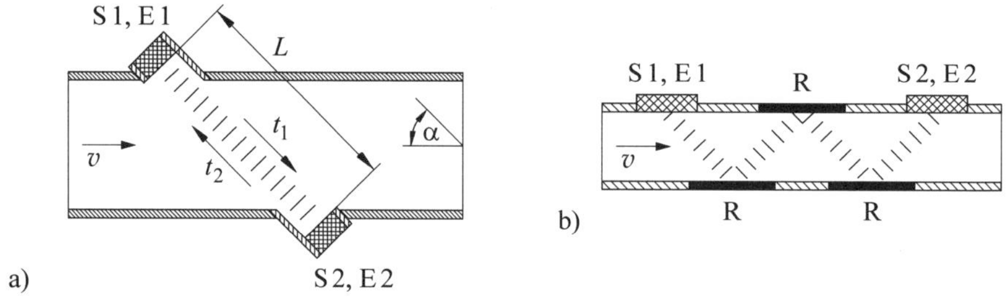

Bild 7.23: Aufbau von Ultraschall-Durchfluss-Messstrecken
a) schräger Einbau der Ultraschall-Wandler mit einer Abstrahlung senkrecht zu ihrer Oberfläche
b) formschlüssiger Einbau von schräg abstrahlenden Ultraschall-Wandlern; bei kleinen Nennweiten lässt sich die Messlänge L mit Hilfe von Reflektoren R vergrößern.

Das Rohr wird von einem Fluid mit der mittleren Strömungsgeschwindigkeit v durchströmt. Sendet der Wandler 1 und empfängt der Wandler 2, so nimmt die Ausbreitungsgeschwindigkeit c_0 infolge der Fließgeschwindigkeit um den Term $v \cos\alpha$ zu, im umgekehrten Fall um denselben Betrag ab. Die Ultraschallmessung ermittelt die mittlere Strömungsgeschwindigkeit v, aus der nach Multiplikation mit dem Rohrquerschnitt der Volumendurchfluss folgt.

Ist t_1 die Laufzeit vom Sender 1 zum Empfänger 2 und ist t_2 die vom Sender 2 zum Empfänger 1:

$$t_1 = \frac{L}{c_0 + v\,\cos\alpha}\,, \qquad t_2 = \frac{L}{c_0 - v\,\cos\alpha}\,, \tag{7.83}$$

so ergibt sich die Laufzeitdifferenz $t_2 - t_1$ zu

$$t_2 - t_1 = 2\,L\,\frac{v\,\cos\alpha}{c_0^2 - v^2\,\cos^2\alpha}\,. \tag{7.84}$$

Die zu messenden Strömungsgeschwindigkeiten sind in Flüssigkeiten von der Größenordnung m/s. So kann in Flüssigkeiten der Term $v\,\cos\alpha$ gegenüber c_0 im Nenner der obigen Gleichung vernachlässigt werden. Damit ergibt sich die gesuchte mittlere Strömungsgeschwindigkeit v zu:

$$v \approx \frac{c_0^2}{2\,L\,\cos\alpha}\,(t_2 - t_1)\,. \tag{7.85}$$

Das Messergebnis hängt also noch von der Schallgeschwindigkeit c_0 ab. Schwankungen der Schallgeschwindigkeit gehen voll ins Messergebnis ein. Um unabhängig von c_0 zu werden, können die Laufzeiten t_1 und t_2 getrennt gemessen und miteinander multipliziert werden:

$$t_2\,\cdot\,t_1 = \frac{L^2}{c_0^2 - v^2\,\cos^2\alpha}\,. \tag{7.86}$$

Indem nun dieser Ausdruck in Gl. (7.84) eingesetzt wird, wird die Schallgeschwindigkeit eliminiert und die Gleichung geht über in

$$t_2 - t_1 = 2\,L\,\frac{v\,\cos\alpha}{L^2}\,t_1\,\cdot\,t_2\,. \tag{7.87}$$

Daraus folgt die mittlere Strömungsgeschwindigkeit v ohne jede Vernachlässigung zu

$$v = \frac{L}{2\,\cos\alpha}\,\frac{t_2 - t_1}{t_2\,\cdot\,t_1}\,. \tag{7.88}$$

Um die Laufzeiten gut messen zu können, werden schnell anschwingende Ultraschall-Wandler benötigt. Sie sollen die Impulse mit steilen Flanken liefern (Leading-edge-Verfahren). Die sich gegenüberliegenden Wandler senden dabei die Ultraschallknalle zur gleichen Zeit. Sie arbeiten zunächst als Sender, um dann als Empfänger das gesendete Signal des gegenüberliegenden Partners zu erfassen. Die Strömungsgeschwindigkeit lässt sich nach diesem Verfahren sehr schnell messen.

Messen der Frequenzdifferenz. Die piezoelektrischen Wandler sind wieder wie in Bild 7.23 angeordnet. Sie werden jetzt aber anders betrieben. Der Sender 1 schickt einen Impuls zum Empfänger 2, der die Ankunft des Impulses in Form eines elektrischen Signals an den Sender 1 zurückmeldet und dort einen neuen Impuls auslöst. Gemessen wird die Frequenz f_1 der Impulse des Senders 1. Anschließend strahlt der zweite Sender Impulse aus und die entsprechende Frequenz f_2 wird ermittelt (Sing-around-Verfahren). Die Frequenzen ergeben sich zu

$$f_1 = \frac{1}{t_1} = \frac{c_0 + v\cos\alpha}{L} \qquad f_2 = \frac{1}{t_2} = \frac{c_0 - v\cos\alpha}{L}\,. \tag{7.89}$$

Aus ihrer Differenz

$$f_1 - f_2 = \frac{2\,v\cos\alpha}{L} \tag{7.90}$$

folgt die mittlere Strömungsgeschwindigkeit v unabhängig von der Schallgeschwindigkeit c_0 zu

$$v = \frac{L}{2\cos\alpha}\,(f_1 - f_2)\,. \tag{7.91}$$

Das ist wegen

$$\frac{t_2 - t_1}{t_1 \cdot t_2} = \frac{1}{t_1} - \frac{1}{t_2} = f_1 - f_2 \tag{7.92}$$

dasselbe Ergebnis wie in Gl. (7.88). Die Frequenzen sind jedoch aus einer Folge von Ultraschallsignalen ermittelt. Dementsprechend dauert die Messung länger. Sie kann durch reflektierte Ultraschallechos (Gasblasen, mitgeführte Feststoffe) leichter gestört werden als bei der Ermittlung der Laufzeitdifferenz.

Regelung auf konstante Wellenlänge (Phasenregelung). Die Ausbreitungsgeschwindigkeit des Schalls, seine Frequenz und seine Wellenlänge hängen nach Gl. (7.82) zusammen. Ändert sich die Ausbreitungsgeschwindigkeit, so muss sich bei fest gehaltener Frequenz die Wellenlänge ändern.

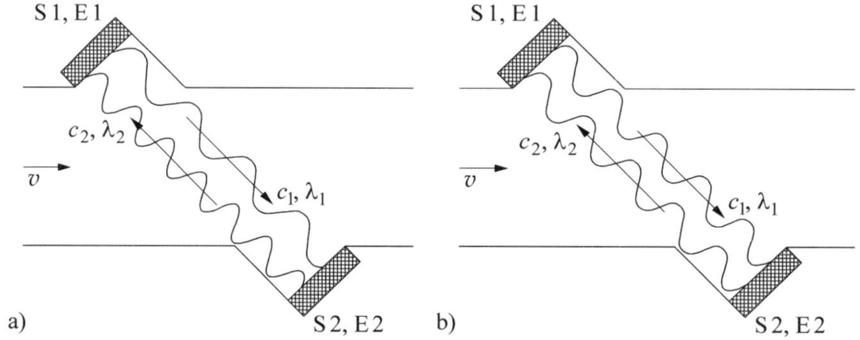

Bild 7.24: Unterschiedliche Betriebsarten einer Ultraschall-Durchfluss-Messstrecke
a) bei konstant gehaltener Frequenz f_0 ändert sich die Wellenlänge mit der Ausbreitungsgeschwindigkeit
b) wird die Frequenz geregelt, so bleibt trotz unterschiedlicher Ausbreitungsgeschwindigkeiten die Wellenlänge λ_0 konstant

Bild 7.24 veranschaulicht diesen Zusammenhang. Die Frequenz f_0 des Ultraschalls wird nun so gewählt, dass bei der Strömungsgeschwindigkeit $v = 0$ zwischen den Wandlern genau n Wellenlängen λ_0 Platz finden, $L = n\,\lambda_0$. Bei einer Geschwindigkeit des Mediums $v \neq 0$ nimmt die Ausbreitungsgeschwindigkeit eines von 1 nach 2 abgestrahlten Schallimpulses auf $c_1 = c_0 + v\,\cos\alpha$ zu, in der anderen Richtung auf $c_2 = c_0 - v\,\cos\alpha$ ab. Bei fest gehaltener Frequenz würden sich damit die Wellenlängen λ_1 und λ_2 ergeben:

$$\lambda_1 = \frac{c_1}{f_0}, \qquad \lambda_2 = \frac{c_2}{f_0}. \tag{7.93}$$

Durch eine Phasenregelung (Lambda-locked-loop) wird nun über eine Änderung der Schallfrequenz dafür gesorgt, dass für alle Strömungsgeschwindigkeiten immer genau n Wellenzüge zwischen den Wandlern Platz finden. Die Wellenlänge wird auf dem konstanten Wert λ_0 gehalten, wodurch sich in den beiden Strahlrichtungen die beiden Frequenzen f_1 und f_2 einstellen:

$$f_1 = \frac{c_1}{\lambda_0}, \qquad f_2 = \frac{c_2}{\lambda_0}. \tag{7.94}$$

Aus der Frequenzdifferenz

$$f_1 - f_2 = \frac{1}{\lambda_0}\left[(c_0 + v\,\cos\alpha) - (c_0 - v\,\cos\alpha)\right] = \frac{2\,v\,\cos\alpha}{\lambda_0} \tag{7.95}$$

ergibt sich die mittlere Strömungsgeschwindigkeit v wieder unabhängig von der Schallgeschwindigkeit zu

$$v = \frac{\lambda_0}{2\,\cos\alpha}\,(f_1 - f_2). \tag{7.96}$$

Dieses Verfahren bietet die größte Genauigkeit.

7.4 Mechanische Schwingungen

7.4.1 Charakteristische Größen

Die mechanischen Schwingungen elastischer Medien werden häufig anhand ihrer Frequenz unterschieden. Bei Frequenzen unterhalb des Hörbereichs werden sie Infraschall genannt, im Bereich von 16 Hz bis 20 kHz Schall und darüber hinaus Ultraschall.

Wichtiger als die Frequenz ist jedoch das Ausbreitungsmedium. Dementsprechend wird unterschieden in Luftschall, Flüssigkeitsschall und Körperschall. In Gasen und Flüssigkeiten breiten sich Schwingungen nach denselben Gesetzmäßigkeiten aus. Die Teilchen schwingen nur in der Ausbreitungsrichtung. Nur longitudinale Wellen können sich ausbreiten. In festen Körpern hingegen, die Schubspannungen aufnehmen, sind auch Schwingungen quer zur Ausbreitungsrichtung, Transversalschwingungen, möglich. Insgesamt können viele unterschiedliche Schwingungsformen auftreten, die von den Abmessungen des Körpers abhängen. So ist die Analyse des Körperschalls unter Umständen recht kompliziert und erfordert einen großen mathematischen Aufwand.

Bei den Schwingungen interessieren neben der Frequenz

- der Schwingweg oder die Auslenkung x,
- die Schwinggeschwindigkeit oder Schnelle $\mathrm{d}x/\mathrm{d}t$,
- die Schwingbeschleunigung $\mathrm{d}^2x/\mathrm{d}t^2$.

Die einzelnen Schwingungsaufnehmer arbeiten nach unterschiedlichen Prinzipien. Der seismische Aufnehmer mit Längenabgriff zeigt den Schwingweg, der elektrodynamische Schwingungsgeber die Schwinggeschwindigkeit an. Über eine Signalumformung lassen sich immer aus der direkt gemessenen Größe die beiden anderen ableiten. Ist z. B. beim elektrodynamischen Schwingungsgeber die gelieferte Spannung proportional der Schnelle, so können der Schwingweg durch Integrieren und die Beschleunigung durch Differenzieren gewonnen werden.

7.4.2 Relative Schwingungsmessung

Bezugspunkt. Bild 7.25 zeigt ein schwingungsfähiges System mit seinen Grundelementen. Es besteht aus der an der Feder 3 aufgehängten trägen Masse 4, deren Bewegung durch den Kolben 5 gedämpft wird. Die erregende Kraft greift direkt an der Masse an. Das Gehäuse 2 bleibt während der Schwingungen des Körpers 4 in Ruhe. Damit kann das Gehäuse als Bezugspunkt gewählt werden. Die Auslenkung x_a des Schwingkörpers wird relativ zum Gehäuse gemessen.

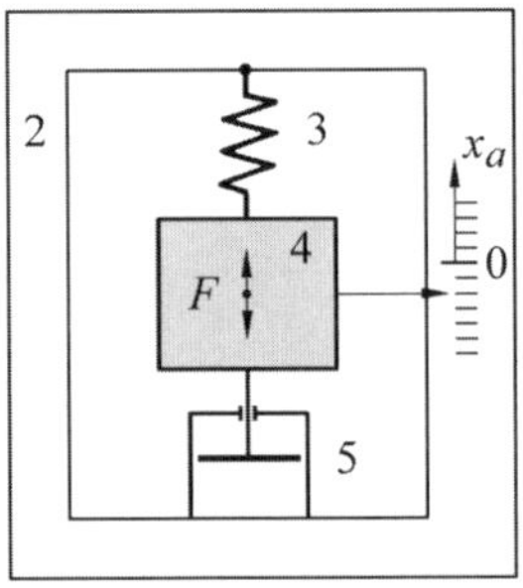

Bild 7.25: Aufbau eines Gebers zur relativen Schwingungsmessung; die Kraft greift an der Masse 4 an und lenkt diese um die Länge x_a relativ zum Gehäuse 2 aus; 3 Feder, 5 Dämpfung

Differenzialgleichung. Bei einer **freien Schwingung** der einmal angestoßenen Masse wirken die folgenden Kräfte:

- die der Auslenkung der Feder proportionale Federkraft $c\,x_a$,
- die der Geschwindigkeit proportionale Dämpfungskraft $w\,\dot{x}_a$,
- die der Beschleunigung proportionale Trägheitskraft $m\,\ddot{x}_a$.

Diese drei Kräfte stehen im Gleichgewicht, so dass der angestoßene Körper gemäß der folgenden Differenzialgleichung frei schwingt:

$$c\,x_a + w\,\dot{x}_a + m\,\ddot{x}_a = 0\,. \tag{7.97}$$

Hier wird zunächst durch c dividiert:

$$x_a + \frac{w}{c}\,\dot{x}_a + \frac{m}{c}\,\ddot{x}_a = 0 \tag{7.98}$$

und dann werden an Stelle der konstruktiven Parameter m, w und c die charakteristischen Kenngrößen Zeitkonstante T, Eigenkreisfrequenz ω_0 und Dämpfungskonstante D eingeführt. Entsprechend Gl. (1.144) liefert der Koeffizient von $\ddot{x}_a$ Zeitkonstante und Eigenfrequenz des ungedämpften Systems:

$$\frac{m}{c} = T^2 = \frac{1}{\omega_g^2} = \frac{1}{\omega_0^2} \tag{7.99}$$

und im Koeffizienten von $\dot{x}_a$ ist nach Gl. (1.145) der Dämpfungsfaktor D enthalten:

$$\frac{w}{c} = 2\,D\,T\,. \tag{7.100}$$

Mit den obigen Bezeichnungen ist Gl. (7.98) identisch mit Gl. (1.148) und hat die dort angegebenen Lösungen.

Im Falle einer **erzwungenen Schwingung** greift am Schwingkörper 4 die periodische Kraft $F = \hat{F}\,\sin\omega\,t$ an, die zur periodischen Auslenkung $x_a = \hat{x}\,\sin(\omega\,t + \varphi)$ führt. Die Differenzialgleichung (7.97) ist um die anregende Kraft F zu erweitern:

$$c\,x_a + w\,\dot{x}_a + m\,\ddot{x}_a + F = 0 \tag{7.101}$$

und lässt sich mit D, T und $k = -1/c$ in die allgemeine Form

$$x_a + 2\,D\,T\,\dot{x}_a + T^2\,\ddot{x}_a = k\,F \tag{7.102}$$

überführen. Hier bedeutet F die anregende Kraft und die Auslenkung x_a ist die entsprechende Antwort.

Frequenzgang. Mit dem Ansatz

$$\underline{F} = \hat{F}\,\mathrm{e}^{\mathrm{j}\omega\,\mathrm{t}}\,, \tag{7.103}$$

$$\underline{x}_a = \hat{x}_a\,\mathrm{e}^{\mathrm{j}(\omega\,\mathrm{t} + \varphi)} \tag{7.104}$$

liefert Gl. (7.102) den Amplitudengang von Gl. (1.190) und Bild 1.24, wobei jetzt als Ordinate das Verhältnis aus Auslenkung und anregender Kraft x_a/F zu nehmen ist:

$$\mid G(\mathrm{j}\,\omega)\mid = \frac{\hat{\mathrm{x}}_\mathrm{a}}{\hat{\mathrm{F}}}\,. \tag{7.105}$$

Über einen weiten Bereich ist die Amplitude des Schwingungsgebers proportional der angreifenden Kraft, bis dann schließlich die Eigenfrequenz des Schwingungsgebers angeregt und damit seine Empfindlichkeit geändert wird.

Nach diesen mehr grundsätzlichen Überlegungen sollen nun zwei Schwingungsaufnehmer vorgestellt werden.

Elektrodynamischer Schwingungsgeber

Beim Tauchspulmikrofon von Bild 7.26 bildet die Spule 4 den schwingenden Körper mit der Masse m. Sie ist mit der Membranfeder 3 starr gekoppelt und taucht in das Feld des Dauermagneten 2 ein. Die Bewegung der Spule wird durch Wirbelströme gedämpft, die in dem Kupferzylinder 5 erzeugt werden.

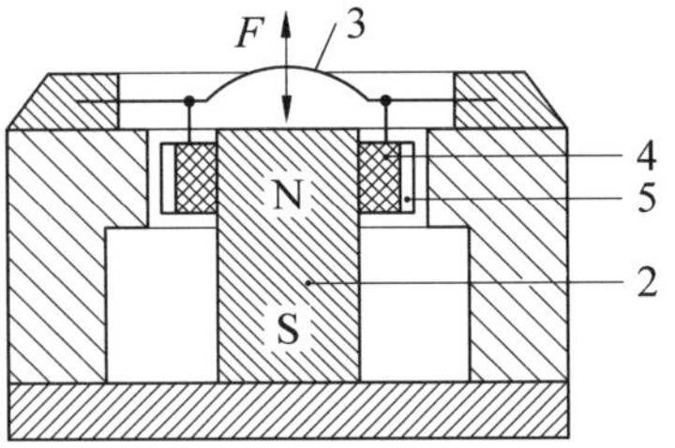

Bild 7.26: Elektrodynamischer Schwingungsgeber mit einer Tauchspule als schwingende Masse 4, Dauermagnet 2, Feder 3 und Kupferzylinder 5 zur Wirbelstromdämpfung

Wird die Membran durch den Schalldruck ausgelenkt, so bewegt sich die Spule mit der Geschwindigkeit $\mathrm{d}x_a/\mathrm{d}t$ durch das Magnetfeld der Flussdichte B.

Die Spannung u

$$u = k\,B\frac{\mathrm{d}x_a}{\mathrm{d}t} \tag{7.106}$$

wird induziert. Sie ist ein Maß für die Schwinggeschwindigkeit. Interessiert die Amplitude der Schwingung, so ist über die induzierte Spannung zu integrieren. Wird umgekehrt die induzierte Spannung differenziert, so ist $\mathrm{d}u/\mathrm{d}t$ ein Maß für die Beschleunigung.

Elektromagnetischer Schwingungsgeber

Bei dem elektromagnetischen Schwingungsgeber wird durch die schwingende Komponente der Fluss Φ eines magnetischen Kreises beeinflusst.

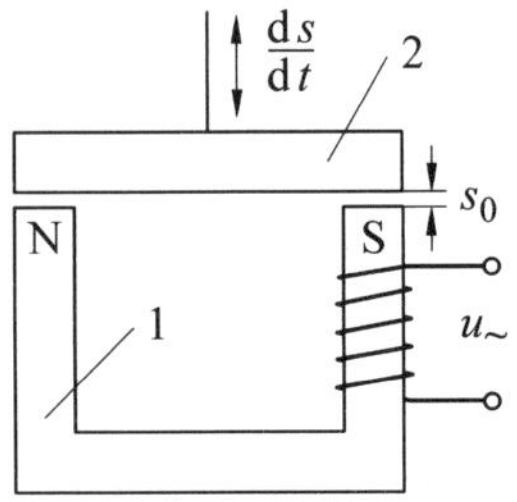

Bild 7.27: Elektromagnetischer Schwingungsgeber
1 Dauermagnet
2 beweglicher Weicheisenanker

In der Anordnung von Bild 7.27 bewegt das schwingende Teil einen Weicheisenanker, der den Luftspalt und damit den Fluss eines einen Dauermagneten enthaltenden

Kreises ändert. Der Fluss ist umso kleiner, je größer der Luftspalt ist. Bezeichnet Φ_0 den Fluss bei der Breite s_0 des Luftspalts, so kann für kleine Auslenkungen angesetzt werden:

$$\Phi = \Phi_0 \frac{s_0}{s} \,. \tag{7.107}$$

Auf einen Schenkel des Magneten ist nun eine Spule mit der Windungszahl N gewickelt. Bei einer Flussänderung wird in ihr die Spannung u induziert

$$u = -N \frac{\mathrm{d}\Phi}{\mathrm{d}t} = -N \frac{\mathrm{d}\Phi}{\mathrm{d}s} \frac{\mathrm{d}s}{\mathrm{d}t} \,, \tag{7.108}$$

die wieder ein Maß für die Schnelle $\mathrm{d}s/\mathrm{d}t$ der Schwingung ist.

7.4.3 Absolute Schwingungsmessung

Bezugspunkt. Bei Messungen in industriellen Anlagen, in bewegten Fahrzeugen oder auch bei der Messung der Bewegung der Erdoberfläche ist zunächst kein in Ruhe bleibender Bezugspunkt vorhanden. Er ist in Form einer trägen Masse eigens zu schaffen. Dies führt zur Konstruktion eines absoluten Schwingungsgebers gemäß Bild 7.28.

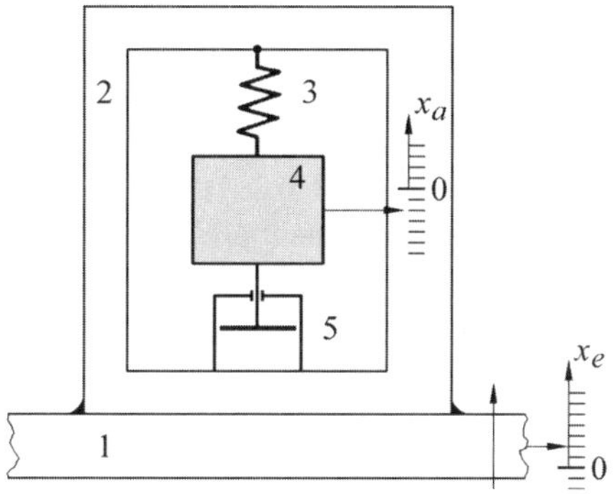

Bild 7.28: Aufbau eines Gebers zur absoluten Schwingungsmessung

Auf der schwingenden Unterlage 1 ist das Gehäuse 2 des Gebers starr befestigt. Der Geber enthält die an der Feder 3 aufgehängte träge Masse 4, deren Bewegung durch den Kolben 5 gedämpft ist. Das von x_e angeregte System liefert die Antwort x_a. Die Auslenkung x_a (Bewegung der trägen Masse relativ zum Gehäuse) wird mit einem Längengeber gemessen, also z. B. mit einem Differenzial-Transformator, mit einem potentiometrischen, induktiven, kapazitiven oder optischen Längenaufnehmer, oder mit einem piezoelektrischen Kristall. x_e stellt die Bewegung der Unterlage gegenüber einem gedachten Bezugssystem dar.

Differenzialgleichung. Im Unterschied zu der relativen Schwingungsmessung von Bild 7.25 greift die Kraft jetzt nicht an der trägen Masse direkt, sondern am Gehäuse an. Die Federkraft $c \cdot x_a$ und die Dämpfungskraft $w \cdot \dot{x}_a$ bleiben dieselben. Die Trägheitskraft ändert sich jedoch, da die träge Masse jetzt um insgesamt $x_e + x_a$ ausgelenkt wird. Dabei ist x_e die Bewegung des Gehäuses im Raum und x_a ist die Auslenkung der seismischen Masse relativ zum Gehäuse. Mit der Trägheitskraft $m\,(\ddot{x}_e + \ddot{x}_a)$ resultiert die Differenzialgleichung

$$c\,x_a + w\,\dot{x}_a + m\,\ddot{x}_a = -\,m\,\ddot{x}_e\,, \tag{7.109}$$

bei der zwei Spezialfälle eine technische Bedeutung erlangt haben.

a) Große Masse m, kleine Federkonstante c und kleine Dämpfungskonstante w. In der Differenzialgleichung können die Terme mit c und w gegenüber dem Glied mit m vernachlässigt werden. Die Gleichung reduziert sich auf

$$m\,\ddot{x}_a = -\,m\,\ddot{x}_e\,, \tag{7.110}$$

$$\dot{x}_a = -\,\dot{x}_e\,, \qquad x_a = -\,x_e\,. \tag{7.111}$$

Die träge Masse macht die Bewegung nicht mit. Der Geber zeigt die Auslenkung x_e der Unterlage gegenüber dem gedachten Bezugssystem an. Er arbeitet als „Absolutweggeber". Das System ist wegempfindlich.

b) Sehr steife Feder; große Federkonstante und gleichzeitig kleine Masse und kleine Dämpfungskonstante. Die Differenzialgleichung vereinfacht sich auf

$$x_a = -\,\frac{m}{c}\,\ddot{x}_e\,. \tag{7.112}$$

Die Auslenkung x_a ist proportional der Beschleunigung. Das System ist beschleunigungsempfindlich.

Frequenzgang. Dieselben Ergebnisse werden erhalten, wenn das System nicht im Zeit-, sondern im Frequenzbereich untersucht wird. Dazu wird zunächst die Gl. (7.109) durch c dividiert und mit dem Dämpfungsfaktor D und der Zeitkonstante T in die Standardform überführt:

$$x_a + 2\,D\,T\,\dot{x}_a + T^2\,\ddot{x}_a = -\,T^2\,\ddot{x}_e\,. \tag{7.113}$$

Mit dem komplex angesetzten Ein- und Ausgangssignal und der bezogenen Frequenz $\Omega = \omega/\omega_0$ folgt daraus der Frequenzgang $G(\mathrm{j}\,\omega)$ zu

$$G(\mathrm{j}\,\omega) = \frac{\underline{x}_a}{\underline{x}_e} = \frac{\Omega^2}{1 - \Omega^2 + \mathrm{j}\,2\,D\,\Omega}\,. \tag{7.114}$$

Die zweite Ableitung $\ddot{x}_e$ des anregenden Signals in Gl. (7.109) führt zu dem Term ω^2 im Zähler des Frequenzgangs. Dadurch unterscheidet sich der des absoluten Schwingungsgebers von dem des relativen. Der Amplitudengang

$$|\,G(\mathrm{j}\,\omega)\,| = \frac{\hat{x}_a}{\hat{x}_e} = \frac{\Omega^2}{\sqrt{(1-\Omega^2)^2 + 4\,D^2\,\Omega^2}} \tag{7.115}$$

ist im Bild 7.29 dargestellt.

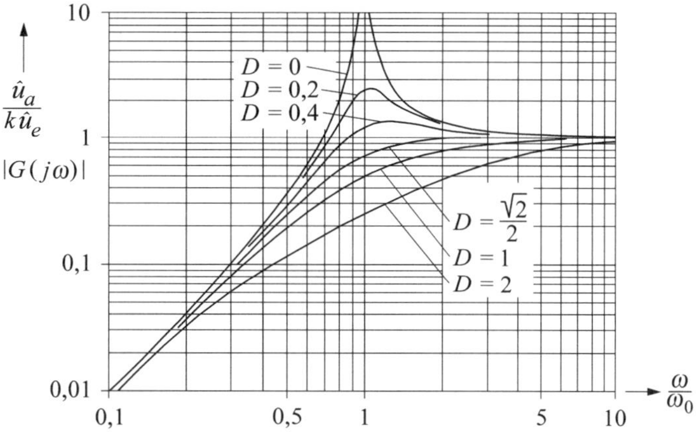

Bild 7.29: Amplitudengang eines seismischen Gebers

Für $D = 1$ reduziert er sich auf die übersichtlichere Form

$$| G(\mathrm{j}\,\omega) | = \frac{\Omega^2}{1 + \Omega^2} \,. \tag{7.116}$$

Er enthält die schon diskutierten Spezialfälle:

a) Zu einer großen Masse gehört eine niedrige Eigenfrequenz. Für Frequenzen, die groß gegenüber dieser Eigenfrequenz sind, $\omega \gg \omega_0$, $\Omega \gg 1$, folgt aus Gl. (7.116)

$$| G(\mathrm{j}\,\omega) | = \frac{\hat{x}_a}{\hat{x}_e} = 1; \qquad \hat{x}_a = \hat{x}_e \,. \tag{7.117}$$

Das System ist wegempfindlich. Um diese Arbeitsweise zu erreichen, ist also eine niedrige Eigenfrequenz des Gebers wünschenswert. Nach diesem Prinzip arbeiten die Inertialsysteme (DIN 45 661) oder seismischen Geber. Diese Bezeichnung kommt von den Erdbebenschreibern, die als erste Geräte mit großer Masse und kleiner Federkonstante ausgelegt waren. Inzwischen werden solche Aufnehmer in vielen industriellen Anlagen zur Überwachung schwingungsfähiger Systeme eingesetzt.

b) Eine kleine Masse und eine große Federkonstante führen zu einer hohen Eigenfrequenz. Für Frequenzen, die klein sind gegenüber dieser Eigenfrequenz, $\omega \ll \omega_0$, $\Omega \ll 1$, kann Ω^2 im Nenner von Gl. (7.116) vernachlässigt werden und es wird

$$| G(\mathrm{j}\,\omega) | = \frac{\hat{x}_a}{\hat{x}_e} = \Omega^2 \,. \tag{7.118}$$

Der Amplitudengang steigt mit ω^2. Für diese Arbeitsweise ist eine hohe Eigenfrequenz wünschenswert. Nach diesem Prinzip arbeiten die Beschleunigungssensoren.

7.4.4 Monolithisch integrierter Beschleunigungssensor

Die Beschleunigungssensoren (kleine Masse, große Federkonstante) werden zunehmend in der Silizium-Technologie gefertigt. Während der piezoresistive Drucksensor von Bild 3.49 dreidimensional zu bearbeiten war (bulk micromachining), ist der Beschleunigungssensor von Bild 7.30 planar in Schichten aufgebaut, wobei dann auch durch Hinterätzungen Schichten wieder weggenommen werden können (surface micromachining).

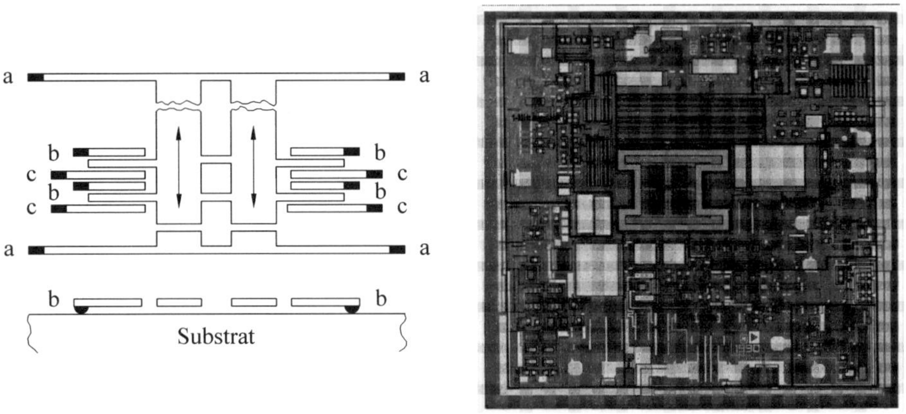

Bild 7.30: Monolithisch integrierter Beschleunigungssensor mit kapazitivem Abgriff (Analog-Devices ADXL5OHX) [7.11]
links: Schematische Darstellung der Differenzial-Kondensatoren aus polykristallinem Silizium
rechts: Ansicht des Gesamt-Chips; das eigentliche Sensorelement mit den Differenzial-Kondensatoren ist in der Mitte als H-förmiges Gebilde zu erkennen

Die Umsetzung der Beschleunigung in ein elektrisches Signal erfolgt über Differenzial-Kondensatoren. Die Mittelelektroden haben die Funktion der seismischen Masse des Aufnehmers. Diese ist über Stege an den Fußpunkten a aufgehängt. Die beweglichen Mittelelektroden bilden mit den mit dem Substrat verbundenen Elektroden b und c jeweils einen Kondensator. Bei einer Relativbewegung zwischen der Mittelelektrode (seismische Masse) und dem Substrat (Gehäuse) ändert sich die Kapazität zwischen den Stegen.

Die dünnen Stege, an denen die träge Masse hängt, haben nun nicht die notwendigen elastischen, federnden Eigenschaften. Die erforderliche Rückstellung erfolgt durch eine elektronische Regelung. Diese verändert die an den Elektroden b und c liegende Spannung dahingehend, dass die Mittelelektrode wieder in die Mittelstellung gezogen wird. Der Elektrodenabstand beträgt 1 µm. Durch die Regelung wird die Mittelstellung um nicht mehr als 1/100 µm verlassen. Die für die Rückführung notwendige Kraft ist dann ein Maß für die Beschleunigung.

Der Silizium-Chip enthält die nötigen Baugruppen zur Signalverarbeitung wie Verstärker, Oszillator, Trägerfrequenz-Generator, Demodulator, Referenzsignalgeber und auch eine Schaltung zum Selbsttest. Der Messbereich beträgt $\pm 50\ g$.

7.4.5 Schwingsaiten-Frequenzumsetzer

Prinzip. Die Eigenfrequenz f_0 einer gespannten Saite hängt ab von der spannenden Kraft F, der Länge l und der Masse m:

$$f_0 = \frac{1}{2}\sqrt{\frac{F}{m\,l}}. \tag{7.119}$$

In diese, aus der Musik bekannte Beziehung können nun die Dichte ρ, der Querschnitt A, der Elastizitätsmodul E, die Spannung σ und die Dehnung ε der Saite eingeführt werden. Mit

$$\rho = \frac{m}{V} = \frac{m}{l\,A}; \qquad \sigma = \frac{F}{A} = \varepsilon\,E$$

geht Gl. (7.119) über in

$$f_0 = \frac{1}{2\,l}\sqrt{\frac{\sigma}{\rho}} = \frac{1}{2\,l}\sqrt{\frac{\varepsilon\,E}{\rho}}. \tag{7.120}$$

Die Eigenfrequenz f_0 ist also proportional der Spannung σ bzw. der Dehnung ε. Die schwingende Saite wird so zu einem frequenzanalogen Aufnehmer, mit dem mechanische Größen wie z. B. Massen, Kräfte, Drücke, Drehmomente, Wege, Winkel, Dehnungen oder Temperaturen gemessen werden können (Bild 7.31).

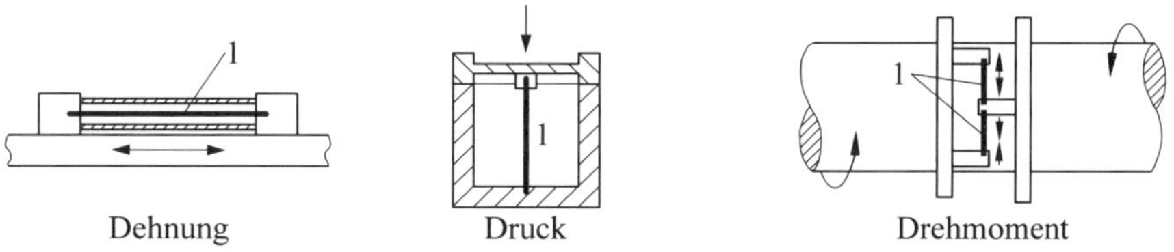

Bild 7.31: Schwingende Saite als ein Basisinstrument für die Messung mechanischer Größen; 1 Messsaite

Intermittierend gedämpft schwingende Messsaite. Die einfachere Betriebsweise ist die, dass die Saite in vorgegebenen Intervallen elektromagnetisch zu Schwingungen angeregt wird (Bild 7.32 a).

Ein Stromimpuls durch den Elektromagneten lenkt die vormagnetisierte Saite aus, die anschließend frei und gedämpft ausschwingt. Während dieser Zeit wird in der Spule die Spannung $u(t)$ induziert, die in Form einer gedämpften Schwingung abklingt:

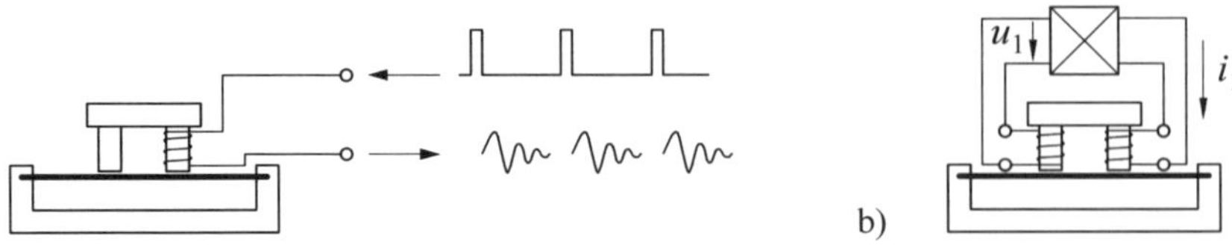

Bild 7.32: Intermittierende a) und kontinuierliche b) Anregung einer Messsaite

$$u(t) = \hat{u}\,\mathrm{e}^{-\mathrm{b}\,\mathrm{t}} \sin 2\pi\,\mathrm{f_d} \qquad \text{mit} \quad 2\pi\,\mathrm{f_d} = \sqrt{(2\pi\,\mathrm{f_0})^2 - \mathrm{b}^2}. \tag{7.121}$$

Die Frequenz f_d ist infolge der Dämpfung etwas kleiner als die Resonanzfrequenz f_0, trotzdem aber als Maß für die zu bestimmende nichtelektrische Größe geeignet.

Kontinuierlich ungedämpft schwingende Messsaite. Für die Erzeugung kontinuierlicher, ungedämpfter Schwingungen ist ein aktiver Kreis mit einer Amplituden- und Phasenregelung erforderlich, der die hauptsächlich durch die Reibung in Luft verursachten Energieverluste ausgleicht. Die Saite kann dabei elektromagnetisch oder elektrodynamisch beeinflusst werden. Bei der ersten Methode sind zwei getrennte Elektromagnete, der eine zur Anregung der vormagnetisierten Saite und der andere zur Aufnahme der induzierten Spannung, erforderlich (Bild 7.32 b). Die induzierte Spannung u_1 ist Eingangssignal des Regelkreises, der den Strom i_2 des Anregemagneten so einstellt, dass eine ungedämpfte Schwingung zu Stande kommt.

Die kontinuierlich angeregte Saite schwingt mit ihrer Eigenfrequenz f_0. Die Kennlinie zwischen der zu bestimmenden nichtelektrischen Größe und der gemessenen Frequenz ist im Allgemeinen gekrümmt, so dass besondere Maßnahmen zur Linearisierung erforderlich werden. Diese sind bei der Anwendung eines Differenzialaufnehmers überflüssig. Bei Waagen z. B. werden zwei vorgespannte Saiten benutzt. Die Kraft wird so eingeleitet, dass die eine Saite gespannt und die andere entspannt wird. Beide Saiten werden zu ungedämpften Schwingungen angeregt, und die Differenz der Eigenfrequenzen wird gemessen. Die dabei entstehende Kennlinie hat am Nullpunkt einen Wendepunkt und kann so besonders gut durch eine Gerade angenähert werden.

7.4.6 Stimmgabel-Frequenzumsetzer

Prinzip. U-Rohr- und Stimmgabel-Resonatoren werden hauptsächlich zur Dichtemessung von Gasen oder Flüssigkeiten benutzt. Die Eigenfrequenz f_0 eines derartigen Resonators ist über einen Proportionalitätsfaktor k mit den schwingenden Massen des Resonators m_r und des mitbewegten Messguts m_g verknüpft:

$$f_0 = k\,\frac{1}{\sqrt{m_r + m_g}}. \tag{7.122}$$

Die Stimmgabeln sind im Allgemeinen nicht durchströmt, sondern schwingen mit aufgesetzten Halbschalen in dem zu untersuchenden Gas. Die Masse des mechanischen

Schwingers wird um die des mitschwingenden Gases vergrößert, die wiederum von dessen Dichte abhängt.

Schaltung. Stimmgabeln, die aus einem ferromagnetischen Werkstoff bestehen, lassen sich elektromagnetisch zu Schwingungen anregen.

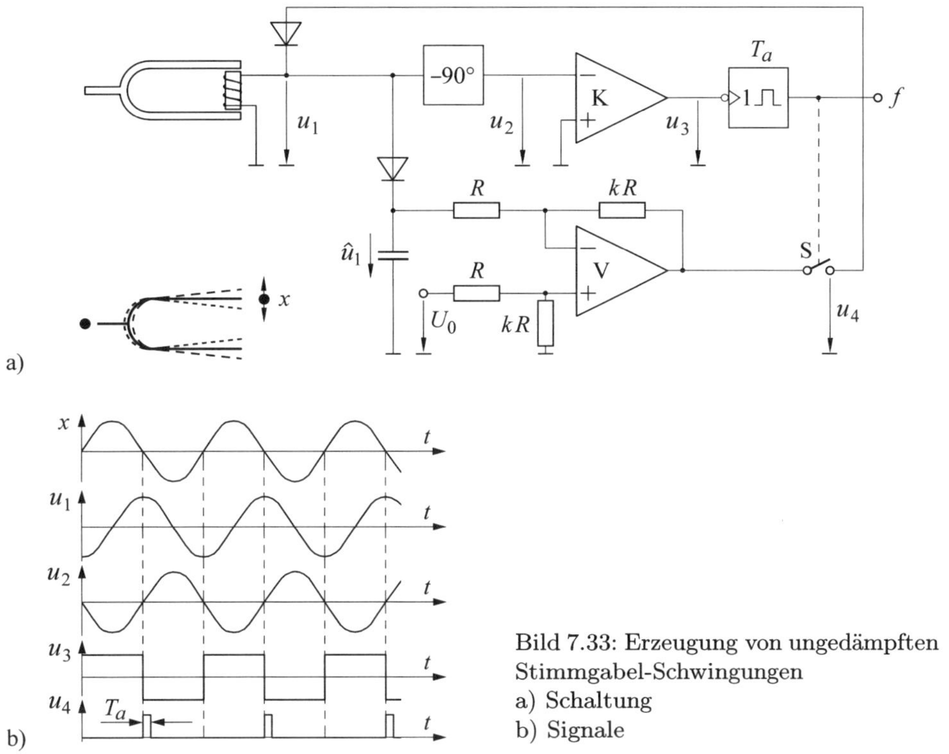

Bild 7.33: Erzeugung von ungedämpften Stimmgabel-Schwingungen
a) Schaltung
b) Signale

Bild 7.33 zeigt eine Ausführung, bei der eine einzige Spule nacheinander zur Auslenkung und zur Frequenzmessung benutzt wird. Während jeder Schwingungsperiode wird der Stimmgabel durch einen kurzen Stromimpuls die durch Dämpfung verlorene Energie wieder zugeführt. Dies geschieht jeweils beim Nulldurchgang der Amplitude, so dass sich die Eigenfrequenz der Stimmgabel nicht ändert. Die mit der Frequenz f schwingende Stimmgabel wird jeweils um die Strecke x aus ihrer Ruhelage ausgelenkt:

$$x = \hat{x} \sin 2\pi f t. \tag{7.123}$$

Proportional zu Geschwindigkeit $\mathrm{d}x/\mathrm{d}t$ wird in der Spule die Spannung u_1 erzeugt:

$$u_1 = k_1 \frac{\mathrm{d}x}{\mathrm{d}t} = k_1 \hat{x}\, 2\pi f \cos 2\pi f t = \hat{u} \cos 2\pi f t. \tag{7.124}$$

Die induzierte Spannung u_1, die gegebenenfalls noch verstärkt werden kann, ist um $-90°$ gegenüber der Ortskoordinate phasenverschoben. Eine weitere Phasenverschiebung um denselben Wert wird in einem Tiefpass erzielt, so dass dessen Signal u_2 jeweils zur gleichen Zeit wie die Elongation x zu null wird. Die Nulldurchgänge werden in dem Komparator K detektiert, und dessen abfallende Flanke steuert die monostabile Kippstufe. Diese schließt für die vorgewählte Zeit T_a den Schalter S. Dadurch fließt exakt beim Nulldurchgang der Stimmgabel ein kurzer, der Spannung u_4 proportionaler Stromimpuls so durch die Spule, dass die Amplitude der Stimmgabelschwingung verstärkt wird.

Während die **Phase** des rückgeführten Signals u_4 wie besprochen durch den Komparator K gesteuert wird, bestimmt der Verstärker V dessen **Amplitude**. Er verstärkt die Differenz zwischen der konstanten Spannung U_0 und dem Spitzenwert $\hat{u}_1$ der induzierten Spannung. Seine Ausgangsspannung u_4

$$u_4 = k\,(U_0 - \hat{u}_1) \tag{7.125}$$

wird bei abnehmenden $\hat{u}_1$ größer, bei steigenden kleiner. Sie wird über den vom Komparator gesteuerten Schalter an die Spule gelegt und führt dort zu einem Stromimpuls. Dieser gleicht die Reibungsverluste aus, und die Stimmgabel schwingt ungedämpft mit konstanter Amplitude.

7.4.7 Coriolis-Massendurchflussmesser

Prinzip. Die Coriolis-Kraft ist eine Trägheitskraft. Sie wird gewöhnlich am Beispiel einer sich mit der Winkelgeschwindigkeit ω drehenden Scheibe erläutert. Auf dieser Scheibe steht ein Beobachter, der einen Gegenstand radial nach außen wirft. Der Gegenstand fliegt nicht geradlinig weg, sondern bleibt gegenüber der Drehrichtung zurück. Dies lässt sich als die Wirkung der Coriolis-Kraft F erklären, die proportional der Masse m des sich mit der Geschwindigkeit v bewegenden Gegenstands und der Winkelgeschwindigkeit ω der drehenden Scheibe ist.

Die Richtung der Coriolis-Kraft ist senkrecht zur Drehachse des Bezugssystems und senkrecht zur Bewegungsrichtung des Gegenstands. Dabei ist zur Erzeugung der Kraft keine gleich bleibende Winkelgeschwindigkeit notwendig. Die Coriolis-Kraft entsteht auch bei oszillierenden Systemen mit sich ändernden Winkelgeschwindigkeiten [7.12], [7.13].

Ausführung. Zunächst wird ein leicht gebogenes Rohr angenommen, durch das die Flüssigkeit strömt (Bild 7.34 a).

Das Rohr ist an den Halterungen a und b befestigt. Es wird durch einen elektrodynamischen Antrieb senkrecht zur Grundplatte zu Schwingungen angeregt (Bild 7.34 b). Die Frequenz der Schwingung in der ersten Eigenform hängt von den geometrischen Abmessungen des Rohrs ab und liegt im Bereich von etwa 300 Hz, die Amplitude

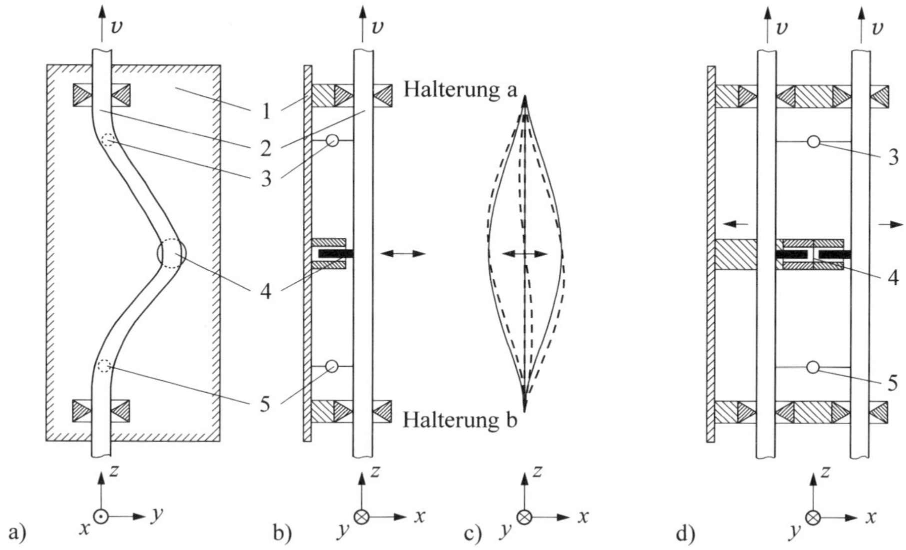

Bild 7.34: Coriolis-Massenstrommesser
a) Draufsicht auf das gebogene Messrohr in der $y\,z$-Ebene
1 Grundplatte
2 Messrohr
3 Schwingungssensor 1
4 elektrodynamischer Antrieb
5 Schwingungssensor 2
b) Seitenansicht des gebogenen Messrohrs in der $x\,z$-Ebene, das Rohr wird zu Schwingungen in der $x\,z$-Ebene angeregt
c) Bei Durchfluss wird die Grundschwingungsamplitude durch die Coriolis-Kraft verbogen
——— Grundschwingung, kein Durchfluss, keine Coriolis-Kraft
- - - - - mit Durchfluss, mit Coriolis-Kraft
d) Massenstrommesser mit zwei im Gegentakt schwingenden Rohren

bei etwa 10 µm. Bewegt sich ein Fluidelement mit der Masse m und der Geschwindigkeit v durch das mit der Winkelgeschwindigkeit ω oszillierende Rohr, so wirkt die Coriolis-Kraft F_C auf die Rohrwand:

$$F_C = 2\,m\,[v \times \omega]\,. \tag{7.126}$$

Die Coriolis-Kraft erzeugt in dem Rohr die zweite Eigenform. Diese überlagert sich, zeitlich um 90° versetzt, der Grundschwingung. Im Einlauf muss das Fluidelement erst in Richtung der Rohrschwingung beschleunigt, im Auslauf abgebremst werden. Das führt bei dem sinusförmig schwingenden Rohr zu einer Phasenverschiebung zwischen den Messpunkten 3 und 5. Diese Phasenverschiebung $\Delta\,\varphi$ wird mit elektrodynamischen Schwingungsgebern erfasst. Sie ist ein Maß für den Massendurchsatz in kg/s:

$$\Delta\,\varphi = k\,\dot{m}\,. \tag{7.127}$$

Balance. Für die Praxis ist es wichtig, dass die Rohrschwingung nicht auf die äußere Rohrleitung übertragen wird. Das wäre einerseits ein Energieverlust, und andererseits könnten Nullpunkt- und Messfehler entstehen. Um dies zu vermeiden, muss der Massenstrommesser ausbalanciert sein. Das lässt sich z. B. durch zwei symmetrische, vom Fluid durchströmte Rohre erreichen, die im Gegentakt schwingen (Bild 7.24 d). Die Messfühler messen nun nicht mehr die Auslenkung relativ zur Grundplatte, sondern die Auslenkung zwischen den Rohren. Durch die verbesserte Stabilität und erhöhte Empfindlichkeit lässt sich so auch der Massendurchfluss von Gasen ermitteln. Bei dem Nenndurchsatz von Flüssigkeiten beträgt die Phasendifferenz etwa 5°. Sie ist mit einer relativen Unsicherheit von $1 \cdot 10^{-4}$ zu ermitteln, damit die in den Datenblättern spezifizierte Unsicherheit des Durchflusses von 0,1 % vom Messwert zuzüglich 0,005 % vom Endwert eingehalten werden kann.

Dichtemessung. Die Eigenfrequenz der Messrohre hängt nach Gl. (7.122) ab von der Masse des Fluids. Die Anregung der Messrohre erfolgt über eine Regelung so, dass diese immer bei ihrer Eigenfrequenz schwingen. Diese wird gemessen. Das Volumen der Messrohre ist bekannt, so dass das Messgerät nicht nur den Massendurchsatz, sondern auch die Dichte anzeigt.

8 Spektralanalyse[1]

8.1 Aufgabenstellung

Bei den bisher besprochenen Messgeräten und Messverfahren war die zu messende Größe immer als eine Größe angesehen worden, die sich mit der Zeit ändert, also eine Funktion $f(t)$ der Zeit t ist. In den entsprechenden Diagrammen war auf der Abszisse als unabhängige Variable die Zeit aufgetragen. Diese Art der Darstellung ist für sich schnell ändernde periodische Signale ungeeignet. Hier interessiert zunächst, welche Amplituden bei welchen Frequenzen auftreten. Dementsprechend ist jetzt die Frequenz die unabhängige Variable auf der Abszisse, und die Amplituden sind auf der Ordinate dargestellt.

Den Übergang von dem **Zeitbereich** in den **Frequenzbereich** ermöglicht die Fouriertransformation. Um sie durchzuführen, wird das interessierende Signal für eine gewisse Zeit beobachtet und abgetastet. Der Abtastsatz wird abgespeichert. Aus seinen Daten wird dann das Spektrum berechnet [8.1]...[8.5]. Auch die inverse Transformation ist möglich. Ausgehend vom Spektrum lässt sich der Zeit-Datensatz ermitteln. Wird die Fouriertransformation wiederholt durchgeführt, so können dann auch die Amplituden in Abhängigkeit von der Zeit dargestellt werden.

8.2 FTC eines zeitkontinuierlichen Signals

Zunächst sei an die Fouriertransformation FTC eines zeitkontinuierlichen Signals erinnert. Die Systemtheorie zeigt, wie über die Fouriertransformation einer zeitbegrenzten Funktion $f(t)$ das Spektrum $F(\mathrm{j}\,\omega)$ erhalten werden kann. Umgekehrt lässt sich über die inverse Fouriertransformation aus der Spektralfunktion $F(\mathrm{j}\,\omega)$ die Zeitfunktion $f(t)$ gewinnen:

$$F(\mathrm{j}\,\omega) = \int_{-\infty}^{+\infty} f(t)\,\mathrm{e}^{-\mathrm{j}\,\omega\,t}\,\mathrm{d}t\,, \tag{8.1}$$

$$f(t) = \frac{1}{2\,\pi} \int_{-\infty}^{+\infty} F(\mathrm{j}\,\omega)\,\mathrm{e}^{\mathrm{j}\,\omega\,t}\,\mathrm{d}\omega\,. \tag{8.2}$$

Die Spektralfunktion $F(\mathrm{j}\,\omega)$ ist eine komplexe Funktion mit Real- und Imaginärteil bzw. mit Betrag und Phase. Oft wird nur der Betrag $|F(\mathrm{j}\,\omega)|$ in Abhängigkeit von ω

[1]Überarbeitetes Kapitel 5 aus [8.1]

oder f berechnet und als Amplitudenspektum angegeben. Stellt die Zeitfunktion $f(t)$ z. B. den Verlauf einer Spannung mit der Einheit Volt dar, so hat die Spektralfunktion $F(\mathrm{j}\,\omega)$ wegen der Integration über die Zeit (Einheit Sekunde) die Einheit

$$\mathrm{V\,s} = \frac{\mathrm{V}}{\frac{1}{\mathrm{s}}} = \frac{\mathrm{V}}{\mathrm{Hz}} \,. \tag{8.3}$$

Als Beispiel ist in Bild 8.1 der Verlauf $f(t)$ des Stromes in einem zu einer gedämpften Schwingung angestoßenen Resonanzkreis gezeichnet:

$$f(t) = 3\,\mathrm{e}^{-t/T} \sin 2\,\pi\, f\, t \quad [\mathrm{A}] \,. \tag{8.4}$$

Das zugehörige, aus Gl. (8.1) berechnete, Amplitudenspektrum $|F(\mathrm{j}\,\omega)|$

$$|F(\mathrm{j}\omega)| = \frac{6}{\sqrt{\omega^4 - 7{,}5\,\omega^2 + (17/4)^2}} \quad \left[\frac{\mathrm{A}}{\mathrm{Hz}}\right] \tag{8.5}$$

mit einem Maximum bei $\omega \approx 2\ \mathrm{s}^{-1}$ zeigt Bild 8.4 a.

8.3 FTD eines zeitdiskreten Signals

8.3.1 Übergang vom zeitkontinuierlichen zum zeitdiskreten Signal

Die von den Sensoren gelieferten zeitkontinuierlichen Signale werden abgetastet und quantisiert – zeitlich und wertmäßig diskretisiert –, um sie in Rechnern weiterverarbeiten zu können. So ist hier über die Fouriertransformation zeitdiskreter Signale zu sprechen. Dabei wollen wir ausgehend von der Fourier-Transformation FTC eines kontinuierlichen Signals nicht direkt die so wichtige Diskrete Fouriertransformation DFT einführen, sondern zunächst die Fouriertransformation FTD eines diskreten Signals erörtern. Im Folgenden wird deutlich werden, worin sich diese drei Transformationen FTC, FTD und DFT unterscheiden. Die Verhältnisse werden anhand der impulsförmigen Funktion $f(t)$ von Bild 8.1 erörtert.

Die Funktion $f(t)$ ist null für $t < 0$ und klingt für positive Zeiten schnell wieder auf null ab. Sie ist zu den Zeitpunkten $t_n = n\,T_a$ abgetastet, wobei n von $-\infty$ über $0, 1, \ldots, N-1$ bis ∞ läuft (Bild 8.2). T_a bezeichnet das Abtastintervall. Die abgetasteten Werte sind nur zu den diskreten Zeitpunkten $n\,T_a$ vorhanden. Aus der kontinuierlichen Variablen t wurde die diskrete $n\,T_a$. Wollen wir nun eine Fouriertransformation durchführen, so ist in Gl. (8.1) – nachdem jetzt nur mit diskreten Werten gerechnet werden kann –

$$\begin{array}{rcl} t & \text{durch} & n\,T_a \\ f(t) & \text{durch} & f(n\,T_a) \\ \mathrm{e}^{-\mathrm{j}\,\omega\,\mathrm{t}} & \text{durch} & \mathrm{e}^{-\mathrm{j}\,\omega\,\mathrm{n}\,\mathrm{T_a}} \end{array} \tag{8.6}$$

zu ersetzen. Des Weiteren ist das Integral in Gl. (8.1) durch eine Summe von Rechtecken der Höhe $f(n\,T_a)$ und der Breite T_a zu approximieren:

$$\int\limits_{t=-\infty}^{\infty} f(t)\,\mathrm{d}t \approx T_a \sum_{n=-\infty}^{\infty} f(n\,T_a). \tag{8.7}$$

Die Grenzen des Integrals und der Summe laufen zwar von $-\infty$ bis $+\infty$. Die Funktionswerte $f(n\,T_a)$ haben aber für alle negativen n den Wert null und streben für große positive n gegen null, sodass das Integral konvergiert und die Summe begrenzt ist.

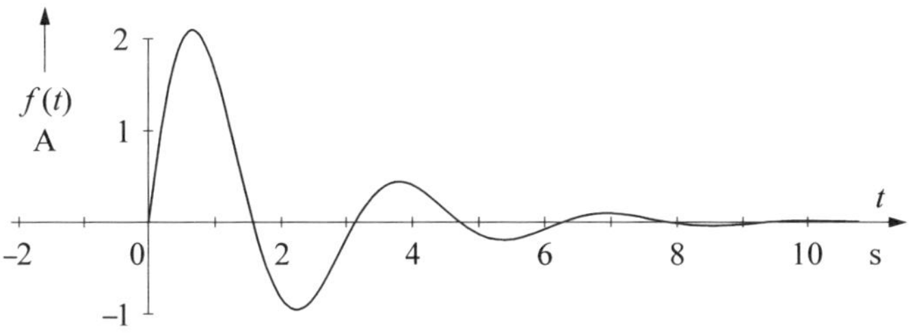

Bild 8.1: Transiente Zeitfunktion $f(t) = 0$ für $t < 0$ und $f(t) = 3\,\mathrm{e}^{-\mathrm{t/T}}\sin 2\,\pi\mathrm{f\,t}$ für $t > 0$ mit der Dämpfungskonstanten $T = 2$ s und der Frequenz $f = \frac{1}{\pi}$ s^{-1}

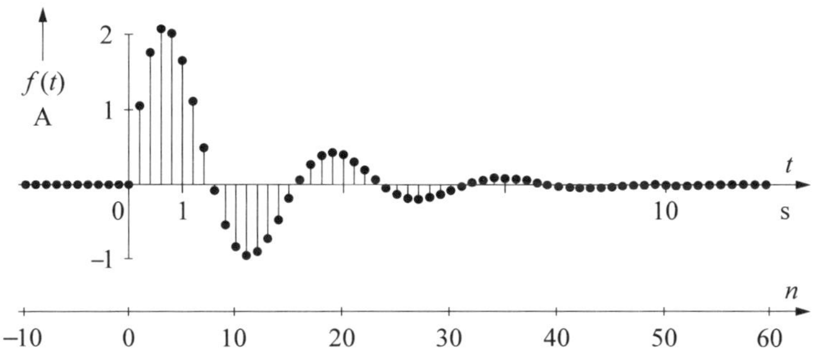

Bild 8.2: Abgetastete Zeitfunktion von Bild 8.1; Abtastintervall $T_a = 0,2$ s

Es ist nun üblich, das auf der rechten Seite von Gl. (8.7) stehende Abtastintervall T_a nicht in die Definition der Fouriertransformation aufzunehmen. So wird in Anlehnung an Gl. (8.1) die FTD mit dem Formelzeichen $F_{d\infty}(\mathrm{j}\omega)$ definiert zu

$$F_{d\infty}(\mathrm{j}\,\omega) = \sum_{n=-\infty}^{\infty} f(n\,T_a)\,\mathrm{e}^{-\mathrm{j}\,\omega\,n\,T_a} \tag{8.8}$$

$$= \sum_{n=-\infty}^{\infty} f(n\,T_a)\cos\omega\,n\,T_a - \mathrm{j}\sum_{n=-\infty}^{\infty} f(n\,T_a)\sin\omega\,n\,T_a\,. \tag{8.9}$$

8.3.2 Unterschiede bei der Transformation eines zeitkontinuierlichen und eines zeitdiskreten Signals

Wird nun der Algorithmus Gl. (8.8) für die Fouriertransformation eines diskreten Signals verglichen mit der Gl. (8.1) für die eines kontinuierlichen Signals, so unterscheiden sich die Spektralfunktionen in den folgenden beiden Punkten:

a) Die Fouriertransformierte FTD eines diskreten Signals ist eine **periodische Funktion**; sie wiederholt sich mit der Abtastfrequenz:

Die in Gl. (8.8) stehende Exponentialfunktion hat die Periode 2π:

$$\mathrm{e}^{-\mathrm{j}\,\omega\, n\, T_a} = \mathrm{e}^{-\mathrm{j}\, n\,(\omega\, T_a \,+\, 2\,\pi)} = \mathrm{e}^{-\mathrm{j}\, n\, T_a\,(\omega \,+\, 2\,\pi\,/\,T_a)}\,. \tag{8.10}$$

Entsprechend ist dann auch

$$F_{d\infty}(\mathrm{j}\,\omega) = F_{d\infty}\left(\mathrm{j}\left[\omega + \frac{2\,\pi}{T_a}\right]\right)\,. \tag{8.11}$$

Das Spektrum wiederholt sich periodisch mit

$$\omega = z\,2\,\pi/T_a \tag{8.12}$$

bzw. mit

$$f = z\,f_a\,, \tag{8.13}$$

wobei z eine beliebige ganze Zahl $z = \pm\,1,\,2,\,\ldots$ bedeutet. Der Frequenzbereich

$$-\frac{\pi}{T_a} \leq \omega \leq \frac{\pi}{T_a} \tag{8.14}$$

wird als Basisintervall bezeichnet. Während eine kontinuierliche periodische Zeitfunktion ein diskretes Spektrum hat (Fourierreihe), ist das Spektrum der durch Abtastung entstandenen diskreten Zeitfunktion periodisch.

b) Die Fouriertransformierte FTD eines diskreten Signals ist erst nach **Multiplikation mit dem Abtastintervall** T_a der Größe und der Einheit nach gleich der Fouriertransformierten FTC eines kontinuierlichen Signals:

Wenn $f(t)$ z. B. den Verlauf einer Spannung beschreibt und dementsprechend die Einheit V hat, dann hat die FTC aus Gl. (8.1) wegen der Integration über die Zeit die Einheit V s, das heißt, die Einheit V/Hz. In der Gl. (8.8) der FTD ist nun das Integral durch die Summe ersetzt und die Multiplikation mit der Zeit fehlt. Damit haben die Amplituden der FTD nur die Einheit der gemessenen Größe. Die FTD ist nach Gl. (8.7) mit dem Abtastintervall T_a zu multiplizieren, damit sie der FTC von Gl. (8.1) nach Größe und Einheit entspricht:

$$F(\mathrm{j}\,\omega) = T_a \,\cdot\, F_{d\infty}(\mathrm{j}\,\omega)\,. \tag{8.15}$$

Das aus der Gl. (8.8) berechnete und mit T_a multiplizierte Betragsspektrum ist in Bild 8.4 b dargestellt. Es ist periodisch und wiederholt sich bei $\omega = z\,\cdot\,2\pi/T_a$. Im Basisintervall ist – falls das Abtasttheorem eingehalten ist – das Spektrum des diskreten Signals identisch mit dem des kontinuierlichen Signals.

8.3.3 Abtasttheorem

Aus dieser Periodizität der FTD lässt sich eine Forderung an die Abtastfrequenz f_a ableiten. Die sich wiederholenden Spektren der FTD dürfen sich nicht überlappen, um sich nicht zu verfälschen (Bild 8.3).

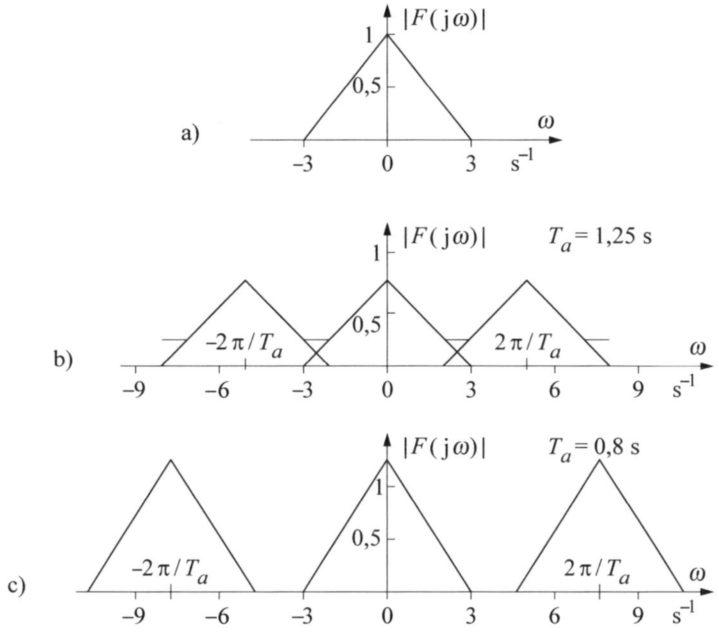

Bild 8.3: Zusammenhang zwischen den Fouriertransformierten eines kontinuierlichen und eines diskreten Zeitsignals

a) Fouriertransformierte FTC eines bandbegrenzten Signals mit $\omega_{\max} < 3\ \text{s}^{-1}$

b) Fouriertransformierte FTD des Signals (a) bei einem Abtastintervall $T_a = 1{,}25$ s. Das Spektrum wiederholt sich bei $\omega = 2\,\pi/T_a = 5\ \text{s}^{-1}$; die sich wiederholenden Spektren überlappen; die Abtastfrequenz ist nicht ausreichend. Die maximale Amplitude nimmt von 1 auf $1/T_a = 0{,}8$ ab

c) Fouriertransformierte FTD des Signals a bei einem Abtastintervall $T_a = 0{,}8$ s. Das Spektrum wiederholt sich bei $\omega = 2\,\pi/T_a = 7{,}9\ \text{s}^{-1}$. Die sich wiederholenden Spektren überlappen nicht; die Abtastfrequenz ist ausreichend. Die maximale Amplitude steigt von 1 auf $1/T_a = 1{,}25$

Dies ist dann der Fall, wenn die höchste Signalfrequenz $f_{\max}$ kleiner als die Hälfte der Abtastfrequenz f_a ist:

$$f_{\max} < \frac{1}{2}\, f_a\,, \qquad \omega_{\max} < \frac{1}{2}\,\frac{2\,\pi}{T_a}\,. \tag{8.16}$$

Das ist das Abtasttheorem. Die Abtastfrequenz muss höher als das Doppelte der höchsten im Signal enthaltenen Frequenz sein.

8.4 DFT eines abgetasteten, zeitbegrenzten Signals

8.4.1 Datensatz mit endlich vielen Werten; diskrete Spektralfunktion

Nach den vorausgegangenen vorbereitenden Überlegungen soll nun von der FTD auf die Diskrete Fouriertransformation DFT übergegangen werden, die immer gemeint ist, wenn eine „digitale Signalanalyse" in der Praxis durchgeführt wird. Die Diskrete Fouriertransformation soll zunächst für ein zeitbegrenztes Signal erklärt werden, zum Beispiel für die zeitbegrenzte Funktion von Bild 8.2. Der neue Schritt liegt darin, dass wir jetzt in Gl. (8.8) nur über eine endliche Zahl von Funktionswerten summieren. Die Grenzen der Summe gehen nicht mehr von $-\infty$ bis $+\infty$, sondern nur mehr von $0 \leq n < N$. Wir lassen so die Funktionswerte weg, die für $n < 0$ und $n \geq N$ sowieso null sind. Diese Änderung erscheint zunächst rein formal – die Funktionswerte, die null sind, haben ja nichts zur Summe beigetragen –, hat aber doch eine wichtige Konsequenz: Unter dem Summenzeichen auf der rechten Seite von Gl. (8.8) stehen jetzt für $0 \leq n \leq N-1$ nur N unterschiedliche Informationen, sodass sich die Spektralfunktion nur für N unterschiedliche diskrete Frequenzen berechnen lässt. Die Frequenz ist nicht mehr eine kontinuierliche Variable. So entsteht der Algorithmus für die DFT aus dem der FTD, indem die Gl. (8.8) mit diskreten Frequenzen $k\,\Delta\,\omega$ und mit endlichen Summengrenzen geschrieben wird. Als Formelzeichen wird $F_d\,(\mathrm{j\,k}\,\Delta\,\omega)$ verwendet:

$$\text{DFT:} \quad F_d\,(\mathrm{j}\,k\,\Delta\,\omega) = \sum_{n=0}^{N-1} f(n\,T_a)\,\mathrm{e}^{-\mathrm{j}\,k\,\Delta\,\omega\,n\,T_a}\,. \tag{8.17}$$

Das spektrale Auflösungsvermögen $\Delta\,\omega$ oder $\Delta\,f$ ist umso besser, je mehr Daten N von der Zeitfunktion zur Verfügung stehen, je länger die gesamte Messzeit T

$$T = N\,T_a \tag{8.18}$$

ist. Der Abstand $\Delta\,f$ zwischen zwei benachbarten Frequenzwerten, die Trennschärfe, ist umgekehrt proportional zur Messzeit:

$$\Delta\,f = \frac{1}{NT_a}\,, \tag{8.19}$$

$$\Delta\,\omega = \frac{2\,\pi}{NT_a}\,. \tag{8.20}$$

Jede Spektrallinie besteht aus einem Real- und einem Imaginärteil. Aus N reellen Abtastwerten können so Amplituden und Phasen für $N/2$ diskrete Frequenzen bestimmt werden. Diese liegen im Bereich zwischen $f = 0$ und $f = f_a/2$. Die entsprechenden Ergebnisse wiederholen sich zwischen $f_a/2$ und f_a. Im Bereich zwischen $f = 0$ und $f = f_a$ lassen sich so N Linien zeichnen für die Frequenzen

$$k\,\Delta\,f = f_k = \frac{1}{NT_a}k \qquad \text{mit} \qquad k = 0,\,1,\,\ldots,\,N-1\,, \tag{8.21}$$

$$k\,\Delta\,\omega = \omega_k = \frac{2\,\pi}{NT_a}k \qquad \text{mit} \qquad k = 0,\,1,\,\ldots,\,N-1\,. \tag{8.22}$$

Damit ergibt sich die übliche Schreibweise der DFT zu:

$$F_d(\mathrm{j}\,k\,\Delta\,\omega) = F_d\left(\mathrm{j}\frac{2\,\pi}{NT_a}\,k\right) = \sum_{n=0}^{N-1} f(n\,T_a)\,\mathrm{e}^{-\mathrm{j}\,k\,\Delta\,\omega\,n\,T_a} \tag{8.23}$$

$$F_d(\mathrm{j}\,k\,\Delta\,\omega) = \sum_{n=0}^{N-1} f(n\,T_a)\,\mathrm{e}^{-\mathrm{j}\,2\,\pi\,k\,n/N} \tag{8.24}$$

$$= \sum_{n=0}^{N-1} f(n\,T_a)\cos(2\,\pi\,k\,n/N) - \mathrm{j}\sum_{n=0}^{N-1} f(n\,T_a)\sin(2\,\pi\,k\,n/N)\,. \tag{8.25}$$

Auf der rechten Seite der obigen Gleichung stehen die N Abtastwerte. Man gibt sich einen Wert k vor und berechnet die Spektralfunktion an der Stelle $k\,\Delta\,\omega$. Eine „N-Punkte-DFT“ liefert die Amplituden und Phasen für $N/2$ unabhängige Frequenzen. Für einen Funktionswert der Spektralfunktion sind dabei $2N$ Multiplikationen und $2N$ Summationen durchzuführen. Die weiter vorne genannten Eigenschaften der FTD gelten auch für die DFT. Diese ist

a) periodisch mit der Abtastfrequenz

b) erst nach Multiplikation mit dem Abtastintervall gleich mit der FTC

$$F(\mathrm{j}\,\omega) = T_a\,F_d(\mathrm{j}\,k\,\Delta\,\omega)\,. \tag{8.26}$$

In der Praxis wird die höchste Signalfrequenz durch die Grenzfrequenz des Tiefpassfilters vor dem Analog/Digital-Umsetzer, des Anti-Aliasing-Filters, festgelegt. Der Amplitudengang dieses Filters geht nun jenseits der Grenzfrequenz nicht senkrecht, sondern mit einer gewissen Steigung gegen null. Aus diesem Grund sollte die Abtastfrequenz **mehr als** doppelt so groß wie die Grenzfrequenz sein. So wird die Abtastfrequenz häufig um den Faktor 5 bis 10 größer als die höchste Signalfrequenz gewählt.

Ist das Abtasttheorem eingehalten, so wird die Spektralfunktion nicht durch Überlagerungen (aliasing) verfälscht. Das Abtasttheorem gibt aber noch keine Aussage darüber, wie gut einzelne Spektralanteile voneinander unterschieden werden können. Für diese „spektrale Auflösung“ ist nicht die Abtastfrequenz f_a, sondern die gesamte Messzeit NT_a maßgebend.

• **Beispiel 8.1.** Die Zeitfunktion von Bild 8.1 ist für 10 s im Abstand von 0,2 s abgetastet:

Abtastintervall	T_a	=	0, 2 s,
Abtastfrequenz	f_a	=	5 Hz,
gesamte Messzeit	NT_a	=	10 s,
Zahl der Abtastungen	N	=	50.

Tabelle 8.1: Abtastsatz der Funktion $f(t)$ von Bild 8.1 (DFT)

n	$n\,T_s$ in s	$f(n\,T_s)$
0	0	0
1	0,2	1,0571
2	0,4	1,7620
3	0,5	2,0714
⋮	⋮	⋮
47	9,4	−0,0014
48	9,6	0,0085
49	9,8	0,0152

Die zu berechnende Spektralfunktion ist über ω periodisch mit $2\,\pi/T_a = 2\,\pi/0,2$ s $=$ $10\,\pi$ s^{-1}. Die Amplituden lassen sich für $N = 50$ diskrete Frequenzen $k\,\Delta\,\omega$ berechnen. Sie liegen nach Gl. (8.20) im Abstand von $\Delta\,\omega = 2\,\pi/NT_a = 0,2\,\pi$ s^{-1}. Der Abtastsatz besteht aus den folgenden Werten:

Die mit T_a multiplizierte DFT ergibt sich aus Gl. (8.23) zu

$$T_a \cdot F_d(\mathrm{j}\,k\,\Delta\,\omega) = T_a \cdot \sum_{n=0}^{N-1} f(n\,T_a)\,\mathrm{e}^{-\mathrm{j}\,k\,\Delta\,\omega\,n\,T_a}\,. \tag{8.27}$$

Ihr Betrag ist

$$T_a \cdot |F_d(\mathrm{j}\,k\,\Delta\,\omega)|$$

$$= T_a \cdot \sqrt{\left[\sum_{n=0}^{N-1} f(n\,T_a)\,\cos k\,\Delta\,\omega\,n\,T_a\right]^2 + \left[\sum_{n=0}^{N-1} f(n\,T_a)\,\sin k\,\Delta\,\omega\,n\,T_a\right]^2}\,. \tag{8.28}$$

Für $k = 5$, das heißt $k\,\Delta\,\omega = \pi$ s^{-1} hat die letzte Gleichung die Zahlenwerte

$$0,2\,|\,F_d(\mathrm{j}\,\omega_k = \mathrm{j}\,\pi)|$$

$$= 0,2\,\big\{\big[\,0\cos\pi\,0 + 1,0571\,\cos\pi\,0,2 + 1,762\cos\pi\,0,4 + \ldots$$

$$+\,0,0085\cos\pi\,9,6 + 0,0152\,\cos\pi\,9,8\big]^2$$

$$+\big[\,0\,\sin\pi\,0 + 1,0571\,\sin\pi\,0,2 + \ldots$$

$$+\,0,0085\sin\pi\,9,6 + 0,0152\,\sin\pi\,9,8\big]^2\big\}^{1/2} = 0,9476\,. \tag{8.29}$$

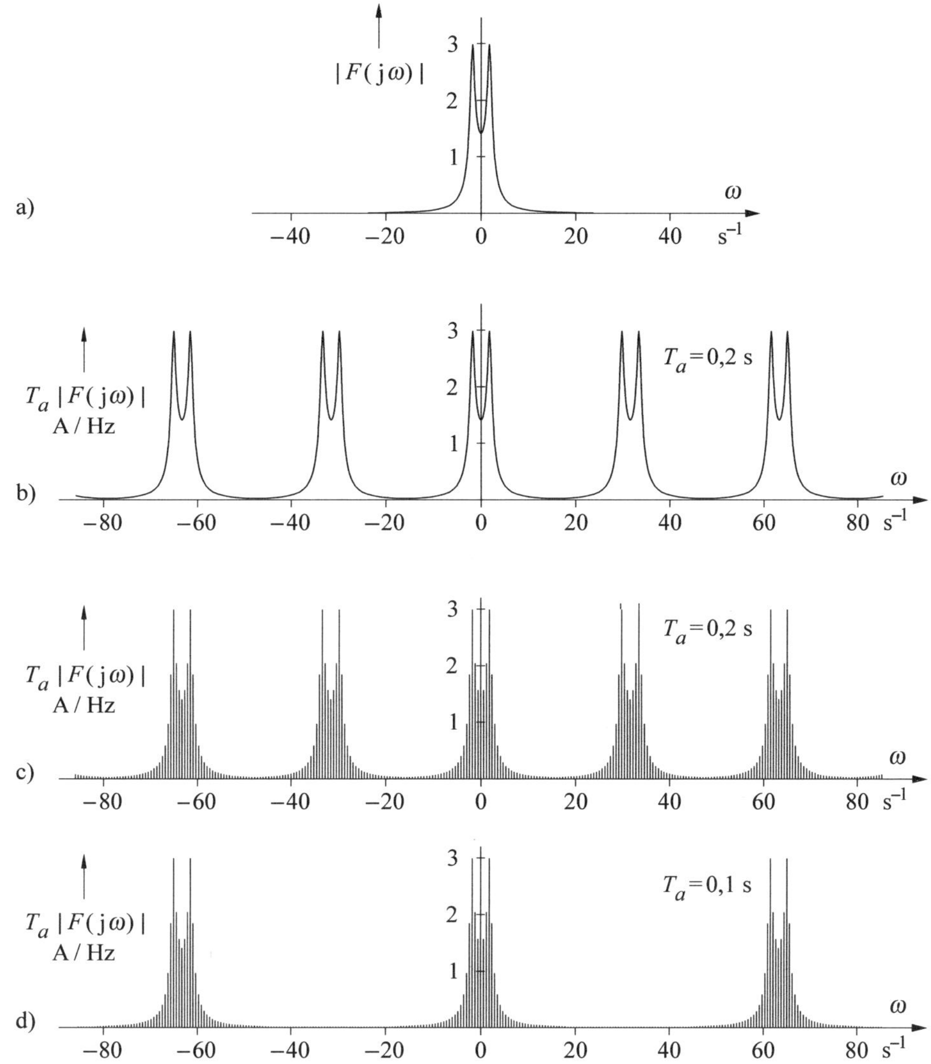

Bild 8.4: Spektren zur Zeitfunktion von Bild 8.1
(a) Fouriertransformierte FTC nach Gl. (8.5)
(b) Fouriertransformierte FTD nach Gl. (8.8)
(c) 50-Punkte-DFT bei einem Abtastintervall von $T_a = 0,2$ s
(d) 100-Punkte-DFT bei einem Abtastintervall von $T_a = 0,1$ s

Auf diese Weise lassen sich auch für andere Frequenzen die Amplituden gewinnen. Bild 8.4 c zeigt das aus Gl. (8.28) berechnete Amplitudenspektrum. Insgesamt sind nicht N, sondern nur $N/2$ Amplituden unabhängig voneinander. Die sich wiederholenden Spektren überschneiden sich. Die Abtastfrequenz war offenbar zu niedrig. •

• **Beispiel 8.2.** In einem zweiten Versuch wird nun bei gleicher Messzeit die Abtastfrequenz verdoppelt:

$$\begin{array}{lrcl} \text{Abtastintervall} & T_a & = & 0,1\text{ s}, \\ \text{Abtastfrequenz} & f_a & = & 10\text{ Hz}, \\ \text{gesamte Messzeit} & NT_a & = & 10\text{ s}, \\ \text{Zahl der Abtastungen} & N & = & 100\,. \end{array}$$

Die Spektralfunktion ist jetzt über ω periodisch mit $2\pi/T_a = 2\,\pi/0,1\text{ s} = 20\,\pi\text{ s}^{-1}$. Insgesamt lassen sich Amplituden für $N = 100$ diskrete Frequenzen berechnen, die – da die Messzeit dieselbe geblieben ist – wieder im Abstand $2\,\pi/NT_a = 0,2\,\pi\text{ s}^{-1}$ liegen.

Das sich ergebende Amplitudenspektrum ist in Bild 8.4 d gezeigt. Die Abtastfrequenz ist offensichtlich groß genug und die Überschneidungen sind verschwunden. •

8.4.2 Zusammenhang zwischen FTD und DFT; Anhängen von Nullen

FTD und DFT. Bei der Fouriertransformation FTD eines diskreten Signals nach Gl. (8.8) werden unendlich viele Zeitwerte transformiert, bei der Diskreten Fouriertransformation nach Gl. (8.23) nur insgesamt N. Im Falle der FTD ist die Spektralfunktion kontinuierlich. Die Frequenz ω ist eine stetige Variable. Bei der DFT hingegen lassen sich aus N eingelesenen Zeitwerten nur für $N/2$ unterschiedliche Frequenzen $k\,\Delta\,\omega$ die Amplituden und Phasen berechnen. Die Frequenz ist eine diskrete Variable. Im Falle einer zeitbegrenzten Funktion, die genügend lange mit genügend hoher Frequenz abgetastet ist, liefern beide Transformationen für $\omega = k\,\Delta\,\omega$ dasselbe Ergebnis:

$$\begin{aligned} F_{d\infty}(\mathrm{j}\,\omega = \mathrm{j}\,k\,\Delta\,\omega) &= \sum_{n=-\infty}^{\infty} f(n\,T_a)\,\mathrm{e}^{-\mathrm{j}\,k\,\Delta\,\omega\,n\,T_a} \\ &= \sum_{n=0}^{N-1} f(n\,T_a)\,\mathrm{e}^{-\mathrm{j}\,k\,\Delta\,\omega\,n\,T_a} = F_d(\mathrm{j}\,k\,\Delta\,\omega)\,. \end{aligned} \tag{8.30}$$

In der vorstehenden Gleichung durften die Summationsgrenzen geändert werden, da die Werte der Zeitfunktion voraussetzungsgemäß null sind für $n < 0$ und $n \geq N$.

So können die diskreten Werte der DFT als ein zu der kontinuierlichen Funktion $F_{d\infty}(\mathrm{j}\,\omega)$ gehörender Abtastsatz interpretiert werden. Die DFT ist die abgetastete FTD und umgekehrt ist die FTD die Einhüllende des von der DFT gelieferten Datensatzes.

Anhängen von Nullen. Da die diskreten Linien der DFT umso enger beisammen liegen, je länger die Messzeit NT_a ist, lässt sich das spektrale Auflösungsvermögen durch eine Vergrößerung der Messzeit steigern. Im Falle der zeitbegrenzten Funktion scheint nun diese Möglichkeit nicht gegeben, da die Funktion ja null ist für $n \geq N$. Tatsächlich bringt aber auch hier das längere Messen einen Gewinn. Wird der schon abgeklungene Impuls weiter abgetastet, d. h. werden einfach Nullen im Abstand des

Abtastintervalls T_a an den Datensatz angehängt, so rücken die mittels der DFT berechenbaren diskreten Linien näher zusammen. Bei N gemessenen Daten und $(z-1)\,N$ angehängten Nullen ist der Datensatz auf $N^* = zN$ Werte angewachsen. Im Frequenzbereich zwischen $f = 0$ und $f = f_a$ lassen sich nun N^* Linien im Abstand $\Delta\, f^*$ berechnen mit

$$\Delta\, f^* = \frac{1}{N^* T_a} = \frac{1}{z\,N T_a} = \frac{1}{z}\,\Delta\, f\,. \tag{8.31}$$

Der Abstand zwischen zwei Linien hat sich auf $1/z$ verringert und die Auflösung ist entsprechend gestiegen.

Der Aufwand hält sich dabei in Grenzen. Die in Gl. (8.24) stehenden Einzelsummen über n haben nach wie vor nur N Glieder. Insgesamt sind aber jetzt $z\,N$ einzelne Summen für $0 \le k \le N^* - 1$ auszurechnen, womit mehr Informationen zur Verfügung stehen.

Dieses Anhängen von Nullen (zeros filling) ist eine leistungsfähige Methode, um zwischen den aus dem ursprünglichen Datensatz gewonnenen Werten **interpolieren** zu können. Sie ermöglicht, Spektren mit höherer Auflösung zu zeichnen. Damit verringert sich die Gefahr, eventuelle, zwischen den diskreten Linien liegende Extremwerte zu übersehen.

Das „zeros filling“ verändert selbstverständlich nicht die Originalwerte. Die Frequenz $\omega = k\Delta\,\omega = k\,(2\,\pi)/(NT_a)$ findet man in dem Datensatz mit $(z-1)N$ angehängten Nullen an der Stelle $\omega = k\,z(2\,\pi)/(z\,NT_a)$. Wird an dieser Stelle die DFT für den Datensatz mit Nullen berechnet, so ergibt sich mit

$$\begin{aligned} F_d(\omega = k\,z\frac{2\,\pi}{z\,NT_a}) &= \sum_{n=0}^{z\,N-1} f(n\,T_a)\,\mathrm{e}^{-\mathrm{j}\,2\,\pi\,k\,z\,n/z\,N} \\ &= \sum_{n=0}^{N-1} f(n\,T_a)\,\mathrm{e}^{-\,2\,\pi\,k\,n/N} + \sum_{n=N}^{z\,N-1} f(n\,T_a)\,\mathrm{e}^{-\mathrm{j}\,2\,\pi\,k\,n/N} \\ &= \sum_{n=0}^{N-1} f(n\,T_a)\,\mathrm{e}^{-\mathrm{j}\,2\,\pi\,k\,n/N} = F_d\left(\omega = k\frac{2\,\pi}{NT_a}\right) \end{aligned} \tag{8.32}$$

derselbe Wert, den die DFT aus dem ursprünglichen Datensatz an der Stelle $\omega = k\,2\,\pi/NT_a$ geliefert hat. In der obigen Gleichung trägt ja der zweite Summand nichts zum Ergebnis bei, da die Werte von $f(n\,T_a)$ null sind für $N \le n < z\,N$.

• **Beispiel 8.3.** Das Vorgehen soll anhand des aus $N = 4$ Punkten bestehenden Abtastsatzes

$$f(0\,T_a) = 0 \qquad f(1\,T_a) = 1 \qquad f(2\,T_a) = 2 \qquad f(3\,T_a) = 1$$

erläutert werden, der mit dem Abtastintervall $T_a = 1$ s und der Abtastfrequenz $f_a = 1\ \mathrm{s}^{-1}$ gewonnen wurde (Bild 8.5).

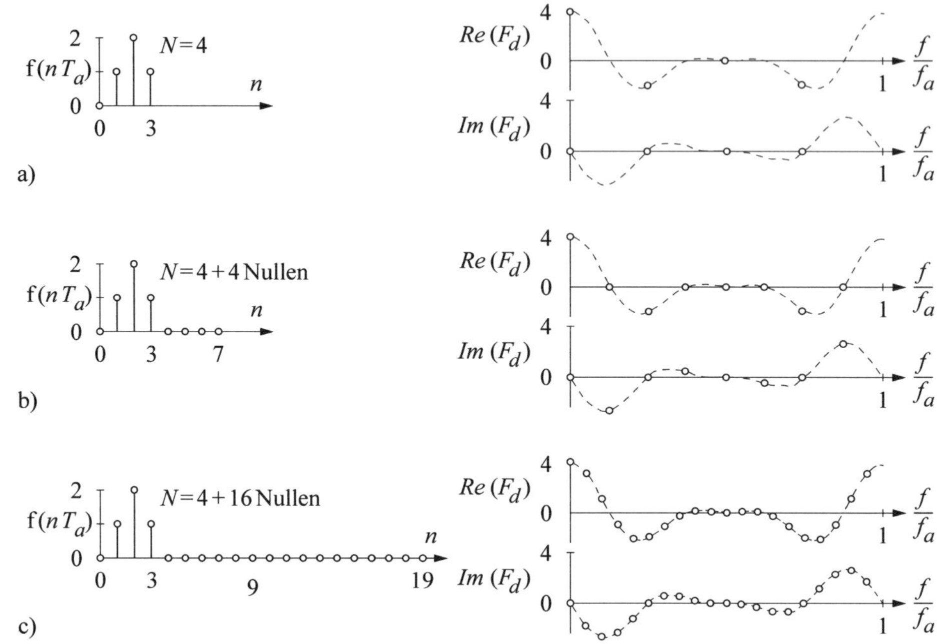

Bild 8.5: Durch das Anhängen von Nullen lässt sich das spektrale Auflösungsvermögen verbessern. Links ist der jeweilige Zeit-Datensatz, rechts das zugehörige Spektrum dargestellt. Die berechneten diskreten Punkte sind die Abtastwerte der gestrichelt eingezeichneten Einhüllenden

Aus den 4 Zeitwerten lassen sich 4 Spektrallinien an den Stellen

$$k\,\Delta\,\omega = k\frac{2\,\pi}{NT_a} = k\,\cdot\,0,5\,\pi \qquad \text{mit } 0 \leq \text{k} \leq 3 \tag{8.33}$$

mittels

$$F_d(\mathrm{j}\,k\,\Delta\,\omega) = \sum_{n=0}^{3} f(n\,T_a)\,\mathrm{e}^{-\mathrm{j}\,0,5\,\pi\,k\,n} \tag{8.34}$$

berechnen. Es ergeben sich die folgenden Werte:

$$F_d(k=0) = 0+1+2+1 = 4+\mathrm{j}\cdot 0\,, \tag{8.35}$$

$$\begin{aligned} F_d(k=1) &= 0+1\cdot\mathrm{e}^{-\mathrm{j}\,0,5\,\pi}+2\cdot\mathrm{e}^{-\mathrm{j}\,\pi}+1\cdot\mathrm{e}^{-\mathrm{j}\,1,5\,\pi} \\ &= 0+0-\mathrm{j}-2+\mathrm{j}\cdot 0+0+\mathrm{j} = -2+\mathrm{j}\cdot 0\,, \end{aligned} \tag{8.36}$$

$$F_d(k=2) = 0+1\cdot\mathrm{e}^{-\mathrm{j}\,\pi}+2\cdot\mathrm{e}^{-\mathrm{j}\,2\,\pi}+1\cdot\mathrm{e}^{-\mathrm{j}\,3\,\pi} = 0+\mathrm{j}\cdot 0\,, \tag{8.37}$$

$$F_d(k=3) = 0+1\cdot\mathrm{e}^{-\mathrm{j}\,1,5\,\pi}+2\cdot\mathrm{e}^{-\mathrm{j}\,3\,\pi}+1\cdot\mathrm{e}^{-\mathrm{j}\,4,5\,\pi} = -2+\mathrm{j}\cdot 0\,. \tag{8.38}$$

Die Real- und Imaginärteile dieser 4 Spektrallinien sind mit ihren Einhüllenden auf der rechten Seite von Bild 8.5 (a) gezeigt. Die Abtastwerte geben die Einhüllende nur unzureichend wieder. So liefert z. B. der Imaginärteil 4-mal den Wert null. Daraus darf nun nicht der Schluss gezogen werden, dass das zum Zeitsignal gehörende Spektrum rein reell wäre. Tatsächlich zeigt die im Bild gestrichelt eingetragene Einhüllende der 4 berechneten Linien ein komplexes Spektrum. Nun werden dem Abtastsatz 4 Nullen angehängt. Aus den nunmehr $N = 8$ Zeitwerten lassen sich 8 Spektralwerte berechnen an den Stellen

$$k\,\Delta\,\omega = k\frac{2\,\pi}{8\,T_a} = k\,\cdot\,0,25\,\pi \qquad \text{mit } 0 \leq \text{k} \leq 7\,. \tag{8.39}$$

Die zugehörige DFT lautet:

$$F_d(\mathrm{j}\,k\,\Delta\,\omega) = \sum_{n=0}^{7} f(n\,T_a)\,\mathrm{e}^{-\mathrm{j}\,0,\,25\,\pi\,k\,n}\,. \tag{8.40}$$

In dieser Gleichung hat jede Einzelsumme nach wie vor nur 4 Summanden; es sind aber wegen des größeren N mehr Summen auszurechnen. Der Unterschied zwischen Gl. (8.40) und Gl. (8.34) resultiert aus den unterschiedlichen Exponenten der Kreisfunktion. Bild 8.5 b zeigt, dass die 4 zusätzlich berechneten Linien zwischen den ursprünglichen liegen und die Einhüllende treffen. Ein Vergleich von Gl. (8.40) und Gl. (8.34) macht auch deutlich, dass durch die angehängten Nullen die ursprünglichen Werte nicht geändert werden. Gl. (8.40) liefert für $k = 0, 2, 4, 6$ dieselben Ergebnisse, die vorher aus Gl. (8.34) für $k = 0, 1, 2, 3$ erhalten wurden. Bild 8.5 (c) verdeutlicht, dass bei einer Erweiterung um $4\,N$ Nullen insgesamt $4\,N$ Spektrallinien interpoliert werden können. •

Das Spiel mit den Nullen lässt sich nun beliebig weit führen. Werden $N \to \infty$ Nullen angehängt, so wird die Fouriertransformierte FTD des diskreten Zeitsignals erhalten. Diese Funktion ist in den Spektren von Bild 8.5 als Einhüllende gestrichelt eingezeichnet. Im vorliegenden Fall wurde sie aus einem Datensatz mit 252 angehängten Nullen berechnet.

8.4.3 Wahl der Abtastfrequenz

Um keine Fehler zu machen muss die Abtastfrequenz mindestens doppelt so groß sein wie die höchste Frequenzkomponente des bandbegrenzten Signals. Die Abtastfrequenz soll jedoch nicht unnötig hoch sein, da sonst bei der DFT der untersuchte Frequenzbereich zu groß wird. Zwischen der Signalgrenzfrequenz und der halben Abtastfrequenz liegen ja definitionsgemäß keine Linien, sodass man sie auch nicht mittels der DFT zu berechnen braucht. Die Verhältnisse sollen anhand des nachfolgenden Beispiels erläutert werden.

• Beispiel 8.4.

a) Ein gaußförmiger Zeitimpuls ist 500-mal abgetastet (Bild 8.6 a). Das zugehörige Spektrum muss wieder gaußförmig sein. Das ist im Bild nicht zu erkennen, da der

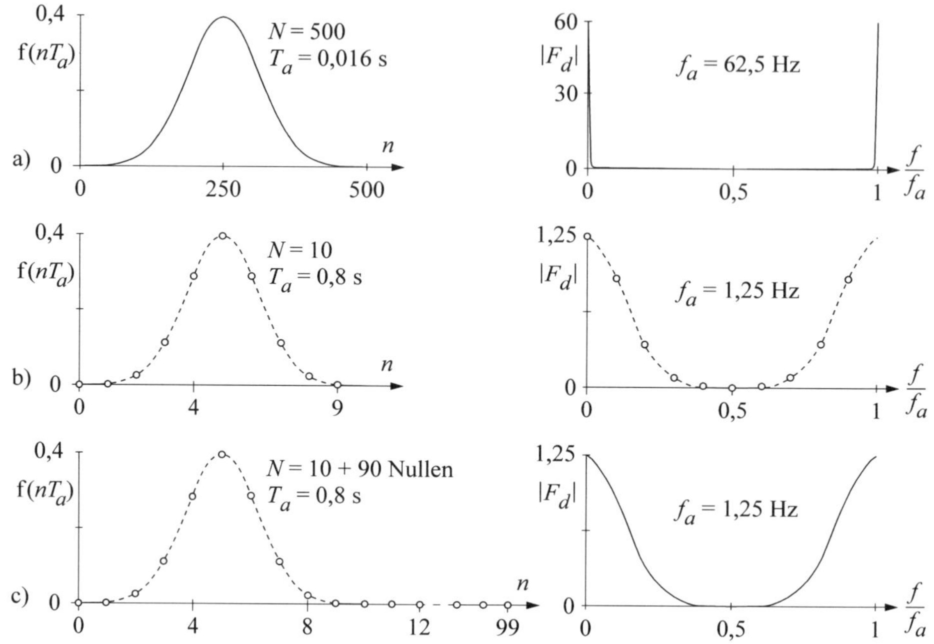

Bild 8.6: Die Abtastfrequenz legt den darstellbaren Spektralbereich fest

durch die Abtastfrequenz festgelegte Bereich zu groß ist. Die Abtastfrequenz ist zu hoch.

b) Nun wird derselbe Impuls nur 10-mal abgetastet (Bild 8.6 b). Damit ist der Bereich zwischen Signalfrequenz und halber Abtastfrequenz zusammengerückt. Die Auflösung ist aber schlecht, da nur 10 Punkte zur Verfügung stehen.

c) Um die Darstellung zu verbessern, wird das Verfahren des „zero filling" eingesetzt. An den Zeit-Datensatz werden 90 Nullen angehängt (Bild 8.6 c). Da die Abtastfrequenz gleich geblieben ist, ändert sich der darzustellende Spektralbereich nicht. Es können jetzt aber 100 Linien berechnet werden, sodass die erwartete Glockenkurve gut sichtbar ist. •

8.4.4 Inverse Diskrete Fouriertransformation IDFT

Die Fouriertransformation ermöglicht nicht nur den Übergang vom Zeit- in den Frequenzbereich, sondern auch den Schritt in die umgekehrte Richtung. Mittels der Inversen Diskreten Fouriertransformation IDFT lässt sich aus einem Datensatz im Frequenzbereich der dazugehörige Zeit-Datensatz ermitteln. Bei dieser Rücktransformation genügt es, von der periodischen DFT lediglich die erste Periode zu verwenden.

Wird von der Gleichung (8.2) für die Rücktransformation eines kontinuierlichen Signals ausgegangen und wird die Diskretisierung berücksichtigt, so ergibt sich für die IDFT die folgende Rechenvorschrift:

$$f(nT_a) = \frac{1}{N} \sum_{k=0}^{N-1} F_d(\mathrm{j}\, k\, \Delta\, \omega)\, \mathrm{e}^{\mathrm{j}\, k\, \Delta\, \omega\, n\, T_a} \tag{8.41}$$

$$= \frac{1}{N} \sum_{k=0}^{N-1} F_d(\mathrm{j}\, k\, \Delta\, \omega)\, \mathrm{e}^{\mathrm{j}\, 2\, \pi\, k\, n/N} . \tag{8.42}$$

Unter Berücksichtigung von

$$\mathrm{e}^{\mathrm{j}\, 2\, \pi} = 1$$

und $\quad \mathrm{e}^{\mathrm{j}\, 2\, \pi\, k} = 1 \quad$ für alle ganzzahligen k

ist die in den obigen Gleichungen stehende Exponentialfunktion periodisch mit $z\, N$, wobei z eine beliebige ganze Zahl darstellt.

$$\mathrm{e}^{\mathrm{j}\, 2\pi\, k\, (n + z\, N)/N} = \mathrm{e}^{\mathrm{j}\, 2\, \pi kn/N} \cdot \mathrm{e}^{\mathrm{j}\, 2\, \pi\, k\, z\, N/N}$$

$$= \mathrm{e}^{\mathrm{j}\, 2\, \pi\, k\, n/N} \cdot 1 . \tag{8.43}$$

Bei der Rücktransformation in den Zeitbereich wiederholen sich somit die Zeitdaten mit der Periode N :

$$f(n\, T_a) = f([n + zN]\, T_a) \qquad \text{für } z = 0, \pm 1, \pm 2 \ldots \tag{8.44}$$

• **Beispiel 8.5.** Wird das 4-Punkte-Spektrum von Bild 8.5 a rücktransformiert mit

$$F_d(k = 0) = 4; \quad F_d(k = 1) = -2; \quad F_d(k = 2) = 0; \quad F_d(k = 3) = -2 ,$$

so berechnet sich das zugehörige Zeitsignal aus Gl. (8.41) zu (Bild 8.7)

$$\begin{aligned}
f(n = 0) &= \frac{1}{4}(4 \cdot 1 - 2 \cdot 1 + 0 \cdot 1 - 2) = 0 , \\
f(n = 1) &= \frac{1}{4}(4 \cdot 1 - 2 \cdot \mathrm{e}^{\mathrm{j}\, 0,5\, \pi\, \cdot\, 1} - 0 - 2 \cdot \mathrm{e}^{\mathrm{j}\, 1,5\, \pi\, \cdot\, 1}) = 1 , \\
f(n = 2) &= \frac{1}{4}(4 \cdot 1 - 2 \cdot \mathrm{e}^{\mathrm{j}\, 0,5\, \pi\, \cdot\, 2} - 0 - 2 \cdot \mathrm{e}^{\mathrm{j}\, 1,5\, \pi\, \cdot\, 2}) = 2 , \\
f(n = 3) &= \frac{1}{4}(4 \cdot 1 - 2 \cdot \mathrm{e}^{\mathrm{j}\, 0,5\, \pi\, \cdot\, 3} - 0 - 2 \cdot \mathrm{e}^{\mathrm{j}\, 1,5\, \pi\, \cdot\, 3}) = 1 . \quad \bullet
\end{aligned}$$

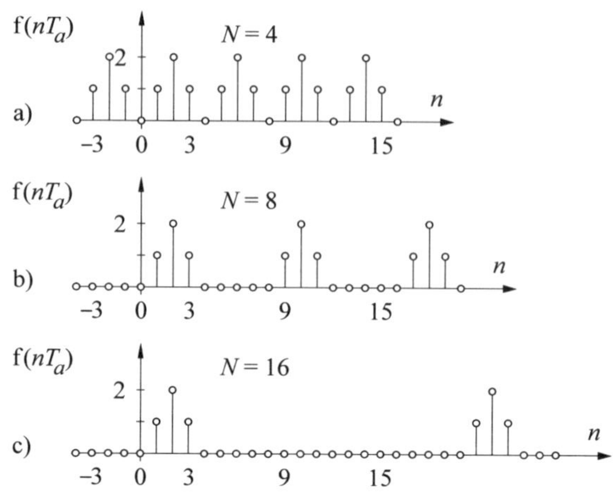

Bild 8.7: Rücktransformation der Spektren von Bild 8.5 in den Zeitbereich. Die IDFT liefert einen periodischen Zeit-Datensatz

Schlussfolgerungen. Wird mit einem rücktransformierten, periodischen Zeit-Datensatz wieder eine DFT durchgeführt, so werden natürlich wieder die schon bekannten Spektren erhalten. Dabei bleibt es im Prinzip ohne Einfluss, ob wir eine oder mehrere Perioden transformieren. Bei Berücksichtigung mehrerer Perioden können wegen der größeren Zahl von Daten im Zeitbereich auch mehr Werte im Frequenzbereich berechnet werden.

Aus dem Vergleich mit den bisherigen Ergebnissen lassen sich so die beiden grundsätzlichen Eigenschaften der DFT festhalten:

(a) Der Algorithmus der DFT arbeitet so, als würde sich der während eines Zeitfensters NT_a eingelesene Datensatz periodisch fortsetzen.

(b) Bei einem periodischen – zeitlich also nicht begrenzten Signal – genügt es, die Daten nur einer Periode einzulesen und zu transformieren, um die volle spektrale Information (bei vermindertem Auflösungsvermögen) zu erhalten.

Die Transformation zeitlich unbegrenzter Signale erfordert darüber hinaus weitere Überlegungen, auf die im nächsten Abschnitt eingegangen wird.

8.5 DFT eines abgetasteten, nicht zeitbegrenzten Signals

Die harmonische Analyse zeitlich unbegrenzter Signale bereitet zunächst Schwierigkeiten, da das Integral (Gl. (8.1)) für $t \to \infty$ nicht konvergiert. Diese Schwierigkeiten versucht man dadurch zu umgehen, dass man das Signal durch ein Fenster betrachtet, d. h. mit einer Fensterfunktion multipliziert. Innerhalb des Zeitfensters ist das Signal vorhanden, außerhalb ist es null. Das Signal von unbegrenzter Dauer wird durch die Multiplikation mit der Fensterfunktion in ein zeitlich begrenztes Signal überführt.

Diese Operation wirkt sich natürlich auf das Spektrum des Signals aus. Der Multiplikation im Zeitbereich entspricht im Frequenzbereich die Faltung des Signalspektrums mit dem Fensterspektrum. Dies führt zu einer Verbreiterung, zu einem Auslaufen (leakage) des Spektrums und damit letztendlich zu einer Verringerung des spektralen Auflösungsvermögens.

8.5.1 Konstantes Signal

Zur Einführung in das Problem soll das Spektrum eines unbegrenzten konstanten Signals ermittelt werden. Die Zeitfunktion habe den Wert 1, $f(t) = 1$. Über dieses Signal wird ein Zeitfenster $w(t)$ mit der Breite der Messzeit gelegt und die Zeitfunktion $f(t)$ wird mit der Fensterfunktion $w(t)$ multipliziert. Abgetastet wird das Signal zu den diskreten Zeitpunkten nT_a, wobei n jetzt nicht mehr von 0 bis $N-1$, sondern von $-(N-1)/2 \ldots 0 \ldots (N-1)/2$ laufen soll (Bild 8.8).

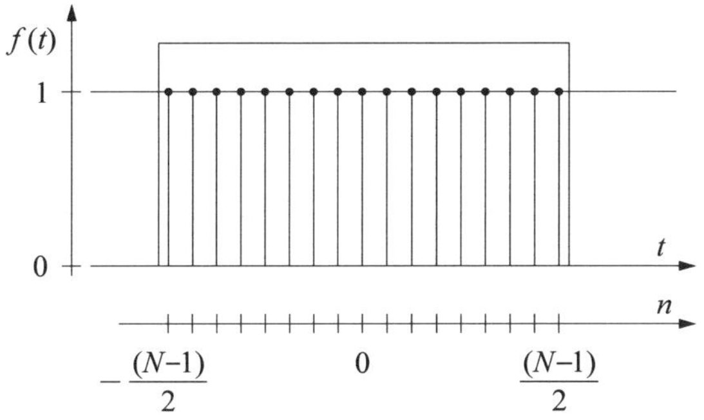

Bild 8.8: Abtasten der Funktion $f(t) = 1$ innerhalb eines Fensters mit N Abtastpunkten

Die gesamte Messzeit beträgt wieder NT_a. Die Konvergenz des Fourierintegrals wird dann durch die folgende Annahme erzwungen:

$$w(t) = 1 \qquad \text{für } -\frac{N-1}{2}T_a \le n\,T_a \le \frac{N-1}{2}T_a\,, \tag{8.45}$$

$$w(t) = 0 \qquad \text{außerhalb des obigen Intervalls}. \tag{8.46}$$

Das Produkt aus Zeitfunktion und Fensterfunktion wird nun in die Rechenvorschrift nach Gl. (8.23) zur Diskreten Fourier-Transformation eingesetzt. Dabei verwenden wir zunächst die kontinuierliche Variable ω an Stelle von $k\,\Delta\,\omega$, obwohl wir wissen, dass eine N-Punkte-DFT nur $N/2$ voneinander unabhängige Spektrallinien liefert. Je größer ja die Zahl N der eingelesenen Punkte ist, desto enger liegen dann die zu berechnenden Werte beieinander und gehen schließlich in die kontinuierliche Kurve (Einhüllende) über:

$$F_d(\mathrm{j}\,\omega) = \sum_{-(N-1)/2}^{(N-1)/2} f(n\,T_a)\,w\,(n\,T_a)\,\mathrm{e}^{-\mathrm{j}\,\omega\,n\,T_a} = \sum_{-(N-1)/2}^{(N-1)/2} 1\cdot 1\cdot \mathrm{e}^{-\mathrm{j}\,\omega\,n\,T_a}. \tag{8.47}$$

Indem auf der rechten Seite der letzten Gleichung das Glied mit $n = -(N-1)/2$ ausgeklammert wird, ergibt sich $F_d(\mathrm{j}\,\omega)$ zu

$$\mathrm{e}^{\mathrm{j}\,\omega\,T_a\,(N-1)/2}\cdot\Big(\mathrm{e}^{-\mathrm{j}\,\omega\,T_a\cdot 0}+\mathrm{e}^{-\mathrm{j}\,\omega\,T_a\cdot 1}+\ldots+\mathrm{e}^{-\mathrm{j}\,\omega\,T_a(N-1)}\Big). \quad (8.48)$$

In der großen runden Klammer steht eine geometrische Reihe, die durch ihre Summenformel zusammengefasst wird:

$$F_d(\mathrm{j}\,\omega)=\mathrm{e}^{\mathrm{j}\,\omega\,T_a\,(N-1)/2}\cdot\frac{1-\mathrm{e}^{-\mathrm{j}\,\omega\,T_a\,\cdot\,N}}{1-\mathrm{e}^{-\mathrm{j}\,\omega\,T_a}}. \quad (8.49)$$

Die rechte Seite der letzten Gleichung kann jetzt im Zähler und im Nenner mit $\mathrm{e}^{\mathrm{j}\omega T_a/2}$ erweitert werden. Wird dann einschließlich des vor dem Bruch stehenden Faktors ausmultipliziert, so ergibt sich zunächst

$$F_d(\mathrm{j}\,\omega)=\frac{\mathrm{e}^{\mathrm{j}\,\omega\,T_a\,N/2}-\mathrm{e}^{-\mathrm{j}\,\omega\,T_a\,N/2}}{\mathrm{e}^{\mathrm{j}\,\omega\,T_a/2}-\mathrm{e}^{-\mathrm{j}\,\omega\,T_a/2}}, \quad (8.50)$$

das nichts anderes ist als

$$F_d(\mathrm{j}\,\omega)=\frac{\sin(N\omega\,T_a/2)}{\sin(\omega\,T_a/2)}=\frac{\sin N\,\pi\,f\,T_a}{\sin\pi\,f\,T_a}. \quad (8.51)$$

Die Diskrete Fouriertransformierte eines abgetasteten Einheitsimpulses von der Fensterbreite, d. h. der Messzeit $N\,T_a$, ist also die $(\sin N\,x/\sin x)$-Funktion mit $x=\omega\,T_a/2$. Die kontinuierliche Variable ω bedeutet, dass die Gl. (8.51) $N\to\infty$ viele Messpunkte unterstellt. Im realen Fall ist N aber begrenzt. Die Spektren sind nur an den Stellen $\omega=k\,\Delta\,\omega$ zu berechnen. Wir erhalten also nur Abtastpunkte der kontinuierlichen $(\sin N\,x/\sin x)$-Funktion.

Im Folgenden wird nun die $(\sin N\,x/\sin x)$-Funktion näher untersucht (Bild 8.9). Sie hat ihr Maximum bei der Kreisfrequenz $\omega=0$. Dieses Maximum ist gleich der Zahl der Abtastwerte:

$$F_d(\omega=0)=\frac{\sin N\dfrac{T_a}{2}\cdot 0}{\sin\dfrac{T_a}{2}\cdot 0}=\frac{2\,N\,T_a\,\cos 0}{2\,T_a\,\cos 0}=N. \quad (8.52)$$

Die Funktion geht durch null, wenn das Argument des Sinus im Zähler ein ganzzahliges Vielfaches z von $\pm\pi$ und der Nenner $\neq 0$ ist. Die Nullstellen liegen also bei

$$N\omega_z\,T_a/2=\pm z\pi, \qquad \omega_z=z\frac{2\,\pi}{N\,T_a}. \quad (8.53)$$

Für $z=1$ ergibt sich die 1. Nullstelle bei $\omega_1=\pm\dfrac{2\,\pi}{N\,T_a}\cdot 1$ und

für $z=2$ die 2. Nullstelle bei $\omega_2=\pm\dfrac{2\pi}{NT_a}\cdot 2=\pm\dfrac{4\pi}{NT_a}$.

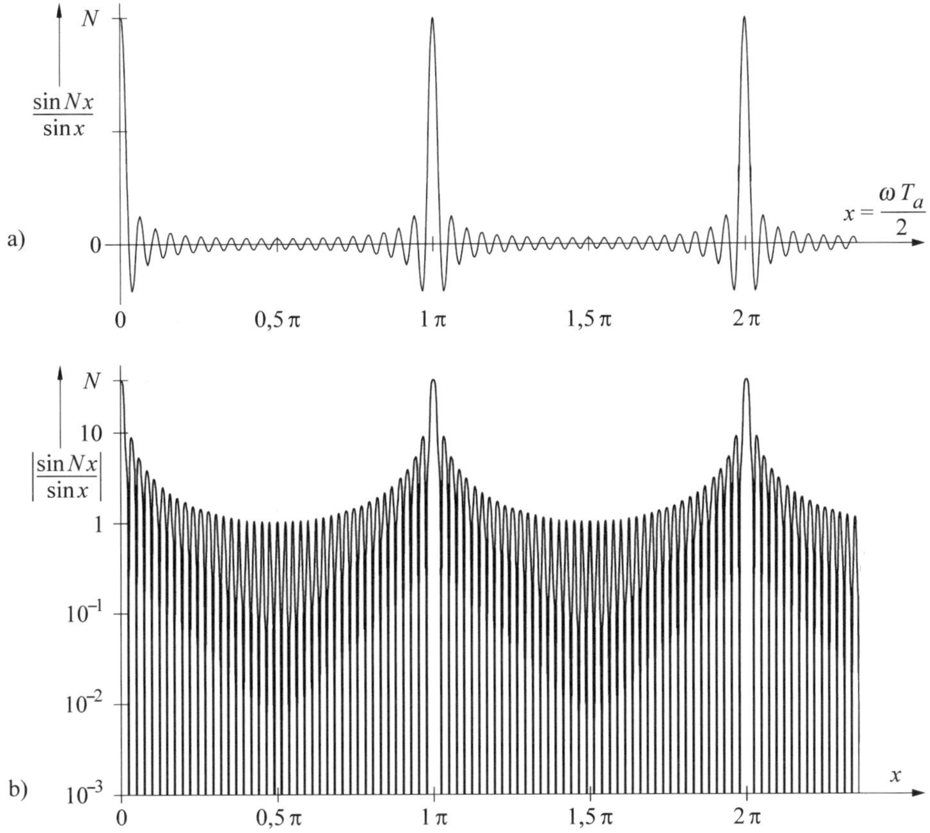

Bild 8.9: Die periodische ($\sin Nx/\sin x$)-Funktion als Einhüllende der DFT eines durch ein Rechteckfenster ausgeblendeten konstanten Zeitsignals für $x = \omega T_a/2$ und $N = 41$; die Nullstellen x_z liegen bei $z\pi/N$

a) Lineare Darstellung. Da die Funktion eine Diskrete Fouriertransformierte ist, wiederholt sie sich bei $\omega = 2\pi/T_a$, d. h. bei $x = \pi$

b) Logarithmische Darstellung des Betrags

Die ($\sin N\,x/\sin x$)-Funktion ist wie jede Diskrete Fouriertransformierte schließlich auch periodisch über ω. Sie wiederholt sich mit der Periode $2\,\pi/T_a$:

$$\sin\frac{N}{2}\omega\,T_a = \sin\frac{N}{2}(\omega T_a + 2\,\pi)\,. \tag{8.54}$$

Wir kommen zurück zu unserem N-mal abgetasteten Gleichsignal. Sein Spektrum lässt sich bei den Frequenzen

$$k\,\Delta\,\omega = k\frac{2\,\pi}{N\,T_a} \tag{8.55}$$

berechnen. Für $k = 0$ liefert Gl. (8.52) den Wert N. An den Stellen $k \neq 0$ ergibt sich wegen Gl. (8.53) jeweils das Ergebnis null. Die ($\sin Nx/\sin x$)-Funktion ist direkt an ihren Nullstellen abgetastet. Die N-Punkte-DFT eines konstanten Signals besteht also aus einer einzigen Linie der Höhe N an der Stelle $\omega = 0$.

8.5.2 Periodisches Signal

Als einfaches Beispiel wird eine periodische Funktion $f(t)$ mit der Kreisfrequenz ω_0 angenommen:

$$f(t) = \mathrm{e}^{\mathrm{j}\,\omega_0\,t}\,. \tag{8.56}$$

Diese Funktion $f(t)$ wird wieder mit der Fensterfunktion $w(t)$ multipliziert. Das Produkt ist außerhalb des Fensters null. Innerhalb des Fensters werden zu diskreten Zeitpunkten nT_a die Amplituden

$$f(n\,T_a)\;\cdot\;w(n\,T_a) \tag{8.57}$$

erhalten.

Als Fensterfunktion wird das Rechteckfenster vom vorausgegangenen Abschnitt unterstellt mit $w(n\,T_a) = 1$. Wird nun Gl. (8.57) in Gl. (8.23) der Diskreten Fouriertransformation eingesetzt und wird ω für $N \to \infty$ als kontinuierliche Variable betrachtet, so ergibt sich

$$F_d(\mathrm{j}\,\omega) = \sum_{-(N-1)/2}^{(N-1)/2} f(n\,T_a)\;\cdot\;w(n\,T_a)\;\cdot\;\mathrm{e}^{-\mathrm{j}\,\omega\,n\,T_a}$$

$$= \sum_{-(N-1)/2}^{(N-1)/2} \mathrm{e}^{\mathrm{j}\,\omega_0\,n\,T_a}\;\cdot 1 \cdot\;\mathrm{e}^{-\mathrm{j}\,\omega\,n\,T_a} = \sum_{-(N-1)/2}^{(N-1)/2} \mathrm{e}^{-\mathrm{j}(\omega\,-\,\omega_0)n\,T_a}\,. \tag{8.58}$$

Diese Gleichung hat dieselbe Form wie Gl. (8.47), nur dass jetzt an Stelle von ω die Differenz $\omega - \omega_0$ auftritt. Gl. (8.58) kann wie Gl. (8.47) umgeformt werden und geht schließlich über in

$$F_d(\mathrm{j}\,\omega) = \frac{\sin N\dfrac{(\omega-\omega_0)T_a}{2}}{\sin\dfrac{(\omega-\omega_0)T_a}{2}} = \frac{\sin N\,\pi\,(f-f_0)\,T_a}{\sin\pi\,(f-f_0)\,T_a}\,. \tag{8.59}$$

Das ist wieder die $(\sin N\,x/\sin x)$-Funktion, die aber ihr Maximum nicht mehr bei $\omega = 0$, sondern bei $\omega = \omega_0$ hat (Bild 8.10).

Die Funktion ist nach rechts verschoben. Das Maximum erreicht wieder den Wert N; d. h. es nimmt mit der Zahl der Messpunkte, mit der Breite des Fensters, zu:

$$F_d(\mathrm{j}\,\omega = \mathrm{j}\,\omega_0) = N\,. \tag{8.60}$$

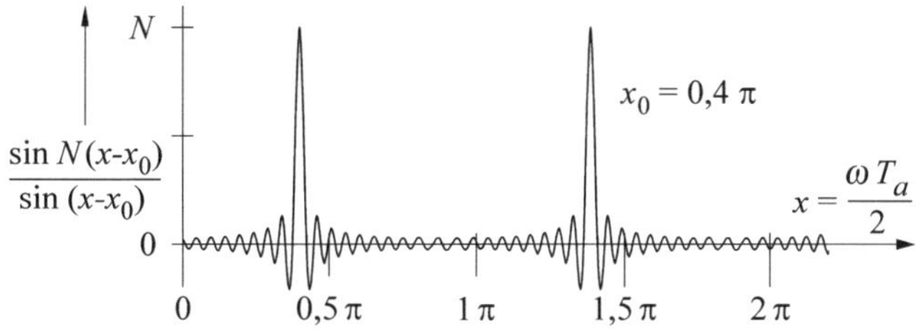

Bild 8.10: Die $(\sin N(x - x_0)/\sin(x - x_0))$-Funktion mit $N = 41$ und $x_0 = 0,4\,\pi$ in linearer Darstellung

Die Nullstellen der Diskreten Fouriertransformierten liegen an den Stellen, an denen die Differenz $\omega - \omega_0$ ein Vielfaches von $2\,\pi/N\,T_a$ und der Nenner $\neq 0$ ist:

$$\omega_z - \omega_0 = \pm\, z\, \frac{2\pi}{NT_a}\,, \tag{8.61}$$

$$f_z - f_0 = \pm \frac{z}{N\,T_a}. \tag{8.62}$$

Übergang auf diskrete Frequenzen $\omega \to \mathbf{k}\,\Delta\,\omega$. Für einen Satz mit N endlich vielen Daten lassen sich die Spektren nur bei den Frequenzen $\omega = k\,\Delta\,\omega = k\,2\,\pi/N\,T_a$ berechnen. Gl. (8.59) lautet dementsprechend

$$F_d(\mathrm{j}\,k\,\Delta\,\omega) = \frac{\sin N \dfrac{(k\,\Delta\,\omega - \omega_0)T_a}{2}}{\sin \dfrac{(k\,\Delta\,\omega - \omega_0)T_a}{2}} = \frac{\sin N\,\pi(k\,\Delta\,f - f_0)T_a}{\sin \pi(k\Delta\,f - f_0)T_a}. \tag{8.63}$$

Es ist jetzt nur in Ausnahmefällen die Signalfrequenz ω_0 ein Vielfaches von $\Delta\,\omega$. Üblicherweise trifft keine der diskreten Frequenzen $k\Delta\,\omega$ exakt die Signalfrequenz ω_0. Das bedeutet, dass das Spektrum nicht an der Stelle ω_0, sondern nur in der Nachbarschaft berechnet werden kann. An Stelle einer einzigen Linie werden so mehrere gefunden. Das Spektrum verbreitert sich; die Linien laufen aus (leakage).

Sinusfunktion. Wird eine Sinusfunktion abgetastet, so ist diese als die Differenz zweier Exponentialfunktionen anzusetzen:

$$\sin \omega_0\,t = \frac{1}{2\,\mathrm{j}}\,\mathrm{e}^{\mathrm{j}\,\omega_0\,t} - \frac{1}{2\,\mathrm{j}}\,\mathrm{e}^{-\mathrm{j}\,\omega_0\,t}. \tag{8.64}$$

Die DFTs der beiden Zeitfunktionen werden getrennt berechnet. Für den ersten Term ist das Spektrum mit Gl. (8.59) schon gefunden. Die zum zweiten Term $\mathrm{e}^{-\mathrm{j}\,\omega_0\,t}$ gehörende DFT ergibt sich nach denselben Überlegungen als eine nach links verschobene $(\sin N\,x/\sin x)$-Funktion:

$$F_d(\mathrm{j}\,\omega) = \frac{\sin N\,\dfrac{(\omega + \omega_0)\,T_a}{2}}{\sin\,\dfrac{(\omega + \omega_0)\,T_a}{2}}\,. \tag{8.65}$$

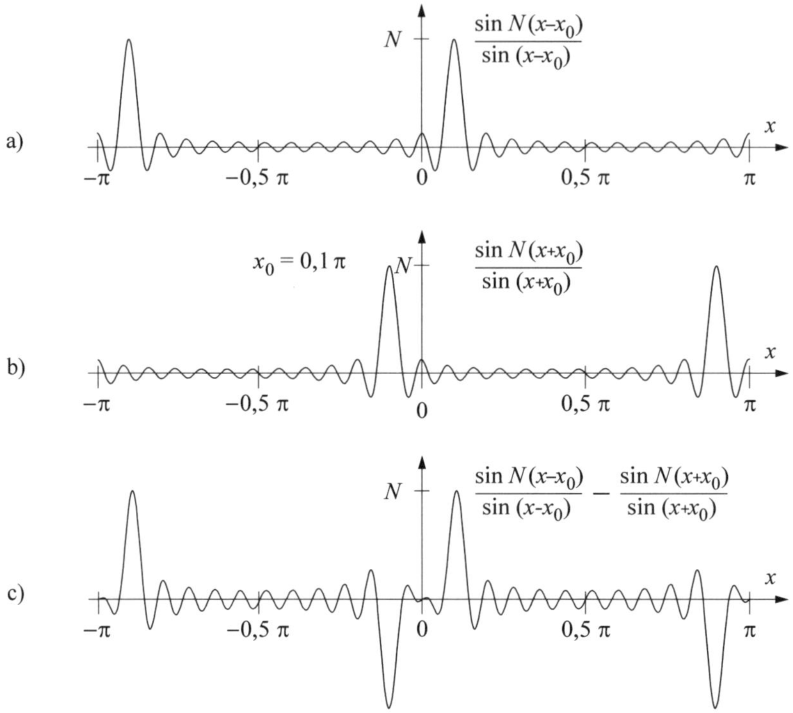

Bild 8.11: Die Differenz zweier $(\sin N\,x/\sin x)$-Funktionen ergibt das Spektrum einer sin-Funktion

(a) $\dfrac{\sin N(x-x_0)}{\sin(x-x_0)}$ mit $N = 25$ und $x_o = 0,1\,\pi$

(b) $\dfrac{\sin N(x+x_0)}{\sin(x+x_0)}$ mit $N = 25$ und $x_o = 0,1\,\pi$

(c) $\dfrac{\sin N(x-x_0)}{\sin(x-x_0)} - \dfrac{\sin N(x+x_0)}{\sin(x+x_0)}$ mit $N = 25$ und $x_0 = 0,1\,\mathrm{x}$

Das Spektrum der in einem Fenster abgetasteten Sinusfunktion wird dann als Differenz der Gln. (8.59) und (8.65) erhalten (Bild 8.11):

$$F_d(\mathrm{j}\,\omega) = \frac{1}{2\,\mathrm{j}}\,\frac{\sin N\dfrac{(\omega-\omega_0)\,T_a}{2}}{\sin\dfrac{(\omega-\omega_0)\,T_a}{2}} - \frac{1}{2\,\mathrm{j}}\,\frac{\sin N\dfrac{(\omega+\omega_0)\,T_a}{2}}{\sin\dfrac{(\omega+\omega_0)\,T_a}{2}}\,. \tag{8.66}$$

Die Gl. (8.66) liefert wieder die Einhüllende des Spektrums. Die Amplituden der Linien lassen sich auf zwei Arten gewinnen:

(a) Aus Gl. (8.66) wird die Einhüllende berechnet und im Abstand $\Delta\,\omega = 2\,\pi/N\,T_a$ werden die Linien gezeichnet, oder:

(b) Auf die Einhüllende wird verzichtet und die Amplituden werden direkt aus Gl. (8.23) oder Gl. (8.24) bestimmt.

Beide Rechenverfahren liefern dasselbe Ergebnis.

• **Beispiel 8.6.** Eine harmonische Schwingung der Frequenz $f_0 = 50\,\mathrm{Hz}$ wird während der Messzeit $NT_a = 50\,\mathrm{ms}$ mit einer Frequenz $f_a = 500\,\mathrm{Hz}$ abgetastet (Bild 8.12). Das Abtasttheorem ist also eingehalten, man könnte erwarten, dass die harmonische Analyse die einzige im Signal enthaltene Frequenz f_0 leicht findet. Wie Bild 8.12 zeigt, sind die Verhältnisse jedoch komplizierter.

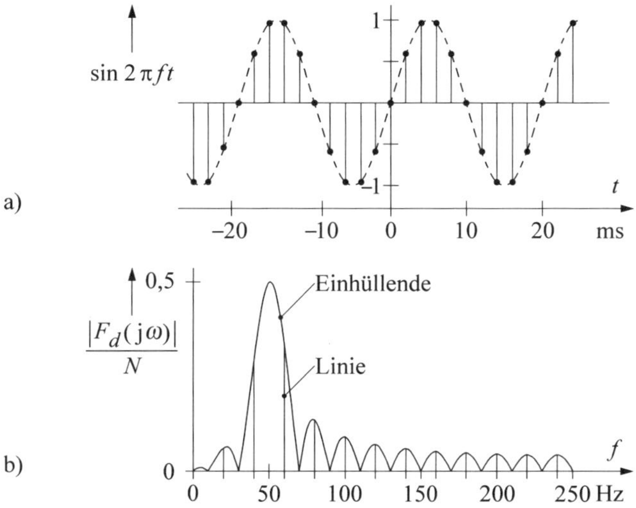

Bild 8.12: Abtastung einer 50-Hz-Sinusschwingung; Abtastintervall 2 ms
a) 50-Hz-Sinusschwingung in einem 50 ms breiten Fenster; Abtastintervall $T_a = 2$ ms; Messzeit $N\,T_a = 50$ ms
b) Spektrum zu a); die gezeichneten Linien liegen im Abstand von $1/NT_a = 20\,\mathrm{Hz}$. Das Spektrum wiederholt sich bei f_a =500 Hz. Die Einhüllende ist aus Gl. (8.66) berechnet; die Linien sind aus Gl. (8.17) ermittelt •

Die Diskrete Fouriertransformierte liefert Amplituden für diskrete Frequenzen, die nach Gl. (8.17) von $f = 0\,\mathrm{Hz}$ ausgehend im Abstand von

$$\frac{1}{NT_a} = \frac{1}{0,05\,\mathrm{s}} = 20\,\mathrm{Hz} \tag{8.67}$$

möglich sind. Die Einhüllende dieser Linien ist durch die Gl. (8.66) festgelegt. Das Maximum liegt ziemlich nahe bei $f = f_0 = 50\,\mathrm{Hz}$; dort kann aber wegen der Quantelung von f_k keine Linie gezeichnet werden. Die Nullstellen der Einhüllenden liegen bei $50\,\mathrm{Hz} \pm z \cdot 20\,\mathrm{Hz}$. So entsteht das relativ breite Spektrum von Bild 8.12 b.

Die Analyse wird sofort eindeutig, wenn die Kenntnis von f_0 bzw. von T_0 ausgenutzt werden kann. In diesem Fall bietet es sich an, über eine volle Zahl von Perioden abzutasten. Bei unserem Beispiel könnte die Messung also bei $NT_a = 40\,\mathrm{ms}$ beendet werden. Die sich dann ergebenden Spektrallinien f_k liegen jetzt zwar noch weiter auseinander, nämlich von 0 ausgehend im Abstand von $1/NT_a = 25\,\text{Hz}$. Das Maximum der DFT nach Gl. (8.66) bleibt praktisch bei $f = f_0 = 50\,\text{Hz}$ und fällt mit einer möglichen Spektrallinie zusammen. Die Nullstellen der Einhüllenden liegen bei $50\,\text{Hz} \pm z \cdot 25\,\text{Hz}$ und löschen so alle anderen möglichen Spektrallinien aus. Das führt dazu, dass jetzt das Spektrum ohne jede Verbreiterung nur eine einzige Linie bei der richtigen Frequenz f_0 aufweist (Bild 8.13).

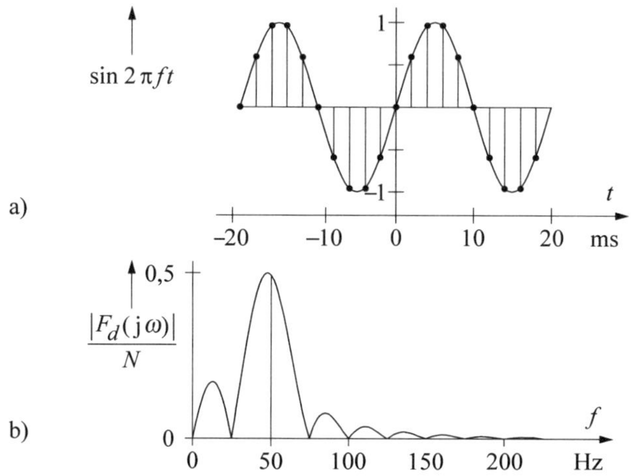

Bild 8.13: Abtastung einer 50-Hz-Sinusschwingung; Abtastintervall 40 ms
a) 50-Hz-Sinus im 40 ms breiten Fenster; Abtastintervall $T_a = 2$ ms; Messzeit $NT_a = 40$ ms
b) Spektrum zu (a); die möglichen Linien haben einen Abstand von $1/NT_a$=25 Hz. Mit Ausnahme der einen Linie bei 50 Hz fallen sie alle mit Nullstellen der Einhüllenden $\sin Nx/\sin x$ zusammen. Das Spektrum wiederholt sich bei $f_a = 500$ Hz

Es empfiehlt sich also, bei bekannter Grundperiode T_0 des Signals die Messzeit NT_a so zu wählen, dass sie ein Vielfaches z dieser Periode T_0 ist

$$NT_a = zT_0. \tag{8.68}$$

Für diesen Fall liefert mit

$$\frac{1}{T_0} = f_0 = \frac{z}{NT_a} \tag{8.69}$$

die DFT genau bei f_0 eine Amplitude.

Bild 8.14 verdeutlicht in einem weiteren Beispiel, dass trotz eingehaltenem Abtasttheorem ein großer Fehler im berechneten Spektrum dann auftritt, wenn weder eine große noch eine ganze Zahl von Perioden abgetastet wird.

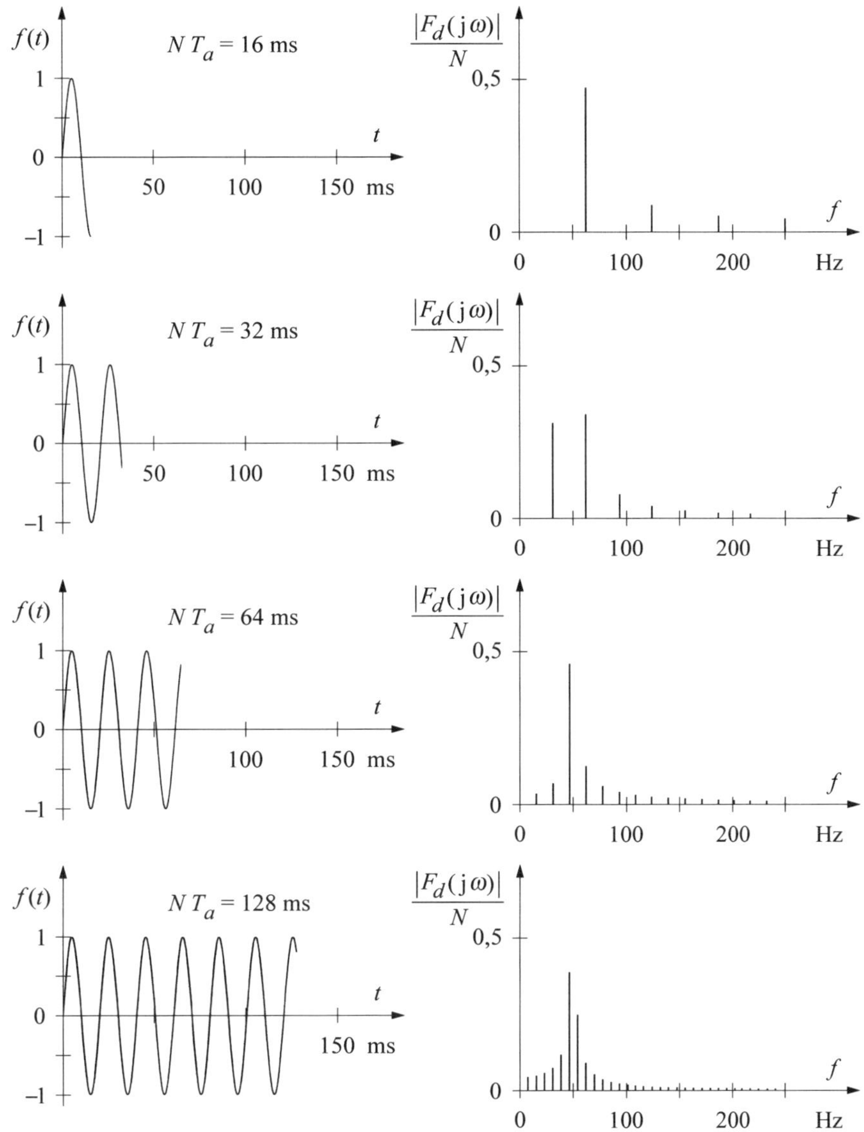

Bild 8.14: Eine 50-Hz-Sinusschwingung ist mit der Abtastfrequenz $f_a = 1000$ Hz während der Messzeit NT_a abgetastet. Die Diskrete Fouriertransformierte ist aus Gl. (8.23) berechnet und normiert dargestellt. Die Linien liegen im Abstand $\Delta f = 1/NT_a$. Das Auflösungsvermögen nimmt mit der Messzeit NT_a zu. Diese ist so gewählt, dass die Signalfrequenz 50 Hz kein Vielfaches von Δf ist. Dadurch entsteht die Verbreiterung der Spektren. Diese wiederholen sich bei $f_a = 1000$ Hz

8.5.3 Anhängen von Nullen, Abtastfrequenz und Messzeit

Zeros filling. Das Anhängen von Nullen ist bei Signalausschnitten genauso möglich wie bei zeitbegrenzten Abtastsätzen. Es ermöglicht mehr Frequenzlinien zu berechnen, d. h. zwischen den ursprünglichen Linien zu interpolieren. Die Verbreiterung des Spektrums aber, die in der Faltung des Signalspektrums mit dem des Fensters begründet ist, lässt sich dadurch nicht verringern. Die Nullen werden ja außerhalb des Fensters angehängt. Deswegen ändern sich nicht die Nullstellen der $(\sin N\,x/\sin x)$-Funktion. Hierfür wäre eine effektive Vergrößerung der Messzeit und nicht nur ein zeros filling notwendig.

Abtastfrequenz und Messzeit. Bei der praktischen Anwendung der DFT ist oft auf die Größe des verfügbaren Rechnerspeichers und auf die maximal tolerierbare Rechenzeit Rücksicht zu nehmen. Dabei ist den Ansprüchen an die Abtastrate und an die Messzeit zu genügen.

Die Abtastfrequenz **muss** höher sein als das Doppelte der max. Signalfrequenz. Sie soll aber nicht zu hoch sein, um nicht unnötig viele Daten verarbeiten zu müssen (Bild 8.6). Die Messzeit wiederum ist über Gl. (8.61) maßgebend für das erreichbare spektrale Auflösungsvermögen (Bild 8.14). Sie sollte so lang wie zulässig sein.

Bevor eine DFT ausgeführt werden kann, sind die abgetasteten Werte zwischenzuspeichern. Der Speicher ist umso schneller voll,

- je häufiger abgetastet wird,
- je länger die Messzeit ist und
- je größer die Wortbreite des Analog/Digital-Umsetzers ist.

• **Beispiel 8.7.** Hat das Anti-Aliasing-Filter eines Messkanals beispielsweise die Grenzfrequenz 1 kHz, so kann die Abtastfrequenz, die nach dem Abtasttheorem größer als die doppelte Frequenz sein soll, zu 8 kHz gewählt werden. Das bedeutet ein Abtastintervall von $T_a = 125\,\mu\text{s}$. Bei einer Messzeit von 2 s haben die diskreten Frequenzen einen Abstand $\Delta f = 1/2\,\text{s} = 0,5\,\text{Hz}$. Insgesamt sind 16000 Messwerte abzuspeichern. Bei einem Bedarf von 2 Byte pro Messwert ist also ein Speicher von 32 KByte notwendig. •

8.5.4 Inverse Diskrete Fouriertransformation IDFT

Rücktransformation. Wie weiter vorne erläutert wurde, liefert der Algorithmus Gl. (8.41) der Rücktransformation einen sich periodisch fortsetzenden Zeit-Datensatz. Der ursprünglich eingelesene Zeit-Datensatz ergibt sich, indem $f(n\,T_a)$ für $0 \le n \le N-1$ oder für $-(N-1)/2 \le n \le (N-1)/2$ berechnet wird. Die periodische Fortsetzung der ursprünglichen Zeit-Datensätze über die Fenstergrenzen hinaus führt zu Sprungstellen an den Intervallgrenzen.

Einfügen von Nullen im Frequenzbereich. Werden Nullen an einen Zeit-Datensatz angehängt, so liefert die DFT zusätzliche interpolierende Spektrallinien. Dasselbe Verfahren hilft auch, wenn ausgehend vom Spektrum über die IDFT ein Zeit-Datensatz zu berechnen ist. In diesem Fall werden im Spektrum Nullen eingefügt und der vergrößerte Datensatz wird in den Zeitbereich rücktransformiert.

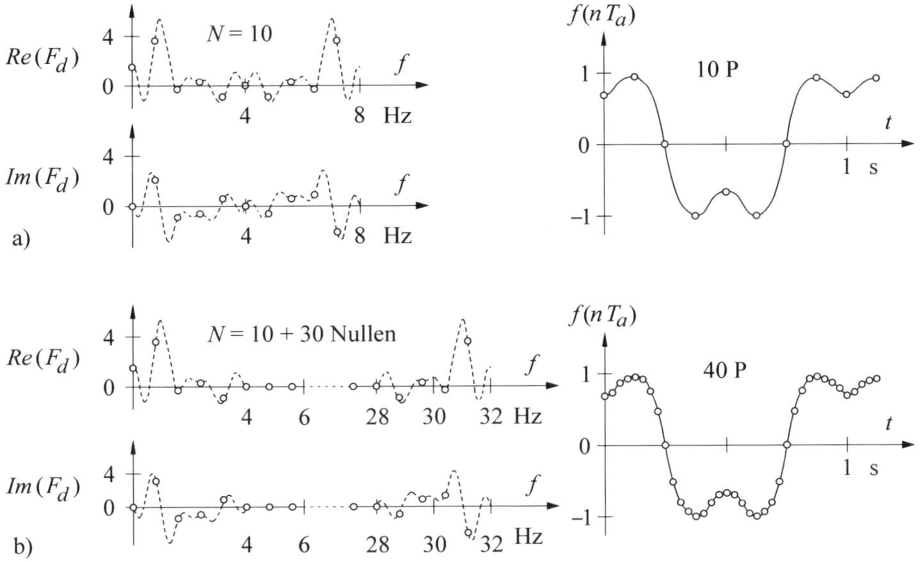

Bild 8.15: Nach Einfügen von Nullen in das Spektrum bei $f = f_a/2$ liefert die Rücktransformation das Zeitsignal mit interpolierten Werten, d. h. mit verbesserter Auflösung
a) Rücktransformation ohne eingefügte Nullen. Das 10-Punkte-Spektrum liefert die 10-Punkte-Zeitfunktion
b) Rücktransformation mit eingefügten Nullen. Die 40-Punkte-IDFT liefert im Zeitbereich 40 Werte im Abstand von 1/32 Hz = 31,25 ms. An der Dauer des Signals im Zeitbereich hat sich nichts geändert: $N^* T^* = z N T_a/z = N T_a$

Die Nullen sind an der Stelle in das Spektrum einzufügen, an der die Amplituden und Phasen sowieso null sind. Das bedeutet, dass bei der halben Abtastfrequenz $f = f_a/2$ das Spektrum aufzuschneiden ist. Die Nullen liegen im ursprünglichen Abstand $\Delta f = 1/NT_a$. Werden bei ursprünglich vorhandenen N Punkten im Bereich zwischen $f = 0$ und $f = f_a$ insgesamt $(z-1)N$ Nullen verwendet, so besteht das neue Spektrum aus

$$N^* = zN \tag{8.70}$$

Werten. Die neue Abtastfrequenz f_a^* ist auf den z-fachen Wert der ursprünglichen gewachsen:

$$f_a^* = z f_a \,. \tag{8.71}$$

Aus den nunmehr N^* Daten des Spektrums lassen sich N^* Daten im Zeitbereich mit dem neuen Abtastintervall T_a^*

$$T_a^* = \frac{1}{f_a^*} = \frac{1}{z}\, T_a \tag{8.72}$$

berechnen. Der Abstand zwischen zwei rücktransformierten Zeitdaten hat sich also auf $1/z$ verringert.

Bild 8.15 erläutert die Wirksamkeit dieses Verfahrens.

8.6 Fensterfunktionen

Die Verbreiterung der Spektren bei der DFT eines nicht zeitbegrenzten Signals tritt auf, da nicht das Spektrum des Signals für sich allein erhalten wird, sondern immer gefaltet mit dem Spektrum des Fensters. Ist die Messzeit, die Breite des Fensters, nicht ein ganzzahliges Vielfaches einer Periode der Grundschwingung, so treten die „falschen“ Spektrallinien von z. B. Bild 8.14 auf. Die scharfen Kanten des Rechteckfensters sind in dieser Beziehung besonders ungünstig. So ist eine Reihe anderer Datenfenster gebräuchlich, die den Amplitudensprung am Anfang und am Ende des Fensters vermeiden [8.6], [8.7]. Einige werden hier vorgestellt, nachdem zunächst drei Vergleichskriterien erklärt werden.

8.6.1 Kriterien zur Beurteilung

Die Diskrete Fouriertransformation eines Fensters hat im Prinzip die Form von Bild 8.9. Die $(\sin N\,x/\sin x)$-Funktion hat einen Haupt- und viele Nebenzipfel. Sie liefert die Einhüllende der Spektrallinien. Die diskreten Spektrallinien liegen im Abstand $\Delta\, f$

$$\Delta\, f = \frac{1}{N\, T_a}\,. \tag{8.73}$$

Das Spektrum wiederholt sich bei der Abtastfrequenz $f_a{=}1/T_a$. Bei der Auswahl eines Fensters ist dann auf die folgenden Punkte zu achten (Bild 8.16):

a) Verhältnis aus der Amplitude des höchsten Nebenzipfels und der Amplitude des Hauptzipfels

Die Diskrete Fouriertransformierte $W_d(\mathrm{j}\,\omega)$ einer Fensterfunktion $w(t)$ liefert bei $\omega = 0$ die maximale Amplitude des Hauptzipfels. Die Amplituden der Nebenzipfel sind geringer. Das Verhältnis a

$$a = \frac{\text{Amplitude des höchsten Nebenzipfels}}{\text{Amplitude des Hauptzipfels}} \tag{8.74}$$

wird für den Vergleich verschiedener Fensterfunktionen benutzt.

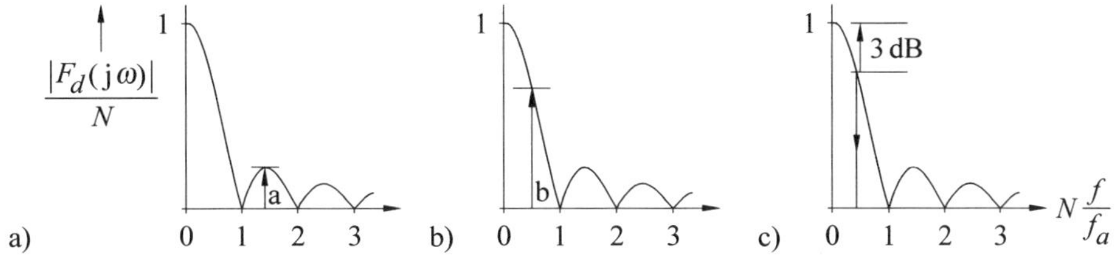

Bild 8.16: Kriterien zur Beurteilung eines Fensters (Rechteckfenster, N=17)
a) Verhältnis aus der Amplitude des höchsten Nebenzipfels und der Amplitude des Hauptzipfels
b) Maximaler Abtastfehler
c) Breite des Hauptzipfels, ausgedrückt durch Frequenzdifferenz $c = f_0 - f_3$

b) Maximaler Abtastfehler

Die Spektrallinien einer abgetasteten Funktion fallen nicht notwendigerweise mit den Nullstellen der Diskreten Fouriertransformierten eines Fensters zusammen. Die Spektrallinien des Fensters liegen im Abstand Δf. Die Amplitude des Hauptzipfels bei $f = 0$ ist größer als die Amplitude bei der Frequenz $f = \Delta f/2$. Das Verhältnis b

$$b = \frac{\text{Amplitude der Fenster-FT bei } f = \frac{1}{2}\,\Delta f}{\text{Amplitude der Fenster-FT bei } f = 0} \tag{8.75}$$

gibt an, um wie viel eine Amplitude höchstens falsch gemessen wird. Es wird als maximaler Abtastfehler bezeichnet.

c) Breite des Hauptzipfels

Die Fensterfunktionen, bei denen die Nebenzipfel niedrig bleiben, haben einen besonders breiten Hauptzipfel. Dies ist ungünstig und führt zu einem Auseinanderlaufen der Spektrallinien. Zur Charakterisierung des Hauptzipfels dient die 3-dB-Grenzfrequenz. Dieses ist die Frequenz, bei der die Amplitude des Hauptzipfels auf 3 dB abgefallen ist. Das Verhältnis

$$\frac{\text{Amplitude bei } f_0 = 0}{\text{Amplitude bei } f_3} = 3\,\text{dB} \tag{8.76}$$

definiert die Frequenz f_3. Sie ist ein Maß für die Breite des Hauptzipfels.

8.6.2 Fensterfunktionen und ihre Spektren

Im Folgenden werden einige Fensterfunktionen zusammen mit ihren Spektren gezeigt. Ihre Kenngrößen sind in der Tabelle 8.2 zusammengestellt.

Rechteckfenster. Das Rechteckfenster wurde schon weiter vorne erläutert. Um es besser mit den anderen Fenstern vergleichen zu können, ist es im Bild 8.17 noch einmal gezeigt.

Seine Formel lautet:

$$w(nT_a) = 1 \qquad \text{für} \quad |nT_a| < \frac{NT_a}{2}\,. \tag{8.77}$$

Tabelle 8.2: Eigenschaften der Fensterfunktionen

Fenstertyp	Höchster Nebenzipfel a	maximaler Abtastfehler b	Breite des Hauptzipfels c
Rechteck	−13 dB=0,224	0,64	0,45 Δf
Dreieck	−27 dB=0,045	0,81	0,64 Δf
Von Hann	−32 dB=0,025	0,85	0,72 Δf
Hamming	−43 dB=0,007	0,82	0,65 Δf
Blackman	−58 dB=0,001	0,88	0,84 Δf

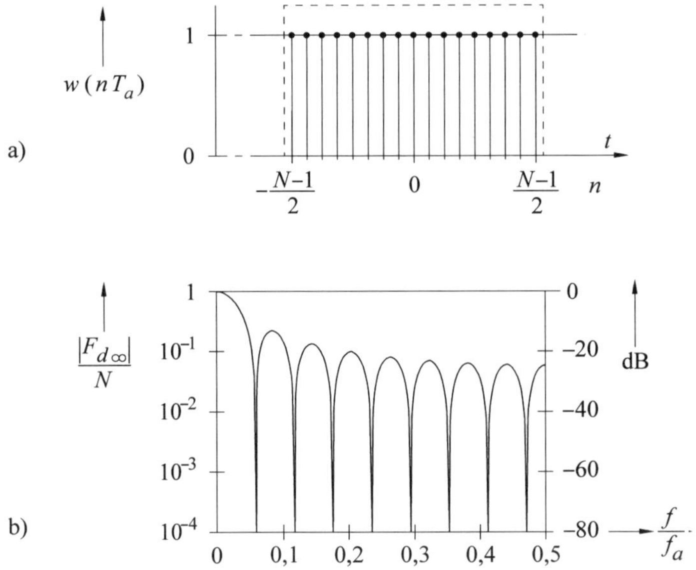

Bild 8.17: Rechteckfenster

Weitere Fensterfunktionen zeigen die Bilder 8.18 bis 8.21:

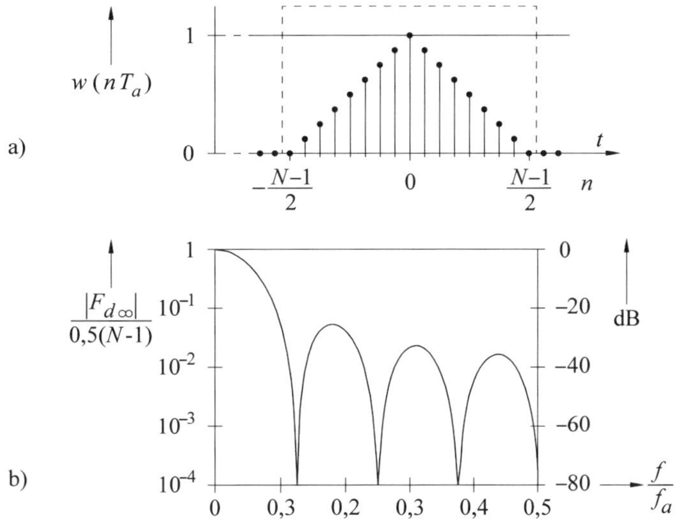

$$w(nT_a) = 1 - \frac{2\mid nT_a \mid}{(N-1)\,T_a} \qquad \text{für} \quad \mid nT_a \mid < \frac{NT_a}{2} \tag{8.78}$$

Bild 8.18: Dreieckfenster, Bartlett-Fenster

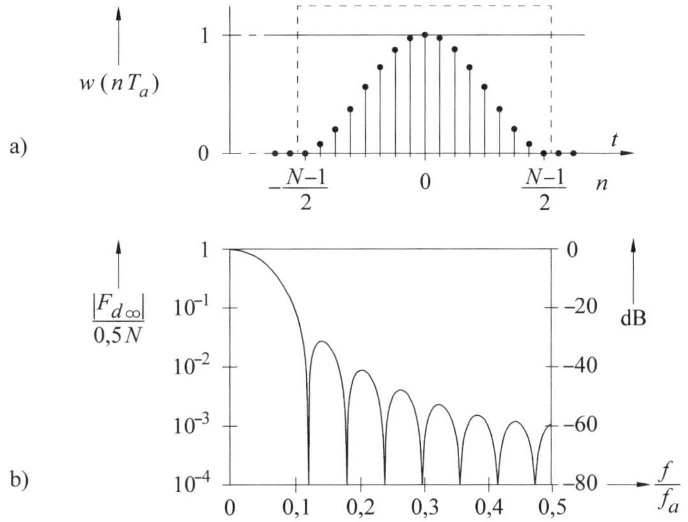

$$w(nT_a) = \frac{1}{2}\left(1 + \cos\frac{2\pi nT_a}{NT_a}\right) \qquad \text{für} \quad \mid nT_a \mid < \frac{NT_a}{2} \tag{8.79}$$

Bild 8.19: Von-Hann-Fenster

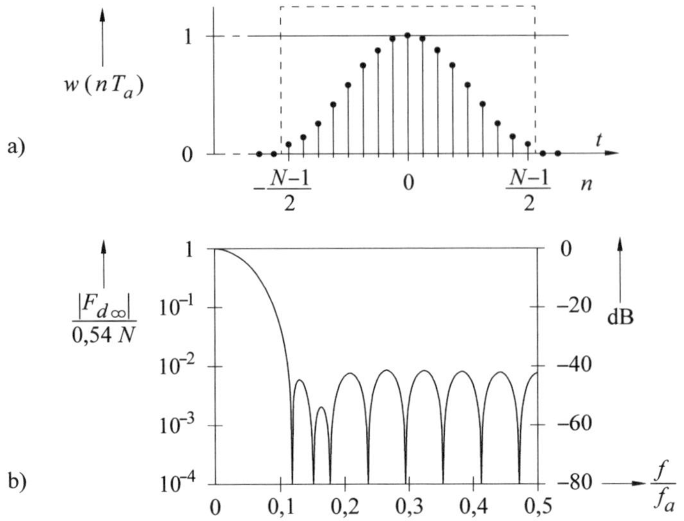

$$w(nT_a) = 0{,}54 + 0{,}46\,\cos\frac{2\pi nT_a}{NT_a} \qquad \text{für} \quad |\,nT_a\,| < \frac{NT_a}{2} \tag{8.80}$$

Bild 8.20: Hamming-Fenster

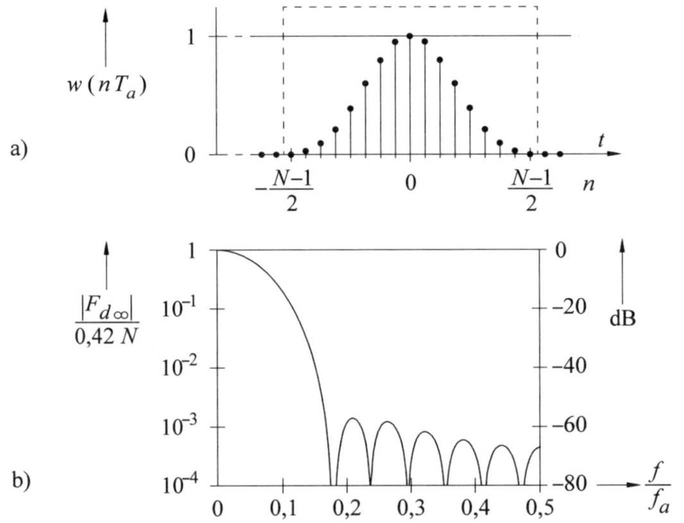

$$w(nT_a) = 0{,}42 + 0{,}5\,\cos\frac{2\pi nT_a}{NT_a} + 0{,}08\,\cos\frac{4\pi nT_a}{NT_a} \qquad \text{für} \quad |\,nT_a\,| < \frac{NT_a}{2} \tag{8.81}$$

Bild 8.21: Blackman-Fenster

• **Beispiel 8.8.** Die Funktion $f(t)$

$$f(t) = 10\,\cos\omega_0 t + \cos 2\omega_0 t + 5\,\cos 3\omega_0 t \qquad \text{mit} \quad f_0 = 50\ \text{Hz} \tag{8.82}$$

wird mit f_a=500 Hz während $N\,T_a$=124 ms abgetastet. Verwendet werden die obigen Fensterfunktionen. Die erhaltenen Spektren sind in Bild 8.22 einander gegenübergestellt.

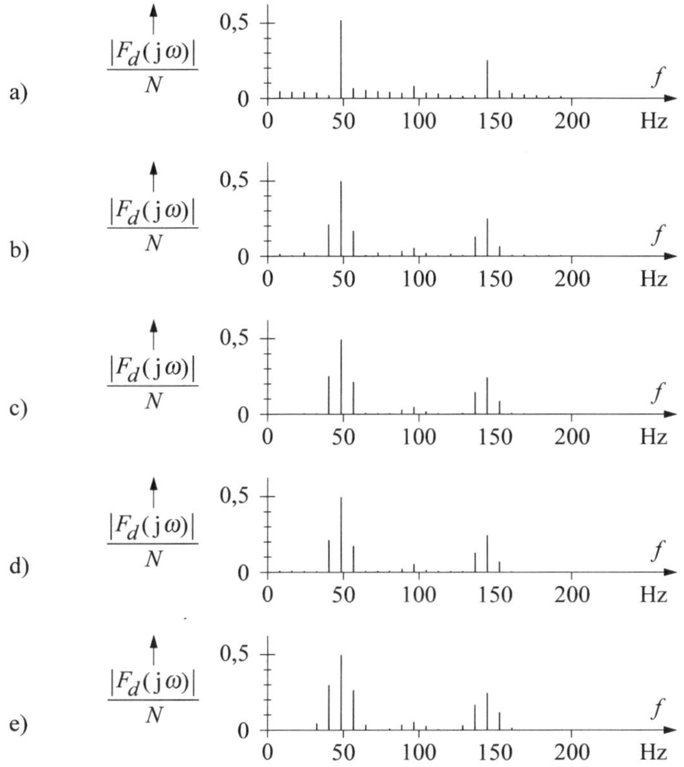

Bild 8.22: Vergleich der verschiedenen Abtastfenster; Spektren der Funktion $f(t) = 10\,\cos\omega_0\,t + 1\,\cos 2\,\omega_0\,t + 5\,\cos 3\,\omega_0\,t$
a) Rechteckfenster, b) Dreieckfenster, c) Von-Hann-Fenster, d) Hamming-Fenster, e) Blackman-Fenster •

8.6.3 Fensterung bei transienten Signalen

Zum Schluss sei noch einmal darauf hingewiesen, dass bei zeitlich abklingenden Signalen wie z. B. Impulsen nur das Rechteckfenster verwendet werden darf. Die anderen Fenster würden die Impulsform und damit auch das Spektrum verfälschen (Bild 8.23).

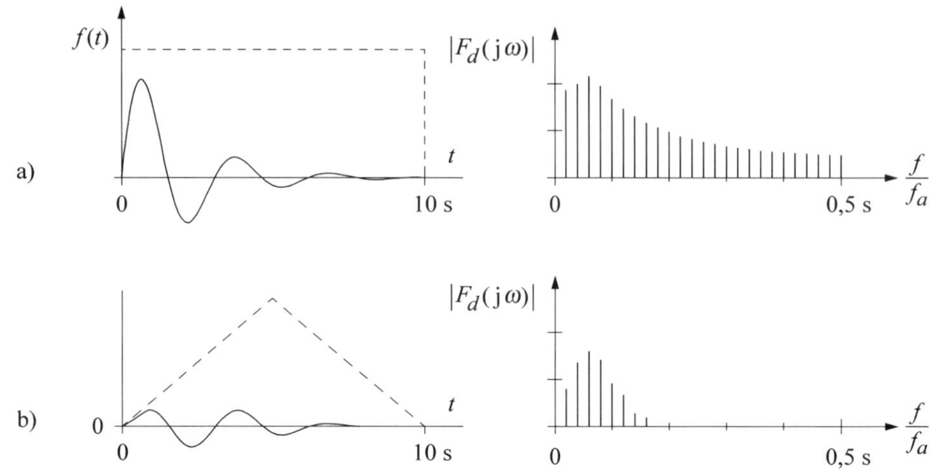

Bild 8.23: Beim Abtasten von zeitbegrenzten Signalen darf nur das Rechteckfenster verwendet werden
a) Originalfunktion im Rechteckfenster, b) Originalfunktion im Dreieckfenster

8.7 Anwendungen der DFT

Die Rechenmethode der DFT ist in der Nachrichtentechnik entstanden und dient dort zur Signal-, Sprach- und Bildanalyse. Darüber hinaus wurde dieses Verfahren auch in die industrielle Messtechnik übernommen und wird hier zur Beurteilung elektrischer und nichtelektrischer Größen eingesetzt. Die Anwendungsgebiete sind so vielgestaltig, dass hier nur beispielhaft die Überwachung, Schadensfrüherkennung und Diagnose von Maschinen mit rotierenden Teilen wie zum Beispiel bei Turbinen, Generatoren oder Pumpen [8.2], [8.8], [8.9] erwähnt werden soll. In verfahrenstechnischen Kreisläufen, in denen z. B. Medien mit großer Geschwindigkeit umgewälzt werden, werden die Einbauten in den Rohrleitungen und Behältern zu charakteristischen Schwingungen angeregt. Die Messung dieser Schwingungen und der Vergleich der Spektren mit dem Neuzustand der Anlagen lässt erkennen, ob sich das System noch im bestimmungsgemäßen Zustand befindet oder ob sich anormale Frequenzen zeigen. Auf diese Weise wurden schon abgerissene Einbauten, gelockerte Schraubverbindungen und auch irrtümlich liegen gebliebene Werkzeugteile in Behältern entdeckt. Die notwendigen Reparaturen konnten infolge der Schadensfrüherkennung schon bei beginnenden Störungen eingeleitet werden und die Anlage wurde so vor irreparablen Schäden bewahrt. Ein weiteres großes Feld für die Anwendung der DFT liegt in der chemischen Analytik bei der Auswertung von Schwingungsspektren [8.10]...[8.12].

8.8 Leistungsmessung im Zeit- und Frequenzbereich

Parseval'sches Theorem. Die Energie eines Signals hängt nicht von seiner Darstellung ab. Sie ist im Zeit- und Frequenzbereich dieselbe. Diesen Sachverhalt bringt das Parseval'sche Theorem zum Ausdruck. Für kontinuierliche Signale hat es die Form

$$\int_{t=-\infty}^{+\infty} x^2(t)\,\mathrm{d}t = \int_{f=-\infty}^{+\infty} |\,X(f)\,|^2\,\mathrm{d}f \tag{8.83}$$

und für diskrete

$$\sum_{n=0}^{N-1} x^2(n) = \frac{1}{N}\sum_{k=0}^{N-1} |\,X(k)\,|^2 . \tag{8.84}$$

Wird nicht die Energie, sondern die Leistung P als Quadrat des Effektivwertes x^2_{eff} betrachtet, so entsteht aus den vorstehenden Gleichungen

$$P = x^2_{\text{eff}} = \frac{1}{T}\int_{t=0}^{T} x^2(t)\,\mathrm{d}t = \frac{1}{N}\sum_{n=0}^{N-1} x^2(n) = \frac{1}{N^2}\sum_{k=0}^{N-1} |\,X(k)\,|^2 . \tag{8.85}$$

Zur Erläuterung dieser Beziehungen dient das folgende Beispiel [8.13].

• **Beispiel 8.9.** Betrachtet wird die Kosinusfunktion $x(t)$ (Bild 8.24) mit der Amplitude $x_0 = 1$ V und der Frequenz $f_0 = 1$ Hz:

$$x(t) = \hat{x}_0\,\cos 2\,\pi\,f_0\,t - \frac{1}{3}\hat{x}_0\,\cos 2\,\pi\,3\,f_0\,t \quad [\text{V}] . \tag{8.86}$$

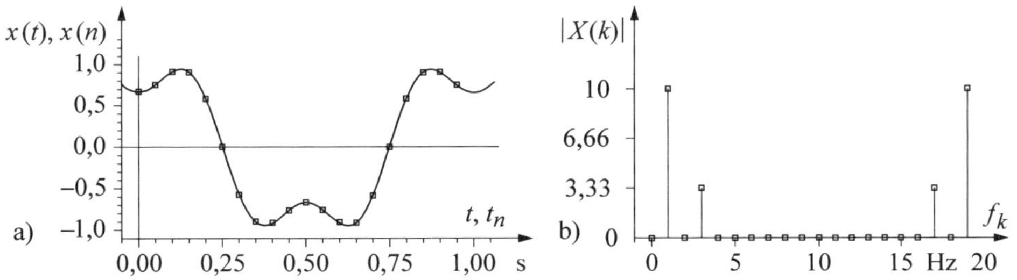

Bild 8.24: Kosinusfunktion $x(t)$ mit der Amplitude $x_0 = 1$ V und der Frequenz $f_0 = 1$ Hz
a) Die Zeitfunktion $x(t) = 1\,\cos 2\,\pi\,t - (1/3)\,\cos 6\,\pi\,t$ mit den Abtastpunkten
b) Amplitudenspektrum $X(k)$ von $x(t)$ bei $f_a = 20$ Hz

a) Leistung der kontinuierlichen Funktion. Die Leistung ergibt sich aus

$$P = x^2_{\text{eff}} = \frac{1}{T}\int_{t=0}^{T} x^2(t)\,\mathrm{d}t \tag{8.87}$$

zu

$$P = \left(\frac{\hat{x}_0}{\sqrt{2}}\right)^2 + \frac{1}{3}\left(\frac{\hat{x}_0}{\sqrt{2}}\right)^2 = \left(\frac{1}{\sqrt{2}}\right)^2 + \left(\frac{1}{3\sqrt{2}}\right)^2$$

$$= 0,5 + 0,055 = 0,555 \quad [\mathrm{V}^2]. \tag{8.88}$$

b) Leistung der abgetasteten Funktion im Zeitbereich. Das Signal $x(t)$ wird nun während der Grundperiode $T = 1$ s mit der Abtastfrequenz $f_a = 20$ Hz abgetastet. Der Abtastsatz ist in der Tabelle 8.3 wiedergegeben.

Tabelle 8.3: Abtastsatz der Funktion $f(t)$ von Bild 8.24 (Leistungsmessung)

n	$x(n)$	$x^2(n)$	n	$x(n)$	$x^2(n)$
0	0,667	0,444	10	−0,667	0,444
1	0,755	0,570	11	−0,755	0,570
2	0,912	0,832	12	−0,912	0,832
3	0,905	0,819	13	−0,905	0,819
4	0,579	0,335	14	−0,579	0,335
5	0	0	15	0	0
6	−0,579	0,335	16	0,579	0,335
7	−0,905	0,189	17	0,905	0,189
8	−0,912	0,832	18	0,912	0,832
9	−0,755	0,570	19	0,755	0,570
				$\sum x(n) = 0$	$\sum x^2(n) = 11,1$

Daraus errechnet sich die Leistung

$$P = x_{\text{eff}}^2 = \frac{1}{N}\sum x^2(n) = \frac{11,1}{20} = 0,555 \quad [\mathrm{V}^2]. \tag{8.89}$$

c) Leistung der abgetasteten Funktion im Frequenzbereich. Die abgetastete Funktion enthält 2 Frequenzen und bei Vernachlässigung des Rauschens nur Amplituden bei 1 Hz und 3 Hz. Das Amplitudenspektrum spiegelt sich bei der halben Abtastfrequenz. Aus diesem Grunde tritt die Amplitude bei 1 Hz auch bei 19 Hz auf, und die Amplitude bei 3 Hz auch bei 17 Hz. Mit den Werten von Bild 8.24 errechnet sich dann die Leistung zu

$$P = x_{\text{eff}}^2 = \frac{1}{N^2}\sum \mid X(k) \mid^2$$

$$= \frac{1}{400}(0 + 100 + 0 + 11,1 + 0 + \cdots + 0 + 11,1 + 0 + 100 + 0)$$

$$= \frac{222,2}{400} = 0,555 \quad [\mathrm{V}^2]. \tag{8.90}$$

Die drei unterschiedlichen Berechnungsverfahren liefern also denselben Wert. •

Konsistenz der benutzten Gleichungen. Es ist nun leider so, dass in den vorne benutzten Gleichungen manchmal die Faktoren $1/N$ und $1/N^2$ weggelassen werden, wie ja auch in die Definition der DFT das Abtastintervall nicht mit aufgenommen worden ist („Das sind ja nur Normierungsfaktoren!“). So können Schwierigkeiten entstehen, wenn die Größen nicht nur relativ, sondern absolut in Zahl und Einheit zu ermitteln sind, und wenn die Ergebnisse für kontinuierliche und diskrete Größen, für den Zeit- und Frequenzbereich übereinstimmen sollen. Nimmt man die Formeln aus verschiedenen Quellen, so weiß man zunächst nicht, ob sie zusammenpassen. Aus diesem Grund sind in den drei nachfolgenden Tabellen einige wichtige Beziehungen angegeben, die in sich ein konsistentes System bilden. Die kontinuierlichen Größen sind in Tabelle 8.5, die zeitdiskreten in Tabelle 8.6 und ihre Beziehungen in Tabelle 8.4 definiert. (Diese ist aus drucktechnischen Gründen vor den Tabellen 8.5 und 8.6 angeordnet).

In Tabelle 8.4 sind auch Korrelationsfunktionen aufgenommen, obwohl sie in diesem Buch nicht behandelt werden [8.1]. Das Zeichen ○—● (leerer Kreis, Strich, voller Kreis) bedeutet „korrespondiert mit“. Wird die linke Größe (Zeitbereich, leerer Kreis) nach Fourier transformiert, so ergibt sich die rechte Größe (Frequenzbereich, voller Kreis). Die vierte Zeile von Tabelle 8.4 liest sich beispielweise: „Die Autokorrelationsfunktion $\Phi_{xx}(\tau)$ in der Einheit V^2 korrespondiert mit dem Autoleistungsdichtespektrum in der Einheit V^2/ Hz“. Die unterschiedlichen Einheiten sind zu beachten.

Tabelle 8.4: Beziehungen zwischen den kontinuierlichen und diskreten Größen

Amplitudenspektrum:	$X(f{=}f_k) = T_a\, X(k)$	$\left[\mathrm{V\,s} = \frac{\mathrm{V}}{\mathrm{Hz}}\right]$
Autoleistungsdichtespektrum:	$S_{xx}\,(f{=}f_k) = T_a\, S_{xx}(k)$	$\left[\mathrm{V^2\,s} = \frac{\mathrm{V^2}}{\mathrm{Hz}}\right]$
Kreuzleistungsdichtespektrum:	$S_{xy}\,(f{=}f_k) = T_a\, S_{xy}(k)$	$\left[\mathrm{VAs} = \frac{\mathrm{VA}}{\mathrm{Hz}}\right]$
Wiener-Chintschin kontinuierlich: $[\mathrm{V^2}]$	$\Phi_{xx}(\tau)$ ○—● $S_{xx}(f)$	$\left[\frac{\mathrm{V^2}}{\mathrm{Hz}}\right]$
Wiener-Chintschin kontinuierlich: [V A]	$\Phi_{xy}(\tau)$ ○—● $S_{xy}(f)$	$\left[\frac{\mathrm{V\,A}}{\mathrm{Hz}}\right]$
Wiener-Chintschin diskret: $[\mathrm{V^2}]$	$\Phi_{xx}(m)$ ○—● $S_{xx}(k)$	$[\mathrm{V^2}]$
Wiener-Chintschin diskret: [V A]	$\Phi_{xy}(m)$ ○—● $S_{xy}(k)$	[V A]

Tabelle 8.5: Definitionen verschiedener Größen für zeitkontinuierliche Signale

FT= Fouriertransformierte AKF= Autokorrelationsfunktion KKF= Kreukorrelationsfunktion	$X^*(f)$= konjugiert komplexe FT ALDS= Autoleistungsdichtespektrum KLDS= Kreuzleistungsdichtespektrum

Zeitsignale:	$x(t)$ [V]; $y(t)$ [A]	
FT:	$X(f) = \int\limits_{t=-\infty}^{\infty} x(t)\,\mathrm{e}^{-\mathrm{j}\,2\pi f t}\,\mathrm{d}t$	$\left[\frac{\mathrm{V}}{\mathrm{HZ}}\right]$
inverse FT:	$x(t) = \int\limits_{t=\infty}^{\infty} X(f)\,\mathrm{e}^{\mathrm{j}\,2\,\pi f t}\,\mathrm{d}f$	[V]
AKF:	$\Phi_{xx}(\tau) = \frac{1}{T}\int\limits_{0}^{T} x(t)\,x(t-\tau)\mathrm{d}t$	$[\mathrm{V}^2]$
ALDS:	$S_{xx}(f) = \frac{1}{T} \mid X(f) \mid^2 = \frac{1}{T} X(f)\,X^*(f)$	$\left[\frac{\mathrm{V}^2}{\mathrm{HZ}}\right]$
KKF:	$\Phi_{xy}(\tau) = \frac{1}{T}\int\limits_{0}^{T} x(t)\,y(t-\tau)\,\mathrm{d}t$	[V A]
KLDS:	$S_{xy}(f) = \frac{1}{T} X(f)\,Y^*(f)$	$\left[\frac{\mathrm{V\ A}}{\mathrm{HZ}}\right]$
Parseval:	$\int\limits_{t=-\infty}^{\infty} x^2(t)\,\mathrm{d}t = \int\limits_{f=-\infty}^{\infty} \mid X(f) \mid^2\,\mathrm{d}f$	$\left[\frac{\mathrm{V}^2}{\mathrm{HZ}}\right]$
Leistung:	$P = x_{\mathrm{eff}}^2 = \frac{1}{T}\int\limits_{0}^{T} x^2(t)\,\mathrm{d}\,t = \Phi_{xx}(0)$	$[\mathrm{V}^2]$
Leistung:	$P = \frac{1}{T}\int\limits_{f=-\infty}^{\infty} \mid X(f) \mid^2 \mathrm{d}f = \int\limits_{f=-\infty}^{\infty} S_{xx}(f)\,\mathrm{d}f$	$[\mathrm{V}^2]$

Tabelle 8.6: Definitionen verschiedener Größen für zeitdiskrete Signale

DFT=Diskrete Fouriertransformierte AKF=Autokorrelationsfunktion T_a=Abtastintervall	ZP=Zählparameter ALDS=Autoleistungsdichtespektrum $T = N\,T_a$=gesamte Messzeit

$0 \leq n \leq N-1$:	ZP für die diskreten Zeitpunkte $t_n = n\,T_a$
$0 \leq k \leq N-1$:	ZP für die diskreten Frequenzen $f_k = k\,\Delta f;\ \Delta f = \frac{1}{N\,T_a}$
$0 \leq m \leq N-1$:	ZP bei der Korrelationsmessung

Zeitsignale:	$x(n)$ [V]; $y(n)$	[A]
DFT:	$X(k) = \sum\limits_{n=0}^{N-1} x(n) \mathrm{e}^{-\mathrm{j}\,2\,\pi f_k n T_a}$	[V]
inverse DFT:	$x(n) = \frac{1}{N} \sum\limits_{k=0}^{N-1} X(k)\,\mathrm{e}^{\mathrm{j}\,2\pi f_k n T_a}$	[V]
AKF:	$\Phi_{xx}(m) = \frac{1}{N} \sum\limits_{n=0}^{N-1} x(n)\,x(n-m)$	[V^2]
ALDS:	$S_{xx}(k) = \frac{1}{N} \mid X(k) \mid^2 = \frac{1}{N} X(k)\,X^*(k)$	[V^2]
KKF:	$\Phi_{xy}(m) = \frac{1}{N} \sum\limits_{n=0}^{N-1} x(n)\,y(n-m)$	[V A]
KLDS:	$S_{xy}(k) = \frac{1}{N} X(k)\,Y^*(k)$	[V A]
Parseval:	$\sum\limits_{n=0}^{N-1} x^2(n) = \sum\limits_{k=0}^{N-1} \mid X(k) \mid^2$	[V^2]
Leistung:	$P = x_{\text{eff}}^2 = \frac{1}{N} \sum\limits_{n=0}^{N-1} x^2(n) = \Phi_{xx}(0)$	[V^2]
Leistung:	$P = \frac{1}{N^2} \sum\limits_{k=0}^{N-1} \mid X(k) \mid^2 = \frac{1}{N} \sum\limits_{k=0}^{N-1} S_{xx}(k)$	[V^2]

9 Rechnerunterstützte Messsysteme

9.1 Einführung

Das Ziel einer rechnergestützten Messwerterfassung ist die korrekte Erfassung, Digitalisierung und Speicherung der Messwerte, deren anschließende Kalibrierung und Auswertung sowie die Darstellung und Dokumentation der Messergebnisse. Diese Aufgaben werden von einem Messprogramm abgearbeitet und überwacht. In der Regel steuert der Rechner, auf dem das Messprogramm läuft, auch die gesamte Kommunikation des Messaufbaus. Dem Stande der Technik entsprechend sind auch einfache Messgeräte, wie beispielsweise Multimeter, mit Rechnerschnittstellen ausgerüstet. Ein großes Angebot an Hard- und Software zur Gewinnung und Auswertung von Messwerten steht zur Verfügung. So gibt es kaum noch Messplätze ohne Rechneranbindung. Da die Funktion des Messaufbaus erst durch das Steuerprogramm und die nachfolgende Messwertverarbeitung festgelegt wird, spricht man in diesem Zusammenhang von einem virtuellen Messgerät: Das Messprogramm bestimmt die Funktion der Messgeräte [9.1], [9.2].

Die nachfolgende Gliederung folgt nun nicht dem üblichen Signalfluss in einer Messkette – vom Sensor über die Signalverarbeitung zur Messwertausgabe –, sondern betont die Bedeutung des Rechners. Sie beginnt mit seiner Beschreibung. Anschließend wird dann nach der Behandlung der Schnittstellen auf die Bedingungen eingegangen, denen die Messgeräte für eine Kommunikation mit einem Rechner genügen müssen. Ein eigener Abschnitt ist den Anwenderprogrammen gewidmet, um schließlich mit einem Beispiel zu schließen.

9.2 Aufbau eines Personal Computers

9.2.1 Gerätetechnik

Die Funktionalität eines PCs ergibt sich aus dem Zusammenspiel von Hardware und Software. Die Hardware umfasst alle physikalischen Bestandteile eines Computersystems, einschließlich aller peripheren Einrichtungen. Zur Hardware zählen somit der Prozessor (Central Processing Unit CPU), der Hauptspeicher (Random Access Memory RAM), die Massenspeicher wie Festplatten (Hard Discs), CD-ROMs oder Disketten und die Eingabe- und Ausgabegeräte, wie Tastatur, Maus oder Bildschirm. Über entsprechende Schnittstellen können externe Geräte, so genannte Peripheriegeräte, angeschlossen werden. Bild 9.1 zeigt einen typischen Hardwareaufbau eines PCs.

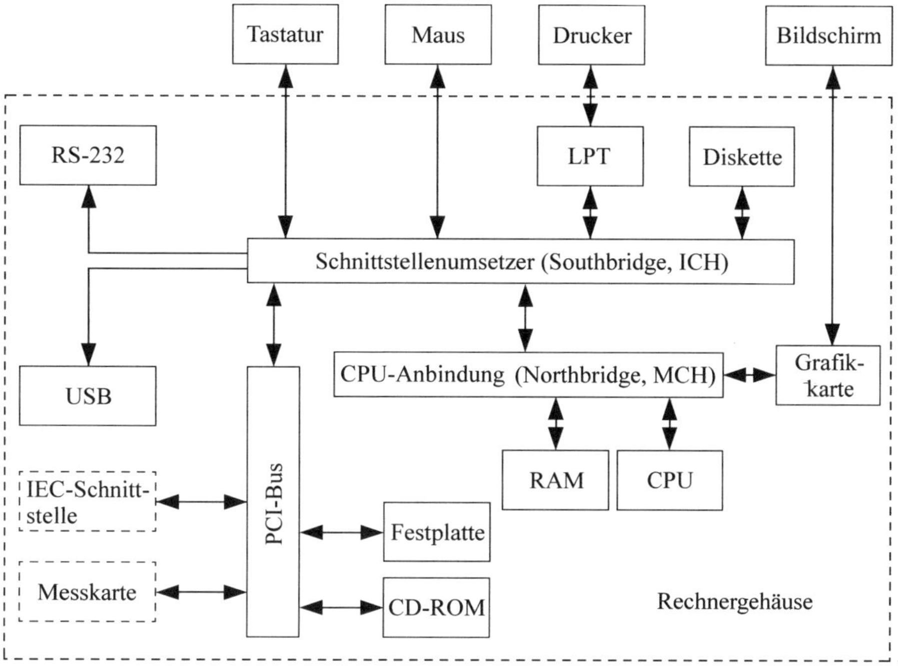

Bild 9.1: Hardwarekomponenten eines typischen PCs. Die IEC-Schnittstellenkarte und die Messkarte gehören nicht zur normalen Konfiguration eines PCs

Die Kommunikation der rechnerinternen Komponenten untereinander sowie mit den externen Peripheriegeräten geschieht über gemeinsame Datenleitungen, die so genannten **Bussysteme**. Einzelne Geräte oder Gerätekomponenten werden über **Schnittstellen** (Interfaces) an den Bus angeschlossen. CPU, RAM, Festplatten und CD-ROM eines PCs benötigen zur Kommunikation ein schnelles Bussystem. Hierfür wurde der parallele Peripheral Component Interconnect Bus PCI entwickelt. Bei einer Übertragung über 32 parallele Bit ermöglicht der PCI-Bus 132 MByte/s. Neuere Weiterentwicklungen des PCI-Bus heißen PCI-X und PCI-Express. Der PCI-Bus ist über einen Schnittstellenumsetzer (Bridge) mit den Eingabe-/Ausgabegeräten Tastatur, Maus und Bildschirm sowie den Schnittstellen LPT (Line Printer LPT, Druckerschnittstelle), RS-232 (unter WINDOWS COM genannt), USB (Universal Serial Bus), IEEE-1394 (Firewire), SCSI (Small Computer Systems Interface) oder PC-Card (früher Personal Computer Memory Card International Association PCMCIA) verbunden. Schnittstellen können dabei mehrfach ausgelegt sein und werden dann nummeriert wie z. B. LPT 1 und LPT 2 oder COM 1 und COM 2.

Die Kommunikation der Komponenten auf der Prozessorplatine (Mainboard) des Computers wird von den einzelnen Chipherstellern unterschiedlich gelöst. Exemplarisch wird im Folgenden der INTEL Chipsatz beschrieben. Selbst die Befehlssatzkompatiblen AMD-Prozessoren haben jedoch schon eine andere interne Struktur. Eine ausgiebige Darstellung von gebräuchlichen Rechnerarchitekturen wird beispielsweise in [9.23]...[9.25] gegeben. Der INTEL Chipsatz besteht aus den beiden Einzelchips Northbridge und Southbridge. Hauptaufgabe der Northbridge ist die Anbindung der CPU an das System. Des Weiteren sind der AGP-Bus (Accelerated Graphics Port, eine schnelle Punkt-zu-Punkt-Verbindung zur Grafikkarte), RAM und der PCI-Arbiter (der PCI-„Schiedsrichter“ kontrolliert die Zugriffe auf die PCI-Geräte) in der Northbridge integriert. Die Northbridge verhält sich wie ein PCI-Gerät und ist über den PCI-Bus an die Southbridge angeschlossen. Neue Konzepte benutzen hierfür jedoch ein eigenes schnelles serielles Bussystem mit Datenraten bis zu 6,4 GBit/s, da der PCI-Bus mit 133 MByte/s als Verbindung von North- und Southbridge zu langsam scheint.

Da in der Northbridge kaum Schnittstellen integriert sind, muss die Southbridge diese Aufgabe übernehmen. Deshalb erhalten moderne Southbridges ob ihrer Funktionsvielfalt oft den Beinamen „Super Input/Output Controller“. Die Southbridge kontrolliert u. a. die Kommunikation über das Diskettenlaufwerk, die serielle, die USB-, die parallele und die Infrarot-Schnittstelle sowie die RTC (Real Time Clock), die PCI-to-ISA Bridge und das Hardwaremonitoring. In immer mehr aktuellen PCs wird die RS-232-Schnittstelle nicht mehr auf dem Chip zur Verfügung gestellt. Wird diese Schnittstelle benötigt, so muss ein Umsetzer auf USB verwendet werden, meist in Form einer Umsetzerkarte. Mittlerweile ist auch der MAC (Media Access Control) für das LAN in der Southbridge untergebracht, der PHY (PHYceiver) ist als externes IC realisiert.

9.2.2 Software

Im Gegensatz zur Hardware umfasst die Software alle nichtapparativen („weichen“) Funktionsbestandteile eines Computers. Software ist Information und lässt sich mit Zeichenketten darstellen, die von informationstechnischen Maschinen gelesen und interpretiert werden können. Mit Software lassen sich Maschinen, Computer und Messaufbauten steuern. Die Software gliedert sich in die **Systemprogramme**, die alle internen Abläufe in einem Computer steuern, und die **Anwenderprogramme**, mit denen die vom Benutzer gestellten Aufgaben mit einem Computer bearbeitet werden können (Bild 9.2).

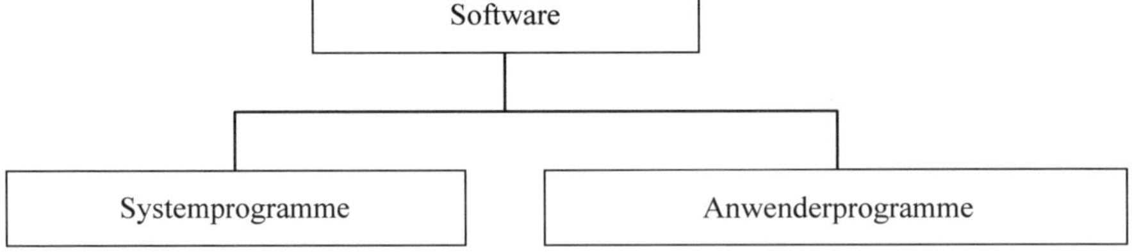

Bild 9.2: Softwarekomponenten eines typischen PCs

Systemprogramme. Zu den Systemprogrammen gehört das Betriebssystem. Ein Betriebssystem wie DOS, WINDOWS, LINUX oder FreeBSD steuert und verwaltet den Zugriff der Software auf die Hardware und ermöglicht dadurch überhaupt die Arbeit mit einem Rechner. Ein Betriebssystem hat beispielsweise die Aufgabe, alle Datenübertragungen zwischen den Speichermedien wie Disketten oder Festplatten und der Zentraleinheit zu steuern, sowie die Speichermedien für die Arbeit mit einem Rechner vorzubereiten (zu formatieren). Der Kernel („Kern") eines Betriebssystems ist meist in einer maschinennahen Programmiersprache ausgeführt, die zusätzlichen Dienstprogramme können auch in einer höheren Programmiersprache erstellt worden sein. Zum Betriebssystem gehören auch die Treiber, die eine ordnungsgemäße Datenübertragung von und zu externen Geräten oder Gerätekomponenten ermöglichen.

Je nach Betriebssystem kann entweder immer nur ein Anwendungsprogramm zu einem Zeitpunkt abgearbeitet werden (Singletask beim DOS-Betriebssystem) oder es können mehrere Programme gleichzeitig bearbeitet werden (Multitaskingfähigkeit bei WINDOWS und LINUX).

Ältere Betriebssysteme sind MS-DOS (MICROSOFT-Disk Operating System), WINDOWS 95, WINDOWS 98 oder WINDOWS NT der Firma Microsoft. Diese werden inzwischen von WINDOWS 2000, WINDOWS XP und WINDOWS VISTA verdrängt. Auch beim früher zur Gerätesteuerung und Messdatenerfassung mit dem IEC-Bus oft eingesetzten Rocky Mountain Basic handelte es sich ursprünglich um ein Betriebssystem. Mittlerweile wird es auch als Anwendungsprogramm unter Windows angeboten.

Anwenderprogramme. Die Anwenderprogramme dienen beispielsweise zur Textverarbeitung wie Microsoft WORD, zur Datenbankverwaltung wie ACCESS, zur Tabellenkalkulation wie EXCEL, zum Entwurf von Grafiken und Präsentationen wie COREL DRAW oder POWER POINT, zur numerischen Auswertung mathematischer Ausdrücke wie MATLAB, zur symbolischen Auswertung mathematischer Ausdrücke wie MATHEMATICA oder zur Messdatenerfassung wie LabVIEW, MATLAB oder BASIC. Auf die Anwenderprogramme wird in Abschnitt 9.6 noch einmal näher eingegangen.

Softwareschnittstellen. Die Softwareschnittstellen dienen zur Übergabe von Daten und Steuerungsanweisungen zwischen verschiedenen Anwendungsprogrammen. Hierzu können individuelle Schnittstellen wie direkte Parameterübergaben, binäre oder Textdateien eingesetzt werden oder betriebssystemspezifische Mechanismen, wie Pipes, Dynamic Data Exchange DDE, Object Linking and Embedding OLE, ActiveX und ähnliche. Als Schnittstelle in der Mess- und Automatisierungstechnik hat sich OLE for Process Control OPC etabliert. Sie basiert auf den MICROSOFT-WINDOWS-Technologien OLE, Component Object Model COM und Distributed COM DCOM. OPC bietet eine offene Schnittstelle, über die WINDOWS-basierte Anwendungsprogramme wie Office-Programme oder Messprogramme mit Mess- und Automatisierungsgeräten Daten austauschen können. Wenn man Anwendungsprogramme mit OPC-Schnittstelle verwendet, so kann man alle Geräte und Systeme mit OPC-Fähigkeit ohne besondere Treiber einsetzen.

9.3 Schnittstellen und Bussysteme

9.3.1 Einführung

Eine Schnittstelle (Interface) ist eine Übergabestelle für digitale Informationen, wie Daten, Meldungen, Adressen und Befehle. Eine Softwareschnittstelle dient dem Datenaustausch zwischen verschiedenen Programmen oder Programmteilen.

Hardwareschnittstelle. Eine Hardwareschnittstelle, im Folgenden meist einfach nur Schnittstelle genannt, ist ein Übergang, der in Systemen die Verbindung zwischen Baugruppen, Geräten und Anlagenteilen ermöglicht. Sie ist in der Regel als elektronische Baugruppe ausgeführt, die im Computer oder im Gerät eingebaut ist. Sie verhält sich dort wie ein eigenständiges Gerät mit einem eigenen Satz von Gerätefunktionen und besitzt oft einen eigenen Prozessor sowie ein eigenes Betriebsprogramm. Eine Schnittstelle wird über spezielle Gerätenachrichten, die Schnittstellenbefehle, konfiguriert. Bei Schnittstellen, bei denen die Geräte individuell angesprochen werden können, erhält jedes Gerät eine eigene Adresse in Form einer zugeordneten Nummer [9.8].

Für Messaufgaben werden üblicherweise genormte Schnittstellen eingesetzt. Nur so lässt sich ein herstellerunabhängiges und offenes Messsystem aufbauen. Bei einer genormten Schnittstelle sind meist folgende Eigenschaften festgelegt:

- die Bauform des Steckers,
- die Stiftbelegung,
- die Verbindungskabel,
- das elektrische Spannungsniveau,
- die Signaleigenschaften,
- das Datenformat,
- das Übertragungsprotokoll.

Die gebräuchlichen Schnittstellen besitzen auf Grund ihrer Geschichte oft mehrere unterschiedliche Bezeichnungen. Bild 9.3 zeigt Beispiele von Steckern für die Schnittstellen eines PCs.

Ein Bussystem verbindet die zusammengehörenden Schnittstellen von Komponenten und Geräten über gemeinsame Datenleitungen. Die Bussysteme werden entsprechend ihrer Reichweite in Rechnerbusse, Nahbusse und Fernbusse unterteilt [9.9].

Protokoll. Die Kommunikation auf einem Bus erfolgt nach genauen Regeln, dem Protokoll. Die Protokolle orientieren sich in der Regel am OSI-7-Schichten-Referenzmodell (Open Systems Interconnection OSI), das die einzelnen Teilaufgaben einer Kommunikation entsprechend ihrer Funktion strukturiert. Wenn mehrere Teilnehmer den Bus gleichzeitig benutzen wollen, entsteht ein Zugriffskonflikt. Das Buszugriffsverfahren reglementiert den Zugriff auf den Bus und ermöglicht, dass die Übertragungswünsche

RS-232	**RS-422** (9-Pin)	**USB**	**IEC-Bus**
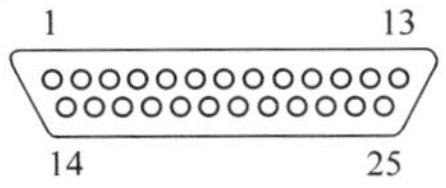 25-PIN-Sub-D-Stecker an DTE (Computer)	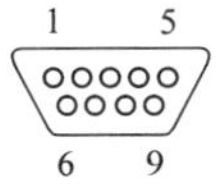 9-PIN-Sub-D-Stecker an DTE (Computer)	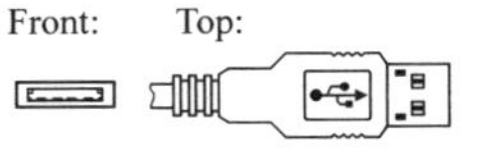 USB-A-Stecker am Rechner	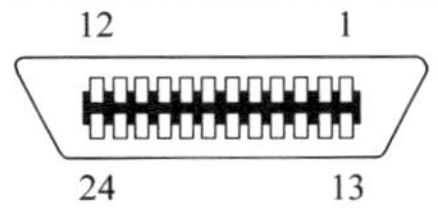 24-PIN-CENTRONICS-Buchse an den Geräten oder alternativ
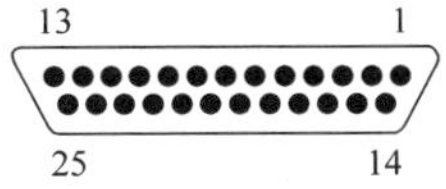 25-PIN-Sub-D-Buchse an DCE (Modem)	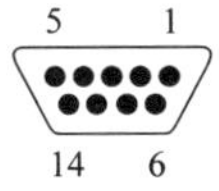 9-PIN-Sub-D-Buchse an DCE (Modem)	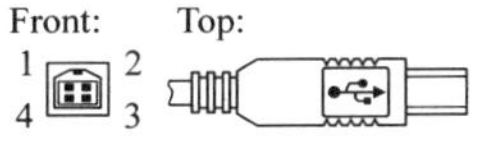 USB-B-Stecker am USB-Gerät	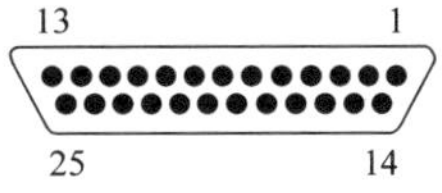 25-PIN-Sub-D-Buchse an den Geräten

Bild 9.3: Steckerformen für die unterschiedlichen Schnittstellen eines PCs [9.9]

der einzelnen Teilnehmer in einer absehbaren Zeit erfüllt werden. Der Bus wird entweder zentral von einer Steuereinheit oder dezentral von den Teilnehmern zugeteilt.

Beim **zentralen** Verfahren kontrolliert die zentrale Steuereinheit die Kommunikation auf dem Bus und kann selbst jederzeit auf den Bus zugreifen (Master). Die übrigen Geräte sind „Slaves“ und können von sich aus keine Meldung auf den Bus abgeben. Hierzu müssen sie vom Master aufgefordert werden (Master/Slave-Verfahren wie beim IEC-Bus). Die Steuereinheit frägt hierzu die einzelnen Geräte entweder in einem festen Zeitraster ab (Time Division Multiple Access TDMA) oder nach einem Interrupt durch eine Statusabfrage (Polling).

Die **dezentrale** Zuteilung verlagert die Steuerung auf die Teilnehmer. Die Zuteilung wird beispielsweise nach einem Zeitintervall zur nächsten Steuereinheit weitergegeben (Token-Passing wie beim Profibus).

Diese hierarchischen Buszugriffsverfahren vermeiden Kollisionen auf dem Bus, verlängern aber die Übertragungszeit. Dürfen hingegen alle Busteilnehmer ohne Anmeldung auf dem Bus Meldungen absetzen, so können Kollisionen auftreten, wenn zwei Geräte gleichzeitig senden. Die Kollisionswahrscheinlichkeit kann gesenkt werden, wenn jedes Gerät vor dem Senden überprüft, ob der Bus aktuell frei ist (Carrier Sense Multiple Access CSMA). Bei den verbleibenden Kollisionen werden entweder beide Meldungen verworfen und zu einem zufällig gewählten späteren Zeitpunkt wiederholt (Carrier Sense Multiple Access/Collision Detection CSMA/CD, beispielsweise bei Ethernet), oder die Meldung mit der höchsten Priorität setzt sich durch (Carrier Sense Multiple Access/Collision Avoidance CSMA/CA, beispielsweise beim CAN-Bus).

Handshake. Zur Vermeidung von Datenverlusten muss der Empfänger dem Sender die Empfangsbereitschaft mitteilen. Er muss notfalls, wenn keine weiteren Daten mehr verarbeitet werden können, in der Lage sein, die Datenübertragung anzuhalten. Es gibt auch teilweise die Möglichkeit, gezielt Pakete neu anzufordern. Diese Informationen, die den Ablauf einer Übertragung über einen Bus organisieren, wie „Betriebsbereitschaft“, „Empfangsbereitschaft“ oder „Gültigkeit der Daten“, werden Handshake-Signale genannt. Beim Hardware-Handshake werden hierfür eigene Leitungen verwendet, beim Software-Handshake wird dies durch spezielle zusätzliche Zeichen über die Datenleitungen übertragen.

Die Übertragung von Gerätenachrichten oder Daten lässt sich mit dem Versenden eines Faxes veranschaulichen. Die Schnittstellen sind wie die Faxgeräte nur für den Transport zuständig. Der Empfänger der Nachricht wird durch die Faxnummer (Adresse) aus der Menge aller möglichen Empfänger ausgewählt. Die gemeinsame Verbindungsleitung (das Bussystem) wird beim Fax durch ein Telefonnetz bereitgestellt. Um die korrekte Datenübermittlung sicherzustellen, tauschen die Faxgeräte (Schnittstellen) Informationen aus, von denen der Empfänger nichts merkt (bei einer Schnittstelle sind dies die Handshake-Signale). Während der Kommunikation zwischen den Geräten stellt ein Datenrahmen mit Start-, Stopp- und Prüfzeichen eine korrekte Übertragung sicher. Der Inhalt des Faxes, die Nachricht, ist nur für den Empfänger bestimmt. Für ihn spielt es eine untergeordnete Rolle, wie die technische Übertragung funktioniert.

Übertragung. Bei einer **bitseriellen** Übertragung werden die Informationen nacheinander auf einer Datenleitung übertragen, bei **bitparalleler** Übertragung gleichzeitig über mehrere Leitungen. Beispielsweise werden bei dem IEC-Bus die Daten byteseriell und bitparallel übertragen. Im Duplex-Betrieb kann jedes Gerät sowohl als Sender (Talker) als auch als Empfänger (Listener) arbeiten. Im Halbduplex-Betrieb ist zu einem Zeitpunkt nur eine Richtung zugelassen, während im Vollduplex-Betrieb beide Richtungen gleichzeitig möglich sind.

Bei isosynchroner Übertragung wird die Information in einem festen Takt übertragen. Der Takt selbst wird entweder ebenfalls übertragen oder aus dem Datenstrom abgeleitet. Bei einer asynchronen Übertragung lässt sich die Geschwindigkeit an die Möglichkeiten des Systems anpassen, wobei dann Handshake-Signale zur Synchronisation erforderlich sind. Die Anzahl der übertragenen Symbole pro Sekunde nennt man Baud.

Schnittstellenumsetzer. Ein Schnittstellenumsetzer (Bridge) ermöglicht die Kommunikation zwischen Geräten mit unterschiedlichen Schnittstellen. Bei Schnittstellen, die sich ähnlich sind wie RS-232 und RS-485, müssen nur die unterschiedlichen Spannungspegel der Datenleitungen aufeinander abgebildet und, wenn vorhanden, ein Hardware-Handshake auf ein Software-Handshake umgestellt werden. Sehr unterschiedliche Schnittstellen wie USB und IEC stellen zum Teil auch andersartige Funktionen zur Verfügung. Diese Funktionen müssen dann im Umsetzer erkannt und durch Programme nachgebildet werden, um die andere Seite entsprechend zu bedienen oder um ein erwartetes Verhalten zu simulieren. Beispiele für Schnittstellenumsetzer sind RS-232 auf RS-485, PCI auf IEC, USB auf IEC oder USB auf RD-232.

Von einem **Protokollumsetzer** wird die „Verpackung“ der Information verändert. Weder die Information noch deren Codierung, noch die physikalische Art des Signals werden verändert. Da Eingangs- und Ausgangsdaten über die gleichen physikalischen Verbindungen versandt werden können, kann eine Protokollumsetzung auch über ein Programm erledigt werden. Beispiele für Protokollumsetzungen sind RS-232 ohne Parität auf RS-232 mit Parität oder CAN-Bus auf Profibus.

Nach diesen mehr allgemeinen Ausführungen sollen nun die wichtigsten Schnittstellen etwas näher betrachtet werden (Tabelle 9.1).

Tabelle 9.1: Beispiele für Schnittstellen in rechnerunterstützten Messsystemen

Schnittstelle [Anzahl der Geräte]	Übertragungsart	Pegel	Stecker	Datenrate in [bps]	Distanz in [m]
RS-232 [2]	Bitseriell, Vollduplex	H: −3 bis −27 V L: 3 bis 27 V	9-Pin-Sub-D 25-Pin-Sub-D	20 k (115 k)	100
RS-422 [2]	Bitseriell, Halbduplex	H: ΔU: −2 bis −6 V L: ΔU: 2 bis 6 V	9-Pin-Sub-D 4-Pin-Sub-D	20 M	1200
RS-485 [32]	Bitseriell, Voll- oder Halbduplex	H: ΔU: −2 bis −6 V L:ΔU: 2 bis 6 V	9-Pin-Sub-D	10 M	1200
USB [127]	Bitseriell	differenziell mit ± 0,4 V	4-poliger Stecker	1,5 M 12 M 480 M	≤ 5
ICE-Bus [15]	8-Bit-parallel, Halbduplex	negativer TTL-Pegel	25-Pin-Sub-D 24-Pin-Amphenol	1 M	20
IEEE 1394 (Firewire) [64]	Bitseriell			800 M (3,2 G)	5
LAN 10Base - LAN 1000Base IEEE802.3 [256]	Seriell Vollduplex	0,1 W	(Funk)	10 M - 1000 M	50
Bluetooth [8]	Seriell	0,001 W	(Funk)	1 M	10
WLAN IEEE 802.11g/h [256]	Seriell Vollduplex	0,1 W	(Funk)	54 M	50

9.3.2 Serielle RS-232-Schnittstelle und abgeleitete Schnittstellen

RS-232-Schnittstelle. Die serielle Schnittstelle RS-232 (US-Norm Recommended Standard Number 232, Revision C RS-232C) zählt zu den ältesten und populärsten Schnittstellenstandards. Sie wurde aus der Fernschreibtechnik abgeleitet (V.24). Die Norm RS-232 beschreibt die serielle Verbindung zwischen einem Datenendgerät (Data Terminal Equipment DTE, auf Deutsch auch DatenEndEinrichtung DEE genannt) und einer Datenübertragungseinrichtung mit ihren elektrischen und mechanischen Eigenschaften. Obwohl die Norm lediglich diesen Verbindungstyp definiert, hat sich die RS-232-Schnittstelle als Standard für serielle Datenübertragungen über kurze Distanzen etabliert. Über die RS-232-Schnittstelle kann eine Punkt-zu-Punkt-Verbindung zwischen genau zwei Geräten aufgebaut werden.

Datenendgerät und Datenübertragungseinrichtung unterscheiden sich in der Belegung ihrer Steckverbinder (Bild 9.3): Ein Drucker, Plotter oder der Dateneingang eines Rechners sind mit einer Datenendgerät(DTE)-Belegung ausgestattet, während ein Modem und der Druckeranschluss eines Rechners eine Datenübertragungseinrichtungs (DCE)-Belegung aufweisen. Die RS-232-Norm definiert als Steckverbindung einen 25-poligen oder 9-poligen SUB-D-Stecker, die für den Datenaustausch dieselben Eigenschaften haben. Mit Adapterstücken lassen sich beide Normen aneinander anpassen.

Bei der seriellen Schnittstelle RS-232 werden die einzelnen Bits nacheinander (seriell) in einem festen Zeittakt (isosynchron) auf die Leitung gegeben. Für jede Übertragungsrichtung wird eine eigene Datenleitung verwendet. Für die beiden Datenleitungen gilt eine negative Logik: Logisch „true“ (hier „Mark“ genannt) wird dabei elektrisch zwischen -3 V bis -27 V gegen Masse und logisch „false“ („Space“) elektrisch mit $+3$ V bis $+27$ V codiert. Die Datenübertragung setzt daher am Sende- und Empfangsschaltkreis gleiche Massepotenziale voraus. Die übrigen Signalleitungen arbeiten mit TTL-Pegeln und positiver Logik (0 V und 5 V). Bild 9.4 zeigt die Bitfolge bei einer seriellen Übertragung des Zeichens S.

Jedes einzelne Zeichen, wie Buchstabe, Ziffer oder Sonderzeichen, wird mit einem so genannten Wort codiert. Üblicherweise besteht ein Wort aus 8 Bit. Will man nur einen eingeschränkten Zeichensatz, beispielsweise nur Ziffern, übertragen, dann genügen auch weniger Bits pro Zeichen. Mögliche Werte für die Wortlänge sind 5, 6, 7 oder 8 Bits.

Der Ruhezustand auf der Übertragungsleitung entspricht dem Pegel eines logischen „true“. Die Übertragung eines Worts beginnt mit einem vorangestellten Startbit, das aus einer logischen „false“ besteht, so dass der Beginn einer Übertragung immer durch einen positiven Spannungssprung vom Empfänger erkannt werden kann. Das Startbit wird automatisch erzeugt und muss in keiner Voreinstellung festgelegt werden.

Anschließend werden nacheinander entsprechend der Wortlänge 5 bis 8 Datenbit ausgegeben. Die Übertragung beginnt mit dem niedrigstwertigen Bit (Least Significant Bit LSB) und endet mit dem höchstwertigen (Most Significant Bit MSB).

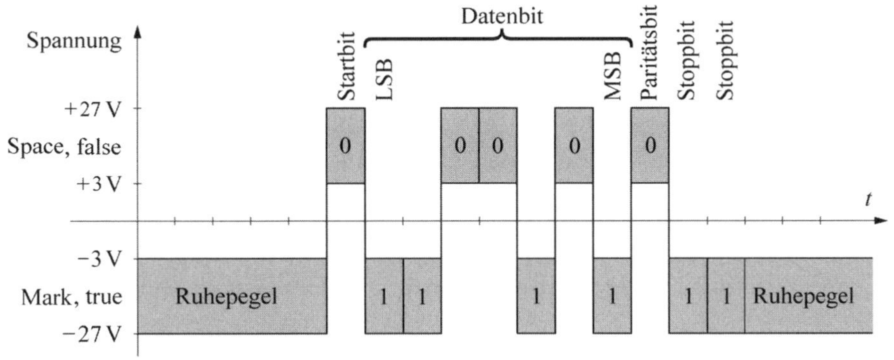

Bild 9.4: Übertragung des ASCII-Zeichens S = 101 0011 über eine RS-232-Schnittstelle bei gerader Parität. Die grau unterlegten Bereiche bezeichnen die Spannungsintervalle für logisch „true“ und logisch „false“

Störungen während der Übertragung können dazu führen, dass einzelne Bits nicht richtig erkannt werden. Ein zusätzliches Bit, das Paritätsbit, lässt erkennen, ob ein Fehler aufgetreten ist. Das Paritätsbit wird an die Datenbit angehängt und bei gerader Parität (Even Parity) so gesetzt, dass sich insgesamt eine gerade Anzahl von Einsen ergibt. Bei ungerader Parität (Odd Parity) muss sich eine ungerade Zahl von Einsen ergeben. In seltenen Fällen wird das Paritätsbit zwar gesendet, aber immer auf 1 (Mark) oder immer auf 0 (Space) gesetzt. Manchmal wird auch auf das Paritätsbit verzichtet (None).

Am Ende der Übertragung muss immer der gleiche elektrische Zustand auf der Leitung vorliegen um den Beginn des nächsten Zeichens erkennen zu können. Daher werden nach den Datenbits und einem eventuellen Paritätsbit ein oder zwei Stoppbits gesendet, die aus logischen Einsen bestehen. Nach dem letzten Stoppbit folgt entweder der Ruhezustand oder ein neues Startbit. Alle Bit werden sequenziell mit Geschwindigkeiten von 50 bis 115 200 Baud gesendet. Typische Werte hierfür sind: 600, 1200, 2400, 4800, 9600, 19200, 38400, 57600 Baud.

Handshake. Die RS-232-Norm sieht mehrere Möglichkeiten für das Handshake vor:

- Hardware-Handshake: Der Empfänger lenkt über Steuerleitungen die Datenausgabe des Senders. Ein häufig verwendeter Hardware-Handshake heißt X-Draht-Handshake, weil im zugehörigen Kabel mehrere Paare gekreuzter Anschlüsse vorkommen.
- Software-Handshake (z. B. XON/XOFF): Der Empfänger sendet zur Steuerung des Datenflusses spezielle Zeichen über die Datenleitungen. Die Handshake-Leitungen werden in diesem Fall nicht benutzt.

RS-232-Schnittstellen besitzen eine Vielzahl von Handshake-Leitungen, die jedoch in ihrer Gesamtheit lediglich zur Verbindung eines Modems mit einem Datenendgerät benötigt werden. Der weitaus häufigere Fall der Verbindung zweier Datenendgeräte miteinander lässt sich mit einer reduzierten Anzahl von Handshake-Leitungen realisieren.

UART-Controller. Ein wesentlicher Bestandteil jeder seriellen Schnittstelle ist der so genannte UART-Controller (Universal Asynchronous Receiver/Transmitter UART). Dieser konvertiert parallel ankommende Daten in einen seriellen Einzelbit-Datenstrom und umgekehrt. Er fügt zudem beim Übertragen dem Datenstrom die Parity-Bits hinzu und überprüft sie beim Empfang. Zur Entlastung des rechnerinternen Bussystems und zur Beschleunigung der Datenübertragung enthält er meist einen Einzelbyte-Puffer oder auch einen 16 Byte großen Puffer in FIFO-Technik (First-In/First-Out FIFO).

Für den Datenaustausch müssen die Schnittstellen der beteiligten Computer und Geräte auf die gleichen Übertragungsparameter auf den Datenleitungen und das gleiche Handshake-Verfahren eingestellt werden. Die erzielbare Entfernung zwischen zwei RS-232-Geräten ist vom verwendeten Kabel und der Baudrate abhängig und kann auf Grund der hohen erlaubten Spannungen und der großen Spannungstoleranz mehrere 100 m überbrücken. Die ursprüngliche Spezifikation sah 30 m vor.

RS-422-Schnittstelle. Im industriellen Prüffeld und vor allem in der Prozessmesstechnik findet zunehmend die verwandte modernere serielle Schnittstelle RS-422 Verwendung, die für die Daten in beiden Richtungen mit einem einzigen potenzialfreien Leitungspaar arbeitet. Logisch 1 wird elektrisch durch −2 V bis −6 V und logisch 0 durch +2 V bis +6 V zwischen den beiden Signalleitungen codiert. Durch die potenzialfreie Spannung ohne Massebezug ist die Übertragung weniger störanfällig, da von außen eingestreute Störungen beide Leitungen gleich betreffen und damit die Spannungsdifferenz kaum beeinflussen.

Da nur zwei Signalleitungen eingesetzt werden, ist nur ein „Halbduplex-Betrieb" möglich: Es kann zwar in beide Richtungen übertragen werden, aber nicht gleichzeitig. Die RS-422-Norm sieht keinen Hardware-Handshake mehr vor, stimmt aber ansonsten in den übrigen Übertragungsparametern und dem Datenformat mit der RS-232-Norm überein. Daher sind einfache Schnittstellenumsetzer zwischen beiden Systemen möglich.

RS-485-Schnittstelle. Die elektrischen Eigenschaften und Spezifikationen der RS-422-Schnittstelle bilden die Grundlage für die RS-485-Schnittstelle, die in mehreren Bussystemen der Prozessmess- und Prozessleittechnik eingesetzt wird. Je nach Anwendungsbereich werden diese Bussysteme auch als Feldbus, Prozessbus oder Sensor/Aktor-Bus bezeichnet. Da die verschiedenen Anwendungsgebiete sehr unterschiedliche Teilnehmerzahl, Übertragungsgeschwindigkeit, Übertragungssicherheit und Reaktionszeit erfordern, ist eine einheitliche Normung gescheitert. Es befinden sich folglich verschiedene Bussysteme am Markt, wie

- Profibus DIN 19245 (Process Field Bus für Prozessautomatisierungssysteme der Energie- und Verfahrenstechnik),
- DIN-Messbus (DIN 66 348),

- CAN-Bus (Controller Area Network CAN für den sicherheitskritischen Kraftfahrzeugbereich),
- Futurebus+,
- Interbus.

Diese seriellen Bussysteme erlauben den Anschluss von bis zu 32 Teilnehmern. Die spezifizierte Leitungslänge beträgt 1200 m, die Datenrate geht bis zu 187,5 kBaud. Es kommen entweder eine Zweidraht-Leitung für einen Halbduplex-Betrieb oder eine Vierdraht-Leitung im Vollduplex-Betrieb zum Einsatz. Für einen Feldbus wird meist ein Echtzeitbetrieb gefordert.

9.3.3 Universal Serial Bus USB

Ziel des 1995 eingeführten USB-Systems ist die Verbindung sämtlicher zu einem PC-Arbeitsplatz gehörender Peripherie über eine einzige einheitliche Schnittstelle. USB kennt zwei definierte Steckertypen für alle Geräte: Typ A für den Anschluss am Hub und Typ B für den Anschluss am Gerät. Die Schnittstelle bietet die so genannte Plug-and-Play-Fähigkeit. Unter Plug-and-Play, zu deutsch „reinstecken und loslegen", versteht man die Fähigkeit moderner Computer, sich in gewissem Umfang selbst zu konfigurieren. USB erlaubt auch das so genannte Hot-Plugging, das Anschließen und Entfernen von USB-Geräten während des Betriebs. Der USB-Hostadapter übernimmt dabei die komplette Grundkonfiguration der Geräte und veranlasst zudem das automatische Laden gerätespezifischer Treiber. USB ist als sternförmiges Bussystem (Hub) aufgebaut, an dessen Spitze der USB-Hostadapter steht. An diesem können bis zu 127 Geräte angeschlossen werden. Außerdem können immer weitere Hubs zwischengeschaltet werden, um weitere Geräte anzuschließen oder die Stromversorgung sicherzustellen [9.11].

Das USB-Kabel hat 4 Leitungen, von denen zwei für die bidirektionale Datenübertragung eingesetzt werden. Eine weitere Leitung liegt auf Masse, und die vierte Leitung führt die +5 V Versorgungsspannung. Die USB-Schnittstelle ist in der Lage, angeschlossene Teilnehmer mit bis zu 500 mA zu versorgen. Die Daten werden differenziell übertragen. Die Spezifikation USB 2.0 schreibt hier einen Pegel von ± 400 mV vor. Durch die differenzielle Übertragung ist USB wie die RS-422 robust und wenig störanfällig.

Die Anwendungen stellen unterschiedliche Anforderungen an die Übertragungsbandbreite der USB-Schnittstelle. Langsame Geräte wie Maus und Tastatur werden genauso unterstützt wie Modems und Videokameras, die weitaus mehr Daten über den Bus schicken wollen. Deshalb ist die Übertragung bei USB in Kanäle aufgeteilt. In der USB-Spezifikation 1.1 gibt es sowohl einen Low-Speed-Kanal mit bis zu 1,5 MBit/s als auch einen Full-Speed-Kanal mit bis zu 12 MBit/s. In der neueren Spezifikation 2.0 ist noch ein High-Speed-Kanal mit bis zu 480 MBit/s vorgesehen.

9.3.4 Paralleler IEC-Bus (GPIB-Bus, IEEE-488-Bus)

Einführung. Der IEC-Bus wird zur Steuerung von Messgeräten im Laborbereich eingesetzt. Die maximale Leitungslänge wurde auf 20 m spezifiziert. Die Datenrate kann bis zu 1 MByte/s betragen. Der Bus ist auf maximal 15 Teilnehmer begrenzt. Die Stecker der Kabel können im Huckepackverfahren weitere Stecker aufnehmen, deren Kabel zu weiteren Geräten führen (Bild 9.5) [9.7].

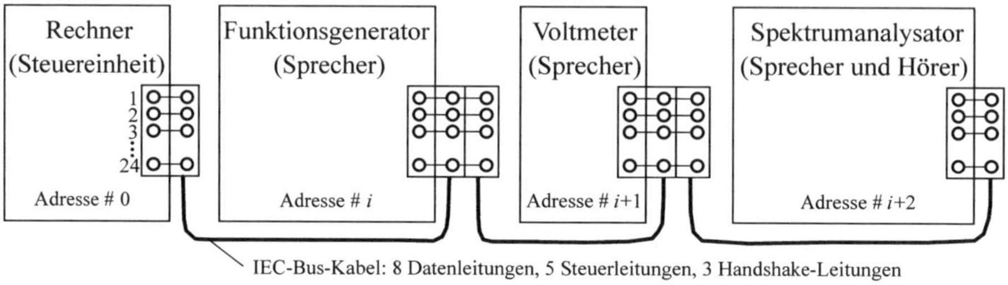

Bild 9.5: Beispiel der Steuerung eines Messaufbaus über den IEC-Bus

Die technische Entwicklung und unterschiedliche Normungsinstitutionen haben dazu geführt, dass es für das IEC-Bussystem sehr unterschiedliche Bezeichnungen gibt:

- HP-IB (Hewlett-Packard Interface Bus [9.5], 1985),
- GPIB (General Purpose Interface Bus),
- IEEE-488 (Institution of Electrical and Electronic Engineering IEEE [9.12], IEEE Standard No. 488, 1974),
- ANSI MC1.1 (American National Standard Institute ANSI [9.13], Amerikanische Industrienorm MC 1.1) und
- IEC 625 (International Electrotechnical Commission IEC [9.14], Internationale Norm IEC66.22, 1977).

Die IEC-66.22-Norm unterscheidet sich von der IEEE-488-Norm in der Form der Verbindungsstecker, die sich jedoch durch Adapterstecker aneinander anpassen lassen. Um den Datendurchsatz zu beschleunigen, kann bei entsprechender Geräteausstattung das Handshake-Verfahren verkürzt werden. Der Bus heißt in diesem Falle HSS-488-Bus und kann bis zu 8 MByte/s übertragen. Er ist bisher jedoch nicht genormt.

Protokoll. An jedem Gerät wird eine Geräteadresse aus dem Bereich 1 bis 30 eingestellt, über die das Gerät einzeln angesprochen werden kann. Ein Gerät, in der Regel ein Rechner, übernimmt die Leitung der Kommunikation. Dies ist die Steuereinheit (Controller) mit der Adresse 0 (Bild 9.5). Ein PC benötigt zur Kommunikation mit einem IEC-Bus eine IEC-Buskarte mit zugehöriger Treibersoftware.

Die Aufgabe der Steuereinheit kann durch einen Vergleich mit dem formalen Ablauf einer Gesprächsrunde verdeutlicht werden. Der Moderator (die Steuereinheit) muss darauf achten, dass jeder zu Ende sprechen darf und dass alle Teilnehmer alles verstehen. Er gibt Kommandos wie „alle mal herhören“, „bei Gerät 1 den Messbereich auf Wechselspannung schalten“, „die von Gerät 1 gemessene Spannung zur Steuereinheit übertragen“, „bei Gerät 3 die Mittenfrequenz auf 70 MHz einstellen“, „Gerät 2: ich habe verstanden, dass du was zu sagen hast“ usw. Der Moderator/Controller muss aber auch die Kommandos kennen, die ein angeschlossenes Gerät versteht und erwartet, um etwa Messwerte abliefern zu können, d. h. er muss dessen Bedienungssprache kennen.

Es darf sich nur eine Steuereinheit am Bus befinden. Daneben können Geräte am Bus angeschlossen werden, die nur Informationen von der Steuereinheit empfangen können, wie beispielsweise digitale Anzeigegeräte oder Drucker. Diese Geräte nennt man Hörer (Listener). Andere Geräte, wie beispielsweise Zähler ohne steuerbare Rückstellung oder digitale Spannungsmesser ohne Fernsteuerung des Messbereichs, stellen fortlaufend neue Daten zur Übernahme bereit, sie können nur reden (Sprecher, Talker). Die weitaus meisten Messgeräte hingegen können sowohl Steuerbefehle empfangen als auch Messdaten und Statusinformationen zur Übergabe bereitstellen (Sprecher und Hörer, Talker/Listener). Es können gleichzeitig mehrere Listener, aber nur ein Talker am Bus aktiv sein.

Das IEC-Bussystem besteht physikalisch aus 8 Datenleitungen, 5 Steuerleitungen und 3 Handshake-Leitungen, über die nach einem genau festgelegten Verfahren der Datenaustausch abgewickelt wird. Der IEC-Bus verwendet TTL-Pegel, allerdings mit negativer Logik. Logisch „true“ wird elektrisch mit 0 V bis +0,5 V gegen Masse codiert und logisch „false“ mit +3,5 V bis +5 V. Die Norm schreibt Open-Collector-Ausgänge vor, wodurch sich am Bus eine logische ODER-Verknüpfung ergibt: Die Leitung ist aktiv, wenn mindestens ein Gerät die Leitung aktiviert, d. h. auf 0 V legt.

Steuerleitungen. Über die 5 Steuerleitungen wird die Kommunikation über den Bus geregelt:

- ATN (Attention): Je nach dem logischen Zustand der Steuerbusleitung ATN werden die über die 8 Datenleitungen übertragenen Informationen als Schnittstellennachrichten oder als Gerätenachrichten interpretiert.
- IFC (Interface Clear, Schnittstelle betriebsbereit): Mittels der IFC-Leitung kann die Steuereinheit alle Geräteschnittstellen in einen definierten Anfangszustand versetzen.
- REN (Remote Enable, Fernsteuerungssignal): Über die REN-Leitung schaltet die Steuereinheit alle an den Bus angeschlossenen Geräte in den Fernbedienbetrieb um.
- SRQ (Service Request, Bedienungsanforderung): Die SRQ-Leitung wird als IEC-Bus-Interruptleitung benutzt. Über diese Leitung kann sich jedes am Bus angeschlossene Gerät bei der Steuereinheit melden und um eine Bedienung nachfragen. Die Steuereinheit kann daraufhin den normalen Programmablauf unterbrechen, um eine Abfrage (Polling) einzuleiten, mit der das rufende Gerät identifiziert wird.

- EOI (End or Identify, Ende- oder Identifikationssignal): Die EOI-Leitung erfüllt zwei Aufgaben, die über den logischen Zustand der ATN-Leitung unterschieden werden: Wird das EOI-Signal von einem Sprecher gesendet (EOI = logisch „true"), so kennzeichnet es das letzte Byte eines Datenblocks. In diesem Fall ist die Leitung ATN = logisch „false". Sendet die Steuereinheit das EOI-Signal (EOI = logisch „true") und ist die Leitung ATN aktiv (logisch „true"), so fordert es damit die angeschlossenen Geräte auf zu melden, welches von ihnen eine Bedienung benötigt.

Der IEC-Bus kennt zwei Möglichkeiten der Statusabfrage: Bei einer seriellen Abfrage (serial polling) wird von jedem Gerät genau 1 Zeichen, das Statusbyte, gelesen. Die Bits in diesem Statusbyte zeigen beispielsweise an, ob SRQ aktiv ist, ob ein Standardereignis eingetreten ist oder ob Meldungen im Ausgabebuffer vorliegen. Die Steuereinheit sendet für das serielle Abfragen das Kommando Serial Poll Enable SPE. Die Geräte wissen damit, dass sie, wenn sie als Talker adressiert werden, nur ihr Statusbyte übertragen sollen. Die Steuereinheit adressiert nun ein Gerät nach dem anderen und liest die Statusbytes. Der Vorgang wird beendet, nachdem entweder die Statusbytes aller Geräte eingelesen wurden oder das Gerät gefunden wurde, das SRQ gesetzt hat. Zum Abschluss des seriellen Pollings sendet die Steuereinheit das Kommando Serial Poll Disable SPD, damit die Geräte bei einer Talker-Adressierung wieder normal antworten.

Bei der parallelen Statusabfrage (parallel poll) können bis zu acht Geräte gleichzeitig abgefragt werden. Hierzu wird jedem dafür vorgesehenen Gerät von der Steuereinheit eine der Datenleitungen (DIO 1...8) zugeordnet. Bei einer parallelen Statusabfrage signalisiert nun jedes Gerät auf seiner Datenleitung, ob es eine Bedienung benötigt. Es wird hierbei jedoch kein Statusbyte übertragen.

Handshake. Die Datenübertragung über die 8 Datenleitungen DIO 1 bis DIO 8 erfolgt unidirektional (nur in eine Richtung), bitparallel und byteseriell. Die Datenübertragung geschieht asynchron ohne gemeinsamen Takt, deshalb können Geräte mit verschiedenen Übertragungsgeschwindigkeiten miteinander kommunizieren. Die maximale Übertragungsgeschwindigkeit wird durch das langsamste Gerät festgelegt. Der Bus wird über die Handshake-Leitungen vom Empfänger wieder freigegeben:

- DAV (Data Valid, Daten stehen bereit): Über die Leitung DAV teilt der Sprecher mit, dass seine auf den Datenleitungen anstehende Nachricht gültig und zur Übernahme bereit ist.
- NRFD (Not Ready For Data, nicht bereit zur Datenübernahme): Die Leitung NRFD benutzen die Hörer, um mitzuteilen, dass sie zur Datenübernahme noch nicht bereit sind.
- NDAC (Not Data Accepted, Daten nicht empfangen): Mit der Leitung NDAC zeigen die Hörer an, dass sie die auf den Datenleitungen anstehenden gültigen Daten noch nicht übernommen haben.

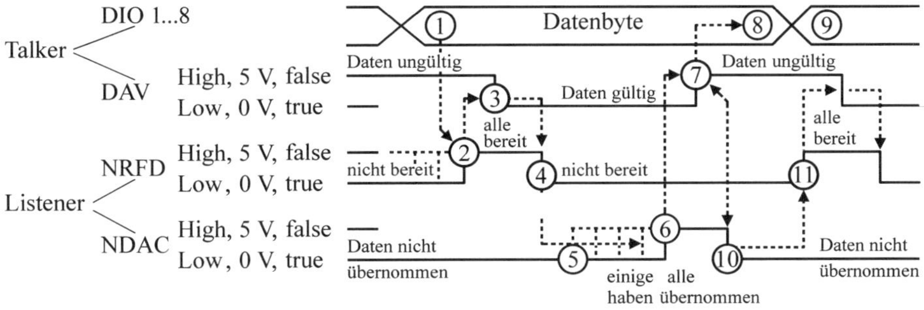

Bild 9.6: Zeitlicher Ablauf des Handshakes auf dem IEC-Bus

Eine Datenübertragung über den IEC-Bus arbeitet nach folgenden Regeln (Bild 9.6): Der Sprecher legt das erste Datenbyte auf die Datenleitungen DIO 1 bis DIO 8 (1). Die empfangenden Geräte signalisieren dem Sprecher ihre Empfangsbereitschaft, indem sie die Leitung NRFD auf HIGH-Pegel (bereit, um Daten zu empfangen) (2) und die Leitung NDAC auf LOW-Pegel (bisher noch keine Daten empfangen) setzen. Jede Datenübertragung wird erst dann begonnen, wenn alle Geräte ihre Bereitschaft (NRFD = false) gesendet haben.

Der Sender meldet daraufhin den Empfängern über die Leitung DAV mit einem LOW-Pegel die Gültigkeit der Daten (3). Anschließend setzen die Empfänger die NRFD-Leitung auf LOW-Pegel (keine weitere Datenübernahme) (4) und übernehmen die Daten über die Datenleitungen DIO 1...DIO 8. Abhängig von ihrer Reaktionsgeschwindigkeit melden die Empfänger nach und nach die Übernahme der Daten (5). Haben alle übernommen, wird die NDAC-Leitung auf HIGH-Pegel gesetzt (6). Jede Datenübertragung wird erst dann abgeschlossen, wenn alle Geräte ihre Fertigmeldung (NDAC = false) gesendet haben.

Der Sender setzt jetzt die DAV-Leitung auf HIGH-Pegel (Daten ungültig) (7), löscht das Datenbyte (8) und stellt anschließend das nächste Datenbyte zu Verfügung (9). Die Empfänger nehmen daraufhin ihre Fertigmeldung zurück, indem sie die NDAC-Leitung auf LOW-Pegel setzen (10). Bevor das nächste Datenbyte für gültig erklärt werden kann, muss der Sender die Bereitschaftsmeldung aller Empfänger abwarten (11), die aber von der Verarbeitungszeit der einzelnen Geräte abhängt.

Schnittstellennachrichten. Je nach dem logischen Zustand der Steuerbusleitung ATN werden die übertragenen Daten als Schnittstellennachrichten oder als Gerätenachrichten interpretiert. Schnittstellennachrichten (ATN=1) werden nur durch die Schnittstellen der beteiligten Geräte ausgewertet und dienen der Steuerung der Geräte in ihrer Eigenschaft als Teilnehmer des Bussystems. Hierbei handelt es sich um Befehle wie:

- DCL (Device Clear): Alle Geräte werden in den Einschaltzustand versetzt.
- LLO (Local Lockout): Die manuelle Frontbedienung der Geräte wird ausgeschaltet.

- GTL (Go to Local): Auf Fernsteuerung eingestellte Geräte werden auf manuelle Bedienung zurückgestellt.
- TCT (Take Control): Die Steuereinheit kann die Steuerfunktion über den Bus einem Gerät übergeben.

Die Norm legt hierfür eine Reihe von Schnittstellenfunktionen fest und nimmt dabei Rücksicht auf spezielle Eigenschaften von Messgeräten:

- Timeout: Der Controller wartet eine einstellbare Zeit lang (z. B. 10 ms) auf die Antwort eines angesprochenen Geräts und steht dann für weitere Aufgaben zur Verfügung.
- Trigger (Group Execute Trigger): Über eine eigene Leitung lassen sich Messungen in mehreren angeschlossenen Geräten gleichzeitig starten.

9.3.5 Kabellose Netzwerke; Bluetooth, WLAN und IrDA

Kabellose Netzwerke ermöglichen den Teilnehmern die Kommunikation innerhalb eines Netzwerks durch den Einsatz von z. B. Funk als Transportmedium. Auch die Übertragung über Infrarotlicht (IrDA) ist möglich. Das Funknetz kann an ein bestehendes Rechnernetz als Erweiterung angebunden werden oder es bildet die Basis eines neuen Netzes. Einsatzbereiche sind unter anderem Büro-, Labor- und Konferenzräume sowie Fabrikhallen, Krankenhäuser, Schulen und Universitäten. Grundbaustein eines drahtlosen Netzes ist die so genannte Funkzelle, innerhalb der die drahtlose Kommunikation stattfindet. Rechner wie PCs, Laptops und andere mit Anschlussadaptern versehene Geräte können in der Funkzelle frei bewegt werden. Die Größe des abgedeckten Bereichs hängt außer von der Sendeleistung des Geräts (in der EU auf maximal 100 mW an der Antenne limitiert), auch vom Einsatzort ab. Meist deckt eine Zelle einen annähernd kreisförmigen Bereich ab. Mit einer Sendeleistung von 100 mW erreicht man innerhalb von Gebäuden eine Reichweite von ca. 50 m, mit 1 mW etwa 5 m.

Bluetooth. Bluetooth stellt für den Nahbereich eine schnurlose Schnittstelle für eine Vielzahl von Geräten wie PDAs, digitale Kameras, Handys oder Notebooks zur Verfügung. Bluetooth sendet über eine Distanz von etwa 10 m mit einer Datenrate von 1 MBit pro Sekunde. Diese Datenrate müssen sich jedoch alle Geräte im Funkbereich teilen, da nur ein Kanal vorhanden ist. Bluetooth bildet ein lokales Nahbereichsfunknetz. Entsprechend der Bluetooth-Spezifikation sollte jedes Gerät mit jedem anderen Bluetooth-Gerät kommunizieren können, was jedoch derzeit leider noch nicht immer gegeben ist. In Bluetooth wurden verschiedene Sicherheitsmechanismen eingearbeitet, die eine Kommunikation zweier Geräte erst nach einer etwas aufwändigen Anmeldung erlaubt [9.15].

Grundlage der verschiedenen Anwendungen sind die so genannten Profile. Diese legen herstellerübergreifend fest, wie die Geräte untereinander erkennen, welche Möglichkeiten im Netz vorhanden und wie diese zu nutzen sind. Typische vordefinierte Profile sind:

- File Transfer Profile: Dieses dient dem Austausch von Daten zwischen Geräten, beispielsweise einer Notiz zwischen PDA und Notebook.
- LAN Access Profile: Ziel dieses Profils ist eine direkte Verbindung zu einem LAN. Hierzu muss ein Rechner mit Netzwerkanschluss als Bridge eingerichtet werden (LAN Access Point).
- Serial Port Profile: Dieses Profil soll die Umstellung von Anwendungen, die bisher RS-232 nutzten, auf Bluetooth erleichtern.

Wireless Local Area Network WLAN. Ein WLAN bietet Datenraten bis zu 54 MBit/s und eine Reichweite innerhalb eines Gebäudes von 20 bis 50 m. Bei direkter Sichtverbindung sind etwa bis 300 m möglich. Verwendet man zusätzliche Richtantennen, so können auch Strecken von mehreren Kilometern überbrückt werden. Die Geräte benötigen spezielle WLAN-Karten, die die Kommunikation mit dem Funknetzwerk ermöglichen. Der Anschluss eines Geräts an die WLAN-Karten kann über PCI-Bus, USB oder PC-Card erfolgen. Möchte man nur einige Rechner oder Geräte über ein gemeinsames Funknetzwerk verbinden, so benötigt man außer den WLAN-Karten kein weiteres Zubehör [9.16].

Mit zusätzlichen Access Points kann man jedoch deutlich größere Netzwerke bilden, die sich beispielsweise über mehrere Etagen oder Funkzellen erstrecken. Der Access Point bildet dabei die Zentrale einer Funkzelle. Er kann bis zu 256 Funkstationen verwalten. Der Access Point kann aber auch das Bindeglied zu einem bereits bestehenden Rechnernetz bilden. In diesem Fall kann auch ein Rechner, der an das Festnetz angeschlossen ist, als Acess Point dienen. Eine Bewegung mit einem WLAN-Gerät zwischen den einzelnen Funkzellen, das so genannte „Roaming“, wird dadurch ebenfalls ermöglicht.

IrDA. Eine weitere für den drahtlosen Betrieb geeignete Schnittstelle ist die von der RS-232 abgeleitete Schnittstelle IrDA. Mit ihr lassen sich Daten mittels Infrarotlicht über kurze Distanzen übertragen. IrDA wurde bereits 1994 als Norm definiert. Sie wurde aber bisher fast nur für Notebooks und PDAs (Personal Digital Assistants) eingesetzt. Im Gegensatz zu Bluetooth oder WLAN benötigt IrDA einen „Sichtkontakt“ von Sender und Empfänger. Der Standard IrDA 1.0 unterstützt Datenübertragungsraten von 9,6 bis 115,2 kBit/s (Serial Infrared); IrDA 1.1 Datenraten 16 MBit/s [Mid Infrared (MIR) bis 1,152 MBit/s, Fast Infrared (FIR) bis 4 MBit/s und Very Fast Infrared (VFIR) bis 16 MBit/s].

9.4 Messgeräte mit integrierter digitaler Schnittstelle

9.4.1 Anschluss

Nachdem in den vorangegangenen Abschnitten der Rechner mit seinen Schnittstellen behandelt worden ist, soll jetzt über den Anschluss der Messgeräte gesprochen werden. Am einfachsten ist es natürlich, für einen Rechnermessplatz solche Messgeräte zu verwenden, die schon eine digitale Schnittstelle eingebaut haben. Derartige Messgeräte enthalten oft auch schon spezielle Programme zur Kalibrierung oder zur digitalen Signalanalyse. Sie sind praktisch für alle Aufgaben verfügbar und können somit durch einen Rechner über die RS-232-Schnittstelle oder über einen Messgerätebus wie den IEC- oder USB-Bus gesteuert werden. Während alle PCs über eine oder mehrere USB-, RS-232- oder LPT-Schnittstellen verfügen, ist dies z. B. für den IEC-Bus nicht gegeben. Ein Rechner benötigt hierzu eine spezielle **Schnittstellenkarte**. Eine weitere Möglichkeit ist der Anschluss eines USB-IEC-Interfaces, insbesondere bei Notebooks. Man gewinnt dadurch Flexibilität und spart das sehr dicke und auch teure IEC-Kabel ein. Bild 9.7 zeigt zwei Aufbauvarianten, um externe Messgeräte mit integrierter digitaler Schnittstelle an einen Rechner anzuschließen [9.6]...[9.10].

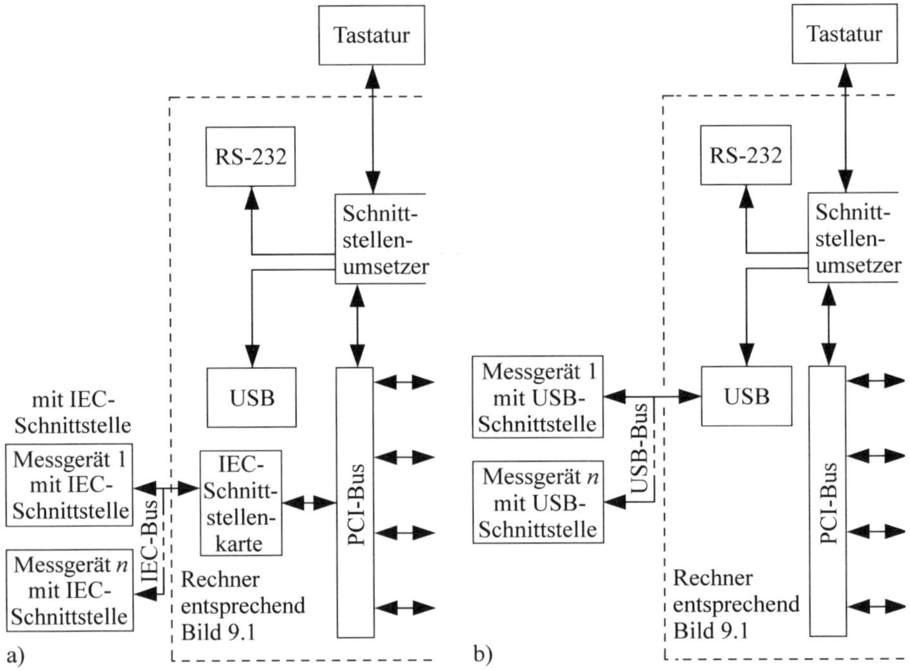

Bild 9.7: Anschluss externer Messgeräte an den PC; Anschluss über
a) eine IEC-Schnittstellenkarte, b) einen Universal Serial Bus (USB)

9.4.2 Steuerung

Gerätesteuerung. Bei einem gesteuerten Gerät kann man auf alle Bedienungselemente, wie Schalter, Steller oder Anzeigen am Gerät, verzichten. Die Steuerung erfolgt über die Gerätenachrichten (program messages), die vom Rechner über den Messgerätebus zum Gerät gesendet werden. Eine zusätzliche Eingabe über die Frontplatten-Bedieneroberfläche der Geräte ist dabei nicht nötig und kann unterbunden werden (REMOTE-Betrieb). Der Rechner ist üblicherweise der Master des Messgerätebusses und kann daher jederzeit auf den Bus zugreifen. Die Messgeräte und übrigen Geräte sind Slaves und können von sich aus keine Meldung auf den Bus abgeben, sie müssen hierzu vom Rechner aufgefordert werden. Durch eine spezielle Einrichtung an der Schnittstelle ist es möglich, dass ein Gerät vom Rechner eine Bedienung anfordert. Dies kann durch eine Unterbrechung (interrupt) oder eine Bedienungsanforderung (service request) geschehen.

Gerätenachrichten. Eine Gerätenachricht ist eine festgelegte Folge von Zeichen, die im Gerät die zugehörige Gerätefunktion (instrument action) auslöst. Eine Gerätefunktion ist dabei ein Vorgang, den das Gerät nach Aufforderung selbstständig ausführen kann. Gerätenachrichten umfassen neben den Einstellungen für die Geräte auch die Messdaten, Messergebnisse und Statusinformationen der Messgeräte. Der Befehlssatz eines Geräts umfasst alle erlaubten Gerätenachrichten. Vom Gerätehersteller oder einer Normvorschrift wird festgelegt, welche Gerätenachricht jeweils zu der entsprechenden Gerätefunktion gehört. Die Gerätefunktionen und die zugehörigen Gerätenachrichten sind in der Bedienungsanleitung des Geräts beschrieben.

Es lassen sich zwei Typen von Gerätenachrichten unterscheiden:

Bei **registerbasierten** Geräten wird jede Funktion durch den Eintrag eines Worts in ein Speicher-Register (oder durch Festlegung einzelner Bit) gestartet.

Bei **nachrichtenbasierten** Geräten wird jede Funktion beim Empfang einer festgelegten Gerätenachricht ausgelöst.

Die meisten modernen Geräte sind nachrichtenbasiert. Ihre Gerätenachrichten werden meist als ASCII-Zeichen übertragen. Ein spezielles Endezeichen, wie „;" oder „CR LF" (Carriage Return/Line Feed CR LF, d. h. neue Zeile) schließt eine Gerätenachricht ab.

Standard Commands for Programmable Instruments, SCPI. Durch die Normierung SCPI wird eine herstellerübergreifende Vereinheitlichung der Gerätenachrichten angestrebt. Hierzu wird für jede Geräteklasse, wie Funktionsgeneratoren, Multimeter oder Oszilloskope, ein einheitlicher Befehlssatz mit einer gemeinsamen Syntax vereinbart. SCPI soll für jeden Gerätebus anwendbar sein [9.17]. Die Gerätenachrichten haben meist folgende Syntax:

- BEFEHL Endezeichen,
- BEFEHL <wert> Endezeichen,
- BEFEHL <wert> EINHEIT Endezeichen.

Um Daten von einem gesteuerten Gerät zum Rechner zu übertragen, müssen diese erst vom Rechner angefordert werden. Diese Anforderung kann durch einen eigenen Befehl (command) erfolgen, wie „DATA?", woraufhin das Gerät die Messdaten ausgibt. Die Anforderung kann aber auch Teil einer Gerätenachricht (query) sein, wie „IDN?". Beispiele von genormten Gerätenachrichten sind:

- IDN? (output identity): Das Gerät stellt einen String zur Geräteidentifikation zur Verfügung, üblicherweise die Gerätebezeichnung.
- LRN? (output learn string): Das Gerät liefert einen String mit allen Einstellungsparametern. Durch Laden dieser Zeichenkette kann das Gerät sehr einfach wieder in den Zustand versetzt werden, in dem es vor dem Auslesen des „learn string" war.
- STB? (output status byte): Diese Gerätenachricht veranlasst das Gerät, die Status-Informationen auszugeben. Dies sind Informationen über den Zustand des Geräts, wie Betriebsbereitschaft, Fehlerzustände oder Einstellungen.
- BEEP: Das Gerät liefert ein akustisches Zeichen.
- VOLTAGE <wert>: Die Ausgangsspannung wird auf <wert> gesetzt. Analog arbeiten die Befehle POWER <wert>, FREQUENCY <wert>, TIME <wert>, POINTS <wert>, START und STOP.

9.5 Messgeräte ohne integrierte Schnittstelle

9.5.1 Prinzip

Sind Messgeräte mit einem Analogausgang an einen Rechner anzuschließen, so sind die analogen Daten in digitale umzuformen. Es ergibt sich dabei die Struktur von Bild 9.8.

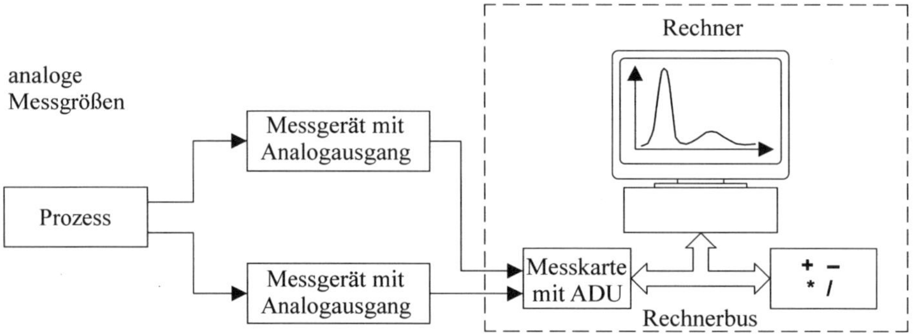

Bild 9.8: Anschluss von Messgeräten mit Analogausgängen an einen Rechner

Die nötige Analog/Digital-Umsetzung geschieht dabei in einer **Messkarte**, die oft auf einem freien Steckplatz im PC untergebracht werden kann. Die Kommunikation des Betriebssystems des Messrechners mit der Messkarte geschieht beispielsweise über eine in C oder C++ geschriebene DLL (Dynamic Link Library), während das Messprogramm selbst auf einer höheren Ebene mit der DLL kommuniziert. Zur Signalverarbeitung kann auf spezialisierte Programme wie z. B. MATLAB oder LabVIEW zurückgegriffen werden.

9.5.2 Aufbau einer Messkarte

Messkarten, oft auch Signalerfassungskarten genannt, dienen der Aufnahme von analogen Spannungen. Alle elektrischen Größen müssen vor der Messwertaufnahme in eine Spannung umgewandelt werden. Zusätzlich zu den analogen Eingängen enthalten Messkarten auch digitale Eingänge, um Zustände von externen Messgeräten abzufragen. Des Weiteren kann man über analoge Ausgänge analoge Spannungen an Aktoren anlegen oder über digitale Ausgänge digitale Daten an Messgeräte senden. Die Kommunikation mit dem Anwender erfolgt über das Messprogramm, mit dem man die Einstellungen der Karte ändern und sich die Messwerte ausgeben lassen kann [9.4]. Bild 9.9 zeigt das Blockschaltbild einer typischen Messkarte.

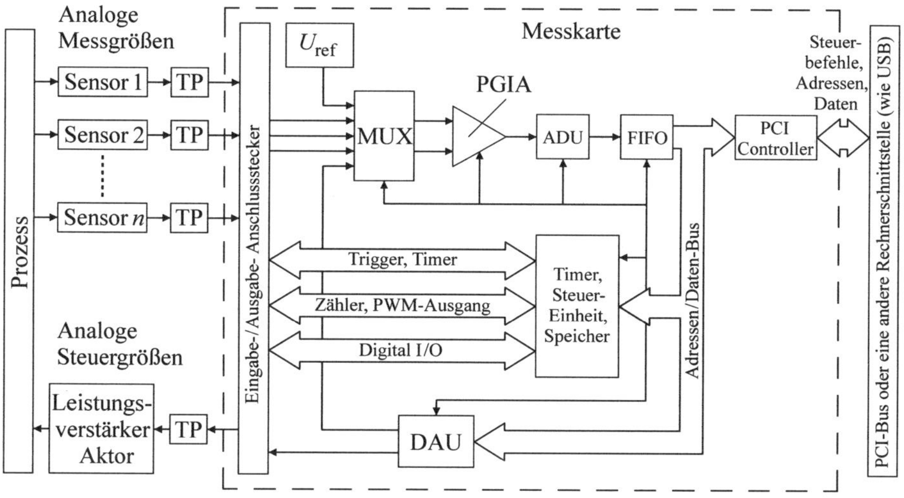

Bild 9.9: Blockschaltbild einer Messkarte

Messkette. Der obere Teil des Bildes zeigt eine Messkette, mit der die eigentliche Messfunktion verwirklicht wird. Der Ein- und Ausgabestecker verbindet die Messkarte über ein Kabel mit den Sensoren. Zwischen Sensoren und Messkarte soll immer ein Tiefpassfilter (TP) geschaltet werden. Die Kanalzahl, typischerweise 8 oder 16, gibt die Anzahl der analogen Spannungsein- und -ausgänge an. Die analogen Eingänge des Eingabe-/Ausgabe-Steckers sind mit dem Multiplexer (MUX) verbunden. Er ist ein elektronischer Umschalter mit einer Reihe von analogen Spannungseingängen, mehreren digitalen Steuerleitungen und einem analogen Spannungsausgang. Durch den Wert, der an der Steuerleitung anliegt, wird ein Eingangskanal ausgewählt und über den programmierbaren Verstärker PGIA zum ADU durchgeschaltet.

Multiplexer. Die Spannung, die an den ADU weitergeleitet wird, kann im Multiplexer gegen Masse oder differenziell zwischen zwei Spannungseingängen abgegriffen werden. Meist schaltet ein zusätzlicher Multiplexer zwischen diesen beiden Betriebsmodi um. Man erhält so entweder 4 differenzielle oder 8 massebezogene Eingänge. Zur Kalibrierung der Messkette kann über den Multiplexer auch eine Referenzspannung U_{ref} an den ADU angelegt werden. Zur Kalibrierung der analogen Ausgangssignale der Messkarte (DAU) können auch diese über den Multiplexer an den ADU durchgeschaltet werden.

Programmierbarer Verstärker. Zur Pegelanpassung der analogen Eingangsspannung an den Messbereich des ADU folgt nun ein programmierbarer Verstärker (Programmable Gain Input Amplifier PGIA), um die maximale Auflösung und somit die maximale Genauigkeit der Messkarte zu erreichen. Der Verstärkungsfaktor kann für jeden Kanal unabhängig gewählt werden und wird in schnellen Messkarten in einem eigenen Speicher (PGIA Configuration Memory) abgelegt.

Analog/Digital-Umsetzer. Der ADU wandelt die analoge Spannung in ein digitales Signal mit derzeit 8 bis 26 Bit Auflösung. Die Abtastrate (sample rate) gibt die maximal mögliche Messgeschwindigkeit an, wobei bei mehreren Kanälen meist die Summenabtastrate angegeben wird. Werden n Eingangskanäle verwendet, so sinkt die Abtastrate pro Kanal auf den n-ten Teil. Die für eine Abtastung benötigte Zeit ist durch die Einschwingzeit des Verstärkers und der Abtast- und Halte-Stufe, die Konvertierungszeit des A/D-Umsetzers und die Speicherzeit des Messwertes bestimmt.

Auflösung und Abtastrate. Die Anwendungen stellen sehr unterschiedliche Anforderungen an die Messkarte: Für ein digitales Multimeter beispielsweise benötigt man eine möglichst hohe Auflösung, aber nur eine niedrige Abtastrate. Hierzu werden derzeit bis zu 26 Bit bis zu einer Abtastrate von 20 Hz angeboten. Für Audioanwendungen sowie Schall- und Vibrationsanalysen reicht meist eine deutlich niedrigere Auflösung von 16 Bit völlig aus. Es werden aber Abtastraten von mehreren kHz benötigt. Auch für Frequenzzähler und Kommunikationstestgeräte werden Abtastraten von 10 kHz und mehr erwartet. Neuere Messkarten bieten hier bis zu einer Abtastrate von 100 kHz eine Auflösung von 24 Bit an. Sollen mit der Messkarte hochfrequente oder breitbandige Signale analysiert werden, wie z. B. bei Oszilloskopen, so werden teilweise auch Abtastraten über 10 MHz benötigt.

Zwischenspeicher. Die Messdaten werden nun nicht direkt dem PC übergeben, sondern in einem Zwischenspeicher (First-In/First-Out FIFO) auf der Messkarte gespeichert. Je nach Messkarte können mehrere tausend Messwerte in das FIFO geschrieben werden. Der PC-Controller liest die Daten aus der Ausgabeseite des FIFO ohne Unterbrechung der Datenerfassung und übergibt sie dem PCI-Bus des Rechners. Was zuerst vom ADU in den FIFO geschrieben wurde, steht auch als Erstes zum Auslesen an der Ausgabeseite zur Verfügung. Somit kann die Messkarte mit fester Abtastrate die Daten in das FIFO schreiben, ohne dass der PC Rechenleistung zur Verfügung stellen muss. Der PC ist durch das FIFO nicht gezwungen, jeden Messwert sofort einzulesen und zu verarbeiten, sondern kann in entsprechenden Abständen die Messdaten blockweise einlesen.

Schnittstellencontroller. Die Messdaten werden über die Datenleitungen des Rechners, meist direkt über den PCI-Bus, an den Computer weitergegeben. Der Schnittstellencontroller (PCI controller) übernimmt die gesamte Kommunikation der Messkarte mit dem Bus des Rechners. Schnelle Messkarten besitzen meist einige **DMA-Kanäle** (Direct Memory Access DMA), die dem Messkartencontroller einen direkten, sehr schnellen Zugriff auf den Hauptspeicher des Steuerrechners ohne Kommunikation mit dem Messprogramm erlauben. Ist kein DMA Controller vorhanden, so wird hierfür oft auch ein großer FIFO-Puffer eingesetzt.

Steuerung der Messkarte. In langsamen Messkarten steuert der PC alle zur Messung notwendigen Funktionen, wie Kanalwahl, Verstärkungswahl, ADU starten, AD-Wandlung-Fertig erkennen oder Daten einlesen. Dies kostet sehr viel Zeit, wenn der Prozessor auf die Abarbeitung der Befehle warten muss. WINDOWS-Betriebssysteme sind zudem aus technischen Gründen nicht echtzeitfähig und können deshalb nicht für einen zeitkonstanten Ablauf sorgen.

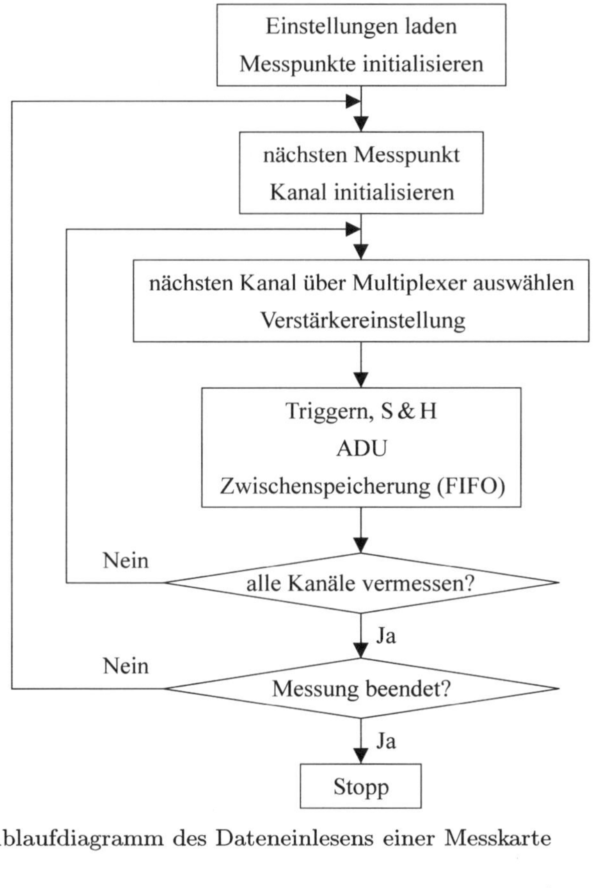

Bild 9.10: Ablaufdiagramm des Dateneinlesens einer Messkarte

Schnelle Messkarten haben daher einen eigenen Controller (Timer, Steuereinheit, Speicher), der die komplette Steuerung der Messung übernimmt. Aufgrund der Zeitanforderungen werden hierfür heute oft FPGAs (Field Programmable Gate Arrays) eingesetzt. Diese ermöglichen die Integration des gesamten digitalen Schaltungsteils der Messkarte. Je nach verwendeter Technologie ist sogar eine Neuprogrammierung des FPGAs über den PC möglich.

Vor der Messung übergibt der PC dem Controller eine Abarbeitungsliste (Scanliste), beispielsweise Kanal 1 mit Verstärkung V = 2 messen, dann Kanal 3 mit V = 1 messen usw. und dies mit einem zeitlichen Abstand von 10 µs (100 kHz). Bild 9.10 zeigt das zeitliche Schema der Datenaufnahme einer Messkarte.

Timer und Trigger. Der Timer des Messkartencontrollers kann einerseits über die Triggerschnittstelle auch extern ein Triggersignal oder ein Frequenzsignal zur Verfügung stellen, andererseits aber auch über ein externes Triggersignal angestoßen werden. Zähler können im Gegensatz zu den anderen digitalen Eingängen schnelle Impulse bis in den MHz-Bereich verarbeiten. Der Messkartencontroller löscht zu Beginn einer Messung den Zählerstand und kann ihn dann bei Bedarf abfragen. Wird der Zähler nach einer festen Zeit abgefragt und danach jedes Mal zurückgesetzt, so erhält man die Anzahl der Impulse pro Zeiteinheit. Beträgt die Zeiteinheit eine Sekunde, so erhält man die Frequenz in Hertz. Einige Zähler haben zusätzlich einen Richtungseingang (Vorwärts/Rückwärts-Zähler), durch den zwischen Vor- und Zurückzählen umgeschaltet werden kann. Anwendung finden diese Zähler beispielsweise bei inkrementellen Weg- und Umdrehungssensoren.

Digitale Eingabe- und Ausgabekanäle. Über die digitalen Eingabe- und Ausgabekanäle der Messkarte (Digital I/O) kann der Messkartencontroller bei Bedarf die Zustände von externen Messgeräten abfragen oder Steuersignale an diese senden.

Analoge Ausgabekanäle. Auf der Messkarte befinden sich meist mehrere Steuerketten mit Digital/Analog-Umsetzern, die die analogen Ausgabekanäle der Messkarte bilden.

Viele Messkarten besitzen darüber hinaus einen oder mehrere Ausgänge mit Pulsweitenmodulation PWM. Dies sind digitale Ausgänge, die Rechtecksignale mit veränderbarem Tastverhältnis (Ein- und Auszeit) ausgeben. Ein übliches Rechtecksignal hat ein Tastverhältnis von 50 % (beispielsweise 1 ms an, 1 ms aus). Bei einem PWM-Ausgang kann nun das Tastverhältnis zwischen 0 und 100 % entsprechend der Ausgangsgröße gewählt werden. Wird das Ausgangssignal anschließend durch ein Tiefpassfilter geglättet, so erhält man in Summe einen analogen D/A-Ausgang, wobei als Verstärker jedoch ein im Stromverbrauch günstigerer Verstärker ausreicht.

Embedded Systems. In vielen, vor allem produktnahen Anwendungen, muss die Messkarte nicht nur die digitalisierten Messwerte zur Verfügung stellen, sondern auch noch die Auswertung der Messwerte und die Bereitstellung der Ergebnisse übernehmen. Hierzu existieren Messkarten mit einem integrierten Spezialrechner wie einem digitalen Signal-Prozessor DSP, einem PowerPC oder einem Field Programmable Gate Array FPGA (embedded system). Der Messrechner dient hier nur noch zur Entwicklung des Messprogramms und zur Anzeige der Messergebnisse. Um auf einem DSP oder PowerPC ablaufen zu können, müssen die Programme in einer maschinennahen Sprache wie Assembler oder C bereitstehen. Einige Programmumgebungen, wie z. B. MATLAB/Simulink, unterstützen den Export der Auswerteroutinen.

9.5.3 Anschluss einer Messkarte an einen Rechner

Messkarten und Schnittstellenkarten zur Ansteuerung eines Messgerätebusses besitzen eine Schnittstelle zu einem Rechnerbussystem, über die sie vom Messprogramm gesteuert und ausgelesen werden können. Die schnellste und günstigste Variante kommuniziert direkt mit dem internen PCI-Bus des Rechners und wird dabei physikalisch in das Gehäuse des Rechners eingebaut. Die Rechnerschnittstelle der Messkarte wird mit einem Treiber logisch in das Betriebssystem integriert [9.4]. Bild 9.11 zeigt Erweiterungsmöglichkeiten eines PCs mit einer Messkarte.

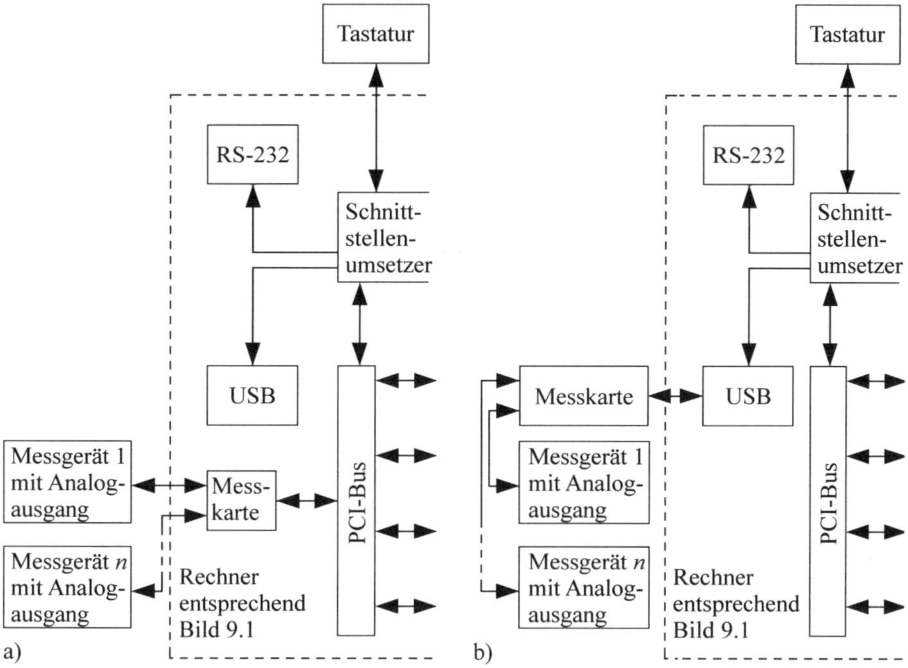

Bild 9.11: Anschluss einer Messkarte an den PC
a) Anschluss an den internen Rechnerbus PCI b) Anschluss über USB an den Rechner

Der Anschluss der Messkarte an den internen PCI-Bus ist die häufigste, einfachste und günstigste Erweiterungsmöglichkeit eines PCs zu einem Messrechner. Ist ein Einbau in das Rechnergehäuse oder ein Anschluss an den PCI-Bus nicht möglich, wie beispielsweise bei einem Laptop, oder muss die Messkarte aus messtechnischen Gründen vom Rechner getrennt werden, so wird sie über eine externe Schnittstelle, wie PC-Card, USB, RS-232 oder LPT, an den Rechner angeschlossen. Für eine transportable Messdatenerfassung mit einem tragbaren Computer (Notebook oder Laptop) bietet sich die PC-Card oder der USB-Bus zum Anschluss an. Die Datenrate über die PC-Card-Schnittstelle ist schneller als über die USB-Schnittstelle. Die kleinen Stecker sind jedoch mechanisch empfindlich. Außerdem sind PC-Card-Messkarten relativ teuer. Die Tendenz geht in Richtung externer Messbox mit USB-Anschluss, die über diesen auch mit der Betriebsspannung versorgt werden kann. Es werden sogar Messkarten mit Bluetooth- oder WLAN-Schnittstelle angeboten, die über eine Distanz von mehreren Metern über Funk ausgelesen werden können. Die Messkarten werden üblicherweise mit den zugehörigen Installationsprogrammen geliefert, die dann die entsprechenden Treiber (meist in Form von DLLs) zur Verfügung stellen und auch gleich alle nötigen Einträge in den Systemprogrammen, bei WINDOWS im Gerätemanager und der Registry, durchführen. Die Rechnerschnittstelle der Messkarte wird dadurch logisch in das Betriebssystem des Messrechners integriert. Zusätzlich werden meist noch Programme zur Parametrierung und zum Test der Messkarte mitgeliefert. Die Herstellerfirmen von Messkarten stellen über das Internet umfassende Bibliotheken von neuesten Treiberprogrammen und Installationsprogrammen zur Verfügung, durch die Probleme, die erst nach der Auslieferung erkannt wurden, behoben werden können.

9.6 Messprogramme

9.6.1 Aufgaben der Messprogramme

Die Messprogramme steuern den Messaufbau und die Messdatenaufnahme, sie werten die Messdaten aus, führen eine Fehlerkorrektur durch und visualisieren und speichern die Messergebnisse. Die wichtigsten Anforderungen an ein Messprogramm sind neben der korrekten Erfassung der Messsignale die schnelle Reaktion auf externe oder interne Ereignisse, einfache Bedienung, hohe Zuverlässigkeit sowie Erweiterbarkeit, Portierbarkeit und Wartbarkeit.

Messwertverarbeitung. Entsprechend der Zeitspanne zwischen der Messdatenaufnahme und ihrer Auswertung stehen die Messergebnisse unterschiedlich schnell zur Verfügung:

- Ein Messprozess verläuft **„off line“**, wenn zwischen der Messwerterfassung und der zugehörigen Auswertung entweder eine erhebliche zeitliche Unterbrechung vorliegt, oder wenn die Daten nicht über Datenleitungen, sondern durch den Transport von Datenträgern übertragen werden. Messungen im Labor können meist **„off line“** durchgeführt werden.
- Ein Prozess verläuft **„on line“**, wenn alle Daten unmittelbar nach ihrer Verfügbarkeit zur anschließenden Verarbeitung weitergegeben werden. Die Weitergabe erfolgt dabei automatisch über eine Datenleitung ohne Transport von Hardware. Eine ständig geschaltete Leitung ist dazu jedoch nicht erforderlich.
- Bei einer schritthaltenden Verarbeitung in „Echtzeit“ (real time) muss eine notwendige Reaktion innerhalb einer vorher festgelegten Zeitspanne einsetzen können. Unkalkulierbare Wartezeiten müssen dazu ausgeschlossen sein. Regelungs- und Steuerungsvorgänge in der Prozesstechnik erfordern meist einen Echtzeitbetrieb.

Steuerung des Messprogramms. Die einzelnen Teile des Messprogramms können zeit- oder ereignisgesteuert aufgerufen werden:

- In einer Ereignissteuerung löst das Eintreten eines bestimmten Ereignisses die Bearbeitung einer zugehörigen Prozedur aus.
- In einer Taktsteuerung startet ein Taktgeber den jeweils nächsten Schritt.

Sprachen für Messprogramme. Die Erstellung eines Messprogramms zur Datenerfassung und Steuerung eines Versuchs kann zu einer langwierigen und aufwändigen Aufgabe werden, wenn neben der reinen Datenerfassung auch noch weitergehende Funktionen wie z. B. die Parametrierung der Messgeräte sowie die Auswertung und die Darstellung der Messergebnisse integriert sein sollen. Die auftretenden Teilprobleme sind jedoch für viele Anwendungen gleichartig und lassen sich gut modularisieren. Da Messprogramme viele Eingabe- und Ausgabeoperationen über externe Schnittstellen durchführen müssen, sind sie meist in einer Hochsprache geschrieben, die derartige Operationen unterstützt. Für rechenzeitkritische Anwendungen im Prüffeld oder eine produktnahe Anwendung bei einem DSP werden hier Sprachen wie C, C++ oder Assembler eingesetzt.

Grafische Entwicklungsumgebung. Dem Stande der Technik entsprechend werden bei nicht zeitkritischen Anwendungen die Programme mit Hilfe von grafischen Entwicklungsumgebungen erstellt. Damit lassen sich die Entwicklungszeiten beträchtlich verkürzen. Verschiedene Hersteller liefern für Teilaufgaben fertige Module, mit denen die Mess- und Steuerprogramme bausteinartig zusammengesetzt werden können. Bekannt sind z. B. die Entwicklungsumgebungen LabVIEW von National Instruments [9.4], [9.18], [9.19] und VEE von Agilent [9.5]. Die Erweiterung SIMULINK bietet für MATLAB ebenfalls eine grafische Benutzeroberfläche in Blockdarstellung.

Numerische Programme. Alternativ zu diesen Entwicklungswerkzeugen wird zur Erstellung eines Messprogramms im Labor oft auch ein Numerikprogramm sowohl mit vorgefertigten Treibern als auch kurzen selbst geschriebenen Routinen kombiniert. Die selbst geschriebenen Teile übernehmen die Kopplung an die Messgeräte, für die kein Treiber vorliegt. Zusätzlich kann das Numerikprogramm auch zur Theoriebildung und Simulation des vorliegenden Messproblems eingesetzt werden. Die umfangreichsten und modernsten Möglichkeiten bietet hier MATLAB [9.20] von MathWorks [9.3]. Die Erweiterung SIMULINK bietet für MATLAB ebenfalls eine grafische Benutzeroberfläche. Zusätzliche Erweiterungen von MATLAB ermöglichen die automatische Übersetzung eines grafisch erstellten Mess- und Auswerteprogramms in ein C-Programm für die meisten digitalen Signalprozessoren.

9.6.2 Ablauf eines rechnergestützten Messprozesses

Der Ablauf eines rechnergestützten Messprozesses lässt sich in folgende Schritte gliedern (Bild 9.12):

Instrumentieren. Das Instrumentieren umfasst alle nötigen Arbeitsschritte, um die Gerätekomponenten zu einer gemeinsamen Messeinrichtung zu verbinden. Bei einem rechnergestützten Messprozess kommen hierbei folgende manuelle und programmgesteuerte Arbeitsschritte hinzu:

- Kommunikationsverbindungen aufbauen,
- Busadressen vergeben,
- Betriebssoftware in die Geräte laden und starten,
- Messprogramm in den Steuerrechner laden und starten,
- Messgeräte in einen definierten Grundzustand versetzen,
- Übertragungsparameter einstellen,
- Gerätebezeichnungen auslesen,
- Selbsttest durchführen,
- Abfrage der Statusinformationen aus den Geräten.

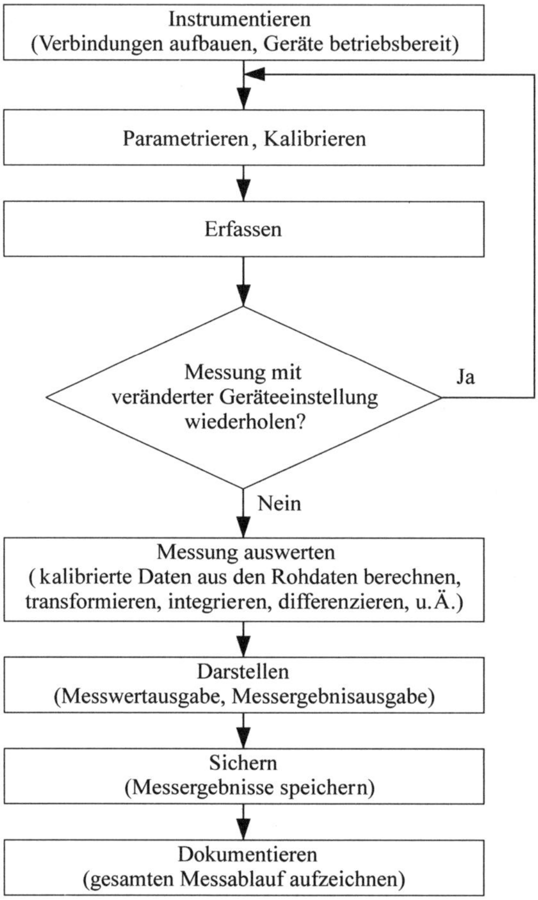

Bild 9.12: Die wesentlichen Schritte einer rechnergestützten Messdatenerfassung

Parametrieren. Parametrieren bedeutet bei allen Geräten die speziellen Zustände einzustellen, die für den beabsichtigten Messprozess benötigt werden:

- die Messfunktion auswählen,
- den Messbereich und die Punkteanzahl einstellen,
- Filter dazuschalten, Mittelungen einstellen,
- die Triggerbedingungen festlegen,
- die Messrate festlegen.

Kalibrieren. Beim Kalibrieren eines Messsystems wird der Zusammenhang zwischen der Messgröße und der durch das Messsystem angezeigten Größe (der Signalgröße) bestimmt. Zur Kalibration werden in rechnergestützten Messsystemen Kalibrationselemente mit genau bekannten Eigenschaften vermessen. Die Kalibrationskurven werden mit der gleichen Einstellung gemessen, mit der später auch die Messung durchgeführt wird.

Die Kalibration gilt nur für das Messsystem, an dem die Kalibrierdaten gewonnen wurden, nur in dem kalibrierten Arbeitsbereich und nur bei gleichen oder vergleichbaren Randbedingungen. Soll eine Messreihe mit unterschiedlichen Geräteeinstellungen durchgeführt werden, so ist zuvor eine neue Kalibrationsmessreihe durchzuführen. Da elektronische Geräte eine Alterung und eine Drift aufweisen, können sich auch die Kalibrationsdaten ändern.

Erfassen. Die Messwerterfassung stellt den eigentlichen Messvorgang dar. Bei einer Einzelmessung wird der Messvorgang nur ein einziges Mal ausgelöst (getriggert). Der Vorgang kann hierbei durch den Bediener der Messeinrichtung, durch einen Computer oder durch ein externes Signal ausgelöst werden. Das Ergebnis einer Einzelmessung kann eine binäre Aussage, ein einzelner numerischer Wert, eine Zeichenkette oder auch ein ganzer Datensatz sein. Ein Beispiel für eine einfache Einzelmessung wäre ein Mausklick, der eine Bildaufnahme einer digitalen Kamera auslöst und das Bild in den Rechner überträgt.

Oft kann eine Einzelmessung nicht zu beliebigen Zeitpunkten oder bei beliebigen Systemzuständen erfolgen. Das System muss zuvor in einen festgelegten Zustand geführt werden. In einer geführten Einzelmessung werden vor der Messung Steueraktionen durchgeführt und es müssen Wartezeiten eingehalten werden. Eine Einzelmessung besteht aus folgenden Schritten:

- Auslösen (triggern): Die Messeinrichtung erhält ein Signal, das die Messung startet.
- Ende der Messung abwarten (ready).
- Ausgabe anfordern (demand): Das Messgerät wird aufgefordert, den Messwert oder die Messdaten für die Übernahme bereitzustellen.
- Übernahme der Messdaten: Die bereitgestellten Messdaten werden zur Weiterverarbeitung vom Messgerät übernommen.

Mit einer Ablaufsteuerung lassen sich komplexere Messvorgänge aus einer Vielzahl von Einzelschritten entwickeln:

- Bei einer wiederholten Messung wird die gleiche Messgröße mehrfach gemessen. Beispielsweise wird für eine Mittelung (averaging) zur Verringerung des Rauschanteils in einem periodischen Signal das Messsignal bei gleicher Phasenlage mehrfach gemessen. Aus allen Messwerten wird der Mittelwert berechnet. Die statistisch verteilten Rauschanteile mitteln sich dabei teilweise weg, der Signalanteil nicht.
- Bei einer Messreihe wird die interessierende Größe mehrfach gemessen. Zwischen den Einzelmessungen liegt entweder ein definiertes Zeitintervall oder der Zustand des Systems wurde jeweils systematisch verändert. Beispielsweise wird zur Messung der Frequenzantwort in einem Netzwerkanalysator bei verschiedenen Frequenzen der Pegel und die Phasenlage des Ausgangssignals relativ zum Eingangssignal gemessen. Eine weitere Messreihe wäre die Erfassung der Dehnung an einer Stelle eines Maschinenteils bei verschiedenen Arbeitsschritten der Maschine.
- Um den Einfluss mehrerer Größen auf den Messwert zu untersuchen führt man eine Messreihe mehrfach aus und verändert dabei zwischen je zwei Messreihen systematisch den zu untersuchenden Parameter (parametrische Messreihe). Während einer einzelnen Messreihe bleibt dieser Parameter konstant. Bei einer Aufnahme des Ausgangs-Kennlinienfeldes eines bipolaren Transistors ist dieser Parameter der Basisstrom. Die einzelnen Messreihen erfassen die Abhängigkeit des Kollektorstroms von der Kollektor-Emitter-Spannung bei jeweils konstantem Basisstrom. Eine weitere parametrische Messreihe wäre die Erfassung der Dehnungen an verschiedenen Stellen eines Maschinenteils bei verschiedenen Arbeitsschritten der Maschine.

Die Messdaten werden nach jeder Einzelmessung meist nicht direkt an das Messprogramm übergeben, sondern zuvor über mehrere Messpunkte in einem Zwischenspeicher gesammelt.

Auswerten. Ein wesentliches Ziel der Auswertung liegt in der Datenreduktion, durch die aus den erfassten Messdaten die wesentlichen Informationen gewonnen werden. Die Auswertung umfasst beispielsweise:

- die Berechnung der kalibrierten Messdaten aus den unkalibrierten mit Hilfe der Kalibrierungsdaten,
- die Korrektur eines Untergrundes,
- Integration oder Differenziation der Messkurve,
- Korrelation zwischen Daten,
- Transformation in andere Koordinaten, wie die Berechnung des Spektrums eines Zeit- oder Ortssignals,
- die Berechnung statistischer Kenngrößen.

Neben diesen numerischen Operationen werden auch logische Operationen eingesetzt, beispielsweise für eine Gut/Schlecht-Auslese. Mit Zeichenketten-Operationen lässt sich das Datenformat verändern.

Darstellen. Durch die Darstellung werden die durch Messung und Auswertung gewonnenen Informationen an den Benutzer oder Betreiber der Messeinrichtung weitergegeben. Eine aussagekräftige Darstellung der Messergebnisse soll schon während oder kurz nach dem Ende des Messprozesses zur Verfügung stehen, denn nur so kann die Qualität der Messergebnisse rechtzeitig beurteilt werden. Wenn nötig lassen sich noch Änderungen vornehmen.

Sichern. Durch das Sichern werden die erfassten Messdaten und die daraus gewonnenen Informationen auf ein nichtflüchtiges Speichermedium übertragen. Damit stehen die Daten auch nach Abbruch oder Beendigung des Messprogramms und auch nach eventuellen Störungen, wie Stromausfall oder Systemabsturz, noch für eine spätere Auswertung zur Verfügung. Es ist empfehlenswert, die ursprünglichen Rohdaten oder die kalibrierten Messdaten zu speichern, da aus diesen alle weitergehenden Informationen auch zu einem späteren Zeitpunkt wiedergewonnen und eventuell auch nach neuen Kriterien ausgewertet werden können. Keinesfalls geeignet ist die ausschließliche Speicherung von Grafiken. Zum Sichern gehört auch das Speichern der relevanten Einstellungen der Versuchsapparatur und der Betriebssoftware. Wird die weitere Auswertung nicht durch das Messprogramm, sondern mittels anderer Programme durchgeführt, so dient das Sichern auch der Weiterleitung der Messdaten zur Verarbeitung und Darstellung der Ergebnisse.

Dokumentieren. Die Dokumentation der Messung und der durch die Messung gewonnen Ergebnisse ist ein wesentlicher Bestandteil des Messvorgangs und dient der Sicherung der Messergebnisse. Durch die Dokumentation lassen sich später die Voraussetzungen, die zu den Ergebnissen führten, und die Einstellungen, unter denen die Messergebnisse gewonnen wurden, eindeutig und lückenlos charakterisieren. Erst die Dokumentation ermöglicht eine spätere Benutzung der Messergebnisse für eine Etablierung oder Veränderung eines Prozesses, für eine Veröffentlichung oder jegliche weiterführende Analyse. Eine sorgfältige Dokumentation erlaubt auch eine spätere Fehleranalyse, wenn eine zeitliche Beziehung zwischen dem Auftreten eines Fehlers und gleichzeitigen Änderungen eines Prozesses aufgezeigt werden kann.

Eine automatisierte Dokumentation wird bei standardisierten Versuchsabläufen mit hohem Probendurchsatz, wie sie beispielsweise in einer Endkontrolle auftreten, benötigt. Zu jeder Probe wird hierbei ein Dokument angefertigt oder ein Eintrag in einer Datenbank vorgenommen, in dem alle wichtigen Kennzeichen der Probe sowie die Bedingungen und die Ergebnisse der Messungen dokumentiert werden.

9.6.3 Virtuelles Messgerät

Jedes Messgerät verarbeitet die angelegten Signale entsprechend seiner Messfunktion in einer genau spezifizierten, mathematisch formulierbaren Weise, um das Messergebnis zu erhalten. Beispielsweise umfasst die Messung des Effektivwertes eine Quadrierung, Mittelwertbildung und anschließende Radizierung.

Rechenoperationen lassen sich besonders einfach mit einer dafür ausgelegten Software durchführen. Dies führt zum Konzept des „virtuellen Messgeräts“, das die Hardwarekomponenten auf ein Minimum beschränkt, beispielsweise auf eine Messkarte. Alle übrigen für die Messaufgabe notwendigen Funktionen werden durch Programme nachgebildet. Der Einsatz von virtuellen Messgeräten führt zu einer außerordentlichen Flexibilisierung der Messtechnik. Durch unterschiedliche Software kann ein Aufbau bestehend aus einem Rechner und einer Messkarte entweder als digitales Speicher-Oszilloskop, als Spektrumanalysator, Multimeter oder auch als Signalgenerator eingesetzt werden [9.19].
Die notwendige Parametrierung des Messsystems erfolgt über interaktive, virtuelle Eingabeelemente mittels Tastatureingabe oder Cursorsteuerung mit der Maus. Die virtuellen Eingabeelemente arbeiten wie die Bedienelemente eines physikalischen Messgeräts und können die Form von Texteingabefeldern, Schaltern, Schiebern oder Drehreglern annehmen. Die analoge oder digitale Anzeige der Messwerte erfolgt ebenso wie bei einem physikalischen Gerät. Auf dem Bildschirm des Rechners erscheint somit eine virtuelle Nachbildung der Frontansicht des jeweiligen Messgeräts.
Es ist auch möglich, durch Aufteilung des Bildschirms mehrere unterschiedliche virtuelle Messgeräte für Messaufbauten gleichzeitig nutzen zu können. Ein virtuelles Messgerät ist schnell an eine geänderte oder erweiterte Aufgabenstellung anpassbar. Wenn die Software eines virtuellen Messgeräts strukturiert programmiert wurde, bleiben die ausgeführten Mess- und Auswertefunktionen für den Anwender in hohem Maße transparent. Durch die individuelle, an das jeweilige Problem anpassbare Gestaltung der Datenausgabe wird ein Überblick über den Messvorgang erreicht, der sonst nur mit einer Vielzahl einzelner Geräte hätte erzielt werden können. Im Folgenden werden zwei Entwicklungsumgebungen zur Erstellung von virtuellen Messgeräten näher besprochen, nämlich LabVIEW und MATLAB.

9.6.4 LabVIEW

Laboratory Virtual Instrument Engineering Workbench LabVIEW ist eine Programmiersprache und insofern mit PASCAL, BASIC oder C vergleichbar. Die anderen genannten Programmiersprachen benutzen einen Text zur Formulierung der Anweisungen, LabVIEW hingegen ist datengetrieben und baut auf einer grafischen Darstellung der Anweisungen auf (Iconformat). Dabei lassen sich alle Programmstrukturen gleichwertig wie in einem Textformat ausdrücken, es ändert sich nur die optische Darstellung. In einer grafisch orientierten Programmiersprache lässt sich die Vernetzung der Anweisungen leichter darstellen. Die Programmierung wird vergleichbar mit der Verdrahtung von diskreten Bauelementen in der Elektronik. Über spezielle Symbole lassen sich aber auch Teile über eine der Programmiersprache C ähnlichen Syntax als Text programmieren. In den aktuellsten LabVIEW-Versionen ist es außerdem möglich, die MATLAB-Programmiersprache zu verwenden. Bild 9.13 zeigt links ein einfaches Programm in LabVIEW und rechts die zugehörige Benutzeroberfläche.

LabVIEW bietet vorgefertigt alle notwendigen Funktionen zur Messdatenerfassung und zur Datenspeicherung. Zur Datenanalyse steht ein umfangreiches Programmpa-

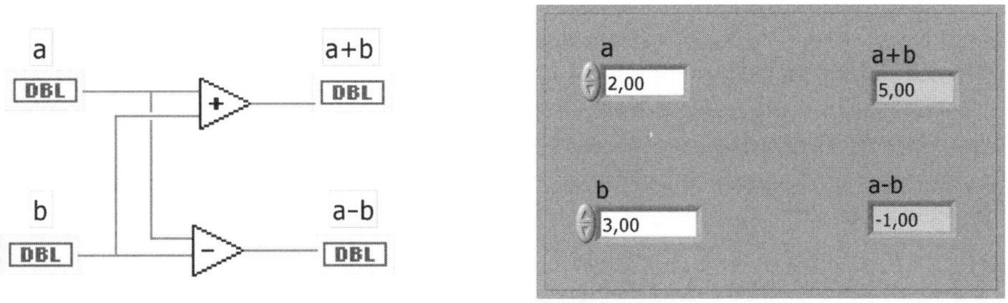

Bild 9.13: Grafisch orientiertes Blockdiagramm für LabVIEW (links) und dazugehörende Benutzeroberfläche (rechts)

ket mit Filtern, Wichtungsfunktionen, Statistikfunktionen, Regressionen, linearer Algebra und Matrizen-Arithmetik zur Verfügung. Für die Messwertausgabe werden grafische Strukturen angeboten, mit denen Ausgabefelder einfach aufgebaut werden können. LabVIEW bietet darüber hinaus Werkzeuge zur Programmentwicklung und zur Fehlersuche, wie das Setzen von Haltepunkten (breakpoints), das Schritt-für-Schritt-Abarbeiten eines Programms (stepmode) sowie die Möglichkeit einer Datenflussanimation in einem Blockdiagramm [9.19], [9.20].

LabVIEW-Programme bestehen aus dem **Blockdiagramm** (block diagram), das die Funktionsalgorithmen umfasst, und der interaktiven **Benutzeroberfläche** (front panel) für die Bedien- und Anzeigeelemente. Die Benutzeroberfläche ist die Variablenschnittstelle eines LabVIEW-Programms. Sie simuliert die Frontplatte eines Geräts mit Knöpfen, Schaltern, Grafiken und anderen Benutzereingaben (Bedienelemente, controls) und Programmausgaben (Anzeigeelemente, indicators). Der Benutzer gibt die Daten über Tastatur oder Maus ein und sieht das Resultat nach der Verarbeitung durch das Programm auf dem Bildschirm. In einer Benutzeroberfläche können nahezu beliebig viele Eingabe- und Ausgabeelemente definiert werden.

Das Blockdiagramm sieht zwar sehr bildhaft aus, ist jedoch der lauffähige Quellcode. Es besteht aus einzelnen Symbolen (icons), den Unterprogrammen. Diese können Systemfunktionen, wie Addition, Multiplikation oder Fouriertransformation, und Programmstrukturen, wie Schleifen oder Abfragen oder auch selbst programmierte Unterprogramme sein. Jedes Symbol besitzt eine Reihe von Schnittstellen für den Eingang und Ausgang von Daten. Sie definieren die Ein- und Ausgangsparameter des Programms oder des Unterprogramms. Die logische Verknüpfung der Eingabe-/Ausgabe-Schnittstellen der Unterprogramme untereinander geschieht mit Verbindungen (Drähten, connectors). Die Verbindungen symbolisieren die Datenbusse, durch die die Daten beim Programmablauf fließen. Die Blockdiagramme werden vom LabVIEW-Compiler in Maschinencode übertragen, so dass die Ablaufgeschwindigkeit mit einem kompilierten C-Programm vergleichbar ist.

Der Ablauf eines Programms wird durch den im Blockdiagramm festgelegten Datenfluss bestimmt. Jede LabVIEW-Funktion wird erst dann ausgeführt, wenn an all ihren „verdrahteten“ Eingängen Daten anliegen; sie gibt danach die verarbeiteten Werte an die Ausgabeschnittstellen weiter.

Auf Grund seiner Struktur unterstützt LabVIEW eine modulare Programmierung. Jede Anwendung kann in eine Reihe einfacher Prozesse aufgeteilt werden, aus denen funktionsfähige Teilbausteine zusammengestellt werden können. Diese werden dann in einem Hauptprogramm kombiniert. Jedes Unterprogramm ist autonom lauffähig und kann somit leicht individuell getestet werden.

LabVIEW-Programme werden von der Herstellerfirma National Instruments auch „virtual instruments" (VIs) genannt, da sie in ihren Erscheinungen und Funktionen Hardwaregeräten ähneln. LabVIEW-Programme können als Hauptprogramme, Funktionen oder als Subroutinen eingesetzt werden. Viele der mitgelieferten komplexen VIs sind hierarchisch aufgebaut. Hierin unterscheidet sich LabVIEW nicht von konventionellen Programmiersprachen. Außerdem ist es möglich, LabVIEW-VIs in ein ausführbares Programm (also eine EXE-Datei) zu konvertieren. Dieses Programm kann dann auf Rechnern ausgeführt werden, auf denen LabVIEW als Entwicklungsumgebung nicht installiert ist. Das ist besonders interessant für den Einsatz in der Fertigung, z. B. in Prüffeldern. Dadurch können LabVIEW-Programme auch durch Dritte entwickelt und verkauft werden.

9.6.5 MATLAB

MATrixLABoratory MATLAB, ein Produkt der Firma MATHWORKS, ist ein interaktives numerisches Mathematikprogramm zur Matrizen-Verarbeitung [9.3] und [9.20]...[9.22]. Eine Matrix kann hierbei ein reeller oder komplexer Vektor sein, eine $n*m$-Matrix (= Rang 2) oder ein Tensor höherer Stufe. Die eingebauten Funktionen operieren direkt mit diesen Matrizen und ermöglichen so die Lösung matrixbasierter Probleme auf einem höheren Abstraktionsniveau als z. B. in FORTRAN oder in C geschriebene Programme. In MATLAB sind numerische Analyse, Signalverarbeitung, Datenauswertung und grafische Darstellung der Ergebnisse in einer gemeinsamen Programmierumgebung durchführbar. Die Aufgaben und Lösungen können sehr einfach in einer vertrauten mathematischen Schreibweise ausgedrückt werden. MATLAB kann interaktiv gesteuert werden oder über Anweisungslisten, so genannte m-Files. Die m-Files verhalten sich dabei wie Unterprogramme.

Das MATLAB-System kann durch Bibliotheken von Unterprogrammen (toolboxes), die in der MATLAB-Programmiersprache geschrieben wurden, erweitert werden. Außerdem können in FORTRAN oder C geschriebene Unterprogramme (MATLAB EXtension MEX) in MATLAB über die Softwareschnittstelle Application Program Interface API eingebunden werden. Zusätzlich zu den MEX-Files erlaubt API auch einen Datenaustausch mit anderen Softwarepaketen, sowie die Abarbeitung von Steuerungsaufgaben. Eine interaktive Programmumgebung von MATLAB zur Simulation dynamischer Systeme ist SIMULINK. Die zu simulierenden Systeme können mit Hilfe einer grafischen, mausgesteuerten Oberfläche als Blockdiagramm entworfen werden. Mit Hilfe von SIMULINK können lineare und nichtlineare sowie kontinuierliche und zeitlich diskrete Systeme simuliert werden. SIMULINK ist vollständig in MATLAB integriert und nutzt dessen numerische Verfahren zur Simulation der Modelle. Bild 9.14 zeigt links als Beispiel das Blockdiagramm zur Erzeugung einer Sinusfunktion mit der Amplitude 3 und rechts das zugehörige Ausgabefenster.

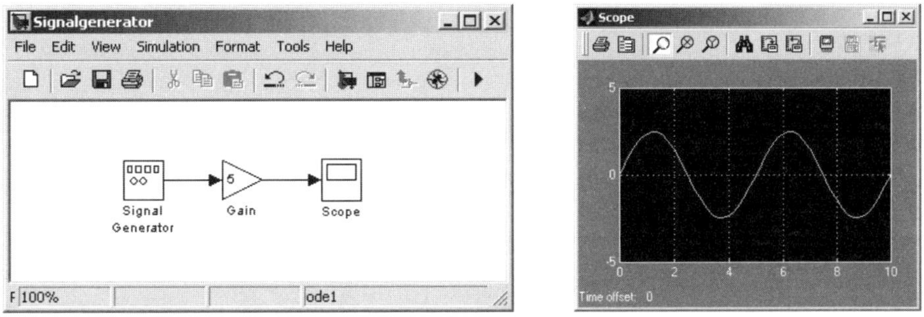

Bild 9.14: Grafisch orientiertes Blockdiagramm für MATLAB/SIMULINK zur Erzeugung einer Sinusfunktion der Amplitude 3 (links) und das dazugehörende Ausgabefenster (rechts)

MATLAB kann als Off-line-Auswerteprogramm eingesetzt werden. In diesem Fall werden die Messdaten über ein Datenfile eingelesen. MATLAB kann aber auch als Mess- und Auswerteprogramm in einem Echtzeitbetrieb eingesetzt werden. In diesem Fall kann als Schnittstelle zu den Messdaten entweder eine Hardwareschnittstelle oder der Aufruf einer C-Funktion verwendet werden. Das Programmpaket MATLAB/SIMULINK umfasst eine umfangreiche Bibliothek, mit der alle gängigen Messkarten an das Programm angebunden werden können. Für Schnittstellen, die nicht in der Bibliothek enthalten sind, muss die Programmanbindung über ein C-Programm (als MEX-File) geschaffen werden. Auch für die Programmierung von digitalen Signalprozessoren lässt sich MATLAB nutzen. Die Echtzeitschnittstelle (MATLAB real time interface) ermöglicht die Übersetzung eines grafischen SIMULINK-Messprogramms in das für den DSP notwendige C-Programm. Letzteres kann mit Hilfe des Echtzeitbetriebs (MATLAB real time workshop) in den DSP geladen und gestartet werden. Um die Konvertierung in ein C-Programm nutzen zu können, darf allerdings nur ein eingeschränkter Befehlssatz verwendet werden, nämlich die Unterprogramme der Bibliothek „DSP Blockset“.

Bild 9.15 zeigt oben das grafische Blockdiagramm für ein MATLAB/SIMULINK-Messprogramm zur Ermittlung eines Spektrums. Das Messprogramm läuft hierbei völlig auf dem DSP der Messkarte. Der Steuerrechner dient nur zur Anzeige der Ergebnisse. Die Hardwareschnittstelle ist hier der Multiplexer der Messkarte (im vorliegenden Fall die Messkarte DS 1104 von dSPACE). Die kontinuierliche Folge von Messwerten wird über einen Zero-Order-Hold-und-Buffer-Block in einen Vektor umgewandelt. Mit Hilfe des Analytic-Signal-Blocks wird die Hilberttransformierte des Messsignals berechnet und dazuaddiert, wodurch sich das Spektrum nur auf die positive Frequenzachse beschränkt. Ein Hamming-Fenster wichtet das Messsignal, bevor es fouriertransformiert und quadriert wird.

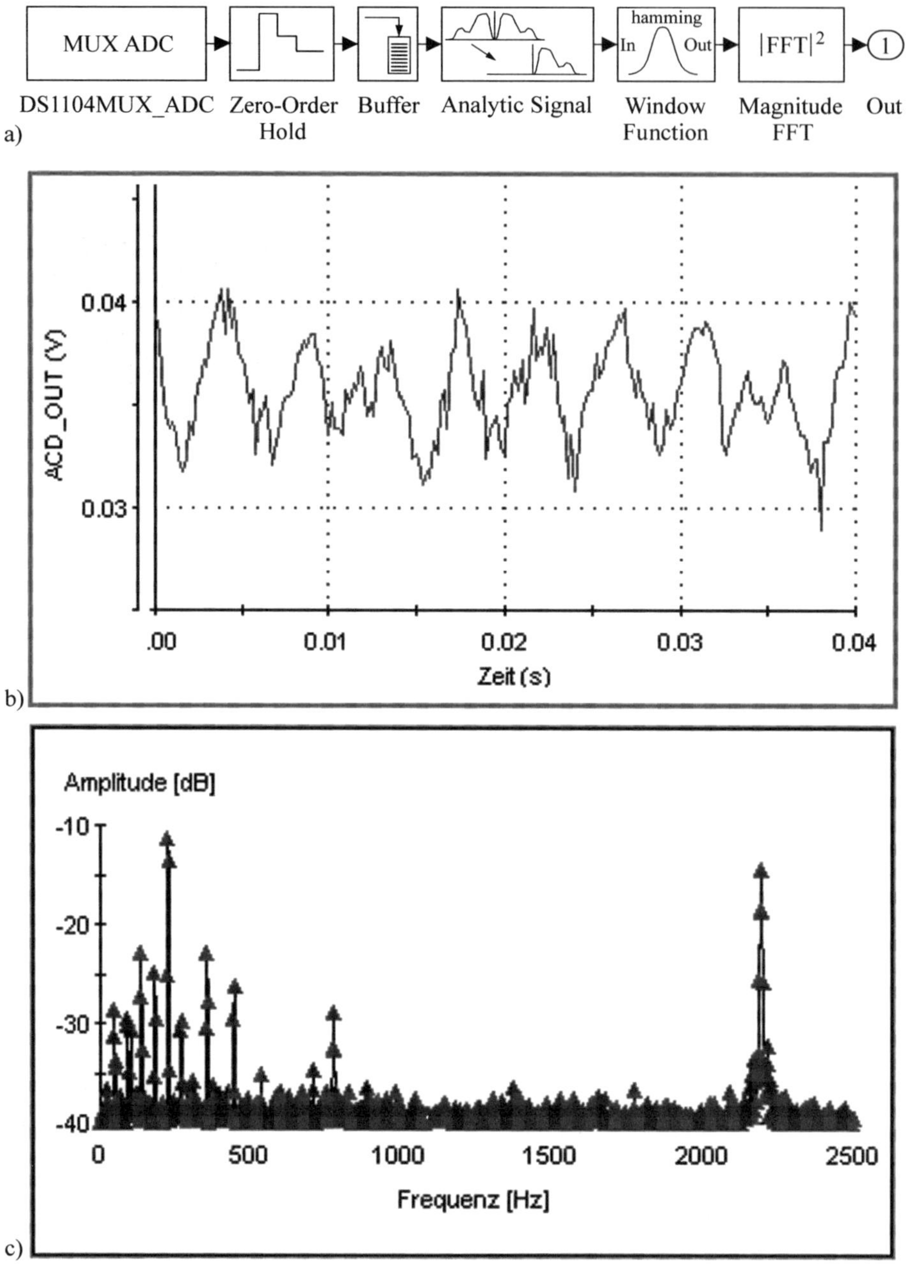

Bild 9.15: Ermittlung eines Spektrums mit MATLAB/SIMULINK
a) Grafisches Blockdiagramm b) Zeitfunktion c) Spektrum

9.7 Beispiel: Messung des linearen Frequenzgangs

Ein Netzwerkanalysator ist eine Messvorrichtung zur Bestimmung des Frequenzgangs eines linearen zeitinvarianten Bauteils oder einer entsprechenden Schaltung. Bild 9.16 zeigt den Messaufbau. Hierzu steuert ein Steuerrechner einen Signalgenerator und lässt ihn den zu untersuchenden Frequenzbereich durchfahren. Die einzelnen Messpunkte im Frequenzbereich können entweder nacheinander vom Signalgenerator angefahren werden (Stepmodus), oder der gesamte interessierende Frequenzbereich kann in einem Stück durchfahren werden (Sweepmodus).

Das Ausgangssignal des Signalgenerators wird aufgeteilt. Ein Teil wird an den Prüfling angelegt. Das Eingangssignal u_e am Prüfling habe die Amplitude $\hat{u}_e$ und sei

$$u_e = \hat{u}_e \cos \omega t\,. \tag{9.1}$$

Das Signal wird durch den Frequenzgang des Prüflings verändert. Wenn im Prüfling keine Frequenzumsetzung stattgefunden hat, lässt sich das Ausgangssignal u_a schreiben als:

$$u_a = \hat{u}_a \cos(\omega t + \varphi)\,. \tag{9.2}$$

Das Verhältnis der Amplituden $\hat{u}_a/\hat{u}_e$ und der Phasenwinkel φ als Funktion der Frequenz ergeben den gesuchten Amplituden- und Phasengang des Prüflings.

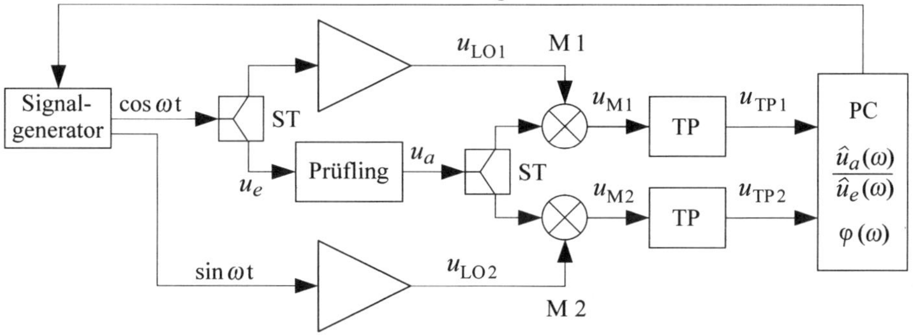

Bild 9.16: Rechnergestützter Aufbau zur Messung eines Frequenzgangs (Netzwerkanalysator)

Das Ausgangssignal u_a wird in zwei Teile aufgespalten und zwei Mischern zugeführt (Multiplikation im Zeitbereich, Faltung im Frequenzbereich). Mischer sind grundlegende und wichtige elektronische Bausteine. Sie sind beispielsweise in jedem Sender und Empfänger enthalten. Sie erlauben, ein Sendersignal auf eine höhere Trägerfrequenz hinaufzumischen, oder aber ein Empfängersignal auf eine tiefere Trägerfrequenz hinunterzumischen. Ein Mischer hat üblicherweise die drei Anschlüsse Radio Frequency RF, Local Oszillator LO und Intermediate Frequency IF, von denen zwei die Eingänge und einer den Ausgang bilden. Der LO-Anschluss bildet immer einen der beiden Eingänge.

Ein idealer Mischer produziert ein Ausgangssignal, das aus den Summenfrequenzen und den Differenzfrequenzen der beiden Eingangssignale besteht. Er enthält Bauelemente mit nichtlinearer oder zeitvarianter Charakteristik, an welche die Signale der Eingangsanschlüsse geführt werden, so dass die spektralen Eigenschaften der Eingangssignale miteinander gemischt werden. Die RF- und LO-Signale liegen meist bei deutlich höheren Frequenzen als die IF-Signale. Wird das LO-Signal mit genügend hoher Amplitude angelegt, so ist die Amplitude des Ausgangssignals direkt proportional zur Amplitude des zweiten Eingangssignals und unabhängig vom LO-Pegel. Werden Mischer in Filterschaltungen eingebettet, dann kann man aus ihnen Frequenzumsetzer entwickeln.

Der zweite Teil des Messsignals in Bild 9.16 wird nun verstärkt und bildet das $u_{\mathrm{LO}\,1}$-Signal des Mischers M 1. Das Signal $u_{\mathrm{LO}\,1}$ schwingt in Phase mit dem Eingangssignal u_e:

$$u_{\mathrm{LO}\,1} = \hat{u}_{\mathrm{LO}\,1} \cos \omega t \,. \tag{9.3}$$

Das Ausgangssignal des Prüflings u_a wird an den RF-Eingang des Mischers 1 gelegt. Am Ausgang IF des Mischers 1 ergibt sich somit das Signal $u_{\mathrm{M}\,1}$:

$$u_{\mathrm{M}\,1} = k\,\hat{u}_a \left[\cos\left(2\,\omega t + \varphi\right) + \cos\,\varphi\right] . \tag{9.4}$$

Der erste Term stellt dabei das Summensignal und der zweite das Differenzsignal dar. Der Faktor k beschreibt den Konversionsverlust des Mischers und muss experimentell bei der Kalibration ermittelt werden. Der nachgeschaltete Tiefpass eliminiert den hochfrequenten Anteil von $u_{\mathrm{M}\,1}$ und ergibt das Signal $u_{\mathrm{TP}\,1}$ mit Gleichanteil:

$$u_{\mathrm{TP}\,1} = k\,\hat{u}_a \cos\,\varphi \,. \tag{9.5}$$

$u_{\mathrm{TP}\,1}$ ist nur noch von $\hat{u}_e$ und φ abhängig.

Für $\varphi = 90°$ verschwindet $u_{\mathrm{TP}\,1}$. Daher wird das Ausgangssignal u_a zusätzlich in einem zweiten Mischer mit einem zweiten um 90° versetzten LO-Signal $u_{\mathrm{L\,O}2}$ gemischt. Das Signal $u_{\mathrm{LO}\,2}$ kann aus dem $u_{\mathrm{LO}\,1}$-Signal mit Hilfe eines Phasenschiebers erzeugt werden. Da breitbandige Phasenschieber schwer zu realisieren sind, wird das Signal $u_{\mathrm{LO}\,2}$ oft separat durch den Signalgenerator zur Verfügung gestellt. Es ergibt sich

$$u_{\mathrm{LO}\,2} = \hat{u}_{\mathrm{LO}\,2} \cos\left(\omega t - 90°\right) , \tag{9.6}$$

$$u_{\mathrm{M}\,2} = k\,\hat{u}_a \left[\cos\left(2\,\omega t - 90° + \varphi\right) + \cos\left(\varphi - 90°\right)\right] , \tag{9.7}$$

$$u_{\mathrm{TP}\,2} = +k\,\hat{u}_a \sin\,\varphi \,. \tag{9.8}$$

$u_{\mathrm{TP}\,1}$ und $u_{\mathrm{TP}\,2}$ werden je einem AD-Umsetzer zugeführt. Der Betrag und die Phase des Ausgangssignals des Prüflings, $\hat{u}_a$ und φ, ergeben sich durch

$$\hat{u}_a = \frac{1}{k}\sqrt{u_{\mathrm{TP}\,1}^2 + u_{\mathrm{TP}\,2}^2} , \tag{9.9}$$

$$\varphi = \arctan\left(\frac{u_{\mathrm{TP}\,2}}{u_{\mathrm{TP}\,1}}\right) . \qquad (9.10)$$

Das Signal/Rausch-Verhältnis des Messsignals kann durch eine Mittelung über mehrere Messungen erhöht werden. Aus dem Frequenzgang ist durch inverse Fouriertransformation die Impulsantwort bestimmbar. Der Messaufbau kann durch eine Messung an einem Prüfling mit bekanntem Frequenzgang, wie beispielsweise einer Durchverbindung, kalibriert werden.

Tabelle 9.2: Verzeichnis der in Kapitel 9 verwendete Abkürzungen

ASCII	American Standard Code for Information Interchange
ANSI	American National Standard Institute
CAN	Controller Area Network
COM	Component Object Model
CPU	Central Processing Unit
CR LF	Carriage Return/Line Feed
CSMA	Carrier Sense Multiple Access
CSMA/CA	Carrier Sense Multiple Access/Collision Avoidance
CSMA/CD	Carrier Sense Multiple Access/Collision Detection
DCE	Data Carrier Equipment
DCOM	Distributed COM
DDE	Dynamic Data Exchange
DEE	DatenEndEinrichtung
DLL	Dynamic Link Library
DSP	Digitaler Signal Prozessor
DTE	Data Terminal Equipment
DÜE	DatenÜbertragungsEinrichtung
FIFO	First-In/First-Out
FWH	Firmware Hub
GMCH	Graphics Memory Controller Hub
GPIB	General Purpose Interface Bus
HP-IB	Hewlett-Packard-Interface Bus
ICH	Input Output Controller Hub
IEC	International Electrotechnical Commission
IEEE	Institute of Electrical and Electronics Engineers
IF	Intermediate Frequency
LO	Local Oszillator
LPT	Line Printer (Druckerschnittstelle)
LSB	Least Significant Bit
MCH	Memory Controller Hub
MSB	Most Significant Bit
MS-DOS	MICROSOFT - Disk Operating System
OLE	Object Linking and Embedding
OPC	OLE for Process Control
PCI	Peripheral Component Interconnect-Bus
PCMCIA	Personal Computer Memory Card International Association
PGIA	Programmable Gain Input Amplifier
RAM	Random Access Memory
RS-232C	Recommended Standard Number 232, Revision C
RTC	Real Time Clock
SCSI	Small Computer Systems Interface
TDMA	Time Division Multiple Access
UART	Universal Asynchronous Receiver/Transmitter
USB	Universal Serial Bus
WLAN	Wireless Local Area Network

Literaturverzeichnis

[Kapitelübergreifende Literatur]

[Übungsaufgaben und Lösungen sind in www.schruefer-messtechnik.de zu finden.]

[0.1] Becker, W.-J.; Bonfig, K.W.; Höing, K. (Hrsg.): Handbuch elektrische Meßtechnik. Heidelberg: Hüthig 2000.

[0.2] Bergmann, K.: Elektrische Meßtechnik. 6. Aufl. Wiesbaden: Vieweg 1996.

[0.3] Bernstein, H.: Sensoren und Meßelektronik. München: Pflaum 1998.

[0.4] Dobrinski, P.; Krakau, G.; Vogel, A.: Physik für Ingenieure. 9. Aufl. Stuttgart: Teubner 1996.

[0.5] Fatikow, S.; Rembold, U.: Microsystem Technology and Microbotics. Berlin: Springer 1997.

[0.6] Felderhoff, R.: Elektrische und Elektronische Meßtechnik. 7. Aufl. Leipzig: Hanser 2002.

[0.7] Freyberger, F.: Leittechnik - Grundlagen, Komponenten, Systeme. München: Pflaum 2002.

[0.8] Gellißen, H.D.; Adolph, U.: Grundlage des Messens elektrischer Größen. Heidelberg: Hüthig 1995.

[0.9] Gerthsen, C.: Gerthsen Physik. 22. Aufl. Berlin: Springer 2003.

[0.10] Guillery, P.; Hezel, R.; Reppich, B.: Werkstoffkunde für Elektroingenieure. Braunschweig: Vieweg 1978.

[0.11] Heiman, B.; Gerth, W.; Popp, K.: Mechatronik: Komponenten - Methoden - Beispiele, 2. Aufl. München: Hanser 2001.

[0.12] Hoffmann, J. (Hrsg.): Taschenbuch der Messtechnik. 3. Aufl. Leipzig: Fachbuchverlag 2004.

[0.13] Hoffmann, J. (Hrsg.): Handbuch der Meßtechnik. München: Hanser 2004.

[0.14] Isermann, R.: Mechatronische Systeme. Berlin: Springer 2002.

[0.15] Kienke, U.; Kronmüller, H.; Eger, R.: Meßtechnik. 5. Aufl. Berlin: Springer 2001.

[0.16] Kronmüller, H.; Zehner, B.: Prinzipien der Prozeßmeßtechnik I und II. Karlsruhe: Schnäcker 1986.

[0.17] Lenk, A. Pfeifer, R. Werthschützky, R.: Elektromechanische Systeme. Berlin: Springer 2001.

[0.18] Lerch, R.: Elektrische Meßtechnik. Berlin: Springer 1996.

[0.19] Mescheder, U.: Mikrosystemtechnik, Konzepte und Anwendungen. Leipzig: Teubner 2000.

[0.20] Mühl, T.: Einführung in die elektrische Messtechnik. Stuttgart: Teubner 2001.

[0.21] Niebuhr, J.; Lindner, G.: Physikalische Messtechnik. 5. Aufl. München: Oldenbourg 2002.

[0.22] Patzelt, R.; Schweinzer, H.: Elektrische Meßtechnik. 2. Aufl. Berlin: Springer 1996.

[0.23] Obermeier, E.; Tränkler, H.-R. (Hrsg.): Sensortechnik. Berlin: Springer 1998.

[0.24] Pfeiffer, W.: Elektrische Meßtechnik. Berlin: VDE 1999.

[0.25] Profos, B. Pfeifer, T.: Handbuch der industriellen Meßtechnik. 6. Aufl. München: Oldenbourg 1992.

[0.26] Profos, B. Pfeifer, T.: Grundlagen der Meßtechnik. 5. Aufl. München: Oldenbourg 1997.

[0.27] Rohrbach, Ch.: Handbuch für elektrisches Messen mechanischer Größen. Düsseldorf: VDI-Verlag 1967.

[0.28] Schöne, A.: Meßtechnik. Berlin: Springer 1994.

[0.29] Schrüfer, E. (Hrsg.): Lexikon Meß- und Automatisierungstechnik. Düsseldorf: VDI-Verlag 1992.

[0.30] Stöckl, M.; Winterling, K.H.: Elektrische Meßtechnik. Stuttgart: Teubner 1987.

[0.31] Strohrmann, G.: Messtechnik im Chemiebetrieb, 9. Aufl. Essen: Vulkan 1999.

[0.32] Tietze, U.; Schenk, Ch.: Halbleiter-Schaltungstechnik. 12. Aufl. Berlin: Springer 2002.

[0.33] Tränkler, H.-R.: Taschenbuch der Meßtechnik. 4. Aufl. München: Oldenbourg 1996.

[Literatur zu den einzelnen Kapiteln]

[1.1] DIN 1319: Grundbegriffe der Meßtechnik:
Teil 1: Allgemeine Grundbegriffe,
Teil 2: Begriffe für die Anwendung von Meßgeräten,
Teil 3: Begriffe für die Meßunsicherheit und für die Beurteilung von Meßgeräten, und Meßeinrichtungen,
Teil 4: Behandlung von Unsicherheiten bei der Auswertung von Messungen.

[1.2] VDI/VDE 2600: Metrologie:
Blatt 1: Gesamtstichwortverzeichnis,
Blatt 2: Grundbegriffe,
Blatt 3: Gerätetechnische Begriffe,
Blatt 4: Begriffe zur Beschreibung der Eigenschaften von Meßeinrichtungen.

[1.3] DIN 1301: Einheiten, Einheitennamen, Einheitenzeichen, 1971.

[1.4] VIM Internationales Wörterbuch der Metrologie; 2. Auflage 1994, Deutsches Institut für Normung. Berlin: Beuth.

[1.5] www.ptb.de,
www.codata.org/,
www.physics.nist.gov/cuu/constants/.

[1.6] Bachmair, H.: Als Mikrochips Normale wurden: 10 Jahre Festlegungen für die Weitergabe elektrischer Einheiten. PTB-Mitteilungen, Vol. 110 (2000), 83...91.

[1.7] Kose, V.; Melchert, F.: Quantenmaße in der elektrischen Meßtechnik. Berlin: Springer 1991.

[1.8] Hetzel, P.: Information zum Zeitsignal- und Normalfrequenzsender DCF-77. In: Funkuhren, Zeitsignale, Normalfrequenzen. Hrsg.: W. Hilberg. Groß-Bieberau: Verlag Sprache und Technik 1993.

[1.9] Niemeyer, J.: Das Josephson-Spannungsnormal - Entwicklung zum Quantenvoltmeter. PTB-Mitteilungen, Vol. 110 (2000), 169...177.

[1.10] Niemeyer, J.: Josephson voltage standards, in Handbook of Applied Super Conductivity, Seeber, R. (ed.) Institute of Physics, 1998.

[1.11] Hamilton, C.A.: Josephson voltage standards, Rev. Sci. Instr. Vol. 71 (2000), 3611...3623.

[1.12] Kohlmann, J. et al.: Kommerzialisierung des Josephson-Spannungsnormals. Tagungsband Supraleitung & Tieftemperaturtechnik, April 2001, ISBN 3-00-007828-2, S. 227...230.

[1.13] http://sun.vdi-online.de/tz-pt/phystech/publikationen/infophystech/ipt18.htm.

[1.14] www.prema.de.

[1.15] von Klitzing, K.: Two-Dimensional Systems: A Method for the Determination of the Fine Structure Constant. Surface Science 113 (1982), S. 1...9.

[1.16] von Klitzing, K.: Quantisierter Hall-Widerstand zweidimensionaler Elektronensysteme. PTB-Bericht PTB-E-18, 1981, S. 117...130.

[1.17] Brasun, E.: 20 Jahre Quanten-Hall-Effekt in der Metrologie. PTB-Mitteilungen Vol. 110 (2000), S. 93...101.

[1.18] U. Morgner, R. Ell, W. Drexler, F. X. Kärtner: Erzeugung und Anwendung ultrakurzer Lichtimpulse. Phys. Blätter 57 (2001) 3 S. 53...56.

[1.19] Th. Udem, R. Holzwarth, Th. Hänsch: Uhrenvergleich auf der Frequenzskala. Physik Journal 1 (2002) 2 S. 39...45.

[1.20] Th. Udem: Messung der Frequenz von Licht.
www.mpq.mpg.de/~haensch/comb/prosa/prosa.html.

[1.21] W. P. Schleich, H. Walther: Physik-Nobelpreise für Pionierleistungen in Quan- tenoptik und Laserspektroskopie, Physik Journal 4 (2005) 12 S. 21...26.

[1.22] www.menlosystems.com.

[1.23] www.dkd.de, www.dkd.ptb.de.

[1.24] DKD-4 Rückführung von Mess- und Prüfmitteln auf nationale Normale, aus [1.7].

[1.25] DIN V ENV 13005. Berlin: Beuth 1999.
Leitfaden zur Angabe der Unsicherheit beim Messen, deutsche Übersetzung des GUM „Guide to the expression ofuncertainty in measurement“ 1995 ISO.

[1.26] Kunzmann, H.; Kessel, W.: GUM-konforme Auswertung von Messungen; tm-Technisches Messen 68 (2001).

[1.27] Weise, K.; Wöger, W.: Meßunsicherheit und Meßdatenauswertung, PTB-Monographie 1999.

[1.28] VDE/VDI 2620 Blatt 1 und 2: Fortpflanzung von Fehlergrenzen bei Messungen, 1974.

[1.29] Adunka, F.: Meßunsicherheiten, 2. Aufl. Essen: Vulkan 2000.

[1.30] Hart, H.; Lotze, W.; Woschni, E.-G.: Meßgenauigkeit, 3. Aufl. München: Oldenbourg 1997.

[1.31] Bantel, M.: Grundlagen der Meßtechnik; Meßunsicherheit. München: Hanser 2000.

[1.32] Kreyszig, E.: Statistische Methoden und ihre Anwendungen. Göttingen: Vandenhoek & Ruprecht 1977.

[1.33] Ludwig, R.: Methoden der Fehler- und Ausgleichsrechnung. Braunschweig: Vieweg 1969.

[1.34] www.metrodata.de: GUM workbench.

[2.1] Palm, A.: Elektrische Meßgeräte und Meßeinrichtungen. Berlin: Springer 1963.

[2.2] Pflier, P.M.; Jahn, H.: Elektrische Meßgeräte und Meßverfahren. Berlin: Springer 1965.

[2.3] Rohde & Schwarz GmbH München: Druckschrift Spannungs- und Leistungsmeßtechnik. www.rsd.de.

[2.4] Meyer, G.: Analoge und digitale Oszilloskope. Heidelberg: Hüthig 1989.

[2.5] Benda, D.: Wie mißt man mit dem Oszilloskop? München: Franzis 1996.

[2.6] Datenbücher und Applikationsunterlagen der Firmen
Analog Devices,
Burr Brown,
Intersil,
National Semiconductor,
Precision Monolithics,
Siemens,
Texas Instruments.

[2.7] Federau, J.: Operationsverstärker. 2. Aufl. Braunschweig: Vieweg 2001.

[2.8] Lieneweg, F.: Handbuch Technische Temperaturmessung. Braunschweig: Vieweg 1976.

[2.9] Kanoun, O.: Modeling the PM Junction I-U Characteristic for an Accurate Calibration-free Temperature Measurement. IEEE Transactions on Instrumentation and Measurement, Vol. 49, No 04, (2000), p. 901...905.

[2.10] Ziegler, Chr.; Wiemhöfer, H.-D.; Maier, J.: Chemische Sensoren. Bunsen Magazin, 5. Jhrg. 2/2003 S. 32...43.

[2.11] Schwabe, K.: pH-Meßtechnik. 4. Aufl. Dresden: Theodor Steinkopff 1977.

[2.12] Kraus, B.: Regelung und Gemischzusammensetzung bei Einspritz-Ottomotoren mit Hilfe der Lambda-Sonde. Bosch Techn. Berichte 6 (1978) 3, S. 136...143.

[2.13] Robert Bosch GmbH: Kraftfahrzeugtechnisches Taschenbuch.

[2.14] Wiedemann, H.M.; Ralf, L.; Noack, R.: Heated Zirconia Oxygen Sensor for Stoichiometric and Lean Air-Fuel Ratios. Society of Automotive Engineers, Paper 840141. Detroit: 1984.

[2.15] Tichy, J.; Gautschi, G.: Piezoelektrische Meßtechnik. Berlin: Springer 1980.

[2.16] Kleinschmidt, P.: Piezokeramische Sensoren. NTG Fachberichte Band 29 (1982), S. 189.

[2.17] Koch, J.: Piezodide (PXE), Eigenschaften und Anwendung. Valvo Unternehmensbereich Bauelemente der Philips GmbH. Heidelberg: Hüthig 1988.

[2.18] Meixner, H.; Mader, G.; Kleinschmidt, P.: Infrared Sensors Based on the Pyroelectric Polymer Polyvinylidene Fluoride (PVDF). Siemens Forsch.- u. Entwickl. Ber. 15 (1986) Nr. 3. Berlin: Springer 1986.

[2.19] Walther, L.; Gerber, D.: Infrarotmeßtechnik. Berlin: VEB 1981.

[2.20] Schrüfer, E. u.a.: Strahlung und Strahlungsmeßtechnik in Kernkraftwerken. Berlin: Elitera 1974.

[2.21] Lebelt, G.; Schrüfer, E;: Wang, H.; Winkler, R.: Radioactivity Measurements of Chinese Marbles and Granites. Tagungsband 5. International Symposium of Measurement Technology and Intelligent Instruments ISMTII, 25.-29. 9. 2001, Cairo.

[3.1] VDE/VDI 3511/2.67: Technische Temperaturmessungen; 3512, Bl. 2/9.72: Meßanordnungen für Temperaturmessungen.

[3.2] Hans, V.; Kollmeier, H.: Präzises, rechnergesteuertes Temperaturmessverfahren mit Multislope A/D-Wandler. Temperatur 92, VDI-Bericht 982, S. 207...210, 1992.
Hans, V.: High precision temperature measurement with thermistors. 12th IMEKO World Congress, Proceedings, Beijing, China, 1991.

[3.3] Schäfer, W.: Neuer thermischer Massendurchflußmesser für Gase. rtp Regelungstechnische Praxis 25 (1983), H. 11, S. 468...471.

[3.4] Sondergeld, M.: Thermischer Strömungssensor mit Temperatur- und Richtungskompensation zur quantitativen Luftstromerfassung. tm 57 (1990) S. 271...280.

[3.5] Staab, J.: Industrielle Gasanalyse. München: Oldenbourg 1994.

[3.6] Meixner, H. et al.: Sensors for monitoring environmental pollution. Sensors and Actuators B. 15-16 (1993) S. 45...54.

[3.7] Hoffmann, K.: Eine Einführung in die Technik des Messens mit Dehnungsmeßstreifen. Darmstadt: Hottinger Baldwin Messtechnik GmbH 1987.

[3.8] Keil, St.: Beanspruchungsermittlung mit Dehnungsmeßstreifen. Lippstadt: Cuneus 1995.

[3.9] Ort, W.: Sensoren mit aufgedampften Dehnungsmeßstreifen, VDI-Berichte Nr. 509 (1984) S. 205 ff.

[3.10] Bethe, K.: Sensoren mit Dünnfilm-Dehnungsmeßstreifen aus metallischen und halbleitenden Materialien. Sensoren - Technologie und Anwendung. NTG-Fachberichte, Band 79, S. 168...176. Berlin: VDE 1982.

[4.1] Helke, H.: Meßbrücken und Kompensatoren für Wechselstrom. München: Oldenbourg 1971.

[4.2] Zabler, E.; Heintz, F.: Kurzschlußring-Sensoren als vielseitig verwendbare Weg- und Winkelgeber im Kraftfahrzeug. NTG-Fachberichte 79 (1982), S. 213...221.

[4.3] DIN 19201: Durchflußmeßtechnik, Begriffe, Gerätemerkmale für Durchflußmessungen nach dem Wirkdruckverfahren.

[4.4] DIN 1952: Durchflußmessung mit genormten Düsen, Blenden und Venturi-Düsen (VDI-Durchflußregeln).

[4.5] Richtlinien VDI/VDE 2040, Blatt 1, Blatt 2, Blatt 4: Berechnungsgrundlagen für die Durchflußmessung mit Drosselgeräten; Blatt 5: Berechnung der Gesamtmeßunsicherheit einer vollständigen Durchflußmeßeinrichtung.

[4.6] Lenk, A.: Elektromechanische Systeme, Band 3: Systeme mit Hilfsenergie. Berlin: VEB 1975.

[5.1] Borgmeyer, J.: Grundlagen der Digitaltechnik. 2. Aufl. München: Hanser 2001.

[5.2] DIN 40700: Schaltzeichen, Digitale Informationsverarbeitung. Berlin: Beuth.

[6.1] http://www.analog.com (Analog Devices).

[6.2] http://www.maxim-ic.com/ADCADACRef.cfm (Dallas Semiconductors).

[6.3] http://www.microchip.com (Microchip).

[6.4] http://www.national.com/catalog/AnalogDataAcquisition.html (National Instruments).

[6.5] http://www.ti.com (Texas Instruments).

[6.6] http://www.sensirion.com (Sensirion).

[6.7] Jnose, Y.; Yasuda, Y.; Murakami, J.: A Telemetric System by Code Modulation- $\Delta - \Sigma-$Modulation; IRE Transactions on Space Electronics Telemetry, Vol. SET-8, pp. 204...209, Sept. 1962.

[6.8] Crystal Semiconductor Corp. Application Note: Delta Sigma A/D Conversion AN 10 Rev. 1 Jan. 1989.

[6.9] http://www.e-insite.net
Rowe, M.: Test & Measurement World, 7/1/2002.

[6.10] http://www.heidenhain.de.

[7.1] Fischerauer, G.; Mauder, A.; Müller, R.: Acoustic Wave Devices in Sensors, Volume 8, Micro- and Nanosensor Technology. Weinheim: VCH 1995.

[7.2] ITT: Integrierte Schaltungen für Gebrauchsuhren. Freiburg: Intermetall GmbH 1972.

[7.3] Ziegler, H.: Temperaturmessung mit Schwingquarzen. Technisches Messen tm, Heft 4 (1987), S. 124...129.

[7.4] Schrüfer, E.: Piezoelektrische Resonatoren als Sensoren für nichtelektrische Größen, Tagungsband 8, GMA-Fachtagung, VDI Bericht 1255, S. 211...222, 1996.

[7.5] D'Amico, A.; Verona, E.: Saw Sensors, Sensors and Actuators, 17 (1989), S. 55...66.

[7.6] Bulst, W. E.; Ruppel, C.: Akustische Oberflächenwellen-Technologie für Innovationen, Siemens-Zeitschrift Special FuE 1994, S. 2...6.

[7.7] Schrüfer, E.: Measurement Systems for Mechanical Strain Using BAW- and SAW-Sensors, Tagungsband Smart Systems and Devices, SOGIC, SFAX, Tunesien 2001.

[7.8] Schmidt, F.; Scholl, G.: Wireless Identification and Sensor Systems in: Advances in surface acoustic wave technology, systems and applications (Vol. 2), pp 277...326. World Scientific Publishing Co. 2001.

[7.9] Schmidt, F.: Batterielose Funksensoren, betrieben mit der Energie aus der Umgebung, 11. ITG/GMA-Fachtagung Sensoren und Messsysteme, Ludwigsburg, März 2002.

[7.10] Großmann, R.: Drahtlose Reifendruckmessung mit passiven Schwingquarzen, VDI-Fortschrittsbericht Nr. 425, 1999.

[7.11] Goodenough, F.: Airbags boom when IC accelerometer sees 50 g. Electronic Design August 8, 1991.

[7.12] Apple, C.; Anklin, M.; Drahm, W.: Mass Flowmeters, Coriolis in Instrument Engineers 's Handbook. CRC Press LLC 2003.

[7.13] Rieder, A.: Modellgestützte Auslegung und Realisierung eines Coriolis-Massendurchflußmessers mit einem geraden Messrohr, VDI-Fortschrittsbericht Nr. 731, 1998.

[8.1] Schrüfer, E.: Signalverarbeitung; Numerische Verarbeitung digitaler Signale. 2. Aufl. München: Hanser 1992.

[8.2] Oppenheim, A. V.; Schafer, R. W.: Zeitdiskrete Signalverarbeitung. München: Oldenbourg 1995.

[8.3] Stearns, S. D.; Hush, D.R.: Digitale Verarbeitung analoger Signale. München: Oldenbourg 1999.

[8.4] Kronmüller, H.: Digitale Signalverarbeitung. Berlin: Springer 1991.

[8.5] von Grüningen D. Ch.: Digitale Signalverarbeitung. Leipzig: Fachbuchverlag 2001.

[8.6] Harris, F.J.: On the Use of Windows for Harmonics Analysis with the Discrete Fourier Transform, Proceedings of the IEEE, Vol. 66, No 1, p. 51...3, 1978.

[8.7] Thomä, R.: Fensterfunktionen in der DFT-Spektralanalyse, MEDAV Digitale Signalverarbeitung GmbH, 1995.

[8.8] Barschdorff, D.; Hensle, W.; Sühlen, B.: Geräuschanalyse zur Schadensfrüherkennung an stationären Turbomaschinen als Problem der Mustererkennung, Technisches Messen tm, Heft 5, 1977.

[8.9] Wach, D.; Sunder, R.; Weingarten, J.: Überwachungssysteme und Diagnostiktechniken zur Schadensfrüherkennung in Kernkraftwerken. VGB-Konferenz „Forschung in der Kraftwerkstechnik", Essen 16. und 17. März 1983.

[8.10] Griffiths, P. R.; Haseth, J. A.: Fourier transform infrared spectroscopy, N.Y.: Wiley 1986.

[8.11] www.osa.org/meetings/topicals/FTS/program/agenda.

[8.12] Schrüfer, E.; Windpassinger, R.: Principle and Application of Fourier-Spectrometers, Tagungsband Instrumentation and Measurements, Institute of Technology Bandung, Dpt of Physics, 2001.

[8.13] Palme, F.; Schrüfer, E.: Berechnung der Signalleistung im Zeit- und Frequenzbereich, tm Technisches Messen 65 (10/98) S. 370...377.

[9.1] Hoffmann, J.; Trentmann, W.: Praxis der PC-Messtechnik. München: Hanser 2002.

[9.2] Kainka, B.: Handbuch der PC-Mess- und Steuertechnik. Poing: Franzis 2001.

[9.3] http://www.mathworks.com.

[9.4] http://www.ni.com.

[9.5] http://www.agilent.com.

[9.6] Iwanitz, F.; Lange, J.: OPC - Grundlagen, Implementierung und Anwendung, 2. Aufl. Heidelberg: Hüthig 2002.

[9.7] Wittgruber, F.: Digitale Schnittstellen und Bussysteme. Braunschweig: Vieweg 2002.

[9.8] http://www.hardwarebook.net/connector/index.html.

[9.9] Schnell, G.: Bussysteme in der Automatisierungs- und Prozesstechnik. Braunschweig: Vieweg 2003.

[9.10] Kriesel, W.; Heimbold, T.; Telschow, D.: Bustechnologien für die Automation. Heidelberg: Hüthig 2000.

[9.11] http://www.usb.org.

[9.12] http://www.ieee.org.

[9.13] http://www.ansi.org.

[9.14] http://www.iec.ch.

[9.15] Terzis, A.; Merkle, A.: Digitale Funkkommunikation mit Bluetooth. Poing: Franzis 2002.

[9.16] http://grouper.ieee.org/groups/802/11.

[9.17] http://www.scpiconsortium.org.

[9.18] Jamal, R.; Hagestedt, A.: LabVIEW, Das Grundlagenbuch. München: Addison-Wesley 2001.

[9.19] Johnson, G.W.; Jennings, R.: LabVIEW Graphical Programming. Columbus: McGraw-Hill 2001.

[9.20] Angermann, A.; Beuschel, M.; Rau, M.; Wolfarth, U.: MATLAB-SIMULINK-STATEFLOW. München: Oldenbourg 2003.

[9.21] Beucher, O.: MATLAB und SIMULINK. München: Pearson Studium 2002.

[9.22] Werner, M.: Digitale Signalverarbeitung mit MATLAB. Braunschweig: Vieweg 2001.

[9.23] Becker, B.; Drechsler, R.; Molitor P.: Technische Informatik, Pearson Studium, München.

[9.24] Tanenbaum, A.S.: Computerarchitektur. Strukturen – Konzepte – Grundlagen, Pearson Studium, München.

[9.25] Bode, A. (Hrsg.); Karl W. (Hrsg.); Ungerer T. (Hrsg.); Patterson, D.A.; Hennessy, J.L.: Rechnerorganisation und -entwurf, Elsevier, 2005.

Tabellenverzeichnis

Sachwortverzeichnis